中 国 国 家 标 准 汇 编

2008 年修订-106

中国标准出版社　编

中 国 标 准 出 版 社
北　京

图书在版编目（CIP）数据

中国国家标准汇编：2008年修订.106/中国标准出版社编.—北京：中国标准出版社，2009

ISBN 978-7-5066-5595-8

Ⅰ.中… Ⅱ.中… Ⅲ.国家标准-汇编-中国-2008 Ⅳ.T-652.1

中国版本图书馆CIP数据核字（2009）第204352号

中国标准出版社出版发行
北京复兴门外三里河北街16号
邮政编码：100045
网址 www.spc.net.cn
电话：68523946 68517548
中国标准出版社秦皇岛印刷厂印刷
各地新华书店经销
*
开本 880×1230 1/16 印张 37.75 字数 1 137 千字
2009年12月第一版 2009年12月第一次印刷
*
定价 200.00 元

出 版 说 明

1.《中国国家标准汇编》是一部大型综合性国家标准全集。自1983年起，按国家标准顺序号以精装本、平装本两种装帧形式陆续分册汇编出版。它在一定程度上反映了我国建国以来标准化事业发展的基本情况和主要成就，是各级标准化管理机构，工矿企事业单位，农林牧副渔系统，科研、设计、教学等部门必不可少的工具书。

2.《中国国家标准汇编》收入我国每年正式发布的全部国家标准，分为"制定"卷和"修订"卷两种编辑版本。

"制定"卷收入上年度我国发布的、新制定的国家标准，顺延前年度标准编号分成若干分册，封面和书脊上注明"20××年制定"字样及分册号，分册号一直连续。各分册中的标准是按照标准编号顺序连续排列的，如有标准顺序号缺号的，除特殊情况注明外，暂为空号。

"修订"卷收入上年度我国发布的、被修订的国家标准，视篇幅分设若干分册，但与"制定"卷分册号无关联，仅在封面和书脊上注明"20××年修订-1,-2,-3,……"字样。"修订"卷各分册中的标准，仍按标准编号顺序排列(但不连续)；如有遗漏的，均在当年最后一分册中补齐。需提请读者注意的是，个别非顺延前年度标准编号的新制定的国家标准没有收入在"制定"卷中，而是收入在"修订"卷中。

读者配套购买《中国国家标准汇编》"制定"卷和"修订"卷则可收齐上一年度我国制定和修订的全部国家标准。

3. 由于读者需求的变化，自1996年起，《中国国家标准汇编》仅出版精装本。

4. 2008年制修订国家标准共5946项。本分册为"2008年修订-106"，收入新制修订的国家标准25项。

中国标准出版社

2009年10月

目　录

ICS 55.160
A 82

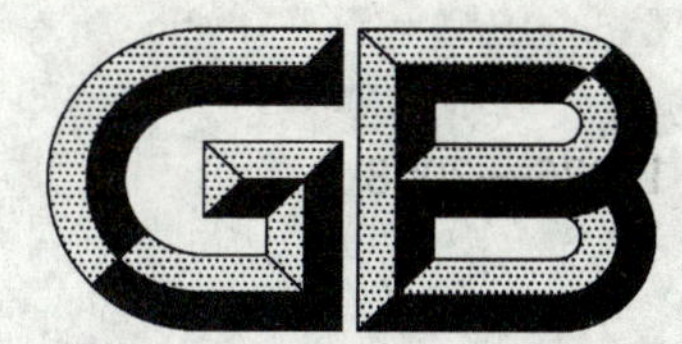

中华人民共和国国家标准

GB/T 18926—2008
代替 GB/T 18926—2002

包装容器 木构件

Packaging containers—Wood members

2008-07-18 发布　　　　2009-01-01 实施

中华人民共和国国家质量监督检验检疫总局
中国国家标准化管理委员会　发布

前言

本标准修改采用美国材料与试验协会标准 ASTM D 6199—2007《集装箱和托盘木构件的质量规程》(standard practice for quality of wood members of containers and pallets)。

本标准与 ASTM D 6199—2007 相比,主要差异如下:

——将“木材分组的树种组成”中美国常用的树种替换成我国常用的树种;

——修改了木构件的尺寸偏差、含水率、缺陷和检验方法的要求;

——删除了拼接板的强度试验要求;

——本标准附录 A 作为资料性附录,增加了各等级木构件在运输包装容器及托盘中的应用举例。

本标准代替 GB/T 18926—2002《包装容器 木构件》。

本标准与 GB/T 18926—2002 相比,主要变化如下:

——明确了标准不适用的木构件型式;

——修改了木材分组中各组别性质的内容;

——修改了构件尺寸偏差的参数值;

——修改了木构件含水率的有关要求;

——重新对木构件的允许缺陷程度进行了规定;

——删除了箱板构件检验的有关内容;

——增加了包装和运输的内容。

本标准的附录 A 为资料性附录。

本标准由全国包装标准化技术委员会(SAC/TC 49)提出并归口。

本标准起草单位:深圳市美盈森环保科技股份有限公司、中机生产力促进中心、北京出入境检验检疫局。

本标准主要起草人:蔡少龄、黄雪、徐思桥、张晓建、刘萍、刘鹤、龚东波。

本标准所代替标准的历次版本发布情况为:

——GB/T 18926—2002。

包装容器　木构件

1　范围

本标准规定了运输包装容器及托盘用木构件的等级、一般要求、技术要求、检验方法及标志、包装、运输和贮存的要求。

本标准适用于运输包装容器及托盘的木构件,不适用于人造板材所制的构件。

2　规范性引用文件

下列文件中的条款通过本标准的引用而成为本标准的条款。凡是注日期的引用文件,其随后所有的修改单(不包括勘误的内容)或修订版均不适用于本标准,然而,鼓励根据本标准达成协议的各方研究是否可使用这些文件的最新版本。凡是不注日期的引用文件,其最新版本适用于本标准。

GB/T 1931　木材含水率测定方法(GB/T 1931—1991,eqv ISO 3130:1975)

GB/T 4122.4　包装术语　木容器(GB/T 4122.4—2002,ISO 2074:1990,NEQ)

GB/T 4822　锯材检验

GB/T 4823　锯材缺陷(GB/T 4823—1995,eqv ISO 1029:1974)

GB/T 14074　木材胶粘剂及其树脂检验方法

3　术语和定义

GB/T 4122.4 和 GB/T 4823 确立的以及下列术语和定义适用于本标准。

3.1

木构件　wood members

运输包装用木容器及托盘中可拆分为最基本单位的木质件。

4　木构件等级

按照木构件的可承受应力程度,将其分为三等:

——1 等:高应力构件;

——2 等:中应力构件;

——3 等:低应力构件。

5　一般要求

5.1　木材分组

木构件所用的木材树种应按表 1 分组。同一组内的树种可混合或互换使用,当规定的木构件无树种组别要求时,可任意选用。

表 1　木材分组

组别	性　质	树种组成
1 组	包括较软的松类和阔叶树种。这些木材不易钉裂,有适度的握钉力,有适度的耐冲击能力,用作梁时有适度的强度。木质软、轻,易于加工,加工时能保持形状。通常易于干燥。	杨木、杉木、云杉、冷杉、白松、柳木、椴木、桤木、七叶树、梧桐等。

表 1（续）

组别	性　质	树种组成
2 组	包括密度较大的松类等。这些木材的春材和夏材在硬度上有显著的差别。比 1 组木材有较强的握钉力，但较易钉裂，其较硬的夏材有时会使钉走偏到板的外面。	栗木、落叶松、马尾松等。
3 组	包括中等密度的硬木。有与 2 组木材大致相同的握钉力，用作梁时有与 2 组木材大致相同的强度，但在受到冲击时不易劈裂和破碎。最适合用作结构箱的端板和夹板，大量用来旋切单板，以制作钢丝捆扎箱和结构用胶合板。	枫香、蓝果树、桦木、山茱萸等。
4 组	包括高密度的硬木。有最强的耐冲击力和最强的握钉力。由于其极高的硬度致使很难钉钉，又很容易钉裂，是最硬、最重的木材，难以加工。在需要高的握钉力时适用。这种木材适合用于旋切高质量的单板，以制作钢丝捆扎箱和胶合板。	白蜡树、槭木、榆木、核桃木、青冈、水青冈等。

5.2 表面处理

木容器的底座和框架允许采用粗加工木材，但需标打标志的木构件至少应有一面光滑。

5.3 拼接方法

木箱的侧板、端板、顶板和底板以及托盘的铺板，需要时可以采用对口拼接、压边拼接和榫槽拼接等方法并胶合。所用的胶粘剂应符合 GB/T 14074 的规定。

6 技术要求

6.1 尺寸偏差

经干燥处理和机加工后，木构件的宽度和厚度的尺寸偏差应符合表 2 的规定。

表 2　尺寸偏差

单位为毫米

尺　寸	偏　差
＜25	±1
25～100	±2
＞100	±3

6.2 含水率

木构件在制造木容器或托盘时的含水率一般应不大于 20%，但滑木、辅助滑木、外框架木箱外面用的构件、普通木箱和滑木箱等钉在箱外侧的箱档、花格箱的木构件，以及木底盘和木托盘上不与所装产品直接接触的木构件，其含水率一般应不大于 25%。

6.3 缺陷

木构件的允许缺陷程度应符合表 3 的规定。

表 3　木构件的允许缺陷程度

缺陷	检量与计算方法	材质等级		
		1 等	2 等	3 等
腐朽	—	不允许		
木节	最大尺寸不得超过材宽的	25%	40%	—
	任意材长 1 m 范围内个数不得超过	6	10	—
斜纹	斜纹倾斜程度不得超过	10%	20%	—
裂纹夹皮	长度不得超过材长的	10%	30%	—

表 3（续）

缺陷	检量与计算方法	材质等级		
		1 等	2 等	3 等
钝棱	最严重缺角尺寸不得超过材宽的	20%	40%	60%
弯曲	顺弯、横弯最大拱高不得超过水平长的	1%	2%	3%
虫眼	任意材长 1 m 范围内的个数不得超过（须经热处理）	4	8	15

7 检验方法

7.1 木构件尺寸的检验

木构件尺寸的检验应符合 6.1 的有关要求，并按 GB/T 4822 的规定进行。

7.2 木构件的含水率检验

木构件的含水率检验应符合 6.2 的有关要求，并按 GB/T 1931 的规定进行。

7.3 木构件的缺陷检验

木构件的缺陷检验应符合 6.3 的有关要求，并按 GB/T 4822 和 GB/T 4823 的规定进行。

8 标志、包装、运输和贮存

8.1 标志

每批木构件应有名称、等级和规格尺寸的标志。

8.2 包装

根据需要，可采用捆装或箱装等包装方式，以便于运输和贮存。

8.3 运输和贮存

宜采用清洁有篷的运输工具进行运输，不应直接露天存放。

附 录 A
（资料性附录）
各等级木构件在运输包装容器及托盘中的应用

表 A.1 各等级木构件在运输包装容器及托盘中应用举例

容器名称	木构件等级要求		
	1 等	2 等	3 等
普通木箱	—	箱档	箱板
滑木箱	滑木、枕木、横梁、箱档	辅助立柱、梁承、水平加强材、侧板、顶板、压杠、撑杆	辅助滑木、垫木、端板、底板、挡块、压条
框架木箱、外框架木箱	滑木、枕木、横梁、立柱、上框木	端木、辅助立柱、下框木、平撑、斜撑、梁承、侧板、顶板、压杠、撑杆	辅助滑木、垫木、梁撑、连接梁、连接板、端板、底板、挡块、压条
木制底盘	滑木、枕木、端木	斜撑、压杠、撑杆、滑木撑	辅助滑木、垫木、底板
胶合板箱	—	箱档	—
纤维板箱	—	箱档	—
木托盘	纵梁	铺板、垫块	—

ICS 81.080
Q 40

中华人民共和国国家标准

GB/T 18931—2008
代替 GB/T 18931—2002

残碳量小于7%的碱性致密定形耐火制品分类

Classification of basic dense shaped refractory products containing less than 7% residual carbon

(ISO 10081-2:2003,Classification of dense shaped refractory products—Part 2:Basic products containing less than 7% residual carbon,MOD)

2008-05-08 发布　　2008-11-01 实施

中华人民共和国国家质量监督检验检疫总局
中国国家标准化管理委员会　发布

前　言

本标准修改采用ISO 10081-2:2003《致密定形耐火制品的分类　第2部分:残碳量小于7%的碱性制品》(英文版)。

本标准与ISO 10081-2:2003相比,主要差异如下:

——第2章规范性引用文件中用GB/T 4984、GB/T 5069、GB/T 5070和GB/T 13245代替ISO 10058和ISO 12677;

——表2和3.2e)中以镁铝质(MA)代替镁尖晶石质(MSp);

——将3.5c)无机化学结合的定义与ISO 10081-1:2003(即GB/T 17105)相统一。

本标准代替GB/T 18931—2002《残碳量小于7%的碱性耐火制品分类》,与其相比变化如下:

——修改了标准名称;

——规范性引用文件中用GB/T 5069、GB/T 5070、GB/T 13245和GB/T 4984代替GB/T 17732;

——删去了第3章术语和定义;

——第4章制品种类中增加镁石灰质、镁白云石质、镁铝质、镁铬质、镁锆质和镁锆硅质分类,删去主要矿物组成,增加了分组。

本标准由全国耐火材料标准化技术委员会提出并归口。

本标准起草单位:中冶集团建筑研究总院、冶金工业信息标准研究院、武钢精鼎工业炉公司。

本标准主要起草人:梅鸣华、高建平、蔡方正、徐红、张秀华。

本标准所代替标准的历次版本发布情况为:

——GB/T 18931—2002。

残碳量小于7%的碱性致密定形耐火制品分类

1 范围

本标准规定了残碳量(质量分数)小于7%的碱性致密定形耐火制品的分类和命名。

本标准适用于残碳量(质量分数)小于7%的碱性致密定形耐火制品。

注:所有制品可以带金属板,所有不烧制品可以内加金属片或金属纤维增强。

2 规范性引用文件

下列文件中的条款通过本标准的引用而成为本标准的条款。凡是注日期的引用文件,其随后所有的修改单(不包括勘误的内容)或修订版均不适用于本标准,然而,鼓励根据本标准达成协议的各方研究是否可使用这些文件的最新版本。凡是不注日期的引用文件,其最新版本适用于本标准。

GB/T 4984 含锆耐火材料化学分析方法

GB/T 5069 镁铝系耐火材料化学分析方法

GB/T 5070 含铬耐火材料化学分析方法

GB/T 13245 含碳耐火材料化学分析方法 燃烧重量法测定总碳量

3 分类

3.1 分类依据

残碳量小于7%的致密定形碱性耐火制品按以下条件进行分类:

a) 制品种类;

b) 分组,主要取决于氧化镁含量及抗氧化剂含量;

c) 原料种类;

d) 结合形式;

e) 后期处理。

3.2 制品种类

以下是制品种类,各用其通用符号(耐火制品英文名称的缩写)表示:

a) 镁质(M);

b) 镁石灰质(ML);

c) 镁白云石质(MD);

d) 白云石质(D);

e) 镁铝质(MA);

f) 镁橄榄石质(F);

g) 镁铬质(MCr);

h) 铬质(Cr);

i) 石灰质(L);

j) 镁锆质(MZ);

k) 镁锆硅质(MZS)。

注:L——石灰和/或合成 MgO-CaO 烧结料;D——天然白云石煅烧料。

制品种类和分组如表1、表2所示,用煅烧后的试样选用GB/T 5069、GB/T 5070、GB/T 13245或GB/T 4984进行化学分析。

3.3 分组

表1、表2的制品种类可以按氧化镁含量分组；在部分制品(ML、MD、D、L、Cr、MZ、MZS)中规定了其他主要氧化物的含量；含抗氧化剂时在名称中加"A"表示。

表1 氧化镁和镁钙系制品分类

制品种类	分组	化学成分(质量分数)/%	
		MgO	CaO
镁质	M98	MgO≥98	—
镁质	M95	95≤MgO<98	—
镁质	M90	90≤MgO<95	—
镁质	M85	85≤MgO<90	—
镁质	M80	80≤MgO<85	—
镁石灰质	ML80	80≤MgO<90	CaO≥10
镁石灰质	ML70	70≤MgO<80	CaO≥20
镁石灰质	ML60	60≤MgO<70	CaO≥30
镁石灰质	ML50	50≤MgO<60	CaO≥40
镁石灰质	ML40	40≤MgO<50	CaO≥50
镁白云石质	MD80	80≤MgO<90	CaO≥10
镁白云石质	MD70	70≤MgO<80	CaO≥20
镁白云石质	MD60	60≤MgO<70	CaO≥30
镁白云石质	MD50	50≤MgO<60	CaO≥40
镁白云石质	MD40	40≤MgO<50	CaO≥50
白云石质	D40	MgO<40	CaO≥50
石灰质	L70	MgO<30	CaO≥70

表2 其他含氧化镁碱性制品分类

制品种类	分组	化学成分(质量分数)/%			
		MgO	Cr_2O_3	ZrO_2	SiO_2
镁铝质	MA80	MgO≥80	—	—	—
镁铝质	MA70	70≤MgO<80	—	—	—
镁铝质	MA60	60≤MgO<70	—	—	—
镁铝质	MA50	50≤MgO<60	—	—	—
镁铝质	MA40	40≤MgO<50	—	—	—
镁铝质	MA30	30≤MgO<40	—	—	—
镁铝质	MA20	20≤MgO<30	—	—	—
镁橄榄石质	F50	MgO≥50	—	—	—
镁橄榄石质	F40	40≤MgO<50	—	—	—
镁铬质	MCr80	MgO≥80	—	—	—
镁铬质	MCr70	70≤MgO<80	—	—	—

表 2(续)

制品种类	分组	化学成分(质量分数)/%			
		MgO	Cr_2O_3	ZrO_2	SiO_2
镁铬质	MCr60	60≤MgO<70	—	—	—
镁铬质	MCr50	50≤MgO<60	—	—	—
镁铬质	MCr40	40≤MgO<50	—	—	—
镁铬质	MCr30	30≤MgO<40	—	—	—
铬质	Cr30	MgO<30	Cr_2O_3≥30	—	—
镁锆质	MZ90	MgO≥90	—	ZrO_2<10	—
镁锆质	MZ70	70≤MgO<90	—	ZrO_2≥10	—
镁锆硅质	MZS70	70≤MgO<90	—	5≤ZrO_2<15	SiO_2≥5

3.4 原料种类

按一个或多个原料种类分类：

a) 天然料(生料或烧成料)；

b) 烧结合成料；

c) 复合熟料；

d) 熔融料。

3.5 结合形式

按不同的结合形式分类：

a) 陶瓷结合：在一定温度下，由于烧结或液相形成而产生的结合；

b) 有机化学结合：在室温或较高温度下靠有机物质硬化形成的结合；

c) 无机化学结合：在室温或 800℃以下通过化学反应形成的结合；

d) 熔铸：制品经高温完全熔融后制成。

3.6 后期处理

按以下后期处理方式的一种或两种分类：

a) 热处理；

b) 浸渍。

注：可以没有后期处理。

3.7 命名

残碳量小于 7%的致密定形碱性耐火制品的名称由第 3 章中的分类(制品种类、分组、原料种类、结合形式、后期处理)顺序构成。

示例 1：镁铬质 MCr60，烧结合成镁砂、天然铬砂、陶瓷结合；

示例 2：镁白云石质 MD40，轻烧天然白云石、陶瓷结合；

示例 3：镁质 M95，烧结合成镁砂、有机化学结合、热处理、浸渍。

ICS 97.040.01
Y 63

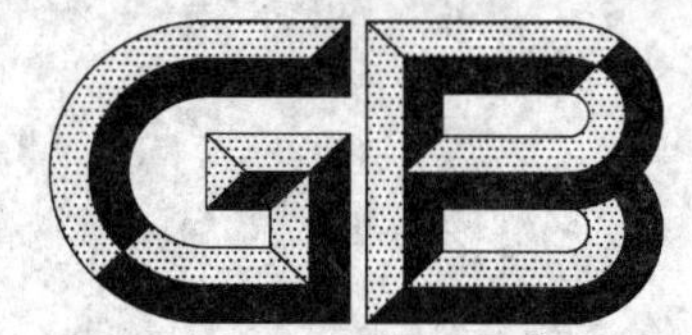

中华人民共和国国家标准

GB/T 18938—2008/IEC 60442:1998
代替 GB/T 18938—2003

家用和类似用途的面包片电烘烤器性能测试方法

Electric toasters for household and similar purposes—Methods for measuring performance

(IEC 60442:1998,IDT)

2008-06-26 发布　　2009-05-01 实施

中华人民共和国国家质量监督检验检疫总局
中国国家标准化管理委员会　发布

前　言

本标准等同采用 IEC 60442：1998＋A1(2003)《家用和类似用途的面包片电烘烤器　性能测试方法》。

本标准代替 GB/T 18938—2003《家用和类似用途的面包片电烘烤器　性能测试方法》。

本标准与 GB/T 18938—2003 的主要差异是增加了资料性附录 B。

本标准由中国轻工业联合会提出。

本标准由全国家用电器标准化技术委员会归口。

本标准主要起草单位：中国家用电器研究院、广东新宝电器股份有限公司、浙江苏泊尔股份有限公司。

本标准主要起草人：马德军、杨彬、张锦洲、张文浩。

本标准所代替标准的历次版本发布情况为：

GB/T 18938—2003 首次发布，本次为第一次修订。

IEC 前言

1） 国际电工委员会(IEC)是由所有的 IEC 国家委员会(IEC NC)组成的国际范围的标准化组织。其宗旨是促进在电气和电子领域有关标准化问题上的国际间合作。为此,IEC 开展相关活动,并出版国际标准。这些标准的制定委托给各技术委员会完成。任何对该方面技术问题感兴趣的 IEC 国家委员会均可参加标准制定工作。与 IEC 联系的国际组织、政府及非政府组织也可以参加标准的制定工作。IEC 与国际标准化组织(ISO)在两个组织签订的协议基础上密切合作。

2） IEC 在技术方面的正式决议或协议,是由对其感兴趣的所有国家委员会参加的技术委员会制定的。因此,这些决议或协议都尽可能代表了对所涉及的相关问题在国际上的一致意见。

3） 这些正式决议或协议,以标准、技术报告或导则等形式出版,并在此意义上被各国家委员会接受。

4） 为了在国际上取得一致,IEC 国家委员会同意在其国家及地区标准中尽可能最大范围地使用 IEC 国际标准。IEC 标准与相应的国家地区标准之间的差异应在后者中清楚地标出。

5） IEC 并未制定认可标志的程序。对有某设备宣称其符合 IEC 的某一项标准时,IEC 对此不负任何责任。

6） 本标准中的某些内容有可能涉及一些专利权问题,对此引起注意。IEC 组织不负责识别任何这样的专利权问题。

国际 IEC 60442 标准是由附属委员会 59G 精心准备:小型厨房器具,IEC 技术委员会 59:家用器具的性能标准。

本标准根据 IEC 60442 的第 2 版(1998)[文件 59G/85/FDIS 和 59G/89/RVD]、增补件 1(2003)[文件 59G/127/FIDS 和 59G/129/RVD]制定。

本标准构成第 2.1 版。

页边加有垂直线的部分表明第 2 版的该部分被增补件 1 所修改。

本标准的附录 A 为规范性附录。

本标准的附录 B 为资料性附录。

委员会确定的基本出版内容和修改将保持到 2008 年,到这个日期后,这个版本将:

- 重新确认有效性;
- 作废;
- 被改进版本替代;
- 修改。

家用和类似用途的面包片电烘烤器
性能测试方法

1 范围

本标准适用于家用和类似用途的面包片电烘烤器。

注:如带面包片烘烤功能的三明治炉、电烤箱、多士炉等都属于面包片电烘烤器。

本标准的目的是说明和定义用户感兴趣的面包片烘烤器的主要性能特性,描述测量这些特性的标准方法并给出某些用于评价试验结果的准则。

考虑到准确度和再现性的低水平是由于时间和试验材料和成分在来源上的差异以及受试验操作员主观判断的影响,所描述的试验方法可以更可靠地应用于一批器具的比较试验,在大致相同的时间内,在同一个实验室,由同一操作员用相同的器皿进行试验,而不是在不同的实验室用同一台器具进行试验。

本标准不涉及安全。

本标准不适用于单独供商业或工业设计使用的器具。

2 规范性引用文件

下列文件中的条款通过本标准的引用而成为本标准的条款。凡是注日期的引用文件,其随后所有的修改单(不包括勘误的内容)或修订版均不适用于本标准,然而,鼓励根据本标准达成协议的各方研究是否可使用这些文件的最新版本。凡是不注日期的引用文件,其最新版本适用于本标准。

BS 3999 第5C部分 家用电器性能测量方法 色泽浓淡图

3 术语和定义

下列术语和定义适用于本标准。

3.1

辐射型面包片烘烤器 radiant toaster

利用辐射加热烘烤面包片的烘烤器。可以对面包片烘烤一面或同时烘烤两面。

注:辐射型面包片烘烤器可以提供加热面包卷或烘烤三明治的附件。

3.2

接触型(水平)面包片烘烤器 contact(horizontal)toaster

具有一个或多个能同面包片直接接触的加热表面的面包片烘烤器。

注:接触型(水平)面包片烘烤器一次只能烘烤一面。某些接触型面包片烘烤器能同时加热两面,特别是在烘烤三明治时。

3.3

面包卷加热装置 roll heating device

托住面包卷用于在面包片烘烤器上加热的装置。

注:该装置可以置于面包片烘烤器内部或随面包片烘烤器提供。

3.4

烘烤控制装置 toasting control device

自动结束烘烤过程的装置。

3.5

面包架　bread carriage

支承面包并在烘烤过程结束时释放面包的面包片烘烤器部件。

3.6

焦黄控制范围　browning control range

在标尺上的某种设定，可以用数字、符号或颜色深浅标出。

3.7

烘烤室　toasting chamber

用于装载面包片的空间。

3.8

焦黄的均匀度　evenness of browning

在每个单独的情况下，视检测定的焦黄程度被烘烤面包片一个面的面积平均所得。

3.9

烘烤等级　toasting degree

烘烤过程结束时面包片达到平均焦黄程度。

3.10

烘烤范围　toasting range

烘烤等级从最低焦黄程度到最高焦黄程度的范围。

4　测量的一般条件

除非测量按以下条件进行：

环境温度：20 ℃±5 ℃。

电源：测量应在额定频率和额定电压或额定电压范围的±0.5%范围内进行。

注：若额定电压与有关国家的标称电源电压不同，则在额定电压下进行的测量可能有误。因此，用于比较试验时，试验用电压应与标称电源电压一致，并对此做出记录。

试验场所：应为自然对流。

器具的放置：放在一个涂有无光黑漆的木质基座上，离开墙壁至少 30 cm。

除非另有规定，带有面包卷加热装置或三明治装置的面包片烘烤器应在取下这些装置后进行试验。

5　外观尺寸

器具的所有尺寸（长度、高度和宽度，如有门应关上，包括所有的控制、手柄或其他突出部位）均应测量，并用毫米（mm）表示。

6　软线的长度

应测量软线进入面包片烘烤器的入口处与电源插头入口处之间的长度，包括所有的软线护套，用（m）表示，精确到 0.05 m。

对电源软线的贮存装置或贮存室应予以说明。

7　器具的质量

面包片烘烤器的质量在不带附件但带有连接好的软线和插头的情况下测量，用千克（kg）表示，精确到 0.1 kg。

8　烘烤室的数量和尺寸（辐射型面包烘烤器），烘烤表面（接触型面包烘烤器）

能放入面包片同时进行两面烘烤的烘烤室的数量，或放入面包片同时进行单面烘烤的烘烤表面的数量，均应测定并指出。

每个烘烤室或烘烤表面可适用的尺寸(长度、高度、宽度)均应测量,用毫米(mm) 表示。当烘烤室和烘烤表面的尺寸可变时,应给出最大的可利用的尺寸。

应测量厚度为 12 mm,无需用力就能插入烘烤室内或放在烘烤表面的最大的面包片的尺寸,用毫米(mm)表示。

能一次两面烘烤或仅能一面烘烤的尺寸为 100 mm×100 mm×12 mm 标准面包片的数量,均应测试定并指出。

9 启动面包架所需要的力

应测量启动面包架开始烘烤过程所需要的力(例如:使用弹簧秤),用牛顿(N)表示,并取整到最接近的整数。

10 用于在面包片烘烤器上做试验的面包

从第 11 章到第 14 章的测量采用有关国家常见的工厂制白面包进行,但应注意如果需要的面包超过一个,应采用同一批次的面包,并采用相同的处理方法。

面包的尺寸应为 100 mm×100 mm×(12 mm±1 mm)。面包应放入合适的塑料袋中并贮存在没有气流的房间里,避开阳光直射,环境温度为 20 ℃±2 ℃。每个面包两端的面包片舍弃不用。

注:放入塑料袋中贮存是为了避免水分损失,因为试验的持续时间比正常的烘烤时间长得多。

对于以下所有的试验所使用的面包片都应带有外皮。

11 焦黄控制设定

本章试验必须在制造厂的说明书中所指出的最小的和最大的负载下进行。

11.1 面包的焦黄控制设定

焦黄控制设定在中间位置或制造厂所标明的中等焦黄度(金黄)位置。装满面包片的烘烤器从"冷态"开始工作,进行两个烘烤周期,中间间歇 15 s 或按照制造厂的建议更长些。

11.2 三明治的焦黄控制设定

应用与 11.1 相同的程序,但在面包片烘烤器上装有两片面包中间充满一片适当的乳酪制成的三明治,其面积大约等于一片面包,厚度约为 5 mm。

注:可以使用处理过的乳酪和其他在加热时易于熔化的乳酪(例如含脂肪 75%±5%的片状乳酪或者 Emmenthal 乳酪),但应注意一次完整的试验应使用同一批次生产的相同乳酪。

乳酪的初始温度应为 8 ℃±2 ℃。

12 烘烤

本章试验必须在制造厂的说明书中所指出的最小的和最大的负载下进行。

12.1 烘烤面包

装满面包的面包片烘烤器从"冷态"开始工作,进行五个烘烤周期,每个周期中间间歇 15 s 或按照制造厂的建议更长些,焦黄控制设在第 11 章预先测定的位置。该设定应在五个周期内保持,除非制造厂提出正确的修正。

焦黄控制的设定和任何做出的修正均应测定并指出。

每一个面包片上部边缘均应做出标记,烘烤结束后,所有面包片放置均应与其在面包片烘烤器内位置相一致。

12.2 烘烤三明治

应用与 12.1 相同的程序,但在面包片烘烤器上装有其组成如 11.2 所示的三明治并且焦黄控制设定在 12.1 预先测定的位置。

每个三明治的中心放置一细线热电偶，测量将乳酪开始熔化时达到的温度或每个周期结束时的温度。

注：在某些情况下有可能在周期结束前乳酪还没有熔化。在这种情况下当平均焦黄程度达到40%～60%时停止试验，仅记录周期结束的乳酪温度。

12.3 加热面包卷的控制设定的测定

该试验进行时，面包片烘烤器上放置的面包片应是同一类型的。

按照使用说明书，应将同一类型的最大数量的、具有相似特性和尺寸的，在有关国家常见的面包卷，在制造厂指定的焦黄控制设定位置同时加热。在没有资料的情况下，面包卷一次加热的数量同面包片一次能烘烤的数量一样；加热在最高焦黄控制设定位置进行。在面包片烘烤器断开电源后，应将面包卷翻转，并立即重新进行加热。若表面出现燃烧，应相应地降低烘烤控制设定位置，并重新进行试验。

在面包片烘烤器断开电源后，应立即进行以下评估：

——面包卷的内部是热、温或冷；

——面包卷的外表面存在烧焦区域或斑点。

并记录结果。

13 烘烤时间

应测定最初的三个烘烤周期中每一个周期的时间，以及这三个循环的总时间，用 s 表示。

为了展示上述效果，建议采用附录 A 中所示的表格。

14 焦黄的均匀度

14.1 程序

应注意烘烤能否连续进行。如果不能，应记录周期之间所需的时间。应记录所有表面的平均焦黄度。

在评估时被烘烤面包片表面之间平均焦黄度的较小偏差可以忽略。应记一个表面上较大面积的重大焦黄差异。

不同部分烤成焦黄的程度应按照附录 D (BS 3999 第 5C 部分)的色泽浓淡图评价。

14.2 评估

应记录被烘烤面包片每一面最小和最大的色泽浓淡度，以及该色泽范围所占表面积的百分比，如表 1 所示。

表 1

周　期	被烘烤的面包片表面	
	1	2
1	80%	80%
	7～11	7～11
2	80%	80%
	8～11	8～12
3	85%	85%
	8～12	8～12
4	90%	90%
	9～13	9～13

表 1 (续)

周 期	被烘烤的面包片表面	
	1	2
5	90%	90%
	10～14	11～14

注 1:若需要,该信息可以用照片以证实。

注 2:表中的数字参考附录 D (BS 3999 第 5C 部分)色泽浓淡图中的焦黄程度。

评价的结果可以用附录 A 中的表格表示。

烘烤结束后,应立即将被烘烤面包片的内部按以下特性进行评估:

——软、中、硬;

——热、温、冷。

并记录结果。

15 焦黄控制特性

按照第 11 章,应描述焦黄控制的每一个位置上全部负载的平均焦黄程度。

对于三明治烘烤功能,应指出乳酪所达到的温度,并以乳酪开始熔化时所测量的温度为基准给出清楚的指示。

试验面包卷加热功能时,应测量每一个面包卷顶部和中心的温度。

平均焦黄程度描述如下:

白色 Pale(色泽浓淡图之 4);

浅褐色 light brown(色泽浓淡图之 6～8);

中(金黄)褐色 medium(golden)brown(色泽浓淡图之 10～12);

深褐色 dark brown(色泽浓淡图之 14～16);

烤焦 burnt(色泽浓淡图之 18);

为了展示上述效果,建议采用附录 A 中所示的表格。

16 能量消耗

在第 12 章的试验中,在最大负载的情况下,应测定五个烘烤周期中每一个周期的能量消耗,并记录在附录 A 所示的表格中。应按以下公式计算读数的平均值:

$$E = \frac{E_1 + E_2 + E_3 + E_4 + E_5}{5} \quad \cdots\cdots(1)$$

式中:

E——能量消耗,单位为千瓦时(kWh);

E_n——第 n 个周期中的能量消耗,单位为千瓦时(kWh)。

应注意并记录每个周期使用的面包片的数量。

17 侧表面的温度

按照第 12 章进行的五个烘烤周期结束后,应测量面包片烘烤器长边侧表面上的温度。在上表面边缘以下 10 mm 处的垂直中心线上进行测量。

应在报告中记录所测量的温度并指出该温度的测量是在塑料部件上还是在金属部件上进行。

18 去除面包屑的措施

如果在烘烤过程中支撑表面被弄脏,应做出记录。应注意所推荐的从面包片烘烤器上去除面包屑的方法。

19 面包架

应指出所提供的面包架的类型,例如:提升装置或倾斜装置。

应指出在烘烤过程结束之前能否将面包片取出,例如:通过机械的手动释放装置。

在面包架处于上限位置时应测定面包片突出面包片烘烤器外壳的尺寸。所测量的数值用 mm 表示。

检查面包架制动的有效性,并应指出当面包架自动或手动释放时,面包片是否从烘烤室中弹出。

一次只能烘烤一面的面包片烘烤器(例如:接触型面包片烘烤器),若具有将面包片翻转的方式(例如:滑路),应测定并指出。

应说明是否具有手动中止烘烤过程的措施可用,并且在一片面包仍然锁在烤槽的情况下器具是否能够断开电源。

附　录　A
（规范性附录）
烘烤效果展示表

中等烘烤周期的设定	面包片的焦黄度		效果评价和照片	烘烤时间/s	乳酪的温度		能量消耗
	1	2			熔化时	结束时	
1	A	B	1=　2=				
2	B	A					
3	A	B					
4	B	A					
5	A	B					
最小和最大之设定 最小 — — — — — 最大 n 个位置							

注：该表格，若适当采用，也可用于展示烘烤三明治和接触型面包片烘烤器的效果。

附 录 B
（资料性附录）
销售时至少应包含的信息

销售时至少应包含的信息包括：

- 商标铭牌和型号编码；
- 在同一时间上可以烘烤的标准面包片数量；
- 产品烘烤的面包片的最大厚度；
- 附加特性：如，旋转式加热装置（分离式或联合式）；可拆卸的接渣盘等。

注：本附录不取代 GB 4706.14《家用和类似用途电器的安全 面包片、烤架、电烤炉及类似用途器具的特殊要求》安全标准内的要求。

附　录　C
（资料性附录）
型号命名方法

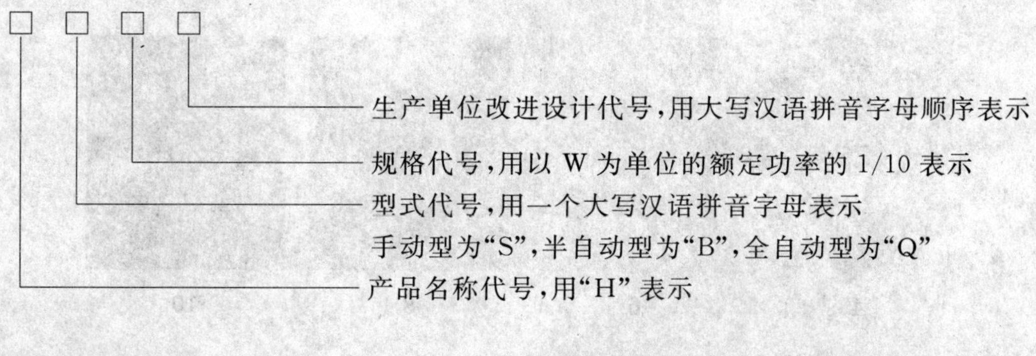

附 录 D
（资料性附录）
色 泽 浓 淡 图

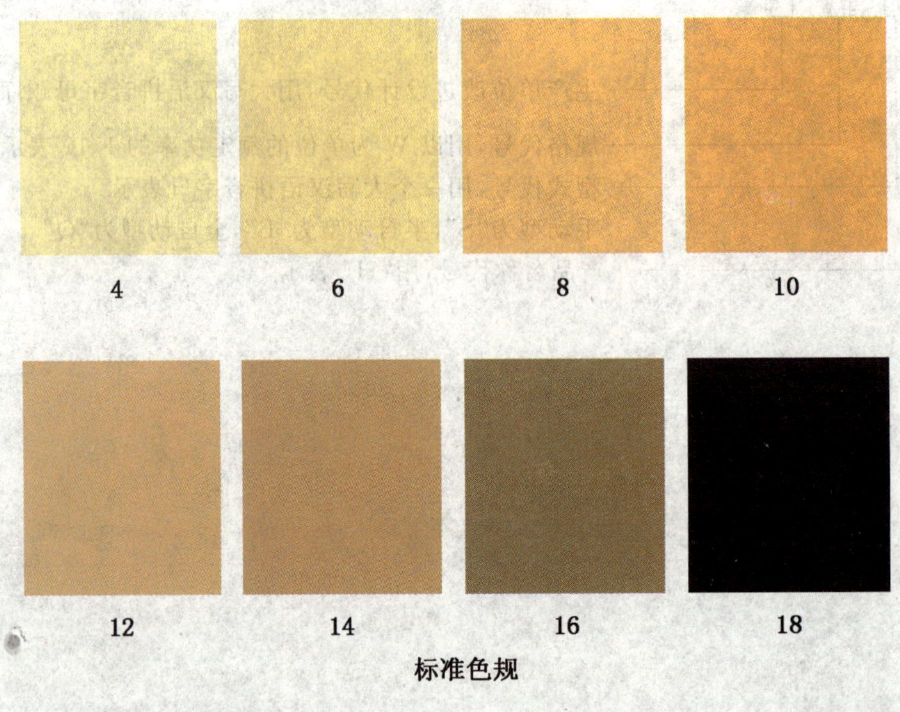

标准色规

ICS 83.100
G 44

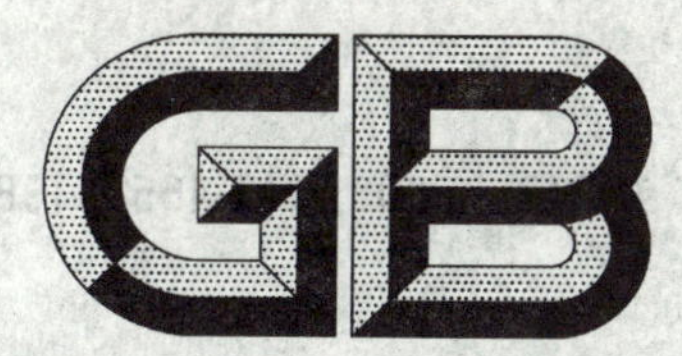

中华人民共和国国家标准

GB/T 18943—2008/ISO 4651:1988
代替 GB/T 18943—2003

多孔橡胶与塑料 动态缓冲性能测定

Cellular rubbers and plastics—Determination of dynamic cushioning performance

(ISO 4651:1988,IDT)

2008-04-01 发布　　　　2008-10-01 实施

中华人民共和国国家质量监督检验检疫总局
中国国家标准化管理委员会 发布

前　言

本标准等同采用 ISO 4651:1988《多孔橡胶与塑料　动态缓冲性能测定》,包括其修正案 ISO 4651-Amd.1:2006。

本标准代替 GB/T 18943—2003《多孔橡胶与塑料　动态缓冲性能测定》。

本标准等同翻译 ISO 4651:1988。

为便于使用,本标准做了下列编辑性修改:

a) “本国际标准”一词改为“本标准”;

b) 用小数点“.”代替作为小数点的逗号“,”。

本标准与 GB/T 18943—2003 的差异如下:

——增加了警告;

——更新了引用标准(见第 2 章);

——修正了 2003 年版中翻译错误和文字编辑性错误。

本标准的附录 A 为资料性附录。

本标准由中国石油和化学工业协会提出。

本标准由全国橡胶与橡胶制品标准化技术委员会橡胶杂品分会(SAC/TC 35/SC 7)归口。

本标准起草单位:杭州顺豪橡胶工程有限公司。

本标准主要起草人:张庆虎。

本标准所代替标准的历次版本发布情况为:

——GB/T 18943—2003。

多孔橡胶与塑料　动态缓冲性能测定

警告——使用本标准的人员应有正规实验室工作的实践经验。本标准并未指出所有可能的安全问题。使用者有责任采取适当的安全和健康措施，并保证符合国家有关法规规定的条件。

1　范围

本标准规定了通过测量物体落在试片上时的最大减速度，测定多孔橡胶材料和刚性及软质泡沫塑料的动态性能的试验方法。此试验主要是供质量保证使用的。而且这种试验也被用来获得设计数据，因此附录 A 中的注释可以对设计数据予以帮助。

本标准只适用于包装用材料。

2　规范性引用文件

下列文件中的条款通过本标准的引用而成为本标准的条款。凡是注日期的引用文件，其随后所有的修改单（不包括勘误的内容）或修订版均不适用于本标准，然而，鼓励根据本标准达成协议的各方研究是否可使用这些文件的最新版本。凡是不注日期的引用文件，其最新版本适用于本标准。

GB/T 2918　塑料试样状态调节和试验的标准环境（GB/T 2918—1998，idt ISO 291:1997）

GB/T 2941　橡胶物理试验方法试样制备和调节通用程序（GB/T 2941—2006，ISO 23529:2004，IDT）

GB/T 6342　泡沫塑料与橡胶　线性尺寸的测定（GB/T 6342—1996，idt ISO 1923:1981）

HG/T 2867　橡胶或塑料涂覆织物　调节与试验的标准环境（HG/T 2867—1997，idt ISO 2231:1989）

ISO 845　泡沫塑料和橡胶　表观（体积）密度的测定

3　术语和定义

下列术语和定义适用于本标准。

3.1

静应力　static stress

σ_{ST}

落锤总质量与附加质量乘以重力加速度 g_n，再除以试片的原始面积。

3.2

峰值减速度　peak deceleration

a

落锤冲击试片时的最大减速度，在国际单位制（SI）中，用 m/s^2 表示。

3.3

位移曲线　displacement curve

曲线表明在冲击期间由于时间因素，受冲击试片表面的位移情况（见附录 A）。

3.4

动态应力　dynamic stress

落锤对试片施加的减速力除以试片的原始面积。

3.5

减速力　deceleration force

落锤质量乘以落锤的瞬间减速度。

3.6

应变 strain

用试片原始厚度的百分比来表示的位移。

3.7

动态压缩曲线图 dynamic compression diagram

曲线图表明了缓冲材料在受冲击时的动态应力(单位面积上的减速力)与应变(位移/厚度)两者之间的关系。在一定的应变(动态压缩)条件下,曲线的斜率可作为已知冲击速度和试片厚度的特性常数(见附录A)。

3.8

缓冲曲线图 cushioning diagram

此曲线图表明:厚度 L_0 的试片受静应力 σ_{ST} 作用时的峰值减速度 a 与表面位移的最大值 ΔL_{max} 的函数关系(见附录A)。

3.9

峰值减速度修正值 a_c corrected value of peak deceleration

试片原始厚度偏离标准厚度50 mm的极小偏差经过修正后的最大减速度。峰值减速度修正值等于测得的最大峰值减速度乘以原始厚度,再除以标准厚度。

3.10

相等落高 equivalent drop height

h

试验期间,在标准重力加速度、真空、自由落下的条件下,能使落锤获得相同冲击速度的高度。相等落高以米为单位,用下式计算:

$$h = \frac{v^2}{2g_n}$$

式中:

v——落锤冲击速度,单位为米每秒(m/s);

g_n——自由落体标准加速度,9.806 65 m/s^2。

4 仪器

4.1 总则

仪器应包括一个表面比试片大的平底落锤、一个至少相当于落锤质量100倍的一个垫板且表面与落锤底面平行,动态试验设备的两种基本型号见图1和图2,图1为垂直导向下落式测试仪,图2为摆式测试仪。垂直导向下落式测试仪的落锤沿垂直导向杆落到垫板上的试片上。

垂直导向下落式测试仪适于高减速试验和(或)高静态应力试验;摆式测试仪适于相对低减速或低静态应力试验。

落锤带有一个记录冲击时减速峰值的记录仪,精度为±5%,最好是脉冲记录仪。该记录仪同时能直接测量冲击前落锤的速度,精度为±5%。能记录落锤在冲击试片前25 mm范围内的数字式记时器,精度为±1%。该测试应在落锤距冲击试片5 mm位置内测量。

应在落锤的中心安装有符合4.2.1要求的传感器,以防落锤偏差。冲击传感器的信号线不宜过长,以免造成过多的连接缠绕。

落锤的质量在静应力规定的范围内可进行调整。另外,可配备多个落锤供选用。当用增加质量的方法调整落锤时,建议把所加质量加到落锤的上表面上。

落锤和垫板都应有足够的强度和硬度,这样,不必要的振动在减速时间曲线上就不会被记录下来。落锤振动的固有频率应与产品实际使用时的频率一样高,最好高于1 000 Hz。

试验前,应检查冲击时落锤的速度;该速度至少应是等值自由落体速度的95%。等值自由落体速度用式(1)计算:

$$v_g = \sqrt{2g_n h} \qquad \cdots\cdots(1)$$

式中:

v_g——自由落体的终点速度,单位为米每秒(m/s);

g_n——自由落体标准加速度,即9.806 65 m/s^2;

h——试片上方落锤的高度,单位为米(m)。

注:当试片放在垫板上时,落锤装置一定要保证操作员的安全,建议使用安全开关控制。

4.2 记录装置

记录减速-时间脉冲的装置应包括一个传感器、一个放大器和一个记录仪。传感器通常分压电型或应变型两种,应根据不同传感器型号,选择具体的记录装置。任何记录装置(包括传感器和记录仪)都应有一个适当的响应频率,以测量峰值减速度,精度为±5%。通常,柔性泡沫材料所获得的减速-时间脉冲曲线在小缓冲位移处的瞬间脉冲接近于半正弦波,而高缓冲位移的缓冲曲线为三角形或甚至是火花状波,如图3所示。对硬泡沫材料冲击压缩时,由于冲击产生高缓冲位移,加速-时间脉冲曲线在起始阶段急剧升高,随后,在减速前常出现一个恒定值(或接近恒定值)。需要测量瞬间脉冲的频率响应范围要比预料的宽广。所以要准确了解记录装置各主要元件的功能和作用。

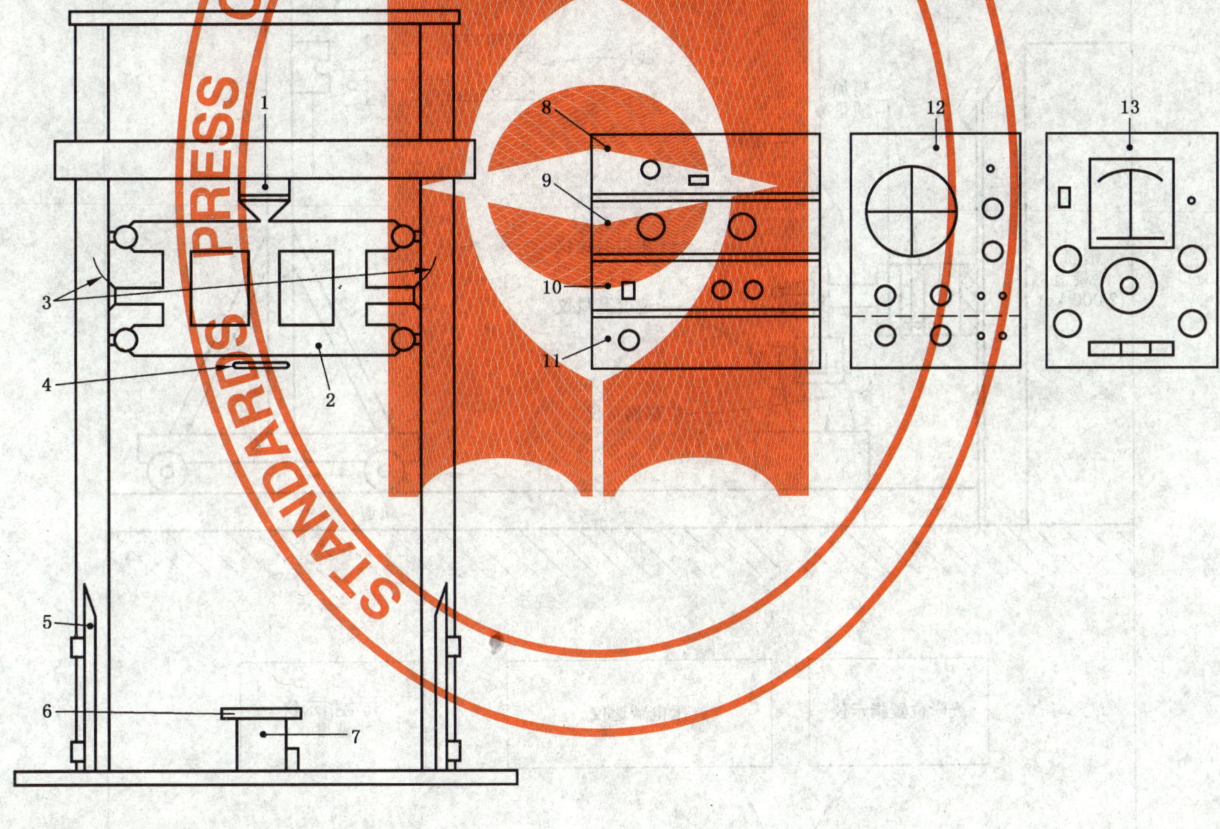

1——电磁铁;
2——底座;
3——位移电位计的滑动接触器;
4——落锤;
5——位移电位计;
6——试片垫板,950 g;
7——压力室,0~50 kN;
8——压力室超压报警器;
9——照相灯光自动供给装置;
10——电磁铁供给和位移电位计供给装置;
11——所有设备的交流稳压器;
12——双光束示波器,0~300 kHz,带自动照相;
13——载波放大器,50 Hz。

图1 测定缓冲性能用落锤装置示意图

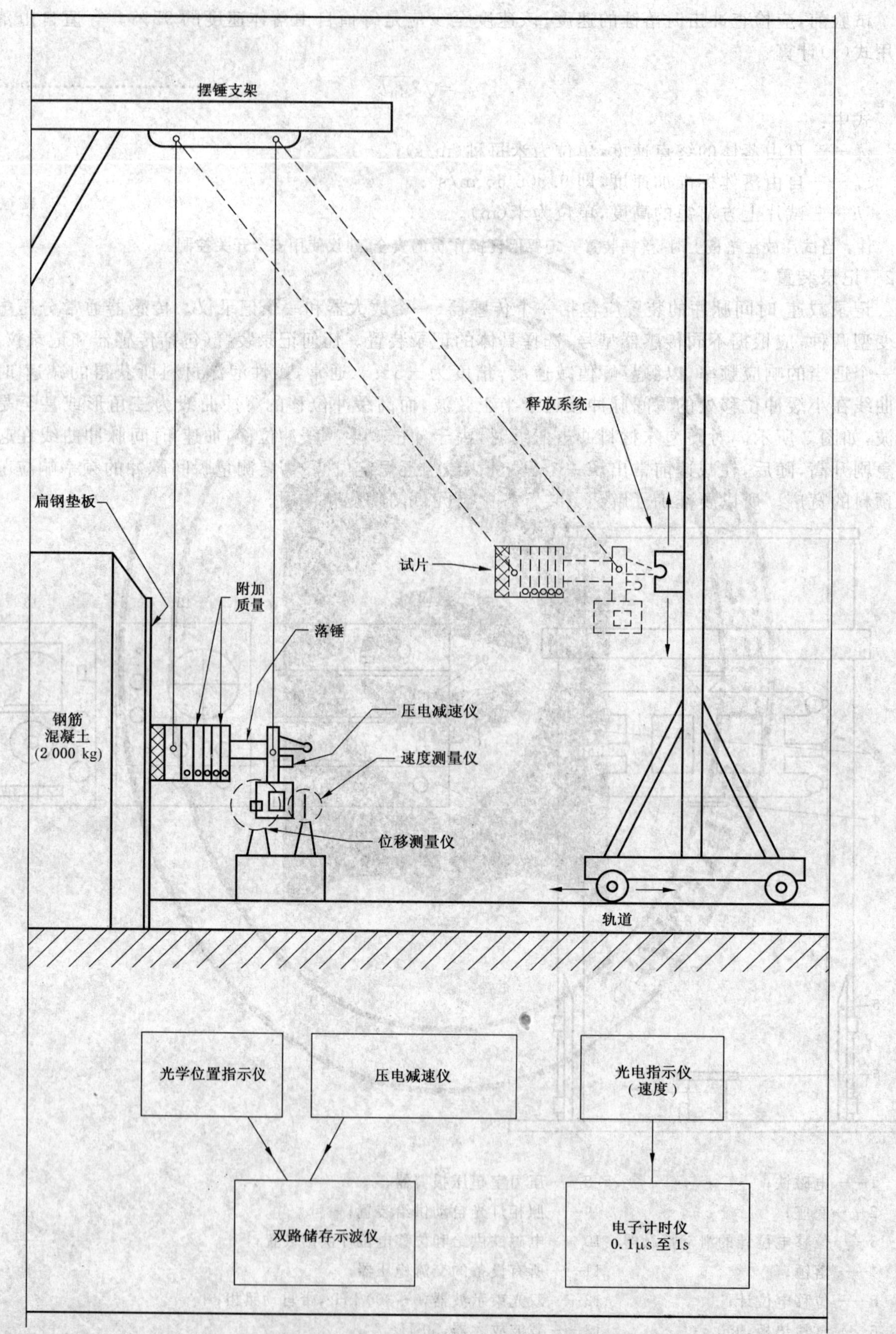

图 2 测定动态缓冲性能用摆锤仪示意图

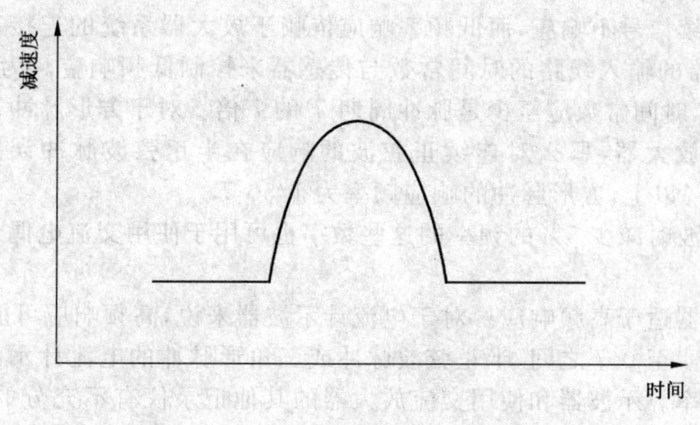

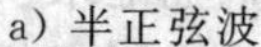
a) 半正弦波

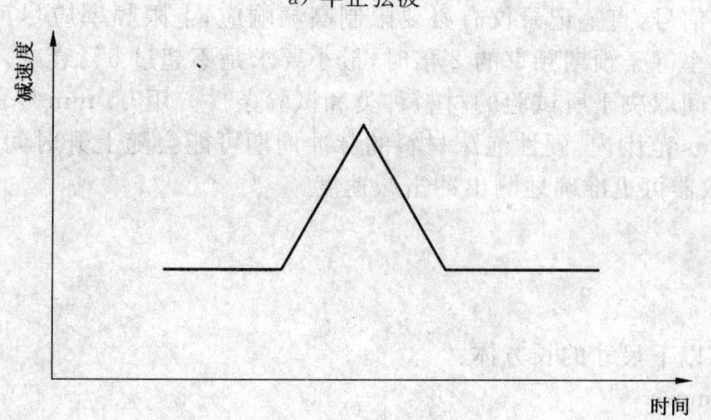

b) 三角形波

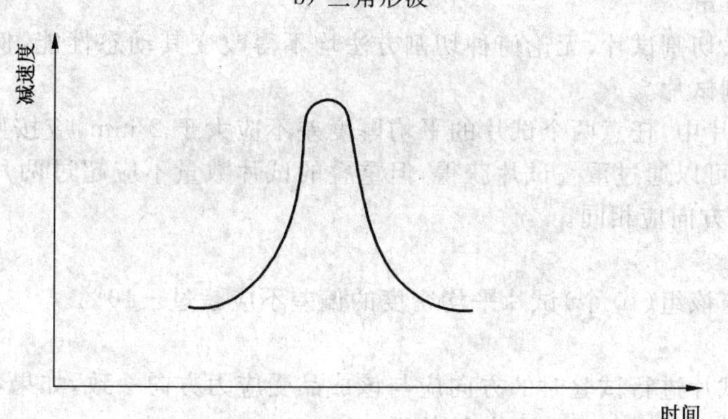

c) 火花状波

图 3 减速时间脉冲曲线

4.2.1 传感器

一般来说,传感器分压电型和应变型两种。压电型减速仪几乎没有固有的缓冲作用,如果响应频率太低,则可能通过减速脉冲引起响应,产生减速脉冲错误。总的说来,这些都可通过调整使传感器的固有振动频率的减速脉冲在 T 周期内不超过 1/20 而避免。然而,对于半正弦波脉冲或最初快速上升的脉冲来说,振动的固有周期小于脉冲周期的 1/10 或小于脉冲上升时间的 1/6 就足够了。

应变型或感应型减速仪有较高的固有缓冲作用(临界点在 0.4 与 0.7 之间)。在测量峰值减速度时为了获得一个比 5%还好的精度,对半正弦波或三角形脉冲来说,减速仪的固有振动频率应小于脉冲周期的 1/3。对于最初快速上升的脉冲来说,固有振动频率应小于上升时间的 1/6。建议使用环状剪切型压电传感器,它的电抗元件与顶部连接的托架是隔离开的。

压电型减速仪对持续信号不响应，而低频率响应依赖于放大器系统的连接部件。如果是阴极输出器，那么可用阴极输出器的输入线路的时间常数与传感器来控制低频响应。为了记录5%以内的半正弦波脉冲的峰值减速度，时间常数应至少是脉冲周期 T 的7倍。对于方形脉冲来说，响应值应是 $20T$。

如果连接的是充电放大器，那么对连续正弦波的响应在半正弦波脉冲误差5%范围内的频率为1/22 T时不会减小到5%以上，方形脉冲的响应频率为1/50 T。

在连续响应半正弦波时减少5%的频率的这些数字也可用于使用交流电偶合的那些放大系统。

4.2.2 记录仪

通常阴极射线示波器适于高频响应。对于电流计示波器来说，高频响应可能受到限制，因为这些设备通常缓冲临界值在0.4至0.7之间，半正弦波脉冲或三角形脉冲的电流计示波器应有一个小于脉冲周期1/3的固有振动频率。示波器和使用交流放大器的其他记录仪有不充分的低频响应，应考虑增加上述提到的充电放大器。由于记录笔的惯性，直笔记录仪可能会响应不准确。为了减少来自试验设备内的机械共振的假输出信号，直笔记录仪有必要限制高频响应，上限频率应尽可能地保持高，以满足假信号的充分衰减。在频率等于预期频率的2倍时，最小要求是不超过5%衰减。

脉冲周期和上升时间取决于所试验的材料种类和试验条件。用50 mm厚的试片，软泡沫海绵的脉冲周期在10 ms至25 ms范围内，硬性泡沫材料的脉冲周期可能会随上升时间而缩短，大约是2 ms至5 ms之间。用峰值读数器可更准确地测出冲击减速度。

5 试片

5.1 形状与尺寸

试片应是一个具有以下尺寸的长方体：

长度：150 mm±5 mm；

宽度：150 mm±5 mm；

厚度：50 mm±5 mm。

应采用适当的方法切割试片，无论何种切割方法均不得改变其动态性能，例如用带锯或锐刀，但不应使用热的金属丝切割试片。

在10个一组的试片中，任意两个试片的平均厚度差不应大于2 mm，应按照GB/T 6342规定的方法进行测量，试片厚度可以通过重叠试片获得，但重叠的试片数量不应超过两片，单片试片厚度不得少于20 mm，重叠试片的方向应相同。

5.2 均匀性

每一试片的密度与该组（10个）试片平均密度的偏差不应超过±10%。

5.3 试验的取向性

从成品中切割的试片进行试验时的方向应与该成品受应力方向一致，如果不能保持一致，则应在试验报告中载明成品受应力方向与试验方向的关系。

5.4 试片数量

至少用10个试片为一组进行试验。

6 试片的预调节和试验条件

试样应在制造后不少于72 h以后进行试验。试验前，应按照GB/T 2918、GB/T 2941或HG/T 2867的规定对试片至少静置16 h。在出现争议情况时，试验条件应一致，如选择温度为23℃±2℃、相对湿度为50%±5%的标准试验条件。

样品应在制造72 h后进行处理。除非供需双方同意另定，试验应在同一条件下进行。

7 试验步骤

7.1 总则

按5.1要求取试片的原始厚度，按ISO 845测量每一片试片的密度，确保落锤在安全位置。

把试片放在仪器的垫板上，准备落锤冲击试片。

按7.2和7.3规定，以固定的预定速度和静应力每隔60 s±15 s冲击试片1次，共3次。测量落锤第一次和第三次冲击时的峰值减速度，每一试片仅适应某一具体静应力和冲击速度。

试片受到3次冲击试验后，静置5 min，再测量其厚度。

7.2 冲击速度

使用相当于从250 mm和750 mm自由落下的两种速度，也可采用从1 250 mm处落下的高度。每次冲击应满足4.1规定的自由落体要求的95%，不能满足此要求的任何冲击都应予废弃。

7.3 静应力

对于每一次冲击速度，在供需双方同意的前提下应选择5个不同的静应力，这样，就会产生某个静应力大约给出了冲击时的最小峰值减速度，而其余4个静应力则在这个值上下，相当于约增加10%或20%的峰值减速度。

对于特殊材料，所选择的静应力可以减少到2个，相当于+10%的值。如果前面的试验已经表明，此次减少的对比试验，已测出缓冲性能有明显变化，则供需双方应同意上述试验。

8 结果表示

8.1 永久变形

试片受到冲击以后的永久变形δ用%表示，按式(2)计算：

$$\delta=\left(\frac{L_0-L_v}{L_0}\right)\times 100 \qquad \cdots\cdots(2)$$

式中：

L_0——试片的原始厚度，单位为毫米(mm)；

L_v——试片受冲击后的厚度，单位为毫米(mm)。

8.2 峰值减速度

峰值减速度修正值a_c，用标准自由落体加速度单位表示，按式(3)计算：

$$a_c=\frac{L_0}{L_s}\times\left(\frac{v_n}{v_a}\right)a_m \qquad \cdots\cdots(3)$$

式中：

L_0——试片的原始厚度，单位为毫米(mm)；

L_s——试片的标准基准厚度(50mm)，单位为毫米(mm)；

v_n——标准速度，单位为米每秒(m/s)；

v_a——实际速度，单位为米每秒(m/s)；

a_m——峰值减速值，用标准自由落体加速度为单位。

9 试验报告

试验报告应包括以下内容：

a) GB/T 18943—2008；

b) 材料说明；

c) 试验与原材料的方向性；

d) 试验条件，且对所使用的落锤试验仪有一个简要的说明；

e) 所使用的静应力、试片厚度和相应的修正减速度；

f) 冲击后的永久变形；

g) 试片是否重叠；

h) 下落数及下落高度。

附　录　A
（资料性附录）
使用动态缓冲性能获得设计数据

对于怎样使用本标准规定的试验方法，本附录提供了指导。

A.1　数据的表示

用此试验方法为设计获得的数据可用以下方式表示：

A.1.1　减速静应力曲线图：本图为峰值减速度 $a(\mathrm{m/s^2})$ 与静应力 $\sigma_{ST}(\mathrm{kPa})$ 的曲线图：

——连续落在给定厚度试片（符合 A.2.1 规定）上的落点数（符合 7.1 或 A.2.5）与冲击速度或相等落高（符合 7.2 或 A.2.2）的曲线图。

——不同厚度试片（符合 A.2.1）与冲击速度或相等落高（符合 7.2 或 A.2.2）的曲线图。

——给定厚度试片（符合 A.2.1）与选定的一组冲击速度或相等落高（符合 7.2 或 A.2.2）的曲线图。

A.1.2　缓冲曲线图：该曲线图与减速-静应力图相同（见 A.1.1），而且表示出了所测量的每一组的最大位移 $\Delta L_{max}(\mathrm{mm})$ 与静应力 σ_{ST} 的函数关系，图 A.1 为其缓冲曲线示意图。

A.1.3　动态压缩曲线图：动态应力 $\sigma_{DYN}(\mathrm{kPa})$ 是试片的相对压缩率 $\Delta L_{max}/\Delta L_0$ 的函数。该曲线表明了试片的原始厚度 $L_0(\mathrm{mm})$ 与所选择的冲击速度或相等落高的关系图。

A.2　获得设计数据的试验要求

A.2.1　试片尺寸的重要性

已知试片的尺寸（和形状）会影响到峰值减速度值，特别是部分开孔海绵或全开孔海绵的试片。校正步骤不适应于厚度超出标准公差范围的样品。

该方法选用试片尺寸的差别变化可降低到允许的范围。

设计时，如有可能，则所选择的厚度应能代表其成品。另外，假若在其他情形下要获得特殊多孔材料更详细的设计数据，除了或代替规定厚度 50 mm±5 mm 之外，应选择下列一种或多种厚度：10 mm、25 mm、50 mm、75 mm、100 mm 和 125 mm 的试片。

注：自由缓冲的动态减振性能与受约束减振的动态缓冲性能不可比较。在包装应用中，峰值减速度可能会受到缓冲凹陷、缓冲面和容器壁摩擦及容器外壳变形的影响。

A.2.2　冲击速度或相等落高

该试验方法规定选择的二个速度应能够涵盖大多数的使用情况，并能区别在高、低初始应变速率下海绵材料的性能差别。

对于设计数据，视最终应用条件而不同。其他速度或相等落高也是必要的。对于本方法所述的两种范围以外的速度来说，同一试验机性能应是相同的。

A.2.3　静应力 σ_{ST}

设计静应力的范围一般在 0.5 kPa～15 kPa 之间。这一范围代表了缓冲材料的绝大多数海绵材料。建议在此范围内至少有 6 个静应力。

A.2.4　位移测量

对于符合 A.1.2 和 A.1.3 的设计数据的表示，要求有记录由于时间因素而发生的落锤位移或落锤减速度装置。

A.2.5　落下次数

对于多数实际使用，第一次和第三次落下的性能适合于绝大多数应用。但在进行重复传送的分配系统中,需要对5次冲击的峰值减速度变化应给予充足的保护。因此,建议对第一次和第五次落下性能进行测量和报告,或根据A.1.1在减速静应力曲线图中说明第一次落下性能和相继四次落下性能的平均数的详细数据。

A.2.6 温度

设计时,温度有时可能超出-40℃~+50℃的范围,这时应从ISO 3205《试验温度的选择》规定中选择合适的温度,与试片接触的试验仪的部件应在该温度范围不受损伤。

A.2.7 湿度

对于热带条件下的特殊泡沫材料的性能数据或在这些条件下暴露的成品,建议试验温度为40℃±2℃、相对湿度为90%±5%。

注:在某些情况下,有必要严格试验条件以确保试片湿度的均匀分布。

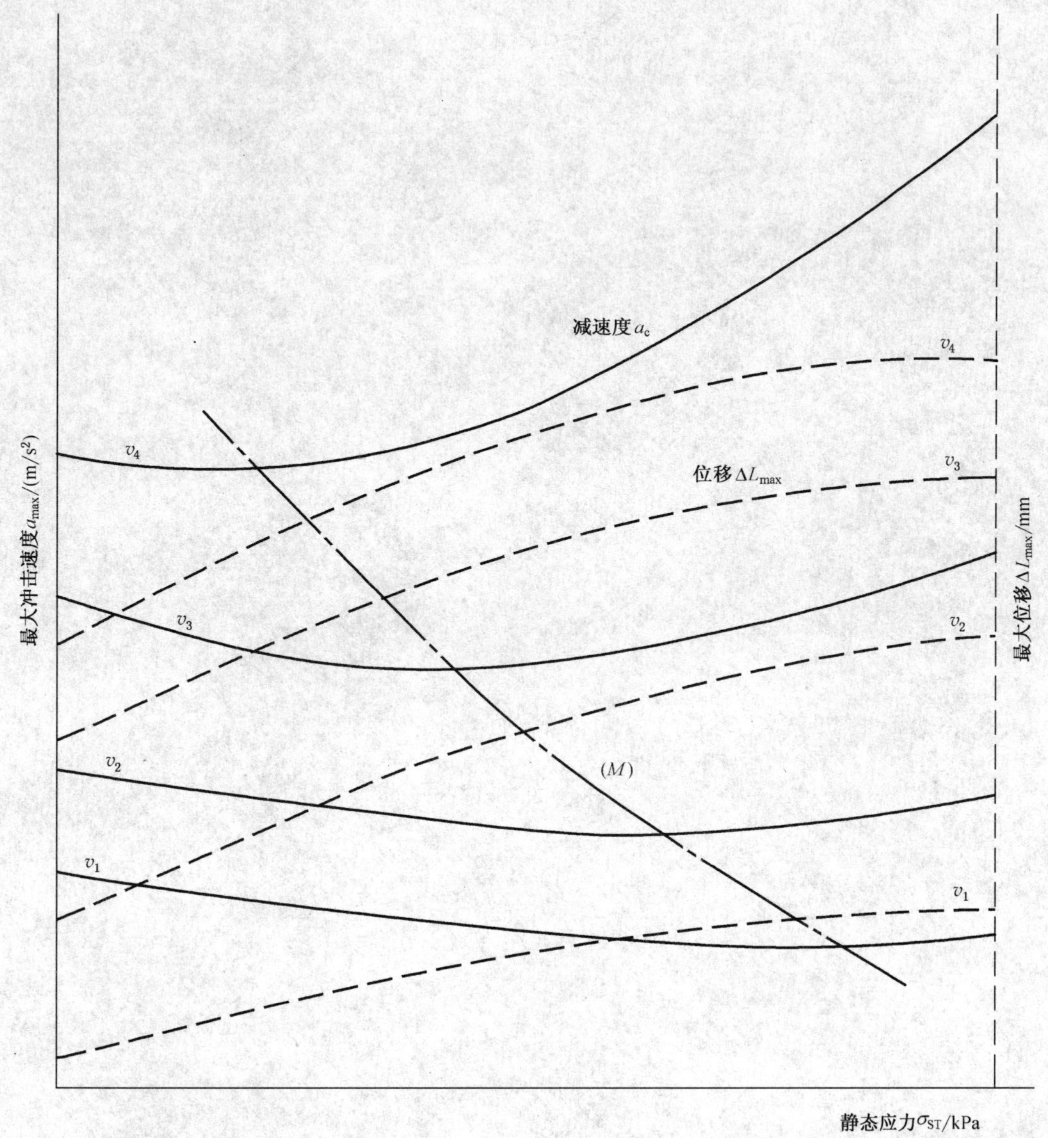

注:v_1、v_2、v_3 和 v_4 是选定的冲击速度。曲线(M)是冲击速度 a_{max} 最小变化值与静应力 σ_{ST} 的曲线函数。

图A.1 缓冲示意图

ICS 67.140.10
X 55

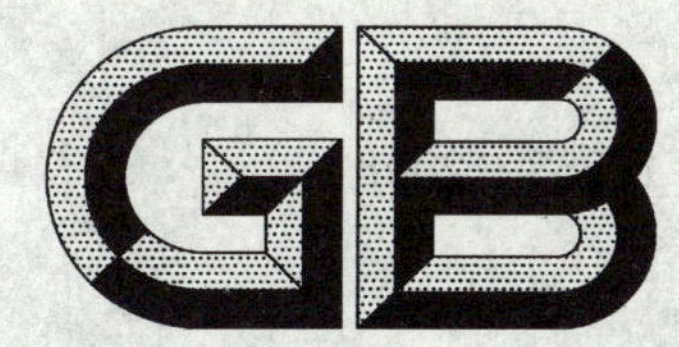

中华人民共和国国家标准

GB/T 18957—2008
代替 GB 18957—2003

地理标志产品 洞庭(山)碧螺春茶

Product of geographical indication—Dongting(mountain)Biluochun tea

2008-07-31 发布 2008-11-01 实施

中华人民共和国国家质量监督检验检疫总局
中国国家标准化管理委员会 发布

前　言

本标准根据《地理标志产品保护规定》及 GB/T 17924《地理标志产品标准通用要求》制定。

本标准代替 GB 18957—2003《原产地域产品　洞庭(山)碧螺春茶》。

本标准与 GB 18957—2003 相比主要变化如下：

——将标准属性由强制性改为推荐性；

——根据国家质量监督检验检疫总局颁布的《地理标志产品保护规定》，修改了标准中英文名称及相关表述；

——将有关“净含量允差”修改为“净含量允许短缺量”；

——依据 GB 2762 和 GB 2763，将卫生指标改为污染物限量指标和农药最大残留限量指标；

——修改了保质期要求。

本标准的附录 A 为规范性附录。

本标准由全国原产地域产品标准化工作组提出并归口。

本标准主要起草单位：苏州市吴中区洞庭山碧螺春茶业协会、苏州洞庭山碧螺春茶地理标志产品保护办公室、苏州市洞庭山碧螺春茶业有限公司。

本标准主要起草人：章无畏、谢燮清、汤泉、沈华明、季小明、马国梁。

本标准所代替标准的历次版本发布情况为：

——GB 18957—2003。

地理标志产品　洞庭(山)碧螺春茶

1　范围

本标准规定了洞庭(山)碧螺春茶的术语和定义、地理标志产品保护范围、分级及实物标准样、要求、试验方法、检验规则、标志、标签和包装、运输、贮存。

本标准适用于国家质量监督检验检疫行政主管部门根据《地理标志产品保护规定》批准保护的洞庭(山)碧螺春茶。

2　规范性引用文件

下列文件中的条款通过本标准的引用而成为本标准的条款。凡是注日期的引用文件,其随后所有的修改单(不包括勘误的内容)或修订版均不适用于本标准,然而,鼓励根据本标准达成协议的各方研究是否可使用这些文件的最新版本。凡是不注日期的引用文件,其最新版本适用于本标准。

GB/T 191　包装储运图示标志

GB 2762　食品中污染物限量

GB 2763　食品中农药最大残留限量

GB 7718　预包装食品标签通则

GB/T 8302　茶取样

GB/T 8304　茶　水分测定

GB/T 8305　茶　水浸出物测定

GB/T 8306　茶　总灰分测定

GB/T 8310　茶　粗纤维测定

JJF 1070　定量包装商品净含量计量检验规则

SB/T 10035　茶叶销售包装通用技术条件

SB/T 10157　茶叶感官审评方法

国家质量监督检验检疫总局令[2005]第75号《定量包装商品计量监督管理办法》

3　术语和定义

下列术语和定义适用于本标准。

3.1

洞庭(山)碧螺春茶　Dongting (mountain) Biluochun tea

在本标准第4章规定的范围内,采自传统茶树品种或选用适宜的良种进行繁育、栽培的茶树的幼嫩芽叶,经独特的工艺加工而成,具有"纤细多毫,卷曲呈螺,嫩香持久,滋味鲜醇,回味甘甜"为主要品质特征的绿茶。

3.2

茶叶单张　tea single

茶叶经冲泡后叶底呈现出的单片嫩叶,系茶叶加工过程中形成的。

4　地理标志产品保护范围

洞庭(山)碧螺春茶地理标志产品保护范围限于国家质量监督检验检疫行政主管部门根据《地理标志产品保护规定》批准的范围,见附录A。

5 分级及实物标准样

5.1 分级

洞庭(山)碧螺春茶按产品质量分为特级一等、特级二等、一级、二级、三级。

5.2 实物标准样

各等级设一个实物标准样,实物标准样为该级品质最低界限,每三年换样一次。

6 要求

6.1 自然环境

6.1.1 地貌

洞庭山位于苏州西部丘陵山区,洞庭东山系太湖半岛,洞庭西山是四面环水的全岛。山岭大部分是五通系石英砂岩和紫色云母砂岩及小部分中生代石灰岩组成。经长期侵蚀,山丘外貌圆浑,其周围地面下降为湖湾,再经坡积物、湖积物填充而成谷地,俗称山坞。茶树主要分布在山坞及山麓缓坡中。

6.1.2 气候

洞庭山属北亚热带湿润性季风气候带,受太湖及复杂地形影响,温暖湿润,四季分明。年平均气温16 ℃,平均日照2 190 h,无霜期244 d。年均降水量1 100 mm,相对湿度79%。

6.1.3 土壤

洞庭山土壤由山丘岩石风化残积物发育的土壤为地带性自然黄棕壤,山坞和山间开阔平地为耕型黄棕壤。土壤中有机质、磷含量较高,pH值4～6。

6.1.4 植被

洞庭山植物种类丰富,生长繁密。有松树、杉木、白栎、冬青、麻栎及人工营造的银杏、枇杷、杨梅、板栗、柑桔、桃、梅、石榴等十多种果树。茶树栽培于果树、林木中,林木覆盖率在80%以上。

6.2 茶树栽培

6.2.1 茶果间作

茶果间作是碧螺春茶最具特色的栽培方式,茶果间作方式是以茶为主,在茶园中嵌种果树,以25%～35%的覆盖率为宜。

6.2.2 适宜与茶树间作的果树

适宜与茶树间作的果树主要有:枇杷、杨梅、板栗、梅树、柑桔等树种。

6.3 鲜叶原料

6.3.1 鲜叶采摘时间

鲜叶采摘时间为春分前后至谷雨,谷雨后采制的茶不得称为洞庭(山)碧螺春茶。

6.3.2 鲜叶采摘标准

一芽一叶初展,一芽一叶,一芽二叶初展,一芽二叶。每批采下的鲜叶嫩度、匀度、净度、新鲜度应基本一致。

6.4 工艺流程

鲜叶拣剔→高温杀青→热揉成形→搓团显毫→文火干燥。

6.5 感官指标

6.5.1 不得含有非茶类夹杂物,不着色,不添加任何香味物质,无异味、无霉变。

6.5.2 各级洞庭(山)碧螺春茶感官品质应符合实物标准样。

6.5.3 各级洞庭(山)碧螺春茶感官指标应符合表1规定。

表 1 洞庭(山)碧螺春茶感官指标

级别	外形				内质			
	条索	色泽	整碎	净度	香气	滋味	汤色	叶底
特级一等	纤细、卷曲呈螺、满身披毫	银绿隐翠鲜润	匀整	洁净	嫩香清鲜	清鲜甘醇	嫩绿鲜亮	幼嫩多芽、嫩绿鲜活
特级二等	较纤细、卷曲呈螺、满身披毫	银绿隐翠较鲜润	匀整	洁净	嫩香清鲜	清鲜甘醇	嫩绿鲜亮	幼嫩多芽、嫩绿鲜活
一级	尚纤细、卷曲呈螺、白毫披覆	银绿隐翠	匀整	匀净	嫩爽清香	鲜醇	绿明亮	嫩、绿明亮
二级	紧细、卷曲呈螺、白毫显露	绿润	匀尚整	匀、尚净	清香	鲜醇	绿尚明亮	嫩、略含单张、绿明亮
三级	尚紧细、尚卷曲呈螺、尚显白毫	尚绿润	尚匀整	尚净、有单张	纯正	醇厚	绿尚明亮	尚嫩、含单张、绿尚亮

6.6 理化指标

洞庭(山)碧螺春茶理化指标应符合表 2 规定。

表 2 洞庭(山)碧螺春茶理化指标

项目		指标
水分/%	≤	7.5
总灰分/%	≤	6.5
水浸出物/%	≥	34.0
粗纤维/%	≤	14.0

6.7 质量安全指标

6.7.1 污染物限量指标

应符合 GB 2762 规定。

6.7.2 农药最大残留限量指标

应符合 GB 2763 规定。

6.8 净含量

净含量允许短缺量应符合国家质量监督检验检疫总局令[2005]第 75 号《定量包装商品计量监督管理办法》。

7 试验方法

7.1 抽样

按 GB/T 8302 规定执行。

7.2 感官品质

按 SB/T 10157 规定和实物标准样执行。

7.3 理化指标

7.3.1 水分检验

按 GB/T 8304 规定执行。

7.3.2 总灰分检验

按 GB/T 8306 规定执行。

7.3.3 水浸出物检验

按 GB/T 8305 规定执行。

7.3.4 粗纤维检验

按 GB/T 8310 规定执行。

7.4 质量安全指标检验

污染物限量按 GB 2762 规定执行，农药最大残留限量按 GB 2763 规定执行。

7.5 净含量检验

净含量允许短缺量检验按 JJF 1070 规定执行。

8 检验规则

8.1 检验批次

在生产和加工拼配过程中形成的独立数量的产品为一个批次，同批产品的品质规格和包装应一致。

8.2 出厂检验

8.2.1 出厂检验项目为感官指标、水分、净含量和标签。

8.2.2 产品应经过厂质检部门的检验，签发产品质量合格证后，方可出厂。

8.3 型式检验

型式检验的项目为本标准规定的全部项目，检验周期为每年一次，有下列情况之一时，应进行型式检验：

a) 加工工艺改变后，可能影响产品品质时；

b) 停产一年后又恢复生产时；

c) 生产地址或生产设备发生较大变化，可能影响茶叶产品质量时；

d) 国家法定质量监督机构提出型式检验要求时。

8.4 判定规则

8.4.1 检验结果中凡有劣变、有污染、有异气味或污染物限量指标和农药最大残留限量指标不合格的产品，均判定该批产品不合格。

8.4.2 净含量、理化指标中若有一项指标不合格时，可从同批产品中加倍随机抽样复检，复检后仍不合格的，则判定该批产品不合格。感官指标经综合评判后不合格的，可从同批产品中加倍随机抽样复检，复检后仍不合格的，则判定该批产品不合格。对检验结果有争议时，应对留存样品进行复检，或在同批产品中加倍随机抽样，对有争议项目进行复检，以复检结果为准。

9 标志、标签

9.1 获得使用地理标志产品专用标志的生产者，应按地理标志产品专用标志管理办法的规定在其产品上使用防伪专用标志和洞庭(山)碧螺春茶保护名称。标签应符合 GB 7718 的规定。

9.2 不符合本标准的产品，其产品名称不得使用含有洞庭(山)碧螺春茶(包括连续或断开)的名称。

9.3 经销单位进行分装和小包装时，应标明分装或包装日期。

9.4 运输包装箱的图示标志应符合 GB/T 191 的规定。

10 包装、运输、贮存

10.1 包装

包装材料应干燥，清洁，无异味，不影响茶叶品质。包装应牢固，防潮，整洁，能保护茶叶品质，便于装卸、仓储和运输。接触茶叶的包装材料应符合 SB/T 10035 规定。

10.2 运输

运输时应放在干净、无异味、无污染的专用包装箱内，应轻装轻放，防雨、防潮，避免撞击、重压。

10.3 **贮存**

产品应贮存于清洁、干燥、阴凉、无异味的专用仓库中，仓库周围应无异味。

10.4 **保质期**

保质期由生产者根据产品的类型、包装材料和贮存条件等因素自行确定。

附　录　A
（规范性附录）
洞庭（山）碧螺春茶地理标志产品保护范围图

洞庭（山）碧螺春茶地理标志产品保护范围见图 A.1。

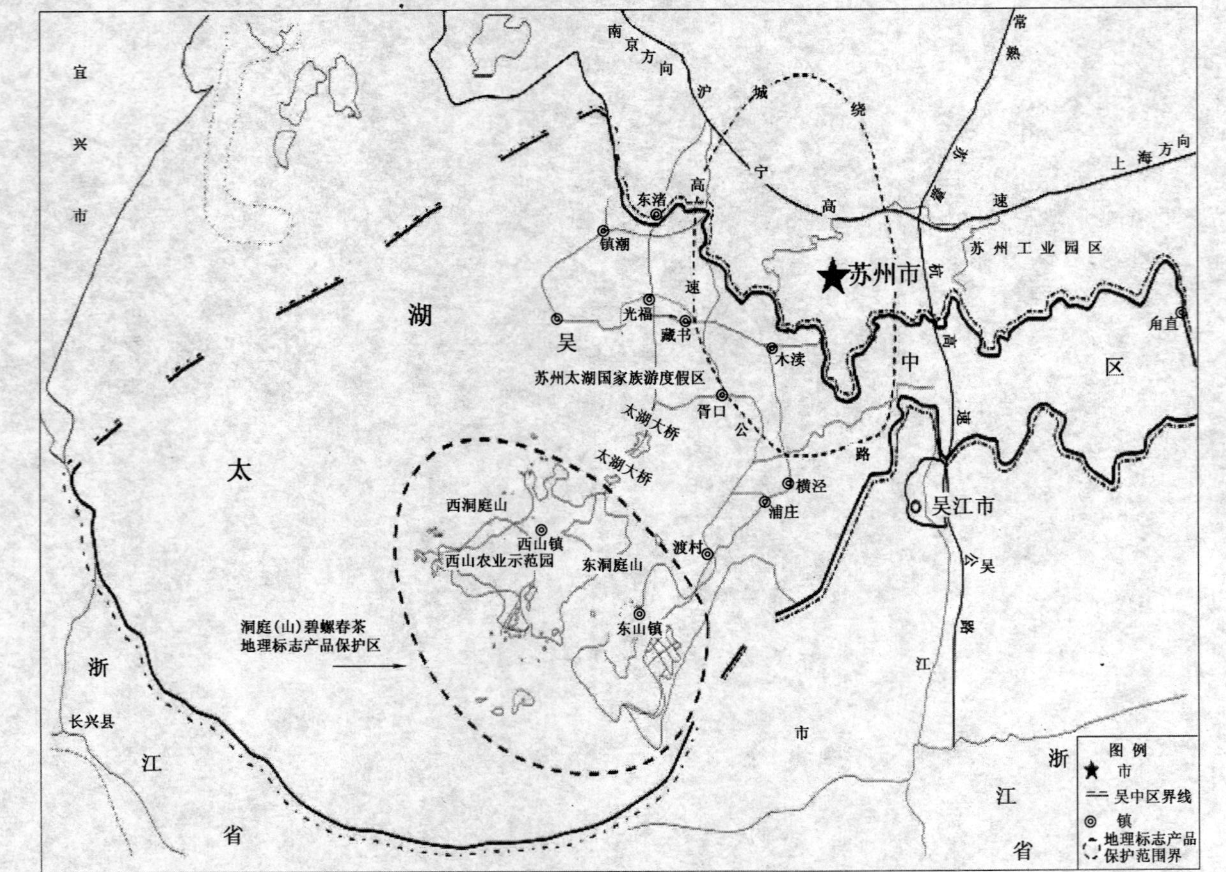

注：西山镇于 2007 年 5 月更名为金庭镇。

图 A.1　洞庭（山）碧螺春茶地理标志产品保护范围图

ICS 83.080.20
G 31

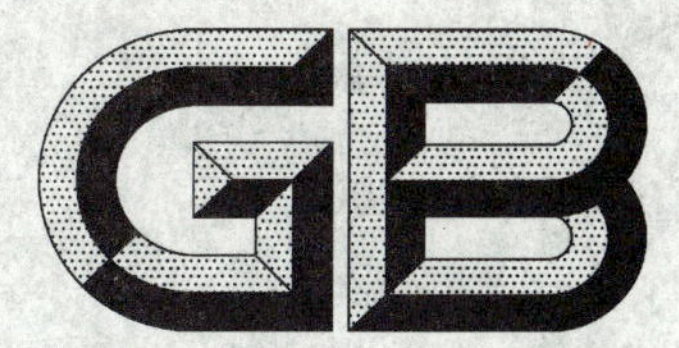

中华人民共和国国家标准

GB/T 18964.1—2008

塑料　抗冲击聚苯乙烯(PS-I)模塑和挤出材料　第1部分:命名系统和分类基础

Plastics—Impact-resistant polystyrene (PS-I) moulding and extrusion materials—Part 1:Designation system and basis for specifications

(ISO 2897-1:1997,MOD)

2008-08-01 发布　　2009-04-01 实施

中华人民共和国国家质量监督检验检疫总局
中国国家标准化管理委员会　发布

前　言

GB/T 18964《塑料　抗冲击聚苯乙烯(PS-I)模塑和挤出材料》分为如下两个部分:

——第1部分:命名系统和分类基础;

——第2部分:试样制备和性能测定。

本部分为GB/T 18964的第1部分。

本部分修改采用ISO 2897-1:1997《塑料——抗冲击聚苯乙烯(PS-I)模塑和挤出材料——第1部分:命名系统和分类基础》(英文版)。本部分根据ISO 2897-1:1997重新起草。

本部分的结构与ISO 2897-1:1997完全相同。本部分与ISO 2897-1:1997相比,主要差异如下:

——命名和分类系统标准模式中,省略可选择的"热塑性塑料"说明组和国际标准号(第3章)。

——特征性能用简支梁缺口冲击强度代替悬臂梁缺口冲击强度(3.3.3)。

——增加字符组4的具体内容及命名示例(3.4和4.2)。

本部分由中国石油化工集团公司提出。

本部分由全国塑料标准化技术委员会石化塑料树脂产品分会(SAC/TC15/SC 1)归口。

本部分起草单位:中国石油化工股份有限公司北京燕山分公司树脂应用研究所。

本部分参加单位:中国石油化工股份有限公司广州分公司、上海赛科石油化工有限公司。

本部分主要起草人:王晓丽、杨春梅、陈宏愿、田江南。

塑料　抗冲击聚苯乙烯(PS-I)模塑和挤出材料　第1部分：命名系统和分类基础

1　范围

1.1　GB/T 18964 的本部分规定了抗冲击聚苯乙烯(PS-I)热塑性塑料材料的命名系统。该系统可作为分类基础。

1.2　不同类型的 PS-I 热塑性材料用下列指定的特征性能的值以及推荐用途和(或)加工方法、重要性能、添加剂、着色剂、填料和增强材料等为基础的一种分类系统加以区分：

a)　维卡软化温度；

b)　熔体质量流动速率；

c)　简支梁缺口冲击强度；

d)　弯曲模量。

1.3　本部分适用于所有以聚苯乙烯和(或)烷基取代苯乙烯与苯乙烯的共聚物为连续相，以丁二烯的橡胶相为分散相的两相聚合物体系组成的抗冲击聚苯乙烯塑料。

本部分适用于常规应用的未改性或经着色剂、添加剂、填料等改性的材料。

本部分不适用于可发性材料。

1.4　本部分不意味着命名相同的材料必定具有相同的性能。本部分不提供用于说明材料具体用途和(或)加工方法所需的工程数据、性能数据或加工条件数据。

如果需要，可按本标准第 2 部分中规定的试验方法确定这些附加性能。

1.5　为了说明某种 PS-I 材料的特殊用途或为了确保加工的重现性，可在第 5 字符组中给出附加要求。

2　规范性引用文件

下列文件中的条款通过 GB/T 18964 的本部分的引用而成为本部分的条款。凡是注日期的引用文件，其随后所有的修改单(不包括勘误的内容)或修订版均不适用于本部分，然而，鼓励根据本部分达成协议的各方研究是否可使用这些文件的最新版本。凡是不注日期的引用文件，其最新版本适用于本部分。

GB/T 1844.1—2008　塑料　符号和缩略语　第 1 部分：基础聚合物及其特征性能(ISO 1043-1：2001，IDT)

GB/T 1844.2—2008　塑料　符号和缩略语　第 2 部分：填充及增强材料(ISO 1043-2：2000，IDT)

GB/T 18964.2—2003　塑料　抗冲击聚苯乙烯(PS-I)模塑和挤出材料　第 2 部分：试样制备和性能测定

3　命名和分类系统

抗冲击聚苯乙烯命名和分类系统基于下列标准模式：

命名				
特征项目组				
字符组 1	字符组 2	字符组 3	字符组 4	字符组 5

命名由表示特征项目组的五个字符组构成：

字符组 1：按照 GB/T 1844.1—2008 规定的抗冲击聚苯乙烯代号 PS-I（见 3.1）。

字符组 2：位置 1：推荐用途或加工方法(见 3.2)。

位置 2～8：重要性能，添加剂和其他说明(见 3.2)。

字符组 3：特征性能(见 3.3)。

字符组 4：填料或增强材料及其标称含量(见 3.4)。

字符组 5：为达到分类的目的，可在第 5 字符组里添加附加信息(见 3.5)。

字符组间用逗号隔开，如果某个字符组不用，就要用两个逗号即“，，”隔开。

3.1 字符组 1

该字符组是 GB/T 1844.1—2008 规定的抗冲击聚苯乙烯代号“PS-I”。

3.2 字符组 2

在该字符组中，位置 1 给出有关材料的推荐用途和(或)加工方法的说明，位置 2～8 给出有关重要性能、添加剂和颜色的说明。所用字母代号的规定见表 1。

如果在位置 2～8 有说明内容，而在位置 1 没给出说明时，则应在位置 1 插入字母 X。

表 1　字符组 2 中使用的字母代号

字母代号	位　置　1	字母代号	位　置　2～8
		A	加工稳定化的
		B	抗粘连
		C	着色的
E	挤出		
F	薄膜挤出	F	特殊燃烧性
G	一般用途	G	颗粒
		H	耐热稳定化的
		L	光或气候稳定的
M	注塑		
		N	本色(未着色的)
		R	加脱模剂的
		S	加润滑剂的
		T	透明的
X	未说明		
		Z	抗静电的

3.3 字符组 3

在该字符组中，用三个数字组成的代号表示维卡软化温度(见 3.3.1)，用两个数字组成的代号表示熔体质量流动速率（见 3.3.2)，用两个数字组成的代号表示简支梁缺口冲击强度(见 3.3.3)，用两个数字组成的代号表示弯曲模量(见 3.3.4)，各代号间用一个连字符“-”隔开。

抗冲击聚苯乙烯的生产者应对材料进行命名。由于生产过程的容许限，材料的试验值一般与命名的值不同，该命名不受影响。

注：目前可买到的原料不一定提供所有的特征性能值。

3.3.1 维卡软化温度

维卡软化温度测定按 GB/T 18964.2—2003 规定进行。

按照可能出现的数值，将维卡软化温度分为六个范围，每个范围用三个数字组成的数字代号表示，见表 2。

表 2 字符组 3 中维卡软化温度使用的代号及范围

数字代号	维卡软化温度的范围/℃
078	≤80
083	>80～85
088	>85～90
093	>90～95
098	>95～100
103	>100

3.3.2 熔体质量流动速率

熔体质量流动速率（MFR）测定按 GB/T 18964.2—2003 规定进行。

按照可能出现的数值，将熔体质量流动速率分为四个范围，每个范围用两个数字组成的数字代号表示，见表 3。

表 3 字符组 3 中熔体质量流动速率使用的代号及范围

数字代号	熔体质量流动速率(MFR)的范围/(g/10 min)
03	≤4
06	>4～8
12	>8～16
20	>16

3.3.3 简支梁缺口冲击强度

简支梁缺口冲击强度测定按 GB/T 18964.2—2003 规定进行。

按照可能出现的数值，将简支梁缺口冲击强度分为五个范围，每个范围用两个数字组成的数字代号表示，见表 4。

表 4 字符组 3 中简支梁缺口强度使用的代号及范围

数字代号	简支梁缺口冲击强度的范围/(kJ/m^2)
02	>1.5～3
04	>3～6
07	>6～9
10	>9～12
15	>12

3.3.4 弯曲模量

弯曲模量测定按 GB/T 18964.2—2003 规定进行。

按照可能出现的数值，将弯曲模量分为四个范围，每个范围用两个数字组成的数字代号表示，见表 5。

表 5　字符组 3 中弯曲模量使用的代号及范围

数字代号	弯曲模量的范围/MPa
12	≤1 500
18	>1 500～2 000
23	>2 000～2 500
30	>2 500

3.4　字符组 4

抗冲击聚苯乙烯所用填料或增强材料及类型的代号按 GB/T 1844.2—2008 规定。在该字符组中，位置 1 用一个字母代号表示填料或增强材料的类型，位置 2 用一个字母代号表示其物理形态，字母代号的规定见表 6。紧接着字母(不空格)，在位置 3 和位置 4 用两个数字为代号表示其质量分数。

表 6　字符组 4 中填料和增强材料的字母代号

字母代号	材料（位置 1）	字母代号	形态（位置 2）
B	硼	B	球状，珠状
C	碳[a]		
		D	粉末状
		F	纤维状
G	玻璃	G	颗粒状
		H	晶须状
L	纤维素[a]		
M	矿物[a,b]，金属[a]		
S	有机合成材料[a]	S	鳞状，片状
T	滑石粉		
X	未说明	X	未说明
Z	其他[a]	Z	其他[a]

a　这些材料可用其化学符号或有关国家标准中规定的附加符号进一步明确表示。对于金属(M)，用化学符号表示金属类型非常重要。

b　如果可能，矿物填料应该用具体符号明确表示。

多种材料和(或)多种形态材料的混合物，可用“＋”号将相应的代号组合放在括号内表示。例如：含有 25%(质量分数)玻璃纤维(GF)和 10%(质量分数)矿物粉(MD)的混合物可表示为(GF25＋MD10)。

3.5　字符组 5

在这个可选用的字符组中，附加要求是一种将材料的命名转换成特定用途规格的方法。例如对已确定规格的产品可参考合适的国家标准或类似标准进行。

4　命名示例

4.1　某抗冲击聚苯乙烯(PS-I)热塑性塑料，推荐用于注塑模塑(M)，光或气候稳定的(L)，本色(未着色)(N)，维卡软化温度为 84 ℃(083)，熔体质量流动速率为 14 g/10 min(12)，简支梁缺口冲击强度为 8 kJ/m^2(07)，弯曲模量为 2 200 MPa(23)，其命名为：

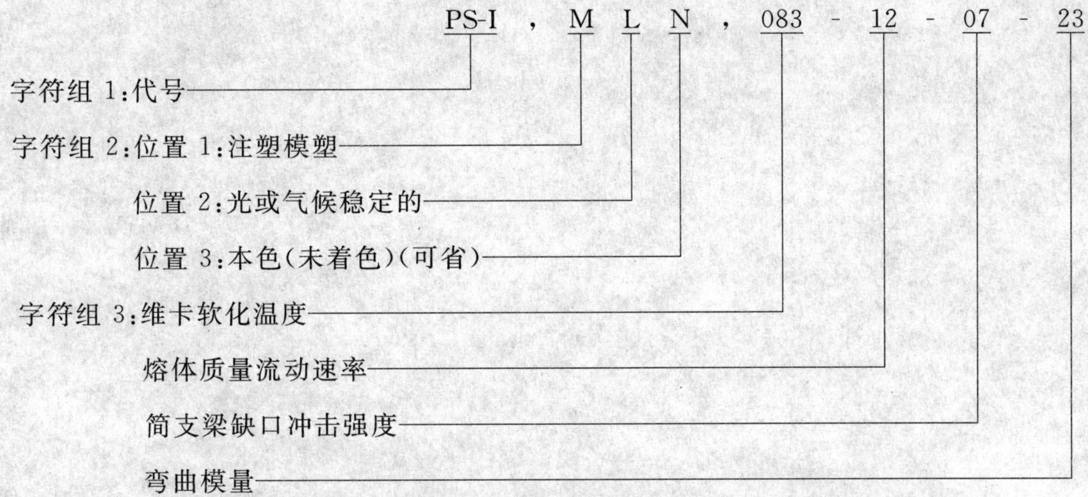

命名:PS-I,MLN,083-12-07-23

4.2 某抗冲击聚苯乙烯(PS-I)热塑性塑料,推荐用于注塑模塑(M),加脱膜剂(R),添加滑石粉增强,滑石粉的质量分数为40%(TD40),维卡软化温度为91 ℃(093),熔体质量流动速率为1.5 g/10 min(03),简支梁缺口冲击强度为6 kJ/m^2(04),弯曲模量为2 500 MPa(23),其命名为:

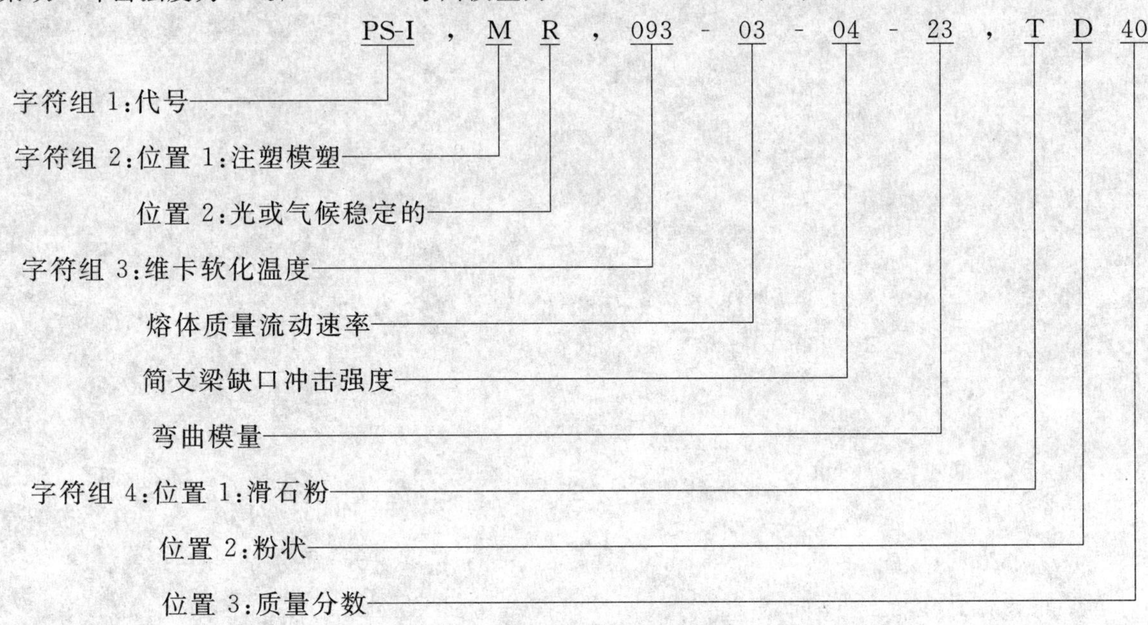

PS-I,MR,093-03-04-23,TD40

ICS 67.080.10
B 31

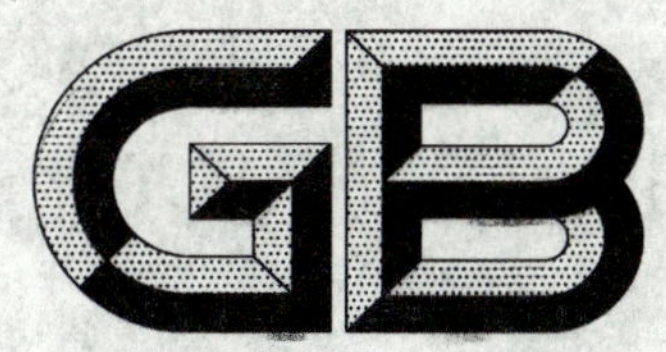

中华人民共和国国家标准

GB/T 18965—2008
代替 GB 18965—2003

地理标志产品　烟台苹果

Product of geographical indication—Yantai apple

2008-06-25 发布　　2008-10-01 实施

中华人民共和国国家质量监督检验检疫总局
中国国家标准化管理委员会　发布

前　言

本标准根据国家质量监督检验检疫总局颁布的2005第78号令《地理标志产品保护规定》及GB 17924—1999《原产地域产品通用要求》制定。

本标准代替GB 18965—2003《原产地域产品　烟台苹果》。

本标准与GB 18965—2003相比主要变化如下：

——标准属性由强制性国家标准改为推荐性国家标准；

——根据国家质量监督检验检疫总局颁布的《地理标志产品保护规定》，将标准名称改为《地理标志产品　烟台苹果》；

——更改了卫生指标的执行标准，由GB/T 10651—1989改为NY/T 1075—2006(见5.7)；

——修改了自然环境中有关气温、光照和降水量的数值，增加了土壤的pH值(见5.1.1、5.1.2、5.1.3、5.1.4)；

——修改了对套用纸袋的要求，同时增加不套用纸袋的要求(见5.2.2.5、5.2.2.7)。

本标准的附录A为规范性附录。

本标准由全国原产地域产品标准化工作组提出并归口。

本标准起草单位：烟台市农业局、烟台市质量技术监督局、烟台市苹果协会。

本标准主要起草人：王忠和、吕琦昌、刘世果、刘祥、李福玉、李慧、赵培策、马德功、刘宝革。

本标准所代替标准的历次版本发布情况为：

——GB 18965—2003。

地理标志产品　烟台苹果

1　范围

本标准规定了烟台苹果的地理标志产品保护范围、术语和定义、要求、试验方法、检验规则及标志、包装、运输、贮存。

本标准适用于国家质量监督检验检疫总局根据《地理标志产品保护规定》批准保护的地理标志产品烟台苹果。

2　规范性引用文件

下列文件中的条款通过本标准的引用而成为本标准的条款。凡是注日期的引用文件，其随后所有的修改单（不包括勘误的内容）或修订版均不适用于本标准，然而，鼓励根据本标准达成协议的各方研究是否可使用这些文件的最新版本。凡是不注日期的引用文件，其最新版本适用于本标准。

GB/T 8559　苹果冷藏技术

GB/T 8855　新鲜水果和蔬菜的取样方法

GB/T 10651　鲜苹果

GB/T 13607　苹果、柑桔包装

NY/T 1075　红富士苹果

ISO 8682　苹果气调贮藏

3　术语和定义

GB/T 10651确立的以及下列术语和定义适用于本标准。

3.1

烟台苹果　Yantai apple

在本标准第3章规定的范围内生产，符合本标准的苹果。

4　地理标志产品保护范围

烟台苹果的地理标志产品保护范围限于国家质量监督检验检疫行政主管部门根据《地理标志产品保护规定》批准的范围，即山东省烟台市现辖行政区域内，见附录A。

5　要求

5.1　自然环境

本区域地处山东半岛东部，西、北靠渤海，东、南临黄海，东南连威海，西南接潍坊和青岛。境内多山或丘陵，属于暖温带大陆性季风气候，四季分明，气候温和，日照充足，雨量适中，空气湿润。

5.1.1　气温

年平均气温12.0 ℃～13.4 ℃，年平均无霜期为210 d～231 d。

5.1.2　光照

年平均日照时数2 419 h～2 630 h。

5.1.3　降水量

年平均降水505 mm～864 mm。降水集中在6月～8月，正值烟台苹果果实生长发育需水量较大时期。

5.1.4 土壤

棕壤土占总土地面积的80%左右，土质较细而松软，耕性良好，保水力强。土壤中有机质含量0.90%以上，pH值5.5～7.0。

5.2 果园管理

5.2.1 土肥水管理

5.2.1.1 土肥

果园土地平整，土层深厚，活土层60 cm以上，每公顷施无害化处理的有机肥料45 000 kg以上，其他用有机复混肥补充。以秋施基肥为主，结合花前、花后、幼果膨大期等物候期灌水时适量追肥，氮、磷、钾比例按每生产100 kg苹果，施氮为1.0 kg～1.2 kg、五氧化二磷为0.5 kg～0.75 kg，氧化钾为1.0 kg～1.2 kg。根据树体营养诊断适量施用微量元素。

5.2.1.2 果园生草

提倡行间种植三叶草、苜蓿草或燕麦草等提高土壤有机质。

5.2.1.3 水分

采用滴灌、微喷灌等灌溉技术，使果园土壤相对含水量保持在60%～80%。禁止使用污染水。

5.2.2 花果管理

5.2.2.1 花前复剪

对花芽多的树进行花前复剪，调节花、叶芽的比例至(1∶3)～(1∶4)。

5.2.2.2 人工疏花

从花序分离期始，每间隔20 cm左右，选留一个健壮花序，其他多余的花序全部疏掉。

5.2.2.3 授粉

花期采用蜜蜂、壁蜂和人工授粉。

5.2.2.4 疏果

谢花后10 d开始疏果，一个月内结束。根据树势强弱、果实大小、坐果多少确定适宜的留果间距，一般为20 cm～25 cm，选留一个坐果的壮花序，留一个中心果，把多余的幼果全部疏除。

5.2.2.5 果实套袋

5.2.2.5.1 育果纸袋要求优质结实，透气性良好，洁净卫生。

5.2.2.5.2 苹果谢花后30 d～40 d开始套用纸袋，6月中下旬至7月上旬结束。套袋前进行疏果，并至少喷一次农药，防治病虫害。果实采收前20 d～30 d去袋。

5.2.2.6 摘叶、转果、铺设反光膜

摘袋后立即在树冠下铺设反光膜，增加冠内下层反射光照，提高果实着色度。对影响果实上色的枝、叶全部剪除，待果实向阳面着色，进行转果，使果实背阴面全部上色。

5.2.2.7 无袋栽培

无袋栽培不采取果实套袋及其配套技术。

5.2.3 病虫害防治

病虫害以预防为主、综合防治为原则，应根据预测、预报及时防治。主要防治腐烂病、早期落叶病、轮纹病、桃小食心虫等病虫害。不得使用国家禁用农药。

5.2.4 整形修剪

5.2.4.1 主要树形

自由纺锤形：树高3 m左右，冠径2 m～3 m，主枝12个～15个，适用于株距2 m～3 m的果园。

小冠疏层形：树高3 m～3.5 m左右，冠径3 m～4 m，主枝5个～7个，树冠扁圆形，适用于株距3 m～4 m果园。

5.2.4.2 树体结构

纺锤形的主枝角度80°左右，小冠疏层形主枝角度70°左右。采取以疏剪为主，缓、疏、缩相结合的修剪方法，纺锤形主枝过长的适时缩剪，小冠疏层形树头过高的及时落头。盛果期每公顷枝量105万条～120万条，内膛枝叶透光率30%。

5.3 采摘

适期采收，采摘时轻拿轻放，避免碰伤、刺伤。

5.4 等级规格指标

等级规格指标见表1。

表1 等级规格

项目		等级		
		特级果	一级果	二级果
品质基本要求（适用于全部等级）		各品种、各等级的苹果，都应果实完整良好、新鲜，无病虫害；具有本品种的特有风味；色泽纯正、果面光洁；发育充分，具有适于市场或贮存要求的成熟度；果形端正或较端正，果个整齐；果梗完整或统一剪除		
色泽	红色品种	着色面≥90%	着色面≥80%	着色面≥60%
	其他品种	具有本品种成熟时应有的色泽		
果径（最大横切面直径）/mm	大型果 ≥	75	75	70
	中型果 ≥	70	65	60
	小型果 ≥	65	60	55
果面缺陷	碰压伤	无	无	轻微碰压伤，表皮不变色，面积不超过0.5 cm^2
	磨伤	无	无	轻微磨擦伤1处，表皮不变色，面积不超过0.5 cm^2
	果锈	无	无	允许轻微果锈，面积不超过1.0 cm^2
	水锈	无	无	允许轻微薄层，面积不超过1.0 cm^2
	药害	无	无	允许轻微薄层，面积不超过1.0 cm^2
	日灼	无	无	允许轻微日灼，面积不超过1.0 cm^2
	雹伤	无	无	允许轻微雹伤，面积不超过0.4 cm^2
	虫伤	无	无	允许轻微表皮虫伤，面积不超过0.5 cm^2

5.5 感官特征

具有典型的环渤海湾地区苹果的特征，果个大，果形指数高，色泽鲜艳，表皮薄，果肉脆、嫩、汁液多，酸甜适度，硬度适中，清香可口。

5.6 理化指标

按GB/T 10651执行。

5.7 卫生指标

按NY/T 1075执行。

6 试验方法

6.1 等级规格、理化指标

按GB/T 10651执行。

6.2 卫生指标

按NY/T 1075执行。

6.3 感官特征

形状、色泽由目测确定。口感由品尝确定。

7 检验规则

7.1 检验批次

同一生产基地、同一品种、同一成熟度、同一包装日期的苹果为一个批次。

7.2 抽样方法

按 GB/T 8855 执行。

7.3 检验分类

7.3.1 型式检验

7.3.1.1 有下列情形之一者应进行型式检验：

a) 每年采摘初期；

b) 国家质量监督管理部门提出型式检验要求时。

7.3.1.2 型式检验为本标准规定的全部要求。

7.3.1.3 判定规则：在整批样品中不合格果率超过 5%时，判定不合格，允许降等或重新分级。感官特征和理化指标有一项不合格时，允许加倍抽样复检，如仍有不合格即判为不合格产品。卫生指标有一项不合格时即判为不合格产品。

7.3.2 交收检验

7.3.2.1 烟台苹果每批产品交收前，生产单位都应进行交收检验。交收检验合格并附合格证，产品方可交收。

7.3.2.2 交收检验项目为等级规格、感官特征、包装、标志。

7.3.2.3 判定规则：在整批样品中不合格果率超过 5%时，判定等级规格和感官特征不合格，允许降等或重新分级。包装、标志若有一项不合格，判交收检验不合格。

8 标志、包装、运输、贮存

8.1 标志

烟台苹果的销售和运输包装均应标注地理标志产品专用标志，并标明产品名称、品种、等级规格、产地、包装日期、生产单位、数量或净含量、执行标准代号等。

不符合本标准的产品，其产品名称不得使用含有“烟台苹果”(包括连续或断开)的名称。

8.2 包装

按 GB/T 13607 执行。

8.3 运输

8.3.1 运输工具清洁卫生，无异味。不与有毒、有害物品混运。

8.3.2 装卸时轻拿轻放。

8.3.3 待运时，应批次分明、堆码整齐、环境清洁、通风良好。严禁烈日曝晒、雨淋。注意防冻、防热、缩短待运时间。

8.4 贮存

8.4.1 烟台苹果的冷藏按 GB/T 8559 执行。

8.4.2 烟台苹果的气调贮藏按 ISO 8682 执行。

8.4.3 库房无异味。不与有毒、有害物品混合存放。不得使用有损烟台苹果质量的保鲜试剂和材料。

附 录 A
（规范性附录）
烟台苹果地理标志产品保护范围图

烟台苹果地理标志产品保护范围图见图 A.1。

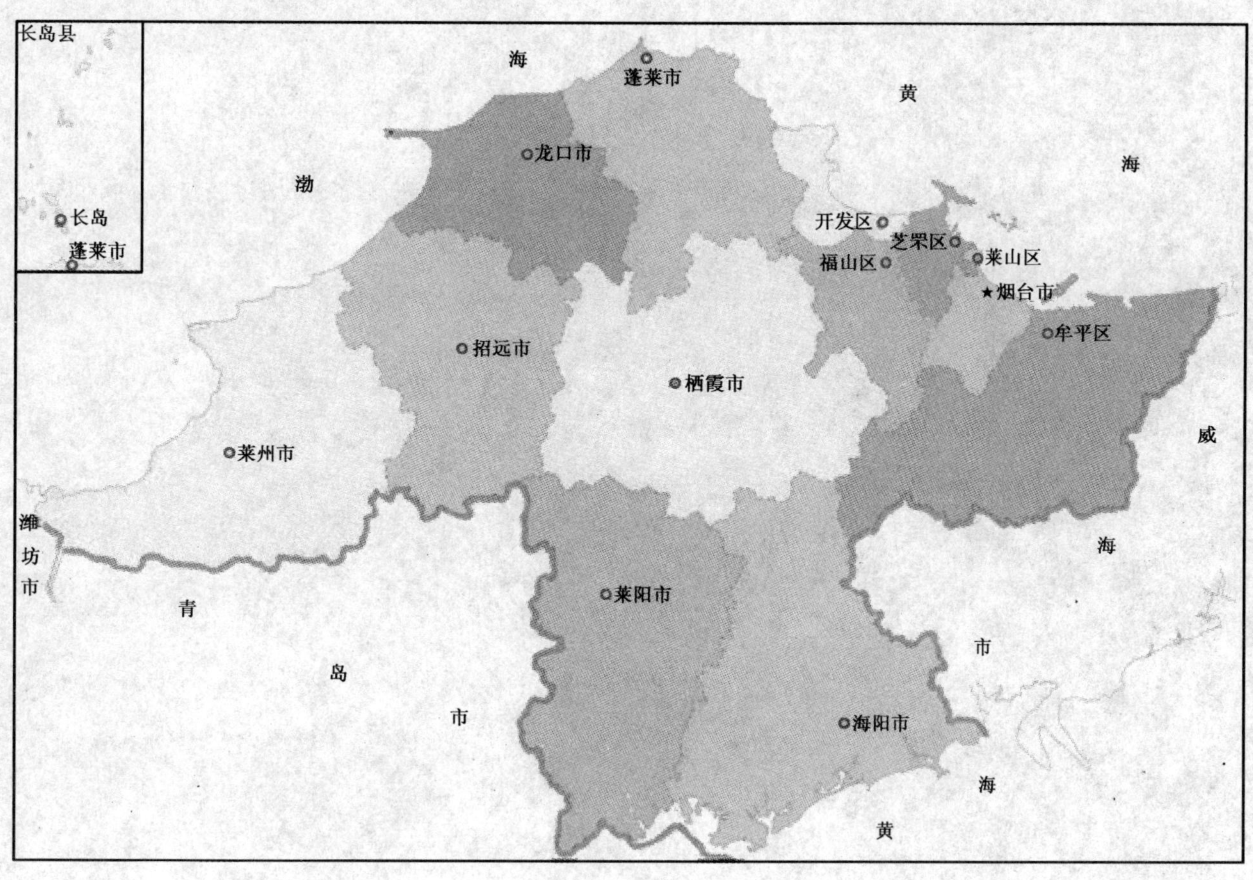

注：烟台苹果地理标志产品保护范围包括山东省烟台市全境。

图 A.1 烟台苹果地理标志产品保护范围图

ICS 67.160.10
X 62

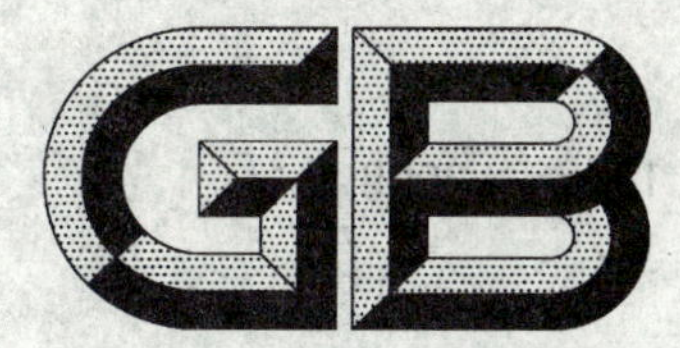

中华人民共和国国家标准

GB/T 18966—2008
代替 GB 18966—2003

地理标志产品 烟台葡萄酒

Product of geographical indication—Yantai wines

2008-06-25 发布 2008-10-01 实施

中华人民共和国国家质量监督检验检疫总局
中国国家标准化管理委员会 发布

前　言

本标准根据国家质量监督检验检疫总局颁布的2005第78号令《地理标志产品保护规定》及GB 17924—1999《原产地域产品通用要求》制定。

本标准代替GB 18966—2003《原产地域产品　烟台葡萄酒》。

本标准与GB 18966—2003相比主要变化如下：

——标准属性由强制性国家标准改为推荐性国家标准；

——修订了与《地理标志产品保护规定》不一致的地方，所有“原产地域”表述修订为“地理标志”；

——将分类中“静止葡萄酒”修改为“平静葡萄酒“（见第5章）；

——依据GB 15037《葡萄酒》增加了柠檬酸、铜、甲醇、苯甲酸、山梨酸限量指标，删除滴定酸指标（见6.4.2）；

——将发酵葡萄酒的卫生要求单列（见6.4.3）；

——表4中的总糖、二氧化碳指标不引用GB/T 17204和GB/T 15037，指标直接列入表4中，并增加了3个注（见6.4.2）；

——增加了净含量的要求（见6.4.4）；

——修改了卫生指标（见7.3）；

——修改了抽样方式和数量（见8.2）；

——检验规则中对出厂检验的项目进行了修改（见8.3.2）。

本标准的附录A为规范性附录。

本标准由全国原产地域产品标准化工作组提出并归口。

本标准起草单位：国家葡萄酒及白酒、露酒产品质量监督检验中心、烟台张裕葡萄酿酒股份有限公司、烟台威龙葡萄酒股份有限公司、中粮长城葡萄酒（烟台）有限公司、烟台白洋河酿酒有限责任公司、中粮君顶酒庄有限公司。

本标准主要起草人：马佩选、李记明、吕琦昌、朱济义、刘世果、刘祥、李福玉、焦复润、王作仁、孙学高、陈青昌、邵学东、卫晓红、李慧。

本标准所代替标准的历次版本发布情况为：

——GB 18966—2003。

地理标志产品　烟台葡萄酒

1　范围

本标准规定了烟台葡萄酒的术语和定义、地理标志产品保护范围、分类、要求、试验方法、检验规则及标志、包装、运输、贮存。

本标准适用于国家质量监督检验检疫行政主管部门根据《地理标志产品保护规定》批准保护的地理标志产品烟台葡萄酒。

2　规范性引用文件

下列文件中的条款通过本标准的引用而成为本标准的条款。凡是注日期的引用文件，其随后所有的修改单(不包括勘误的内容)或修订版均不适用于本标准，然而，鼓励根据本标准达成协议的各方研究是否可使用这些文件的最新版本。凡是不注日期的引用文件，其最新版本适用于本标准。

GB/T 191　包装储运图示标志

GB 2758　发酵酒卫生标准

GB/T 4789.25　食品卫生微生物学检验　酒类检验

GB/T 5009.12　食品中铅的测定

GB/T 5009.29　食品中山梨酸、苯甲酸的测定

GB 7718　预包装食品标签通则

GB 10344　预包装饮料酒标签通则

GB 11856　白兰地

GB 15037　葡萄酒

GB/T 15038　葡萄酒、果酒通用分析方法

GB/T 17204　饮料酒分类

国家质量监督检验检疫总局令[2005]第75号《定量包装商品计量监督管理办法》

3　术语和定义

GB 15037、GB 11856、GB/T 17204确立的以及下列术语和定义适用于本标准。

3.1

烟台葡萄酒　Yantai wines

以产自烟台葡萄酒地理标志产品保护范围内，采用本标准规定的新鲜葡萄，在规定的保护范围内经本标准工艺发酵酿制或蒸馏而成的葡萄酒。发酵酒自然酒度不低于9%(体积分数)，蒸馏酒原酒自然酒度不低于8%(体积分数)。

4　地理标志产品保护范围

烟台葡萄酒的地理标志产品保护范围限于国家质量监督检验检疫行政主管部门根据《地理标志产品保护规定》批准保护的范围，限于烟台市现辖行政区域内，见附录A。

5　分类

按色泽分：红葡萄酒、白葡萄酒、桃红葡萄酒。

按二氧化碳压力分：平静葡萄酒、起泡葡萄酒。

按含糖量分:干型、半干型、半甜型、甜型。

按工艺分:发酵葡萄酒、白兰地。

按是否加香分:加香葡萄酒、非加香葡萄酒。

6 要求

6.1 原料要求

6.1.1 产地要求

烟台葡萄酒的原料应产自本标准规定的保护范围内。

6.1.2 品种要求

6.1.2.1 酿造红葡萄酒的品种:蛇龙珠(Cabernet Gernischet)、赤霞珠(Cabernet Sauvignon)、梅鹿辄(Merlot)、品丽珠(Cabernet Franc)、西拉(Syrah)、黑比诺(Pinot Noir)、宝石解百纳(Ruby Cabernet)、法国兰(Blue French)、佳美(Gamay)、增芳德(Zinfandel)、佳丽酿(Carignane)、玫瑰香((Muscat Hamburg)、烟-73(Yan-73)、烟-74(Yan-74)。

6.1.2.2 酿造白葡萄酒的品种:霞多丽(Chardonnay)、白比诺(Pinot Blanc)、贵人香(Italian Riesling)、玫瑰香(Muscat Hamburg)、雷司令(Riesling)、长相思(Sauvignon Blanc)、白诗南(Chenin Blanc)、赛美容(Semillon)、白羽(Rkatsiteli)。

6.1.2.3 酿造桃红葡萄酒的品种:黑比诺(Pinot Noir)、佳丽酿(Carignane)、玫瑰香((Muscat Hamburg)。

6.1.2.4 酿造白兰地的品种:白玉霓(Ugni Blanc)、佳丽酿(Carignane)、白羽(Rkatsiteli)。

6.1.3 葡萄质量要求

酿造发酵酒的葡萄含糖量应大于等于 170 g/L;酿造白兰地的葡萄含糖量应大于等于 130 g/L;果皮着色均匀;果粒新鲜、洁净;无病虫果、霉烂果、裂果、生青果;无农药污染。

6.2 工艺要求

6.2.1 红葡萄酒工艺要求

葡萄经采收分选、除梗破碎后,浸渍发酵,发酵温度控制在 25℃～30℃,发酵时间 7 d～15 d,当糖度降至规定要求时分离转罐,进行苹果酸-乳酸发酵,当苹果酸-乳酸发酵结束时,进行分离、澄清、贮藏、稳定性处理、除菌过滤。新鲜型葡萄酒贮藏期 24 个月以下;陈酿型葡萄酒贮藏期 24 个月以上,应采用橡木桶贮藏。

6.2.2 白葡萄酒工艺要求

葡萄经采收分选压榨后,将葡萄汁低温澄清、分离、发酵,发酵温度控制在 16℃～20℃,发酵时间 10 d～20 d,当糖度降至规定要求时进行分离转罐、澄清、贮藏、稳定性处理、除菌过滤。新鲜型葡萄酒贮藏期 18 个月以下。陈酿型葡萄酒贮藏期 18 个月以上,应经过橡木桶贮藏。

6.2.3 桃红葡萄酒工艺要求

葡萄经采收分选、除梗破碎后,控制浸渍,浸渍温度控制在 24℃～26℃,浸渍时间 48 h 内。当颜色达到规定要求时分离皮渣、接种发酵,发酵温度控制在 16℃～20℃,发酵时间 7 d～15 d。当糖度降至规定要求时进行分离转罐、澄清、贮藏、稳定性处理、除菌过滤。

6.2.4 起泡葡萄酒工艺要求

葡萄经采收分选压榨后,将葡萄汁低温澄清、分离、发酵,当糖度降至 4 g/L 时进行分离转罐、澄清、贮藏、稳定性处理。加酵母、糖浆等到瓶或罐二次发酵。瓶式发酵经贮藏后上架斜沉、转瓶、吐渣、添瓶、打塞、包装。罐式发酵经贮藏后澄清处理、过滤、装瓶。

6.2.5 加香葡萄酒工艺要求

在葡萄酒的分离澄清工艺后,加芳香植物浸取液,其他工艺同葡萄酒。

6.2.6 白兰地工艺要求

葡萄经采收分选压榨后发酵，当糖度降至 4 g/L 时进行蒸馏、入橡木桶贮藏、勾兑、稳定性处理、灌装。其中，在橡木桶贮藏时间不低于 24 个月。

6.3 感官要求

6.3.1 白兰地应符合表 1 规定。

表 1 白兰地感官要求

项目	要求
外观	金黄色至赤金色，澄清透明、晶亮、无悬浮物、无沉淀
香气	具有醇和的酒香、浓郁的橡木香和甜蜜的枣果香，香气幽雅、和谐悦人
口味	醇和、甘冽、酒体丰满、协调细腻

6.3.2 发酵葡萄酒应符合表 2 规定。

表 2 发酵葡萄酒感官要求

项目	要求				
	红葡萄酒	白葡萄酒	桃红葡萄酒	加香葡萄酒	起泡葡萄酒
外观	紫红、深红、宝石红、红微带棕色、棕红色；澄清透明、有光泽，无明显悬浮物	近似无色、微黄带绿、浅黄、禾杆黄、金黄色；澄清透明、有光泽，无明显悬浮物	桃红、淡玫瑰红、浅红色；澄清透明，有光泽，无明显悬浮物	深红、棕红、浅红、金黄色、浅黄色；澄清透明、有光泽，无明显悬浮物	除了具备所属颜色类型葡萄酒所具备的特点外，还应具备：酒注入杯，应有细微的串珠状气泡升起，气泡细腻、持久
香气	黑加仑、黑胡椒、小浆果、堇菜花等香气	柠檬、苹果、草莓及小浆果香气	花果、椴树花等香气	具有丁香、肉桂等多种植物及药材香气	应具备所属类型葡萄酒的香气
滋味	醇厚、协调、圆润、丰满	柔和、爽净	柔顺、纯正	协调、圆润、平衡、悠长	醇正、和谐、有杀口力

6.4 理化和卫生要求

6.4.1 白兰地理化要求应符合表 3 规定。

表 3 白兰地理化要求

项目		要求
酒精度(20℃)(体积分数)/%		40.0±1.0
非酒精挥发物总量(挥发酸+酯类+醛类+糠醛+高级醇)/(g/L)[100%(体积分数)乙醇]	≥	1.25
铜/(mg/L)	≤	4.0
铁/(mg/L)	≤	1.0
甲醇/(g/L)[100%(体积分数)乙醇]	≤	1.5

6.4.2 发酵葡萄酒理化要求应符合表4规定。

表4 发酵葡萄酒理化要求

<table>
<tr><th colspan="4">项　　目</th><th>要　求</th></tr>
<tr><td colspan="2" rowspan="2">酒精度[a](20℃)(体积分数)/%</td><td colspan="2">甜、加香葡萄酒</td><td>12.0～20.0</td></tr>
<tr><td colspan="2">其他类型葡萄酒</td><td>8.0～14.0</td></tr>
<tr><td rowspan="9">总糖(以葡萄糖计)/(g/L)</td><td rowspan="4">平静葡萄酒</td><td colspan="2">干葡萄酒[b]</td><td>≤4.0</td></tr>
<tr><td colspan="2">半干葡萄酒[c]</td><td>4.1～12.0</td></tr>
<tr><td colspan="2">半甜葡萄酒</td><td>12.1～45.0</td></tr>
<tr><td colspan="2">甜葡萄酒</td><td>≥45.1</td></tr>
<tr><td rowspan="5">高泡葡萄酒</td><td colspan="2">天然型高泡葡萄酒</td><td>≤12.0(允许差为3.0)</td></tr>
<tr><td colspan="2">绝干型高泡葡萄酒</td><td>12.1～17.0(允许差为3.0)</td></tr>
<tr><td colspan="2">干型高泡葡萄酒</td><td>17.1～32.0(允许差为3.0)</td></tr>
<tr><td colspan="2">半干型高泡葡萄酒</td><td>32.1～50.0</td></tr>
<tr><td colspan="2">甜型高泡葡萄酒</td><td>≥50.1</td></tr>
<tr><td rowspan="2">干浸出物/(g/L)</td><td rowspan="2">≥</td><td colspan="2">白葡萄酒</td><td>16.0</td></tr>
<tr><td colspan="2">红、桃红、加香葡萄酒</td><td>18.0</td></tr>
<tr><td rowspan="2">柠檬酸/(g/L)</td><td rowspan="2">≤</td><td colspan="2">干、半干、半甜葡萄酒</td><td>1.0</td></tr>
<tr><td colspan="2">甜葡萄酒</td><td>2.0</td></tr>
<tr><td rowspan="2">二氧化碳(20℃)/MPa</td><td rowspan="2">≥</td><td rowspan="2">高泡葡萄酒</td><td><250 mL/瓶</td><td>0.30</td></tr>
<tr><td>≥250 mL/瓶</td><td>0.35</td></tr>
<tr><td colspan="3">挥发酸(以乙酸计)/(g/L)</td><td>≤</td><td>0.9</td></tr>
<tr><td colspan="3">铁/(mg/L)</td><td>≤</td><td>8.0</td></tr>
<tr><td colspan="3">铜/(mg/L)</td><td>≤</td><td>1.0</td></tr>
<tr><td colspan="2" rowspan="2">甲醇(mg/L)</td><td>白、桃红葡萄酒</td><td>≤</td><td>250</td></tr>
<tr><td>红葡萄酒</td><td>≤</td><td>400</td></tr>
<tr><td colspan="3">苯甲酸或苯甲酸钠(以苯甲酸计)/(mg/L)</td><td>≤</td><td>50</td></tr>
<tr><td colspan="3">山梨酸或山梨酸钾(以山梨酸计)/(mg/L)</td><td>≤</td><td>200</td></tr>
<tr><td colspan="5">a 酒精度标签标示值与实测值不得超过±1.0%(体积分数)。
b 当总糖与总酸(以酒石酸计)的差值小于或等于2.0 g/L时,含糖最高为9.0 g/L。
c 当总糖与总酸(以酒石酸计)的差值小于或等于2.0 g/L时,含糖最高为18.0 g/L。</td></tr>
</table>

6.4.3 发酵葡萄酒卫生要求应符合GB 2758的规定。

6.4.4 净含量按国家质量监督检验检疫总局令[2005]第75号执行。

7 试验方法

7.1 感官要求检验

7.1.1 白兰地按GB 11856执行。

7.1.2 发酵葡萄酒按GB/T 15038执行。

7.2 理化要求检验

7.2.1 白兰地按 GB 11856 和 GB/T 15038 执行。

7.2.2 发酵葡萄酒按 GB/T 15038 规定执行。其中苯甲酸、山梨酸按 GB/T 5009.29 检验。

7.3 发酵葡萄酒卫生要求检验

7.3.1 铅按 GB/T 5009.12 执行。

7.3.2 微生物按 GB/T 4789.25 执行。

8 检验规则

8.1 组批

同一生产期内所生产的同一品质、同一规格、同一批号的产品为一批。

8.2 抽样方式和数量

按 GB 15037 的规定执行。

8.3 出厂检验

8.3.1 每批产品需经生产厂家检验合格并签署质量合格证。

8.3.2 检验项目：

白兰地检验项目为感官要求、酒精度、甲醇、净含量偏差和标签。

发酵葡萄酒检验项目为感官要求、酒精度、总糖、干浸出物、挥发酸、二氧化碳、总二氧化硫、净含量、微生物指标中的菌落总数。

8.4 型式检验

8.4.1 型式检验项目为本标准的全部技术内容。

8.4.2 型式检验每年至少应进行两次。如出现下列情况之一时，应进行型式检验：

a) 停产两个月以上，恢复生产；

b) 出厂检验结果有较大波动；

c) 国家质量监督部门提出要求。

8.5 判定规则

检验项目全部合格时，判该批产品为合格品，若有不合格项目时，应重新自同批产品中抽样，对不合格项目进行复检，以复检结果为准。若仍有一项不合格，则判该批产品为不合格。

9 标志、包装、运输及贮存

9.1 标志

9.1.1 标签标志

烟台葡萄酒标签按 GB 10344、GB 7718 的规定执行。

不符合本标准的产品，其产品名称不得使用含有“烟台葡萄酒”(包括连续或断开)的名称，不得使用地理标志产品专用标志。

9.1.2 包装标志

按 GB/T 191 规定执行。

9.2 包装

9.2.1 内包装应采用符合食品卫生要求的包装材料，不得使用塑料包装，不得使用回收玻璃瓶。包装容器应整齐、清洁、封装严密，无漏气、漏酒现象。

9.2.2 外包装应使用合格的瓦楞纸箱或具有相同功能的其他包装，内有防震、防撞的间隔材料。

9.3 运输、贮存

9.3.1 产品允许在 5℃～35℃温度下运输，贮存温度应控制在 10℃～25℃。

9.3.2 在运输和贮存过程中，应保持场地清洁、干燥、通风良好，严防日光直射。用软木塞封口的葡萄酒，应卧放或倒放。

9.3.3 按以上条件运输、贮存的烟台葡萄酒不应发生混浊、酸败等现象。超过18个月的产品，允许有少量沉淀。

附 录 A
（规范性附录）
烟台葡萄酒地理标志产品保护范围图

烟台葡萄酒地理标志产品保护范围见图 A.1。

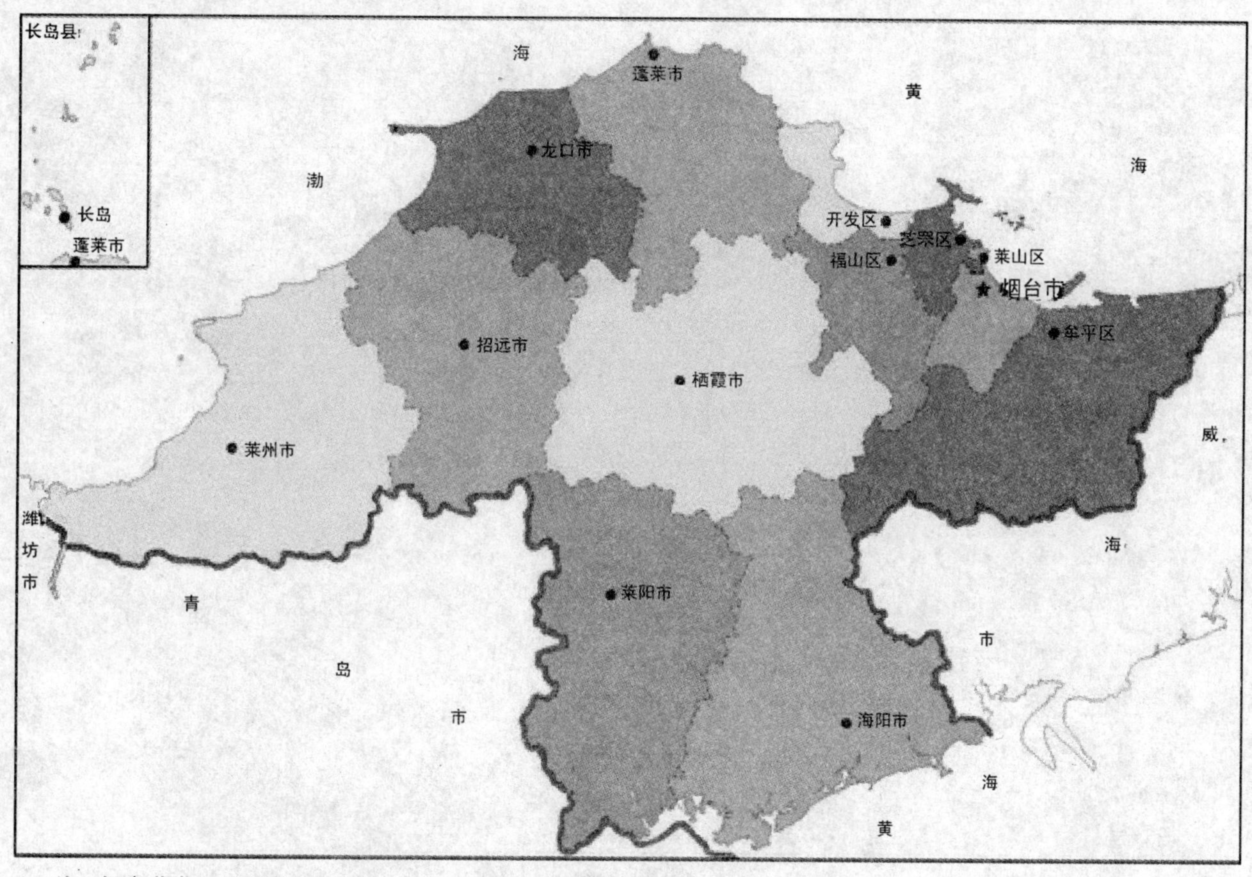

注：烟台葡萄酒地理标志产品保护范围包括山东省烟台市全境。

图 A.1 烟台葡萄酒地理标志产品保护范围图

ICS 25.040.40
L 67

中华人民共和国国家标准

GB/T 18975.2—2008/ISO 15926-2:2003

工业自动化系统与集成 流程工厂(包括石油和天然气生产设施)生命周期数据集成 第2部分:数据模型

Industrial automation systems and integration—Integration of life-cycle data for process plants including oil and gas production facilities—Part 2: Data model

(ISO 15926-2:2003,IDT)

2008-10-07 发布 2009-04-01 实施

中华人民共和国国家质量监督检验检疫总局
中国国家标准化管理委员会 发布

前 言

GB/T 18975《工业自动化系统与集成　流程工厂(包括石油和天然气生产设施)生命周期数据集成》有下列部分:

——第1部分:综述与基本原理;

——第2部分:数据模型。

本部分是GB/T 18975的第2部分。本部分等同采用ISO 15926-2:2003《工业自动化系统与集成　流程工厂(包括石油和天然气生产设施)生命周期数据集成　第2部分:数据模型》。

本部分在技术内容和编写格式上与ISO 15926-2:2003保持一致,根据GB/T 1.1—2000,作了如下编辑性改动,主要是:

a) 为了维护英文原义又便于了解名称代表的意义,对带下划线用EXPRESS语言描述的各黑体英文实体名,在本部分作为标题出现时以中文译名标出,在正文中以英文为主标出,在第一次出现或必要时,将中文译名括起来放在英文原名之后。

b) 国际标准ISO 15926的各部分被修改采用为我国的国家标准时,其编号是GB/T 18975.×,对应的各部分在技术和使用上对等。但是考虑到与国家标准GB/T 18975相配套的EXPRESS描述,以及应用软件中各模式、实体、特性、属性、函数等的表达需要,为了使配套应用软件在实际应用时,不发生因标准转化所带来的种种问题,本部分的所有EXPRESS描述以及由STEP开发工具自动生成的文件和EXPRESS-G图中的国际标准编号仍保持不变。

本部分的附录A为规范性附录;附录B、附录C、附录D、附录E为资料性附录。

本部分由中国机械工业联合会提出。

本部分由全国工业自动化系统与集成标准化技术委员会(SAC/T 159)归口。

本部分起草单位:中国标准化研究院。

本部分主要起草人:李文武、刘守华、何涛、詹俊峰。

工业自动化系统与集成　流程工厂（包括石油和天然气生产设施）生命周期数据集成　第2部分：数据模型

1　范围

为了用计算机表达流程工厂的技术信息，GB/T 18975 的本部分规定了一种概念性数据模型。

本部分适用于：

a）规定生产、加工和运输加工原料的技术条件。

b）规定生产和加工所需原料的必要设施。包括以下部分：

——碳氢化合物加工与环境系统；

——已注入气和水的环境以及注射系统；

——石油与天然气产品输送系统；

——安全与控制系统；

——发电与供电系统；

——蒸汽产生与供给系统；

——结构；

——厂房和设施。

c）为提供必需的生产和加工功能，对原料和设备进行描述和选择，包括有关市场可用的原料和设备、工厂设备的安装和投料试运转信息。

d）生产和加工运转，包括生产条件及加工原料的消耗量、产量和质量。

e）设备的维修和更换。

本部分不适用于：

——厂房、生产设备和设施的建造。

2　规范性引用文件

下列文件中的条款通过 GB/T 18975 的本部分的引用而成为本部分的条款。凡是注日期的引用文件，其随后所有的修改单（不包括勘误的内容）或修订版均不适用于本部分，然而，鼓励根据本部分达成协议的各方研究是否可使用这些文件的最新版本。凡是不注日期的引用文件，其最新版本适用于本部分。

GB/T 7408　数据元和交换格式　信息交换　日期和时间表示法（GB/T 7408—2005，ISO 8601:2000，IDT）

GB/T 16262.1　信息技术　抽象语法记法一（ASN.1）　第1部分：基本记法规范（GB/T 16262.1—2006，ISO/IEC 8824-1:2002，IDT）

GB/T 16656.1　工业自动化系统与集成　产品数据表达与交换　第1部分：概述与基本原理（GB/T 16656.1—2008，ISO 10303-1:1994，MOD）

GB/T 16656.11　工业自动化系统与集成　产品数据的表达与交换　第11部分　描述方法：EXPRESS语言参考手册（eqv GB/T 16656.11—1996，ISO/DIS 10303-11:1993）

GB/T 18975.1　工业自动化系统与集成　流程工厂（包括石油和天然气生产设施）生命周期数据集成　第1部分：综述与基本原理（GB/T 18975.1—2003，ISO/DIS 15926-1:2001，MOD）

3 术语、定义和缩略语

3.1 术语和定义

为方便本部分的描述，下列术语和定义与所引用标准中的术语和定义重复。

注：下面列出的定义完全出自于括号中所列标准中的定义，例如[GB/T 16656.1]。引用标准中的定义是规范性的，这里的重复是资料性的，这里的术语如果与引用文件中的术语相矛盾则以引用文件为准。

3.1.1

类 class

为了包括和不包括，基于一个或多个准则的事物种类或划分。

注：类不必有任何成员(满足其成员准则的事物)。

[GB/T 18975.1]

3.1.2

概念性数据模型 conceptual data model

ISO/TR 9007[2]定义的三层模式体系结构中的数据模型，其数据结构的表达形式与任何物理存储或外部表达格式表达无关。

注：根据 IDEF1X 规范[6]改写。

[GB/T 18975.1]

3.1.3

数据 data

一种形式化的信息表达，它适合于人或计算机进行通信、解释或处理。

[GB/T 16656.1]

3.1.4

数据存储器 data store

为了将来的引用，允许存储数据的计算机系统。

[GB/T 18975.1]

3.1.5

数据仓库 data warehouse

为了提供集成的、无重复信息或冗余信息的数据集，把相关数据合并后保存在其中并支持许多不同应用视图的数据存储器。

[GB/T 18975.1]

3.1.6

个体 individual

在空间和时间上存在的事物。

注 1：在这里，事物是在某些一致的逻辑范围内可以想象的，包括实际的、假设的、计划的、期望的或需要的个体。

示例：系列号 ABC123 的泵、Battersea 发电站、Joseph Whitworth 先生和恒星飞船“Enterprise”都是个体的例子。

注 2：有关个体概念的详细讨论参考本部分的 4.7。

[GB/T 18975.1]

3.1.7

信息 information

事实、概念或指令。

[GB/T 16656.1]

3.1.8

流程工厂生命周期数据 process plant life-cycle data

用计算机可处理的形式表达一个或多个流程工厂整个生命周期中的信息数据。包括规划、设计、施工、运转、维护、停产和拆除。

[GB/T 18975.1]

3.1.9

参考数据 reference data

表达许多流程工厂所公用或许多用户所关心的类或个体信息的流程工厂生命周期数据。

[GB/T 18975.1]

3.2 缩略语

下列缩略语适用于本部分。

UTC 协调世界时,又称为世界标准时间(原子时钟):Coordinated Universal Time

4 基本概念和假设

4.1 概念数据模型

第5章规定的数据模型是一个概念数据模型,图1显示了它与内部模型和外部模型之间的关系(参见GB/T 18975.1—2003的5.2)

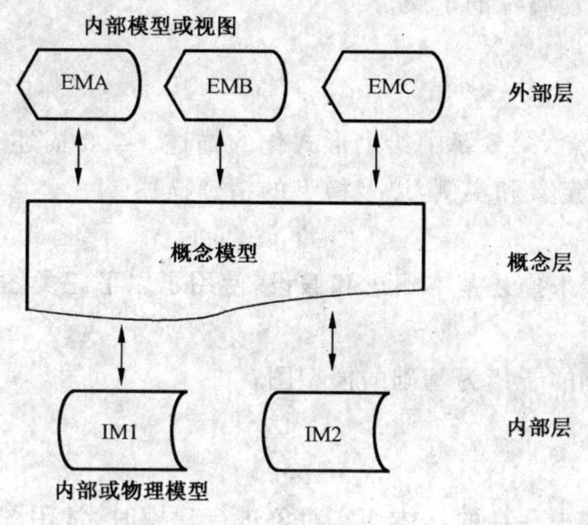

图1 三级结构

注1:概念数据模型的术语定义在GB/T 18975.1中,并且是以ISO/TR 9007[2]中描述的三种模式结构为基础。

为了能使流程工厂生命周期中的信息集成起来,本模型不包含那些只适合其中某些特定应用的信息约束。

注2:数据集成意味着要把来自各自不同数据源的信息组合起来,形成能表达已知含义的一致数据集合。由于不同数据源的范围之间有重叠,组合数据时需要识别其共性,重复的信息要去除,并且新的信息也要表示出来。为了成功的集成,数据模型必须有包含所有可能或需要数据的结构。

4.2 数据模型设计

本数据模型在设计时与EPISTLE(欧洲流程工业STEP技术联络执委会)开发的数据建模原则保持一致。在定义概念模型时,这些原则控制了实体数据类型、属性和关系的使用。

这些原则有以下作用:

——模型实体数据类型是实体数据类型的整个子类型/超类型层次结构的一部分。

——实体数据类型是一般化的,表达了其成员稳定存在的性质,并由此命名。

——属性信息通常是用实体数据类型的引用来表示。

——表示数字、字符和二进制模式的属性都用EXPRESS简单类型定义的。

——关系和时间是用实体数据类型来表示的。

4.3 系统标识符

数据模型中为每一个实体实例定义了一个人工的系统标识符——thing.id(事物标识)。每一个这样的标识符都是EXPRESS字符串数据类型的成员,并且在给定系统的标识符集合中被限定是唯一的。系统标识符是强制的。对给定的系统中的每个实体实例,其标识符在其整个生命周期中都应当是一致的。

示例:在一个管理海上平台设计和工程信息的数据库系统中,系统的标识符就应当在其所涉及的范围内是唯一的。

在系统中的每个系统标识符,应当被解释成对其所标识的thing(事物)的引用。

其他用于特定thing的系统外部标识符,用class_of_identification(标识类)实体数据类型来记录。

4.4 记录管理信息

数据模型为计算机中表示流程工厂模型信息的记录提供了受限持有的信息。这些记录管理数据可以用为每个实体实例给出的属性值来描述。这些信息包括以下内容:

——对产生自其他系统的记录,它被拷贝到当前系统时的日期和时间。

——该记录在其原始系统中被初次创建的日期和时间。

——该记录在其原始系统中被初次创建时的创建人、组织和系统。

——该记录被逻辑删除的日期和时间。

——对被逻辑删除的记录,该记录被删除的原因,逻辑删除是指当记录在系统中以历史记录的形式存在时,它就总会被视为一个非法语句。

5.2.1.2中给出了记录管理属性的定义。

4.5 文档约定

4.5.1 实体和属性定义

4.6给出了数据模型的概念,第5章中给出形式化的描述。4.6描述了模型概念及其应用的例子。4.6中的描述补充了第5章的定义和实例,以及模型的精确描述。

4.5.2 图表

本章中用到了大量的图表来描述基本概念和假设,使用了以下三类图:

——时空图;

——以EXPRESS-G惯例的子集为基础的模型图;

——实例图。

4.5.2.1 时空图

在用时空外延对实际时空中存在的具体切实对象进行建模时,常用图2来进行说明。

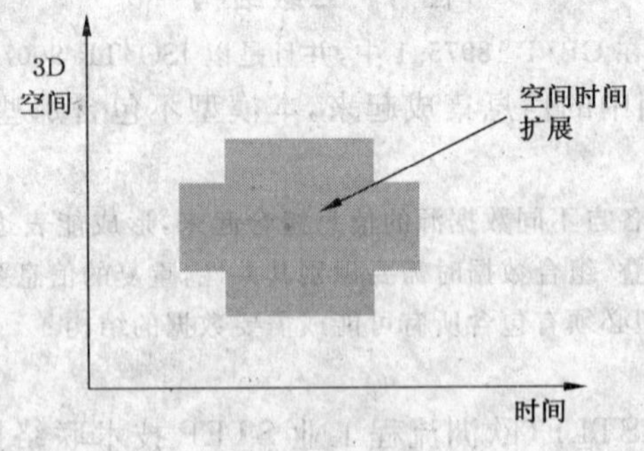

图2 时空图

时空图中有两条垂直的轴线,纵轴表示三维空间,横轴表示时间。时空外延则是用图上带边界的或阴影的区域来表示。外延的左边界代表着外延的起始,右边界代表着外延的结束。上下边界之间的变化表示了空间外延的变化。

4.5.2.2 模型图

模型图是用来说明模型的各部分,使其能被更好地解释和理解。模型图只限于表示:EXPRESS实体类型,EXPRESS子类和EXPRESS关系,并使用了合适的EXPRESS-G符号。

示例：图 3 是一个模型图的例子

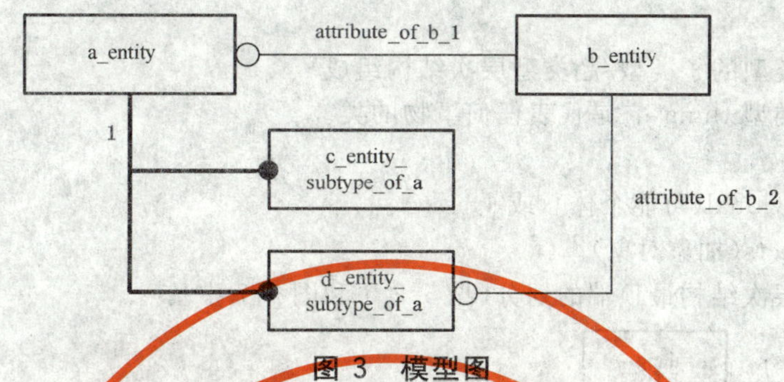

图 3 模型图

第 5 章中给出了这个模型的完整 EXPRESS-G 图集。

4.5.2.3 实例图

实例图是用来说明模型实体类型含义的。图 4 中描述了构成实例图时所使用的一些符号。

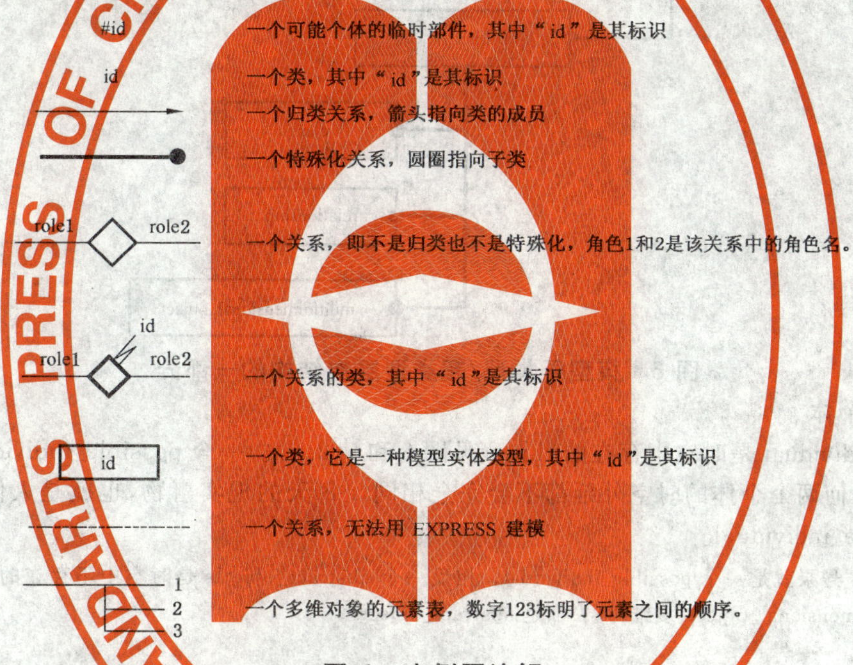

图 4 实例图注解

图 5 是一个实例图的例子。其中＃1234 所标识的对象是 thing 和泵的成员。"泵"是 class(类)的成员。thing 和 class 都是模型中的实体类型。

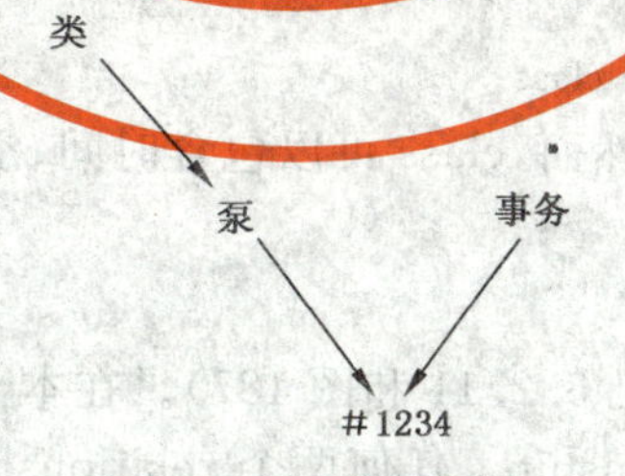

图 5 例子图注解

注 1：图 4 中的符号用于表示本部分中 thing，实体数据类型，classification(分类)，specialization(特殊化)，relationship(关系)和 class_of _relationship(关系类)的例子。

注 2：在本部分中，第 5 章中定义的模型实体数据类型被认为是类。这些类在图表中说明时，都会带方框。

注 3：在本章中，如果实例图中的对象是实体数据类型或其直接、间接成员，则认为该实例图是完整的。

注 4：本章中的实例图不是为了标明模型在实际中将如何被示例化的。特别是大多数特定模型实体类型的成员关系没有表示出来，一些实体类型的成员关系也可能被忽略了。

4.6 数据模型概念

4.6.1 事物

数据模型由实体类型的子类型/超类型层次结构组成。

一个作为根的超类型 thing,它是代表任何事物的类。

thing 可划分成:

——possible_individual(可能个体),或

——abstract_objects(抽象对象)。

图 6 中显示了此层次结构最顶端的划分(见 5.2.1 和图 177 中)。

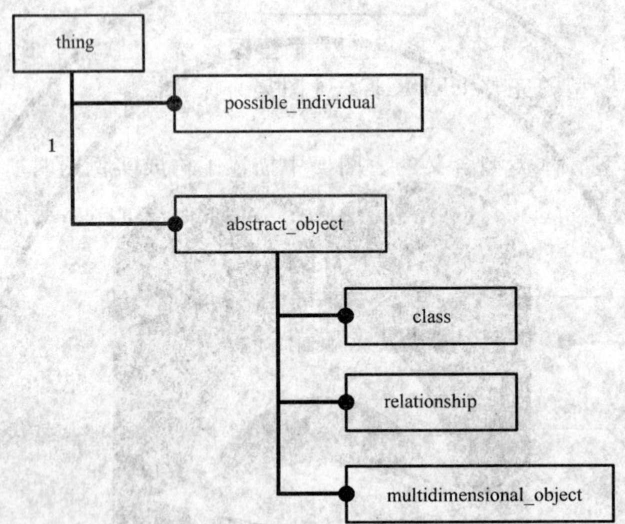

图 6 模型子类型/超类型层次结构的一部分

4.6.2 可能的个体

possible_individual 是时空中存在的 thing(见图 6 和 5.2.6)。一个 possible_individual 的特征是它的时空外延。任何两个个体的时空外延都不会完全相同。每天的现实事物,也就是人们常说的具体对象,都是 possible_individual。

示例:#1234 号泵就是一个 possible_individual。相反一个 abstract_objects 是时空中不存在的 thing。class、relationship 和 multidimensional_object(多维对象)都是 abstract_objects。

4.6.3 类

class 是对 thing 性质的理解,按照一个或多个条件(见 5.2.2 和图 178),把 thing 划分成属于 class 的 thing 和不属于 class 的 thing。class 的特征是它的成员关系。任何两个 class 的成员关系不会完全相同。

示例 1:我们已知的泵的概念就是一个 class。

class 是全局的,没有时空外延。然而,class 可以包含时间、空间作为条件。

示例 2:“六月的销售”就是一个 class。

4.6.4 关系

两个 thing 之间的 relationship(见 5.2.11 和图 187)。在本部分中,relationship 被定义成有序对的分类。其上重复记录了另一个 relationship。任何两个 relationship 类的有序对都不会完全相同。可以按序给相关联的 thing 分配角色。

示例 1:“泵”和“#1234”之间的有序对表示了 classification 关系,其中“泵”是 class,“#1234”是成员。

本部分定义了 relationship 的显式子类型,覆盖了流程行业中的一些通常使用的关系。

示例 2:relationship 的显式子类型有 classification,specialization,lifecycle_stage(生命周期阶段)和 approval(批准)。

4.6.5 多维对象

一个 multidimensional_object 是一个有序的 thing 列表(见 5.2.4 和图 180)。列表中的 thing 可以

是 possible_individual，class，relationship 或其他 multidimensional_object。

示例：表[2.0，4.0，5.7]是一个 multidimensional_object。

multidimensional_object 元素的次序是用 EXPRESS LIST 聚集类型定义的。

4.7 可能个体

一个 possible_individual 是时空中存在的 thing，通常指一个具体的对象(见 5.2.6 和图 182)。

possible_individual 所包括的 thing 有：

——实际存在的或过去已经存在的；

——过去和将来可能存在的；

——假设的，过去和将来都不存在。

在本部分中，一个 possible_individual 相对应于一个特定的时空外延。如两事物的时空外延完全相同，则认为它们是同一事物。

图 7 中的 possible_individual“＃1234”的时空图说明了 possible_individual 的普遍性质。

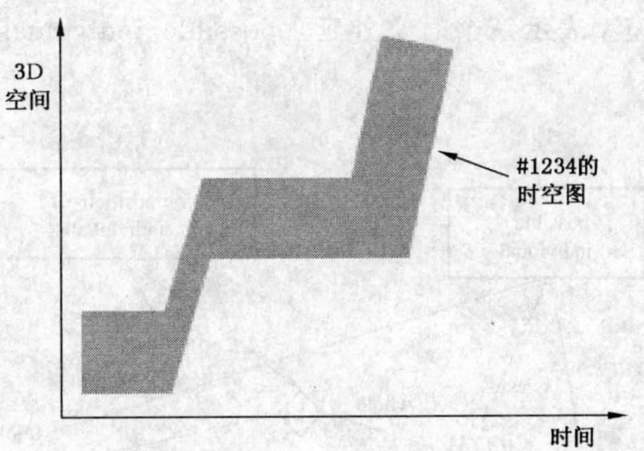

图 7　可能个体的时空范围

图 7 中时空外延的实例图见图 8。

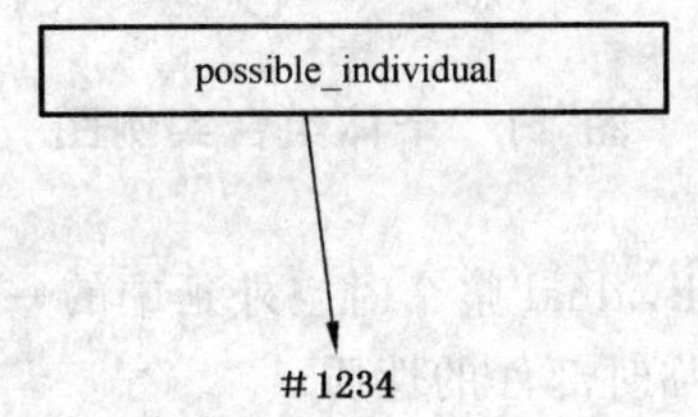

图 8　可能个体＃1234 的实例图

注：本部分中“可能个体”和“个体”都是用于时空外延的术语。

4.7.1 可能个体的组合

一个 possible_individual 可能是另一个 possible_individual 的一部分。组合或整体/部分的形态，与 possible_individual 是不同的 class。整体/部分用 composition_of_individual(个体成分)表示，它是 relationship 的一个子类型(见 5.2.6.5 和图 182)，如图 9 所示。

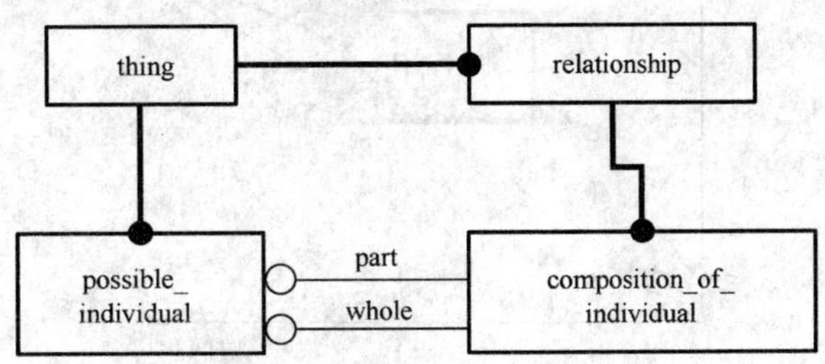

图 9　个体关系的组合

示例：设想一台离心泵的叶轮安装到泵上的时间是泵和叶轮时间外延的一部分，如图 10 所示。外延＃1234 和＃5678分别代表叶轮和泵，其交集＃9012 既是叶轮的一部分也是泵的一部分。

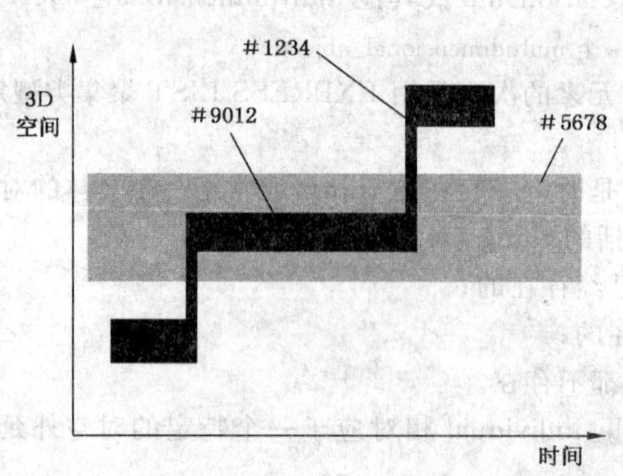

图 10 时空外延的交集

图 11 显示了使用这个模型表示三个时空外延。possible_individual＃9012 是 possible_individual＃1234 和＃5678 的一部分。

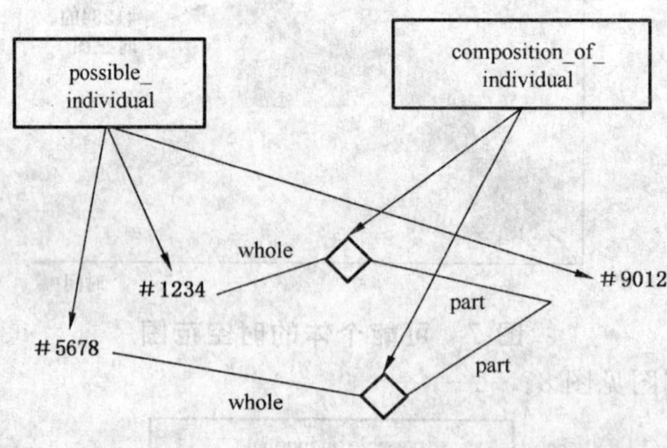

图 11 个体组合实例图

4.7.2 个体的临时部件

在本部分中，对应于 possible_individual 整个时空外延中的一段时间中的另一种 possible_individual 被称为临时部件。图 12 中显示了临时部件的性质。

注：状态和子状态是通常用来等同于临时部件的术语。

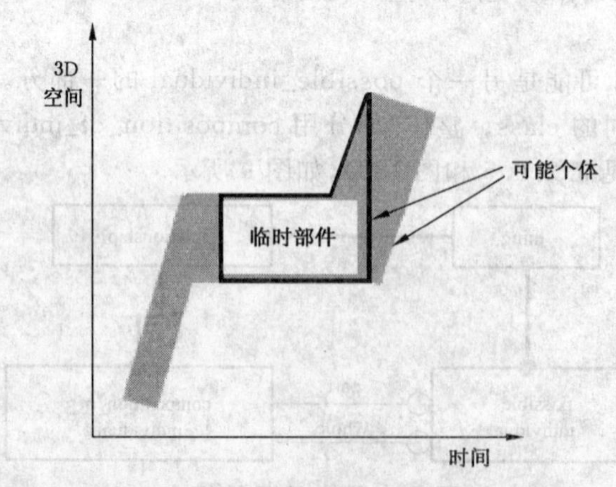

图 12 临时部件

表示临时部件的实体数据类型被定义为 composition_of_individual 的子类型，如图 13 所示。

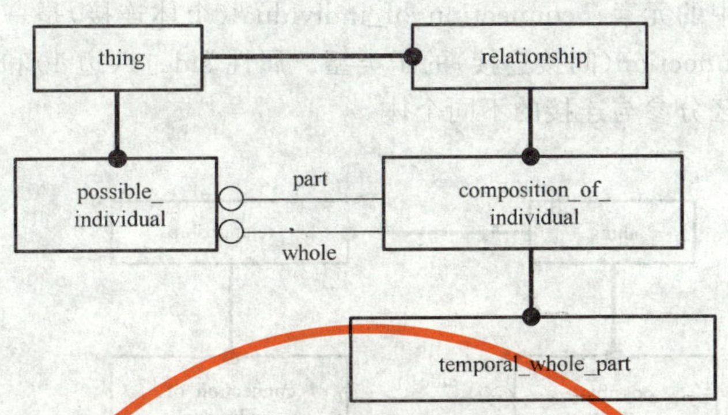

图 13 临时整体部件关系

示例：在图 14 中＃9012 是叶轮＃1234 的临时部件。其 composition_of_individual 关系可以被认为是 temporal_whole_part（临时整体部件）关系。

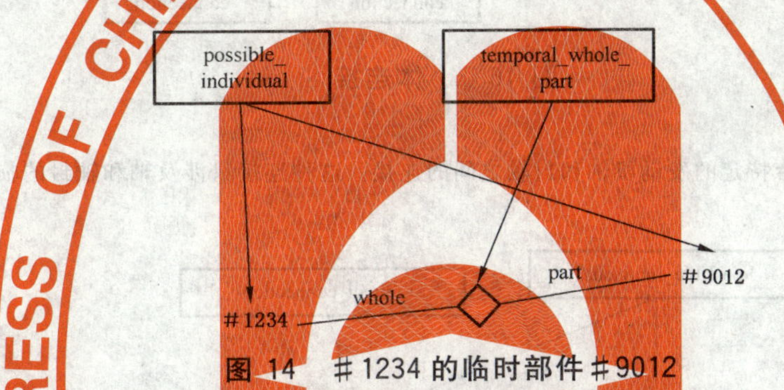

图 14 ＃1234 的临时部件＃9012

基于临时外延的特点，所有 possible_individual 的特征都可以应用到它的临时部件上，但整体性的概念除外。然而临时部件的特征不必要应用到整个的 possible_individual 上。

4.7.3 个体的连接

possible_individual 在其生命中可能被连接，这样才能与其他个体进行交互（见 5.2.21 和图 197）。这种连接可以是直接的，即有一个共同的空间边界。也可能是通过其他 possible_individual 间接发生。在这种情况下中间的个体就存在一个可能不被记录的有向连接链。

图 15 表示了一个 direct_connection（直接连接）的时空性质。两个个体在生命中的某一段联系起来。两个个体的临时部件“A”和“B”的连接在空间中有一个共同的边界。在这段时间内这个边界是稳定的，尽管在本例子中不是必须的。“A”和“B”也可以被看作另一个个体“W”的部分，图中没有表示出来。“A”和“B”连接起来并不表示它们是一个整体“W”的部分。这种关系必须用 composition_of_individual 关系单独表示。类似地，一个整体包含两个部分，并不意味这两个部分有连接关系。

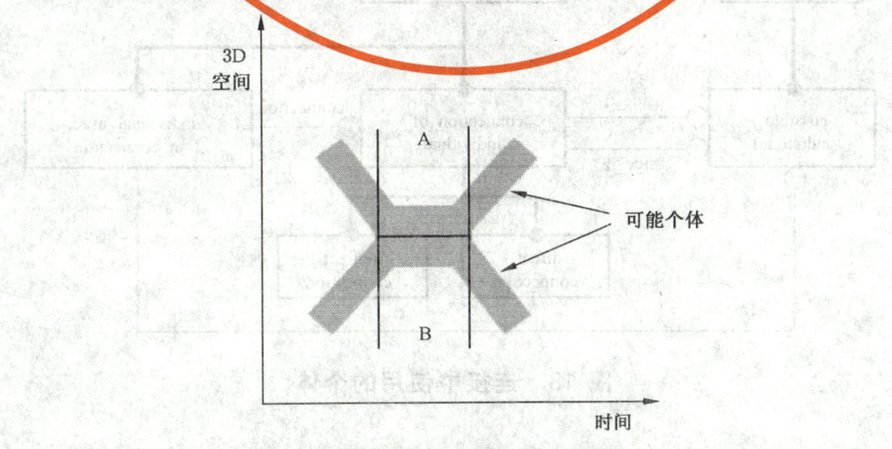

图 15 相连接的时空外延

图 16 所示连接模型中的元素。connection_of_individual(个体连接)是一种 relationship,有 direct_connection 和 indirect_connection(间接连接)的子类型。属性 side_1(边 1)和 side_2(边 2)没有隐含任何次序和方向,只是用来区分参与连接的不同个体。

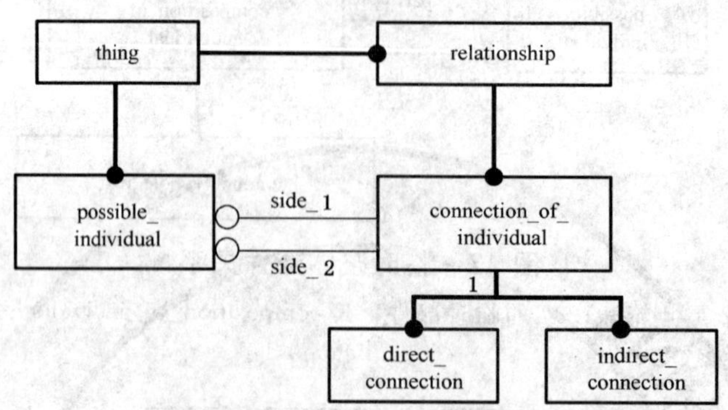

图 16 个体连接

示例 1:图 17 显示了一台特定的发动机轴和封轴之间的连接。这种连接只涉及轴和轴封的临时部件。

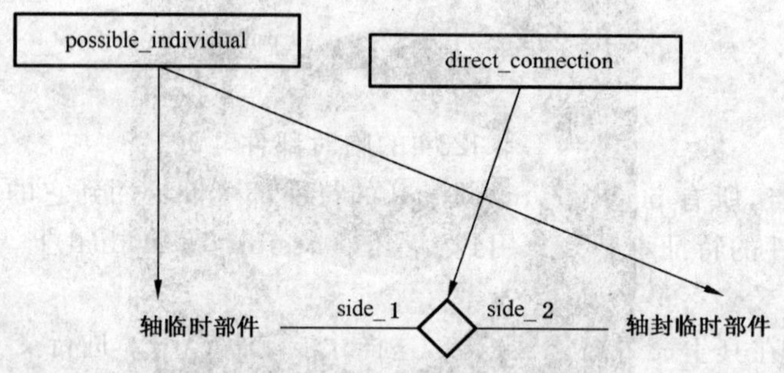

图 17 轴与封条的直接连接

一个 indirect_connection 是通过其他个体发生的。图 18 显示了 individual_used_in_connection(连接使用个体)的关系。这使得其他参与 indirect_connection 的个体被记录下来。

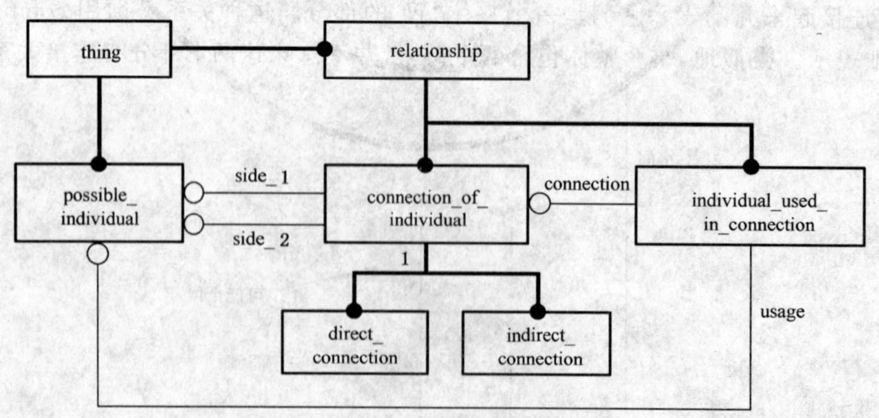

图 18 连接中使用的个体

示例 2:图 19 显示了发动机轴和曲轴箱之间的非直接连接,这种连接是通过轴承和轴封连接起来。

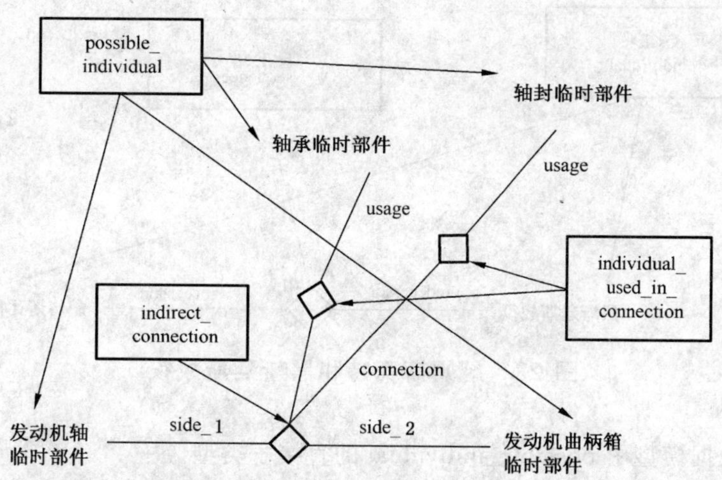

图 19 轴和曲柄轴箱的非直接关系

4.7.4 个体的临时顺序

如果用按时间对时空外延进行排序时，一个可以完全在另一个的后面。这在本部分中称为 temporal_sequence(临时顺序)(见 5.2.22.6 和图 198)。图 20 显示了 temporal_sequence 的时空性质，个体“A”在时间轴上整体先于个体“B”。

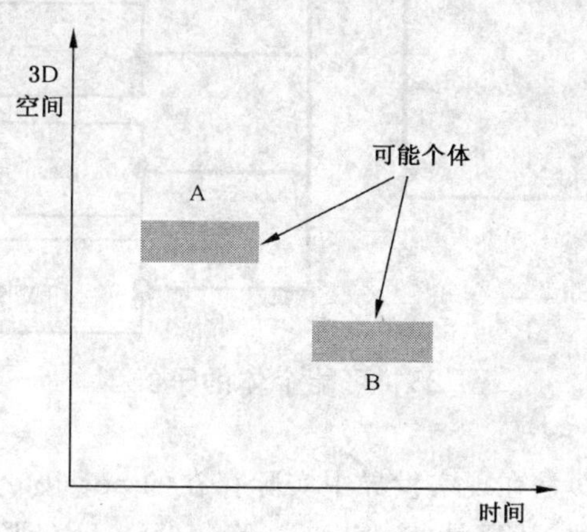

图 20 时空外延排序

图 21 显示了顺序模型的元素。temporal_sequence 是一种前驱和后续 possible_individual 之间的 ralationship，它定义了一个时间顺序。

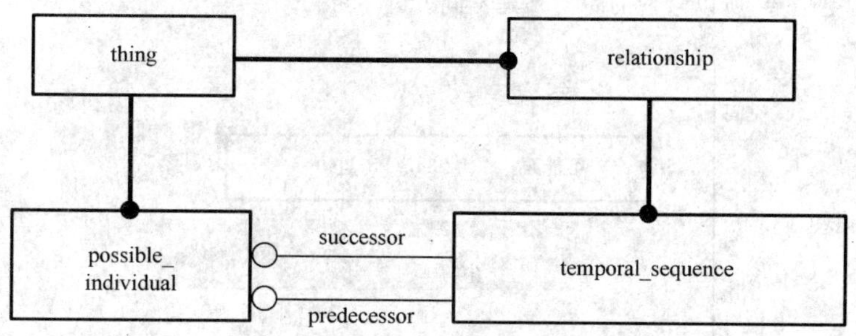

图 21 时间顺序

顺序只按实际情况进行记录。与顺序有关的规则，即成员中有先后关系的性质，是用 temporal_sequence 类来表示的(见 4.8.4.7 和 5.2.22.3)。

示例：图 22 中显示了 possible_individual 詹姆斯瓦特出现在黑斯廷斯战役之后。

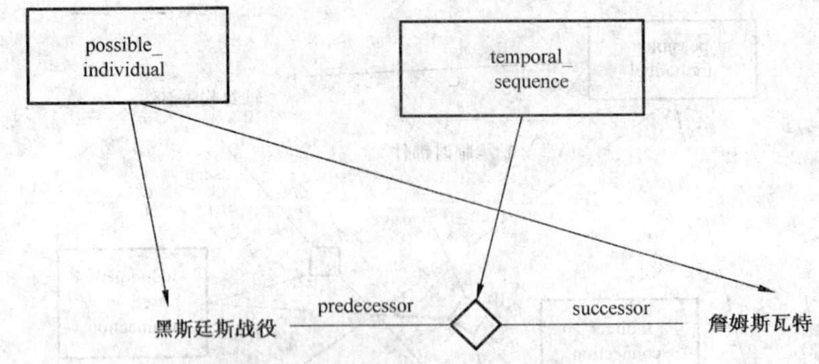

图 22　詹姆斯瓦特和黑斯廷斯战役

4.7.5　个体子类型

图 23 中显示了数据模型中 possible_individual 的直接子类型。

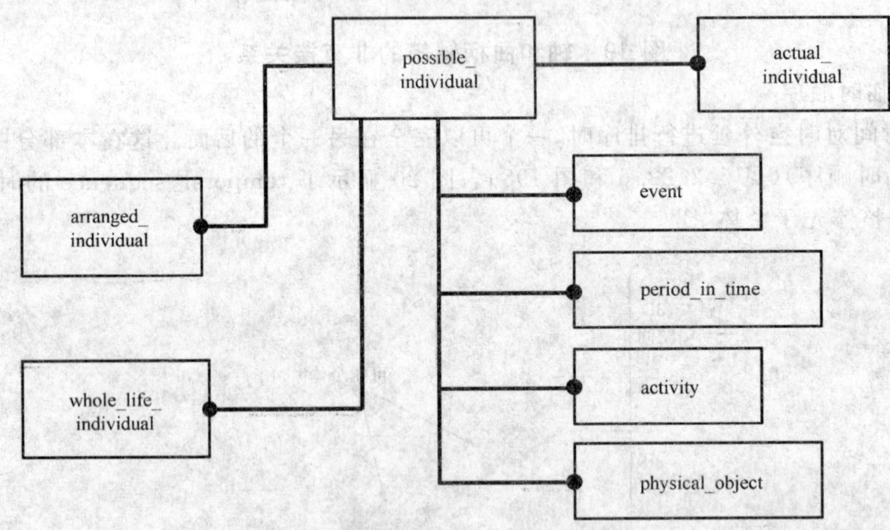

图 23　可能个体的子类型

4.7.6　实际个体

actual_individual(实际个体)是在现实世界中实际存在的 possible_individual。过去计划过或期待将来出现的 thing,如果没有出现,就只是 possible_individual。只有那些出现过的 possible_individual 才是 actual_individual。

示例:欧米茄生产系统从 1998 年 3 月 21 日起需要的一台每分钟 25 加仑的泵是一个 possible_individual。1998 年 7 月制造的有每分钟 28 加仑容量的泵是一个 actual_individual。所需要的和实际的 28gpm 的泵的时间外延如图 24 所示。因为它们有不同的时空边界,所以它们的时空外延不同。

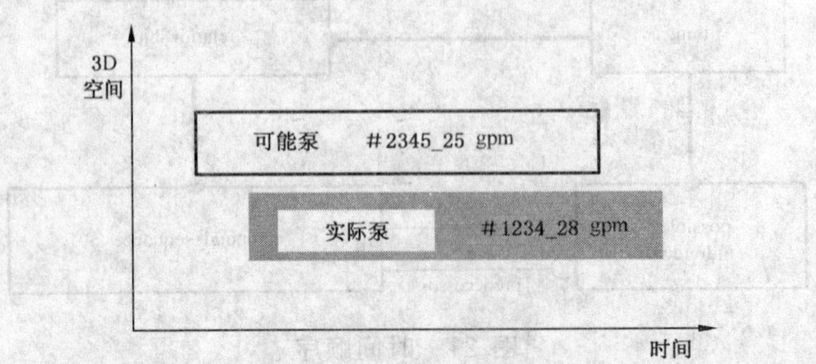

图 24　可能和实际的个体

图 25 显示了这些外延的实例图。两个 possible_individual 分别是#2345 和#1234,对应了不同的外延。#1234 既是一个 actual_individual,又是一个 possible_individual。

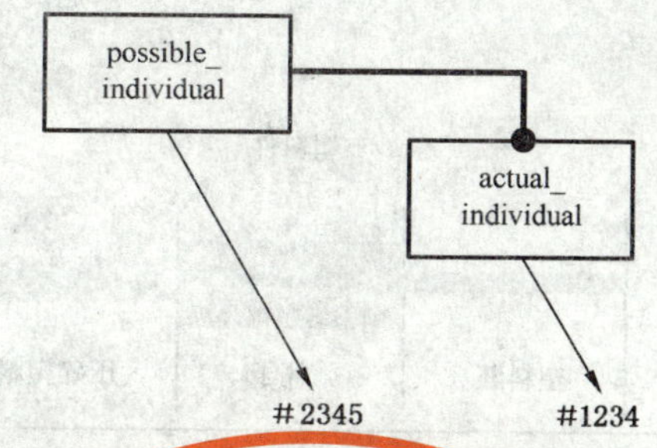

图 25　可能和实际实体的实例图

4.7.7　个体的生命周期阶段

组织和个人使用生命周期的概念，如提出、计划和需要等时，经常涉及 possible_individual。在本部分中 lifecycle_stage 被看成是两个 possible_individual（见 5.2.23.4、5.2.23.5 和图 199）之间的关系，如图 26 所示。

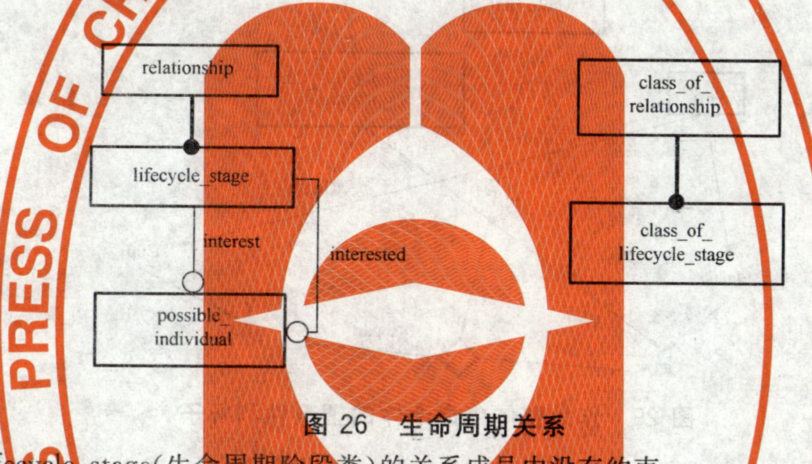

图 26　生命周期关系

class_of_lifecycle_stage（生命周期阶段类）的关系成员中没有约束。

示例：图 27 显示了 XYZ 公司在 2002 年 1 月 6 日至 9 月 27 日需要 25gpm 泵 #2345。也可以认为还有另一家公司也需要和计划用这同一个 possible_individual。

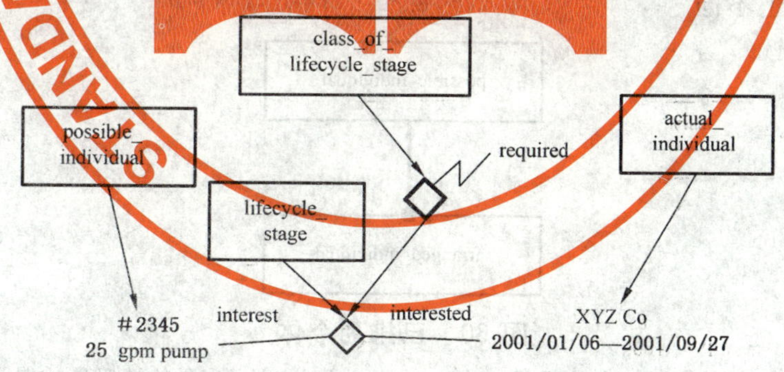

图 27　XYZ 公司需要的泵

4.7.8　完整生命个体

一个 whole_life_individual（完整生命个体）是指一个时空外延，并且它不是任何同类个体的临时部件（见 5.2.6.15 和图 182）。这些个体的特性相对于其他个体的特性是独立的。

示例 1：编号为 #1234 的实际叶轮是一个 whole_life_individual。它不是任何一个其他叶轮的临时部件。

示例 2：以一个塑料胚，从胚做成的杯子，再到把杯子压碎成塑料为例，这些都是塑料件个体的临时部件，它的分子结构与胚、杯子和压碎废品的分子结构是相同的。由于杯子不是塑料件的同类，所以它可能被看成是一个 whole_life_individual。类似地，塑料胚和压碎的塑料也是 whole_life_individual，如图 28 所示。

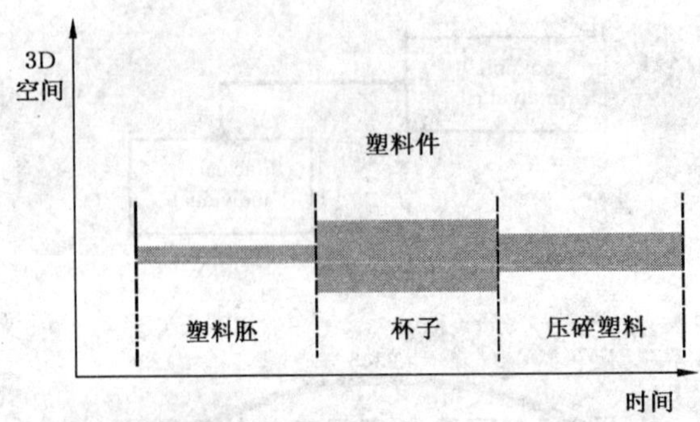

图 28 塑料件的时空图

示例 3：图 29 显示了把杯子 # X93 和塑料片 # 3A 表示成 whole_life_individual 的模型实例，在 temporal_whole_part 关系中杯子是部件，塑料件是整体。

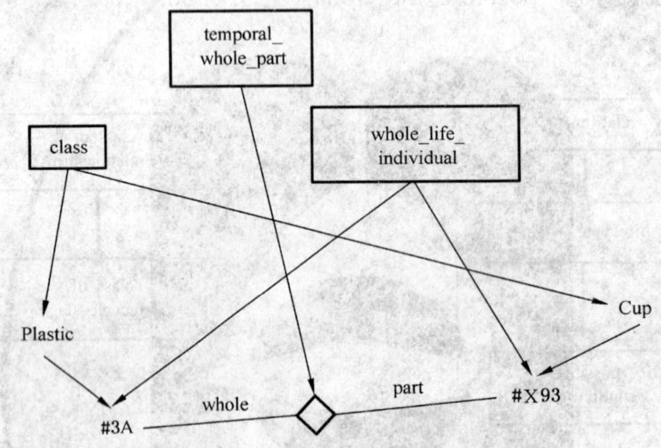

图 29 作为整体生命个体的塑料件和杯子

4.7.9 已排列个体

possible_individual 由其他 possible_individual 部件组成，如图 30 所示。有特定组织或排列的部件是 arranged_individual(已排列个体)(见 5.2.6.2 和图 182)。arranged_individual 与其所包含的个体部件在属性、特征和行为上不同。

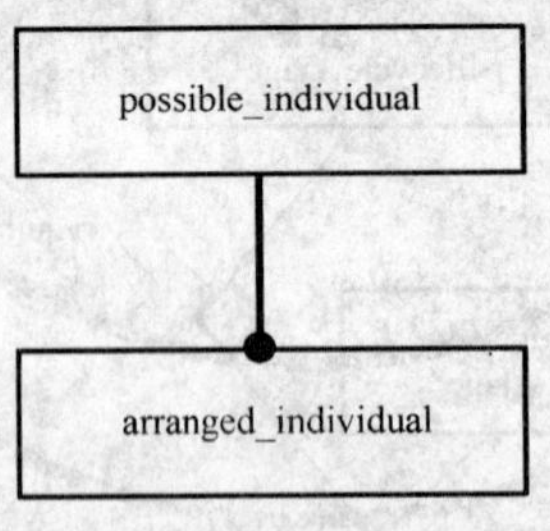

图 30 已排列个体

示例 1：一个带制造商序列号的特定的泵是一个 arranged_individual。泵的抽吸能力是它的个体部件所没有的行为。

示例 2：库存备用泵的叶轮不是一个 arranged_individual，不能提供整体机组的功能。

4.7.9.1 个体排列

arrangement_of_individual(个体的排列)是 composition_of_individual 的一个子类型，限指 whole(整体)中的 arranged_individual(见图 31)。一个 arrangement_of_individual 意味着相对于 whole 中其他部件(见 5.2.6.3 和图 182)，这个 part(部件)已经被排列了。

示例 1：按编队飞行的飞机是一个 arranged_individual。arrangement_of_individual 关系显示每个飞机的临时部件是编队的部件。当飞机在地面上时，它们不是编队的部件。因此编队由飞机的临时部件组成。

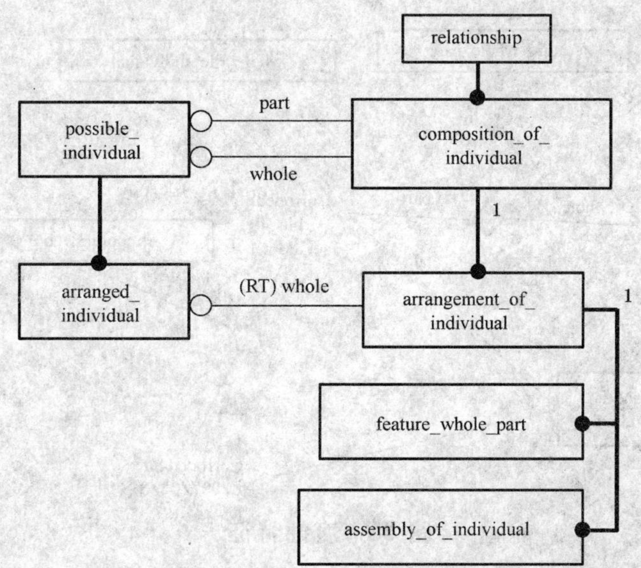

图 31　个体排列

定义 arrangement_of_individual 的两个子类型，以区分 arranged_individual 是部件组装还是特征。

assembly_of_individual(个体组装)关系表示整体中的部件是组件临时部件，并直接相连(见 5.2.6.4)。隐含连接的性质是指部件可以合理地连接起来或从整体分来，特别是使用一些机械的方法或焊接、粘贴和其他形式的粘附。这就允许在 arranged_individual 的生命周期中更换部件，并把它作为另一个 arranged_individual 的部件。

示例 2：图 32 显示了叶轮＃127C 的两个临时部件 A 和 B 作为部件，与两个泵＃2345 和＃2346 之间的 assembly_of_individual 关系。泵＃2345 和＃2346 是另外两个完整个体的临时部件。它们可能是泵类，但这里没有表示。

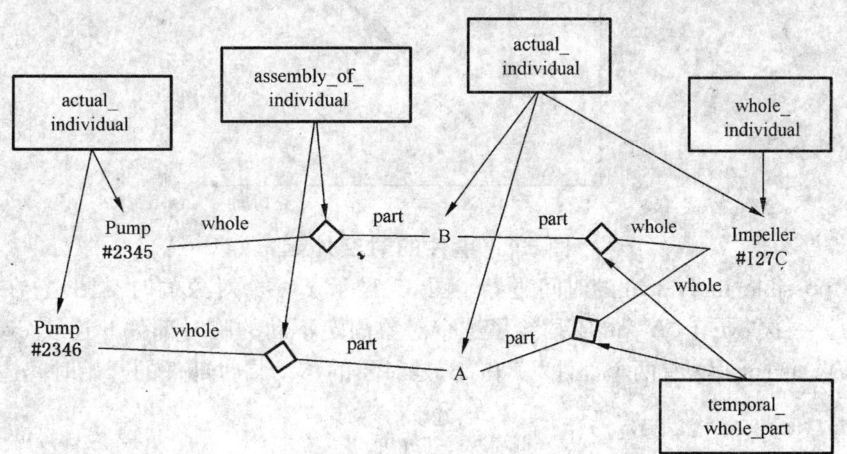

图 32　泵的组装

在本部分中 assembly_of_individual 仅限于中视镜尺寸的个体，因此不包括分子和原子大小的个体的组合。

feature_whole_part(整体部件特征)关系应用于部件与整体无法区分开的 arranged_individual(见 5.2.6.6)。特征无法被当成它所指个体的部件来进行标识。在本部分的术语中，一个特征部件要么是一个 whole_life_individual，要么是一个 whole_life_individual 的部件，同时它是另外一个 arranged_individual 的特征。

示例 3：图 33 显示了一个受腐蚀管道表面切片的数据。表面切片是 2 一个 whole_life_individual，并是管道的一个特征。腐蚀切片中有反应腐蚀空间范围和严重程度的个体部件。这个临时部件继承了它是管道特征的条件。通过标识出一个合适的完整生命对象及这个 whole_life_individual 的临时部件，并使临时部件被不断地观察和度量，腐蚀发展过程就可以被全程跟踪。

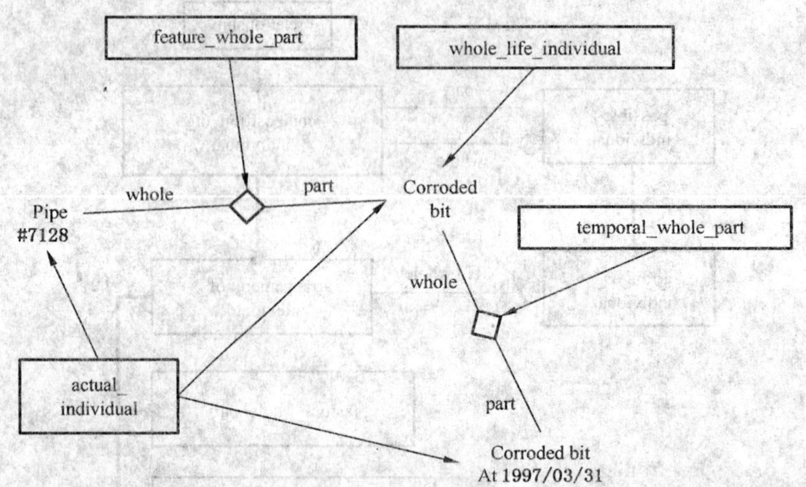

图 33　腐蚀特征

4.7.10　事件和时间点

在本部分中，event(事件)被定义成具有零时间外延的时空外延(见 5.2.9.5 和图 195)。时间可能只发生在某一个时间，也可能是在一个连续时间，或这两者的组合。图 34 显示了一次和连续 event 的时空图。两种类型都满足零时间外延的条件，因为每个部分都是零持续时间的。

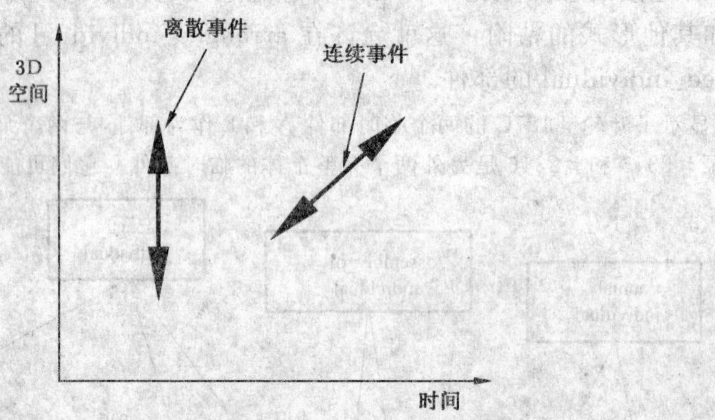

图 34　事件的时空外延

event 标记了 possible_individual 的时间边界。图 35 显示了一个对象的时空图，它在移动后休息了一下，然后继续移动。一次 event "A"和"B"描绘了这个对象固定不动的临时部件。连续 event "C"标记了对象移动时的上边界。event "D"有两个部件"C"和"B"是对象的移动临时部件的开始时间边界。

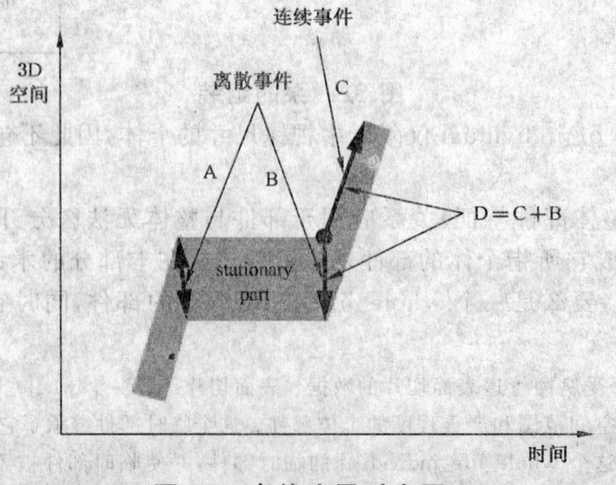

图 35　事件边界时空图

图 36 显示了 event 的模型。event 是 possible_individual 的子类型，也可以是一个 actual_individual。一个 event 是其他时空外延的 temporal_bounding（临时边界）。事件边界是 composition_of_individual 的子类，其中部件限指一个 event。其子类 beginning（开始）和 ending（结束）表示了有边界个体的 temporal_sequence。

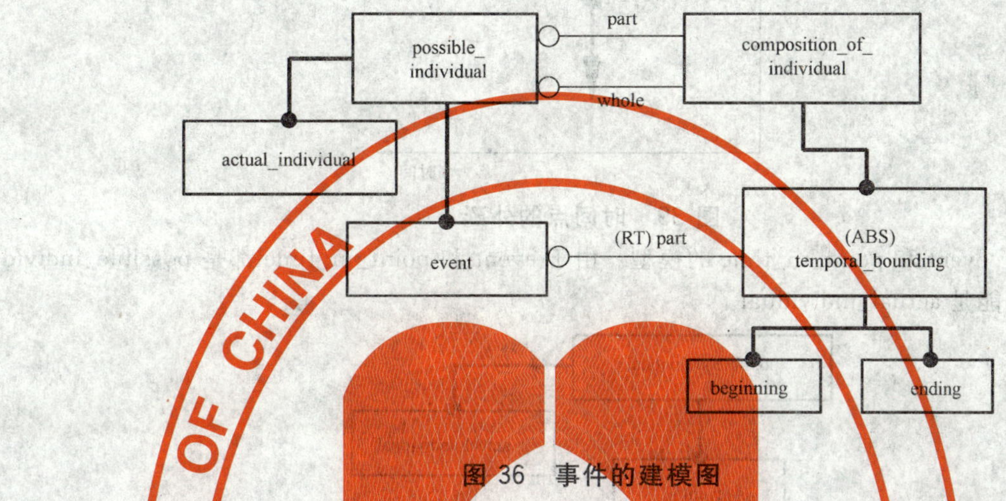

图 36　事件的建模图

示例 1：一个清管器在已经放置了一段时间后要停下来，并在重新移开之前。在清管器稳定状态的最后是一个一次 event 和一个 actual_individual。图 37 显示了其中的数据。

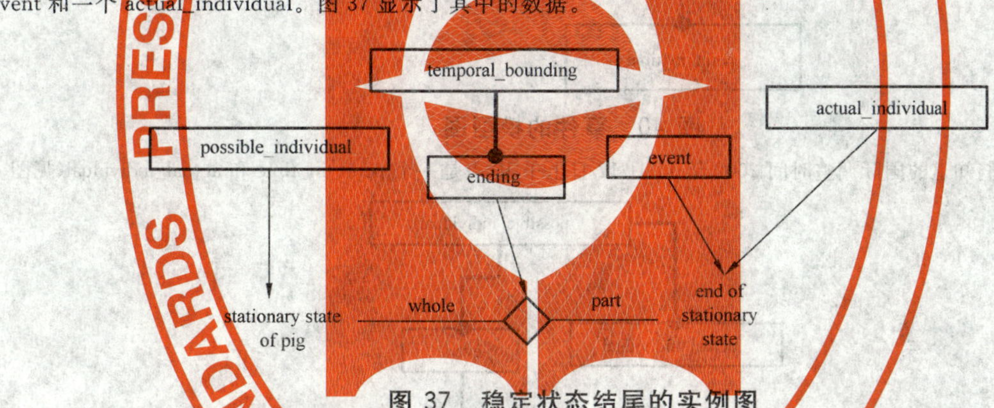

图 37　稳定状态结尾的实例图

示例 2：图 38 显示了清管器在移动中前端的时空轨迹。移动状态的开始也是稳定状态的结束。这两个都是移动状态的 beginning event（开始事件）的部分。

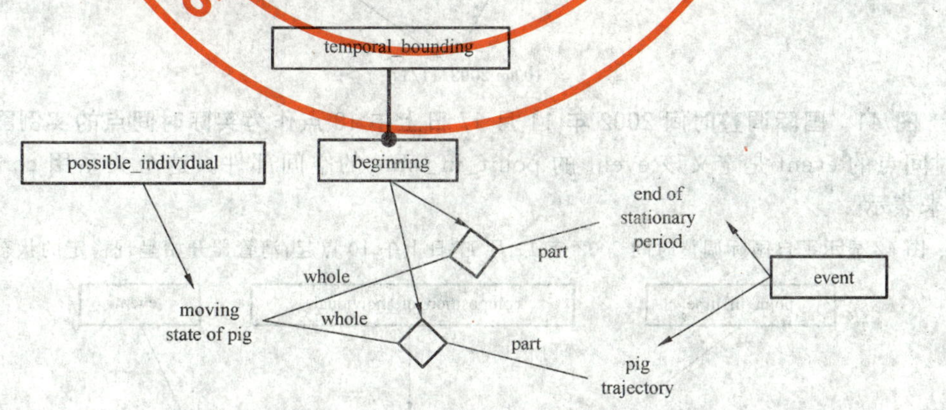

图 38　铸模时空轨迹的实例图

有些一次 event 包含了整个空间外延，则称为 point_in_time（时间点）（见 5.2.9.8 和图 185）。一次 event 总是一个 point_in_time 的部分，如图 39 所示。

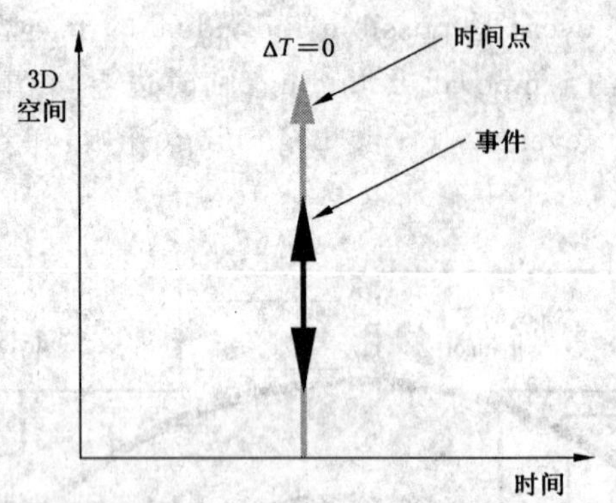

图 39　时间点的外延

图 40 显示了 event 和 point_in_time 的模型。由于 event 和 point_in_time 都是 possible_individual，所以它们也可能是 actual_individual。

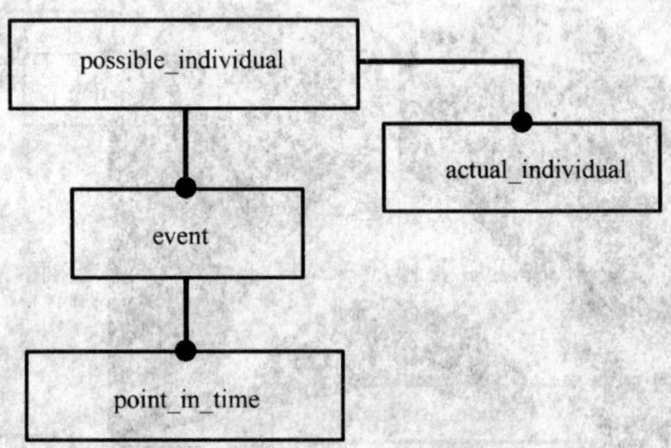

图 40　事件的模型图

示例 3：如我们知道的国际调整时间 2002 年 11 月 17 日上午 10 点是一个 point_in_time 和 actual_individual（见图 41）。

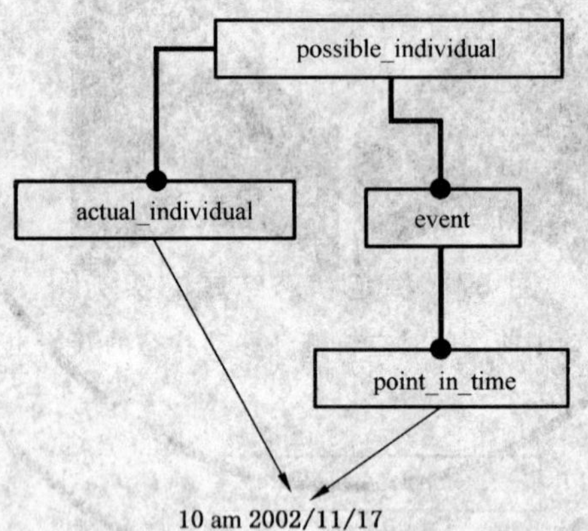

图 41　国际调整时间 2002 年 11 月 17 日上午 10 点作为实际时间点的实例图

不是时间点的 event 是定义该 event 的 point_in_time 的空间部件。这个关系用 composition_of_individual 来表示。

示例 4：图 42 显示了自国际调整时间 2002 年 11 月 17 日上午 10 点起，清管器开始呈现稳定的状态。

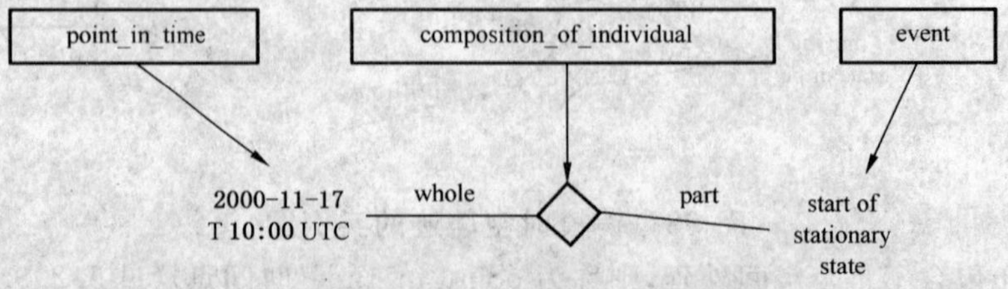

图 42　稳定状态时间的实例图

4.7.11 时间段

period_in_time(时间段)是一个 possible_individual。它是指一段时间的所有空间,即世界的临时部件。图 43 显示了 period_in_time 的时空性质。

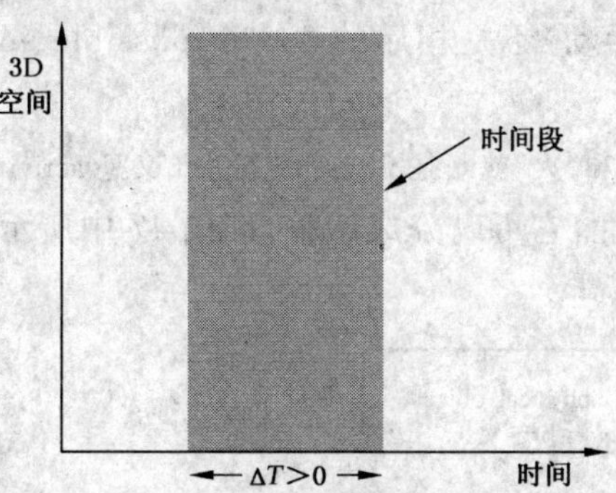

图 43 时间段的时空外延

图 44 显示了 period_in_time 的模型。

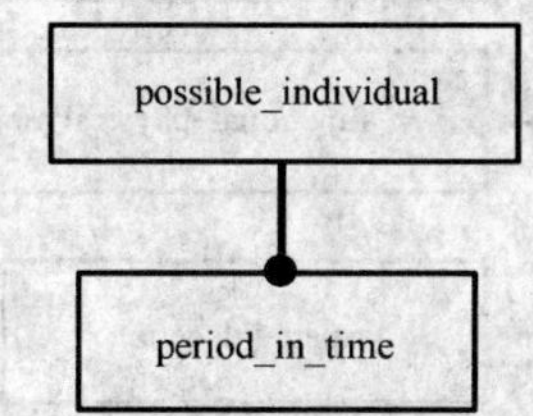

图 44 时间段的实体类型

图 45 显示了时间段的边界是时间的 beginning 和 ending 时间点。

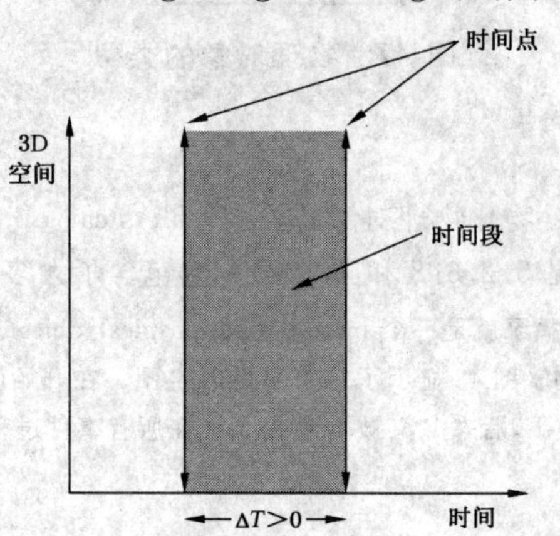

图 45 时间段和它边界时间点的时空图

示例:图 46 显示了#EH26 是一个 period_in_time,其开始时间是 10:26,结束时间是 11:09。

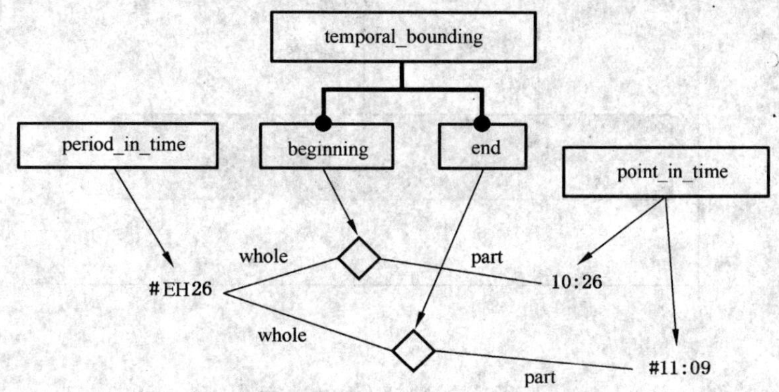

图 46 从 10:26 到 11:09 的时间段

4.7.12 物理对象

在本部分中，physical_object（物理对象）是时空中的物质和/或能量的分布（见 5.2.6.10 和图 182）。physical_object 总是空间的一部分，尽管不必要但通常也具有非零的时间外延。

physical_object 和 activity（活动）不是相斥的。一个 possible_individual 可以既是 physical_object 也可以是活动。

示例："放射性材料"、"活的组织"和"火"就既是 physical_object 又是 activity。

基于 physical_object 的连贯性，它可以分成四种，即图 47 中所示的 physical_object 的子类型。

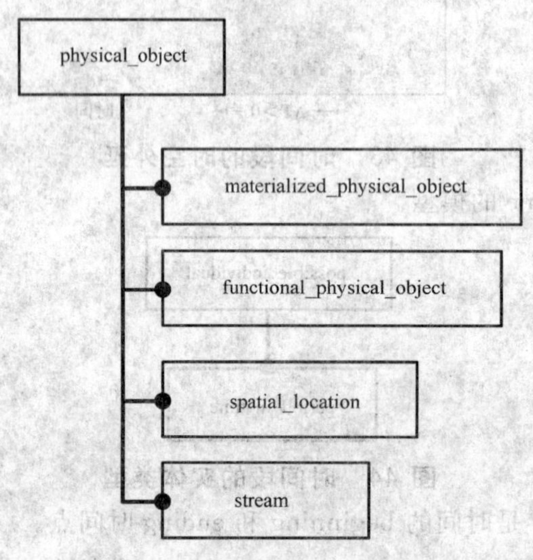

图 47 物理对象的类型

4.7.13 物化物理对象

materialized_physical_object（物化物理对象）是一种 physical_object。在其存在期间它是由同样或缓慢变化的物质或能量组成的（见 5.2.6.8 和图 182）。它包含了大多数经常描述的具体对象。

示例：一个带有厂家系列号的机械泵就是一个 materialized_physical_object。在其生命中，即使它的每一个零件都换掉了，我们还会把它视为同一个事物。图 48 显示了一台泵的时空图。在开始时，泵由两个部件 A 和 B 组成，过了一段时间部件 A 被一个新的部件 C 替换了，后来 B 又被 D 替换了。在所有事件过程中，由于材料总是存在的，所以材料的连续性就得到了保持。

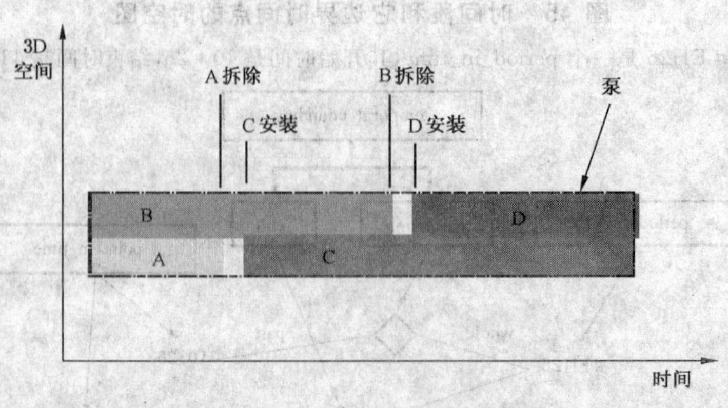

图 48 材料连续性时空图

泵由一些临时部件组成。每一个临时部件都对应于泵的一个零件,如图 49 所示。

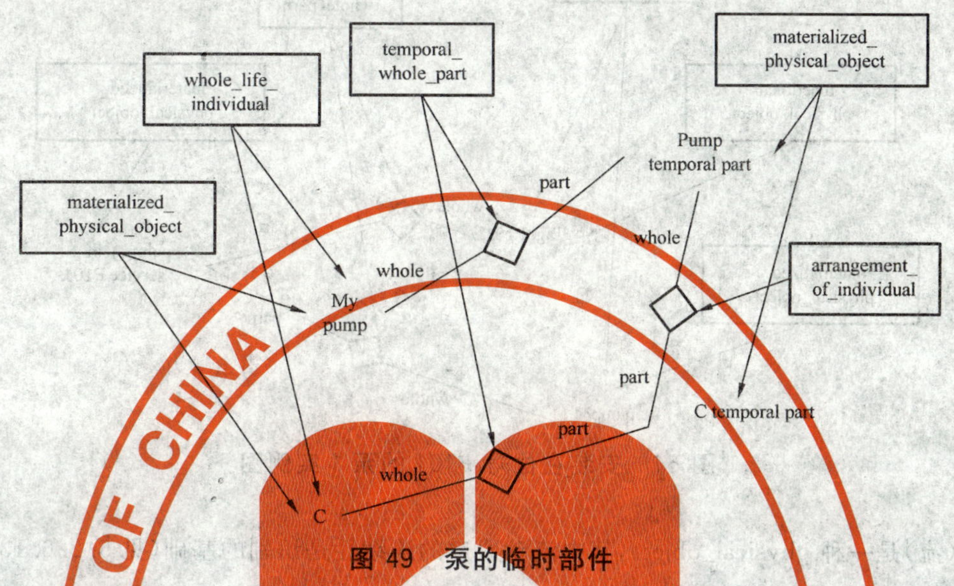

图 49 泵的临时部件

4.7.14 功能物理对象

functional_physical_object(功能物理对象)是基于一定功能连续性的 physical_object(见 5.2.6.7 和图 182)。

temporal_whole_part 关系指出了那些 materialized_physical_object 的临时部件是 functional_physical_object 的部件。

示例：有一个位号为"P101"的泵,其实际的泵设备更换了多次,如图 50 所示。它就是一个 functional_physical_object。位号 P101 上安装了泵 1 后又移走了,随后泵 2 安装了又移走了。这里没有物质的连续性,但安装上的泵都起到了类似的作用。图 51 显示了泵 1 的实例图。

那个标签和泵的共同临时部件的 possible_individual,既是 materialized_physical_object 又是 functional_physical_object。

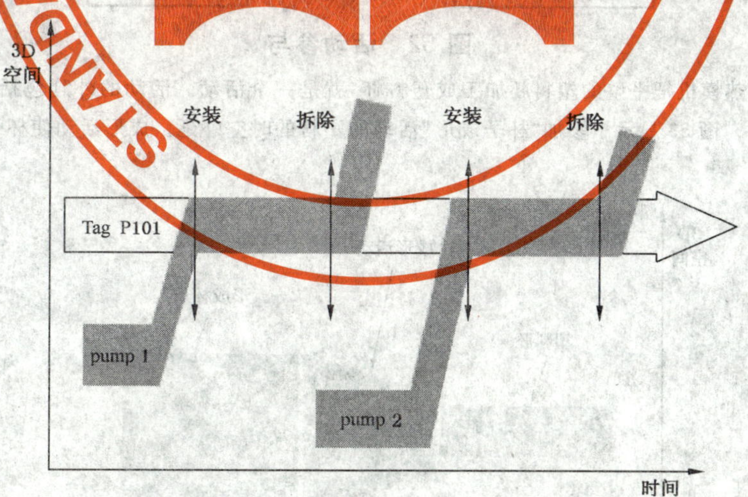

图 50 功能物理对象 P101 的时空图

4.7.15 空间区域

spatial_location(空间区域)是具有相对位置连续性的 physical_object(见 5.2.6.12 和图 182)。

示例：一个海上许可区域就是一个 spatial_location。

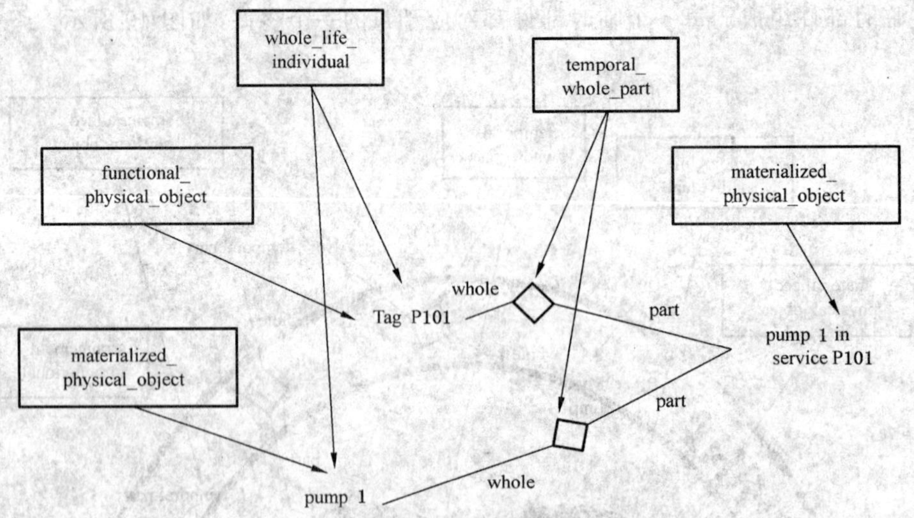

图 51 安装在位号 P101 的泵 1 实例图

4.7.16 流

stream(流)是一种 physical_object,其中流动通道的连续性是识别的基础(见 5.2.6.13 和图 182)。

示例:软管的流量是 stream 和 materialized_physical_object。

4.7.17 活动

一个 activity 是一些正在发生或改变的事物(见 5.2.9.1 和图 185)。在本部分中,活动是指其他个体和 event 参与的时空外延。participation(参与)是 composition_of_individual 的一种类型,如图 52 所示(见 5.2.9.7)。

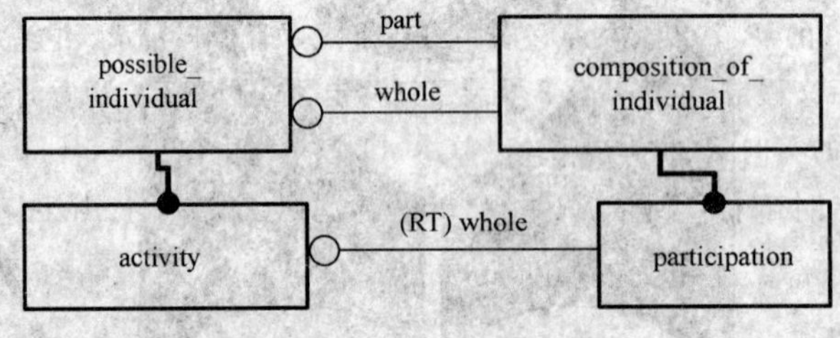

图 52 活动参与

示例 1:使用一个热模机把平整的塑料胚加工成塑料杯,就是一个活动。活动的外延包括外形被改变了的塑料和所使用机器的临时部件。图 53 显示了参加"杯子成形"活动的塑料的时空外延。成形活动使杯子诞生,并结束了塑料胚的生命。

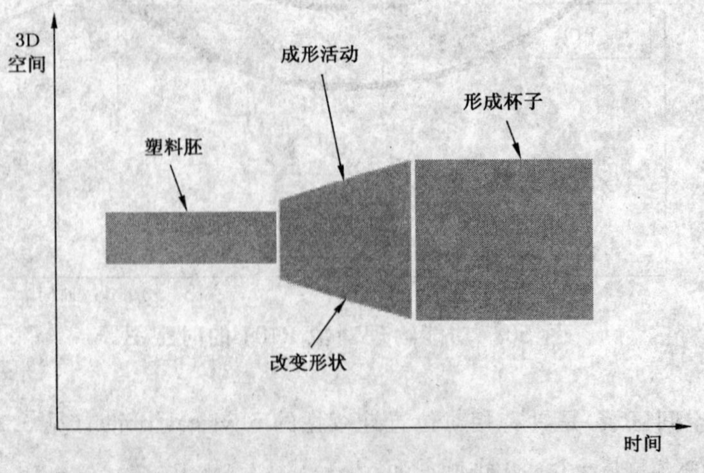

图 53 杯子成形活动

图 54 显示了热模机、塑料和杯子参与时的模型实例。

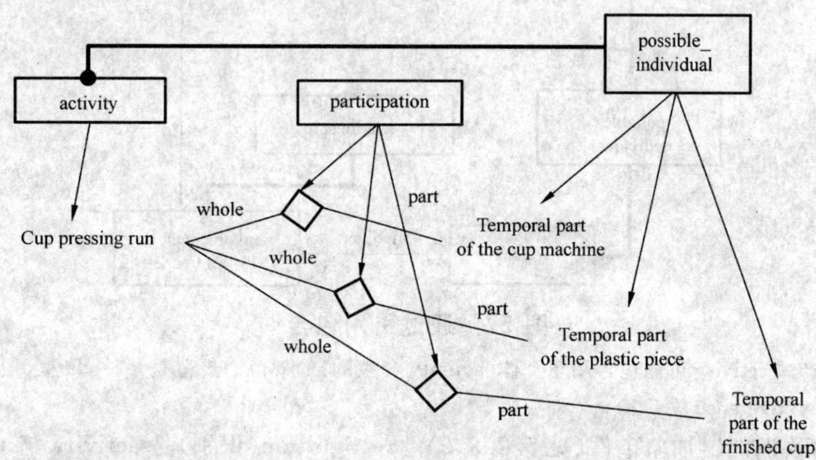

图 54 杯子成形活动的实例图

带来变化的活动可以用 event 来标记(见 5.2.9.5)。在图 53 中显示了两个明显的变化:杯子开始出现,塑料胚生命截止。图 55 显示了这个原因模型,cause_of_event(事件原因)是 relationship 的一个子类(见 5.2.9.3)。

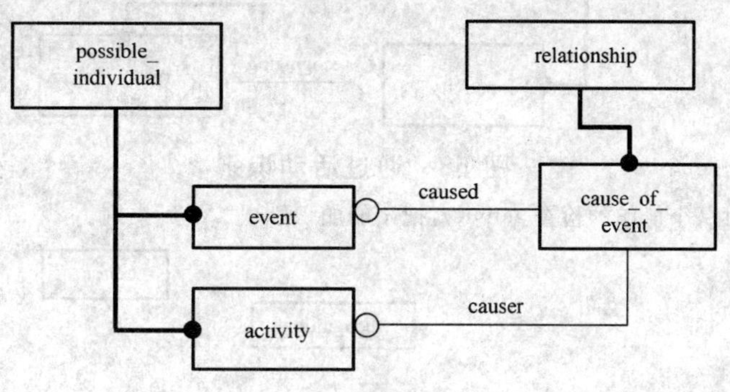

图 55 事件原因模型

图 56 显示了一个特定杯子压制 activity 造成了杯子开始出现和塑料胚结束的 event。

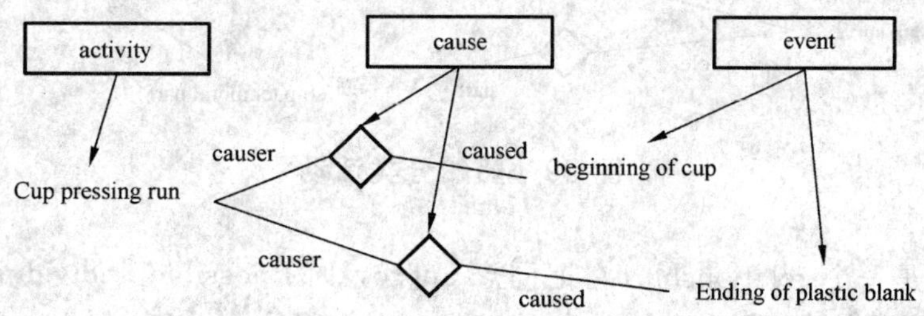

图 56 杯子压制中导致的杯子开始出现

模型也允许与 activity 有关的过去或将来的 abstract_objects 和 possible_individual 直接地包含进来,如图 57 所示(见 5.2.9.6)。

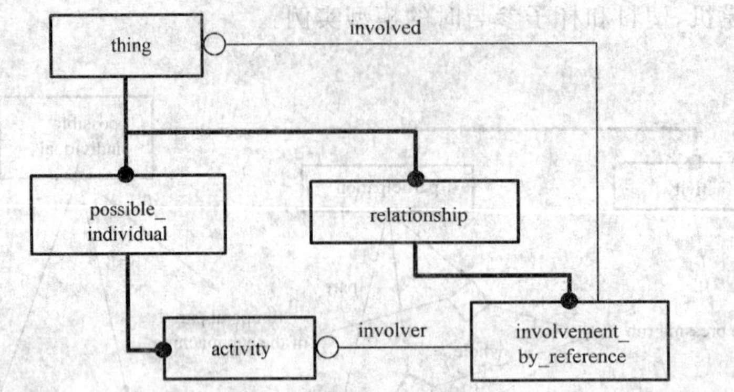

图 57 通过引用包含

示例 3：一个生产式 activity 可能包含用于个体（activity 产生的）的规范。规范是一种 class_of_individual，它与此活动具有 involvement_by_reference 关系。

活动可能会导致识别出抽象条件（见 5.2.9.9）。recognition（识别）是 activity 与 thing 之间的一种关系，其中 thing 是此 activity 的结果。图 58 显示了 recognition 的模型。

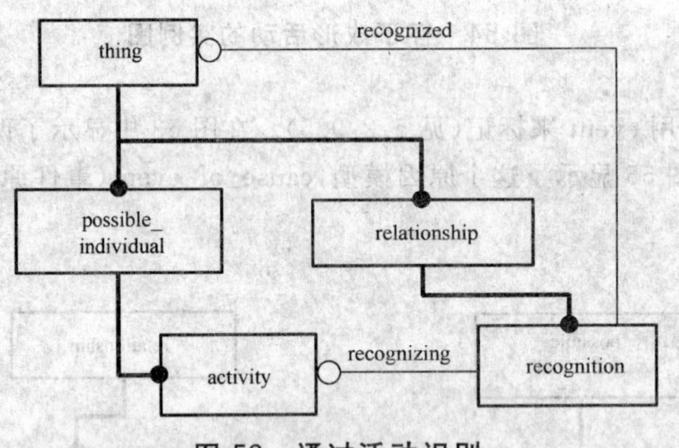

图 58 通过活动识别

示例 4：图 59 显示了对一个船舶的检查 activity，把该船舶识别成“A 级”类别。

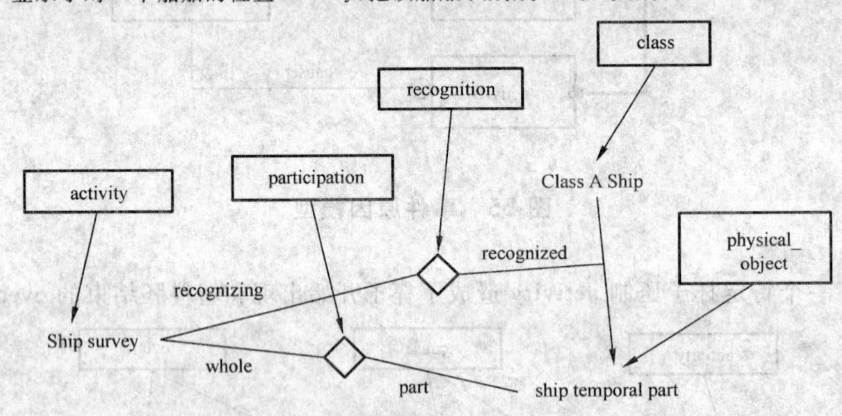

图 59 船舶分类活动

4.7.18 **批准**

approval（批准）是一个 relationship，它把同意 approval 的 possible_individual，如人、组织或机器等，与被批准的事物联系起来（见 5.2.23.1 和图 199）。在本部分中只有 relationship 才能被批准，这样就给出了 approval 的含义。一个 possible_individual 或一个 class 已经是它本身了，批准它自己是没有意义的。它批准自己被包含到某事物中才是有意义的。

图 60 显示了 approval 模型的元素。

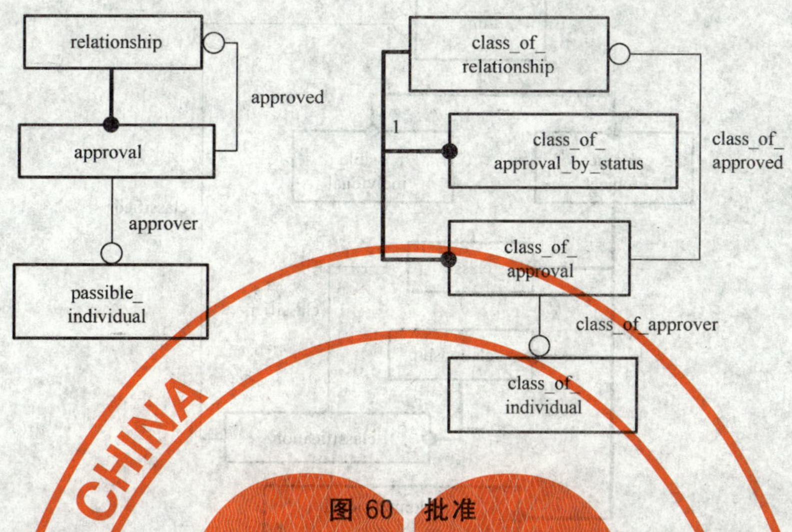

图 60 批准

approval 类型是由一个 class_of_approval_by_status(批准状态类)(见 5.2.23.3)确定的 approval 关系给出的。class_of_approval(批准类)可以对关系类建立规则,并由个体类批准(见 5.2.23.2)。

示例:图 61 显示了塑料原料在杯子成形 activity 中的 participation 行为被"产品监督员"批准。"批准"是一个 class_of_approval_by_status,"未批准"也是一个 class_of_approval_by_status。

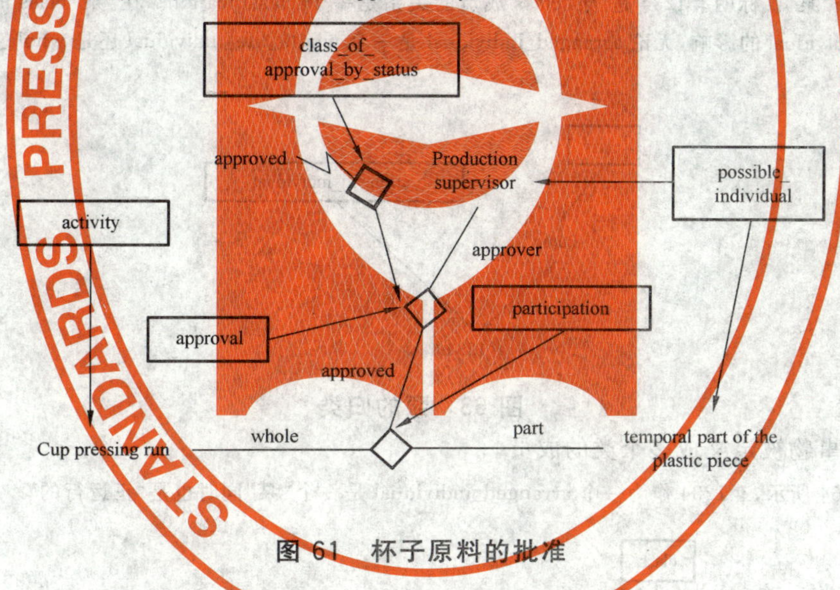

图 61 杯子原料的批准

4.8 类

class 是 thing 的一个种类、分类或分支,它具有一定的共同特性(见 5.2.2 和图 178)。

class 有一个定义了包含和不包含的基础。

在本部分中:

——class 所包含的事物可作为类的成员。

——class 对应于一个非良好构件的集合。其属性将在附录 D 中描述。

——class 所包含和不包含的事物可由一个原文定义和/或其关系给出。

4.8.1 分类

classification 是一个 relationship,标明了 class 的成员关系(见 5.2.2.3 和图 178)。类的成员关系意味着其成员满足了包含和非包含的条件。如图 62 所示,classification 被视为 relationship 的一个显式子类型。possible_individual、class、relationship 和 multidimensional_object 是不同的。归类是非及物的。一个 class 的成员不一定是该 class 的任何 class 成员。

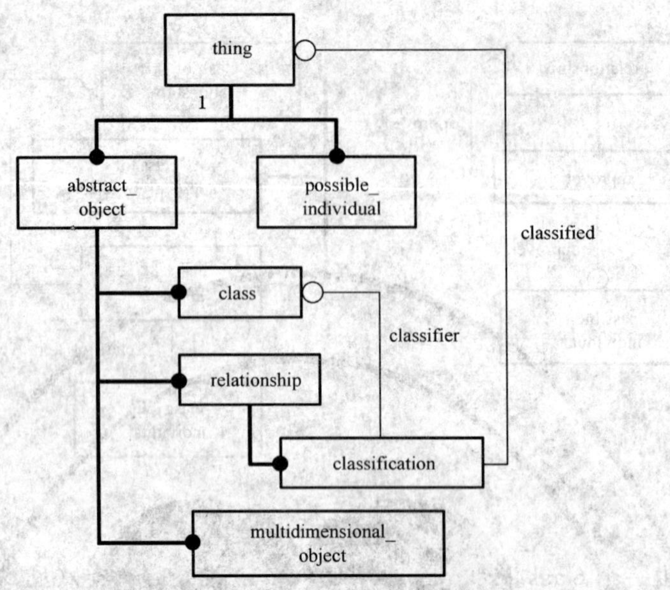

图 62 归类关系的模型

示例 1：图 63 显示了一类 thing“泵”作为一个 class。“泵”的成员是有泵活动的 arranged_individual。arranged_individual＃1234 是一个“泵”。标明＃1234 是“泵”class 成员的关系是一个 classification。在“泵”class 的例子中，其成员属性不受 arranged_individual 的影响，无论 arranged_individual 是一个 whole_life_individual 还是 whole_life_individual 的临时部件。

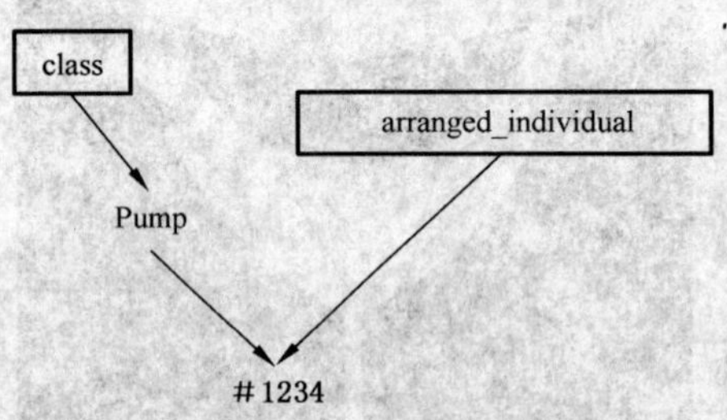

图 63 泵的归类

归类时允许事物被定义成多个类的成员。

示例 2：如图 64 所示，＃1234 作为一个 arranged_individual 是一个“泵”同时也是“正运行的”。

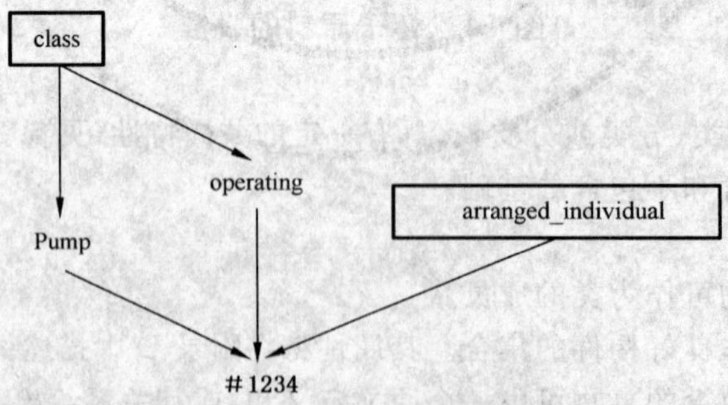

图 64 运行中泵的归类

许多归类不仅适应于一个 whole_life_individual，也适应于 whole_life_individual 的临时部件。

示例 3：如图 65 所示，＃1234 是一个完整生命泵＃PA01 的临时部件。“泵”的归类正属于 whole_life_individual，并继承自其任何临时部件。然而，如果 whole_life_individual 不在数据库中表示，与临时部件直接对应的归类会被记录下来。

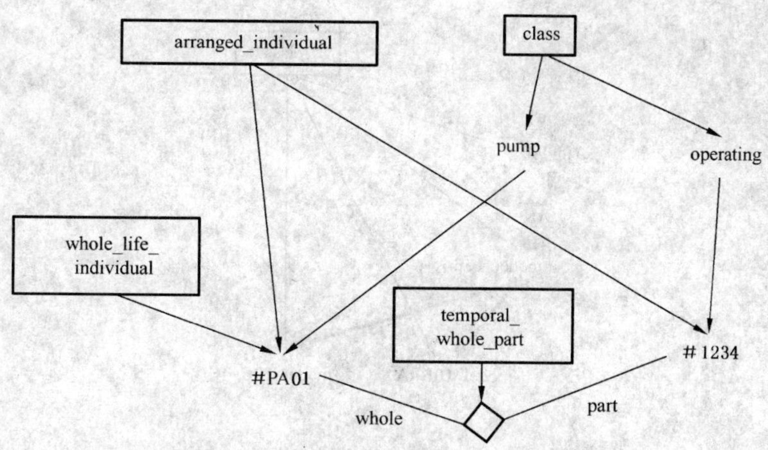

图 65 泵操作中的临时部件

4.8.2 特殊化

如图 66 所示，specification 是两个 class 之间的 relationship，其中子类的成员一定是超类的成员。specification 关系用于表示一个 class 是另一个 class 的子分支。

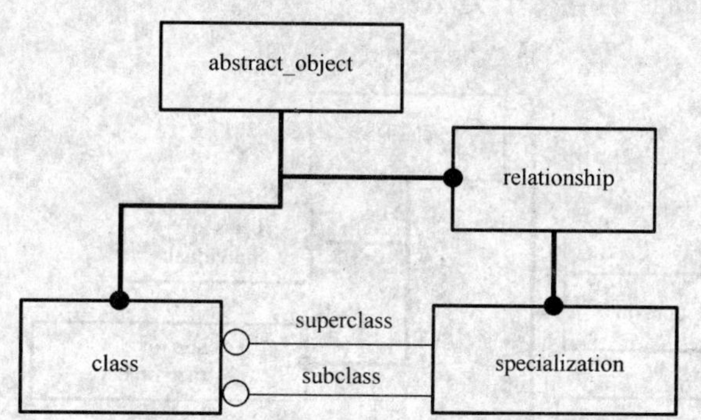

图 66 特殊化关系

因为子类的成员一定是超类的成员，子类成员关系必须符合超类成员关系的所有规则。这样子类就被称为继承了超类的规则。

示例 1：图 67 显示了一个制造商的模型 106 是一个泵 class 的特殊化 class。"模型 106"的成员都是"泵"的成员。

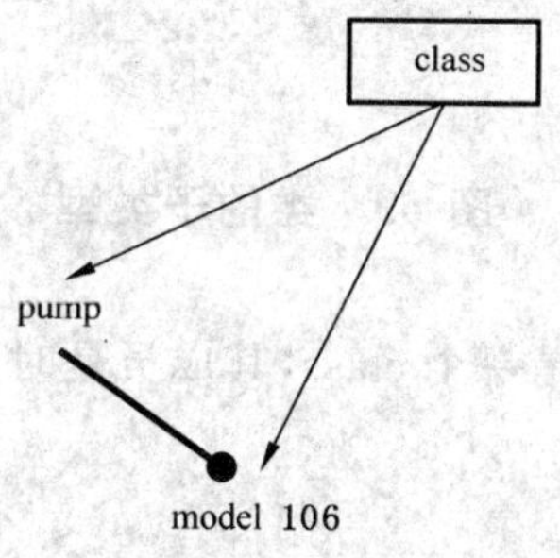

图 67 泵特殊化

特殊化关系是及物的。子类的子类成员是更广义超类的成员。

示例 2：在图 68 中，一个制造商为"模型 106"的泵提供了两个选择，类型"A"和"B"。类型"A"和"B"都是"模型 106"的特殊化。类型"A"的成员是"模型 106"和"泵"的成员。

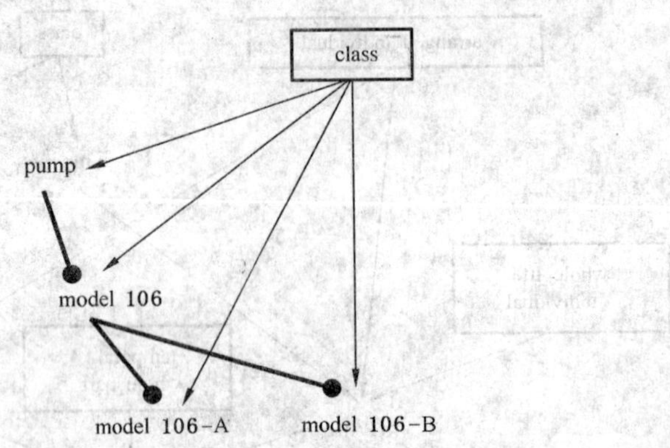

图 68 特殊化的传递性

归类和特殊化是本质上完全不同的。当 classification 的成员引用 class 时，成员 class 中的成员不一定是分类 class 的成员。

示例：图 68 中“模型 106-A”的成员不是一个 class。

4.8.3 类的类型

图 69 显示了本部分中 class 的直接子类型。

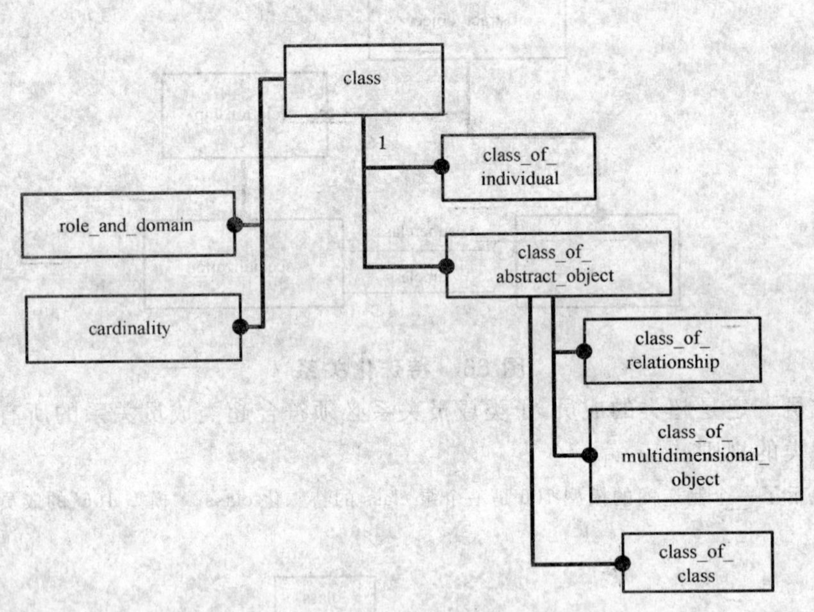

图 69 类的子类型

4.8.3.1 个体类

一个 class_of_individual(个体类)是一个 class，其成员是时空外延，即 possible_individual(见 5.2.7 和图 183)。

示例 1：“泵”类是一个 class_of_individual。

示例 2：“红色”类是一个 class_of_individual，仅时空外延才能是“红色”。

4.8.3.2 类的类

class_of_class(类的类)是一个 class，其成员都是 class(见 5.2.3 和图 179)。class_of_class 是对类成员细分的一种方法。也就是说它是用来标识细分类型的。

示例：在图 70 中“颜色”类是一个 class_of_class。“红色”类和“蓝色”类是“颜色”class_of_class 的成员。

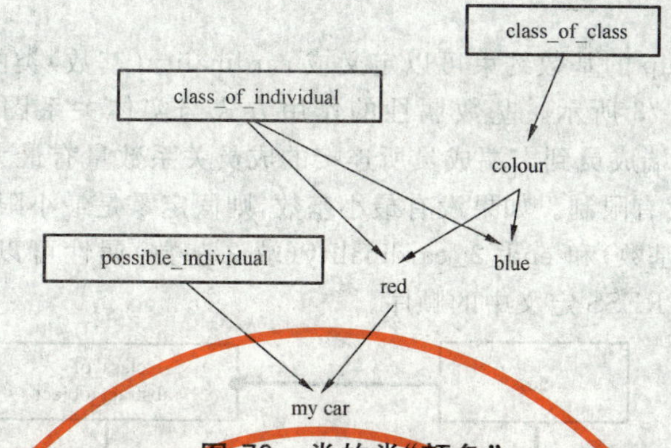

图 70 类的类"颜色"

应当说明的是本部分中定义的 EXPRESS class 的子类型是 class_of_class 的实例，尽管 EXPRESS 语言规范中不允许这样提。

4.8.3.3 关系类

class_of_relationship(关系类)使关系类型可以被识别，通常它用包含在成员 relationship 中的事物的类型术语定义了约束(见 5.2.12 和图 188)。

本部分中定义了 class_of_relationship 的一些显式子类型，其关系中的角色被 EXPRESS 属性显式地定义出来。其他非显示定义的 class_of_relationship，可以用 class_of_relationship_with_signature (带签名关系类)来处理，这将在 4.10.2 中更完整地描述出来。

5.2.12.2 中描述了显式子类的完整清单。图 71 显示了 class_of_connection_of_individual(个体连接类)的一个显式子类型的模型。

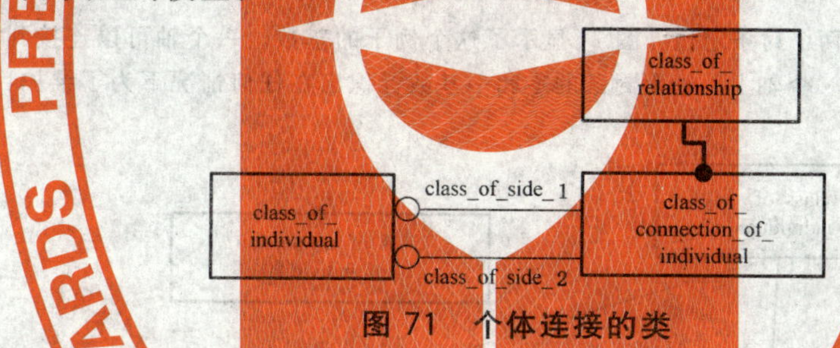

图 71 个体连接的类

示例：在图 72 中，class_of_connection_of_individual"A 类轴承与封条的连接"说明 class_of_individual"A 类汽车轴承"的成员与"封条"的成员有连接。connection_of_individual 关系(带密封 #1234 连接轴承 #5678)是 class_of_connection_of_individual"A 类轴承密封"的成员。

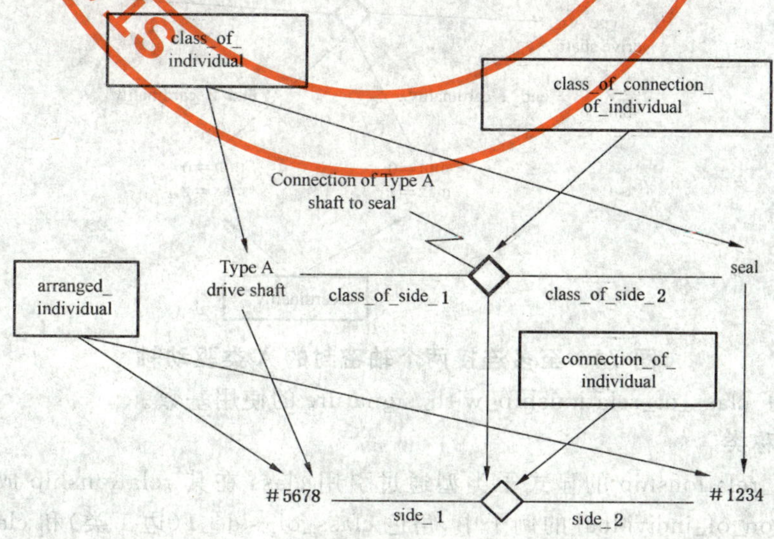

图 72 连接到 A 型驱动轴的密封

4.8.3.3.1 基数约束

一个 class_of_relationship 的基数约束可以定义成 cardinality(基数)类的属性(见 5.2.13.5,5.2.13.1 和图 189),其模型如图 73 所示。基数属性的作用方式与实体关系图中常见的基数约束相同。class_of_relationship 中从首端成员到末端成员所连接的成员关系数量有最大值、最小值的约束。如果没有设定最大基数,则假定没有限制。如果没有最小基数,则假定零是最小限定值。

end_1_cardinality(端 1 基数)和 end_2_cardinality(端 2 基数)属性可以应用于角色属性,并符合 class_of_relationship 的 EXPRESS 定义中的顺序。

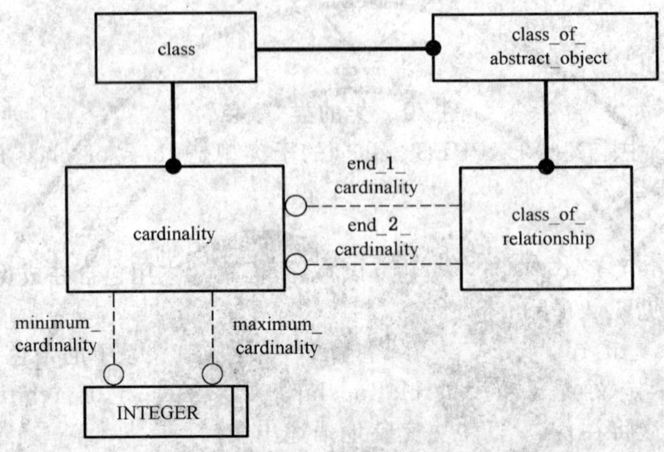

图 73 关系类的基数约束

基数约束可以应用于 class_of_relationship 的显式子类型的成员。

示例:一个 A 型汽车轴需要两个封条定位。图 74 显示了这个例子的基数。一个轴可以连接到零个、一个或两个封条,一个封条可以连接到零个或一个轴上。轴上封条的零和一基数标识出在任何情况下为了维护目的可以移走一个或多个封条。

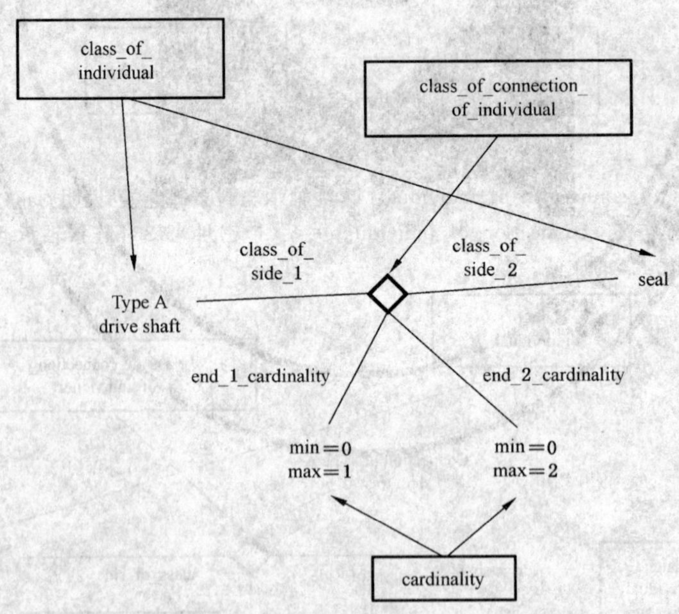

图 74 至多连接两个轴密封的 A 类驱动轴

4.10.3 中描述了 class_of_relationship_with_signature 的使用基数。

4.8.3.3.2 关系对称类

大多数 class_of_relationship 的显式子类型通过引用 class 在其 relationship 成员上定义了约束。在 class_of_connection_of_individual 的例子中,角色 class_of_side_1(边 1 类)和 class_of_side_2(边 2 类)表示成员 relationship 都涉及类成员的参与。这些例子可以用对称 class_of_relationship 描述。

并非所有的 class_of_relationship 都是对称的。图 75 中显示的 class_of_representation_of_thing(事物表示类),其成员关系中被表示的角色指向 thing,还有一个是 class,它是指 class 而不是其成员。

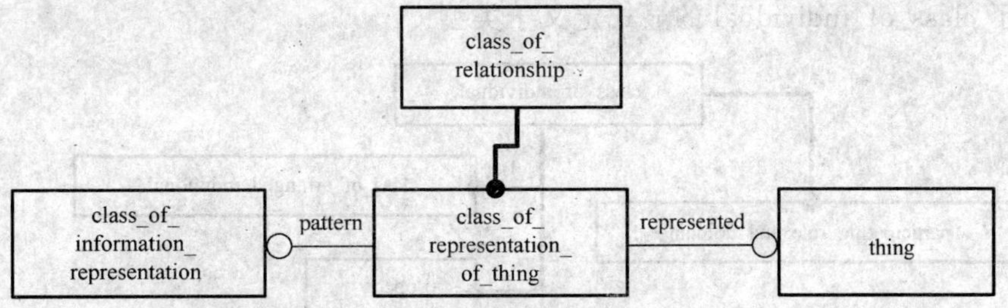

图 75 一个非对称的关系类

一个对称 class_of_relationship 可以进一步被约束成非对称 class_of_relationship,如图 76 所示的模型。一个 class_of_relationship 可以是一个 class_of_connection_of_individual,也可以是一个与 class_of_relationship_with_related_end_2(端 2 相关类)。相关的属性可以进一步把 class_of_side_2 约束成一个 thing。实体类型 class_of_relationship_with_related_end_1(与端 1 相关类)和 class_of_relationship_with_related_end_2 可以按照模型 EXPRESS 定义中的顺序,来约束 class_of_relationship 的角色。

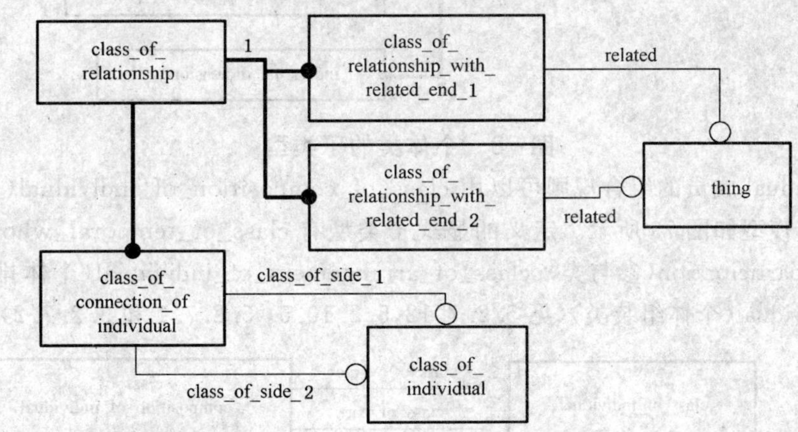

图 76 约束一个对称关系类

示例:图 77 中显示了一个类,其成员都是 connection_of_individual 关系,把封条和特殊轴#5678 连接起来。这个类的已知成员将提供与特定的轴相连的封条的历史情况。图 77 中显示的 class_of_connection_of_individual 是图 72 中"A 类轴和封条"class_of_connection_of_individual 的特殊化。

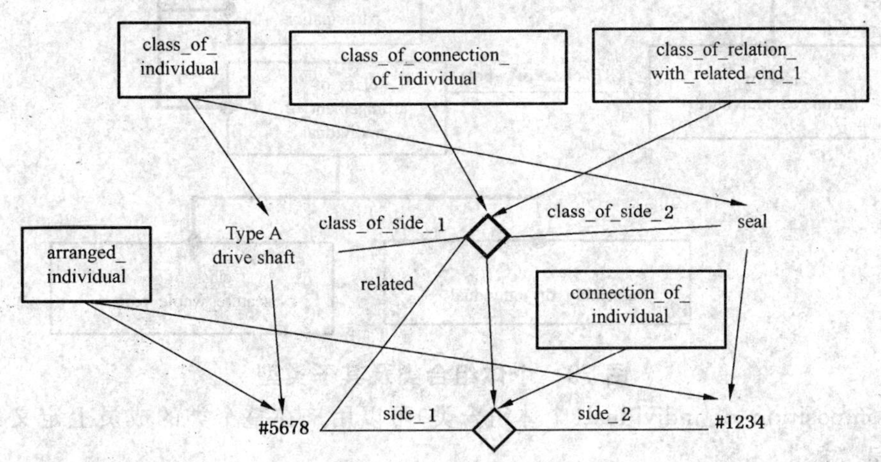

图 77 连接到特定轴的密封

在此例中相关的属性是 class_of_side_1 属性的特殊化,但 EXPRESS 语言的规则不允许这样显示。

4.8.4 个体类

class_of_individual 是一个类,其成员都是时空外延即 possible_individual(见 5.2.7 和图 183)。

图 78 显示了 class_of_individual 的显式定义子类型。

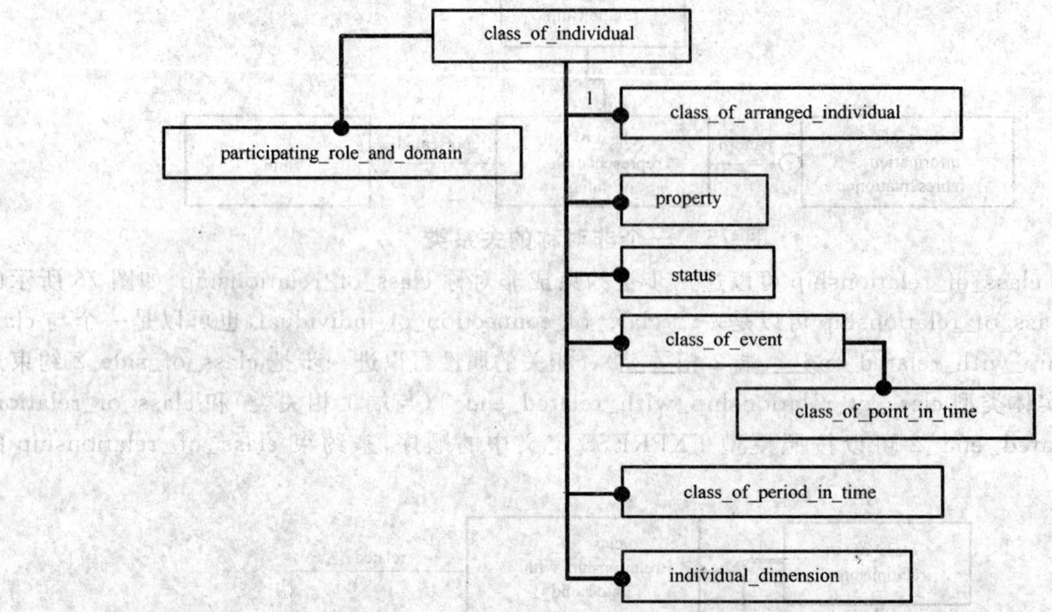

图 78 个体类的子类型

class_of_individual 成员的组合规则可以用 class_of_composition_of_individual(个体组合类)来描述(见 5.2.7.5),其模型如图 79 所示。定义的显式子类型有 class_of_temporal_whole_part(临时整体部分类)、class_of_participation(参与类)、class_of_arrangement_of_individual(个体排列类)和 class_of_assembly_of_individual(个体组装类)(见 5.2.7.12,5.2.10.5,5.2.7.1 和 5.2.7.2)。

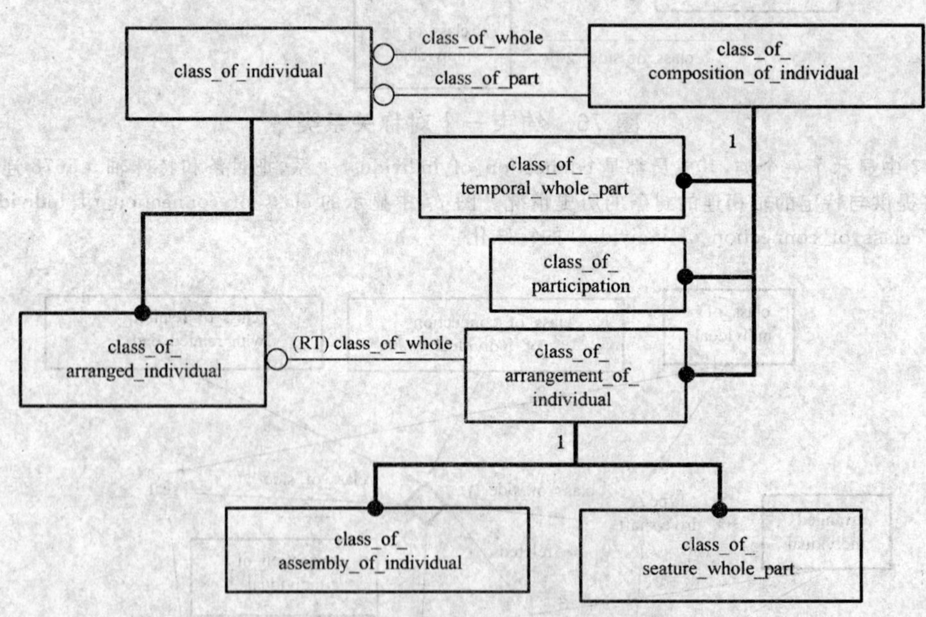

图 79 个体组合类及其子类型

class_of_composition_of_individual(个体组合类)可以用来在整个类的成员上定义条件,使它们包含部件类的成员。

示例:图 80 中的离心泵是一个 class_of_arranged_individual(已排列个体类)。class_of_assembly_of_individual “泵叶轮”记录了“离心泵”有“叶轮”这样一个部件。

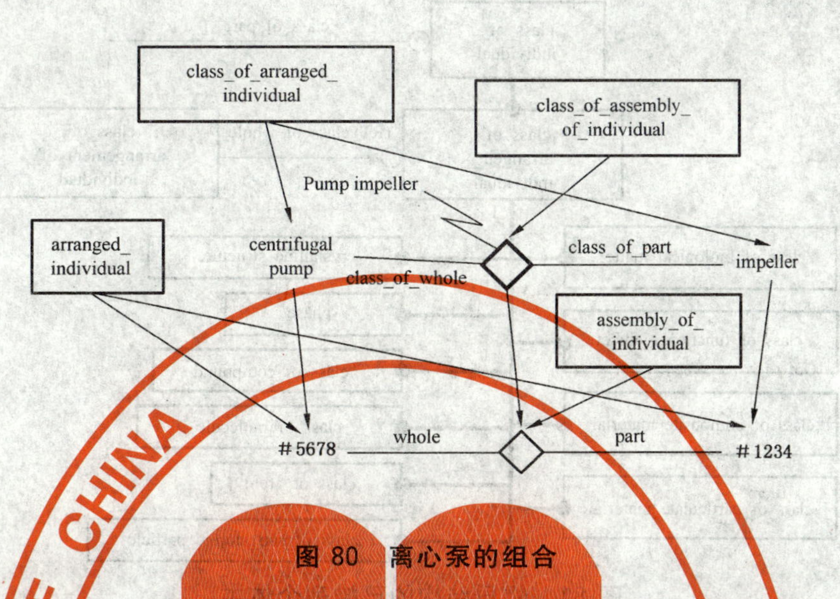

图 80 离心泵的组合

4.8.4.1 已排列个体类

arranged_individual 的部件有特定的整体排列或角色(见 5.2.6.2)。class_of_arranged_individual 是 arranged_individual 的细分,其显式子类型涉及:

——基于物质组织的排列。

——基于信息表达和表示的排列。

——与日常对象的实用相描述一致的复杂排列。

4.8.4.1.1 物质组织类

class_of_arranged_individual 的各种物质组织显式子类型包括(见 5.2.8 和图 184):

——class_of_sub_atomic_particle(亚原子颗粒类);

——class_of_atom(原子类);

——class_of_molecule(分子类);

——class_of_compound(化合物类);

——crystalline_structure(晶体结构);

——phase(物质的态);

——class_of_particulate_material(微粒材料类);

——class_of_composite_material(复合材料类);

——class_of_functional_object(功能对象类);

——class_of_biological_matter(生物物质类)。

图 81 显式了物质组织类的模型。

物质组织类型反映了组合排列的递增层次,从亚原子颗粒到最终的功能对象和生物物质。

示例 1:氢原子是一个 class_of_atom。"氢原子"的成员是原子个体,它是"中子"、"质子"和"电子"的排列。而"中子"、"质子"和"电子"是 class_of_sub_atomic_particle 的成员。

在某些情况下,每一级 class 的成员是下一级 class 成员的聚集。在本部分中,大规模分子或原子的聚集被定义成化合物。

示例 2:一个氢分子的聚集也许组成了一个气体,它是 class_of_compound "氢"的成员。

示例 3:"水"是一个 class_of_compound,它是 H_2O 分子的排列。图 82、图 83 显示水按 H_2O 分子排列次序的实体图解。

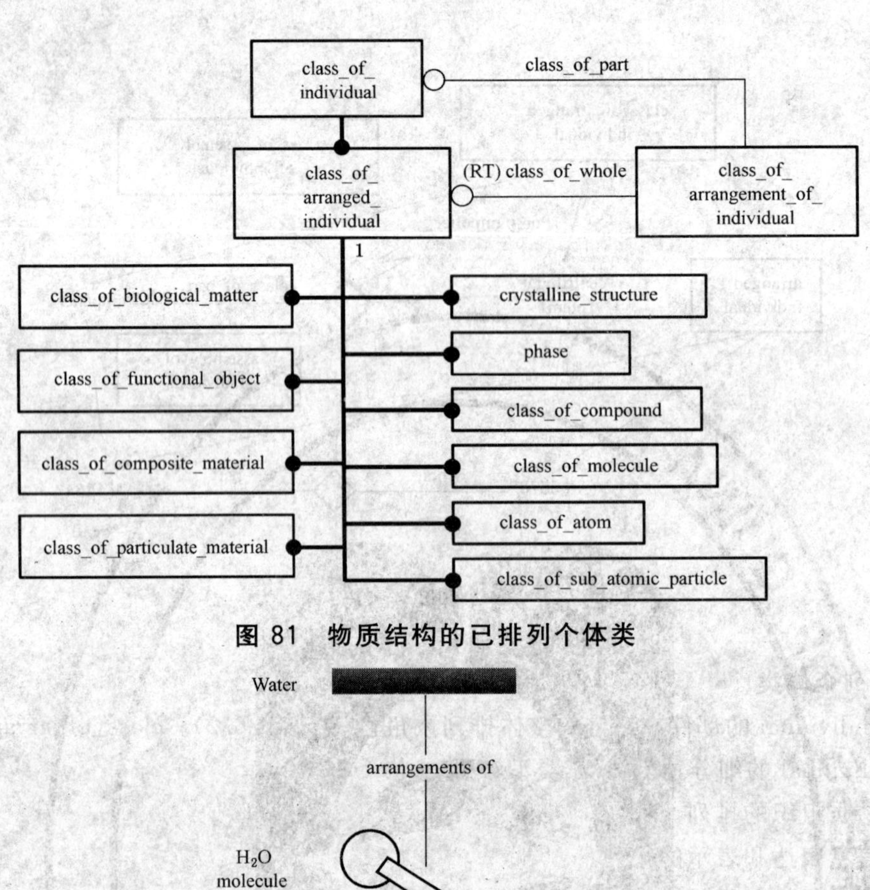

图 81　物质结构的已排列个体类

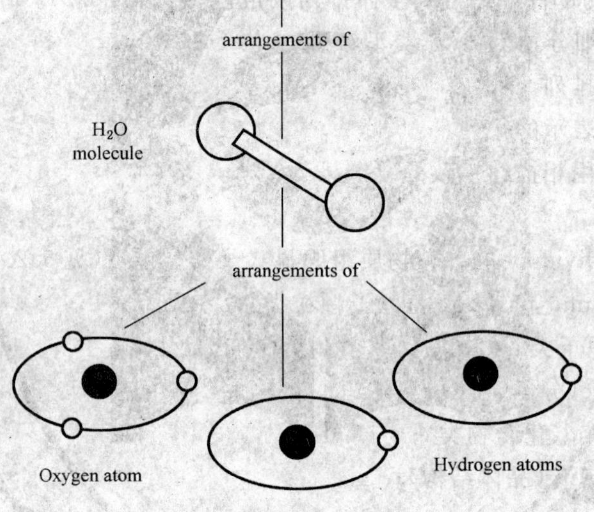

图 82　水的排列层次

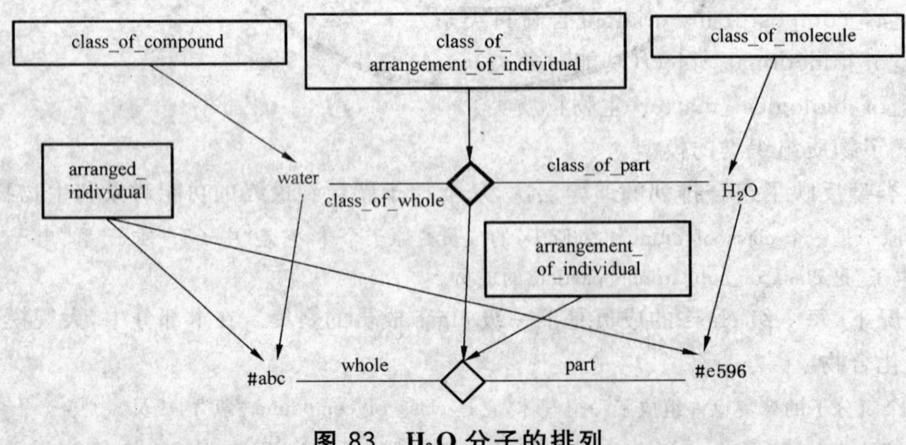

图 83　H_2O 分子的排列

为 crystalline_structure 和 phase 分别定义了两个 class_of_arranged_individual。它们是由化合物层上的物质聚集而成的。

示例 4：一团氢气是 class_of_compound“氢气”的成员，也是 phase 类“气体”的成员。

示例 5：钻石是带有特殊 crystalline_structure 的碳原子的固体聚集。

微粒和组合物质类是更高级的排列，其部件都是化合物。

示例 6：“沙子”是一个 class_of_particulate_material，其部件都是“硅土化合物”类的成员。

示例 7：“玻璃纤维”是一个 class_of_composite_material，其部件都是“玻璃纤维材料合成物”类和“树脂化合物”类的成员。

功能对象是组织的最高层。这里，arranged_individual 是适合于某些功能和目的。其他使功能得以实现的因素如重量、尺寸、外形和材质不考虑在内。目的和形式的组合由 4.8.4.1.2 描述的复杂排列类来识别。

示例 8：“杯子”和“泵”是 class_of_functional_object 的例子。

示例 9：“离心泵”不是一个 class_of_functional_object，离心是泵功能的形式或设计。

4.8.4.1.2 复杂排列

复杂排列类使更详细的个体类型能被识别(见图 184)。它们通常使许多其他类的交集，把材料、外形和特性等方面组合起来。图 84 显示了这些复杂排列的显式类型。

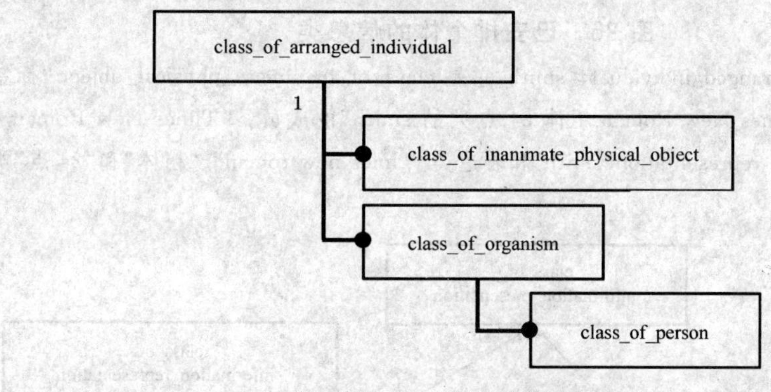

图 84 已安排个体的复杂类

示例：“塑料杯”是一个 class_of_inanimate_physical_object(无生命物理对象类)，是 class_of_functional_object“杯子”和 class_of_compound“塑料”的交集，如图 85 所示。

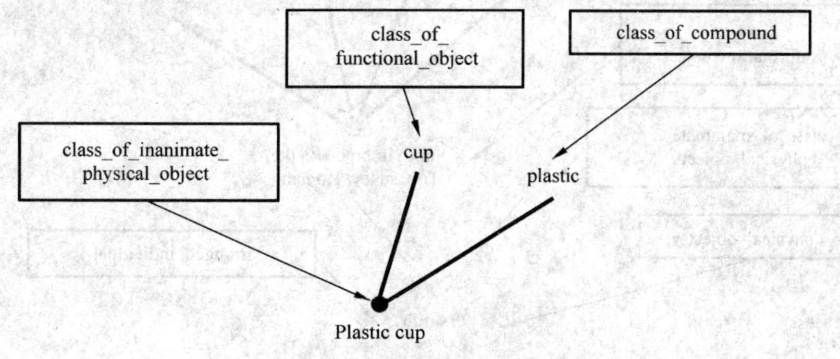

图 85 无生命物理对象类

4.8.4.1.3 信息类

使用符号来表示信息，依赖于要使用一致的和可识别的模式。模式是类。纸或图像屏幕上的一个特定的笔记或效果图可以为我们感知到，这个可能个体就是模式类的成员。

在本部分中，class_of_information_representation(信息表达类)确定了表示信息的一种模式(见 5.2.17.4和图 193)。

渲染模式通常有许多表象上的变量如颜色、字体、尺寸和重量。class_of_information_representation 描述了这些变量(见 5.2.8.10 和图 184)。

class_of_information_representation 的成员是由可识别的模式和它们的表达风格组合而成的(见 5.2.8.9),如图 86 中所示的模型元素。

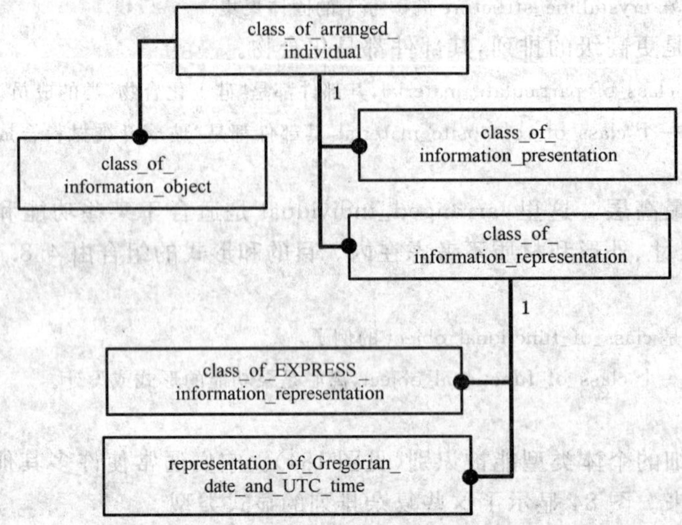

图 86 已安排个体的信息类

示例:图 87 显示了一个 arranged_individual # smith,它是 class_of_inanimate_physical_object "标签"的成员,也是 class_of_information_object "Times New Roman 粗体 24 点大的 smith"的成员。"Times New Roman 粗体 24 点大的 smith"类是 class_of_information_representation"smith"和表达类"Times new roman"、"粗体"和"24 点"类的交集。标签底层的物理属性没有显示。

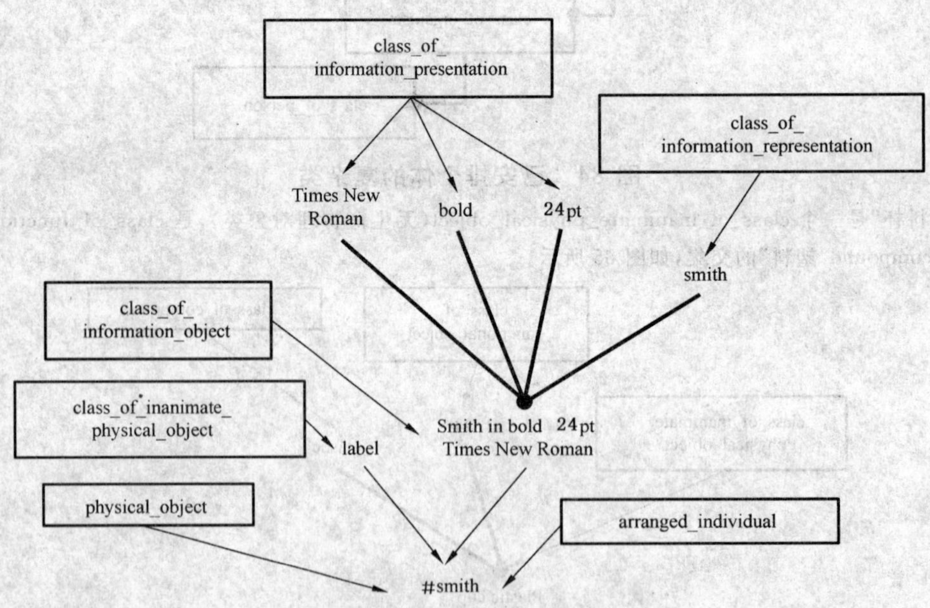

图 87 信息对象类

ISO 10303 EXPRESS 所定义的文字串、实数、整数、二进制、逻辑和布尔的文字字符模式,以及 GB/T 7408的事件表达,都是 class_of_information_representation 的显式子类型。

4.8.4.2 表达

4.8.4.2.1 符号和模式

表示是把符号和模式作为信息来使用。一个符号是一个 possible_individual 角色,即时空扩展。符号可以是任何个体,可以表示任何 thing。图 88 显示了符号的表示模型。

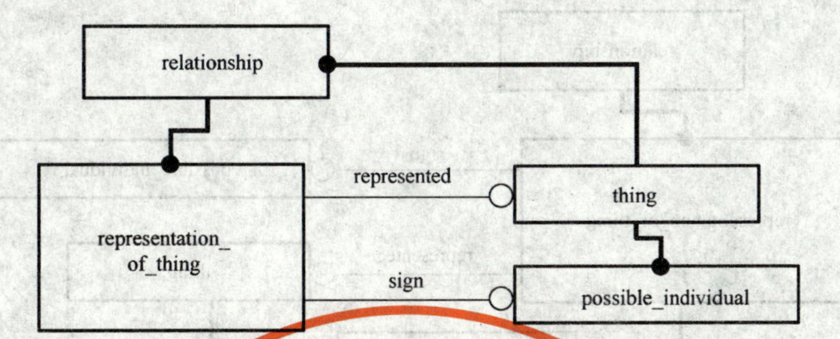

图 88 事物表示

representation_of_thing 是一个 relationship，它标明了一个 possible_individual 是其他事物的符号（见 5.2.16.4 和图 192）。

模式是符号的类型或类，是其所标记成员的可重复性质。同样模式的成员的符号经常被用类表示同样的事物。所以模式“Jow Smith”无论何时、何地和如何着色都是指同一个人。图 89 显示了模式表现的模型（见 5.2.17.5 和图 193）。

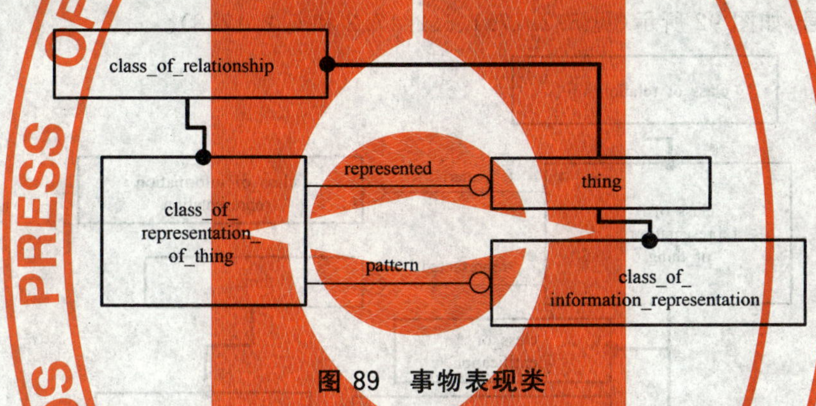

图 89 事物表现类

示例：图 90 显示 Smith 本人作为 actual_individual ＃3578，通过 representation_of_thing 关系与符号＃smith 联系起来。符号＃smith 是一个非生命的 physical_object，即“Smith”模式的成员。representation_of_thing 关系是 class_of_representation_of_thing 的成员，把模式“Smith”与＃3578 联系起来。

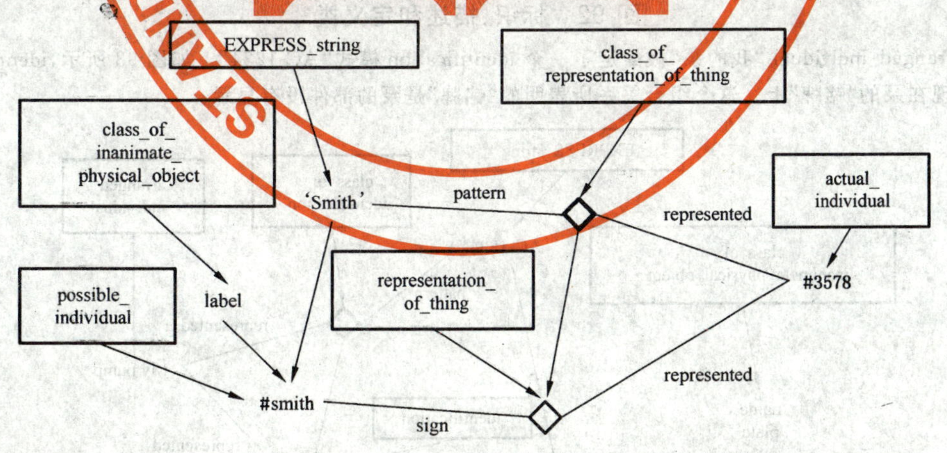

图 90 ＃3578 的表示

4.8.4.2.2 标识、描述和定义

identification（标识）、description（描述）和 definition（定义）是应用于文字数字、图像和声音符号的所有表示类型（见 5.2.16.1、5.2.16.2 和 5.2.16.3）。因为个体不能被定义，它们是其自身，如图 91 所示 definition 被限于 class。

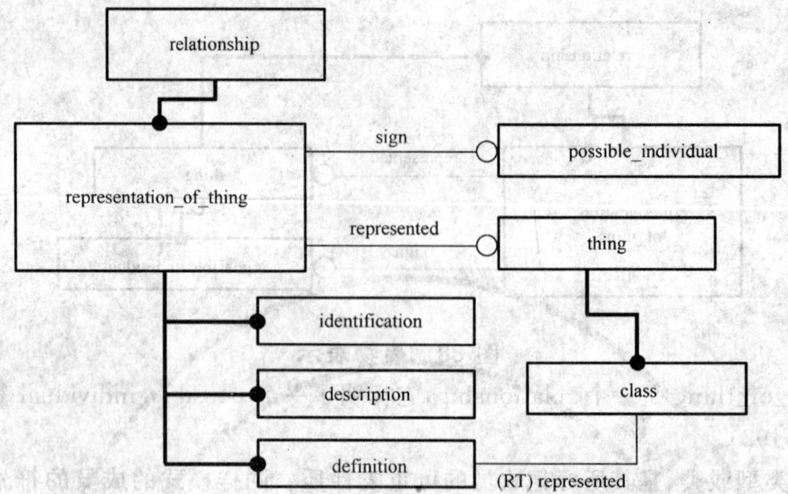

图 91　标识、描述和定义

在流程工厂相关的活动中，identification、description 和 definition 被更经常地在模式层发布，并应用于模式的所有符号，如图 92 所示(见 5.2.17.1、5.2.17.2 和 5.2.17.3)。

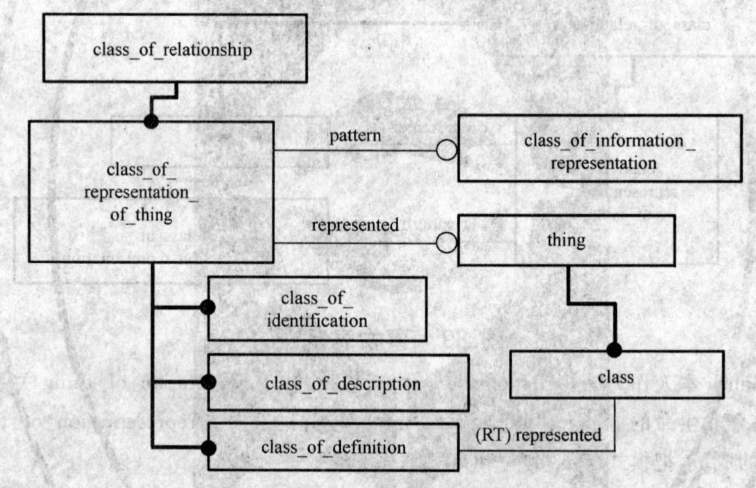

图 92　标识、描述和定义类

示例：arranged_individual“我的泵”被给定了一个 identification 模式“AC-1234”。如图 93 所示，identification 符号“AC-1234”出现在泵的“铭牌”上。这个组合关系所表明的“铭牌”是泵的部件没有显示。

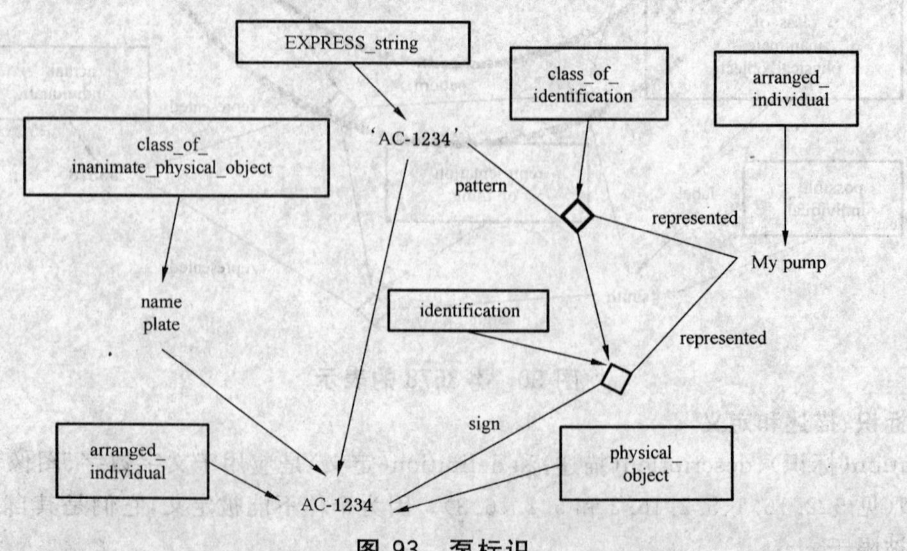

图 93　泵标识

4.8.4.2.3 表达的使用和责任

使用一定的符号和模式表现特殊的事物是自由决定的;并且可能受限于一定的人和组织。同样的模式可以被不同的人和组织用于表示不同的事物,并且集中表示模式可以被不同的组织指派和使用于某个特定的事物。

本部分析了广泛使用所带来的责任。使用责任是为了指明相关的人和组织,它们就使用符号和模式表示事物进行决策(见 5.2.16.5 和图 192)。使用意味一个组织或人在它们的活动中使用该表示(见 5.2.16.6 和图 192)。

图 94 中显示了表示的使用和责任的模型。

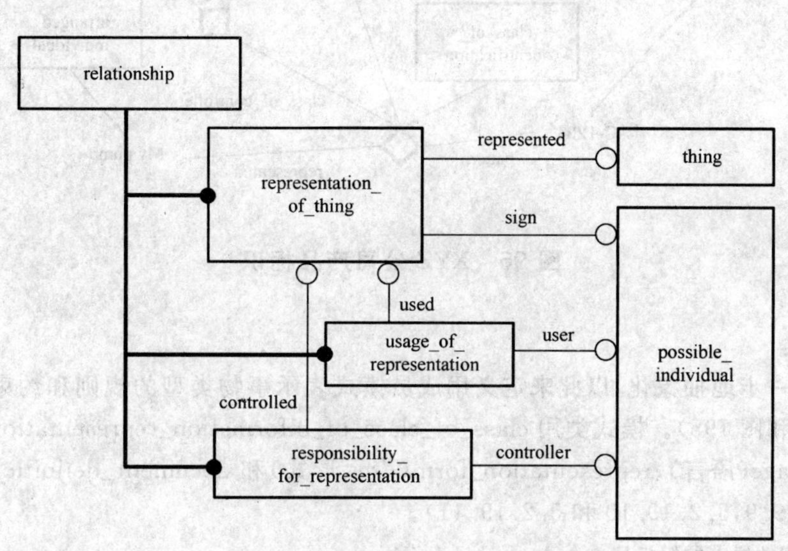

图 94 表示的使用和控制

在流程工厂相关的活动中,表示的使用和责任被更经常地在模式层发布,并应用于模式的所有符号,如图 95 所示(见 5.2.17.7,5.2.17.8 和图 193)。

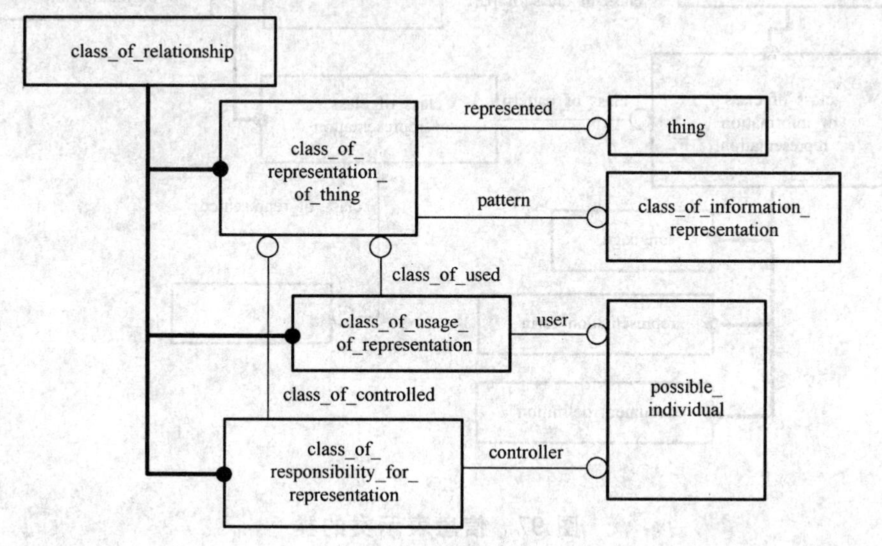

图 95 表示类的使用和控制

示例：图 96 显示了 identification 模式“AC-1234”用于“XYZ 公司”发布给“ABC 石油公司使用的“我的泵”。

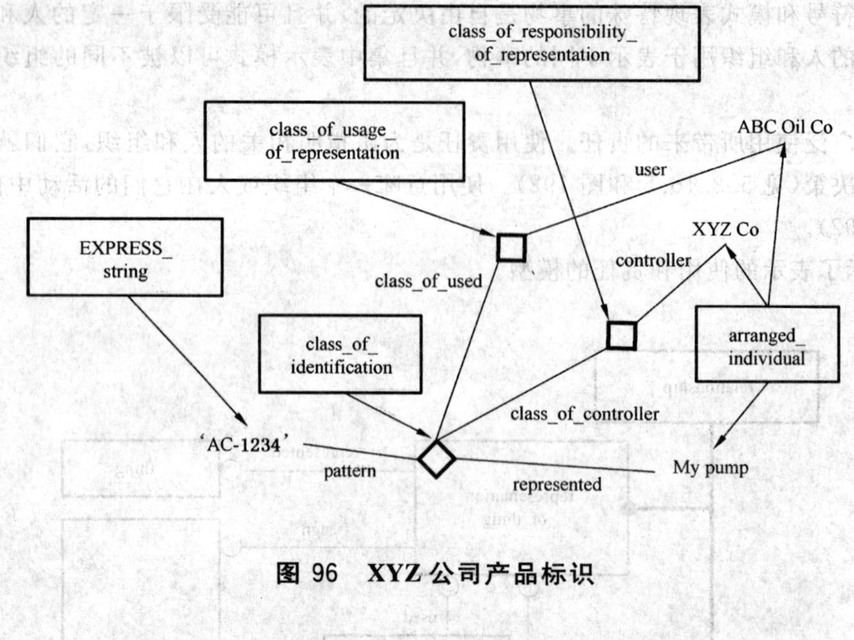

图 96　XYZ 公司产品标识

4.8.4.2.4　模式类

模式可以被进一步地抽象化，以此来定义用成员模式表示事物类型的规则和约束成员模式相组合的规则(见 5.2.19 和图 195)。模式类用 class_of_class_of_information_representation 定义，如图 97 所示，并给出了 language(语言)、representation_form(表示形式)和 document_definition(文档定义)的显示子类型(见 5.2.19.9，5.2.19.10 和 5.2.19.11)。

示例 1：用于工程数据表的模板是一个 document_definition。

示例 2：“十六进制“是一个 representation_form，它是“文字”的特殊化，也是一个 representation_form。

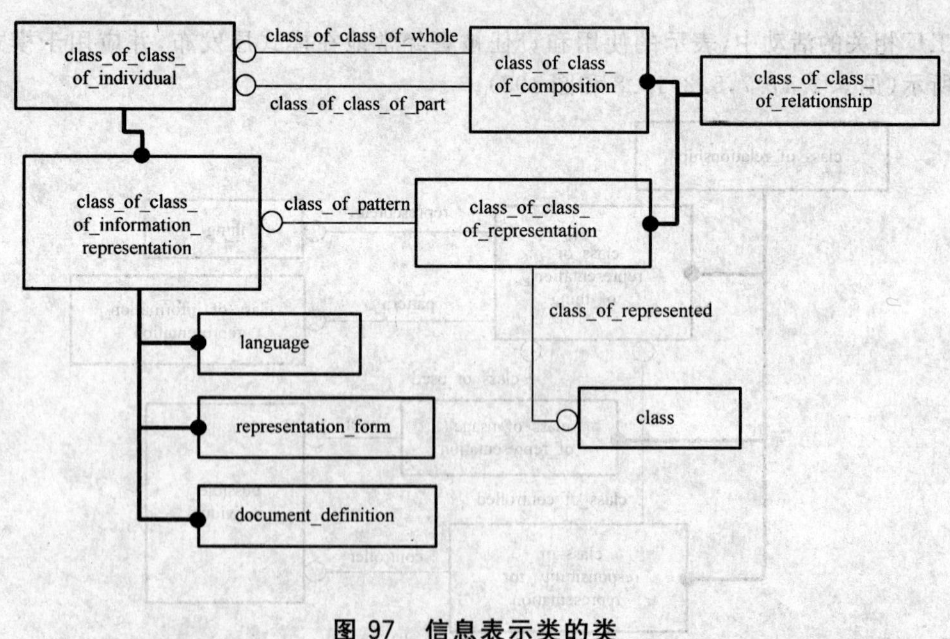

图 97　信息表示类的类

示例 3：图 98 表示了一个 GB/T 16656.21 文件包含了一个表示 functional_physical_object P101 的记录。“P21”文件是一个 representation_form，由“P21 记录”部件。

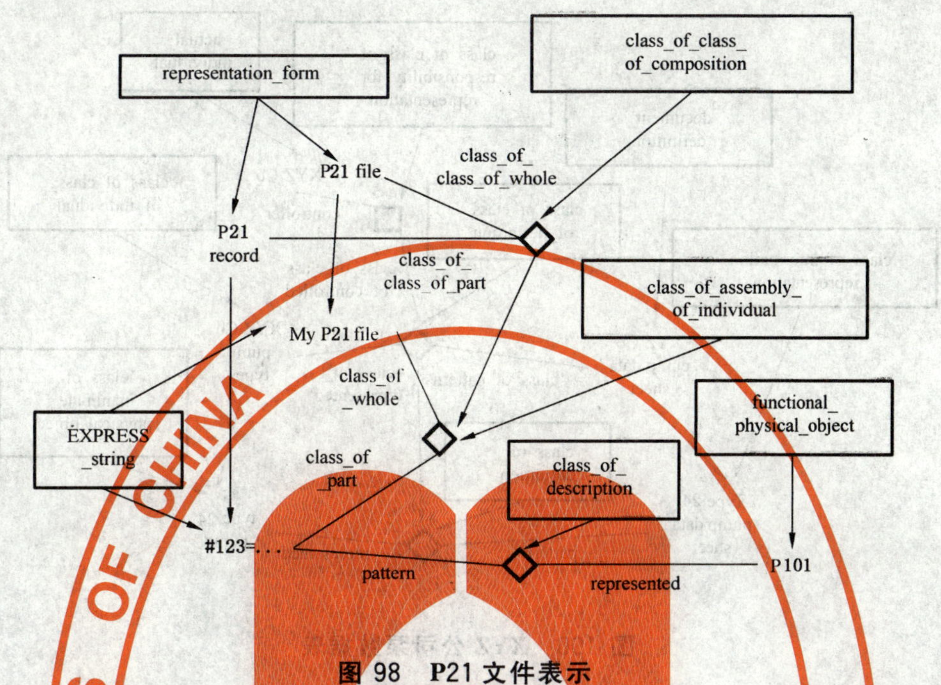

图 98 P21 文件表示

人员和组织可以使用和(或)控制某些模式类来表示一定的事物类型,其模型如图 99 所示。为此目的定义了 class_of_class_of_relationship 的两个子类型(见 5.2.19.7 和 5.2.19.8),class_of_class_of_usage_of_representation 和 class_of_class_of_responsibility_for_representation。

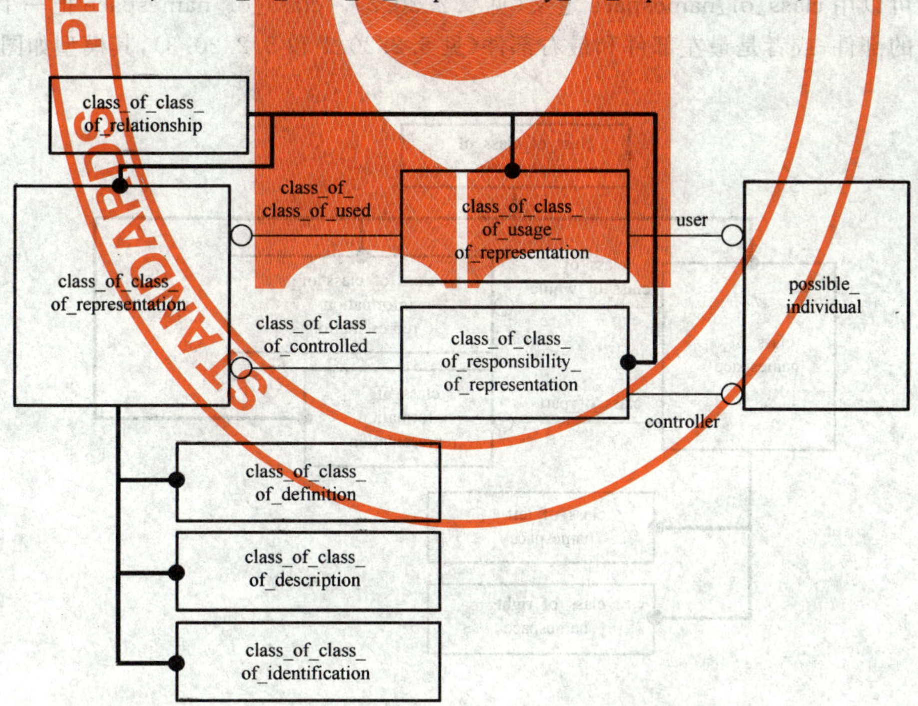

图 99 表示使用和责任类的类

示例 4:"XYZ 公司"设计和维护的泵数据表格式是一个描述"XYZ 公司"设计的各种类型泵的 document_definition。"24 类型的泵"在"24 类型泵数据表"中描述,它是一个 class_of_information_representation。注意:"24 类型的泵数据表"描述了泵的类型,而不是任何特定的泵成员。图 100 中例子没有描述数据表的类型。

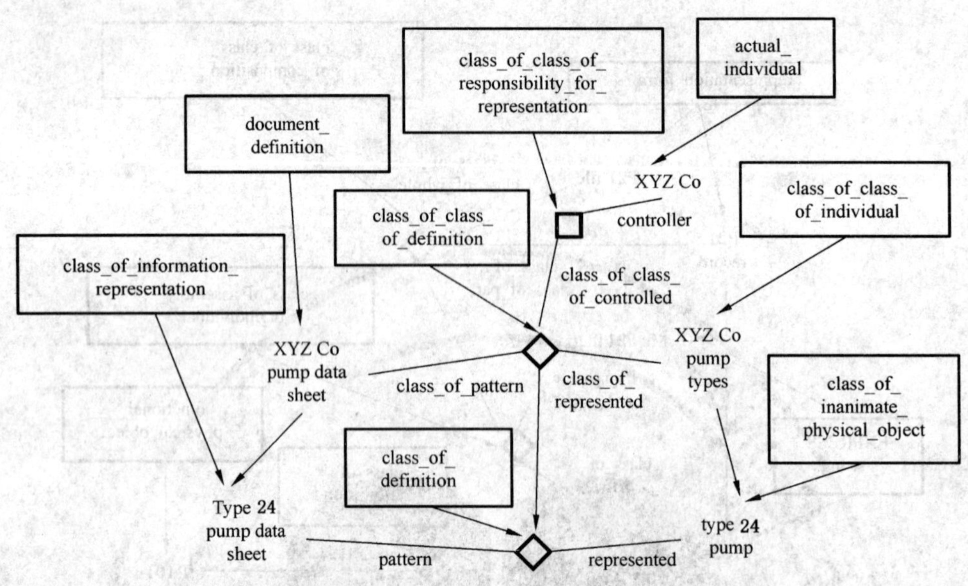

图 100　XYZ 公司泵数据表

4.8.4.2.5　名字空间模式

一些命名规范规定了模式的使用，模式像标识符一样有不变的后缀和前缀（见 5.2.20 和图 196）。这样的模式类可以用 class_of_namespace 定义（见 5.2.20.2）。class_of_namespace 把一个模式类约束到有一个不变的部件，或者是最左部件和最右部件（见 5.2.20.1 和 5.2.20.3），其模型如图 101 所示。

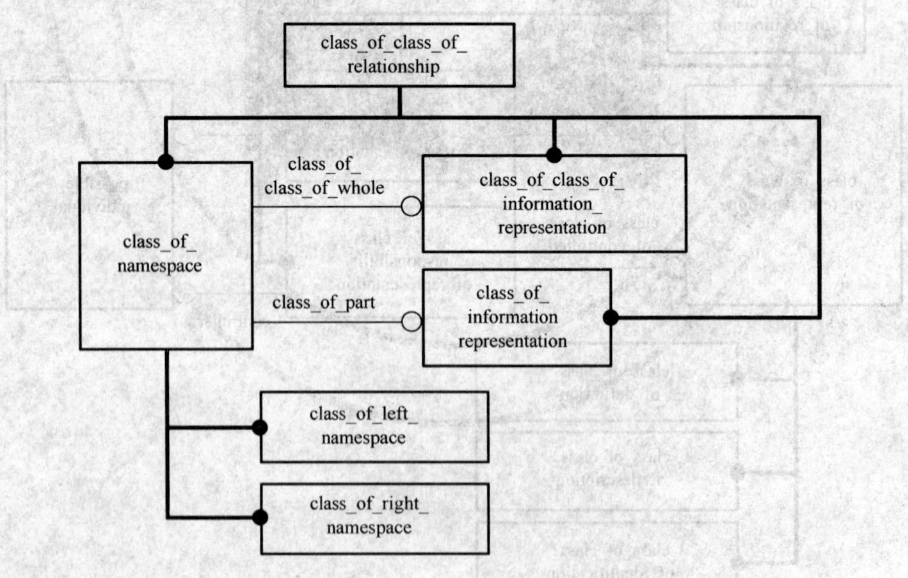

图 101　名字空间类

示例 1：如图 102 所示容器“V1”的管嘴标识符集合是“V1:”后面加一个管嘴标识符。“V1”的标识符“V1:*”是 class_of_class_of_information_representation。这个 class_of_left_namespace 指明“V1:*”的所有成员都是“V1:”起头后面带一个管嘴的标识符，如“N1”、“N2”、“N3”和“N4”等。

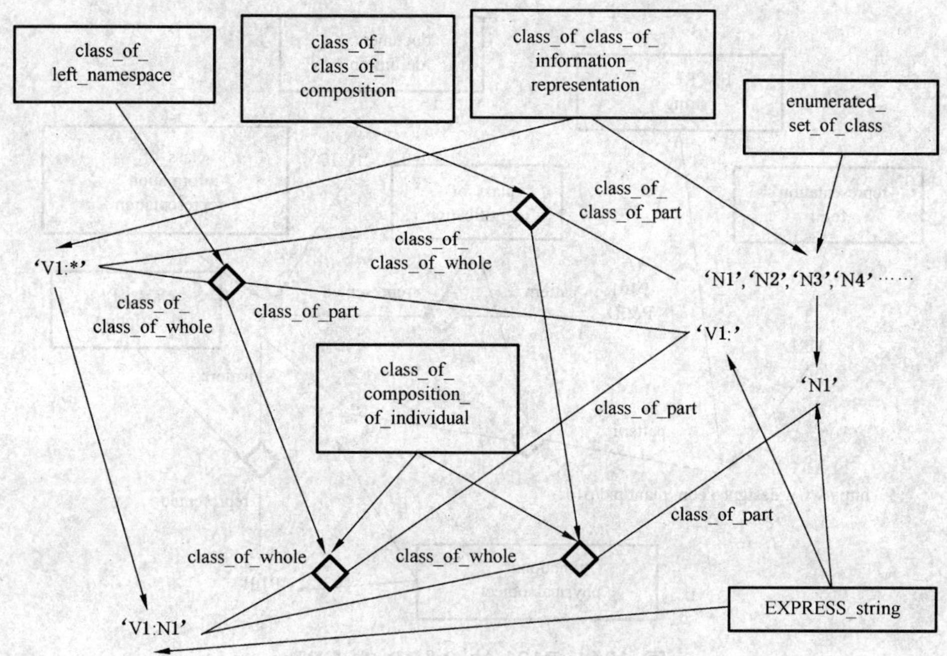

图 102 容器 V1 的管嘴名字空间

示例 2：图 103 中模式"V1：*"用于容器"V1"管嘴的标识符。一个特定的管嘴＃4643 被标识为字符串模式"V1:N1"。

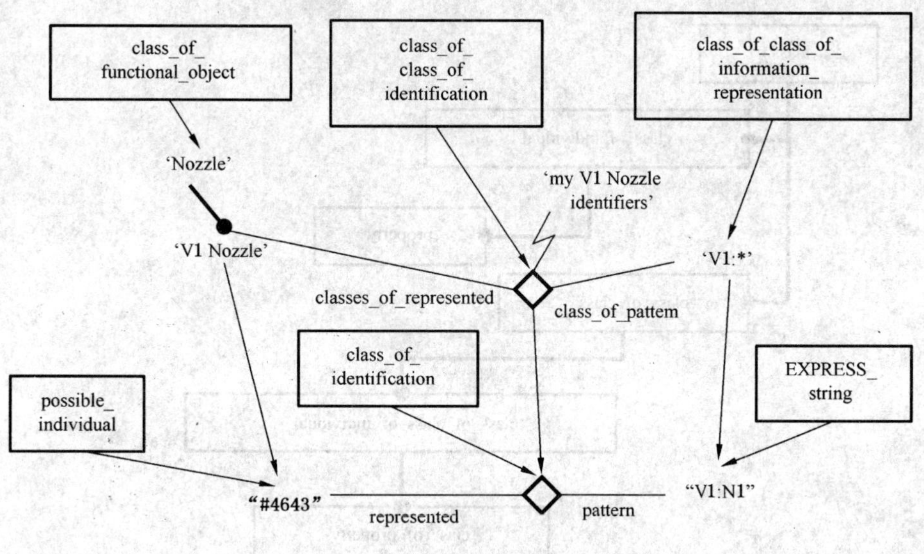

图 103 容器 V1 管嘴 N1 的标识

4.8.4.2.6 统一资源地址

本部分中，统一资源地址被作为一个文档特定产品的地址标识符。

注：URL 在 IETF RTC2396 中定义。

示例：图 104 中，"X"是"Y"的一个产品，位号 P101 的最终 P&ID，存储在 URL'http://www.designco.com/plant/pid/p101'上。"X"是一个 functional_physical_object，因为产品的特定的材料是不重要的。

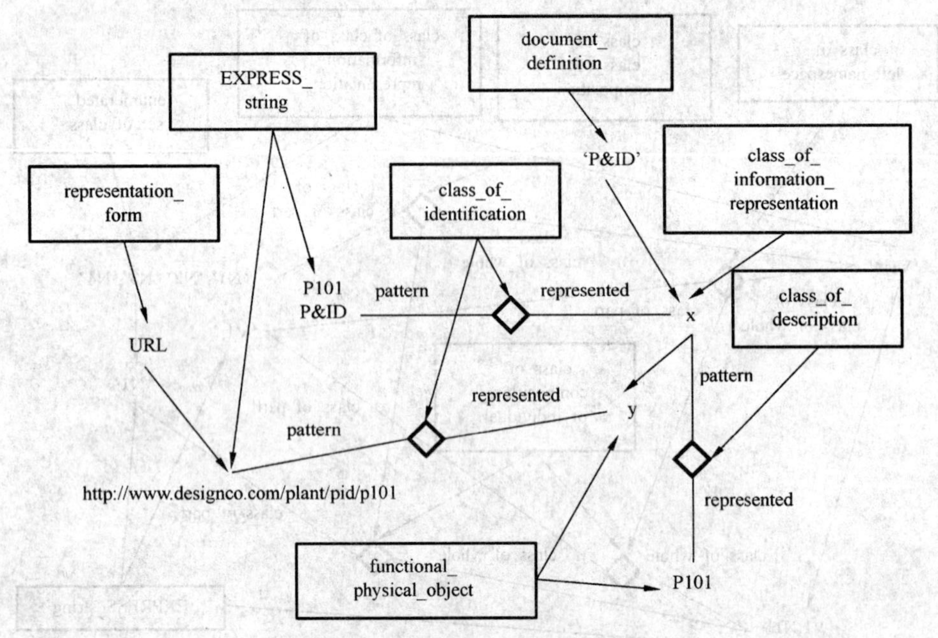

图 104　P101 的 P&ID 的 URL

4.8.4.3　特性

4.8.4.3.1　特性和特性类

property(特性)是一个 class_of_individual,其成员个体有同样的质量和特性的度数和数量(见 5.2.26和图 202)。质量和特性的类型是使用 class_of_property(特性类)定义(见 5.2.27 和图 203)。class_of_property 区分了特性连续域和特性的枚举集。图 105 显示了特性实体类型。

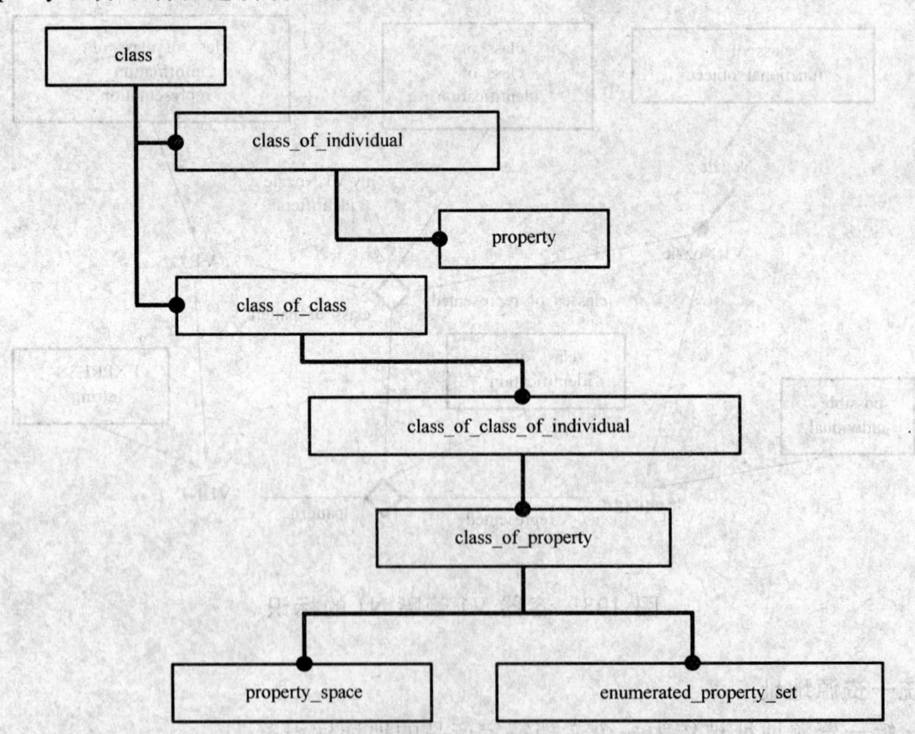

图 105　特性和特性类

示例：图 106 显示"21 ℃"是一个 property。热度的质量"温度"是 class_of_property。possible_individual "A"和"B"都是"温度"类的"21 ℃"。

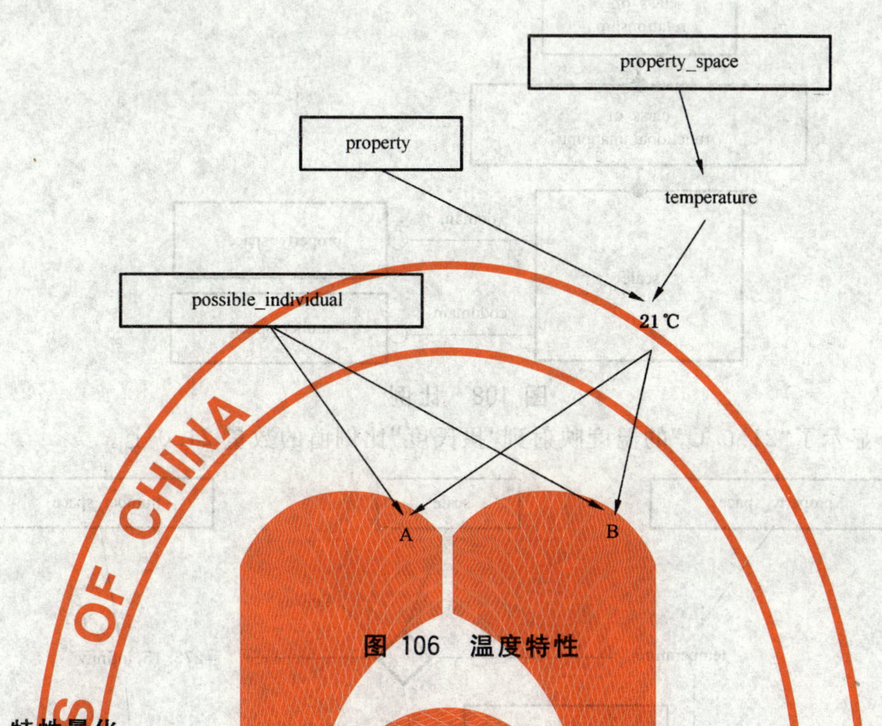

图 106 温度特性

4.8.4.3.2 特性量化

一个 property 由 functional_mapping(功能映射)关系量化成特定数量(见 5.2.26.5 和图 202)。映射所使用的 scale(比例)是一个 class_of_isomorphic_functional_mapping(见 5.2.15 和图 191)。图 107 显示了 property_quantification(特性量化)模型。property_quantification 是一个 functional_mapping 关系,指明了 arithmetic_number(算术数量)所映射的 property。4.8.5.1 中描述的 arithmetic_number 包括整数和实数(见 5.2.5.1 和图 181)。

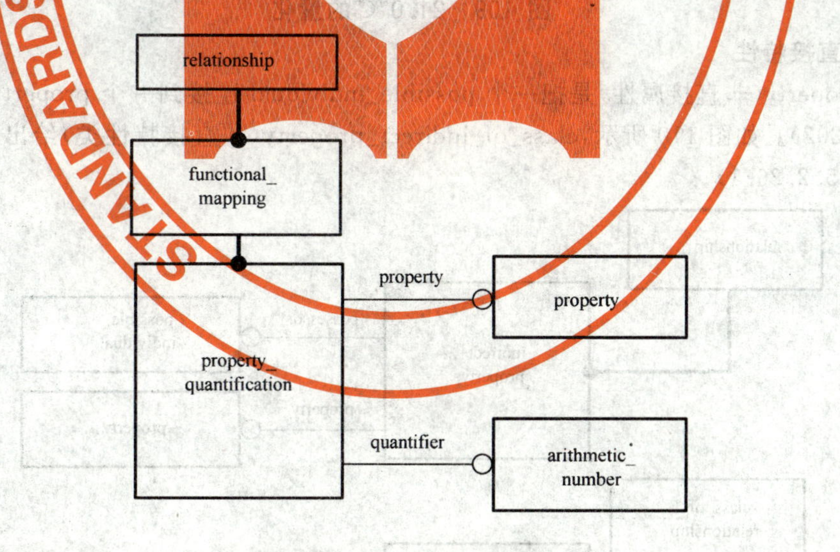

图 107 特性量化

property_quantification 关系可以依据 scale 指明量化的单位。scale 是一个 class_of_functional_mapping(功能映射类),其成员把 property_space(特性空间)域的成员映射到 number_space(数量空间)上域的成员上,如图 108 所示(见 5.2.28 和图 204)。一 property_space 是一个连续的特性(见 5.2.27.7 和图 203)。一个 number_space 是一个连续的数量(见 5.2.5.10 和图 181)。real_number(实数)和 integer_number(整数)都是 number_space。

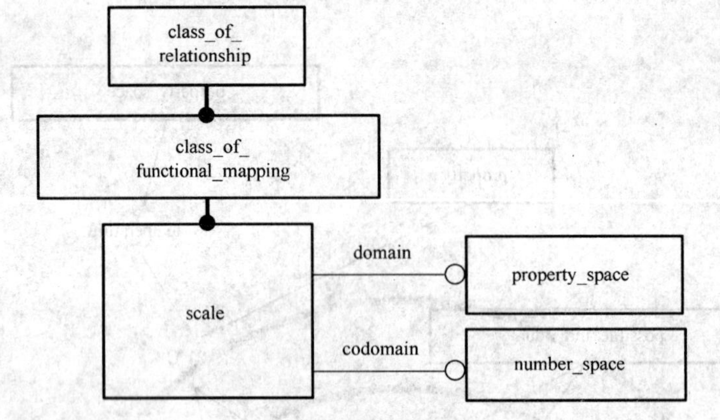

图 108 比例

例子,图 109 显示了“21.0 ℃”的温度映射到“摄氏度”比例值的数量 21.0 上。

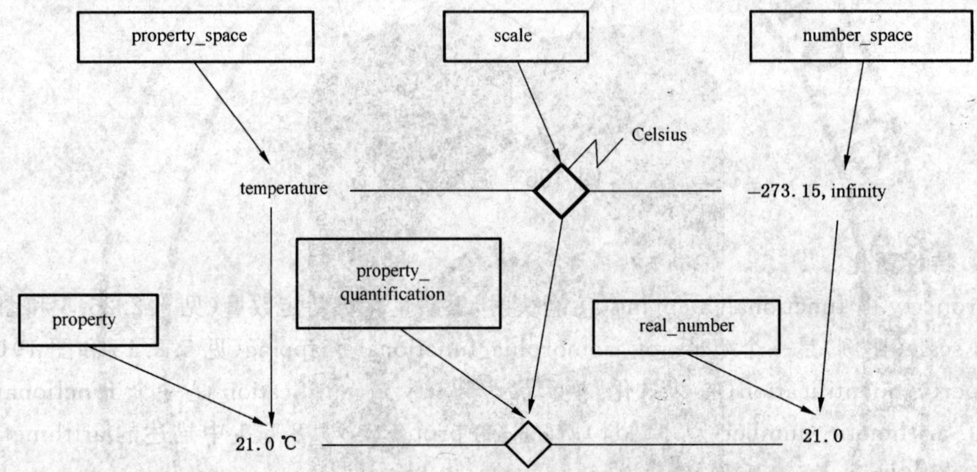

图 109 21.0 ℃的量化

4.8.4.3.3 非直接特性

indirect_property(非直接属性)是把一个 possible_individual 连接到一个 property 的连接关系(见 5.2.26.3 和图 202)。如图 110 所示,class_of_indirect_property(非直接特性类)给出了 indirect_property 的性质(见 5.2.26.1)。

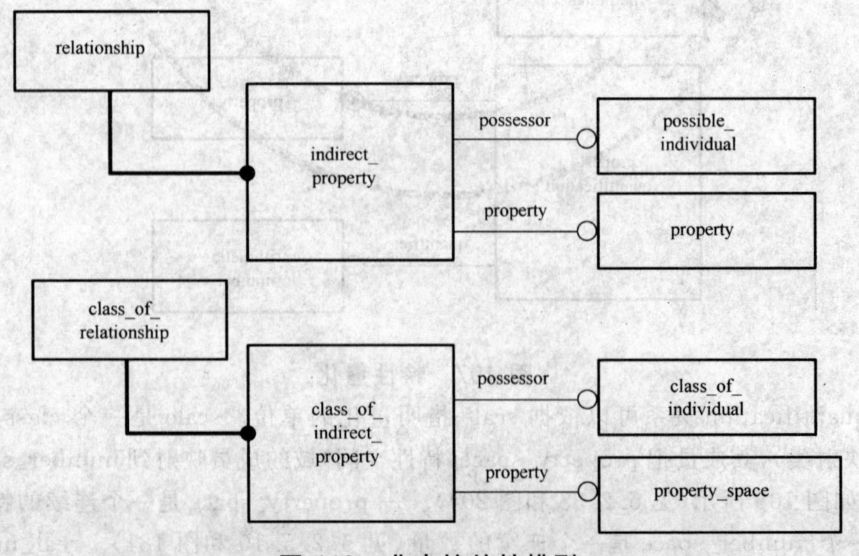

图 110 非直接特性模型

在本部分中，在不可能使用一个特性进行简单分类时，就应当使用 indirect_property。当特性是从 possible_individual 或其特定部件的特性中起源和考虑的时，这种情况就会出现。

示例 1："压力下降"是一个 indirect_property。"压力下降"不是一个 class_of_property，因为它的成员资格与"压力"的成员资格无法区分开来。图 111 给出节流阀 10 bar 压降的实例数据。#S1 为运行节流阀的一个临时部件。

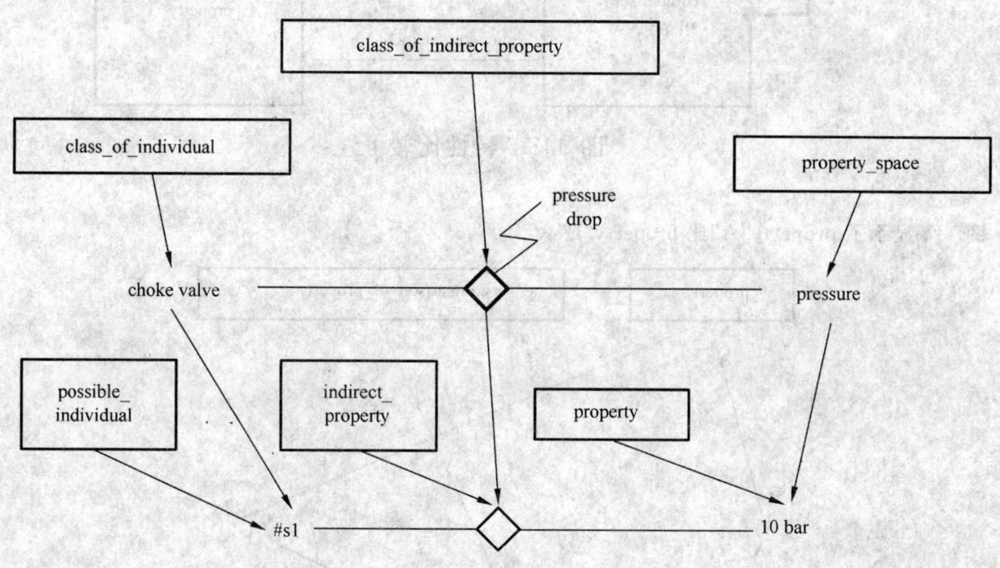

图 111 节流阀压力下降

示例 2：图 112 为一台额定工作压力低于 27 bar 的罐 #C1。依据 27 bar 压力 property，"最大允许工作压力"是一 indirect-property。"最大允许工作压力"定义为 class-of-indirect-property。

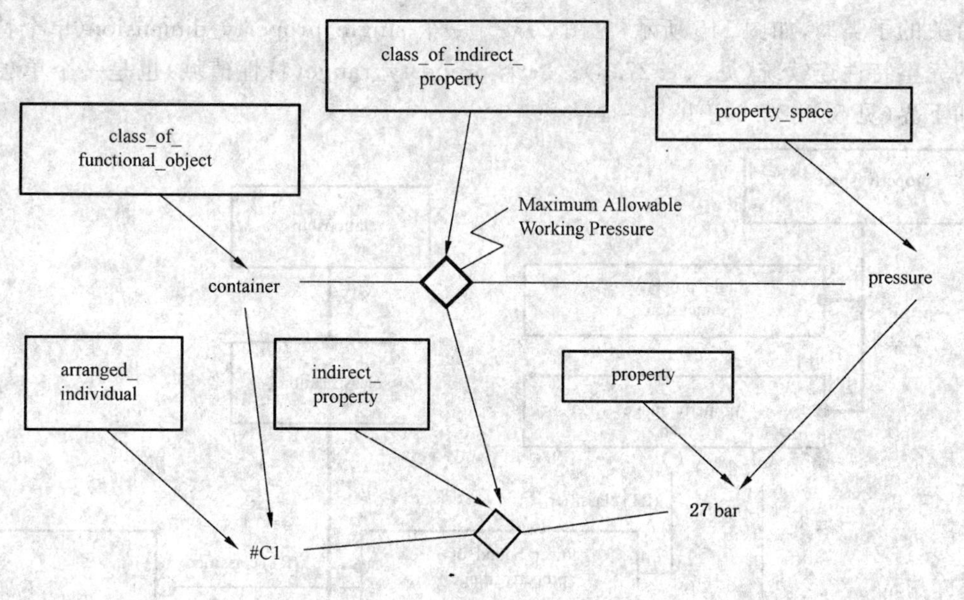

图 112 最大允许工作压力

4.8.4.3.4 特性比较

图 113 给出的 comparison_of_property(特性比较)是一个依据数量指明两个特性顺序的 relationship(见 5.2.26.2 和图 202)。

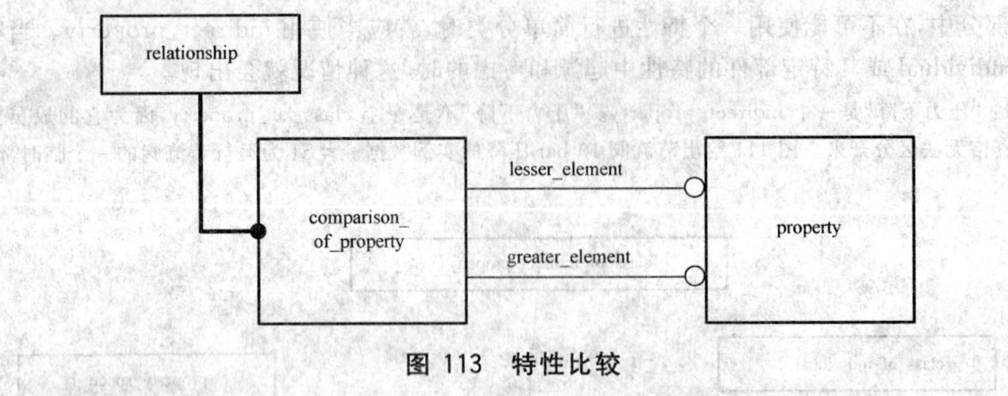

图 113 特性比较

示例：图 114 显示了 property“A”比 property“B”大。

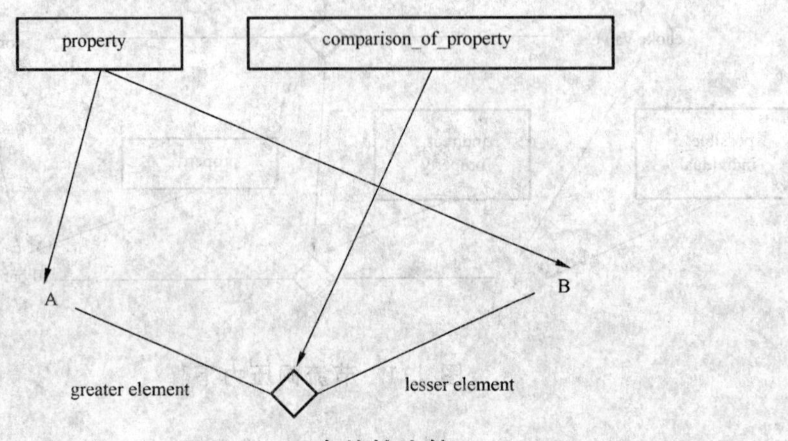

图 114 两个特性比较

4.8.4.3.5 一维特性空间

property_space 是带有数量特性连续统的一个 class_of_property 类型。在本部分中定义了两个与一维特性有关的子类型，如图 115 所示（见图 203）。一个 single_property_dimension（单个特性尺寸）是一个单独的完整特性连续统（见 5.2.27.8）。一个 property_range（特性值域）也是一个单独的连续统，但有上界和下界（见 5.2.27.6）。

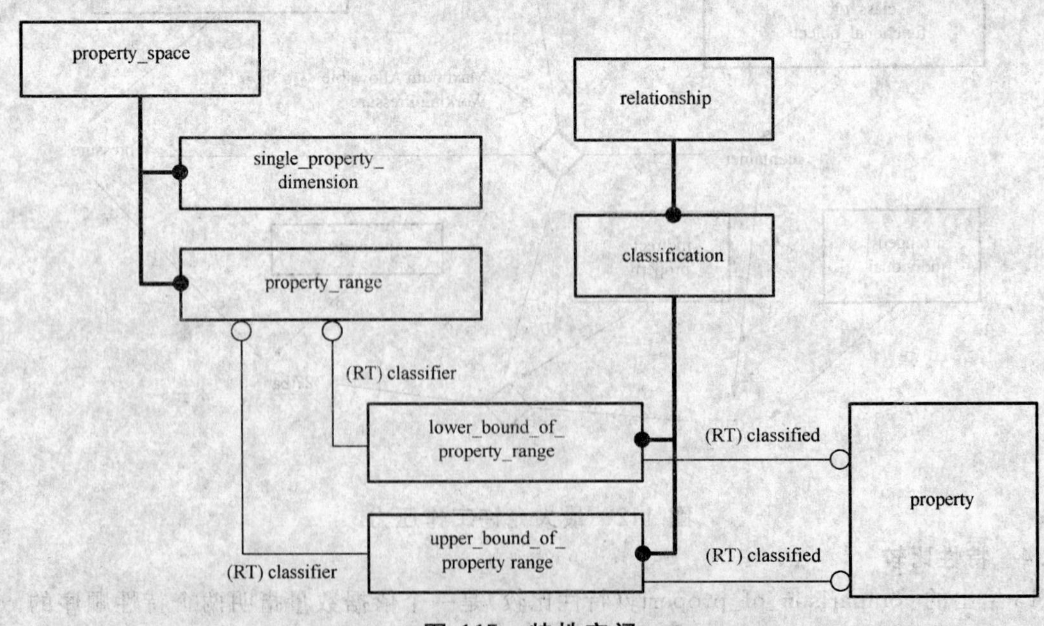

图 115 特性空间

示例 1："温度"是一个 single_property_dimension。20 ℃～40 ℃之间的温度值域是一个 property_range，如图 116 所示。

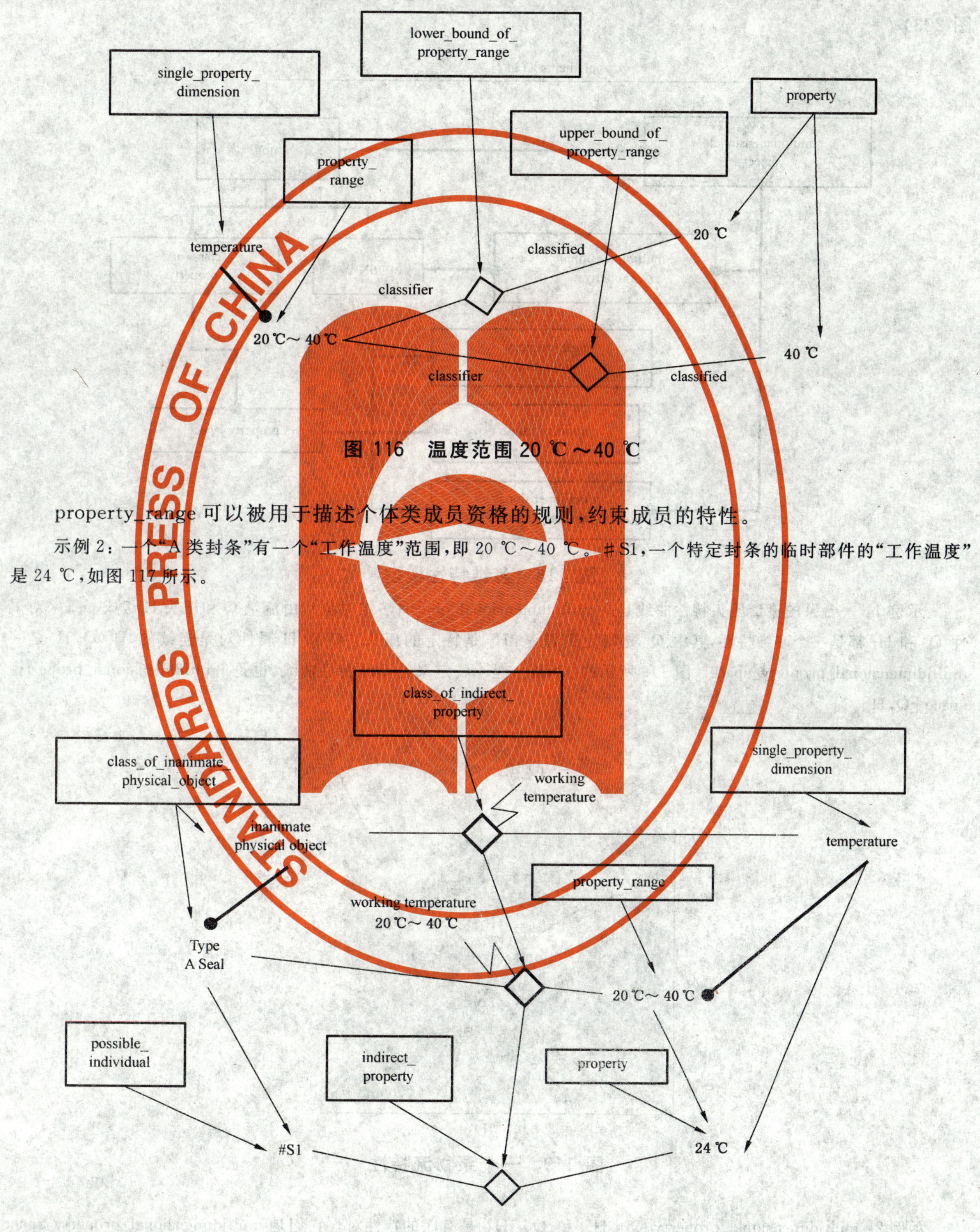

图 116 温度范围 20 ℃～40 ℃

property_range 可以被用于描述个体类成员资格的规则，约束成员的特性。

示例 2：一个"A 类封条"有一个"工作温度"范围，即 20 ℃～40 ℃。#S1，一个特定封条的临时部件的"工作温度"是 24 ℃，如图 117 所示。

图 117 A 类型封条工作压力范围

4.8.4.3.6 多维特性

multidimensional_property(多维特性)是特性的一个有序表。一个 multidimensional_property_space(多维特性空间)对 multidimensional_property 的实例进行了分类,如图 118 所示(见 5.2.27.5 和图 203)。

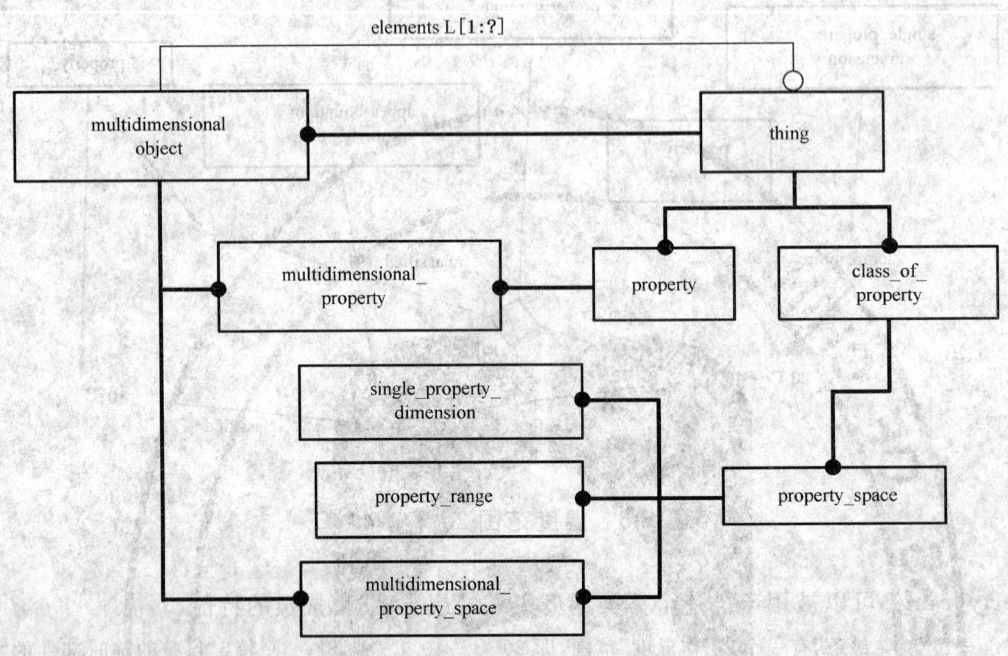

图 118 多维特性模型

示例 1:一台泵的流量压头特性曲线是一 multidimensional_object(多维对象),由流量 Q 和压头 H 组成。每一对属性 Q_a 和 H_a 都是一个多维特性,其中 Q_a 是特定的流量,H_a 是特定的压头。Q 和 H 属性对是连续的,即(Q,H)是一 multidimensional_property_space。图 119 所示的$[Q,H]_1$ 是一特定泵的 QH 特性曲线,也是 multidimensional_property_space [Q,H]。

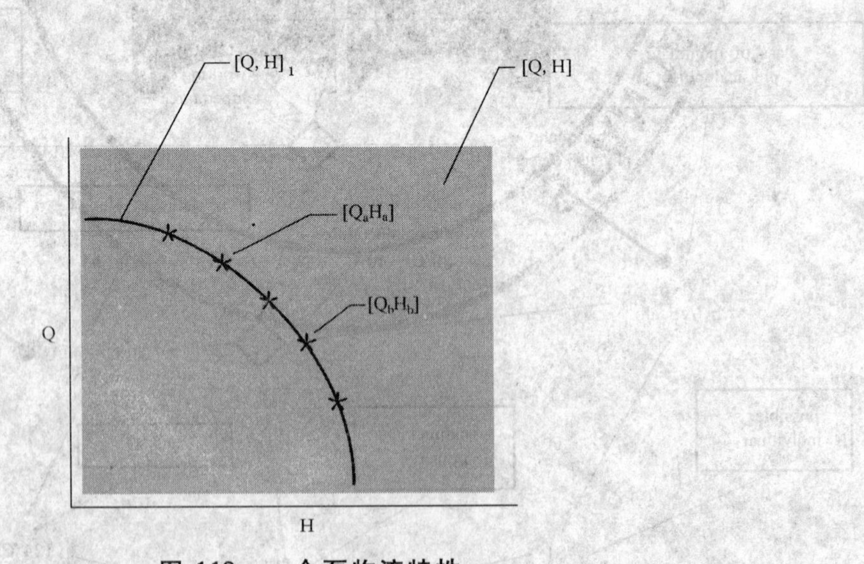

图 119 一个泵物流特性

示例 2:multidimensional_property$[Q_a, H_a]$和$[Q_b, H_b]$是有序的特性对。它们是 multidimensional_property_space $[Q,H]_1$ 的成员,它是 multidimensional_property_space [Q,H]的子集和特殊化。接下来,[Q,H]是 single_dimensional_property(单维特性)Q 和 H 构成的有序对,如图 120 所示。

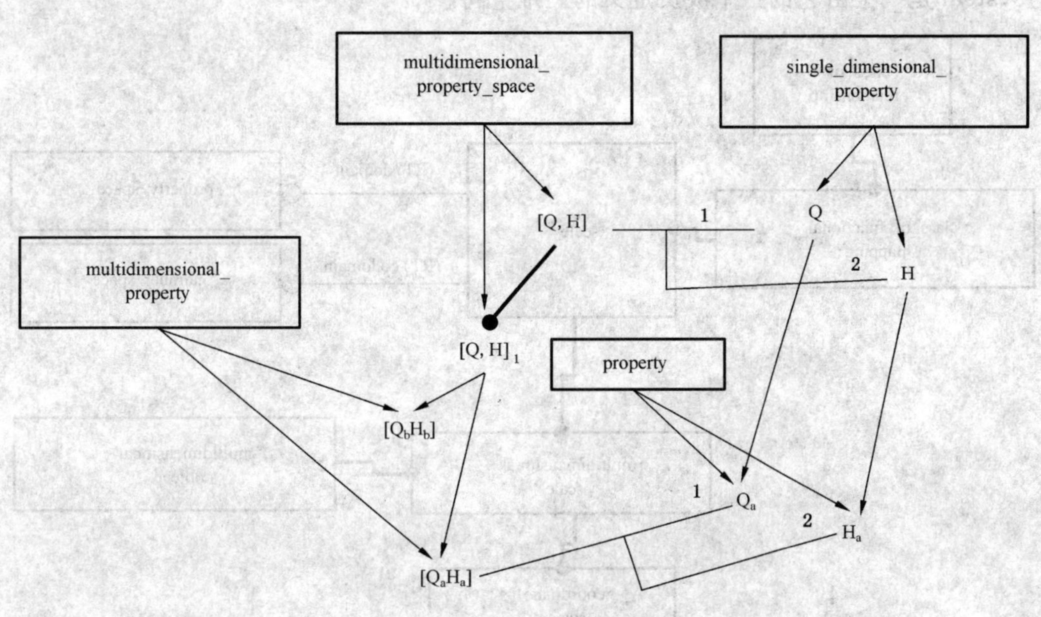

图 120 泵物流特征

示例 3：图 121 显示了一个运行中的“24 类型泵”# pz87 的临时部件，它的流速是 Q_a，头是 H_a。“24 类型泵”有一个操作特性即$[Q,H]_1$，意味着任何运行中的“24 类型泵”的 QH 都是$[Q,H]_1$ 的成员。

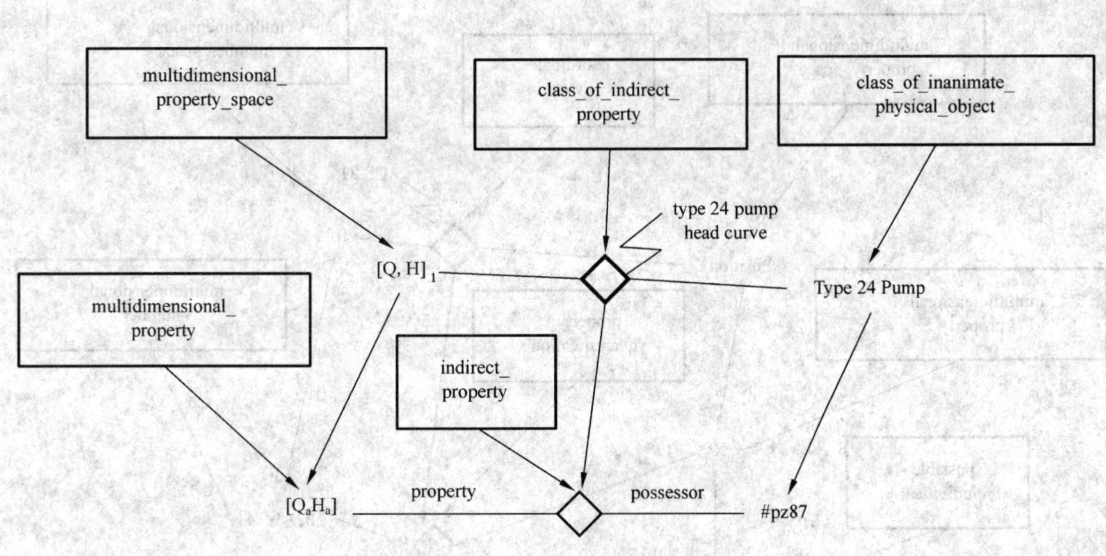

图 121 24 类泵头物流特性

4.8.4.3.7 位置和坐标

位置也是一个 multidimensional_property。从广义上说三维空间中的位置可以用对三个点的引用来定义。这三个引用构成了多维特性的尺寸。

位置特性可以被映射到 multidimensional_number(多维数量)上。一个特定的位置可以有多个映射，分别对应于不同的 coordinate_system(坐标系统)。

coordinate_system 是一个 multidimensional_scale(多维刻度)，它把一个 property_space 映射到一

个 multidimensional_number_space(多维数量空间)(见 5.2.28.2 和图 204),其模型如图 122 所示。coordinate_system 是一个由它的三个成员定义的三维空间。

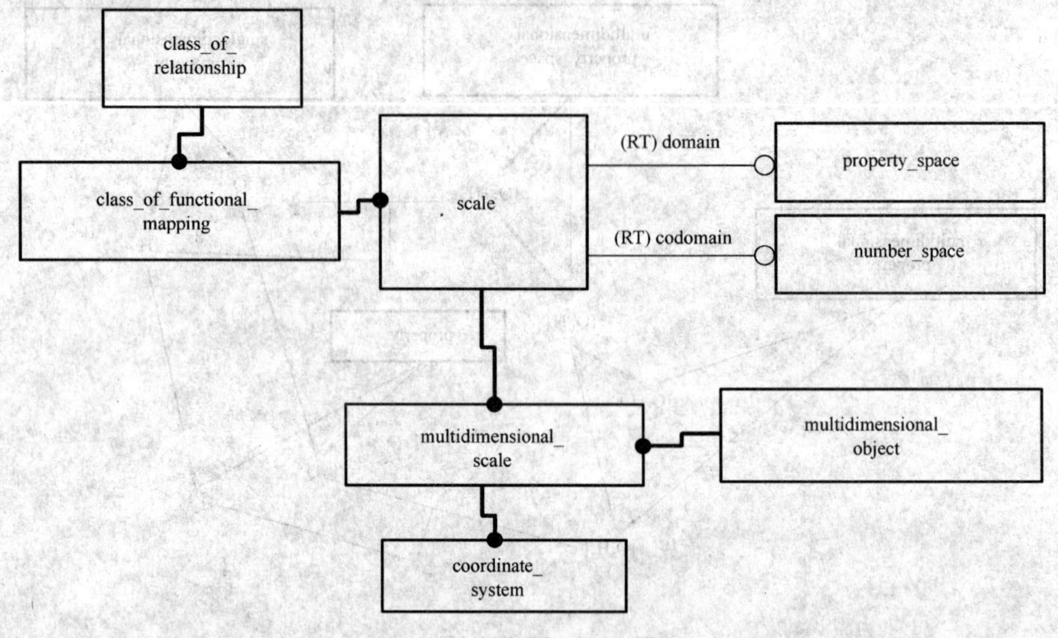

图 122 坐标系统模型

示例:图 123 显示了 possible_individual“A”所处的位置被描述成“CS21” coordinate_system 中的[2;3;4]。

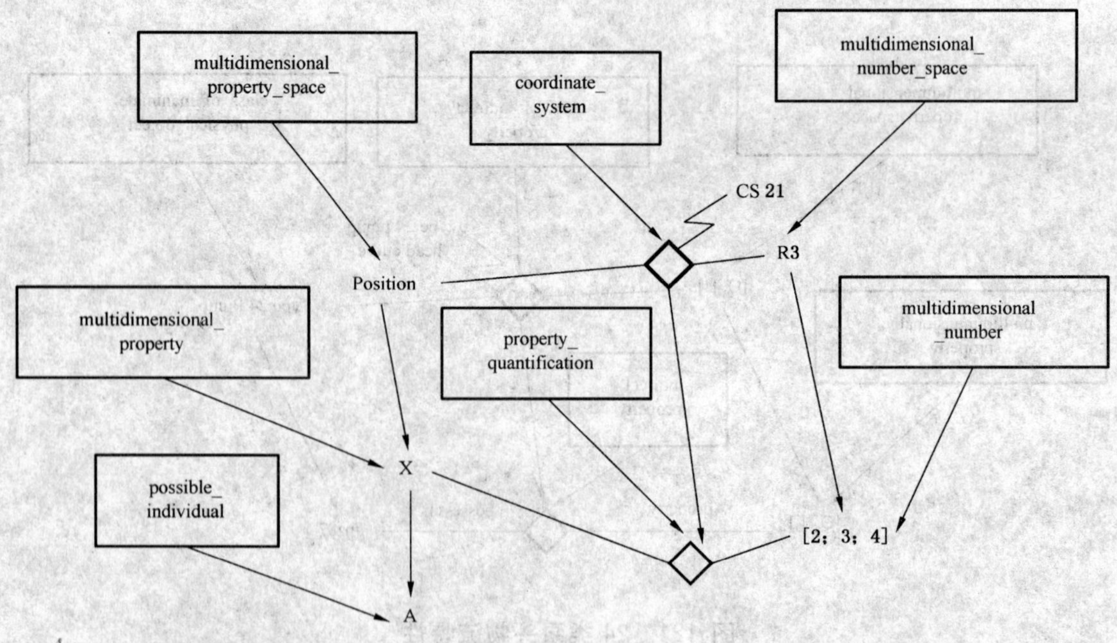

图 123 坐标系统 CS21

4.8.4.4 状态和状态类

possible_individual 可以用 status(状态)分类(见 5.2.7.13 和图 183)。一个状态反映了 possible_individual 的条件或状态,它是不能量化和排序的。status 与 property 的区别在于,状态通常是描述型的,并不能通过映射到明显有序的数量上进行量化。status 的不同类型可以通过 class_of_status(状态类)进行区分(见 5.2.7.11)。见图 124。

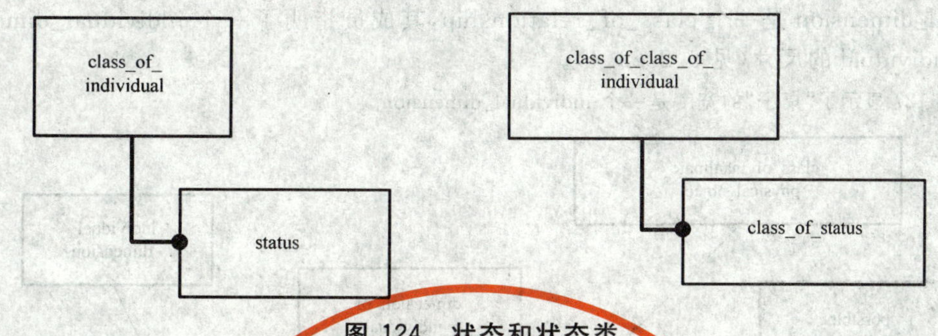

图 124 状态和状态类

示例 1："有凹痕的"、"挖凿的"、"刮的"和"凹的"是 status 的例子，它们是 class_of_status "表面条件"的成员。图 125 显示了这样的数据。"管子外部"＃rc359 是一个"凹的"status 种类中的 actual_individual。

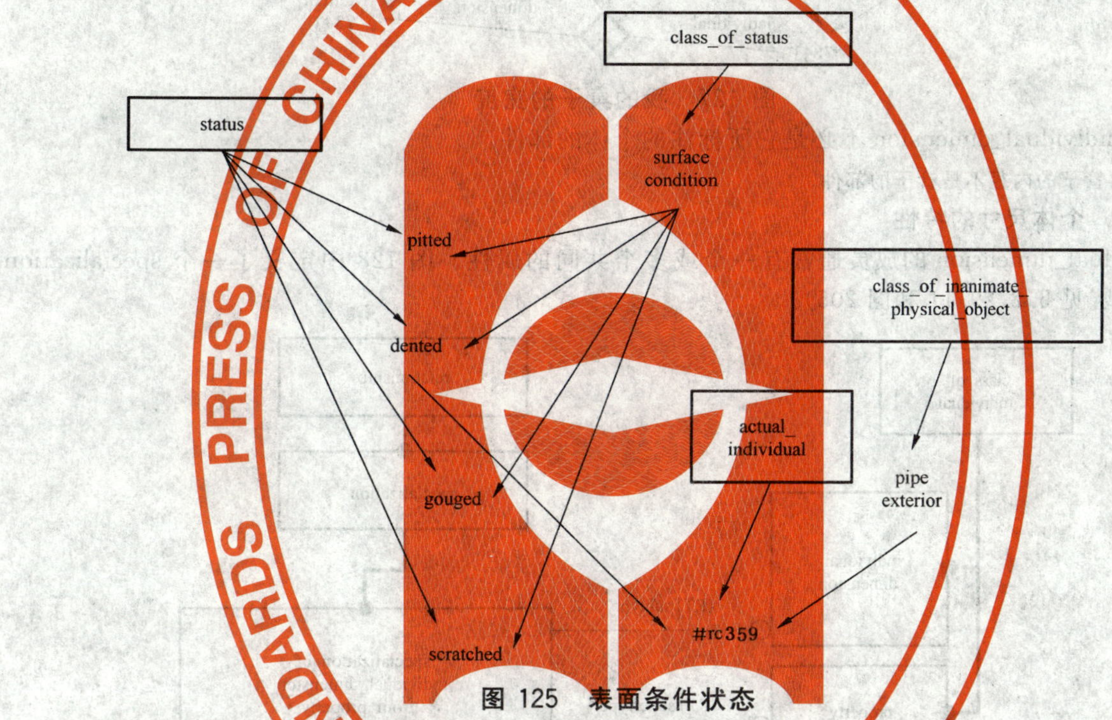

图 125 表面条件状态

示例 2："磨损程度"，例如"没有磨损"、"轻微磨损"、"非常磨损"和"磨穿"就不是一个 status，因为它可以被排序并映射到一个数量刻度。

示例 3："阀门打开程度"不是一个 status，因为它可以被排序并映射到一个数量刻度。

4.8.4.5 形状和尺寸

4.8.4.5.1 个体尺寸

有空间对称性的个体经常可以用尺寸描述。在这个意义上，一个尺寸是一个 class_of_individual，其成员有一个共同的长度，并且与它们所描述个体的边界有多个交集(见 5.2.29.6 和图 205)。图 126 显示了 individual_dimension(个体尺寸)的模型。

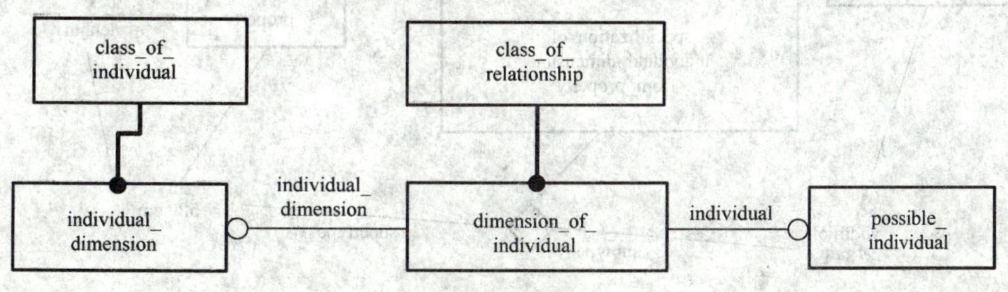

图 126 个体尺寸

individual_dimension 是一个 class_of_relationship,其成员指明了一个 individual_dimension 是一个 possible_individual 的尺寸(见 5.2.29.4)。

示例 2:图 127 显示了“桌子”的宽度是一个 individual_dimension。

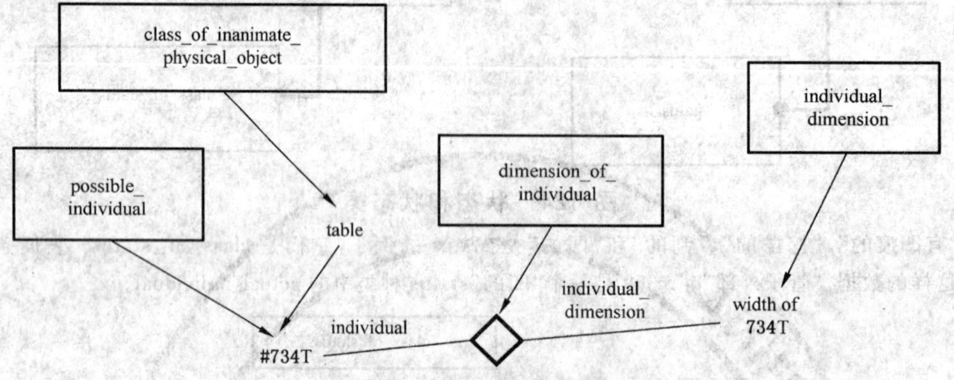

图 127 我的桌子的宽度

一个 individual_dimension 不必是它所标注的个体的部件。

示例 2:管子的内径不是管子的部件。

4.8.4.5.2 个体尺寸的特性

individual_dimension 的成员通常有一个或多个共同的属性。图 128 中定义了一个 specialization 关系的类型(见 5.2.29.11 和图 205)。

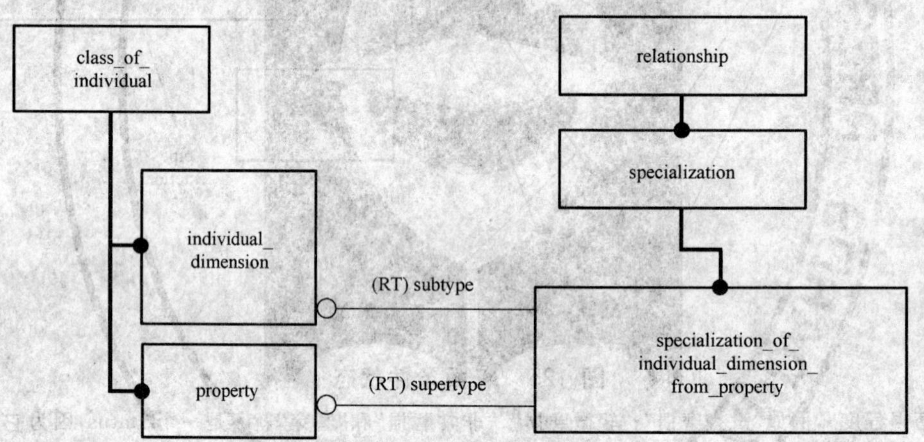

图 128 个体尺寸的特性

示例:图 129 显示桌子的准确长度是“520 mm”。

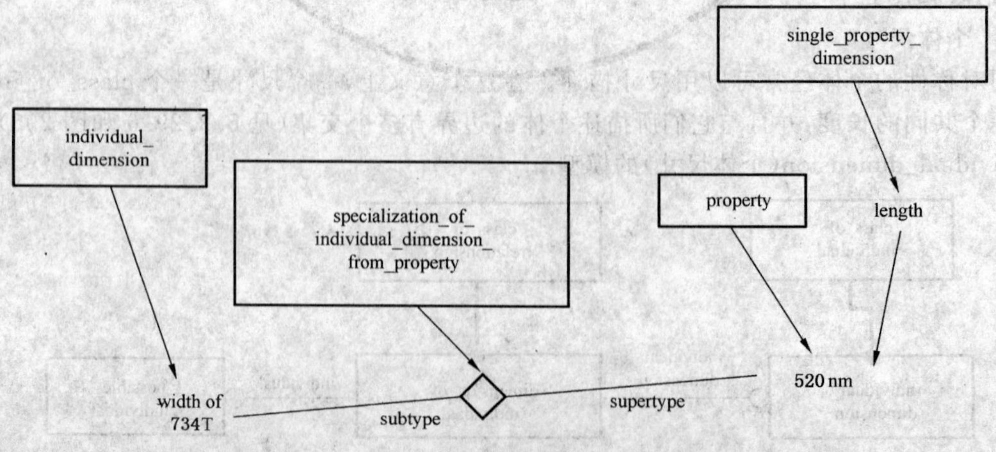

图 129 我的桌子宽度为 520 mm

4.8.4.5.3 形状

shape(形状)描述了与一个边界相关的空间位置的不变性质(见5.2.29和图205)。shape是一个property和一个class_of_individual,如图130所示。class_of_shape(形状类)使不同类型的shape如圆、长方形等得以被识别。

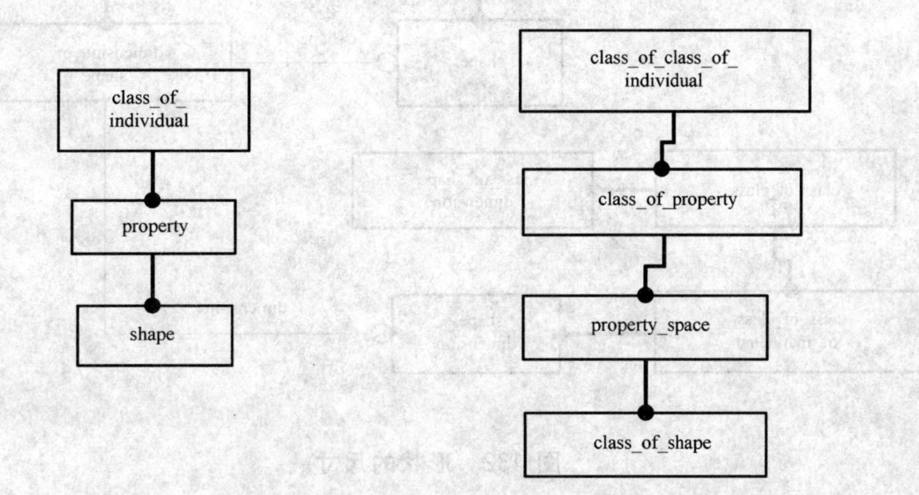

图130 形状和形状类

示例:图131显示了一个经度量后为2 cm×1 cm的possible_individual,它是一个2 cm×1 cm的shape,并被归类到"长方形"中。

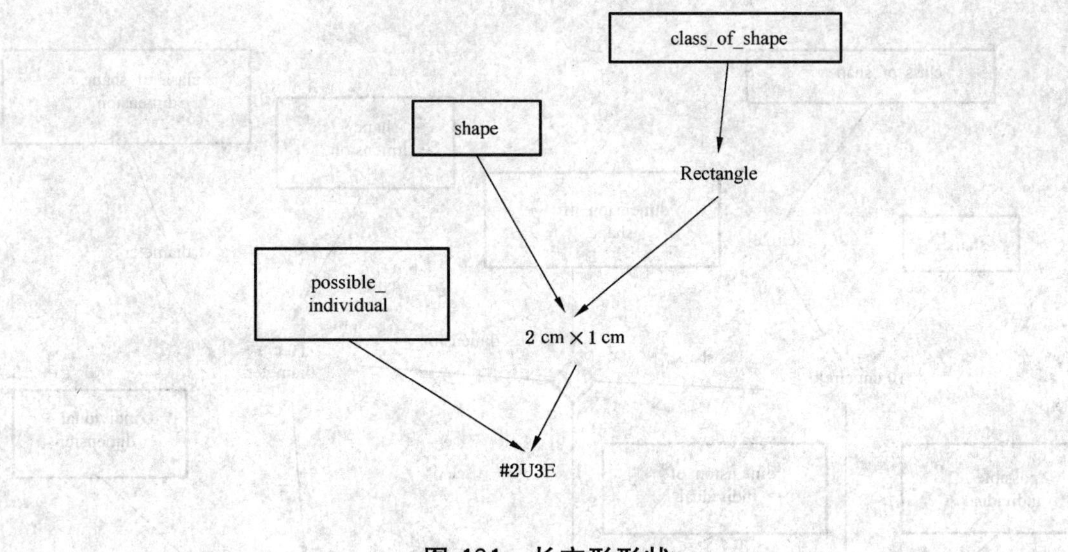

图131 长方形形状

4.8.4.5.4 形状的尺寸

shape也可以有尺寸,对shape的所有成员是共同的。一个shape_dimension(形状尺寸)是一个class_of_class_of_individual(个体类的类),其成员有一个共同的长度,并且与它们所描述shape的边界有多个交集(见5.2.29.10)。交集的类型由class_of_shape_dimension(形状尺寸类)(见5.2.29.3)进行区分,其模型如图132所示。

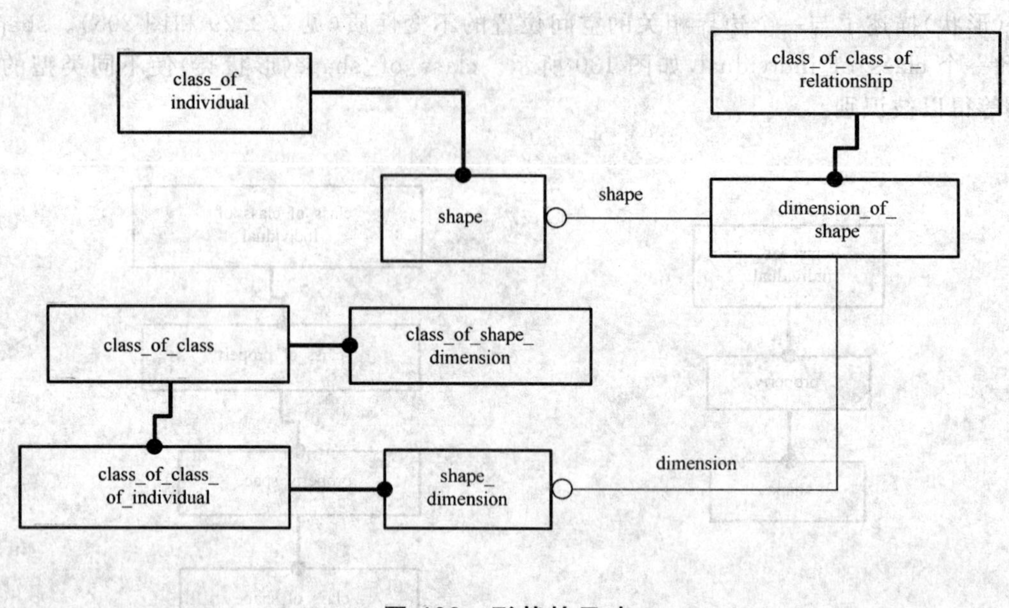

图 132 形状的尺寸

dimension_of_shape(形状的尺寸)是一个 class_of_class_of_relationship,其成员把 shape 类的成员与 shape_dimension 的成员联系起来。dimension_of_shape 可以归类 dimension_of_individual 的成员(见 5.2.29.4)。

示例:图 133 显示了"10 cm 圆"是 shape。一个"10 cm 直径"是一个"10 cm 圆"shape_dimension。"10 cm 直径"是"10 cm 圆"的成员的尺寸。

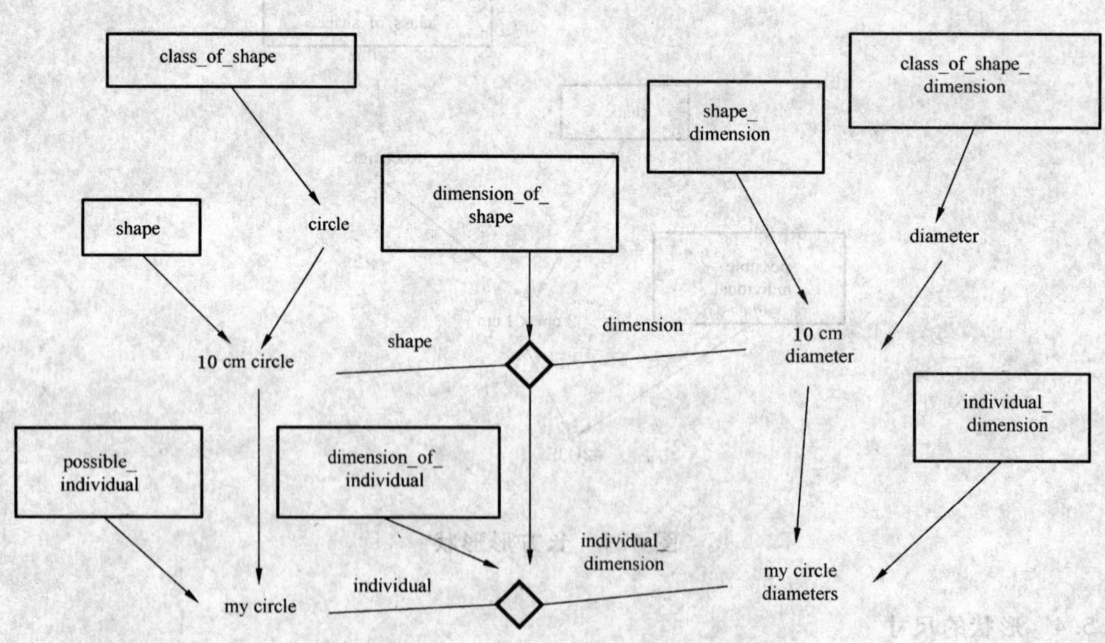

图 133 10 cm 直径圆

4.8.4.5.5 形状尺寸的特性

shape_dimension 的成员有一个或多个共同特性。图 134 定义了一个 class_of_relationship property_for_shape_dimension(形状尺寸特性关系类)来表示。

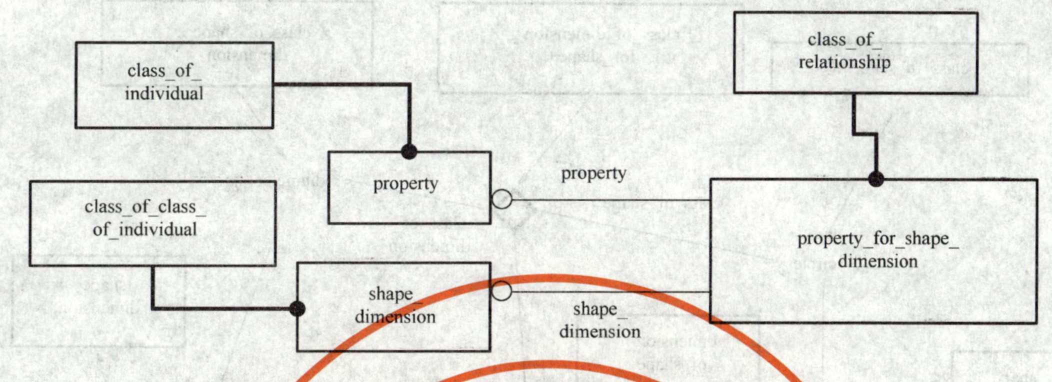

图 134 形状尺寸的特性

示例：图 135 显示了 shape_dimension“10 cm 直径”的成员都有“10 cm”的长度。

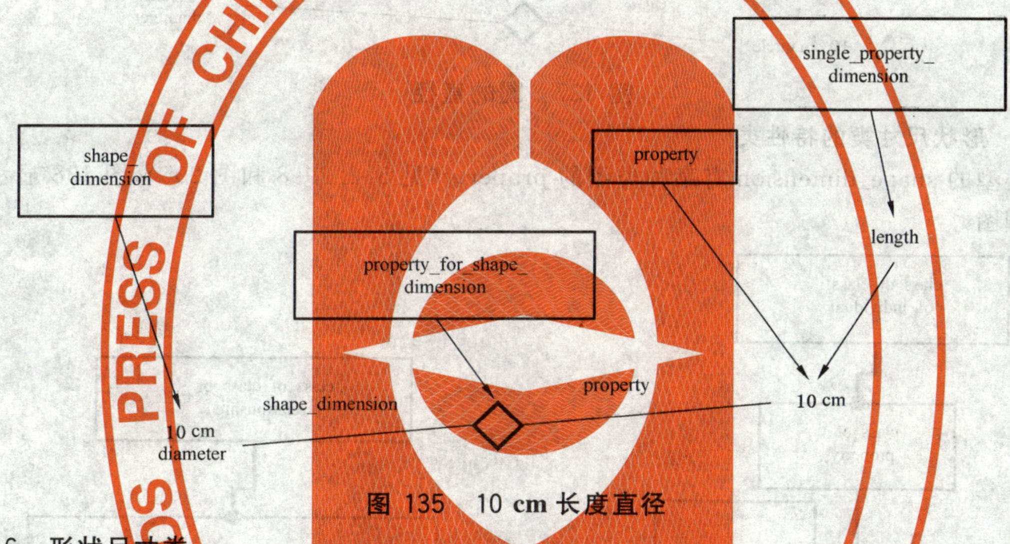

图 135 10 cm 长度直径

4.8.4.5.6 形状尺寸类

shape_dimension 可以依据尺寸相对其所标注个体的位置进行分类。图 136 显示了 class_of_shape_dimension(形状尺寸类)的定义(见 5.2.29.3 和图 205)。

示例 1：“直径”、“高度”、“长度”和“宽度”都是 class_of_dimension_for_shape(形状的尺寸类)。

class_of_dimension_for_shape 使一种尺寸成为一种 shape 的特征。

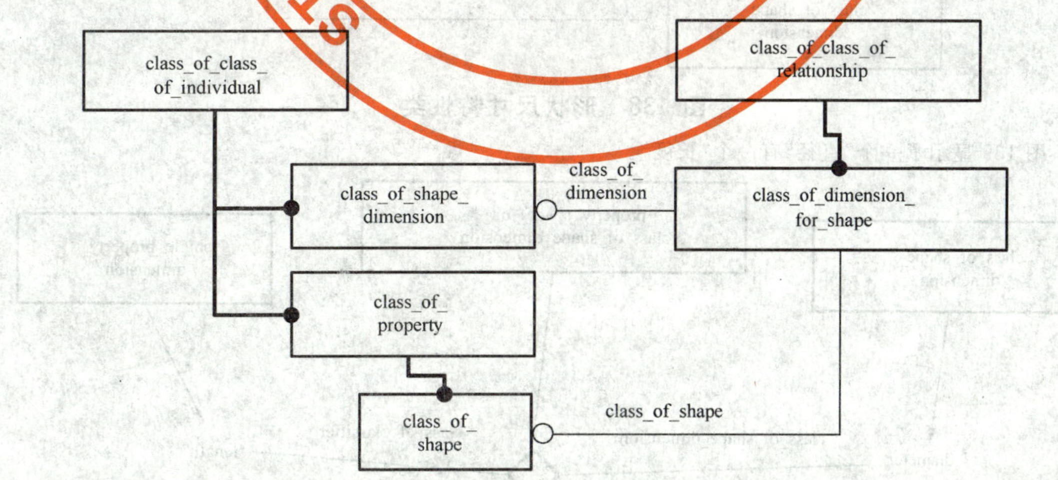

图 136 形状尺寸类

示例 2：如图 137 所示，“直径”是“圆”的尺寸。

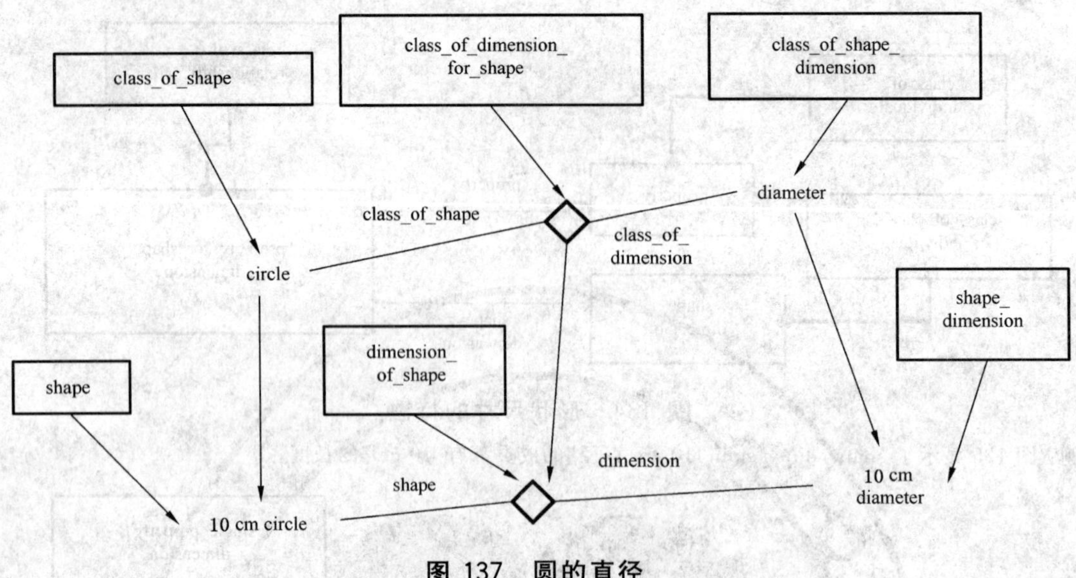

图 137　圆的直径

4.8.4.5.7　形状尺寸类的特性类

某种类型的 shape_dimension 有某种类型的 property(见 5.2.29.8 和图 205),图 138 显示了提供支持的模型图。

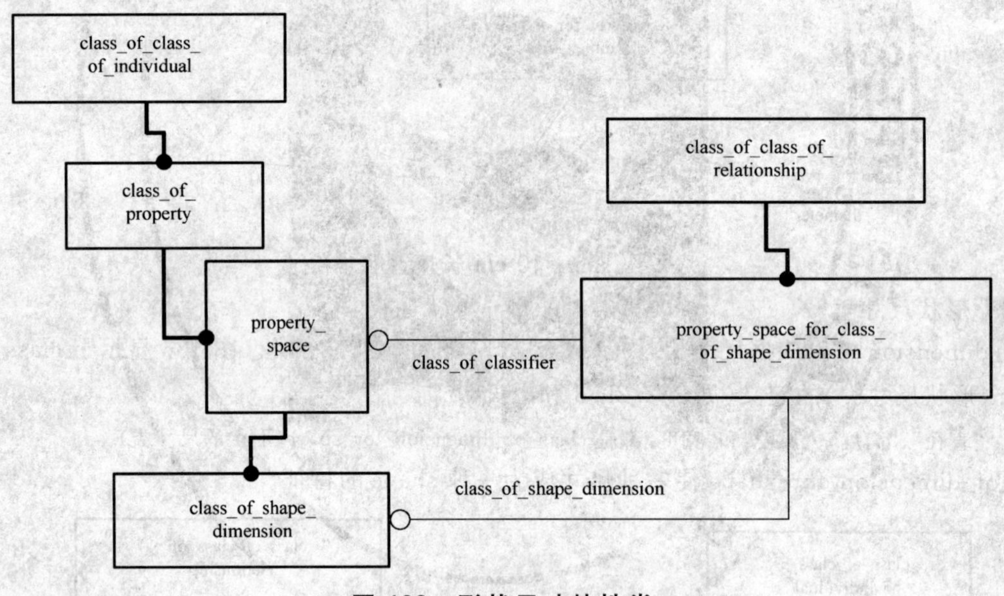

图 138　形状尺寸特性类

示例:图 139 显示了一个“直径”有一个“长度”。

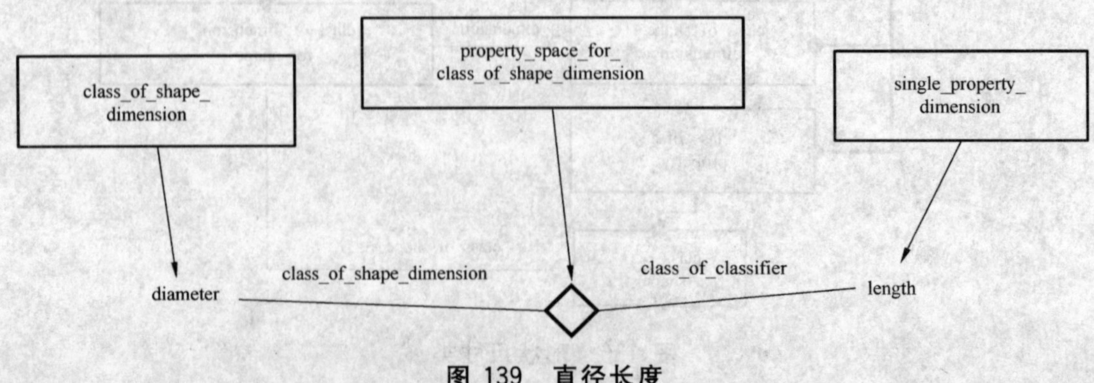

图 139　直径长度

4.8.4.6 事件和时间点类

一个 event(事件)和 point_in_time(时间点)可以被分类。event 类可以由 class_of_point_in_time(时间点类)的成员 event 决定(见 5.2.7.10 和图 183),其模型如图 140 所示。

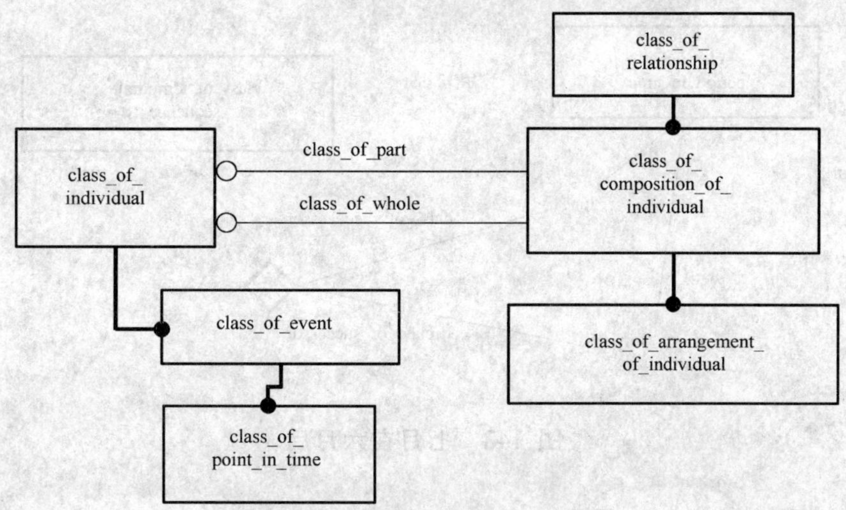

图 140 事件和时间点类

示例:图 141 显示了"起飞"是一个 class_of_event(事件类),标记了飞机从地面到空中变化。"午夜"是一个 class_of_point_in_time。"午夜起飞"是一个 class_of_event,即"起飞"的特殊化。所有的"午夜起飞"是 point_in_time"午夜"的部件。

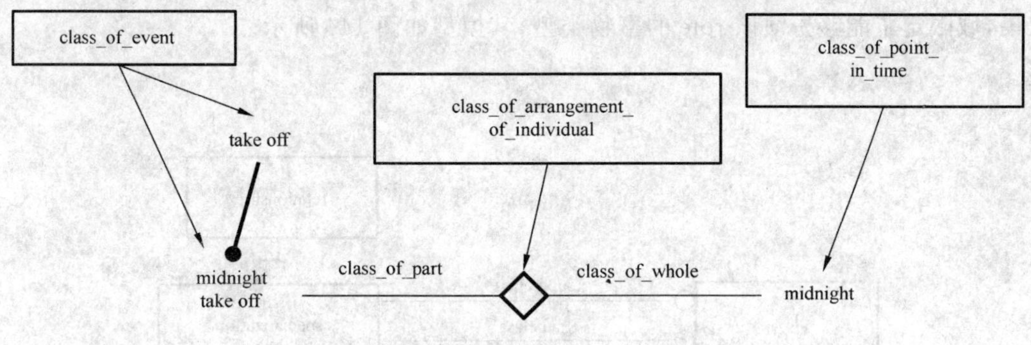

图 141 午夜起飞事件

4.8.4.7 时间段类

period_of_time(时间段)可以被分类(见 5.2.7.9 和图 183)。class_of_temporal_sequence(时间顺序类)使 period_of_time 的成员类可以被排序,其模型如图 142 所示。

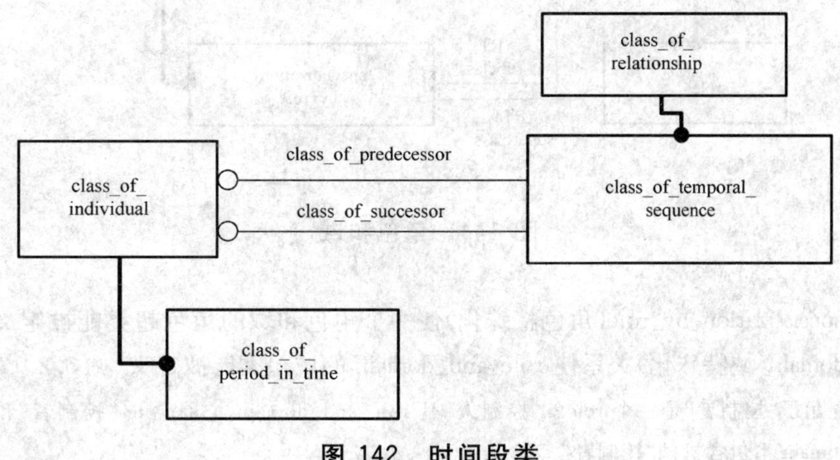

图 142 时间段类

示例：图 143 显示"六月"和"七月"是 class_of_period_in_time(时间段类)，每个"七月"都在一个"六月"后面。

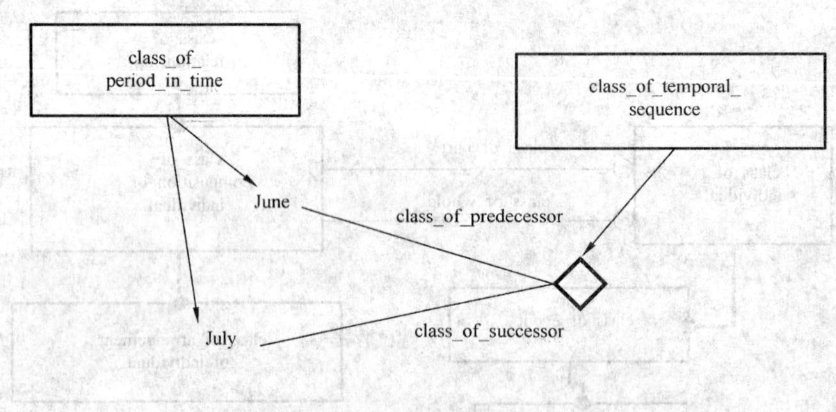

图 143　七月在六月后

4.8.4.8　角色和域

role_and_domain(角色和域)是基于在活动或关系背景中某些事物做了什么的一种 class(见 5.2.13.5 和图 189)。有些 role_and_domain 类仅仅是纯角色的，即其成员资格除了角色外不受其他条件的约束(见 5.2.13.4)。为此定义了 role(角色)的子类型。然而大多数 role_and_domain 类是一个纯 role 和一个域的交集，域限定了能够扮演该 role 的事物类型，其模型如图 144 所示。

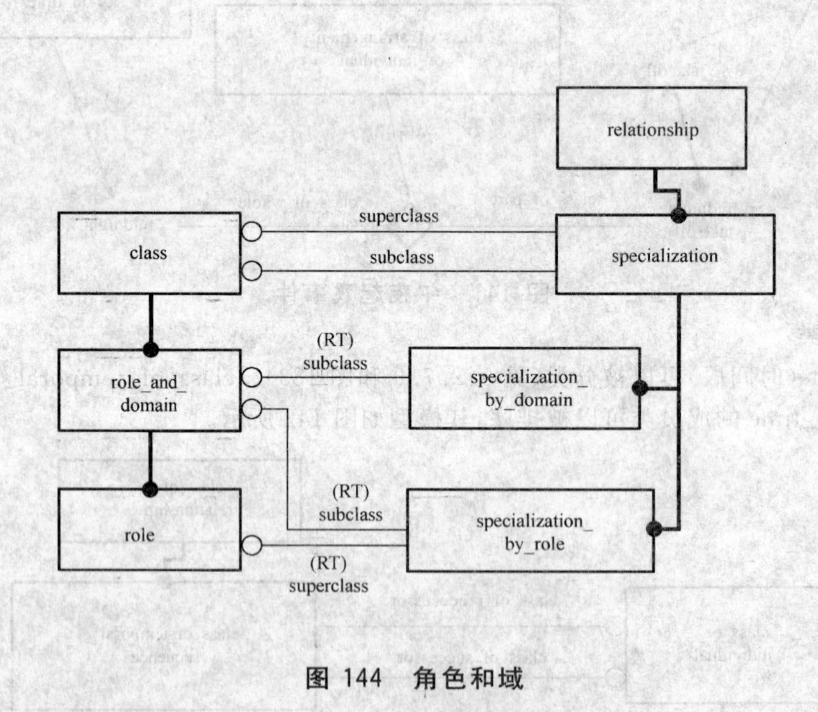

图 144　角色和域

特殊化关系 specialization_by_role(角色特殊化)使一个角色和域的角色超类能被定义(见 5.2.13.7)。specialization_by_domain(域特殊化)关系使 role_and_domain 的域超类能被定义(见 5.2.13.6)。

示例：图 145 显示了"控制者"是一个 role。"控制人"是 role_and_domain，它是 role "控制者"和域"人"的特殊化。"控制人"role_and_domain 不包含机械"控制者"。

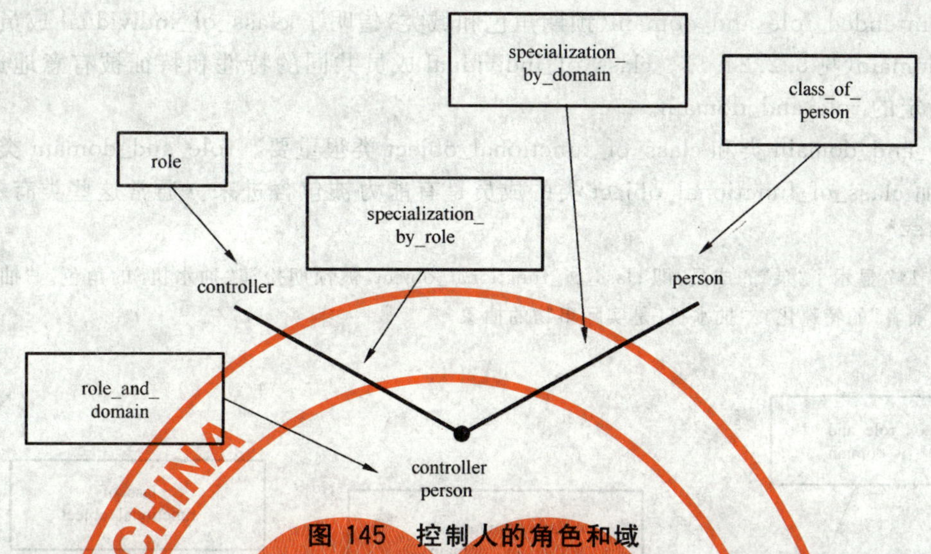

图 145 控制人的角色和域

4.8.4.8.1 预期的和可能的角色

基于其特征和特性，一些个体可以扮演特定的角色。这适合域个体和特定个体类的成员（见 5.2.24 和图 200）。图 146 显示的模型识别了这些 relationship 的类型和这种性质的 class_of_relationship。

intended_role_and_domain（预期角色和域）关系标明个体的目的或被设计的 role_and_domain，或反之。

示例 1：一个特定的"带锥形端部的 2 m 钢棒"将预期扮演"杠杆"的角色。一个 possible_role_and_domain（可能的角色和域）关系标明了一个个体可以承担的 role_and_domain。这不是由于设计，而是因为个体有适合于角色的属性（见 5.2.24.4）。

示例 2：一个特定"20 kg 的混凝土立方块"可能扮演"锚"的角色。

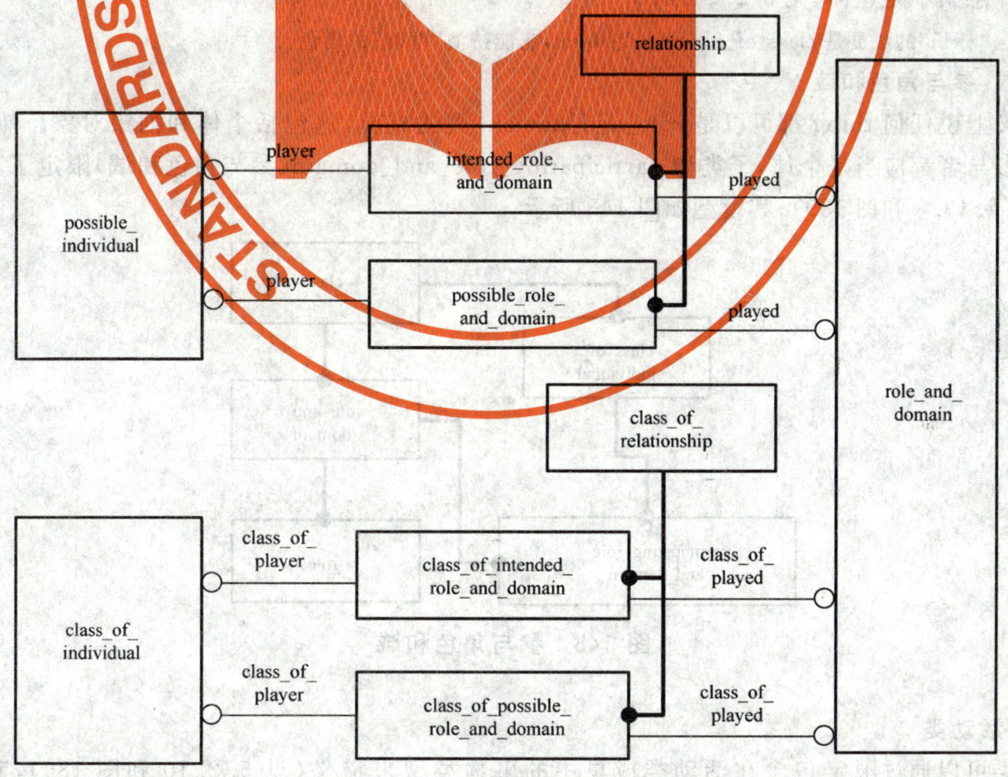

图 146 预期的和可能的角色和域

class_of_intended_role_and_domain(预期角色和域类)指明了 class_of_individual 成员被设计扮演的 role_and_domain(见 5.2.24.1)。class_of_individual 成员共同的特性和特征被有意地选择出来,使成员能履行指定的 role_and_domain。

区分 role_and_domain 类和 class_of_functional_object 类很重要。role_and_domain 类的成员包含在活动中,然而 class_of_functional_object 类的成员是有能力被包含进来。通常这些类有不同的含义,但有同样的名字。

示例 3:图 147 显示了"泵"的成员,即 class_of_functional_object,被预期扮演"抽水机"的角色。"抽水机"是 role_and_domain "表演者"的特殊化。"抽水机"是实际事物的抽象。

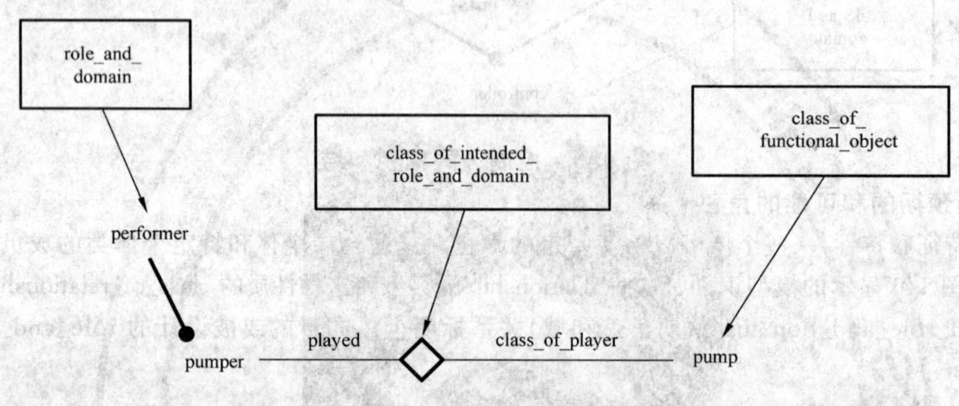

图 147 泵的预期性能角色

class_of_possible_role_and_domain 指明了 class_of_individual 成员能够扮演的 role_and_domain,尽管其设计意图不是这样(见 5.2.24.2)。

示例 5:"杯子"的成员是 class_of_functional_object,它能扮演"糖碗"的角色。

4.8.4.8.2 参与角色和域

从广义上说任何 thing 都可以是 role_and_domain 类的成员,这包括个体和抽象对象。然而,因为活动中的参与者都应当是个体,子类型 participating_role_and_domain(参与角色和域)限定了其成员是个体(见 5.2.13.3 和图 189),其模型如图 148 所示。

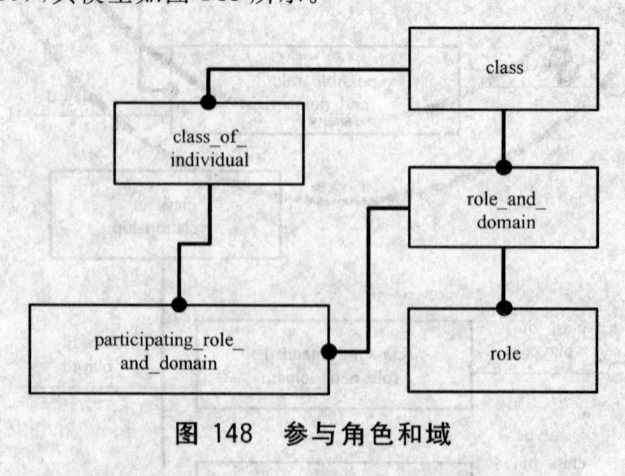

图 148 参与角色和域

4.8.4.9 活动类

活动类可以通过限定包含在活动类成员中的事物类型来定义(见 5.2.10 和图 186),其模型如图 149所示。

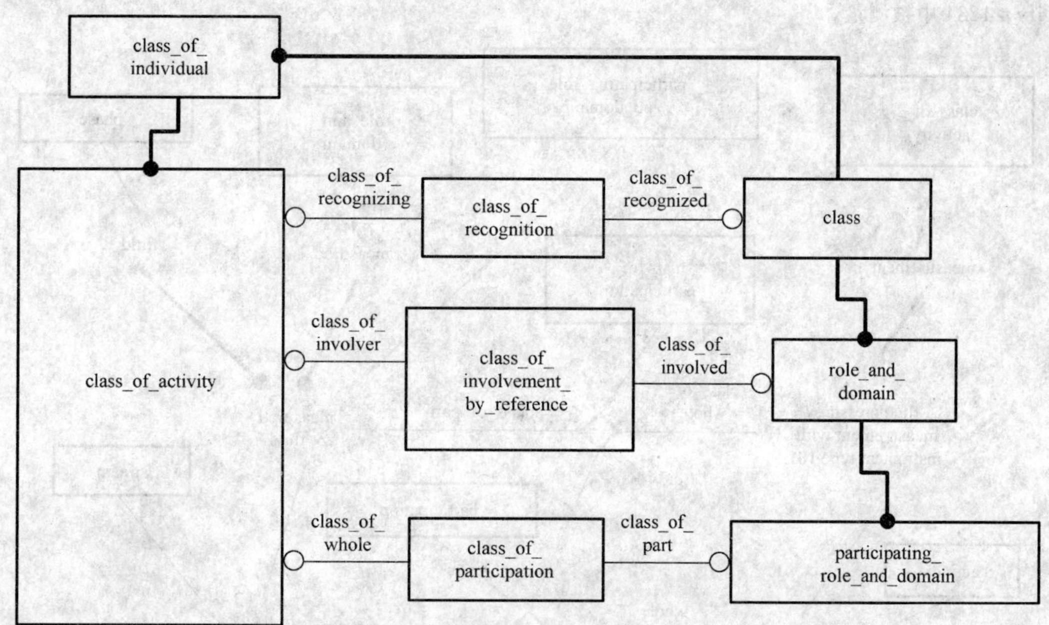

图 149 活动类

示例 1："使用 167 类型仪表度量流体压力"是一个 class_of_activity(活动类)，并且是 class_of_activity "度量"的特殊化。

class_of_participation(参与类)限制了活动类成员中的个体类型及其角色(见 5.2.10.5)。一个参与角色和域是一个 role_and_domain 与 class_of_individual 的交集。

示例 2：图 150 显示了用作"测量器具"的"167 类型仪表"是一个 participating_role_and_domain。连接流体度量类和这个 participating_role_and_domain 的一个 class_of_participation 限制了使用"167 类仪表"所进行的测量。#789 是一个"167 类型仪表"，参与到了测量 activity #1234 中。

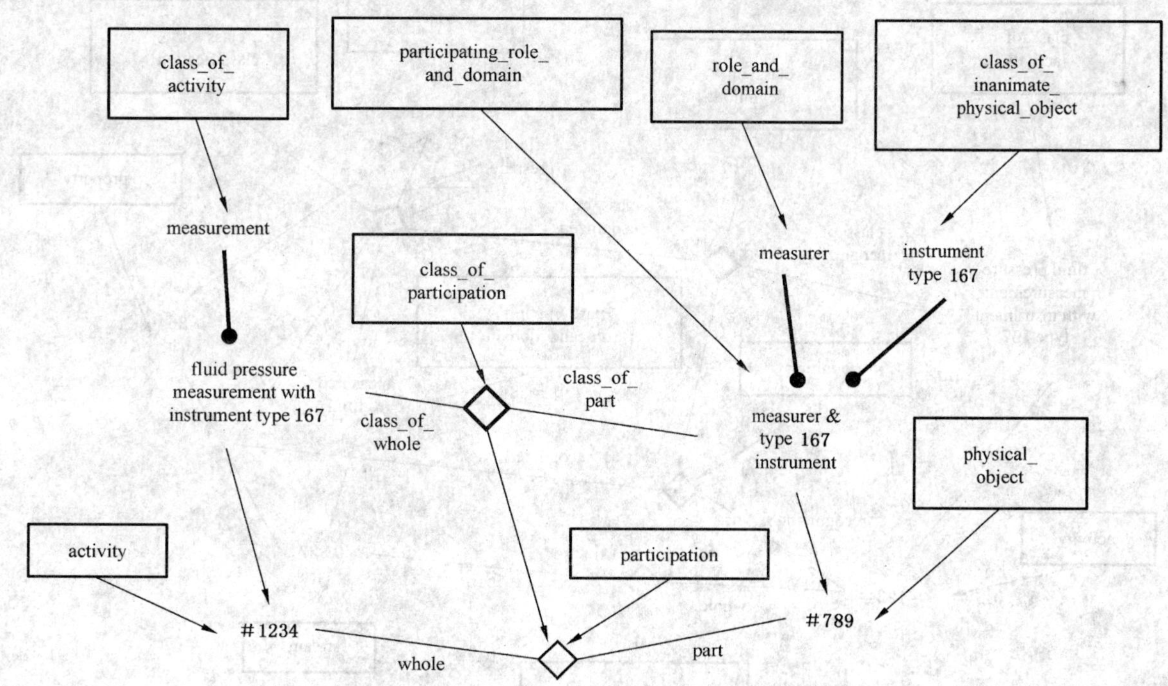

图 150 使用 167 型仪表的流体测量活动

可以为 class_of_activity 定义任意个 participating_role_and_domain。

示例 3：图 151 显示"被测量"的角色"流体"是一个 participating_role_and_domain。连接流体度量类和这个 participating_role_and_domain 的一个 class_of_participation 限制了测量流体的测量方法。#S27 是一股 stream 的临时部件在

测量 activity＃1234 中被测量。

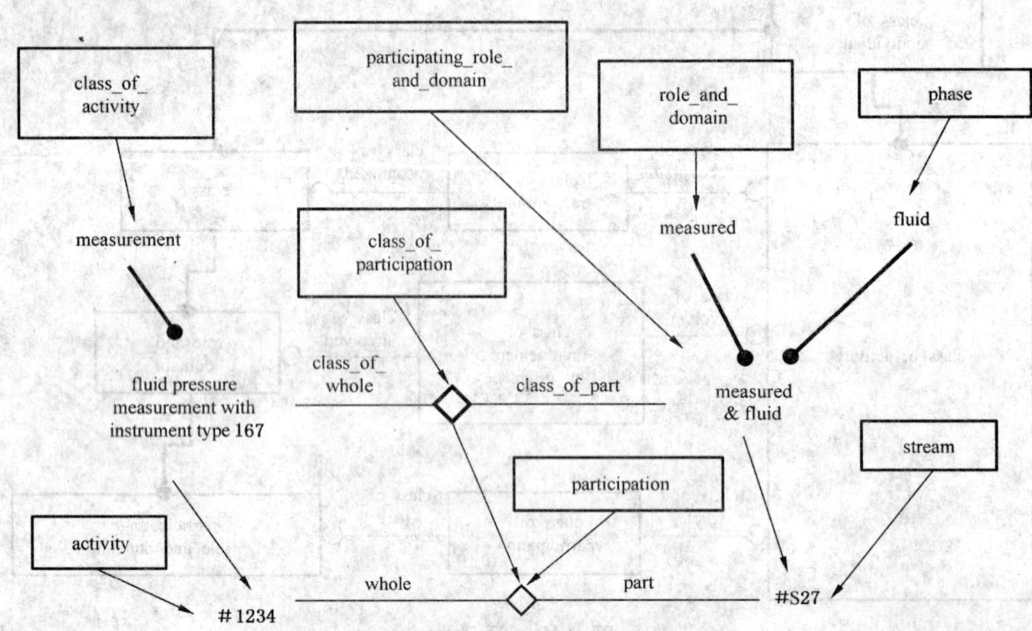

图 151 流体压力测量活动

class_of_recognition(识别类)是一个 class_of_relationship(关系类)指明了可以被视为 class_of_activity 成员结果的 thing 的 class(见 5.2.10.6)。

示例 4：图 152 显示了一个流体测量活动，其结果是把被测量的流体划分到一个"压力"特性类。这个特定的测量 activity＃1234 的结果把 classification＃S27 归类到"26 bar""压力"等级。

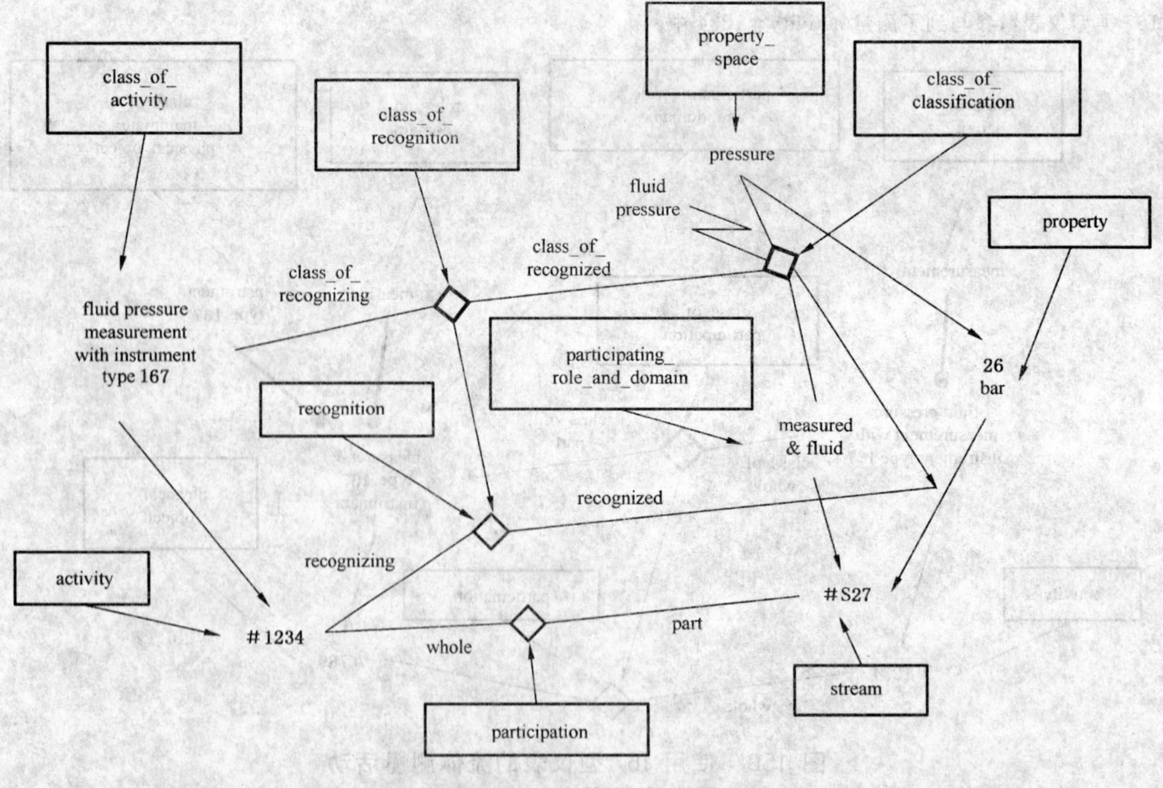

图 152 流体压力度量

4.8.4.10 个体类的类

class_of_individual 的其他子类型没有被显式地建模，但可以用 class_of_class_of_individual(个体

类的类)定义并用来区分所需要的 class_of_individual(见 5.2.7.4 和图 183)。图 153 显示了 class_of_class_of_individual 的一些重要类型的显式模型。

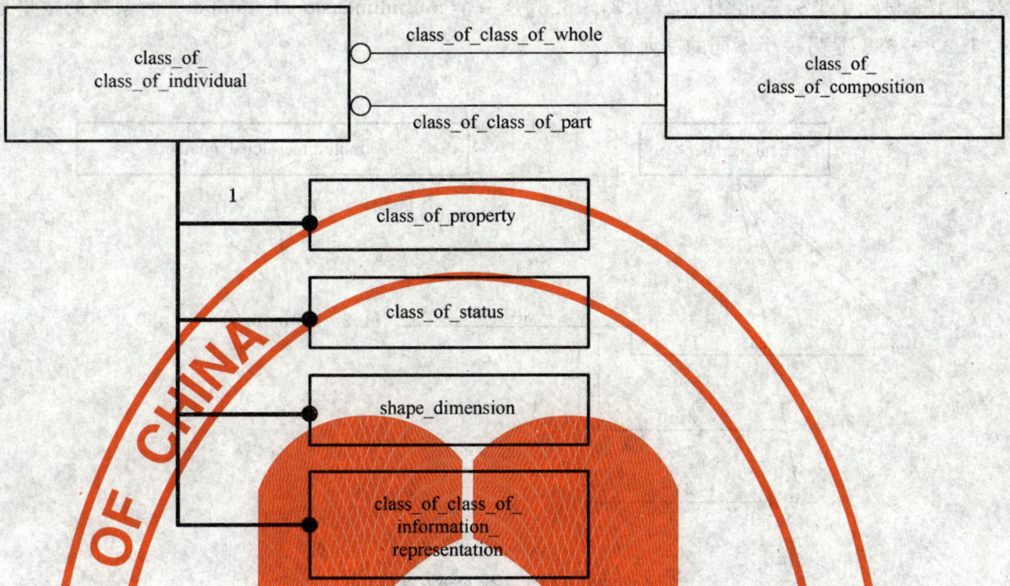

图 153 个体类的类

4.8.5 数量

4.8.5.1 算术数量

arithmetic_number(算术数量)是一个 class_of_class(类的类),如图 154 所示(见 5.2.5.1 和图 179)。在本部分中,整数与实数不同,但都是单维数量。

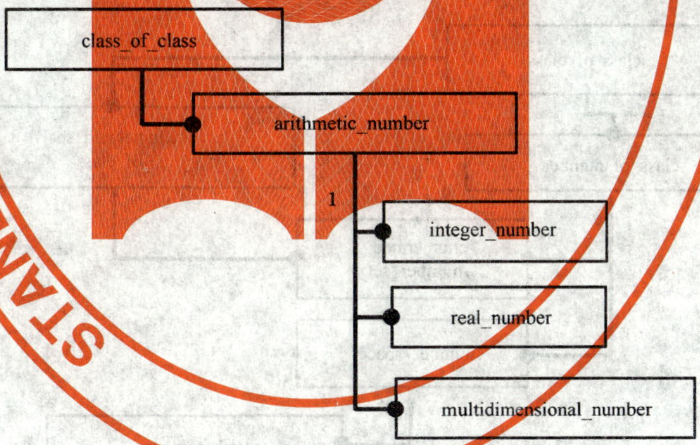

图 154 算术数

注:数量的表示可以被 class_of_information_representation 处理。

示例 1:图 155 显示了用 EXPRESS_real 12.7 表示的一个 real_number 类“X”。

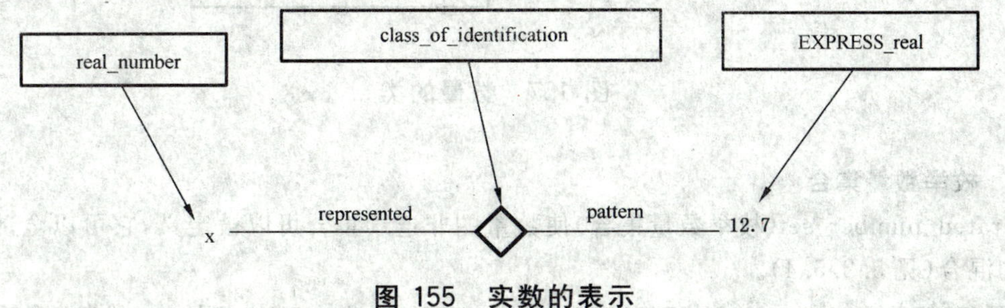

图 155 实数的表示

multidimensional_number(多维数)使 arithmetic_number 的有序对、三元组等能够被定义(见 5.2.5.7,图 180 和图 181)。

示例 2：图 156 显示了坐标三元组[1.2，2.3，−6.8]是一个 multidimensional_number。元素数的数量是有意义的。三元组[2.3，1.2，−6.8]是另一个不同的三元组。

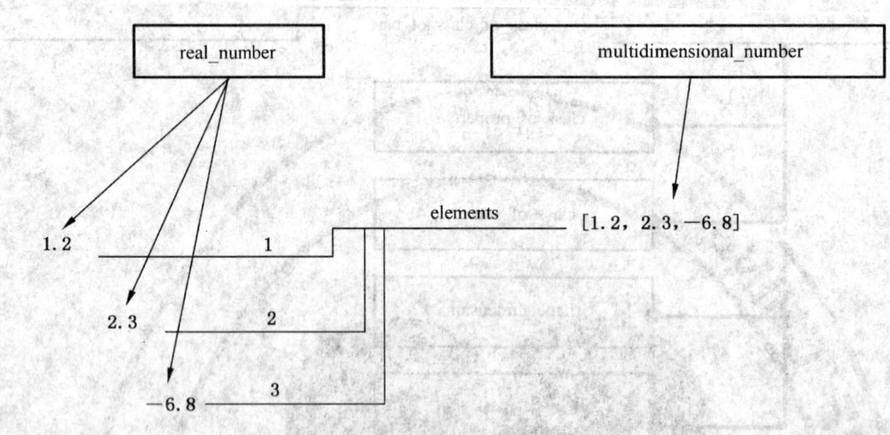

图 156 多维数量

4.8.5.2 数量的类

class_of_number(数量的类)是一个 class_of_class,包含了数量的连续和离散集合(见 5.2.5.3,图 179 和图 181),其模型如图 157 所示。

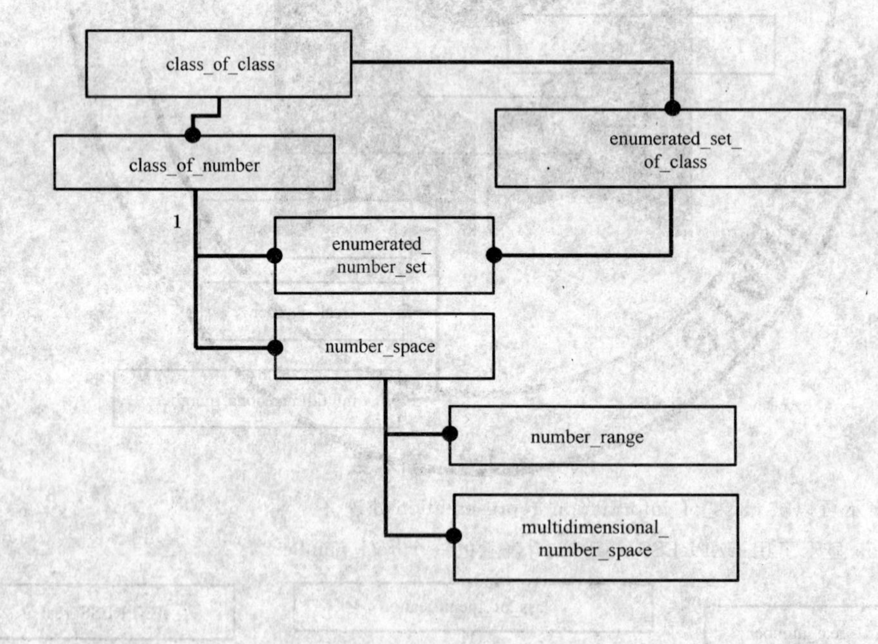

图 157 数量的类

4.8.5.2.1 枚举数量集合

enumerated_number_set(枚举数量集合)使数量的非连续集合可以被定义,它可以全部是实数或整数或二者的混合(见 5.2.5.4)。

示例：图 158 显示了 integer_number45，59，73 是 enumerated_number_set 的成员,并且没有隐含任何顺序。

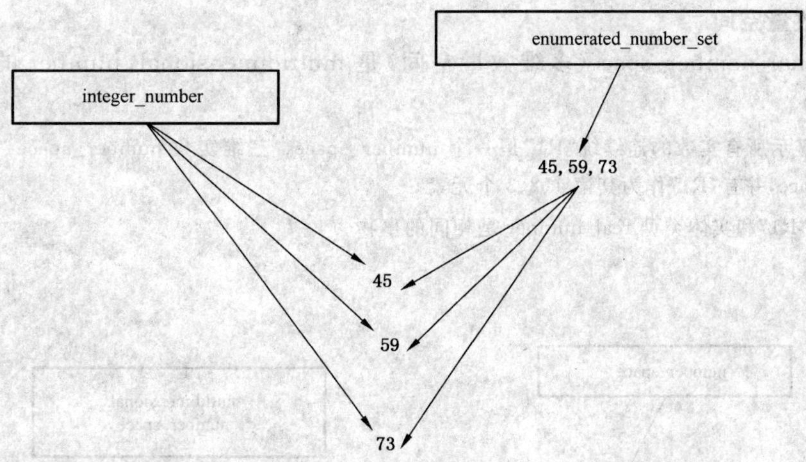

图 158 枚举数量集合

4.8.5.2.2 数量值域

number_range(数量值域)是限定于单维 number_space 的(见 5.2.5.9),值域的上界和下界是 number_range 的特定成员,其模型如图 159 所示。

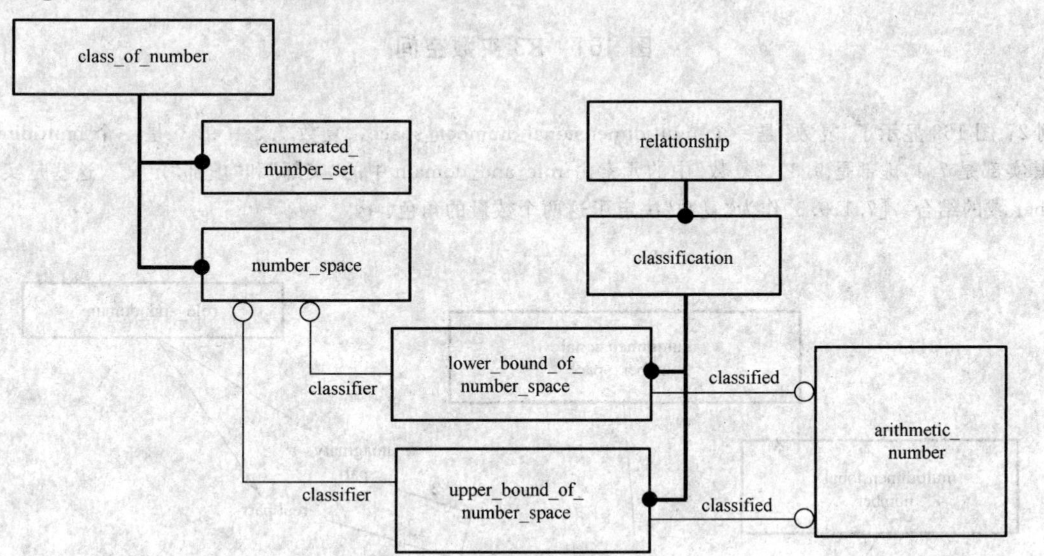

图 159 数量值域边界

示例:图 160 显示了值域 5.2～9.3 中的 real_number 是一个有下边界 5.2 和上边界 9.3 的 number_range。

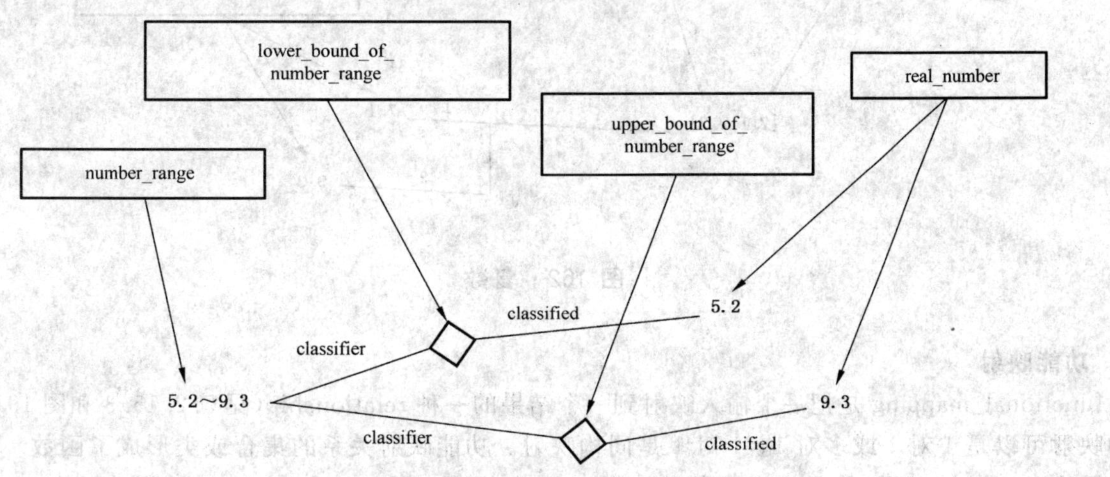

图 160 数量值域 5.2～9.3

4.8.5.2.3 多维数量空间

multidimensional_number_space(多维数量空间)是 multidimensional_number 的连续(见 5.2.5.8,图 180 和图 181)。

示例 1：图 161 显示所有实数的连续统“R1”是一个 number_space。三维实数 number_space “R3”是一个 multidimensional_number_space,并有“R1”作为其第 1、2、3 个元素。

注：本模型中的“R1”和实体类型 real_number 是相同的事物。

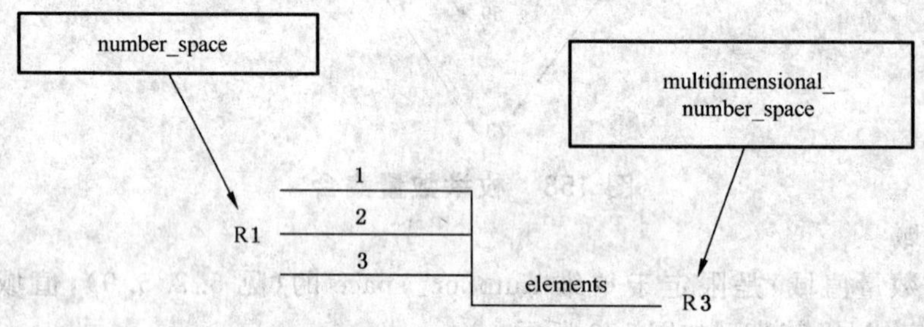

图 161 R3 实数空间

示例 2：图 162 显示了“复数”是一个 multidimensional_number_space。复数 7.1＋ 9.3i 是一个 multidimensional_number,其实部是 7.1,虚部是 9.3。“复数”中的元素由 role_and_domain 中的“实部”和“虚部”定义。这些是实虚角色和 real_number 域的结合。[7.1;9.3]作为“复数”决定了这两个数量的角色。

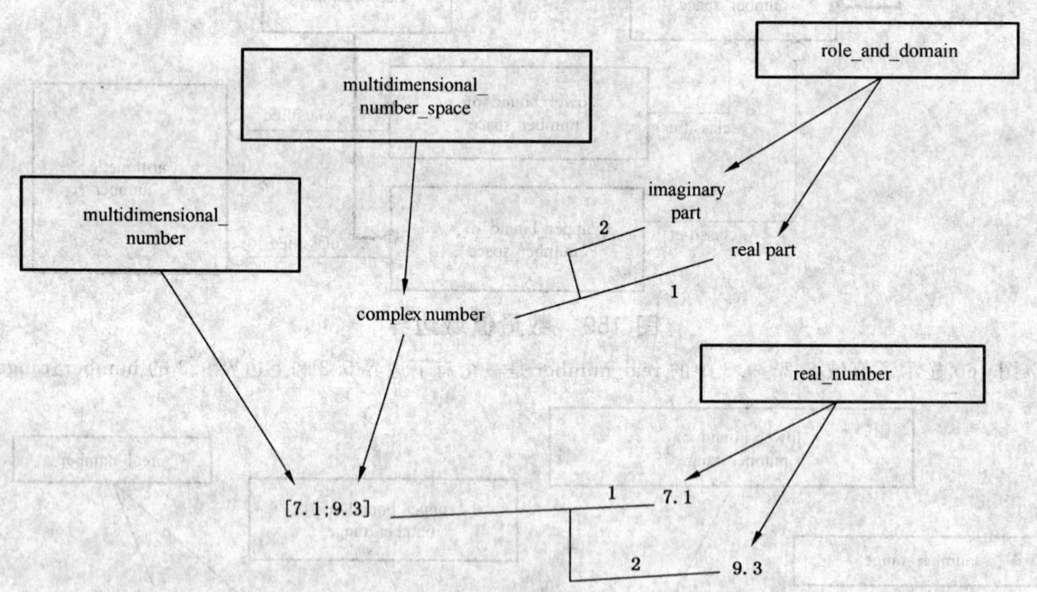

图 162 复数

4.9 功能映射

functional_mapping 是把一个输入映射到一个结果的一种 relationship(见 5.2.15.3 和图 191)。这样的映射可以是 1 对 1 或多对 1。1 对 1 是同构映射。功能映射关系的集合或类形成了函数。图 163 显示了 functional_mapping 的模型元素。

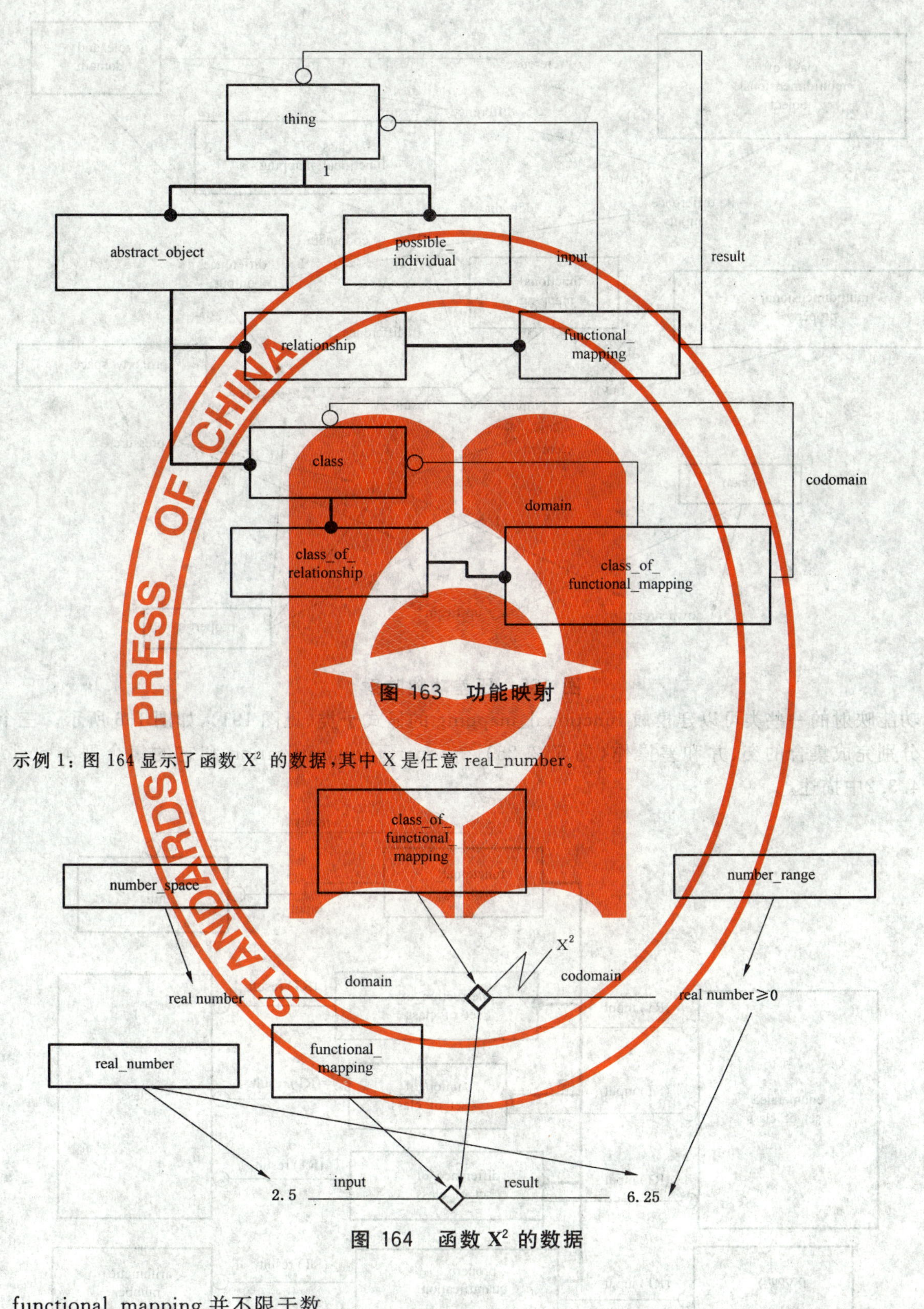

图 163 功能映射

示例 1：图 164 显示了函数 X^2 的数据，其中 X 是任意 real_number。

图 164 函数 X^2 的数据

functional_mapping 并不限于数。

示例 2：图 165 显示了一个压力“差”的 functional_mapping。“a”是一个过滤器的“上游”压力，“b”是“下游”压力。压力“c”是压力“a”和“b”之间的“差”。这个 class_of_functional_mapping(功能映射类)“差”把一个由两个 role_and_domain 组成的 class_of_multidimensional_object 即输入参数，映射到差异输出 role_and_domain。这个映射不是同构的，因为压力“c”可以是许多“a”和“b”组合的结果。

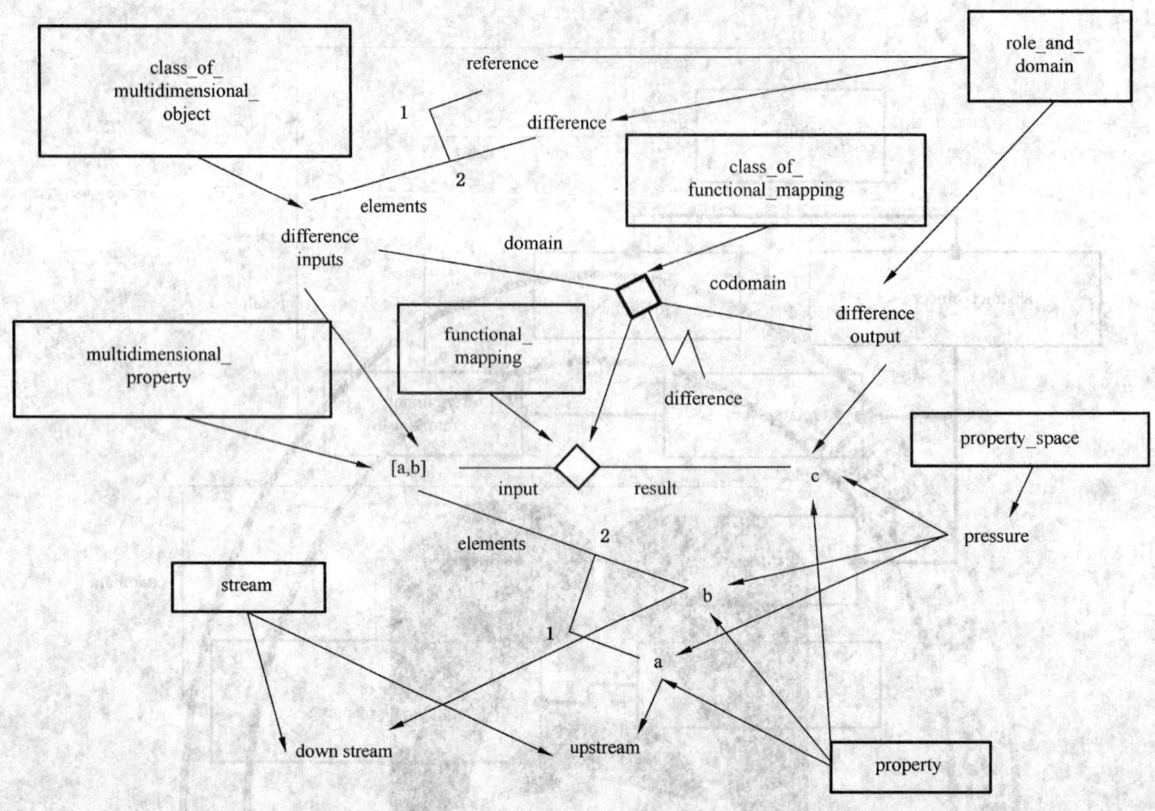

图 165 压差功能映射

功能映射的一些类可以建模成 functional_mapping 的显式子类(见图 191),如图 166 所示。三个子类形分别完成集合的交、并和差操作(见 5.2.25)。property_quantification 和它的集合副本 scale 在 4.8.4.3.2中描述。

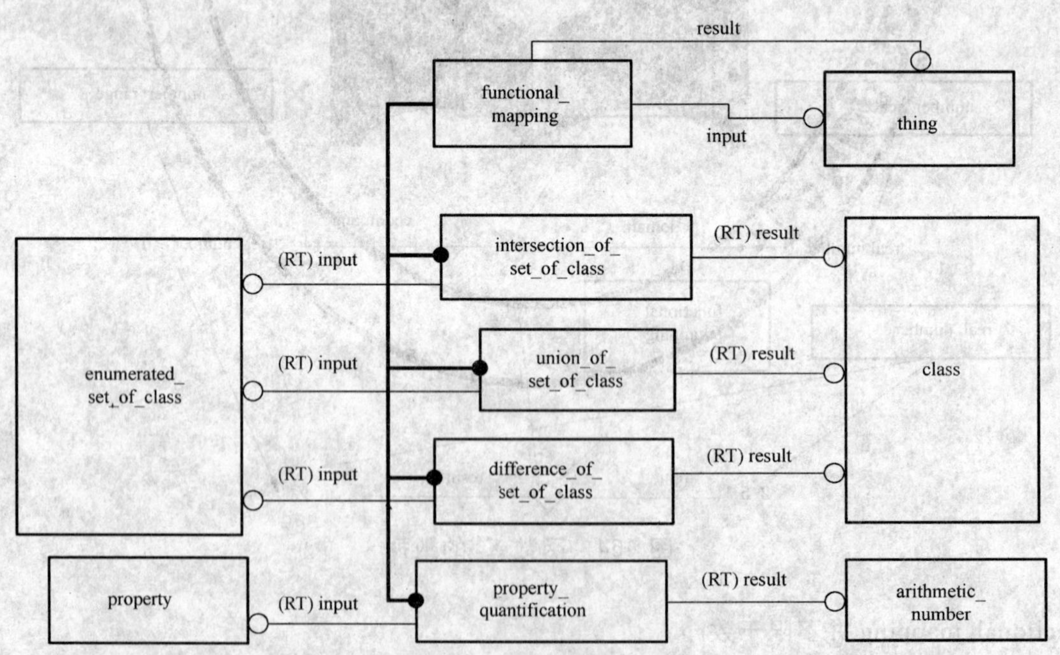

图 166 功能映射子类型

示例 3:图 167 显示了三个维恩图,分别定义了类"I"是类"A"、"B"和"C"的交集,类"U"是类"A"、"B"和"C"的并集,类"D"是类"A"、"B"和"C"的差集。图 168 显示了用 property_quantification 类型表示的模型。

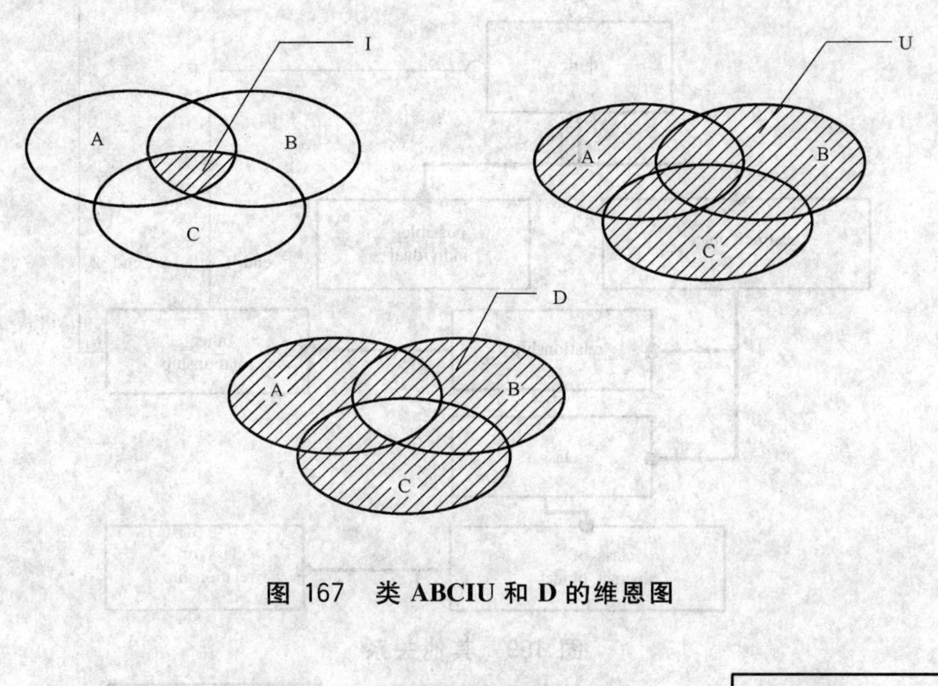

图 167 类 ABCIU 和 D 的维恩图

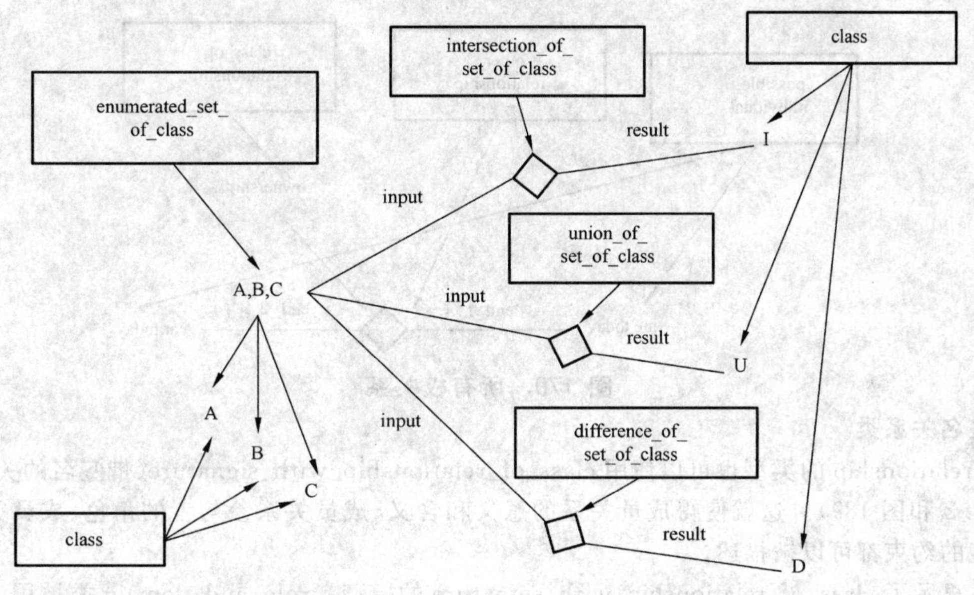

图 168 类 A/B/C 的交集、并集和差集

4.10 其他用户定义关系

4.10.1 其他关系

许多种类的关系没有被显式地建模。为了使这些关系能够被表示，已经定义了实体类型 other_relationship(其他关系)(见 5.2.11.1 和图 187)，其模型如图 169 所示。

任何两个 thing 都可能被包含在一个 other_relationship 中，用 end_1 和 end_2 角色将它们区分开来。other_relationship 不包括 relationship 显式子类型的成员。一个 other_relationship 的意义和含义可以通过把它归到一个或多个 class_of_relationship 来确定(见 5.2.12 和图 188)。

示例：图 170 显示了一个个体的有序对，由一段时间内的“我”和一辆“汽车”组成。这是一个 other_relationship，可以被归到所有权关系。然而并没有确定是我拥有汽车，还是汽车拥有我。

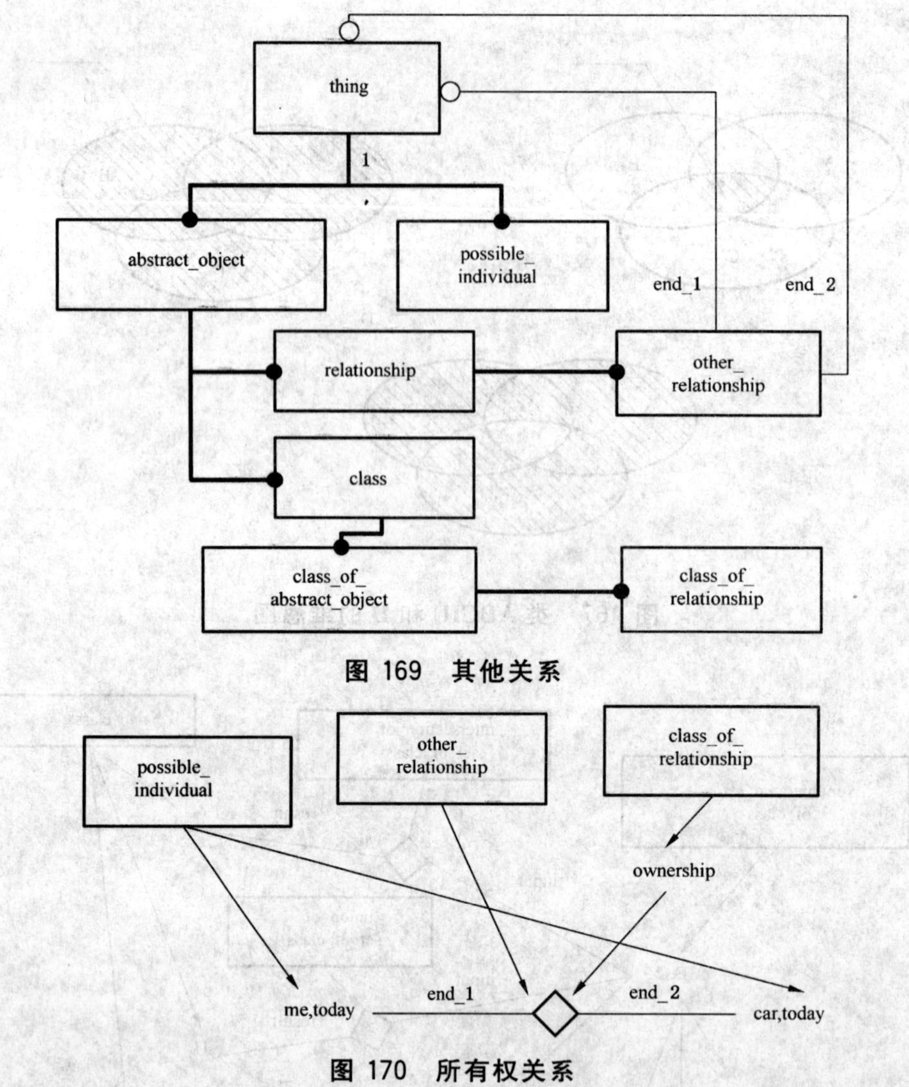

图 169 其他关系

possible_
individual
other_
relationship
class_of_
relationship
ownership
end_1
end_2
me,today
car,today

图 170 所有权关系

4.10.2 签名关系类

other_relationship 的类型也可以使用 class_of_relationship_with_signature(带签名的关系类)确定(见 5.2.13.2 和图 189)。这就使得成员关系的意义和含义、成员关系参与者的角色、成员关系参与者的域和类型的约束都可以被描述。

图 171 显示了 class_of_relationship_with_signature 的模型。role_and_domain 类被用来限制成员关系的两端。

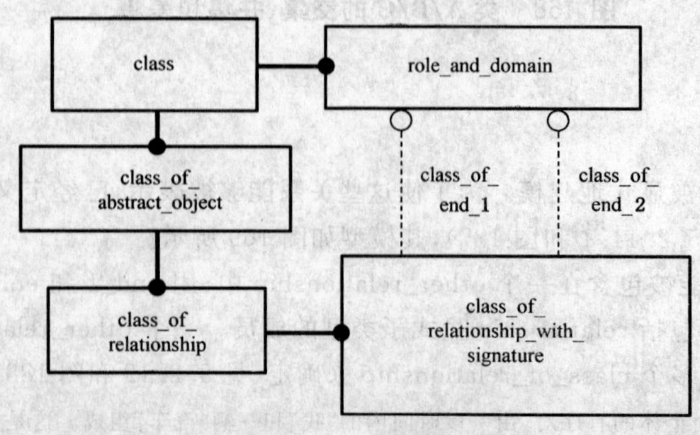

图 171 签名关系类

示例 1：上个例子中忽略的"所有者"和"被所有"的角色可以通过把 other_relationship 确定为含"所有者"和"被所有"角色的 class_of_relationship_with_signature 来定义，其数据如图 172 所示。"所有者"和"所有权"都是 role 的成员，因为它们不受域的限制。同样 possible_individual 也是相应角色的成员。

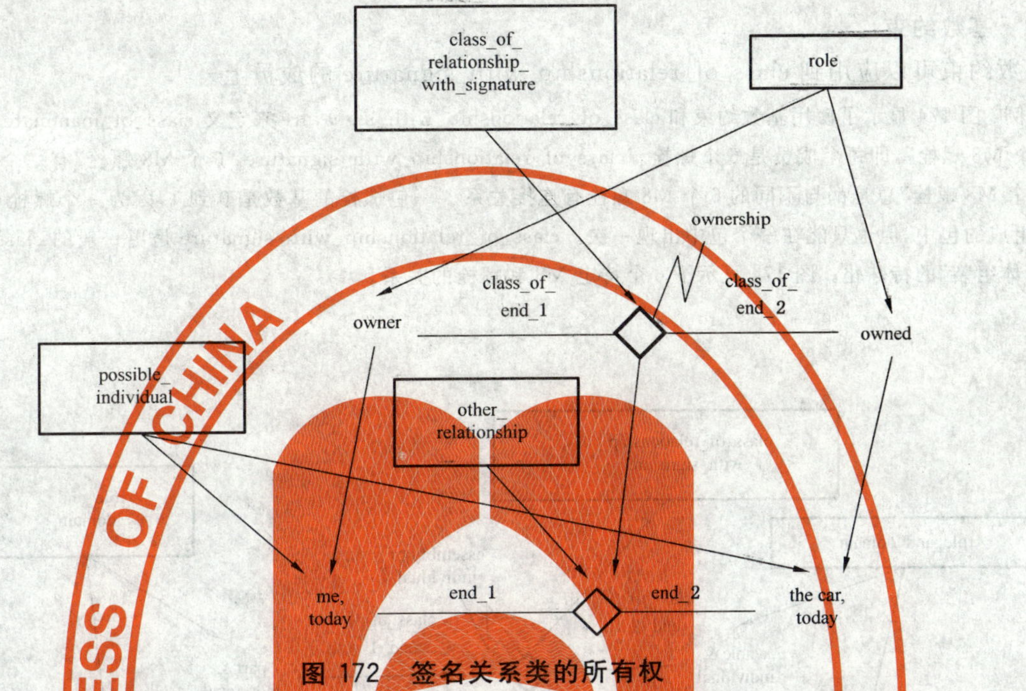

图 172 签名关系类的所有权

示例 2：图 173 显示了使用 class_of_relationship_with_signature，对关系类"个体插入"进行建模。class_of_end_1 指向 role_and_domain 的"插入与个体"，class_of_end_2 指向 role_and_domain 的"主体与个体"。连接 physical_object #1234 和 #AC6756 的 other_relationship 是 class_of_relationship "个体插入"的成员。

class_of_relationship "管热电偶套管插入"是"个体插入"的特殊化，它把 class_of_end_2 的域限定在"管道"，class_of_end_1 的域限定在"管热电偶套管"而不是任何个体。

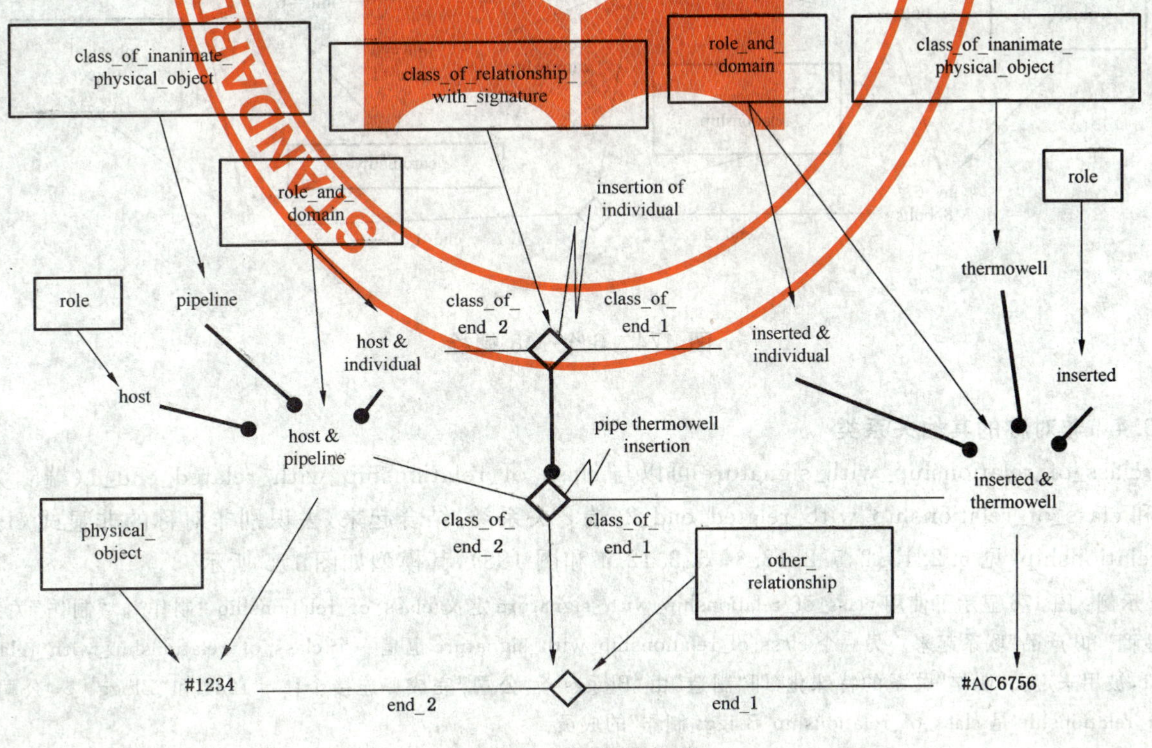

图 173 个体的交集

physical_object＃1234 是 role_and_domain“主体和管道”的成员，即“主体”role 和“管道”域的组合。“主体和管道”是 role_and_domain “主体和个体”的子集(特殊化)。physical_object＃AC6756 是 role_and_domain“插入 & 热电偶套管”的成员，即 role“插入”和域“热电偶”的特殊化。

4.10.3 基数约束

基数约束可以应用到 class_of_relationship_with_signature 的成员上。

示例：图 174 显示了使用基数约束和 class_of_relationship_with_signature 来定义 class_of_inanimate_physical_object“6 个 M8 螺栓”，即每个成员是 6 个螺栓。class_of_relationship_with_signature“6 个 M8 螺栓”有一个基数，这样每一个“6 个 M8 螺栓”总是都与不同的 6 个 M8 螺栓有连接关系。一包螺栓的基数是 0 到 1，因为一个螺栓可以不在某 6 个螺栓组成的包中，但也只能在一个包中出现一次。class_of_relationship_with_signature 是更一般的 class_of_relationship“个体组装”的特殊化。图 174 显示了 6 个特定 M8 和螺栓的关系。

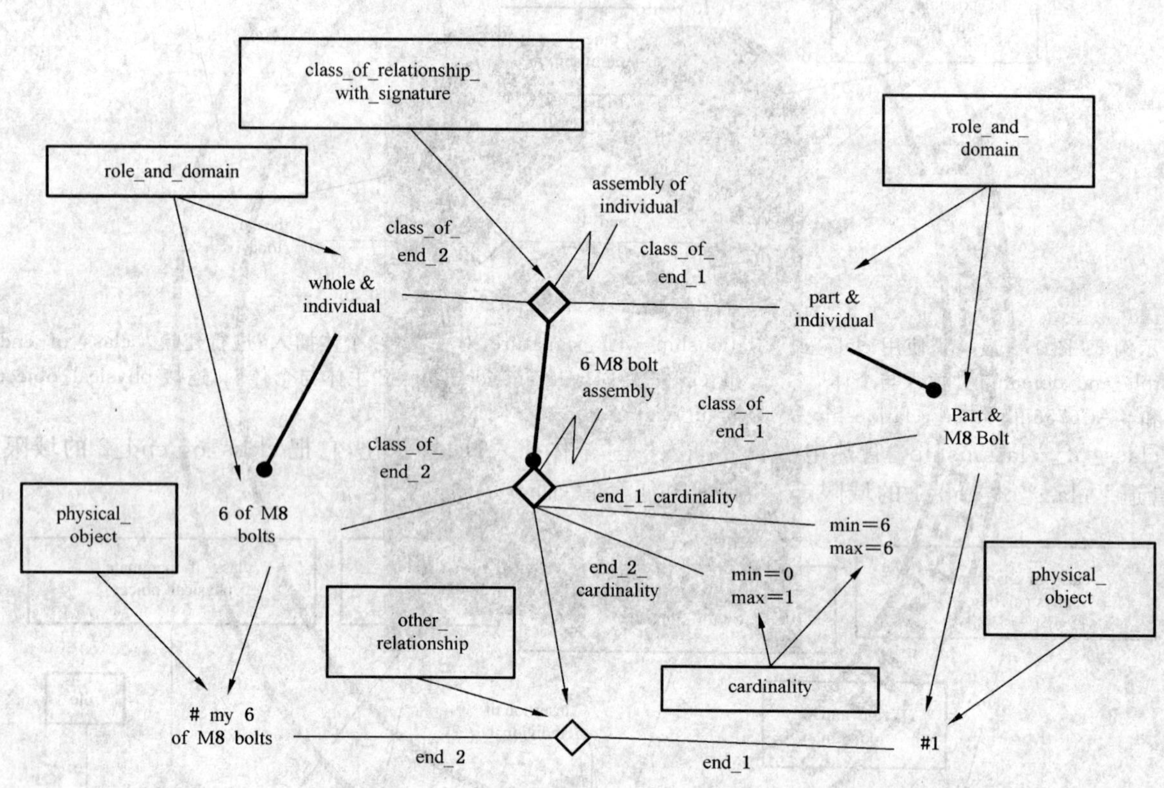

图 174 6 个 M8 螺栓

4.10.4 非对称的其他关系类

class_of_relationship_with_signature 可以与 class_of_relationship_with_related_end_1(端 1 关系类)和 class_of_relationship_with_related_end_2(端 2 关系类)结合起来，去识别非对称的非显式 class_of_relationship(见 5.2.13.2，5.2.12.3，5.2.12.4 和图 188)，其模型如图 175 所示。

示例：图 176 显示了使用 class_of_relationship_with_signature 定义 class_of_relationship“制作”。“制作”关系把“制造商”和“产品”联系起来。另一个 class_of_relationship_with_signature 也是一个 class_of_relationship_with_related_end_1，被用来定义“制作”关系的特殊化，即“制造”由“Bloggs & 公司”完成。连接个体＃1234 和“Bloggs & 公司”的 other_relationship 是 class_of_relationship“Bolggs 制作”的成员。

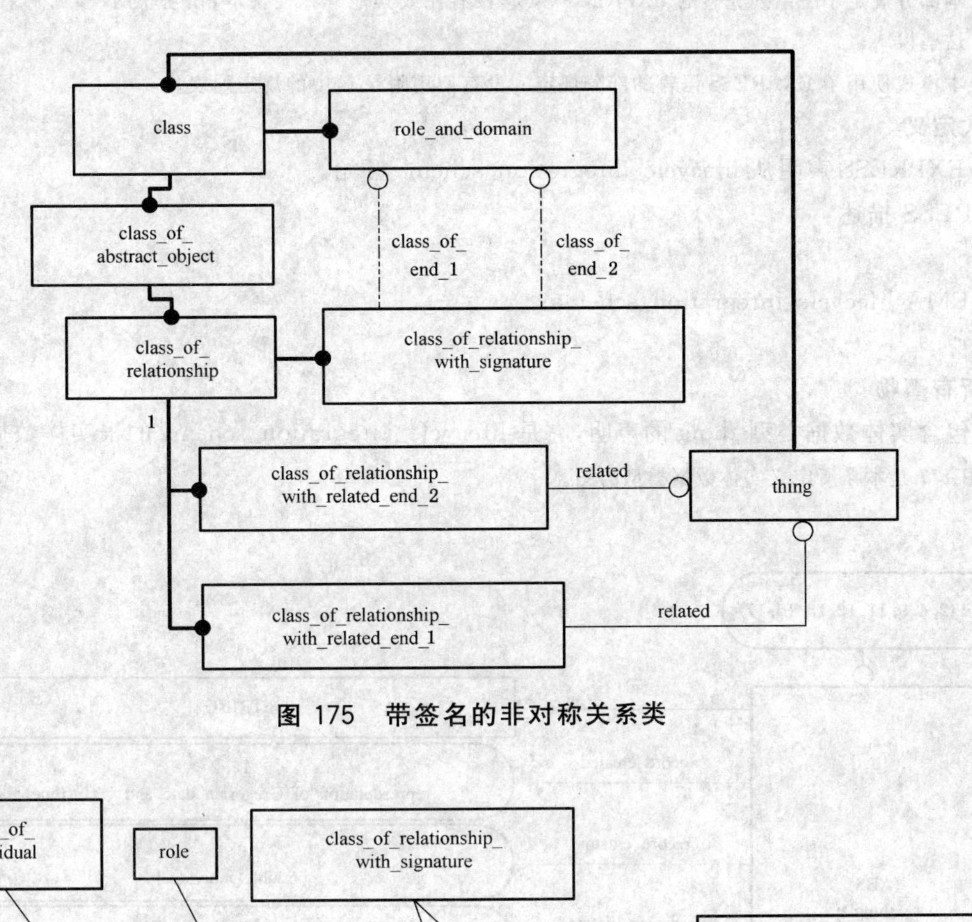

图 175　带签名的非对称关系类

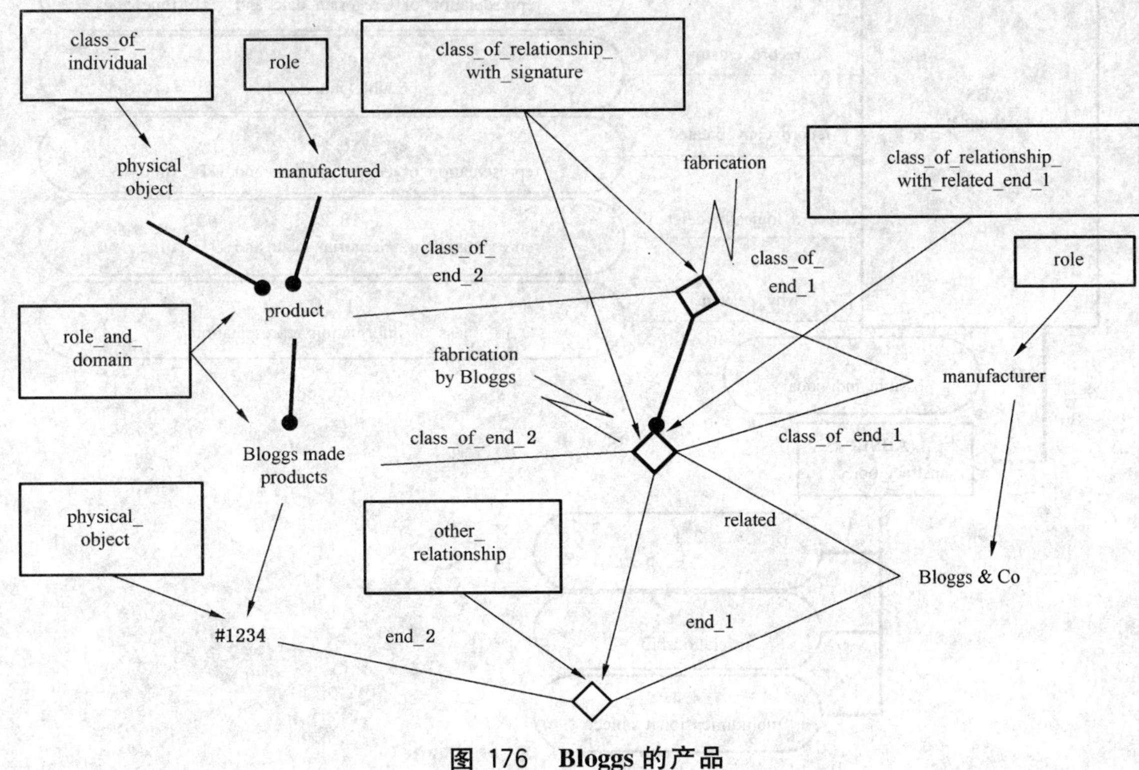

图 176　**Bloggs** 的产品

5　生命周期集成模式

5.1　概述

本章规定了支持生命周期集成的模式。只是为了叙述上的方便把本章分成许多条，并不表示每条描述的主题是单独的或可分离的模式。

注1：本部分规定了一系列完整的EXPRESS模式，没有注或其他解释性文本，在互联网（参见附录B）上可以找到这些模式。

注2：本模式使用了EXPRESS语言的部分规定。没有使用附录C中的规定列表。

5.2 模式定义

下列EXPRESS声明从lifecycle_integration_schema开始。

EXPRESS描述：

```
*)
SCHEMA lifecycle_integration_schema;
(*
```

5.2.1 所有事物

本条包含实体数据类型thing的声明，它是lifecycle_integration_schema的根实体数据类型。

注：图177是本条所定义实体数据类型的图。

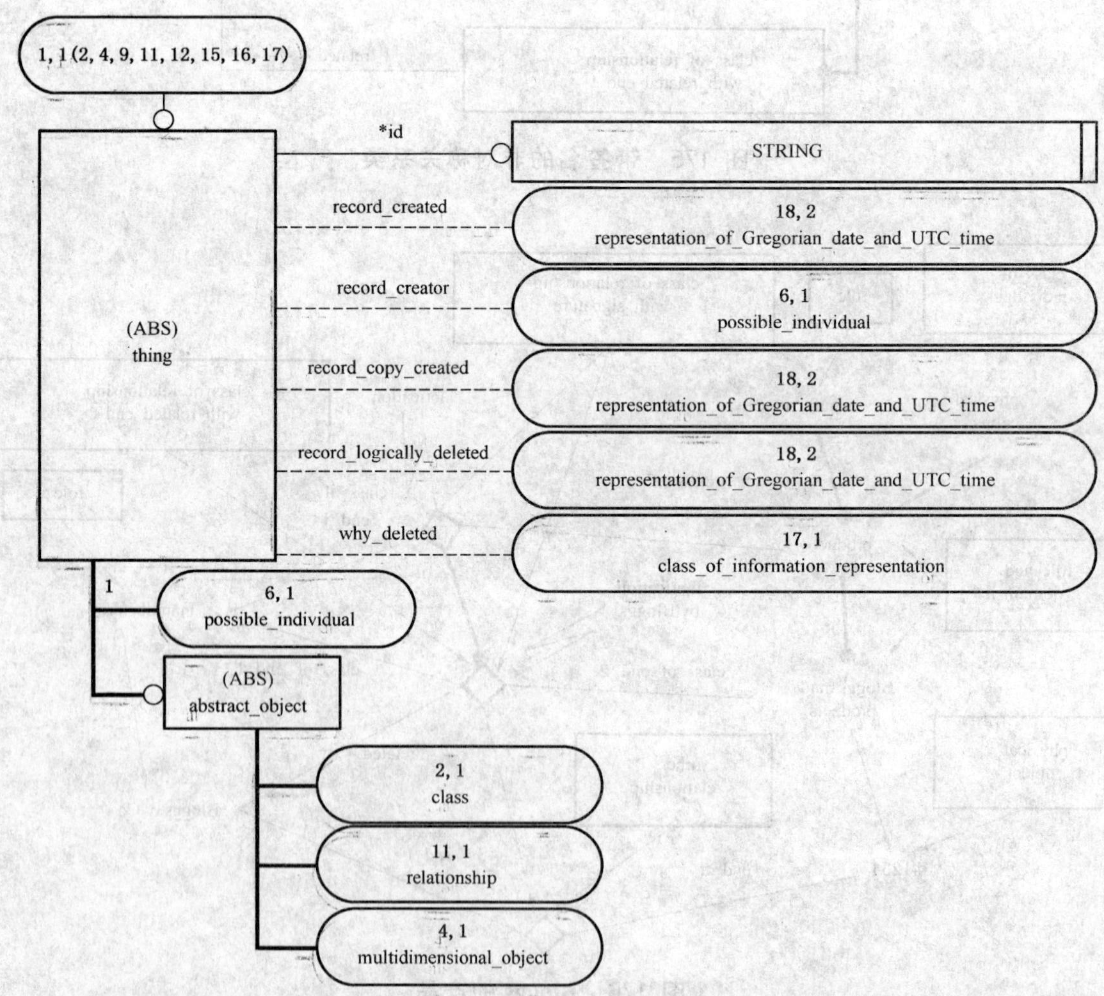

图177 生命周期集成模式的EXPRESS-G图（29个图中的第1个）

5.2.1.1 抽象对象

abstract_object（抽象对象）是时空中不存在的thing。

EXPRESS 描述：

```
*)
ENTITY abstract_object
    ABSTRACT SUPERTYPE
    SUBTYPE OF(thing);
END_ENTITY;
(*
```

5.2.1.2 事物

thing 是或可能是想到或察觉到的任何事，包括物质和非物质的对象、概念和行动。

每个 thing 是 possible_individual，或是 abstract_object。

注 1：在系统中，每个 thing 是可标识的。为了将来作为 identification 引用，可以存储其他系统生成的和作为数据交换部分而接收到的系统标识符，并引用原始的机构或系统。

注 2：为其他实体数据类型(本模式中声明的)提供的每个例子也是 thing 的例子。

EXPRESS 描述：

```
*)
ENTITY thing
    ABSTRACT SUPERTYPE OF (ONEOF(possible_individual, abstract_object));
    id : STRING;
    record_copy_created : OPTIONAL representation_of_Gregorian_date_and_UTC_time;
    record_created : OPTIONAL representation_of_Gregorian_date_and_UTC_time;
    record_creator : OPTIONAL possible_individual;
    record_logically_deleted : OPTIONAL representation_of_Gregorian_date_and_UTC_time;
    why_deleted : OPTIONAL class_of_information_representation;
    UNIQUE UR1 : id;
    END_ENTITY;
(*
```

属性定义：

id：thing 的标识符(为了在系统中管理记录)。

record_copy_created：在当前系统中复制记录时的日期和时间。当前系统不是原始系统时，该属性将只有一个值。

record_created：在原始系统中记录第一次生成时的日期和时间。

record_creator：在原始系统中第一次生成该记录的人、机构或系统。

record_logically_deleted：逻辑删除该记录的日期和时间。

why_deleted：逻辑删除记录的原因。

注：逻辑删除意味着系统中历史记录存在错误时，该记录仍然可用，从来就不认为它是一个有效生命。也就是说，认为它永远不是真。

形式化声明：

UR1：thing 的 id 在一个系统中应该是唯一的。

5.2.2 类

本条定义了表达类的实体数据类型。

注：图 178 是本条定义的实体数据类型的图(参见 4.6.3 和 4.8)。

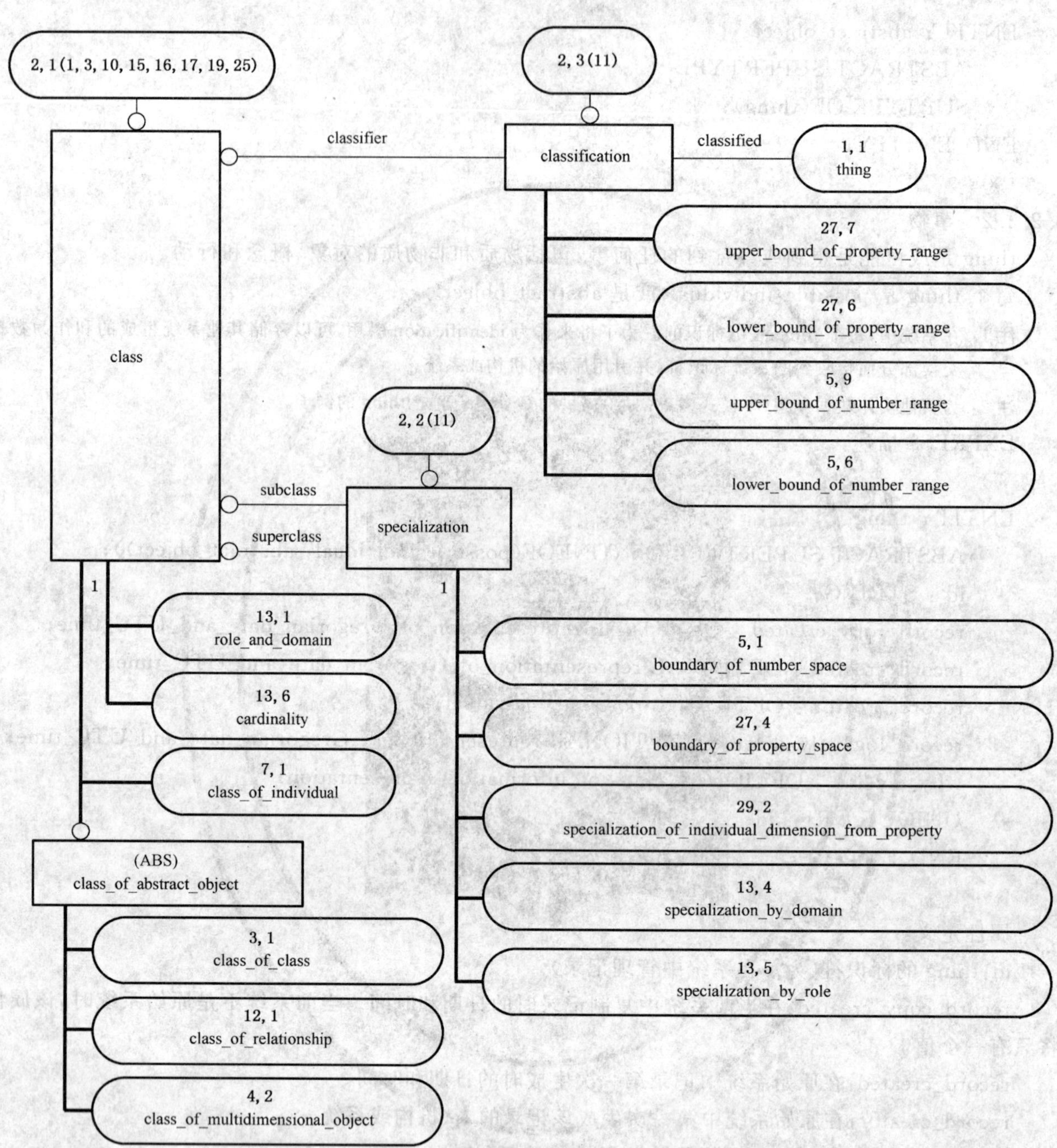

图 178 生命周期集成模式的 EXPRESS-G 图(29 个图中的第 2 个)

5.2.2.1 类

class 是 thing,它理解 thing 的自然属性并按照一个或多个标准把 thing 分成类的成员。通过类的成员最终定义其标识。没有两个类具有相同的成员关系。然而,必须区分具有成员的 class 和那些已知的成员,因此在一个信息系统中可能随时改变已记录的成员,即使不改变真正的成员关系。

注 1:根据本模式,作为时空范例的结果,class 的成员关系是不变的。

class 可以是另一个 class 或其自身的成员。

注 2：本模型中应用于类的集合理论是不完善的集合理论[3]（参见 D.2.4））。这样允许声明“类是类的成员”，不允许声明传统的集合理论，例如：标准文本[4]中创建的 Zermelo-Fraenkel 集合理论。

有没有成员的空 class。

注 3：用 classification 标识 class 的已知成员。

示例 1：“Centrifugal pump”是一个类。

示例 2：“Mechanical equipment type”是一个类。

示例 3：“Temperature”是一个类。

示例 4：“Commercial fusion reactor”是一个类。

注 4：虽然只有一个没有成员的 class，但是可能有在现实生活中没有成员的 class。这些 class 在其他可能的世界中有成员。

示例 5：“Centigrade scale”是一个类。

EXPRESS 描述：

```
*)
ENTITY class
    SUPERTYPE OF (role_and_domain ANDOR cardinality ANDOR ONEOF(class_of_individual，class_of_abstract_object))
    SUBTYPE OF(abstract_object)；
END_ENTITY；
(*
```

5.2.2.2 抽象对象的类

class_of_abstract_object（抽象对象的类）是其成员分类 abstract_object 成员的 class。

EXPRESS specification：

```
*)
ENTITY class_of_abstract_object
    ABSTRACT SUPERTYPE
    SUBTYPE OF(class)；
END_ENTITY；
(*
```

5.2.2.3 分类

classification 是一种 relationship，它暗示被分类的 thing 是（统一处理“分类器”）class 的成员。分类不是可传递的。

注：relationship 的子类是可传递的，如果 A 与 B 关联，并且 B 与 C 以同样的方式关联，那么 A 与 C 必然以那种方式关联。specialization 和 composition 是 relationship 子类传递的示例。然而，因为 classification 是不可传递的，并不意味着 A 不能与 C 以相同的方式关联，只是不需要从 A 关联 B 和 B 关联 C 来导出。

示例 1：显示“London”为已知类“capital city”成员的 relationship 是 classification。

示例 2：显示“pump”为已知类“equipment type”成员的 relationship 是 classification。

EXPRESS 描述：

```
*)
ENTITY classification
    SUBTYPE OF(relationship)；
    classified ：thing；
    classifier ：class；
```

END_ENTITY;

(*

属性定义：

Classified：thing，是分类器 class 的一个成员。

Classifier：被分类的 thing 是其成员的 class。

5.2.2.4 专门化

specialization 是 relationship，它显示子类的所有成员是超类的成员。specialization 是可传递的。

注：如果 A 是 B 的 specialization，且 B 是 C 的 specialization，那么 A 必然是 C 的 specialization。

示例："Centrifugal pump"是"pump"的 specialization。

EXPRESS 描述：

```
*)
ENTITY specialization
    SUPERTYPE OF (ONEOF(
        boundary_of_number_space,
        boundary_of_property_space,
        specialization_by_domain,
        specialization_by_role,
        specialization_of_individual_dimension_from_property))
    SUBTYPE OF(relationship);
    subclass : class;
    superclass : class;
END_ENTITY;
(*
```

属性定义：

subclass：是超类 class 专门化的 class。

superclass：是子类 class 通用化的 class。

5.2.3 类分类

本条定义了表达类分类的实体数据类型。

注：图 179 是本条定义的实体数据类型图。

5.2.3.1 类的类

class_of_class(类的类)是其成员为 class 实例的 class。

注：当有必要对 class_of_class 进行分类时，可以使用另外一个 class_of_class。这是因为 class_of_class 是 class。

EXPRESS 描述：

```
*)
ENTITY class_of_class
    SUPERTYPE OF (ONEOF( arithmetic_number, class_of_class_of_individual,
      class_of_class_of_relationship, class_of_number, class_of_property_space,
      class_of_shape_dimension) ANDOR enumerated_set_of_class)
    SUBTYPE OF(class_of_abstract_object);
END_ENTITY;
(*
```

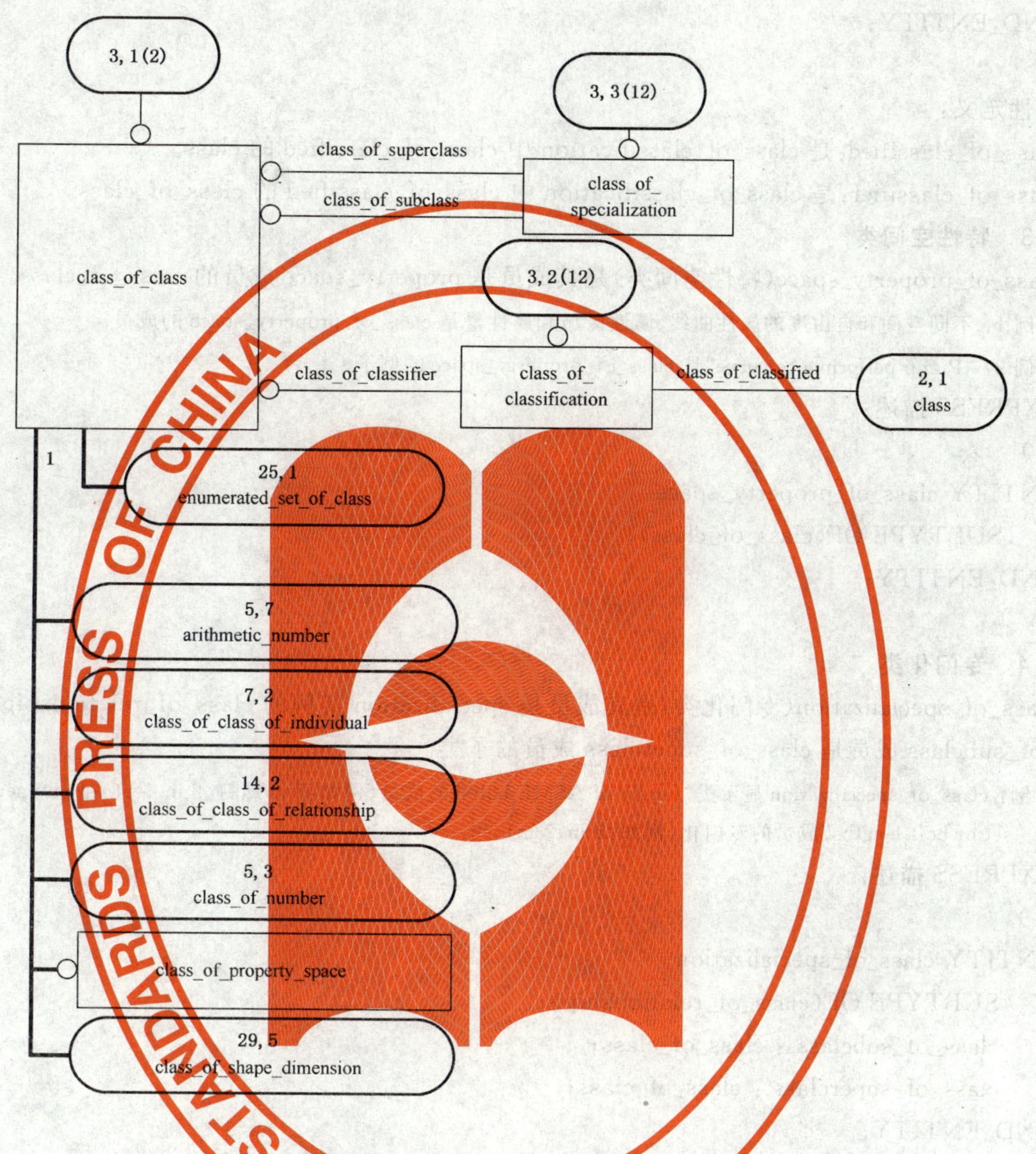

图 179 生命周期集成模式的 EXPRESS-G 图(29 个图中的第 3 个)

5.2.3.2 分类的类

class_of_classification(分类的类)是其成员为 classification 成员的 class_of_relationship。class_of_relationship 显示用一个或多个 class_of_classifier class_of_class 成员分类 class_of_classified class 的成员。

示例：可以用 class_of_classification 的实例表达 class“centrifugal pump”和 class_of_property “RPM”之间的连接(指示“centrifugal pump”至少是一个“RPM” class 的成员)。

EXPRESS 描述：

```
*)
ENTITY class_of_classification
    SUBTYPE OF(class_of_relationship);
```

```
    class_of_classified  : class;
    class_of_classifier  : class_of_class;
END_ENTITY;
(*
```

属性定义：

class_of_classified：是 class_of_classification 中 class_of_classified 的 class。

class_of_classifier：是 class_of_classification 中 class_of_classified 的 class_of_class。

5.2.3.3 特性空间类

class_of_property_space（特性空间类）是其成员是 property_space 成员的 class_of_class。

示例 1：不同空间和自由度的属性曲线、属性区域和属性量是 class_of_property_space 的成员。

示例 2："Pump performance curve"是 class_of_property_space 的例子。

EXPRESS 描述：

```
*)
ENTITY class_of_property_space
    SUBTYPE OF(class_of_class);
END_ENTITY;
(*
```

5.2.3.4 专门化类

class_of_specialization（专门化类）是其成员是 specialization 实例的 class_of_relationship。它显示 class_of_subclass 成员是 class_of_superclass 成员的子类。

示例：class_of_specialization 显示类"family of ASME bolts"的成员（例如：3 in 螺钉、2 in 螺钉）是 enumerated_property_set "set of bolt lengths"成员的专门化（例如：3 in、2 in）。

EXPRESS 描述：

```
*)
ENTITY class_of_specialization
    SUBTYPE OF(class_of_relationship);
    class_of_subclass  : class_of_class;
    class_of_superclass  : class_of_class;
END_ENTITY;
(*
```

属性定义：

class_of_subclass：在 class_of_specialization 成员中，其成员是子类的 class_of_class。

class_of_superclass ：在 class_of_specialization 成员中，其成员是超类的 class_of_class。

5.2.4 多维对象

本条定义了表达多维对象的实体数据类型。

注：图 180 是本条定义的实体数据类型图（参见 4.6.5、4.8.4.3.6 和 4.8.5.2.3）。

5.2.4.1 多维对象类

class_of_multidimensional_object（多维对象类）是 class，其成员是 multidimensional_object 的实例。在 roles 属性中的相同位置规定每个位置在被分类 multidimensional_object 中所扮演的角色。在 parameters 属性中的相同位置规定应用于 roles 任何位置的常量。用 cardinalities 属性中的相同位置规定 roles 属性的 cardinalities。

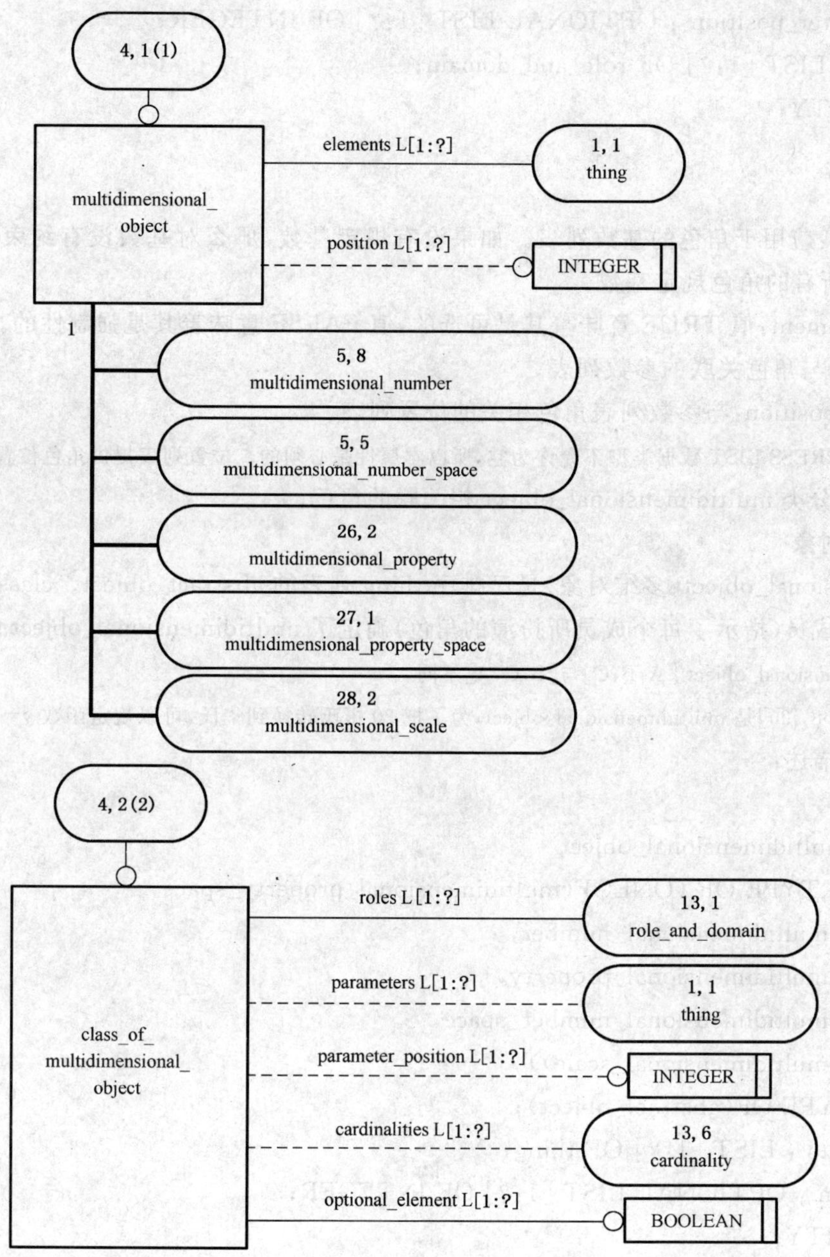

图 180　生命周期集成模式的 EXPRESS-G 图(29 个图中的第 4 个)

示例：将参数[a,b,x]输入 multidimensional_object 的定义函数 y=a+bx 中，使摄氏度转换成华氏度，并以 parameter_position 表[1,2]列出参数 parameters 表[32,1.8]，这就是 class-of-multidimensional-object 的一个例子。

EXPRESS 描述：

```
*)
ENTITY class_of_multidimensional_object
    SUBTYPE OF(class_of_abstract_object);
    cardinalities : OPTIONAL LIST [1:?] OF cardinality;
```

```
    optional_element : LIST [1:?] OF BOOLEAN;
    parameters : OPTIONAL LIST [1:?] OF thing;
    parameter_position : OPTIONAL LIST [1:?] OF INTEGER;
    roles : LIST [1:?] OF role_and_domain;
END_ENTITY;
(*
```

属性定义：

cardinalities：应用于角色的基数列表。如果没有规定基数，那么对基数没有约束。如果规定了基数，那么应该为所有的角色规定基数。

optional_element：值 TRUE 意味着其是可选的，值 FALSE 意味着其是强制性的。

parameters：与角色关联的参数列表。

parameter_position：与参数列表角色相关的位置列表。

注：因为 EXPRESS LIST 数据类型不允许为空，所以本属性是必须的。位置列表提供角色位置的映射。

Roles：与被分类 multidimensional_object 相关联的角色。

5.2.4.2 多维对象

multidimensional_object（多维对象）是已排序 thing 列表的 abstract_object。class_of_multidimensional_object 的成员（指示了每个成员所扮演的角色）确定了 multidimensional_object 的重要性。

注：multidimensional_object [A,B,C]与[B,C,A]不同。

示例：[32, 1.8, 20]是 multidimensional_object，为了把 20 摄氏转换到华氏，可以规定函数 y＝a＋bx 的输入参数。

EXPRESS 描述：

```
*)
ENTITY multidimensional_object
    SUPERTYPE OF (ONEOF(multidimensional_property_space,
            multidimensional_number,
            multidimensional_property,
            multidimensional_number_space,
            multidimensional_scale))
    SUBTYPE OF(abstract_object);
    elements : LIST [1:?] OF thing;
    position : OPTIONAL LIST [1:?] OF INTEGER;
END_ENTITY;
(*
```

属性定义：

Elements：组成 multidimensional_object 的 thing 列表。通过分类确定每个 thing 的角色。

Position：在分类 class_of_multidimensional_object 中与角色列表相关的元素位置。元素应该按递增顺序排列。缺少某些元素时就需要这个属性。EXPRESS 列表数据类型不允许列表中有空元素。当这个属性有值时，它提供映射信息。当这个属性没有值时，提供所有元素。

5.2.5 数

本条规定了表达数的实体数据类型。

注：图 181 是本条定义的实体数据类型图（参见 4.8.5）。

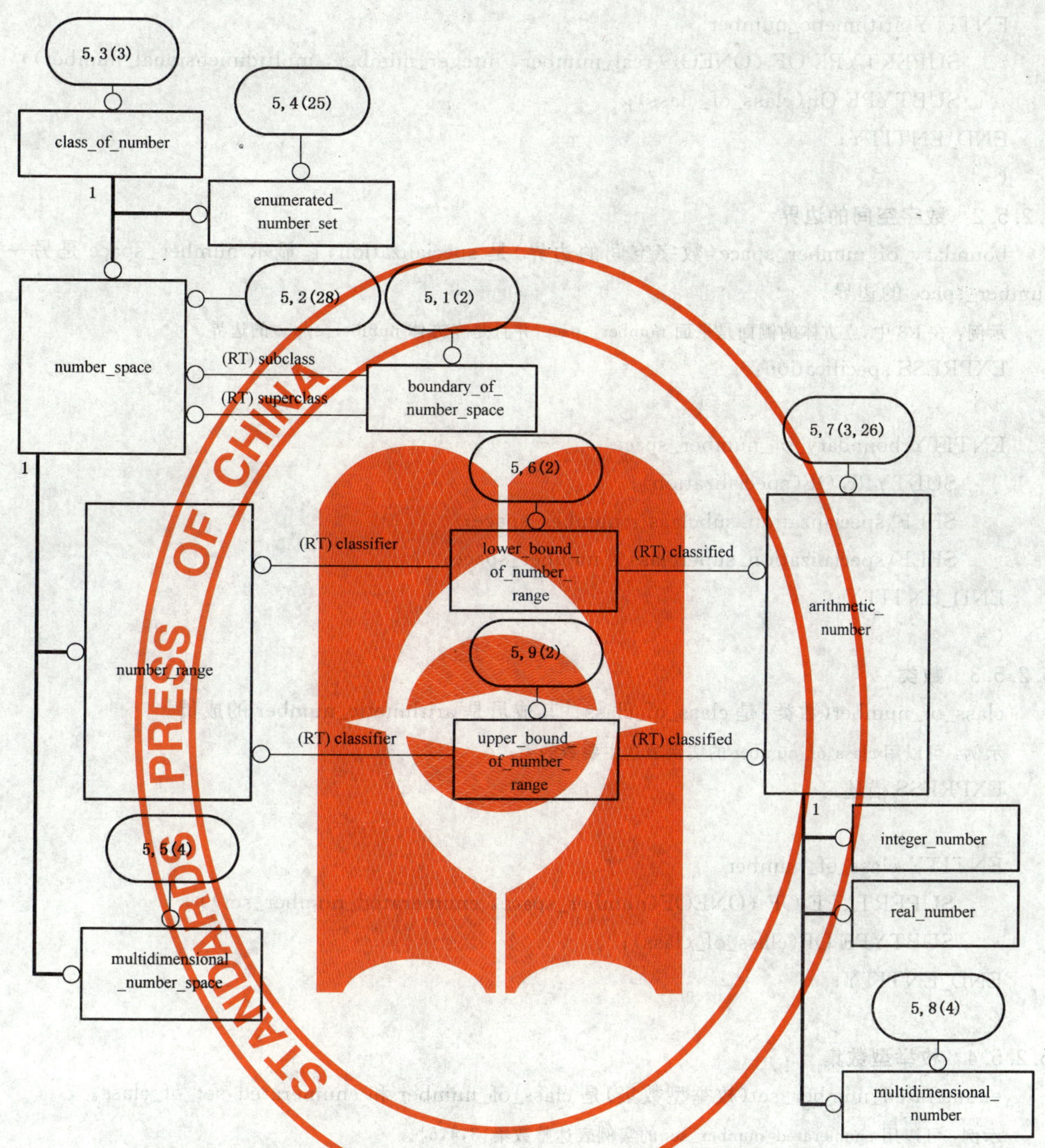

图 181 生命周期集成模式的 EXPRESS-G 图(29 个图中的第 5 个)

5.2.5.1 算术数

arithmetic_number(算术数)是 class_of_class,它的成员类具有相同的符号和大小。arithmetic_number 是数的本身,不是数的任何表达形式。

注:integer_number 不是 real_number 的子类。integer_number 的成员是一部分的 real_number 成员,与其子集不是同形。

示例 1:可以用 arithmetic_number 的实例表达数 2 和数 2.0。

示例 2:十五(该数本身不是英文“fifteen”)是 arithmetic_number。可以用 EXPRESS_integer 表达它,也可以用“XV”、二进制或十六进制表达方式表达。

EXPRESS 描述:

*)

```
ENTITY arithmetic_number
    SUPERTYPE OF (ONEOF(real_number, integer_number, multidimensional_number))
    SUBTYPE OF(class_of_class);
END_ENTITY;
(*
```

5.2.5.2 数字空间的边界

boundary_of_number_space(数字空间的边界)是 specialization,它显示 number_space 是另一个 number_space 的边界。

示例:在 R3 中,立方体的侧面是平面 number_space,并且是立方体 number_space 的边界。

EXPRESS specification:

```
*)
ENTITY boundary_of_number_space
    SUBTYPE OF(specialization);
    SELF\specialization.subclass : number_space;
    SELF\specialization.superclass : number_space;
END_ENTITY;
(*
```

5.2.5.3 数类

class_of_number(数类)是 class_of_class。其成员是 arithmetic_number 的成员。

示例:可以用 class_of_number 的实例表达主要数的类。

EXPRESS 描述:

```
*)
ENTITY class_of_number
    SUPERTYPE OF (ONEOF(number_space, enumerated_number_set))
    SUBTYPE OF(class_of_class);
END_ENTITY;
(*
```

5.2.5.4 枚举型数集

enumerated_number_set(枚举型数集)是 class_of_number 和 enumerated_set_of_class。

示例:可以用 enumerated_number_set 的实例表达整数数集{3,4,5}。

EXPRESS 描述:

```
*)
ENTITY enumerated_number_set
    SUBTYPE OF(class_of_number, enumerated_set_of_class);
END_ENTITY;
(*
```

5.2.5.5 整数

integer_number 是整数 arithmetic_number。

示例:1、2 和 10 是 integer_number 的表示形式。

EXPRESS 描述:

```
*)
```

```
ENTITY integer_number
    SUBTYPE OF(arithmetic_number);
END_ENTITY;
(*
```

5.2.5.6 数域下限

lower_bound_of_number_range(数域下限)是一种关系,它指出了 arithmetic_number 是 number_range 的最小值。

示例:3.1 是域[3.1~5.3]的下限。

EXPRESS 描述:

```
*)
ENTITY lower_bound_of_number_range
    SUBTYPE OF(classification);
    SELF\classification.classified : arithmetic_number;
    SELF\classification.classifier : number_range;
END_ENTITY;
(*
```

属性定义:

classified:作为被划分对象,是 number_range 下限的 arithmetic_number。

classifier:作为分类器,用 arithmetic_number 划界的 number_range。

5.2.5.7 多维数

multidimensional_number(多维数)是 arithmetic_number,也是 multidimensional_object。

示例:[3.2,5.4,55.6]是 multidimensional_number。

EXPRESS 描述:

```
*)
ENTITY multidimensional_number
    SUBTYPE OF(arithmetic_number, multidimensional_object);
END_ENTITY;
(*
```

5.2.5.8 多维数空间

multidimensional_number_space(多维数空间)是 number_space 和 multidimensional_object。

示例:R3(定义为所有的三维实数,例如:(1.0,2.1,5.4))是 multidimensional_number_space。

EXPRESS 描述:

```
*)
ENTITY multidimensional_number_space
    SUBTYPE OF(number_space, multidimensional_object);
END_ENTITY;
(*
```

5.2.5.9 数域

number_range(数域)是一维的 number_space。

示例:从-273.1 到无穷大的 number_space 是 number_range。

EXPRESS 描述:

```
*)
ENTITY number_range
    SUBTYPE OF(number_space);
END_ENTITY;
(*
```

5.2.5.10 数空间

number_space(数空间)是连续的 class_of_number。

示例：1～5 的整数和 0.000～1.000 的实数是 number_space 的例子。

EXPRESS 描述：

```
*)
ENTITY number_space
    SUPERTYPE OF (ONEOF(number_range, multidimensional_number_space))
    SUBTYPE OF(class_of_number);
END_ENTITY;
(*
```

5.2.5.11 实数

real_number(实数)是实数 arithmetic_number。

示例：3.2146 是 real_number 的表现形式。

EXPRESS 描述：

```
*)
ENTITY real_number
    SUBTYPE OF(arithmetic_number);
END_ENTITY;
(*
```

5.2.5.12 数域上限

upper_bound_of_number_range(数域上限)是 relationship，它指出了 arithmetic_number 是 number_range 的最大值。

示例：5.3 是域[3.1～5.3]的上限。

EXPRESS 描述：

```
*)
ENTITY upper_bound_of_number_range
    SUBTYPE OF(classification);
    SELF\classification.classified : arithmetic_number;
    SELF\classification.classifier : number_range;
END_ENTITY;
(*
```

属性定义：

classified：作为被划分对象，是 number_range 上限的 arithmetic_number。

classifier：作为分类器，在 upper_bound_of_number_range 中划界的 number_range。

5.2.6 可能个体

本条定义了表达可能个体的实体数据类型。

注：图 182 是本条定义的实体数据类型图(参见 4.6.2 和 4.7)。

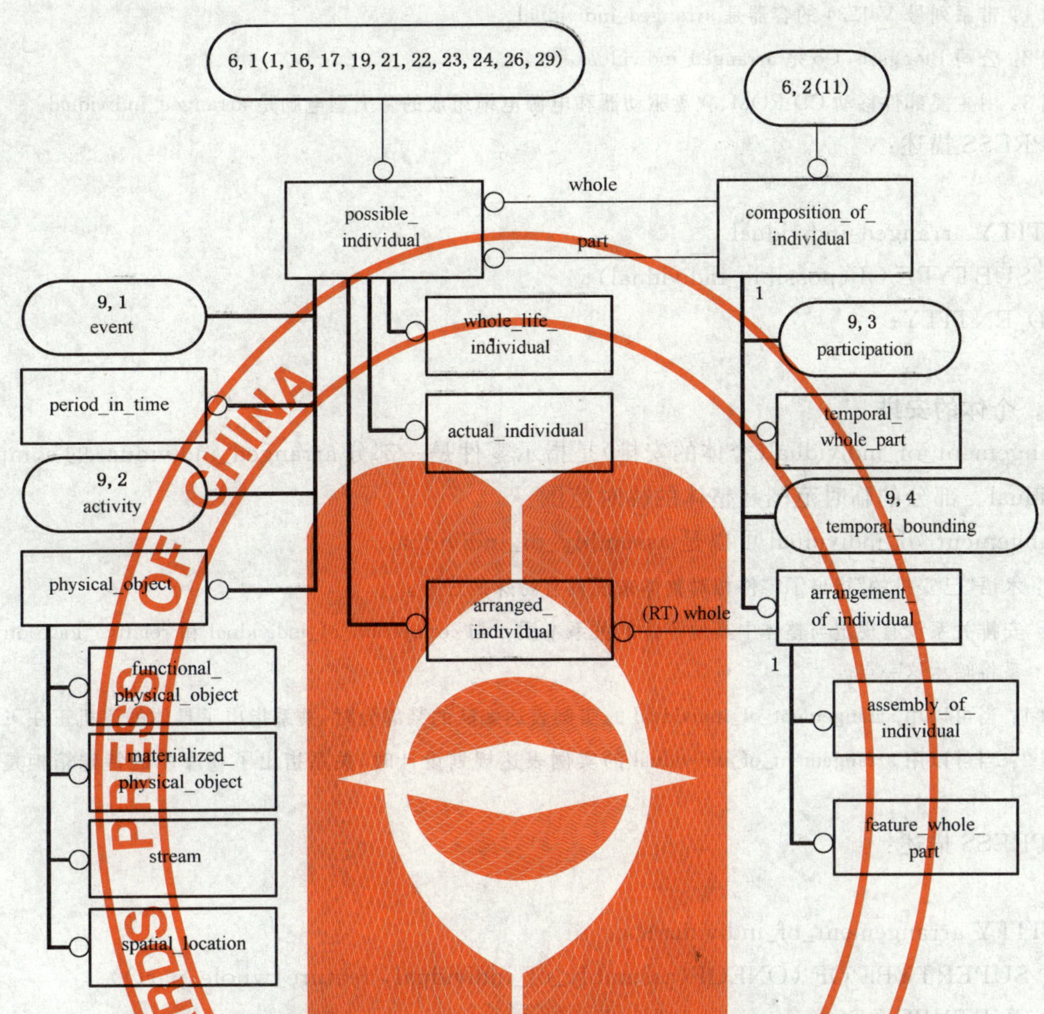

图 182 生命周期集成模式的 EXPRESS-G 图(29 个图中的第 6 个)

5.2.6.1 实际个体

actual_individual(实际个体)是 possible_individual,它是我们所熟习的时空统一体的一部分。与某些想象的世界相对,它存在于我们现实世界的现在、过去和将来。

注:我们计划的事物通常只能假设为某些想象世界的一部分,直到它们真的发生。

示例 1:埃菲尔铁塔是 actual_individual。

示例 2:用于编辑本部分的计算机是 actual_individual。

示例 3:虚构的人物 Sherlock Holmes 是不是 actual_individual 的 possible_individual。

示例 4:2300 年的地球(假设仍然存在)是 actual_individual。

EXPRESS 描述:

```
*)
ENTITY actual_individual
    SUBTYPE OF(possible_individual);
END_ENTITY;
(*
```

5.2.6.2 已安排个体

arranged_individual(已安排个体)是有部分的 possible_individual,它扮演区分于整体的角色。

arranged_individual的质量区分于其部分的质量。

示例 1：带系列号 V-1234 的容器是 arranged_individual。

示例 2：公司 Bloggs & Co 是 arranged_individual。

示例 3：由主要部件移动 CD-ROM、软盘驱动器和电源电缆组成的膝上型电脑是 arranged_individual。

EXPRESS 描述：

```
*)
ENTITY arranged_individual
    SUBTYPE OF(possible_individual);
END_ENTITY;
(*
```

5.2.6.3 个体的安排

arrangement_of_individual(个体的安排)是指示零件是一部分 arranged_individual 的 composition_of_individual。部分的临时范围是整体的临时范围。

arrangement_of_individual 可以是 assembly_of_individual。

注 1：术语"已安排的"指出了零件相对整体来说具有特殊的任务。

注 2：安排关系没有规定与整体中其他零件的关系本质。与 connection_of_individual 和 relative_location 一样的关系将暗示这一点。

示例 1：当可以用 arrangement_of_individual 的实例表达编队的某部分时，关系指出了具体的飞机正在飞行。

示例 2：当可以用 arrangement_of_individual 的实例表达规划设计时，关系指出了仓库中的特殊箱柜是仓库的一部分。

EXPRESS 描述：

```
*)
ENTITY arrangement_of_individual
    SUPERTYPE OF (ONEOF(assembly_of_individual, feature_whole_part))
    SUBTYPE OF(composition_of_individual);
    SELF\composition_of_individual.whole : arranged_individual;
END_ENTITY;
(*
```

属性定义：

whole：arranged_individual 是 arrangement_of_individual 中的整体。

5.2.6.4 个体组装

assembly_of_individual(个体组装)是 arrangement_of_individual，它暗示了部分直接或间接地连接整体的其他部分。部分和整体是超分子对象。

注：通过 class_of_arrangement_of_individual 的实例表达分子和更小物体的成分。

示例：当可以用 assembly_of_individual 的实例表达组合泵时，关系指出了叶轮的临时部分是组合泵的一部分。

EXPRESS 描述：

```
*)
ENTITY assembly_of_individual
    SUBTYPE OF(arrangement_of_individual);
END_ENTITY;
(*
```

5.2.6.5 个体的成分

composition_of_individual(个体的成分)是关系,它指出了部分 possible_individual 是整体 possible_individual 的一部分。指出简单的成分,除非也举出了子类。composition_of_individual 是可传递的。

注:例如,简单成分意味着没有必要包含或关心部件安排。在有部件安排的地方,通过 arrangement_of_individual 指出它,也可以通过一个子类暗示简单成分。

示例:一颗沙子是一堆沙子的一部分是 composition_of_individual 的实例。

EXPRESS 描述:

```
*)
ENTITY composition_of_individual
    SUPERTYPE OF (ONEOF(arrangement_of_individual, temporal_whole_part,
                        participation, temporal_bounding))
    SUBTYPE OF(relationship);
    part : possible_individual;
    whole : possible_individual;
END_ENTITY;
(*
```

属性定义:

part:是整体 possible_individual 一部分的 possible_individual。

whole:在 composition_of_individual 中是整体的 possible_individual。

5.2.6.6 特征整体零件

feature_whole_part(特征整体零件)是一个 arrangement_of_individual,它指出该零件是一个不能分隔的紧接的整体零件。

注:它包括不能破坏性分解和组装的整体,例如:泵上浇铸的进口法兰。

示例:可以用 feature_whole_part 实例表达指出法兰的表面是法兰部件的关系。

EXPRESS 描述:

```
*)
ENTITY feature_whole_part
    SUBTYPE OF(arrangement_of_individual);
END_ENTITY;
(*
```

5.2.6.7 功能物质对象

functional_physical_object(功能物质对象)是 physical_object,作为其基本的标识,它具有功能联系性,而不仅仅是材料。functional_physical_object 邻近的临时部件不需要有通用的物质或能量,如果每个临时部件的物质或能量实现同样的功能。

示例:可以用 functional_physical_object 实例表达知名的 E-4507 热交换系统,E-4507 是蒸馏转换系统的部件。它明显不同于"制造系列号是 ES/1234 的壳和管道热交换器",当第一次建立工厂和以后设备破损拆除时,为了用不同系列号的新的热交换器代替,安装 ES/1234 代替 E-4507。可以用 materialized_physical_object 实例表达"制造系列号是 ES/1234 的壳和管道热交换器"以及其不同系列的替代品。安装 ES/1234 代替 E-4507 时,ES/1234 的临时部件也是 E-4507 的临时部件。

EXPRESS 描述:

```
*)
ENTITY functional_physical_object
```

SUBTYPE OF(physical_object);

END_ENTITY;

(*

5.2.6.8 材料物质对象

materialized_physical_object(材料物质对象)是一个 physical_object,作为其基本的标识,它具有物质和/或能量。物质或能量的连续性要求某些物质或能量与 materialized_physical_object 邻近的临时部件是通用的。偶尔替换某些部件不会产生新的标识。

示例:可以用 materialized_physical_object 的实例表达制造系列号为 ES/1234 的壳和管道热交换器。

EXPRESS 描述:

*)

ENTITY materialized_physical_object

SUBTYPE OF(physical_object);

END_ENTITY;

(*

5.2.6.9 时域

period_in_time(时域)是一个 possible_individual,它是时间部件(宇宙的时间部件)的所有空间。

示例 1:2000 年 7 月是 period_in_time 的实例。

示例 2:世界标准时间 2000-11-21T06:00 到 2000-11-21T11:53 描述的时期是一个符合 ISO 8601 的 period_in_time 实例。

EXPRESS 描述:

*)

ENTITY period_in_time

SUBTYPE OF(possible_individual);

END_ENTITY;

(*

5.2.6.10 物质对象

physical_object(物质对象)是一个 possible_individual,它是物质、能量或两者的分类。

示例 1:一块金属是一个 physical_object。

示例 2:一颗树是一个 physical_object。

示例 3:标签 P101 标识的东西是一个 physical_object。

示例 4:光束是一个 physical_object。

示例 5:现场建造和拆除的罐都是 materialized_physical_object 和 functional_physical_object。

EXPRESS 描述:

*)

ENTITY physical_object

SUBTYPE OF(possible_individual);

END_ENTITY;

(*

5.2.6.11 可能的个体

possible_individual(可能的个体)是存在于时空中的事物。它包括:

——任何时空趋于零的空间中的事物;

——任何时间或所有时间的所有空间以及任何空间中的那些事物；

——所有时空中的所有事物；

——实际存在或已经存在的事物；

——过去、现在或将来虚拟或猜测的，以及可能存在的事物；

——其他个体的临时部件(状态)；

——具有特殊位置，但是在一个或多个方向没有长度的事物，例如：点、线和面。

在这个范围中，存在是基于某些一致性逻辑中的想象，包括实际的、假设的、计划的、希望的或需要的个体。

示例：可以用的实例表达系列号为 ABC123 的泵、Battersea 发电站、Sir Joseph Whitworth、莎士比亚和恒星飞船"Enterprise"。

EXPRESS 描述：

```
*)
ENTITY possible_individual
    SUBTYPE OF(thing);
END_ENTITY;
(*
```

5.2.6.12 空间位置

spatial_location(空间位置)是一个 physical_object，它具有相对位置的连续性。

示例：地理数据、执照区块、建筑区域、国土、空中走廊、海上交通带、危险控制区域、四维点、线、面、实体。

EXPRESS 描述：

```
*)
ENTITY spatial_location
    SUBTYPE OF(physical_object);
END_ENTITY;
(*
```

5.2.6.13 流

stream(流)是一个 physical_object，它是沿着一个通道移动的材料或能量，通道是基本的标识并可以约束。流由那些事物(当他们在通道中时是在流中)的临时部件组成。

示例 1：流量是通道穿过一个表面的、四维约束的 stream 例子。

示例 2：在原油蒸馏设备与铂重整装置间的管道中流动的石脑油是 stream。

EXPRESS 描述：

```
*)
ENTITY stream
    SUBTYPE OF(physical_object);
END_ENTITY;
(*
```

5.2.6.14 临时整体部件

temporal_whole_part(临时整体部件)是一个 composition_of_individual，它指出了一个 possible_individual 是另一个 possible_individual 的临时部件。临时部件的空间范围是临时部件存在期的临时整体。

用于所有 possible_individual 的关系也可以用于 possible_individual 的临时部件，除非关系与整体的临时本质有关。因此，如果连接一个 possible_individual，也可以连接其所有的临时部件，除非 whole_life_individual 不是通过其临时部件继承的。

注：因为 temporal_whole_part 是可传递的（从其超类继承），临时部件的层次可能是在顶部有一个 whole_life_individual。

示例 1：可以用 temporal_whole_part 的实例表达指示了泵的操作期是泵的一个临时部件的关系。

示例 2：可以用 temporal_whole_part 的实例表达指示了 1999 年三月是 1999 年第一季度一部分的关系。

EXPRESS 描述：

```
*)
ENTITY temporal_whole_part
    SUBTYPE OF(composition_of_individual);
END_ENTITY;
(*
```

5.2.6.15 整个生命个体

whole_life_individual（整个生命个体）是一个 possible_individual，它是 class_of_individual 的成员，并且不是任何其他 possible_individual（也是相同 class_of_individual 的成员）的临时部件。whole_life_individual 包括他的过去和将来。

注：whole_life_individual 将来可能的临时部件是 possible_individual，它通过 temporal_whole_part 关系与 whole_life_individual 关联。

示例 1：可以用 whole_life_individual 的实例表达塑料杯（用其生成和破坏 events 限制）。当杯子站立在桌子上时是本 whole_life_individual 的临时部分。

示例 2：所有时段的万物是 whole_life_individual。

EXPRESS 描述：

```
*)
ENTITY whole_life_individual
    SUBTYPE OF(possible_individual);
END_ENTITY;
(*
```

5.2.7 个体类

本条声明了表达个体类的实体数据类型。

注：图 183 是本条定义的实体数据类型图（见 4.8.4 和 4.8.4.10）。

5.2.7.1 个体安排类

class_of_arrangement_of_individual（个体安排类）是其成员是 arrangement_of_individual 实例的 class_of_composition_of_individual。

示例：水是由 H_2O 分子组成的事实是 class_of_arrangement_of_individual 的实例。

EXPRESS 描述：

```
*)
ENTITY class_of_arrangement_of_individual
    SUPERTYPE OF (ONEOF(class_of_feature_whole_part,
                        class_of_assembly_of_individual, namespace))
    SUBTYPE OF(class_of_composition_of_individual);
    SELF\class_of_composition_of _individual. class_of_whole :
                                   class_of_arranged_individual;
```

END_ENTITY;

(*

属性定义：

class_of_whole：在 class_of_arrangement_of_individual 中是 class_of_whole 的 class_of_arranged_individual。

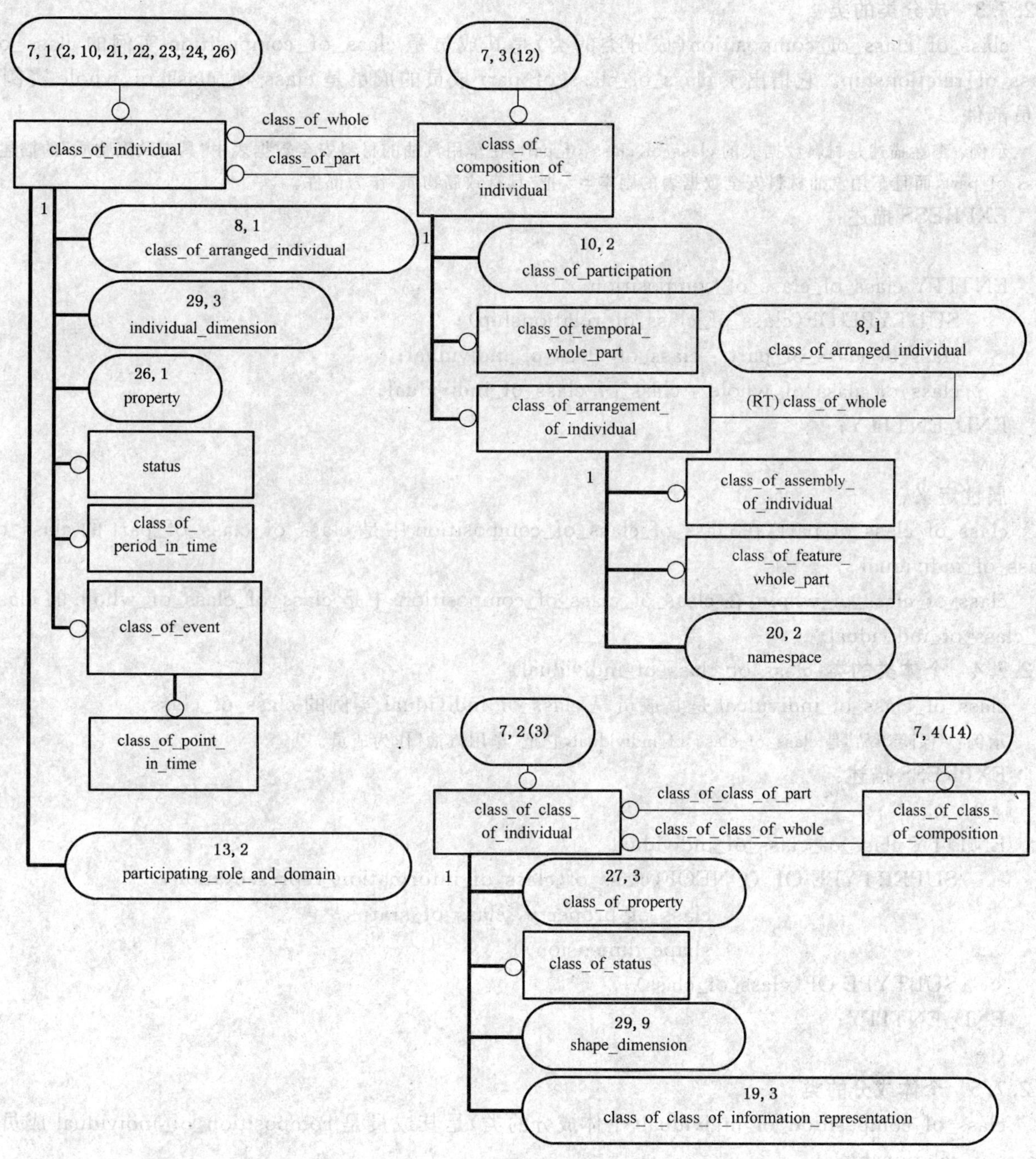

图 183 生命周期集成模式的 EXPRESS-G 图(29 个图中的第 7 个)

5.2.7.2 个体组装类

class_of_assembly_of_individual(个体组装类)是其成员是 assembly_of_individual 实例的 class_of_arrangement_of_individual。

示例：离心泵的叶轮是 class_of_assembly_of_individual。

EXPRESS 描述：

```
*)
ENTITY class_of_assembly_of_individual
    SUBTYPE OF(class_of_arrangement_of_individual);
END_ENTITY;
(*
```

5.2.7.3 **成分类的类**

class_of_class_of_composition(成分类的类)是其成员是 class_of_composition 实例的 class_of_class_of_relationship。它指出了 class_of_class_of_part 成员的成员是 class_of_class_of_whole 实例的成员部件。

示例:毒性描述是材料数据表的 class_of_class_of_part,在车用汽油的材料安全数据表中"具有致癌物质"的描述是 class_of_part,而且车用汽油材料安全数据表的副本#5 把"具有致癌物质"作为部件。

EXPRESS 描述:

```
*)
ENTITY class_of_class_of_composition
    SUBTYPE OF(class_of_class_of_relationship);
    class_of_class_of_part : class_of_class_of_individual;
    class_of_class_of_whole : class_of_class_of_individual;
END_ENTITY;
(*
```

属性定义:

class_of_class_of_part:在 class_of_class_of_composition 中是 class_of_class_of_part 的 class_of_class_of_individual。

class_of_class_of_whole:在 class_of_class_of_composition 中是 class_of_class_of_whole 的 class_of_class_of_individual。

5.2.7.4 **个体类的类**(class_of_class_of_individual)

class_of_class_of_individual 是其成员是 class_of_individual 实例的 class_of_class。

示例:"保险产品"是 class_of_class_of_individual,它把"车用汽油"作为成员。

EXPRESS 描述:

```
*)
ENTITY class_of_class_of_individual
    SUPERTYPE OF (ONEOF(class_of_class_of_information_representation,
                        class_of_property, class_of_status,
                        shape_dimension))
    SUBTYPE OF(class_of_class);
END_ENTITY;
(*
```

5.2.7.5 **个体成分的类**

class_of_composition_of_individual(个体成分的类)是其成员是 composition_of_individual 成员的 class_of_relationship。

示例:一堆沙子的部件可以是一颗颗沙子是 class_of_composition_of_individual 的例子。

EXPRESS 描述:

```
*)
ENTITY class_of_composition_of_individual
    SUPERTYPE OF (ONEOF(class_of_arrangement_of_individual,
                        class_of_temporal_whole_part,
```

```
                    class_of_participation))
    SUBTYPE OF(class_of_relationship);
    class_of_part  : class_of_individual;
    class_of_whole : class_of_individual;
END_ENTITY;
(*
```

属性定义:

class_of_part:在 class_of_composition_of_individual 中是 class_of_part 的 class_of_individual。

class_of_whole:在 class_of_composition_of_individual 中是 class_of_whole 的 class_of_individual。

5.2.7.6 事件类

class_of_event(事件类)是其成员是 event 成员的 class_of_individual。

A is a whose members are members of。

示例:连续的和瞬间的是实例。连续性事件就像流域界流过一根管子。

EXPRESS 描述:

```
*)
ENTITY class_of_event
    SUBTYPE OF(class_of_individual);
END_ENTITY;
(*
```

5.2.7.7 特征整体部件类

class_of_feature_whole_part(特征整体部件类)是其成员是 feature_whole_part 实例的 class_of_arrangement_of_individual。

示例:热电偶套管有茎干,并在顶部有表是 class_of_feature_whole_part 的例子。

EXPRESS 描述:

```
*)
ENTITY class_of_feature_whole_part
    SUBTYPE OF(class_of_arrangement_of_individual);
END_ENTITY;
(*
```

5.2.7.8 个体类

class_of_individual(个体类)是一个类,其成员是 possible_individual 的实例。

示例:可以用 class_of_individual 的实例表达类"工程师"(在工程原理和实践方面有资格或熟练的人)。

EXPRESS 描述:

```
*)
ENTITY class_of_individual
    SUPERTYPE OF (ONEOF(
                    class_of_event,
                    class_of_arranged_individual,
                    class_of_period_in_time,
                    individual_dimension,
                    property,
                    status
                    )
                    ANDOR participating_role_and_domain)
```

```
    SUBTYPE OF(class);
END_ENTITY;
(*
```

5.2.7.9 时域类

class_of_period_in_time(时域类)是 class_of_individual,其成员是 period_in_time 的实例。

示例:星期一和六月是 class_of_period_in_time 的例子。

EXPRESS 描述:

```
*)
ENTITY class_of_period_in_time
    SUBTYPE OF(class_of_individual);
END_ENTITY;
(*
```

5.2.7.10 时间点类

class_of_point_in_time(时间点类)是 class_of_event,其成员是 point_in_time 的成员。

示例:午夜是 class_of_point_in_time。

EXPRESS 描述:

```
*)
ENTITY class_of_point_in_time
    SUBTYPE OF(class_of_event);
END_ENTITY;
(*
```

5.2.7.11 状态类

class_of_status(状态类)是 class_of_class_of_individual,其成员是 status。

示例:class_of_status 的例子是正式批准的,成员有:没有评估、经批准、被拒绝。

EXPRESS 描述:

```
*)
ENTITY class_of_status
    SUBTYPE OF(class_of_class_of_individual);
END_ENTITY;
(*
```

5.2.7.12 临时整体部件类

class_of_temporal_whole_part(临时整体部件类)是 class_of_composition_of_individual,其成员是 temporal_whole_part 的成员。

示例:可以用 class_of_temporal_whole_part 的实例表达指示原油蒸馏设备可以有最大石脑油模式的类。

EXPRESS 描述:

```
*)
ENTITY class_of_temporal_whole_part
    SUBTYPE OF(class_of_composition_of_individual);
END_ENTITY;
(*
```

5.2.7.13 状态

status 是用离散无序值描述特征或质量的 class_of_individual。

示例:可以用 status 的实例表达像"公开的"、"着色的"、"经批准的"、"老的"、"新的"、"用旧的"、"冒险的"、"安全的"、"危险的"、"高兴的"、"悲伤的"、"生锈的"的所有类。

注:公开或着色的程度用 property 的实例表达,而不是 status 的实例。

EXPRESS 描述：

```
*)
ENTITY status
    SUBTYPE OF(class_of_individual);
END_ENTITY;
(*
```

5.2.8 已安排个体的类

本条声明了表达已安排个体类的实体数据类型。

注：图 184 是本条定义的实体数据类型的图(见 4.7.9 和 4.8.4.1)。

5.2.8.1 已安排个体类

class_of_arranged_individual(已安排个体类)是 class_of_individual,其成员是组件的安排。

示例：Robocop 是 class_of_arranged_individual,它有一些是 class_of_inanimate_physical_object 成员的部件,也有一些是 class_of_organism 成员的部件。

注 1：比方说,某些子类上的 EXPRESS ONEOF(互相排斥)约束条件不能阻止特殊 possible_individual 成为用 class_of_biological_matter 分类的特殊 arranged_individual 的成员和特殊 class_of_composite_material 的成员。它仅仅是类本身(不是多个实体类型的成员)。

注 2：有用对象的说明和描述通常是多个安排类的相互交叉,并允许进行形状和材料方面的约束。在本部分中,这种交叉是 class_of_arranged_individual、class_of_feature、class_of_inanimate_physical_object、class_of_organization、class_of_activity、class_of_organism 或 class_of_information_object 的成员。

EXPRESS 描述：

```
*)
ENTITY class_of_arranged_individual
    SUPERTYPE OF (ONEOF(
                    class_of_atom,
                    class_of_biological_matter,
                    class_of_composite_material,
                    class_of_compound,
                    class_of_functional_object,
                    class_of_information_presentation,
                    class_of_information_representation,
                    class_of_molecule,
                    class_of_particulate_material,
                    class_of_sub_atomic_particle,
                    crystalline_structure,
                    phase)
                    ANDOR class_of_organization
                    ANDOR class_of_activity
                    ANDOR class_of_information_object
                    ANDOR class_of_feature
                    ANDOR ONEOF(class_of_organism,
                    class_of_inanimate_physical_object))
    SUBTYPE OF(class_of_individual);
END_ENTITY;
(*
```

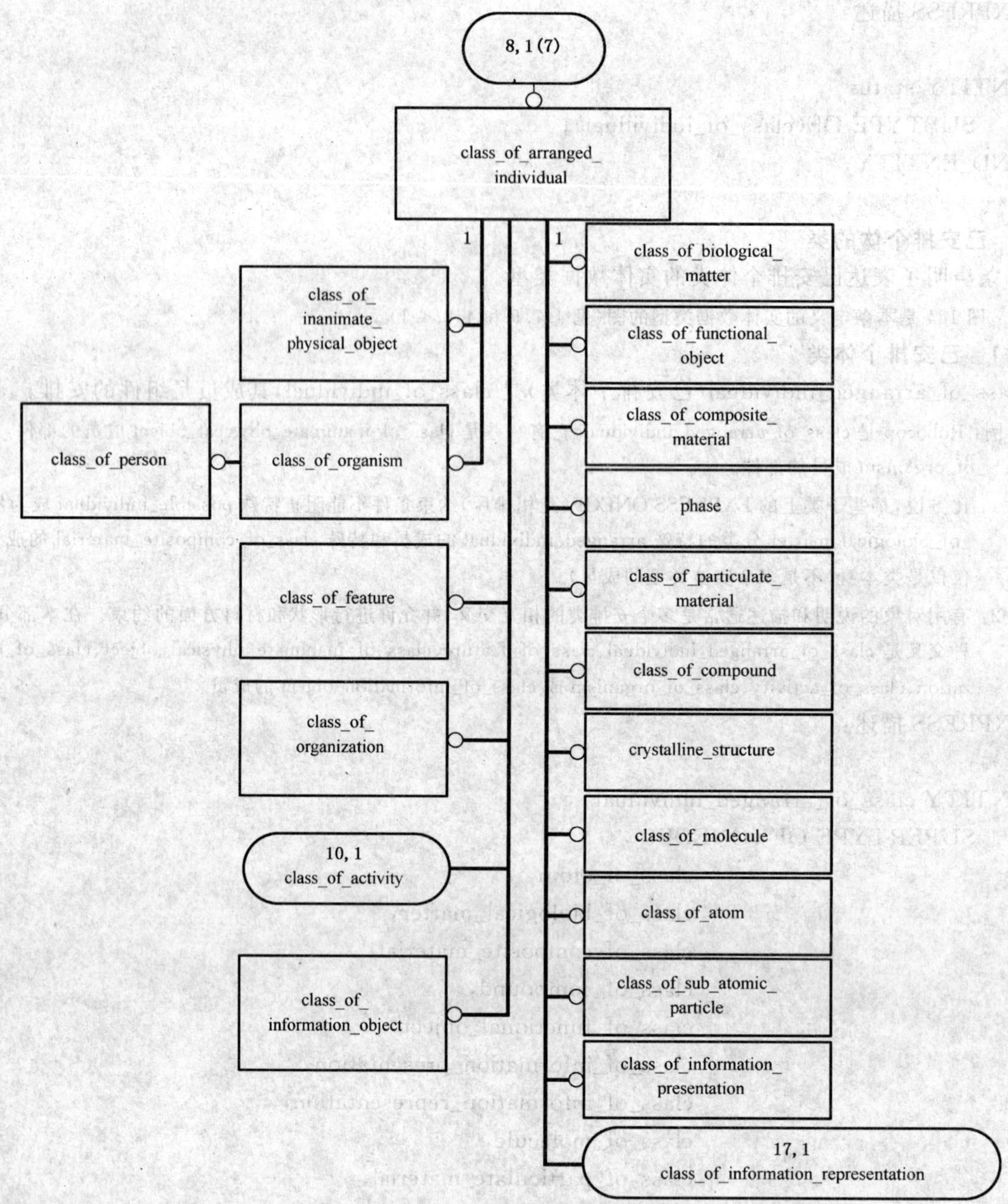

图 184 生命周期集成模式的 EXPRESS-G 图(29 个图中的第 8 个)

5.2.8.2 原子类

class_of_atom(原子类)是 class_of_arranged_individual,其成员是原子。

示例:可以用 class_of_atom 的实例表达元素周期表上的所有元素。

EXPRESS 描述:

```
*)
ENTITY class_of_atom
    SUBTYPE OF(class_of_arranged_individual);
END_ENTITY;
```

5.2.8.3 生物物质类

class_of_biological_matter(生物物质类)是 class_of_arranged_individual,其成员是细胞或细胞集

合的特殊类型。

示例：可以用 class_of_biological_matter 的实例表达“血液”、“酶”和“血浆”类。

EXPRESS 描述：

```
*)
ENTITY class_of_biological_matter
    SUBTYPE OF(class_of_arranged_individual);
END_ENTITY;
(*
```

5.2.8.4 成分材料类

class_of_composite_material(成分材料类)是 class_of_arranged_individual，其成员具有通用的可分类混合物的安排。

示例1：可以用 class_of_composite_material 的实例表达像夹板、玻璃纤维和碳纤维这样的层压物。

示例2：可以用 class_of_composite_material 的实例表达木材、肌肉和皮肤。

EXPRESS 描述：

```
*)
ENTITY class_of_composite_material
    SUBTYPE OF(class_of_arranged_individual);
END_ENTITY;
(*
```

5.2.8.5 混合物类

class_of_compound(混合物类)是 class_of_arranged_individual，其成员由相同或不同类型的分子安排(通过分子间作用力限制在一起)组成。这包括混合物和合金。

示例：可以用 class_of_compound 的实例表达水、硫酸、沙子、石灰石和钢。

EXPRESS 描述：

```
*)
ENTITY class_of_compound
    SUBTYPE OF(class_of_arranged_individual);
END_ENTITY;
(*
```

5.2.8.6 特征类

class_of_feature(特征类)是 class_of_arranged_individual，其成员是某些 possible_individual 的连接的、不可分隔的部件，并且有一个完整定义的边界。

示例：“山脉”、“凹槽”、“边缘”、“喷嘴”、“鼻子”和“凸面”都可以表达成 class_of_feature 的实例。

EXPRESS 描述：

```
*)
ENTITY class_of_feature
    SUBTYPE OF(class_of_arranged_individual);
END_ENTITY;
(*
```

5.2.8.7 功能对象类

class_of_functional_object(功能对象类)是 class_of_arranged_individual，它指出了对象的功能或用途。

示例：泵、阀和汽车是 class_of_functional_object 的例子。泵、阀和汽车等的特殊模型是 class_of_inanimate_ physical_object 的实例，它是这些 class_of_functional_object 实例的特殊化。

EXPRESS 描述：

```
*)
ENTITY class_of_functional_object
    SUBTYPE OF(class_of_arranged_individual);
END_ENTITY;
(*
```

5.2.8.8 无生命物理对象类

class_of_inanimate_physical_object（无生命物理对象类）是 class_of_arranged_individual，其成员不是活的。

示例：可以用 class_of_inanimate_physical_object 的实例表达“石油”类。

EXPRESS 描述：

```
*)
ENTITY class_of_inanimate_physical_object
    SUBTYPE OF(class_of_arranged_individual);
END_ENTITY;
(*
```

5.2.8.9 信息对象类

class_of_information_object（信息对象类）是 class_of_arranged_individual，其成员是零或多个 class_of_information_representation 和零或多个 class_of_information_presentation 的成员。

注：通常，它是分类为 class_of_information_object 的 physical_object（例如纸质文档）。

示例：“报纸”是 class_of_information_object。

EXPRESS 描述：

```
*)
ENTITY class_of_information_object
    SUBTYPE OF(class_of_arranged_individual);
END_ENTITY;
(*
```

5.2.8.10 信息表达类

class_of_information_presentation（信息表达类）是区别表达信息类型的 class_of_arranged_individual。

示例：可以用 class_of_information_presentation 的实例表达字符类型粗体、斜体、Times New Roman 和 16pt。

EXPRESS 描述：

```
*)
ENTITY class_of_information_presentation
    SUBTYPE OF(class_of_arranged_individual);
END_ENTITY;
(*
```

5.2.8.11 分子类

class_of_molecule（分子类）是 class_of_arranged_individual，其成员是分子。

示例：可以用 class_of_molecule 的实例表达 H_2O、H_2SO_4 和 DNA。

EXPRESS 描述：

```
*)
```

ENTITY class_of_molecule
  SUBTYPE OF(class_of_arranged_individual);
END_ENTITY;
(*

5.2.8.12 生物类

class_of_organism(生物类)是 class_of_arranged_individual,其成员是活的生物。

示例:人类、绵羊、蚯蚓、橡树和细菌是 class_of_organism 的实例。

EXPRESS 描述:

*)
ENTITY class_of_organism
  SUBTYPE OF(class_of_arranged_individual);
END_ENTITY;
(*

5.2.8.13 组织类

class_of_organization(组织类)是 class_of_arranged_individual,其成员是 physical_object 的实例(由临时的人员和其他资产组成),并具有特殊的目的。

示例:可以用 class_of_organization 的实例表达公司、政府或项目团队。

EXPRESS 描述:

*)
ENTITY class_of_organization
  SUBTYPE OF(class_of_arranged_individual);
END_ENTITY;
(*

5.2.8.14 特殊材料类

class_of_particulate_material(特殊材料类)是 class_of_arranged_individual,其成员是已安排的相同或不同类型的大量超分子大小对象。

示例:沙堆、沙子和水泥混合物、袋装螺钉、反应堆催化剂是 class_of_particulate_material 的例子。

EXPRESS 描述:

*)
ENTITY class_of_particulate_material
  SUBTYPE OF(class_of_arranged_individual);
END_ENTITY;
(*

5.2.8.15 人类

class_of_person(人类)是 class_of_organism,其成员是人。

示例:可以用 class_of_person 的实例表达工程师、工厂经理、学生、男人、女人、老年人、成人、女孩或男孩。也可以用 class_of_functional_object 的实例表达工程师、工厂经理或学生。

EXPRESS 描述:

*)
ENTITY class_of_person
  SUBTYPE OF(class_of_organism);
END_ENTITY;
(*

5.2.8.16 亚原子颗粒类

class_of_sub_atomic_particle(亚原子颗粒类)是 class_of_arranged_individual,其成员是原子的组成颗粒。

示例:可以用的实例表达质子、电子、介子、中子、正电子、μ 介子、夸克和微中子。

EXPRESS 描述:

```
*)
ENTITY class_of_sub_atomic_particle
    SUBTYPE OF(class_of_arranged_individual);
END_ENTITY;
(*
```

5.2.8.17 晶体结构

crystalline_structure(晶体结构)是 class_of_arranged_individual,它是一种构成,许多简单元素和其自然混合物通过自然吸引力的作用有规律地集合在这种构成中,它具有明确的内在结构,许多对称性排列的平面包围了实体的外部形状,并且可以从简单的立方体变成复杂得多的几何实体。

示例:铁素体、马氏体和奥氏体是 crystalline_structure 的例子。

EXPRESS 描述:

```
*)
ENTITY crystalline_structure
    SUBTYPE OF(class_of_arranged_individual);
END_ENTITY;
(*
```

5.2.8.18 相位

phase(相位)是基于材料边界行为本性的,导致其原子和分子结合的 class_of_arranged_individual。

注:phase 不包括内部结构类型,例如晶体。

示例:可以用 phase 的实例表达"液相"和"固相"类。

EXPRESS 描述:

```
*)
ENTITY phase
    SUBTYPE OF(class_of_arranged_individual);
END_ENTITY;
(*
```

5.2.9 活动和事件

本条声明了表达活动和事件的实体数据类型。

注:图 185 是本条定义的实体数据类型图(见 4.7.10 和 4.7.17)。

5.2.9.1 活动

activity 是 possible_individual,它通过激发标识 possible_individual 开始,或标识 possible_individual 结束的事件产生变化。

活动由参与活动的那些 possible_individual 成员的临时部件组成。通过指示临时部件在活动中所扮演角色的 participating_role_and_domain 对参与的临时部件进行分类。

示例:可以用 activity 的实例表达用机械泵泵送液体。

EXPRESS 描述:

```
*)
ENTITY activity
```

SUBTYPE OF(possible_individual);
END_ENTITY;
(*

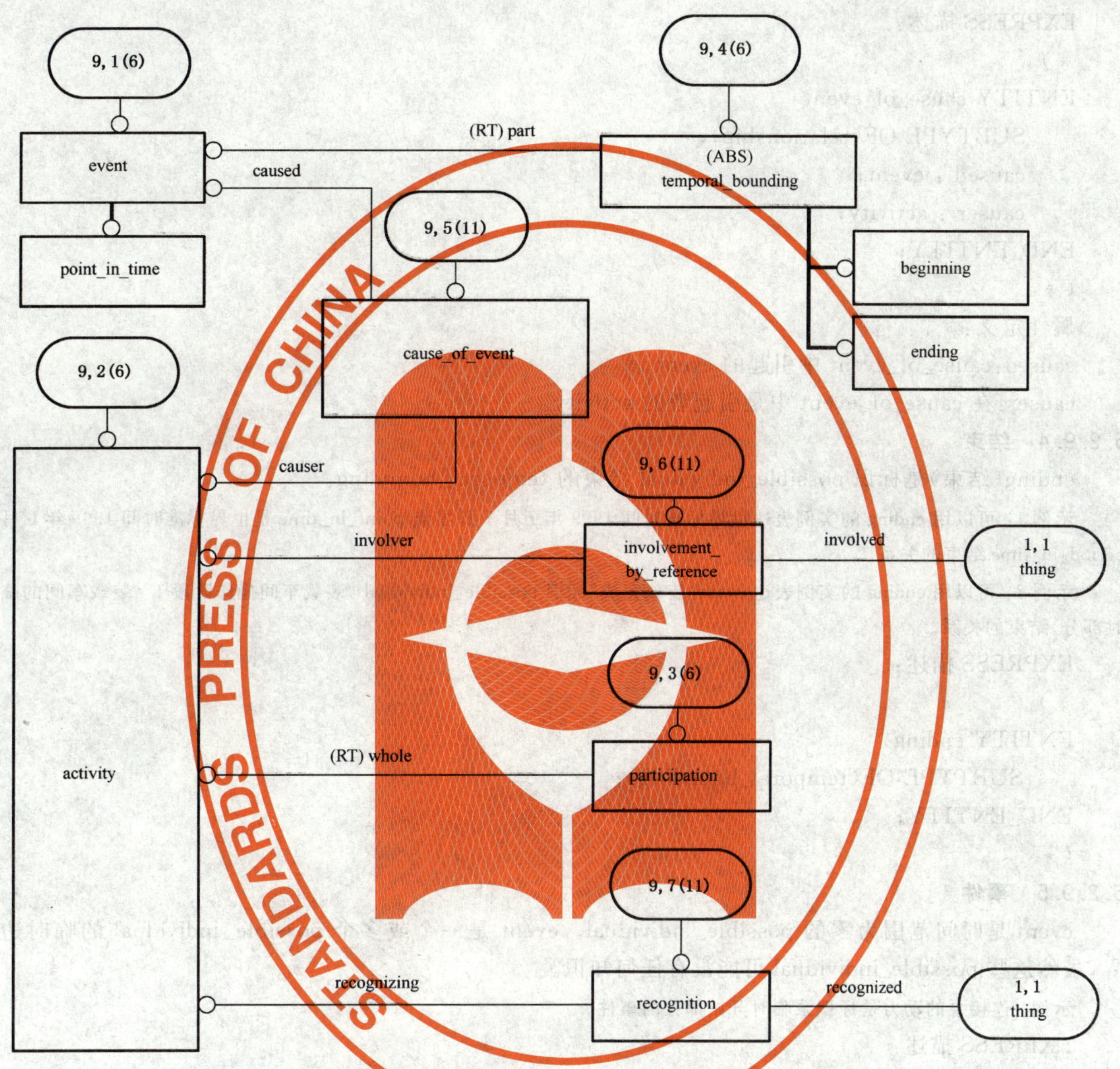

图 185 生命周期集成模式的 EXPRESS-G 图(29 个图中的第 9 个)

5.2.9.2 开始

beginning(开始)是标识 possible_individual 开始时间的 temporal_bounding。

示例 1:可以用 beginning 的实例表达世界标准时间 1999 年 7 月 1 日零点 point_in_time 是世界标准时间 1999 年 7 月 period_in_time 开始的关系。

示例 2:可以用 beginning 的实例表达 event“装载完成”标识 possible_individual“装载车间空闲”开始的关系。

EXPRESS 描述:

*)
ENTITY beginning
SUBTYPE OF(temporal_bounding);
END_ENTITY;
(*

5.2.9.3 事件原因

cause_of_event(事件原因)是 relationship,它指出了引起者 activity 所引起的 event。

示例:可以用 cause_of_event 的实例表达 event"油罐内液体水平面已满"引起油轮装载活动的关系。

EXPRESS 描述:

```
*)
ENTITY cause_of_event
    SUBTYPE OF(relationship);
    caused : event;
    causer : activity;
END_ENTITY;
(*
```

属性定义:

caused:cause_of_event 中引起的 event。

causer:在 cause_of_event 中是引起者的 activity。

5.2.9.4 结束

ending(结束)是标识 possible_individual 结束的 temporal_bounding。

示例 1:可以用 ending 的实例表达世界标准时间 1999 年 7 月 1 日零点 point_in_time 是世界标准时间 1999 年 6 月 period_in_time 结束的关系。

示例 2:可以用 ending 的实例表达 event"装载完成"标识 possible_individual"装载车间操作阶段 1"(装载车间的临时部分)结束的关系。

EXPRESS 描述:

```
*)
ENTITY ending
    SUBTYPE OF(temporal_bounding);
END_ENTITY;
(*
```

5.2.9.5 事件

event 是时间范围为零的 possible_individual。event 是一个或多个 possible_individual 的临时边界,虽然这些 possible_individual 可能没有任何知识。

示例:连接泵的动力是标识泵临时开始部分的事件。

EXPRESS 描述:

```
*)
ENTITY event
    SUBTYPE OF(possible_individual);
END_ENTITY;
(*
```

5.2.9.6 引用包含

involvement_by_reference(引用包含)是指示 thing 被引用到 activity 中的 relationship。

注:本实体类型用于不是 possible_individual 直接 participation 的包含,例如类包含,或 possible_individual 以前或将来的临时部分。

示例:引用罗马帝国的会话是一个通过 involvement_by_reference 连接到罗马帝国的活动。

EXPRESS 描述:

```
*)
```

```
ENTITY involvement_by_reference
    SUBTYPE OF(relationship);
    involved : thing;
    involver : activity;
END_ENTITY;
(*
```

属性定义：

involved：引用 activity 中被引用的 thing。

involver：引用 thing 被包含在其中的 activity。

5.2.9.7 参与

participation 是 composition_of_individual，它显示 possible_individual 是 activity 中的一个参与者。

注：在 participation 中是角色的 possible_individual 可以是 whole_life_individual 的临时部分，用显示其在 activity 中所扮演角色的 role_and_domain 对 whole_life_individual 进行分类。

示例：P1234 的临时部分(在 2002 年 12 月 2 日完成发动机容器 Murex 的排泄任务)和排泄容器活动之间的关系是参与关系。

EXPRESS 描述：

```
*)
ENTITY participation
    SUBTYPE OF(composition_of_individual);
    SELF\composition_of_individual.whole : activity;
END_ENTITY;
(*
```

属性定义：

whole：在 participation 中是整体的 activity。

5.2.9.8 时间点

point_in_time 是时间范围为零、整个空间范围的 event。

注：为了使用本部分，应该用 representation_of_Gregorian_date_and_UTC_time 表达 point_in_time。

示例：UTC 1999-05-13T16:31:23.56 时间是 point_in_time。

EXPRESS 描述：

```
*)
ENTITY point_in_time
    SUBTYPE OF(event);
END_ENTITY;
(*
```

5.2.9.9 识别

recognition 是通过 activity 识别事物的 relationship。

示例：测量活动＃358 识别了房间是 20 ℃属性的成员。

EXPRESS 描述：

```
*)
ENTITY recognition
    SUBTYPE OF(relationship);
    recognized : thing;
    recognizing : activity;
END_ENTITY;
(*
```

属性定义：

recognized:activity 识别出的 thing。

recognizing:导致 recognition 结果的 activity。

5.2.9.10 临时边界

temporal_bounding(临时边界)是 assembly_of_individual,它显示了局部 event 是整个 possible_individual 的临时边界。

EXPRESS 描述：

```
*)
ENTITY temporal_bounding
    ABSTRACT SUPERTYPE OF (ONEOF(ending, beginning))
    SUBTYPE OF(composition_of_individual);
    SELF\composition_of_individual.part : event;
END_ENTITY;
(*
```

属性定义：

part：在 temporal_bounding 中是局部的 event。

5.2.10 活动种类

本条声明了表达活动类的实体数据类型。

注：图 186 是本条定义的实体数据类型图(见 4.8.4.9)。

5.2.10.1 活动类

class_of_activity(活动类)是 class_of_arranged_individual,其成员是 activity 的实例。

示例：可以用的实例表达钻孔、蒸馏和批准。

注：在有前提且 class_of_activity 是那些前提反应的地方(例如对触摸热表面的反应),或在用某些属性或功能描述活动产生方式的地方(用液体的黏性描述液体流动性),行为是描述 class_of_activity 的术语。

EXPRESS 描述：

```
*)
ENTITY class_of_activity
    SUBTYPE OF(class_of_arranged_individual);
END_ENTITY;
(*
```

5.2.10.2 个体类开始原因的类

class_of_cause_of_beginning_of_class_of_individual(个体类开始原因的类)是 class_of_relationship,它显示 class_of_activity 的成员激发 class_of_individual 的成员开始。

示例：汽车制造活动激发汽车生命的开始。

EXPRESS 描述：

```
*)
ENTITY class_of_cause_of_beginning_of_class_of_individual
    SUBTYPE OF(class_of_relationship);
    class_of_begun : class_of_individual;
    class_of_causer : class_of_activity;
END_ENTITY;
(*
```

属性定义：

class_of_begun:class_of_activity 成员生成的 class_of_individual。

class_of_causer:其成员激发 class_of_individual 成员开始的 class_of_activity。

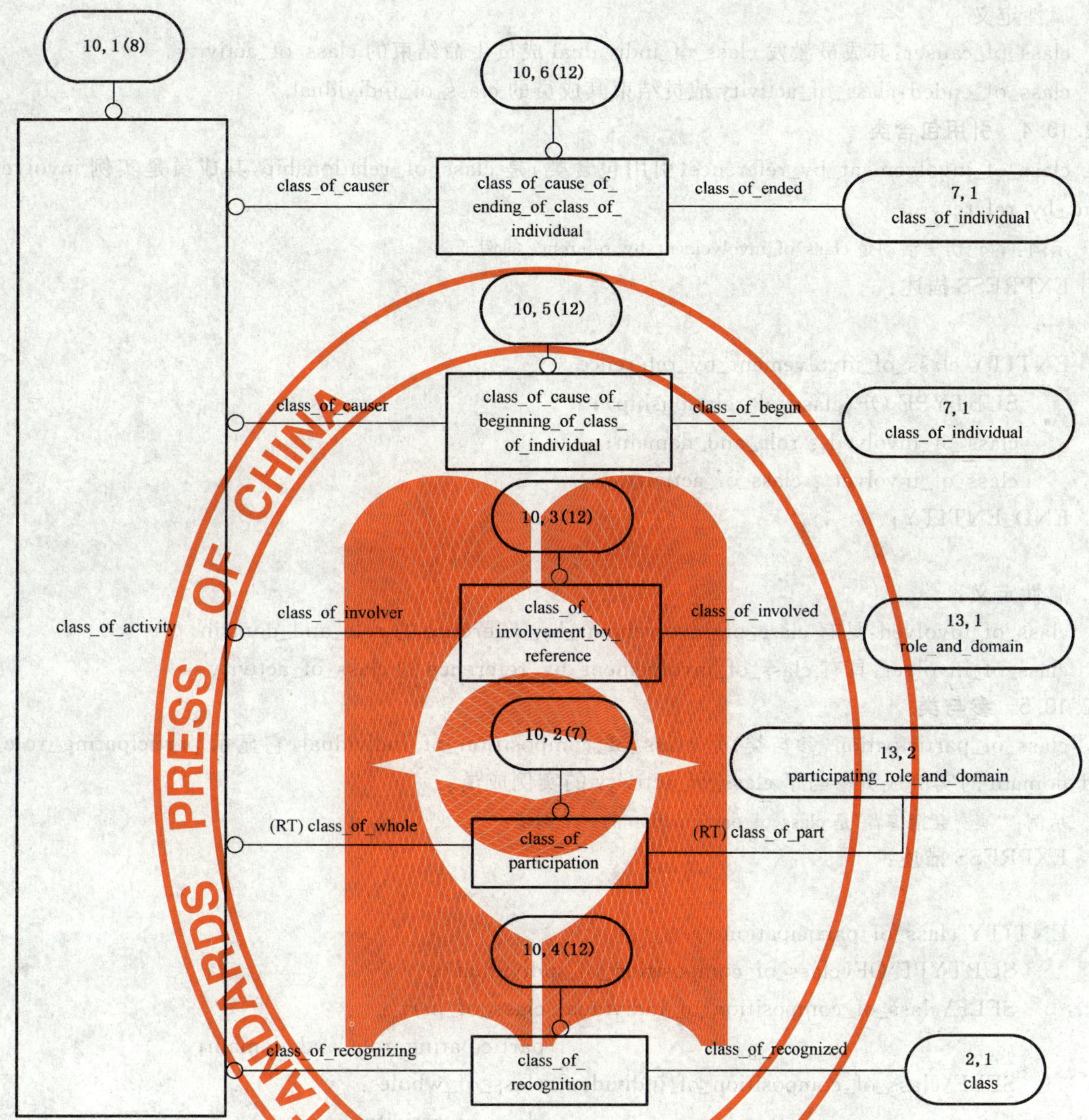

图 186 生命周期集成模式的 EXPRESS-G 图(29 个图中的第 10 个)

5.2.10.3 个体类结束原因的类

class_of_cause_of_ending_of_class_of_individual(个体类结束原因的类)是 class_of_relationship，它显示 class_of_activity 的成员激发 class_of_individual 的成员结束。

示例：汽车的压碎活动导致汽车生命的结束。

EXPRESS 描述：

```
*)
ENTITY class_of_cause_of_ending_of_class_of_individual
    SUBTYPE OF(class_of_relationship);
    class_of_causer  : class_of_activity;
    class_of_ended  : class_of_individual;
END_ENTITY;
(*
```

属性定义：

class_of_causer:其成员激发 class_of_individual 成员生命结束的 class_of_activity。

class_of_ended:class_of_activity 成员结束其成员的 class_of_individual。

5.2.10.4 引用包含类

class_of_involvement_by_reference(引用包含类)是 class_of_relationship,其成员是实例 involvement_by_reference。

示例：讨论历史活动是 class_of_involvement_by_reference 的例子。

EXPRESS 描述：

```
*)
ENTITY class_of_involvement_by_reference
    SUBTYPE OF(class_of_relationship);
    class_of_involved  : role_and_domain;
    class_of_involver  : class_of_activity;
END_ENTITY;
(*
```

属性定义：

class_of_involved:具有 class_of_involvement_by_reference 的 role_and_domain。

class_of_involver:具有 class_of_involvement_by_reference 的 class_of_activity。

5.2.10.5 参与类

class_of_participation(参与类)是 class_of_composition_of_individual,它显示 participating_role_and_domain 的实例成员参与了 class_of_activity 的实例成员。

示例："演奏会指挥者"是 class_of_participation 的一个例子。

EXPRESS 描述：

```
*)
ENTITY class_of_participation
    SUBTYPE OF(class_of_composition_of_individual);
    SELF\class_of_composition_of_individual.class_of_part :
                                            participating_role_and_domain;
    SELF\class_of_composition_of_individual.class_of_whole :
                                            class_of_activity;
END_ENTITY;
(*
```

属性定义：

class_of_part:具有 class_of_participation 的 participating_role_and_domain。

class_of_whole:具有 class_of_participation 的 class_of_activity。

5.2.10.6 识别类

class_of_recognition(识别类)是 class_of_relationship,它显示 class_of_activity 的成员可能导致 class 的成员识别。

示例：测量活动可能导致通过 property 识别 possible_individual 的 classification。

EXPRESS 描述：

```
*)
ENTITY class_of_recognition
    SUBTYPE OF(class_of_relationship);
```

```
    class_of_recognized : class;
    class_of_recognizing : class_of_activity;
END_ENTITY;
(*
```

属性定义：

class_of_recognized：通过 class_of_activity 成员识别其成员的 class。

class_of_recognizing：其成员实现识别 class 的 class_of_activity。

5.2.11 关系

本条声明了表达关系的实体数据类型。

注：图 187 是本条定义的实体数据类型图(见 4.6.4 和 4.10.1)。

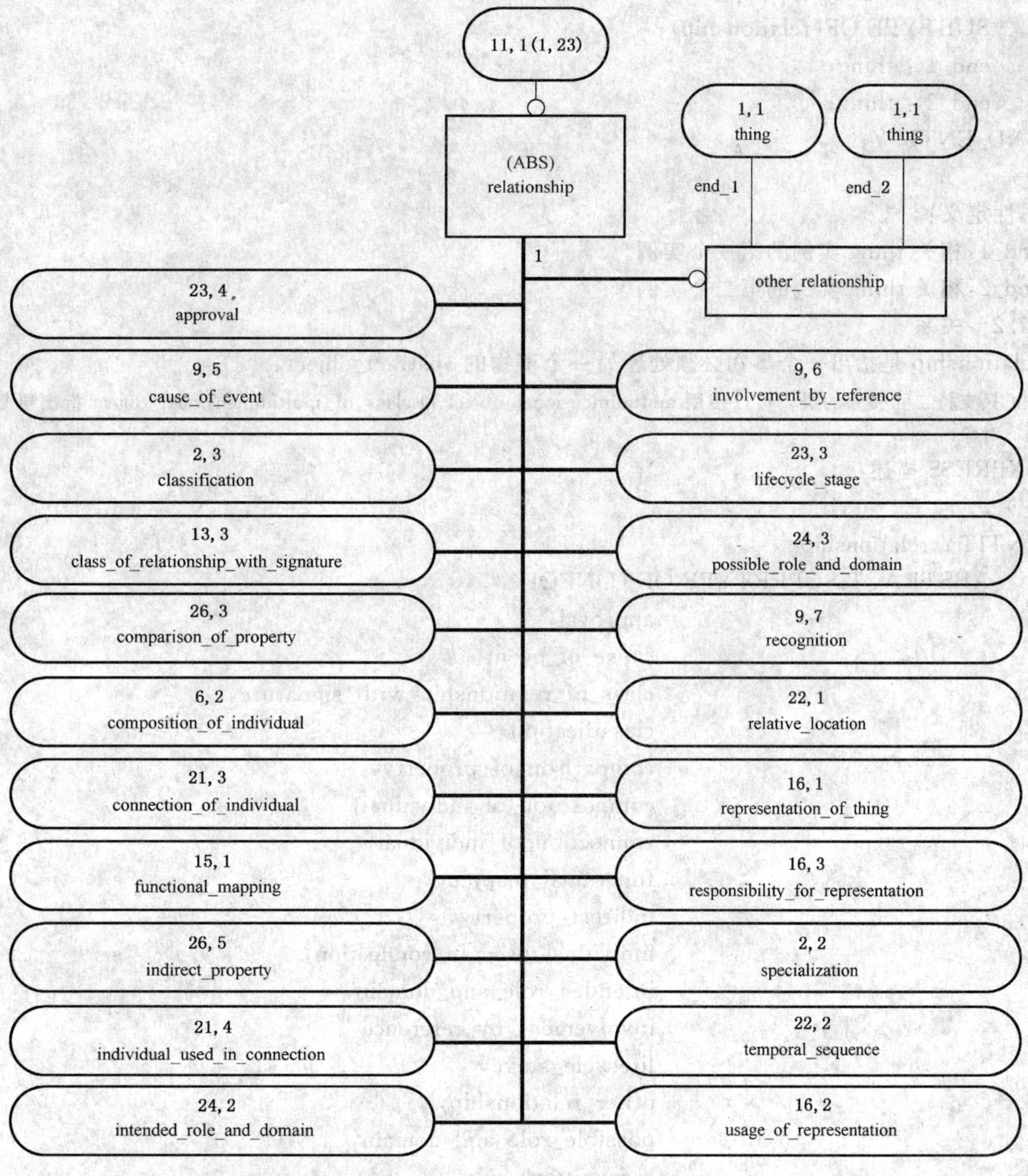

图 187 生命周期集成模式的 EXPRESS-G 图(29 个图中的第 11 个)

5.2.11.1 其他关系

other_relationship(其他关系)是 relationship,它不是任何其他 relationship 显示子类的成员。通过 class_of_relationship_with_signature 的实例,classification 规定了 other_relationship 的含义。

示例:relationship 指出可以用 other_relationship 的实例表达福特制造的汽车。

分别通过 class_of_relationship_with_signature(对 other_relationship 进行分类)的 class_of_end_1 和 class_of_end_2 属性给出对 end_1 和 end_2 属性进行分类的 role_and_domain。在 class_of_relationship_with_signature 也是 class_of_relationship_with_related_end_1 或 class_of_relationship_with_related_end_2 的地方,other_relationship 的 end_1 或 end_2 应该分别取相关属性规定的值。

EXPRESS 描述:

```
*)
ENTITY other_relationship
    SUBTYPE OF(relationship);
    end_1 : thing;
    end_2 : thing;
END_ENTITY;
(*
```

属性定义:

end_1:相关 thing 实例的第一个实例。

end_2:相关 thing 实例的第二个实例。

5.2.11.2 关系

relationship 是指出一个事物必须处理另一个事物的 abstract_object。

注:只支持二元关系的类。可以使用 multidimensional_object 和 class_of_multidimensional_object 指出更复杂的对象。

EXPRESS 描述:

```
*)
ENTITY relationship
    ABSTRACT SUPERTYPE OF (ONEOF(
                                approval,
                                cause_of_event,
                                class_of_relationship_with_signature,
                                classification,
                                comparison_of_property,
                                composition_of_individual,
                                connection_of_individual,
                                functional_mapping,
                                indirect_property,
                                individual_used_in_connection,
                                intended_role_and_domain,
                                involvement_by_reference,
                                lifecycle_stage,
                                other_relationship,
                                possible_role_and_domain,
                                recognition,
                                relative_location,
                                representation_of_thing,
```

```
                    responsibility_for_representation,
                    specialization,
                    temporal_sequence,
                    usage_of_representation))
    SUBTYPE OF(abstract_object);
END_ENTITY;
(*
```

5.2.12 关系类型

本条声明了表达关系类型的实体数据类型。

注：图 188 是本条定义实体数据类型图(见 4.8.3.3)。

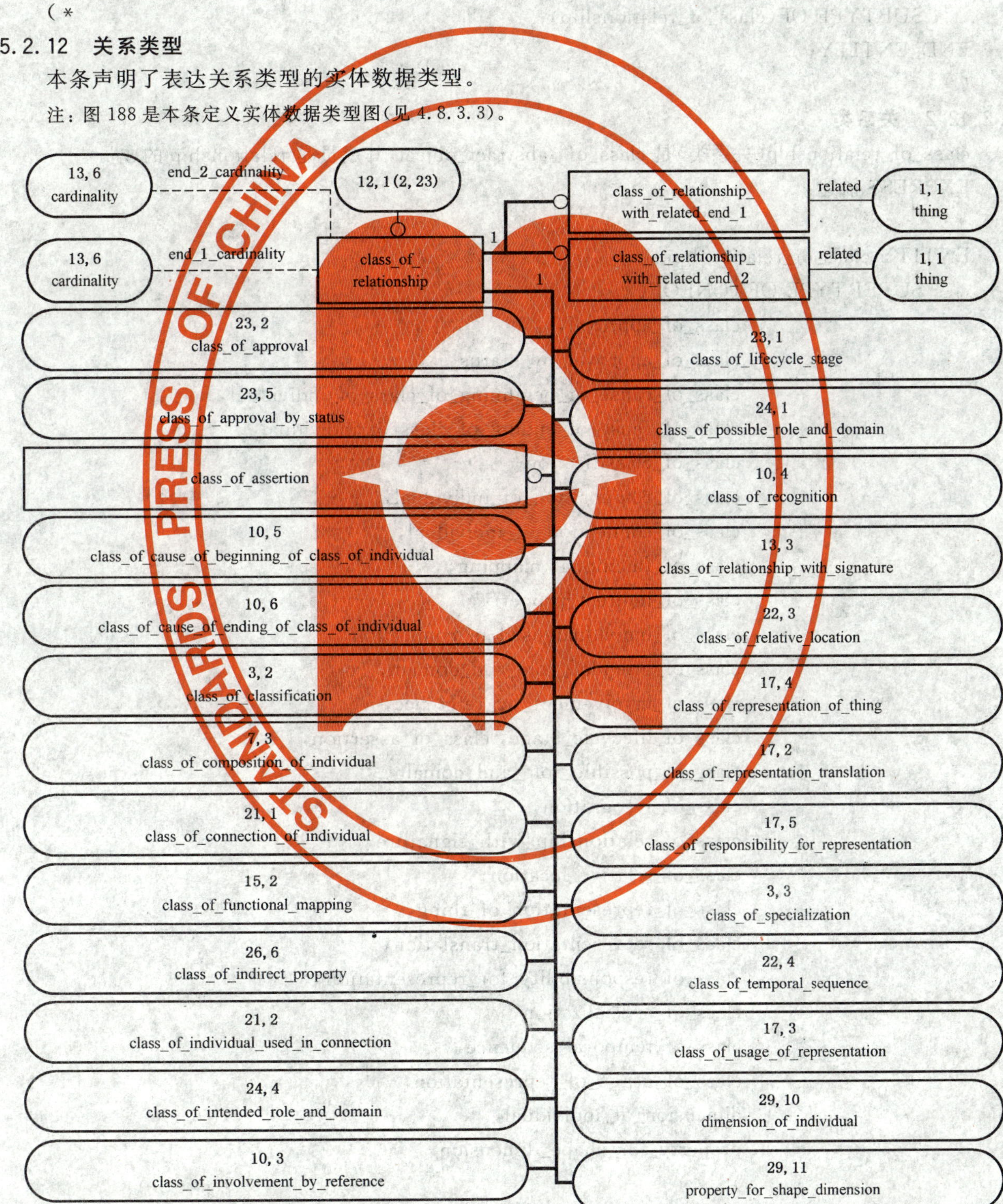

图 188 生命周期集成模式的 EXPRESS-G 图(29 个图中的第 12 个)

5.2.12.1 断言类

class_of_assertion(断言类)是描述成员关系断定本质的 class_of_relationship。

示例：可以用 class_of_assertion 的实例表达断言、否认和可能。

EXPRESS 描述：

```
*)
ENTITY class_of_assertion
    SUBTYPE OF(class_of_relationship);
END_ENTITY;
(*
```

5.2.12.2 关系类

class_of_relationship(关系类)是 class_of _abstract_object，其成员是 relationship 的成员。

EXPRESS 描述：

```
*)
ENTITY class_of_relationship
    SUPERTYPE OF (ONEOF(
                    class_of_approval,
                    class_of_approval_by_status,
                    class_of_cause_of_beginning_of_class_of_individual,
                    class_of_cause_of_ending_of_class_of_individual,
                    class_of_classification,
                    class_of_composition_of_individual,
                    class_of_connection_of_individual,
                    class_of_functional_mapping,
                    class_of_indirect_property,
                    class_of_individual_used_in_connection,
                    class_of_intended_role_and_domain,
                    class_of_involvement_by_reference,
                    class_of_lifecycle_stage, class_of_assertion,
                    class_of_possible_role_and_domain,
                    class_of_recognition,
                    class_of_relationship_with_signature,
                    class_of_relative_location,
                    class_of_representation_of_thing,
                    class_of_representation_translation,
                    class_of_responsibility_for_representation,
                    class_of_specialization,
                    class_of_temporal_sequence,
                    class_of_usage_of_representation,
                    dimension_of_individual,
                    property_for_shape_dimension
                    )
                    ANDOR
                    ONEOF(class_of_relationship_with_related_end_1,
```

```
            class_of_relationship_with_related_end_2))
    SUBTYPE OF(class_of_abstract_object);
    end_1_cardinality : OPTIONAL cardinality;
    end_2_cardinality : OPTIONAL cardinality;
END_ENTITY;
(*
```

属性定义：

end_1_cardinality:class_of_relationship 第一个属性的最大和最小基数。如果没有规定基数，那么对基数没有约束。

end_2_cardinality:class_of_relationship 第二个属性的最大和最小基数。如果没有规定基数，那么对基数没有约束。

5.2.12.3 带相关端 1 的关系类

class_of_relationship_with_related_end_1(带相关端 1 的关系类)是 class_of_relationship，在那里关联到 class_of_relationship 中的特殊 thing，而不是 class 的成员。相关的 thing 扮演 class_of_end_1 指示的 role_and_domain。

示例：用 Bloggs & Co 制造的产品是相关 thing 指向 Bloggs & Co 的 class_of_relationship。

EXPRESS 描述：

```
*)
ENTITY class_of_relationship_with_related_end_1
    SUBTYPE OF(class_of_relationship);
    related : thing;
END_ENTITY;
(*
```

属性定义：

related:相关的特殊 thing，并且不是其可能引用类的某些成员。

5.2.12.4 带相关端 2 的关系类

class_of_relationship_with_related_end_2(带相关端 2 的关系类)是 class_of_relationship，在那里关联到 class_of_relationship 中的特殊 thing，而不是 class 的成员。相关的 thing 扮演 class_of_end_2 指示的 role_and_domain。

示例：普通人拥有的焊接技术是 class_of_relationship_with_related_end_2 的一个例子，普通人是相关的事物。

EXPRESS 描述：

```
*)
ENTITY class_of_relationship_with_related_end_2
    SUBTYPE OF(class_of_relationship);
    related : thing;
END_ENTITY;
(*
```

属性定义：

related:相关的特殊 thing，并且不是其可能引用类的某些成员。

5.2.13 角色和域

本条声明了表达角色和域的实体数据类型。

注：图 189 是本条定义的实体数据类型图(见 4.8.4.8)。

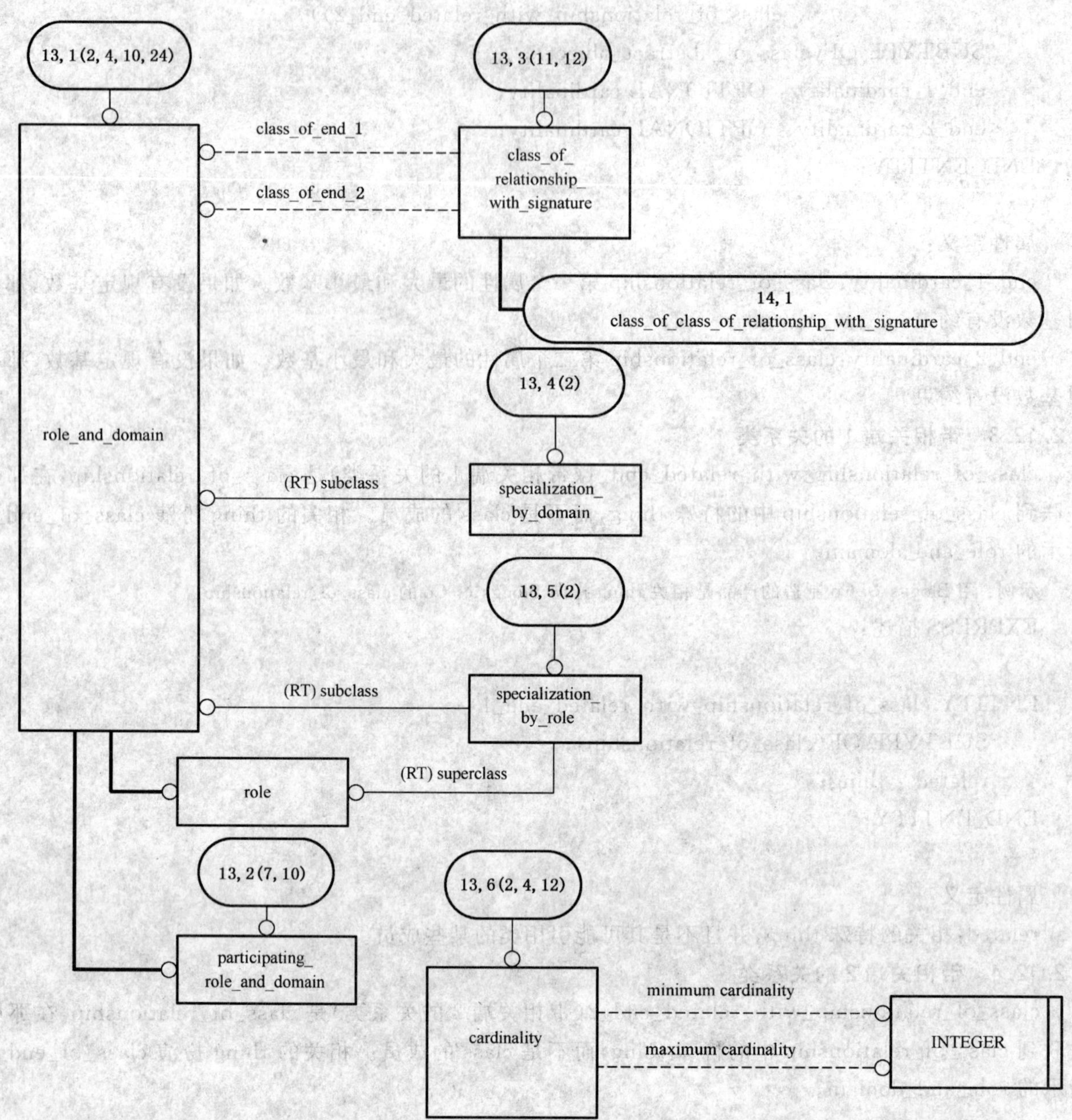

图 189 生命周期集成模式的 EXPRESS-G 图(29 个图中的第 13 个)

5.2.13.1 基数

cardinality(基数)是一个事物可以在 class_of_relationship 或 class_of_multidimensional_object 中扮演一个特殊角色的最大和/或最小时间的 class。

示例：1 的最小值和 1 的最大值意味着每个对象的这种类型恰好有一个 relationship 或 multidimensional_object。

EXPRESS 描述：

```
*)
ENTITY cardinality
    SUBTYPE OF(class);
    maximum_cardinality : OPTIONAL INTEGER;
    minimum_cardinality : OPTIONAL INTEGER;
END_ENTITY;
```

(＊

属性定义：

maximum_cardinality：域成员可以参与规定角色的最大时间值。如果没有规定 maximum_cardinality，那么没有最大值约束。

注 1：maximum_cardinality 的通用值是 1 和许多，许多是没有规定值的结果。

minimum_cardinality：minimum_cardinality 是域成员可以参与规定角色的最小时间值。如果没有规定 minimum_cardinality，该值应该取零。

注 2：minimum_cardinality 的通用值是零和一。

5.2.13.2 class_of_relationship_with_signature

class_of_relationship_with_signature 是可能有 role_and_domain（为每个结束指定的）的 class_of_relationship。

注：class_of_relationship_with_signature 类似于简单的 EXPRESS 属性和其反属性。可以用 multidimensional_object 和 class_of_multidimensional_object 对更复杂的对象进行建模。

示例：“已婚”是一个 class_of_relationship，其中 class_of_end_1 是 role_and_domain “丈夫”，且 class_of_end_2 是 role_and_domain “妻子”。

EXPRESS 描述：

```
*)
ENTITY class_of_relationship_with_signature
    SUBTYPE OF(class_of_relationship, relationship);
    class_of_end_1 : OPTIONAL role_and_domain;
    class_of_end_2 : OPTIONAL role_and_domain;
END_ENTITY;
(*
```

属性定义：

class_of_end_1：class_of_relationship 成员的 end_1 属性的规定。

class_of_end_2：class_of_relationship 成员的 end_2 属性的规定。

5.2.13.3 participating_role_and_domain

participating_role_and_domain 是 role_and_domain，它还是显示 activity 参与角色的 class_of_individual。

示例：“表演者”和“抽水机”是 participating_role_and_domain 的例子。

EXPRESS 描述：

```
*)
ENTITY participating_role_and_domain
    SUBTYPE OF(role_and_domain, class_of_individual);
END_ENTITY;
(*
```

5.2.13.4 角色

role 是显示那些事物必须处理 activity、relationship 或 multidimensional_object 的 role_and_domain。

示例 1：职工是 role，它显示人的那些临时部分必须处理职业关系。

示例 2：抽水机是 role，它显示泵的那些临时部分必须处理抽水活动。

EXPRESS 描述：

```
*)
```

```
ENTITY role
    SUBTYPE OF(role_and_domain);
END_ENTITY;
(*
```

5.2.13.5 角色和域

role_and_domain(角色和域)是为 class_of_relationship 或 class_of_multidimensional_object 的结束规定域和角色的 class。

注：role_and_domain 类似规定了一个 EXPRESS 属性或其反属性。

示例：“丈夫和男人”和“妻子和女人”是 role_and_domain 的例子。

EXPRESS 描述：

```
*)
ENTITY role_and_domain
    SUBTYPE OF(class);
END_ENTITY;
(*
```

5.2.13.6 域规范

specialization_by_domain(域规范)是 specialization，它显示 role_and_domain 的成员是域 class 的 specialization。

示例：“制造公司”是“公司”域的 specialization。

EXPRESS 描述：

```
*)
ENTITY specialization_by_domain
    SUBTYPE OF(specialization);
    SELF\specialization.subclass : role_and_domain;
END_ENTITY;
(*
```

属性定义：

subclass：是 class 子类的 role_and_domain。

5.2.13.7 角色规范

specialization_by_role(角色规范)是 specialization，它显示 role_and_domain 是超类指定的 role。

示例：制造公司是制造商的角色规范。

EXPRESS 描述：

```
*)
ENTITY specialization_by_role
    SUBTYPE OF(specialization);
    SELF\specialization.subclass : role_and_domain;
    SELF\specialization.superclass : role;
END_ENTITY;
(*
```

属性定义：

subclass：在 specialization_by_role 中是子类的 role_and_domain。

superclass：在 specialization_by_role 中是超类的 role。

5.2.14 关系类类型

本条声明了表达关系类类型的实体数据类型。

注：图 190 是本条定义的实体数据类型图。

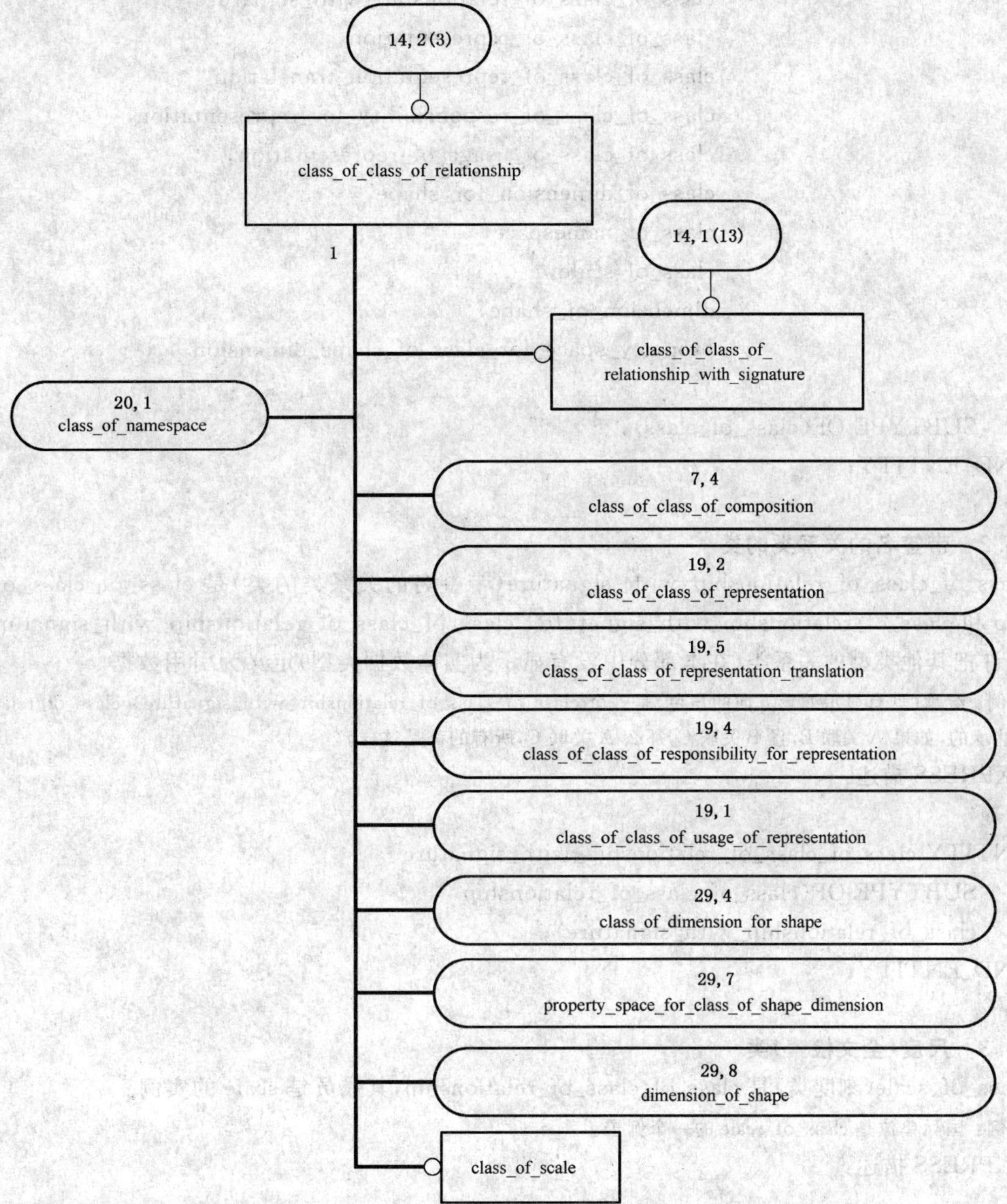

图 190 生命周期集成模式的 EXPRESS-G 图(29 个图中的第 14 个)

5.2.14.1 关系类的类

class_of_class_of_relationship(关系类的类)是 class_of_class，其成员是 class_of_relationship 的实例。

示例："反身代词"是 class_of_class_of_relationship 的一个例子。"反身代词"class_of_relationship 可能有扮演两个角色(其中其本身可以连接某些事物)的相同 thing，例如连接。

EXPRESS 描述：

*)

```
ENTITY class_of_class_of_relationship
    SUPERTYPE OF (ONEOF(
                    class_of_class_of_composition,
                    class_of_class_of_relationship_with_signature,
                    class_of_class_of_representation,
                    class_of_class_of_representation_translation,
                    class_of_class_of_responsibility_for_representation,
                    class_of_class_of_usage_of_representation,
                    class_of_dimension_for_shape,
                    class_of_namespace,
                    class_of_scale,
                    dimension_of_shape,
                    property_space_for_class_of_shape_dimension
                    ))
    SUBTYPE OF(class_of_class);
END_ENTITY;
(*
```

5.2.14.2 带签名的关系类的类

class_of_class_of_relationship_with_signature(带签名的关系类的类)是 class_of_class_of_relationship 和 class_of_relationship_with_signature。class_of_class_of_relationship_with_signature 的目的是允许把其他类型的关系类(在本部分中没有显示为实体数据类型)定义为引用数据。

示例：继承(具有显示继承方向的角色)是一个 class_of_class_of_relationship_with_signature。class_of_relationship 是可以继承的,如果 A 关联 B,且 B 关联 C,那么 A 关联 C,所有的都是这样。

EXPRESS 描述：

```
*)
ENTITY class_of_class_of_relationship_with_signature
    SUBTYPE OF(class_of_class_of_relationship,
    class_of_relationship_with_signature);
END_ENTITY;
(*
```

5.2.14.3 尺度(全文检索)类

class_of_scale(刻度类)是 class_of_class_of_relationship,其成员是 scale 的实例。

示例：国际单位是 class_of_scale 的一个例子。

EXPRESS 描述：

```
*)
ENTITY class_of_scale
    SUBTYPE OF(class_of_class_of_relationship);
END_ENTITY;
(*
```

5.2.15 函数

本条声明了表达函数的实体数据类型。

注：图 191 是本条定义的实体数据类型图(见 4.9)。

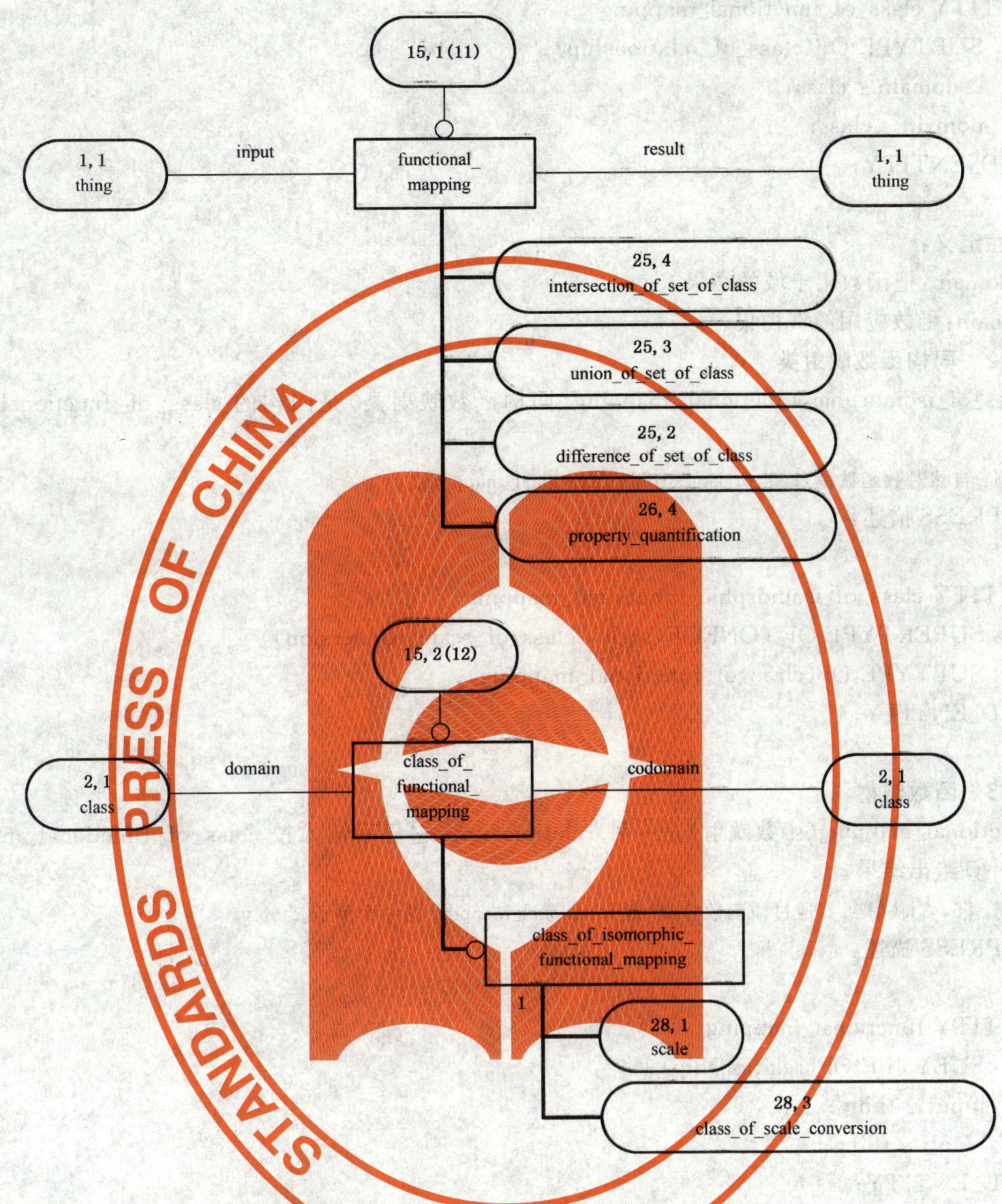

图 191 生命周期集成模式的 EXPRESS-G 图(29 个图中的第 15 个)

5.2.15.1 函数映射类

class_of_functional_mapping(函数映射类)是多对一映射的 class_of_relationship。class_of_functional_mapping 是一个函数。

注 1：这种实体类型自然具有函数名,但是这是 EXPRESS 的保留单词。

注 2：多对一映射函数的意义是通常获得相同的答案。例如:五减三通常是二。具有其他两个参数的减函数可以得到二。

注 3：如果函数具有多个参数,那么用 multidimensional_object 表达这些参数。

示例：减函数是 class_of_functional_mapping 的一个例子。

EXPRESS 描述：

*)

```
ENTITY class_of_functional_mapping
    SUBTYPE OF(class_of_relationship);
    codomain : class;
    domain : class;
END_ENTITY;
(*
```

属性定义：

codomain：把函数用于域的结果。

domain：函数应用的事物集。

5.2.15.2 同构函数映射类

class_of_isomorphic_functional_mapping(同构函数映射类)是同构的 class_of_functional_mapping。

示例：自然对数函数是 class_of_isomorphic_functional_mapping。

EXPRESS 描述：

```
*)
ENTITY class_of_isomorphic_functional_mapping
    SUPERTYPE OF (ONEOF(scale, class_of_scale_conversion))
    SUBTYPE OF(class_of_functional_mapping);
END_ENTITY;
(*
```

5.2.15.3 函数映射

functional_mapping(函数映射)是一种 relationship。它显示输入按 class_of_functional_mapping 分类的计算给出结果。

示例：[5，3]映射到 2(通过减函数分类)是 functional_mapping 的一个例子。

EXPRESS 描述：

```
*)
ENTITY functional_mapping
    SUBTYPE OF(relationship);
    input : thing;
    result : thing;
END_ENTITY;
(*
```

属性定义：

input：映射的输入。

result：给定输入后函数的结果。

5.2.16 事物表达

本条声明了表达事物表达的实体数据类型。

注：图 192 是本条定义的实体数据类型图(见 4.8.4.2)。

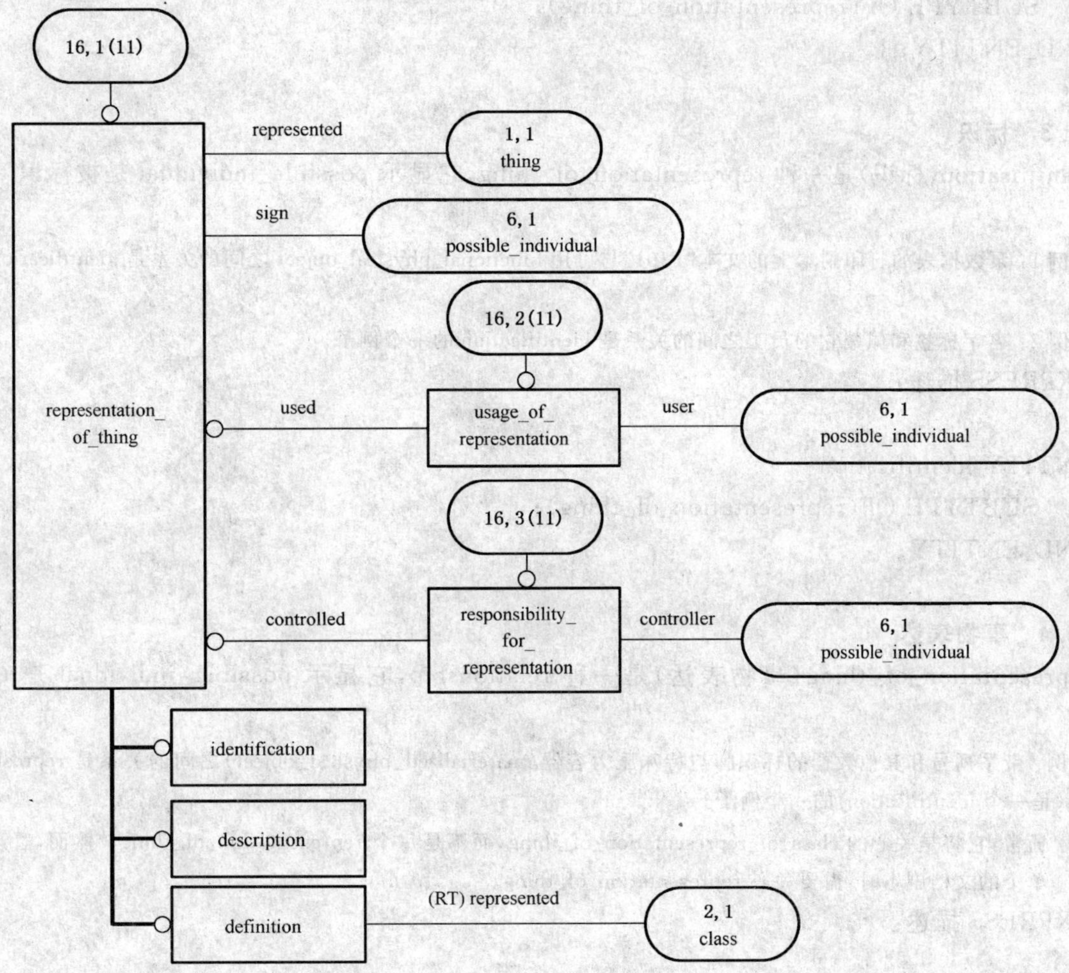

图 192　生命周期集成模式的 EXPRESS-G 图(29 个图中的第 16 个)

5.2.16.1　**定义**

definition(定义)是一种 representation_of_thing,它显示标记 possible_individual 定义的 class。

示例:上述语句的这个副本和其之前的标题之间的关系是一个 definition。

EXPRESS 描述:

```
*)
ENTITY definition
    SUBTYPE OF(representation_of_thing);
    SELF\representation_of_thing. represented : class;
END_ENTITY;
(*
```

属性定义:

represented:definition 中定义的 class。

5.2.16.2　**描述**

description(描述)是一种 representation_of_thing,它显示 possible_individual 描述的 thing。

示例:某精炼厂 1 号原油蒸馏设备的配管仪表与工厂具有 description 关系。

EXPRESS 描述:

```
*)
ENTITY description
```

```
    SUBTYPE OF(representation_of_thing);
END_ENTITY;
(*
```

5.2.16.3 标识

identification(标识)是一种 representation_of_thing,它显示 possible_individual 是被标识 thing 的标识符。

示例1:泵数据表的打印副本上的文本"P101"与可用 functional_physical_object 之间的关系是 identification 的一个例子。

示例2:名字标签和佩戴它的员工之间的关系是 identification 的一个例子。

EXPRESS 描述:

```
*)
ENTITY identification
    SUBTYPE OF(representation_of_thing);
END_ENTITY;
(*
```

5.2.16.4 事物表达

representation_of_thing(事物表达)是一种 relationship,它显示 possible_individual 是 thing 的标记。

示例:带系列号和其他数据的标识牌与特殊压力容器(materialized_physical_object)之间的关系是 representation_of_thing(是一个 identification)的一个例子。

注:通常,它将是关心的 class_of_representation_of_thing,而不是每个 representation_of_thing。然而,管理和控制单个的文档副本时,需要关心 representation_of_thing。

EXPRESS 描述:

```
*)
ENTITY representation_of_thing
    SUBTYPE OF(relationship);
    represented : thing;
    sign : possible_individual;
END_ENTITY;
(*
```

属性定义:

represented:representation_of_thing 中表达的 thing。

sign:在 representation_of_thing 中是标记的 possible_individual。

5.2.16.5 职责表达

responsibility_for_representation(职责表达)是一种 relationship,它显示控制者 possible_individual 管理被控制的representation_of_thing。

示例:本部分的管理职责归 ISO。

EXPRESS 描述:

```
*)
ENTITY responsibility_for_representation
    SUBTYPE OF(relationship);
    controlled : representation_of_thing;
    controller : possible_individual;
```

```
END_ENTITY;
(*
```

属性定义：

controlled:responsibility_for_representation 中被控制的 representation_of_thing。

controller:在 responsibility_for_representation 中是控制者的 possible_individual。

5.2.16.6 表达应用

usage_of_representation(表达应用)是一种 relationship,它显示通过 possible_individual 使用 representation_of_thing。使用并不意味着职责。

示例：XYZ 公司在设计中使用标记"P101"表达特殊泵。

EXPRESS 描述：

```
*)
ENTITY usage_of_representation
    SUBTYPE OF(relationship);
    used : representation_of_thing;
    user : possible_individual;
END_ENTITY;
(*
```

属性定义：

used:某些用户或用户群使用的 representation_of_thing。

user:是用户或用户群(使用 representation_of_thing)的 possible_individual。

5.2.17 表达类型

本条含实体数据类型的说明,并对表达类进行表达。

注：图 193 是本条定义的实体数据类型图(见 4.8.4.2)。

5.2.17.1 定义类

class_of_definition(定义类)是一种 class_of_representation_of_thing,它显示的模式是已表达 class 的定义。

示例：可以用 class_of_definition 的实例表达模式"移动液体的某物"与用英文名"泵"标识的 class 之间的连接。

EXPRESS 描述：

```
*)
ENTITY class_of_definition
    SUBTYPE OF(class_of_representation_of_thing);
    SELF\class_of_representation_of_thing.represented : class;
END_ENTITY;
(*
```

属性定义：

represented:被引用 class_of_information_representation 成员定义的 class。

5.2.17.2 描述类

class_of_description(描述类)是一种 class_of_representation_of_thing,它显示的模式是被表达事物的描述。

示例：可以用 class_of_description 的实例表达模式"这是老式喷射泵"与特殊泵之间的连接。

EXPRESS 描述：

```
*)
ENTITY class_of_description
```

SUBTYPE OF(class_of_representation_of_thing);
END_ENTITY;
(*

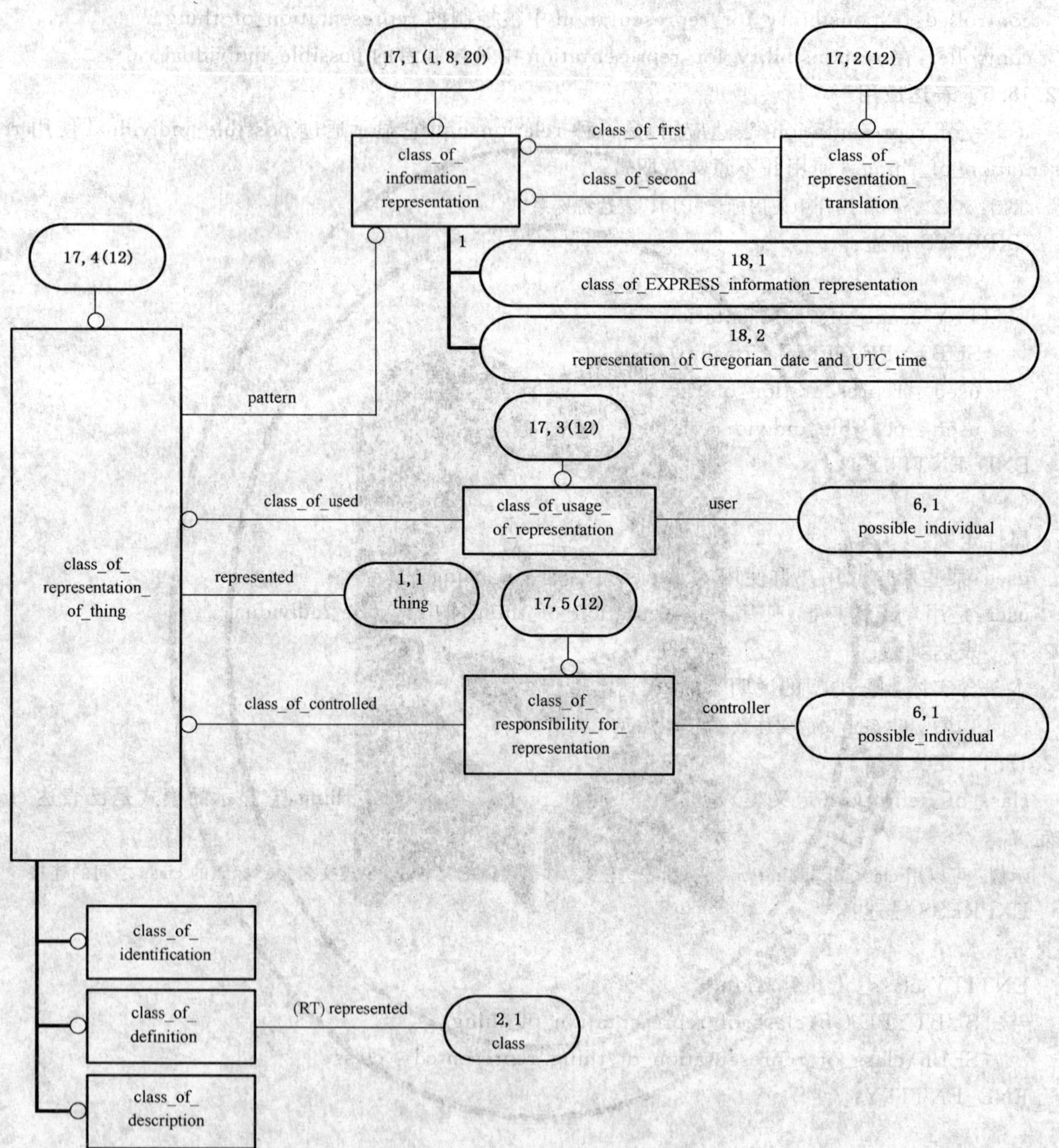

图 193 生命周期集成模式的 EXPRESS-G 图(29 个图中的第 17 个)

5.2.17.3 标识类

class_of_identification(标识类)是一种 class_of_representation_of_thing,它显示用于引用被表达事物的模式。

示例:可以用 class_of_identification 的实例表达模型"AC-1234"与特殊泵之间的连接(显示"AC-1234"的成员用于引用泵)。

EXPRESS 描述:

*)

```
ENTITY class_of_identification
    SUBTYPE OF(class_of_representation_of_thing);
END_ENTITY;
(*
```

5.2.17.4 信息表达类

class_of_information_representation(信息表达类)是定义表达信息模式的 class_of_arranged_individual。

示例：字符“s”连接字符“u”再连接字符“n”模式形成的文本是“sun” class_of_information_representation 的成员。

EXPRESS 描述：

```
*)
ENTITY class_of_information_representation
    SUPERTYPE OF (ONEOF(class_of_EXPRESS_information_representation,
                        representation_of_Gregorian_date_and_UTC_time))
    SUBTYPE OF(class_of_arranged_individual);
END_ENTITY;
(*
```

5.2.17.5 事物表达类

class_of_representation_of_thing(事物表达类)是一种 class_of_relationship,它显示表达 thing 的所有模型 class_of_information_representation 成员。

示例：可以用 class_of_information_representation 的实例表达,它指出用“伦敦”表示发生模型表达了英国首都的概念。

EXPRESS 描述：

```
*)
ENTITY class_of_representation_of_thing
    SUBTYPE OF(class_of_relationship);
    pattern : class_of_information_representation;
    represented : thing;
END_ENTITY;
(*
```

属性定义：

pattern:其成员表达被引用 thing 的 class_of_information_representation。

represented:用被引用 class_of_information_representation 成员表达的 thing。

5.2.17.6 翻译表达类

class_of_representation_translation(翻译表达类)是显示了 class_of_information_representation 两个实例翻译的 class_of_relationship。

示例：可以用 class_of_representation_translation 的实例表达显示了表达“F”和“15”是等效(分别是十六进制和八进制中十五的概念)的连接。

EXPRESS 描述：

```
*)
ENTITY class_of_representation_translation
    SUBTYPE OF(class_of_relationship);
    class_of_first : class_of_information_representation;
    class_of_second : class_of_information_representation;
```

END_ENTITY;

(*

属性定义:

class_of_first:翻译中 class_of_information_representation 的第一个实例。

class_of_second:翻译中 class_of_information_representation 的第二个实例。

5.2.17.7 职责表达类

class_of_responsibility_for_representation(职责表达类)是一种 class_of_relationship,其成员显示 possible_individual(通常是组织)认为模式成员可以用作被表达事物的表达。

示例:可以用 class_of_responsibility_for_representation 的实例表达泵 #1234 的标识与 XYZ 公司之间的连接(显示 XYZ 公司控制这个标识)。

EXPRESS 描述:

*)

```
ENTITY class_of_responsibility_for_representation
    SUBTYPE OF(class_of_relationship);
    class_of_controlled : class_of_representation_of_thing;
    controller : possible_individual;
END_ENTITY;
```

(*

属性定义:

class_of_controlled:被引用 possible_individual 控制的 class_of_representation_of_thing。

controller::控制被引用 class_of_representation_of_thing 的 possible_individual。

5.2.17.8 表达应用类

class_of_usage_of_representation(表达应用类)是一种 class_of_relationship,其成员显示 possible_individual(通常是组织)把被表达事物的表达作为模式成员读或使用。

示例:可以用 class_of_usage_of_representation 的类表达泵 #1234 的标识与承包人 ABC 有限公司之间的连接(显示 ABC 有限公司使用这个标识符)。

EXPRESS 描述:

*)

```
ENTITY class_of_usage_of_representation
    SUBTYPE OF(class_of_relationship);
    class_of_used : class_of_representation_of_thing;
    user : possible_individual;
END_ENTITY;
```

(*

属性定义:

class_of_used:被引用 possible_individual 使用的 class_of_representation_of_thing。

user:使用被引用 class_of_representation_of_thing 的 possible_individual。

5.2.18 EXPRESS 和 UTC 的表达

本条声明了表达 EXPRESS 和 UTC 表达的实体数据类型。

注:图 194 是本条定义的实体数据类型图。

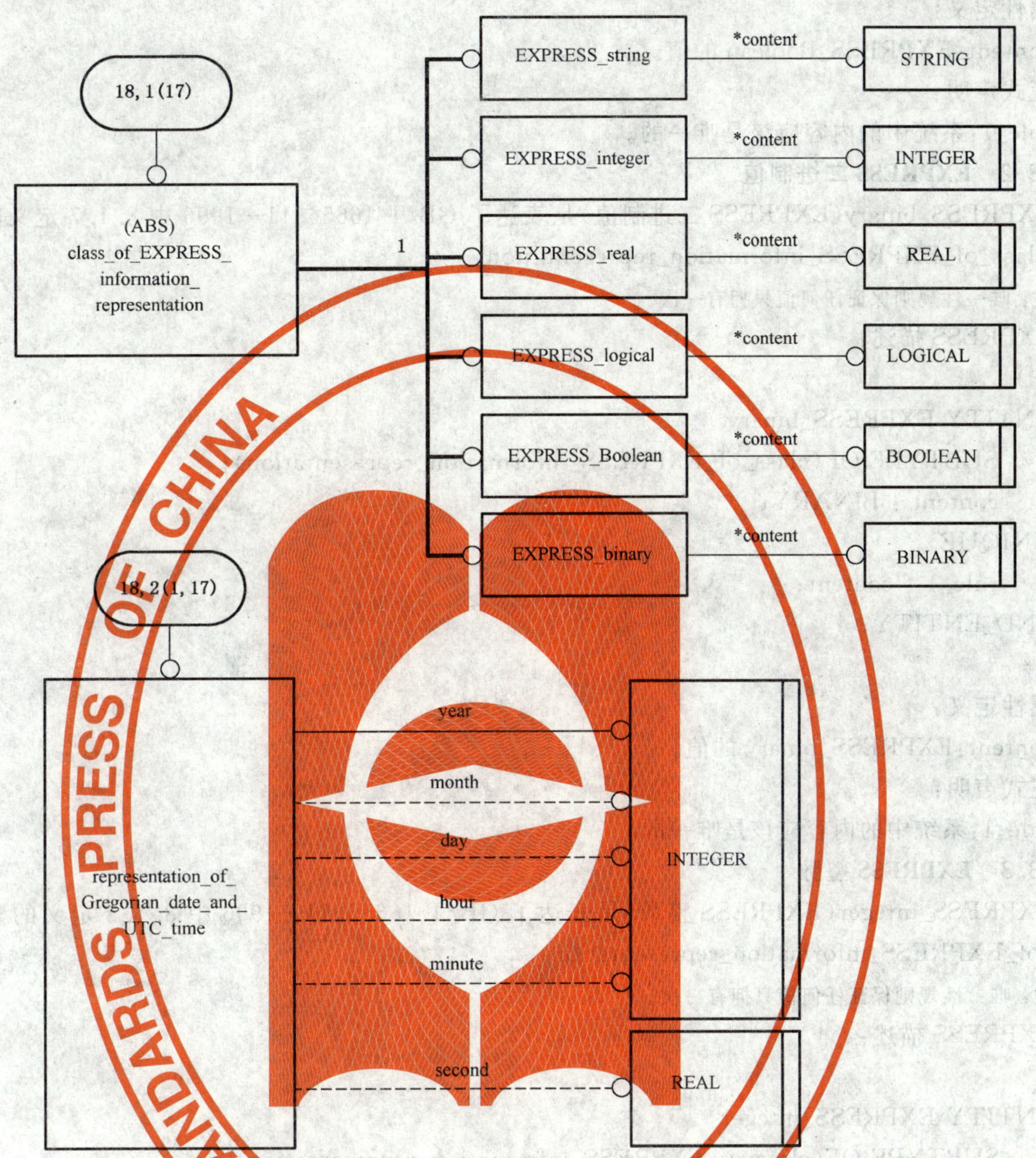

图 194　生命周期集成模式的 EXPRESS-G 图(29 个图中的第 18 个)

5.2.18.1　**EXPRESS 布尔值**

EXPRESS_Boolean(EXPRESS 布尔值)是表达了 GB/T 16656.11—1996 中 8.1.5 定义的布尔值的 class_of_EXPRESS_information_representation。

注：唯一性规则保证任何值只拥有一次。

EXPRESS 描述：

```
*)
ENTITY EXPRESS_Boolean
    SUBTYPE OF(class_of_EXPRESS_information_representation);
    content : BOOLEAN;
UNIQUE
    rule_1 : content;
END_ENTITY;
(*
```

属性定义：

content:EXPRESS_Boolean 的值。

正式声明：

rule_1:系统中的内容应该是唯一的。

5.2.18.2 EXPRESS 二进制值

EXPRESS_binary(EXPRESS 二进制值)是表达了 GB/T 16656.11—1996 中 8.1.7 定义的二进制值的 class_of_EXPRESS_information_representation。

注：唯一性规则保证任何值只拥有一次。

EXPRESS 描述：

```
*)
ENTITY EXPRESS_binary
    SUBTYPE OF(class_of_EXPRESS_information_representation);
    content : BINARY;
UNIQUE
    rule_1 : content;
END_ENTITY;
(*
```

属性定义：

content:EXPRESS_binary 的值。

正式声明：

rule_1:系统中的内容应该是唯一的。

5.2.18.3 EXPRESS 整数

EXPRESS_integer(EXPRESS 整数)是表达了 GB/T 16656.11—1996 中 8.1.3 定义的整数值的 class_of_EXPRESS_information_representation。

注：唯一性规则保证任何值只拥有一次。

EXPRESS 描述：

```
*)
ENTITY EXPRESS_integer
    SUBTYPE OF(class_of_EXPRESS_information_representation);
    content : INTEGER;
UNIQUE
    rule_1 : content;
END_ENTITY;
(*
```

属性定义：

content:EXPRESS_integer 的值。

正式声明：

rule_1:系统中的内容应该是唯一的。

5.2.18.4 EXPRESS 逻辑值

EXPRESS_logical(EXPRESS 逻辑值)是表达了 GB/T 16656.11—1996 中 8.1.4 定义的逻辑值的 class_of_EXPRESS_information_representation。

注：唯一性规则保证任何值只拥有一次。

EXPRESS 描述：

```
*)
ENTITY EXPRESS_logical
    SUBTYPE OF(class_of_EXPRESS_information_representation);
    content : LOGICAL;
UNIQUE
    rule_1 : content;
END_ENTITY;
(*
```

属性定义：

content:EXPRESS_logical 的值。

正式声明：

rule_1:系统中的内容应该是唯一的。

5.2.18.5 EXPRESS 实数

EXPRESS_real(EXPRESS 实数)是表达了 GB/T 16656.11—1996 中 8.1.2 定义的实数值的class_of_EXPRESS_information_representation。

注：唯一性规则保证任何值只拥有一次。

EXPRESS 描述：

```
*)
ENTITY EXPRESS_real
    SUBTYPE OF(class_of_EXPRESS_information_representation);
    content : REAL;
UNIQUE
    rule_1 : content;
END_ENTITY;
(*
```

属性定义：

content:EXPRESS_real 的值。

正式声明：

rule_1:系统中的内容应该是唯一的。

5.2.18.6 EXPRESS 字符串

EXPRESS_string(EXPRESS 字符串)是表达了 GB/T 16656.11—1996 中 8.1.6 定义的字符串的 class_of_EXPRESS_information_representation。

注：唯一性规则保证任何值只拥有一次。

EXPRESS 描述：

```
*)
ENTITY EXPRESS_string
    SUBTYPE OF(class_of_EXPRESS_information_representation);
    content : STRING;
UNIQUE
    rule_1 : content;
END_ENTITY;
(*
```

属性定义：

content:EXPRESS_string 的值。

正式声明:

rule_1:系统中的内容应该是唯一的。

5.2.18.7 **EXPRESS 信息表达类**

class_of_EXPRESS_information_representation(EXPRESS 信息表达类)是 GB/T 16656.11 定义的 class_of_information_representation。

EXPRESS 描述:

```
*)
ENTITY class_of_EXPRESS_information_representation
    ABSTRACT SUPERTYPE OF (ONEOF(EXPRESS_string, EXPRESS_integer,
                                EXPRESS_real, EXPRESS_logical, EXPRESS_Boolean,
                                EXPRESS_binary))
    SUBTYPE OF(class_of_information_representation);
END_ENTITY;
(*
```

5.2.18.8 **乔治日期和 UTC 时间的表达**

representation_of_Gregorian_date_and_UTC_time(乔治日期和 UTC 时间的表达)是一种 class_of_information_representation,其成员是使用 GB/T 7408—2005 和格林日期表达系统规定的 UTC 时间标识系统的时间表达式。

应该是 UTC 时间表达式表达所有时间。日期应该遵守格林日历法。

注 1:世界标准时间(UTC)是世界法定时间的基础,并严格遵守 TAI(见下文),秒的整数除外。为了确保平均年,根据国际地球自转服务(IERS)(http://hpiers.obspm.fr)的建议插入这些闰秒,太阳在格林子午线 12:00:00 UTC 的 0.9 s 内是在正顶。因此,UTC 是格林尼治标准时间(GMT)的继承者,当时间单位是平均太阳日时使用它。用来自 200 多个原子钟(位于全世界 30 多个国家的度量衡研究所和天文台)的 BIPM 计算国际原子时间(TAI)。每个月在 BIPM 圆形 T(ftp://62.161.69.5/pub/tai/publication)中计算有效的 TAI。相对于想象中的时钟来说,估计 TAI 每年不会失去或获得超过十分之一微秒(0.000 000 1 s)。

注 2:虽然 GB/T 7408 允许午夜时间有 0 和 24 两种表达,但是本部分限制表示为 0。

注 3:秒值上升,但不包括 61.0,其允许闰秒。这意味着地球自转决定了太阳时间。通常在年中或年末根据需要增加或减少闰秒,尽管地球的自转发生变化,通过多一秒的方法保证法定时间与非正式的太阳时间一致。

EXPRESS 描述:

```
*)
ENTITY representation_of_Gregorian_date_and_UTC_time
    SUBTYPE OF(class_of_information_representation);
    year : INTEGER;
    month : OPTIONAL INTEGER;
    day : OPTIONAL INTEGER;
    hour : OPTIONAL INTEGER;
    minute : OPTIONAL INTEGER;
    second : OPTIONAL REAL;
WHERE
    valid_month : {1<= month <= 12};
    valid_day : {1<= day <= 31};
    valid_hour : {0<= hour <= 23};
```

```
        valid_minute :{0<= minute <= 59};
        valid_second :{0.0 <= second < 61.0};
    END_ENTITY;
    (*
```

属性定义：

year:阳历中定义的年，应该使用与明确传播世纪和世纪中的年一样的许多必要数字定义年。不应该使用截短的年数。

month:指定月的位置，如 GB/T 7408—2005 中 5.2.1 定义的一样。

day:天的值，如 GB/T 7408—2005 中 5.2.1 定义的一样。

hour:24 小时时钟上指定时间的小时元素。应该用零值表达午夜。

minute:指定时间的分元素。

second:指定时间的秒元素。

正式声明：

valid_month:月应该是 1～12 之间的值。

valid_day:天应该是 1～31 之间的值。

valid_hour:小时应该是 0～23 之间的值。

valid_minute:分应该是 0～59 之间的值。

valid_second:秒应该是 0.0～61.0 的值，但不包括 61.0。

5.2.19 表达类的所有类型

本条声明了表达表达类类型的实体数据类型。

注：图 195 是本条定义的实体数据类型图。

5.2.19.1 定义类的类

class_of_class_of_definition(定义类的类)是一种 class_of_class_of_representation，其成员是 class_of_definition 的成员。

示例："标准"是一个 class_of_class_of_definition。

EXPRESS 描述：

```
*)
ENTITY class_of_class_of_definition
    SUBTYPE OF(class_of_class_of_representation);
END_ENTITY;
(*
```

5.2.19.2 描述类的类

class_of_class_of_description(描述类的类)是一种 class_of_class_of_representation，其成员是 class_of_description 的成员。

示例：服务描述是一个 class_of_class_of_description。

EXPRESS 描述：

```
*)
ENTITY class_of_class_of_description
    SUBTYPE OF(class_of_class_of_representation);
END_ENTITY;
(*
```

5.2.19.3 标识类的类

class_of_class_of_identification(定义类的类)是一种 class_of_class_of_representation，其成员是

class_of_identification 的成员。

示例：可以用 class_of_class_of_identification 的实例表达类“制造零件族”与 representation_form “GB/T 17645 基本语义单元”之间的连接(显示可以使用 GB/T 17645 标识零件族)。

EXPRESS 描述：

```
*)
ENTITY class_of_class_of_identification
   SUBTYPE OF(class_of_class_of_representation);
END_ENTITY;
(*
```

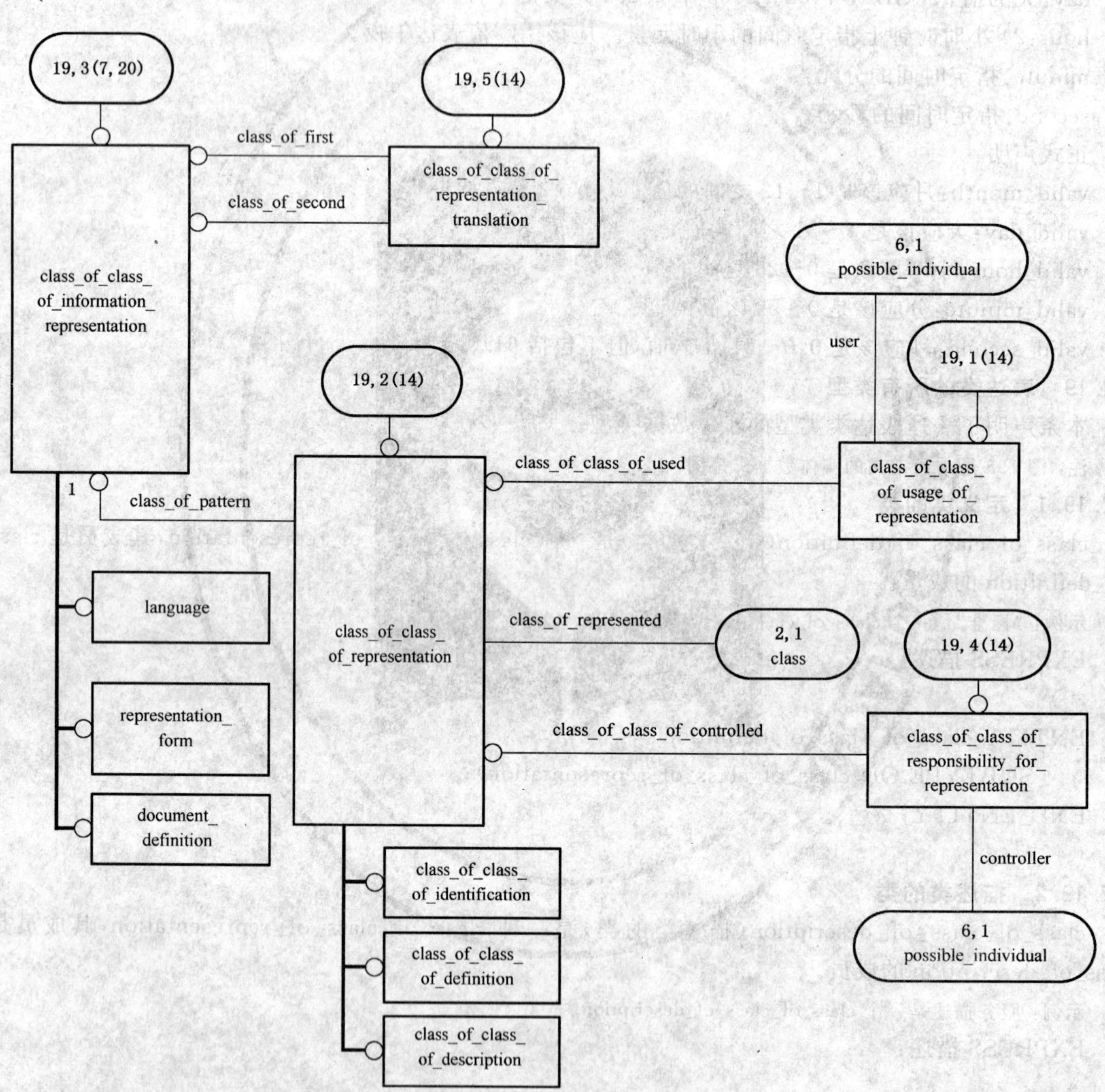

图 195 生命周期集成模式的 EXPRESS-G 图(29 个图中的第 19 个)

5.2.19.4 信息表达类的类

class_of_class_of_information_representation(信息表达类的类)是一种对信息表达类进行分类的 class_of_class_of_individual。

示例：八进制整数是一个 class_of_class_of_representation，其成员是对应八进制格式整数的所有信息表达类。

EXPRESS 描述：

```
*)
ENTITY class_of_class_of_information_representation
    SUPERTYPE OF (ONEOF(representation_form, language,
                        document_definition))
    SUBTYPE OF(class_of_class_of_individual);
END_ENTITY;
(*
```

5.2.19.5 表达类的类

class_of_class_of_representation（表达类的类）是一种 class_of_class_of_relationship，其成员是 class_of_representation_of_thing 的实例。

示例：显示可以用类"XML"模式表达类"文档"成员的连接是一个 class_of_class_of_representation。

EXPRESS 模式：

```
*)
ENTITY class_of_class_of_representation
    SUBTYPE OF(class_of_class_of_relationship);
    class_of_pattern : class_of_class_of_information_representation;
    class_of_represented : class;
END_ENTITY;
(*
```

属性定义：

class_of_pattern：其成员可以表达被引用类成员的 class_of_class_of_information_representation。

class_of_represented：可以用被引用 class_of_class_of_information_representation 成员表达其成员的 class。

5.2.19.6 表达翻译类的类

class_of_class_of_representation_translation 是一种 class_of_class_of_relationship，其成员是 class_of_representation_translation 的成员。

示例：其成员包括 ASCII 二进制成员与 ASCII 文本表达类之间所有翻译类的类 ASCII 是一个 class_of_class_of_representation_translation。

EXPRESS 描述：

```
*)
ENTITY class_of_class_of_representation_translation
    SUBTYPE OF(class_of_class_of_relationship);
    class_of_first : class_of_class_of_information_representation;
    class_of_second : class_of_class_of_information_representation;
END_ENTITY;
(*
```

属性定义：

class_of_first：为其定义翻译的第一个 class_of_class_of_information_representation。

class_of_second：为其定义翻译的第二个 class_of_class_of_information_representation。

5.2.19.7 职责表达类的类

class_of_class_of_responsibility_for_representation（职责表达类的类）是一种 class_of_class_of_relationship，其成员是连接控制者与表达集的 class_of_responsibility_for_representation 的成员。

示例：可以用 class_of_class_of_usage_of_representation 的实例表达韦氏与标识集（韦氏泵与韦氏系列号之间显示

韦氏定义的标识符的)之间的连接。

EXPRESS 描述:

```
*)
ENTITY class_of_class_of_responsibility_for_representation
    SUBTYPE OF(class_of_class_of_relationship);
    class_of_class_of_controlled : class_of_class_of_representation;
    controller : possible_individual;
END_ENTITY;
(*
```

属性定义:

class_of_class_of_controlled:被引用 possible_individual 控制的 class_of_class_of_representation。

controller:控制被引用 class_of_class_of_representation 的 possible_individual。

5.2.19.8 表达应用类的类

class_of_class_of_usage_of_representation(表达应用类的类)是一种 class_of_class_of_relationship,其成员是连接用户和表达集的 class_of_usage_of_representation 的成员。

示例:可以用 class_of_class_of_usage_of_representation 的实例表达用户公司与标识集(韦氏泵与韦氏系列号之间显示用户公司使用韦氏标识符的)之间的连接。

EXPRESS 描述:

```
*)
ENTITY class_of_class_of_usage_of_representation
    SUBTYPE OF(class_of_class_of_relationship);
    class_of_class_of_used : class_of_class_of_representation;
    user : possible_individual;
END_ENTITY;
(*
```

属性定义:

class_of_class_of_used:被引用 possible_individual 使用的 class_of_class_of_representation。

user:使用被引用 class_of_class_of_representation 的 possible_individual。

5.2.19.9 文档定义

document_definition(文档定义)是定义文档内容和/或结构的 class_of_class_of_information_representation。

示例:XYZ 公司的材料安全数据表是一个 document_definition。

EXPRESS 描述:

```
*)
ENTITY document_definition
    SUBTYPE OF(class_of_class_of_information_representation);
END_ENTITY;
(*
```

5.2.19.10 语言

Language(语言)是一种 class_of_class_of_information_representation,其成员是用语言创造的所有信息表达。

示例:可以用 language 的实例表达英语、法语、C++和 Java。

EXPRESS 描述:

*)
ENTITY language
  SUBTYPE OF(class_of_class_of_information_representation);
END_ENTITY;
(*

5.2.19.11 表达格式

representation_form(表达格式)是区分表达格式的 class_of_class_of_information_representation。

示例：都可以用 representation_form 的实例表达十六进制、文本、脚本、符号、图片、图表、旗语、莫尔斯电码、乐谱、乐器数字界面、文件格式和 XML。

EXPRESS 描述：

*)
ENTITY representation_form
  SUBTYPE OF(class_of_class_of_information_representation);
END_ENTITY;
(*

5.2.20 命名空间

本条声明了表达命名空间的实体数据类型。

注：图 196 是本条定义的实体数据类型图(见 4.8.4.2.5)。

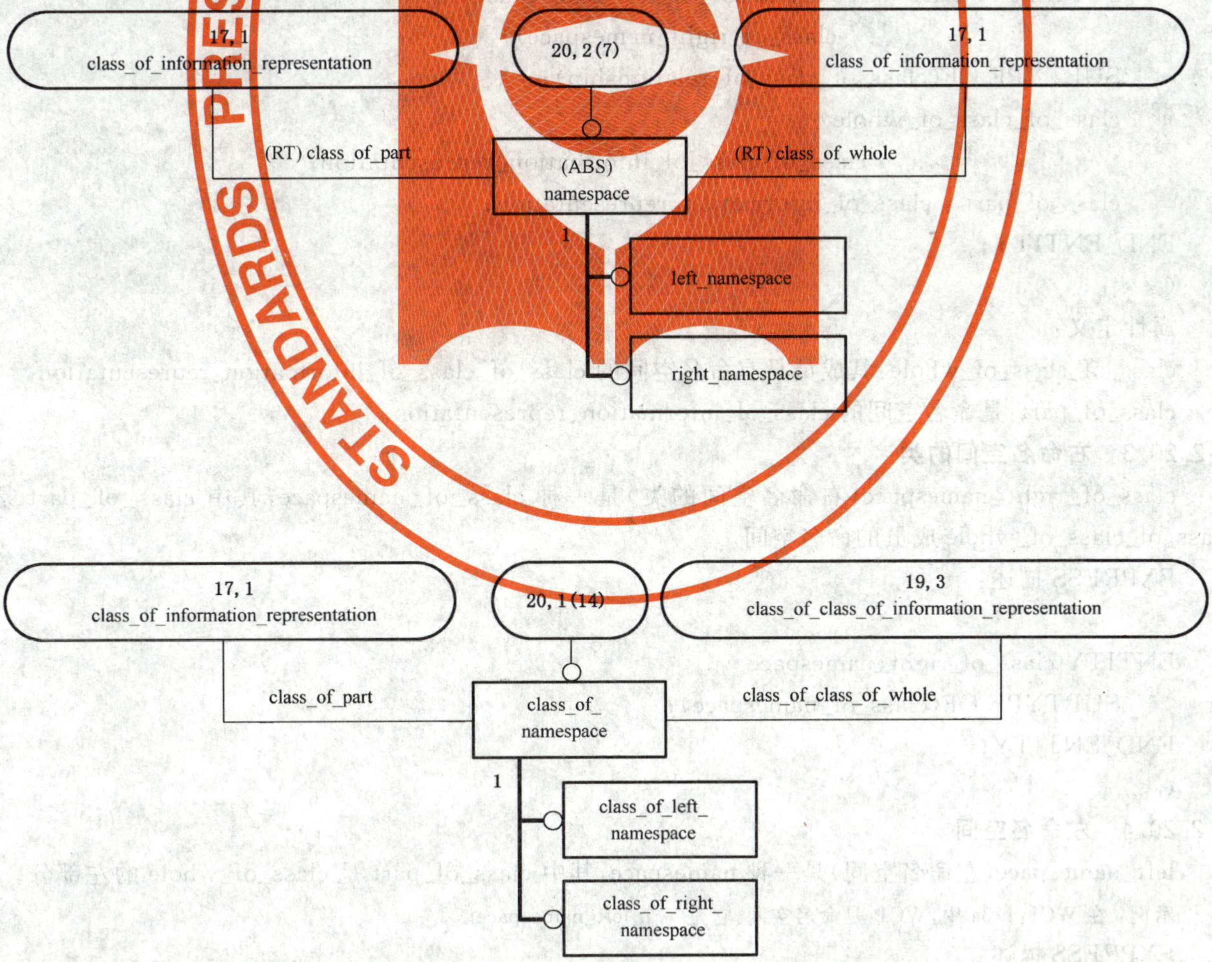

图 196 生命周期集成模式的 EXPRESS-G 图(29 个图中的第 20 个)

5.2.20.1 左命名空间的类

class_of_left_namespace(左命名空间的类)是一种 class_of_namespace，它显示 class_of_part 是 class_of_class_of_whole 成员的 left_namespace。

示例：WC1:是水公司 1 的消费者站点标识符的 left_namespace。

EXPRESS 描述：

```
*)
ENTITY class_of_left_namespace
    SUBTYPE OF(class_of_namespace);
END_ENTITY;
(*
```

5.2.20.2 命名空间的类

class_of_namespace(命名空间的类)是一种 class_of_class_of_relationship，它显示 class_of_information_representation 是用作所有 class_of_class_of_information_representation(是 class_of_class_of_whole)成员的 class_of_part。

示例：WC1 用作水公司标识符集的命名空间。

EXPRESS 描述：

```
*)
ENTITY class_of_namespace
    SUPERTYPE OF (ONEOF(class_of_left_namespace,
                        class_of_right_namespace))
    SUBTYPE OF(class_of_class_of_relationship);
    class_of_class_of_whole :
                        class_of_class_of_information_representation;
    class_of_part : class_of_information_representation;
END_ENTITY;
(*
```

属性定义：

class_of_class_of_whole:其成员具有命名空间的 class_of_class_of_information_representation。

class_of_part:是命名空间的 class_of_information_representation。

5.2.20.3 右命名空间的类

class_of_right_namespace(右命名空间的类)是一种 class_of_namespace，其中 class_of_part 是 class_of_class_of_whole 成员的命名空间。

EXPRESS 描述：

```
*)
ENTITY class_of_right_namespace
    SUBTYPE OF(class_of_namespace);
END_ENTITY;
(*
```

5.2.20.4 左命名空间

left_namespace(左命名空间)是一种 namespace，其中 class_of_part 是 class_of_whole 的左部分。

示例：在 WC1:1234 中，WC1:是命名空间，它是一个 left_namespace。

EXPRESS 描述：

```
*)
```

```
ENTITY left_namespace
    SUBTYPE OF(namespace);
END_ENTITY;
(*
```

5.2.20.5 命名空间

namespace(命名空间)是一种 class_of_arrangement_of_individual,其中 class_of_information_representation 和部件的 class_of_whole 和 class_of_part 是整个命名空间中最有效的部分。

示例:在标识符 WC1:1234 中,字符串 WC1:是一个 namespace。

EXPRESS 描述:

```
*)
ENTITY namespace
    ABSTRACT SUPERTYPE OF (ONEOF(right_namespace, left_namespace))
    SUBTYPE OF(class_of_arrangement_of_individual);
    SELF\class_of_composition_of_individual.class_of_part :
                                    class_of_information_representation;
    SELF\class_of_arrangement_of_individual.class_of_whole :
                                    class_of_information_representation;
END_ENTITY;
(*
```

属性定义:

class_of_part:是命名空间的 class_of_information_representation。

class_of_whole:具有命名空间 class_of_part 的 class_of_information_representation。

5.2.20.6 右命名空间

right_namespace(右命名空间)是一种 namespace,它显示 class_of_part 是 class_of_whole 的最右部分。

示例:当 ZH 是 5367ZH 中的命名空间时,它们之间的关系用 right_namespace 显示。

EXPRESS 描述:

```
*)
ENTITY right_namespace
    SUBTYPE OF(namespace);
END_ENTITY;
(*
```

5.2.21 连接

本条声明了表达连接的实体数据类型。

注:图 197 是本条定义的实体数据类型图(见 4.7.3)。

5.2.21.1 个体连接类

class_of_connection_of_individual(个体连接类)是一种 class_of_relationship,其成员是 connection_of_individual 的成员。它显示 class_of_side_1 class_of_individual 的成员可以连接 class_of_side_2 class_of_individual 的成员。

注 1:在是该 class_of_connection_of_individual 成员的 connection_of_individual 中,class_of_side_1 和 class_of_side_2 显示分别是 side_1 和 side_2 的 class_of_individual。

注 2:不能用 class_of_connection_of_individual 的实例表达柔度、刚度和焊缝,它们是连接中被连接或使用的材料类。

示例:电线之间的电连接是一个 class_of_connection_of_individual。

EXPRESS 描述:

```
*)
ENTITY class_of_connection_of_individual
    ABSTRACT SUPERTYPE OF (ONEOF(class_of_direct_connection,
                                 class_of_indirect_connection))
    SUBTYPE OF(class_of_relationship);
    class_of_side_1 : class_of_individual;
    class_of_side_2 : class_of_individual;
END_ENTITY;
(*
```

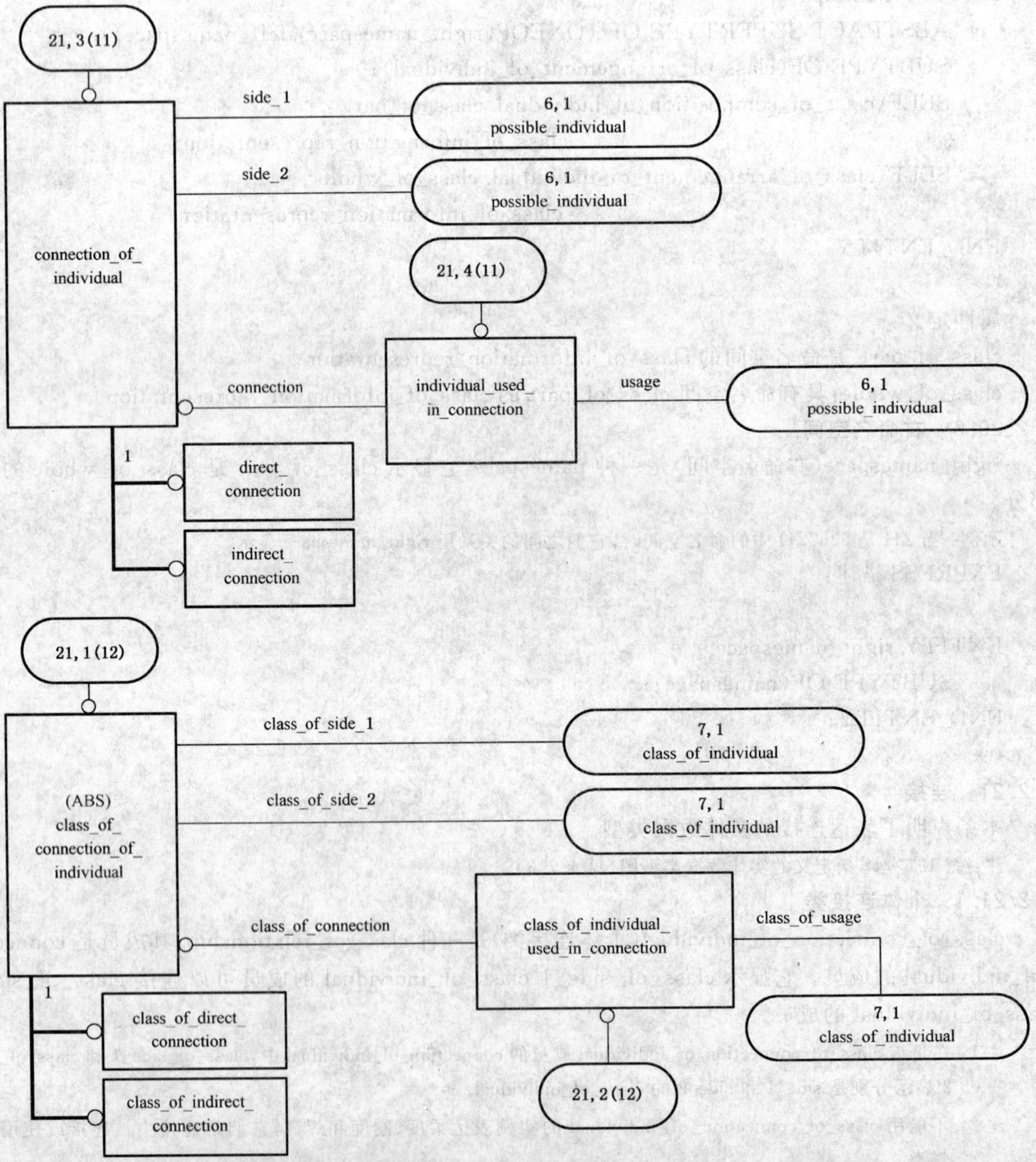

图 197 生命周期集成模式的 EXPRESS-G 图(29 个图中的第 21 个)

属性定义:

class_of_side_1:其成员在 class_of_connection_of_individual 成员中扮演 side_1 角色的 class_of_individual。

class_of_side_2:其成员在 class_of_connection_of_individual 成员中扮演 side_2 角色的 class_of_individual。

5.2.21.2 直接连接类

class_of_direct_connection(直接连接类)是一种 class_of_connection_of_individual,其成员是 direct_connection 的成员。

示例:三腿电插头插入三空插座是 class_of_direct_connection 的一个例子。

EXPRESS 描述:

```
*)
ENTITY class_of_direct_connection
    SUBTYPE OF(class_of_connection_of_individual);
END_ENTITY;
(*
```

5.2.21.3 间接连接类

class_of_indirect_connection(间接连接类)是一种 class_of_connection_of_individual,其成员是 indirect_connection 的成员。

示例:滴管间接连接排泄漏斗是 class_of_indirect_connection 的一个例子。

EXPRESS 描述:

```
*)
ENTITY class_of_indirect_connection
    SUBTYPE OF(class_of_connection_of_individual);
END_ENTITY;
(*
```

5.2.21.4 连接中个体的类

class_of_individual_used_in_connection(连接中个体的类)是一种 class_of_relationship,其成员是 individual_used_in_connection 的成员。它显示在 class_of_connection_of_individual 中使用 class_of_individual 的成员。

示例:可以用 class_of_individual_involved_in_connection 的实例表达 class_of_connection_of_individual(它显示 B12 类型的线束连接到管支架)与 class_of_individual"直径 20 mm 的螺钉"(它显示管之间与 B12 类型线束之间的连接使用了四个直径 20 mm 的螺钉)之间的连接。

EXPRESS 描述:

```
*)
ENTITY class_of_individual_used_in_connection
    SUBTYPE OF(class_of_relationship);
    class_of_connection : class_of_connection_of_individual;
    class_of_usage : class_of_individual;
END_ENTITY;
(*
```

属性定义:

class_of_connection:其成员在 class_of_individual_involved_in_connection 成员中是连接的 class_of_connection_of_individual。

class_of_usage:在 class_of_individual_used_in_connection 成员中使用其成员的 class_of_individual。

5.2.21.5 个体连接

connection_of_individual(个体连接)是一种 relationship,它显示可以在直接或间接连接的 possible_individual 成员之间转移物质、能量或两者。对这两个相关的 possible_individual 实例进行排序没有重要意义。仅仅使用名字 side_1 和 side_2 区分属性。

EXPRESS 描述:

```
*)
ENTITY connection_of_individual
    SUPERTYPE OF (ONEOF(direct_connection, indirect_connection))
    SUBTYPE OF(relationship);
    side_1 : possible_individual;
    side_2 : possible_individual;
END_ENTITY;
(*
```

属性定义:

side_1:connection_of_individual 相关的第一个 possible_individual。

side_2:connection_of_individual 相关的第二个 possible_individual。

5.2.21.6 直接连接

direct_connection(直接连接)是一种 connection_of_individual,它显示 side_1 和 side_2 是通过通用空间边界直接连接的。

示例:可以用 direct_connection 的实例表达一种关系,这种关系显示终结一系列通讯电缆的插头连接计算机设备上的插座。

EXPRESS 描述:

```
*)
ENTITY direct_connection
    SUBTYPE OF(connection_of_individual);
END_ENTITY;
(*
```

5.2.21.7 间接连接

indirect_connection(间接连接)是一种 connection_of_individual,它显示 side_1 和 side_2 通过其他个体连接。

示例:可以用 indirect_connection 的实例表达显示伦敦和巴黎之间有一条铁路连接的关系。

EXPRESS 描述:

```
*)
ENTITY indirect_connection
    SUBTYPE OF(connection_of_individual);
END_ENTITY;
(*
```

5.2.21.8 连接中使用的个体

individual_used_in_connection(连接中使用的个体)是一种 relationship,它显示 connection_of_individual 中使用的 possible_individual。

示例:可以用 individual_used_in_connection 的实例表达两根管线的法兰盘接头与螺钉、螺母、垫片和衬垫集临时部件(显示螺钉和衬垫集参与连接)之间的 relationship。

EXPRESS 描述:

```
*)
ENTITY individual_used_in_connection
    SUBTYPE OF(relationship);
    connection : connection_of_individual;
    usage : possible_individual;
END_ENTITY;
(*
```

属性定义:

connection:被引用 possible_individual participates 参与其中的 connection_of_individual。

usage:参与被引用 connection_of_individual 的 possible_individual。

5.2.22 相对位置和顺序

本条声明了表达相对位置和顺序的实体数据类型。

注:图 198 是本条定义实体数据类型图(见 4.7.4)。

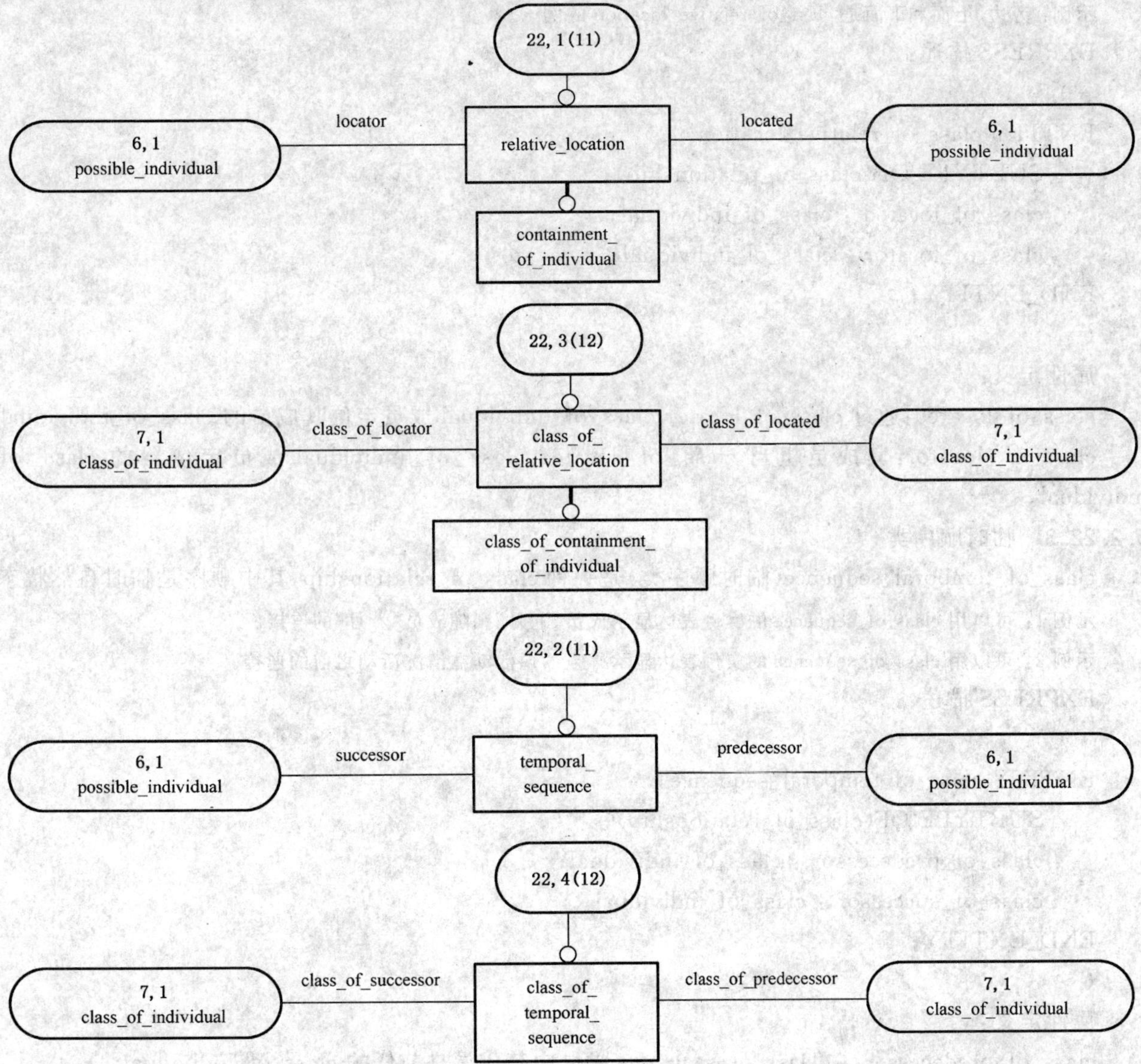

图 198 生命周期集成模式的 EXPRESS-G 图(29 个图中的第 22 个)

5.2.22.1 个体容积类

class_of_containment_of_individual(个体容积类)是一 class_of_relative_location 种,其成员是 containment_of_individual 的实例。它显示 class_of_locator class_of_individual 的成员可以包含 class_of_located class_of_individual 的成员。

示例:可以用"1 500 mL 有螺旋盖的塑料瓶"装那种"防冻液体"是一个 class_of_containment_of_individual。

EXPRESS 描述:

```
*)
ENTITY class_of_containment_of_individual
    SUBTYPE OF(class_of_relative_location);
END_ENTITY;
(*
```

5.2.22.2 相对位置类

class_of_relative_location(相对位置类)是一种 class_of_relationship,其成员是 relative_location 的实例。

示例:旁边、上面和下面是 class_of_relative_location 的例子。

EXPRESS 描述:

```
*)
ENTITY class_of_relative_location
    SUBTYPE OF(class_of_relationship);
    class_of_located : class_of_individual;
    class_of_locator : class_of_individual;
END_ENTITY;
(*
```

属性定义:

class_of_located:通过 class_of_locator class_of_individual 成员定位其成员的 class_of_individual。

class_of_locator:其成员担当 class_of_located class_of_individual 成员定位器的 class_of_individual。

5.2.22.3 临时顺序类

class_of_temporal_sequence(临时顺序类)是一种 class_of_relationship,其中顺序是临时自然状态。

示例 1:可以用 class_of_sequence 的实例表达显示成员"七月"跟随成员"六月"的连接。

示例 2:可以用 class_of_sequence 的实例表达显示排空油罐活动在清洗活动之前的连接。

EXPRESS 描述:

```
*)
ENTITY class_of_temporal_sequence
    SUBTYPE OF(class_of_relationship);
    class_of_predecessor : class_of_individual;
    class_of_successor : class_of_individual;
END_ENTITY;
(*
```

属性定义:

class_of_predecessor:在 class_of_sequence 成员中其成员是前任的 class_of_individual。

class_of_successor:在 class_of_sequence 成员中其成员是后续者的 class_of_individual。

5.2.22.4 个体容积

containment_of_individual(个体容积)是一种 relative_location,其中定位器 possible_individual 包含被定位的 possible_individual,但不是它的某部分。

示例:可以用 containment_of_individual 的实例表达容器内部的容器容量。

注:容积与成分不一样,在成分中,整体由其所有的部分组成,与容积一致,所包含的不是容器的一部分。

EXPRESS 描述:

```
*)
ENTITY containment_of_individual
    SUBTYPE OF(relative_location);
END_ENTITY;
(*
```

5.2.22.5 相对位置

relative_location(相当位置)是一种 relationship,它显示一个 possible_individual 的位置是相对另一个 possible_individual 的位置的。

注:relative_location 的 classification 显示 relative_location 的本质,例如上面、下面和旁边。

示例:在用 class_of_relative_location 上面分类的 relative_location 中,A(被定位者)相对 B(定位器)显示 A 在 B 的上面。

EXPRESS 描述:

```
*)
ENTITY relative_location
    SUBTYPE OF(relationship);
    located  : possible_individual;
    locator  : possible_individual;
END_ENTITY;
(*
```

属性定义:

located:被定位的 possible_individual。

locator:是被定位 possible_individual 的参考位置的 possible_individual。

5.2.22.6 临时顺序

temporal_sequence(临时顺序)是一种 relationship,在临时检测中,它显示一个 possible_individual 在另一个 possible_individual 之前。

示例 1:可以用 temporal_sequence 的实例表达工厂建设阶段 possible_individual 在工厂试运行阶段 possible_individual 之前的 relationship。

示例 2:可以用 temporal_sequence 的实例表达工业革命 period_in_time known 在信息革命 period_in_time 之前的 relationship。

EXPRESS 描述:

```
*)
ENTITY temporal_sequence
    SUBTYPE OF(relationship);
    predecessor  : possible_individual;
    successor  : possible_individual;
END_ENTITY;
(*
```

属性定义：

predecessor：在顺序中是前任的 possible_individual。

successor：在顺序中是后续者的 possible_individual。

5.2.23 生命周期阶段和批准

本条声明了表达生命周期阶段和批准的实体数据类型。

注：图 199 是本条定义的实体数据类型图(见 4.7.7 和 4.7.18)。

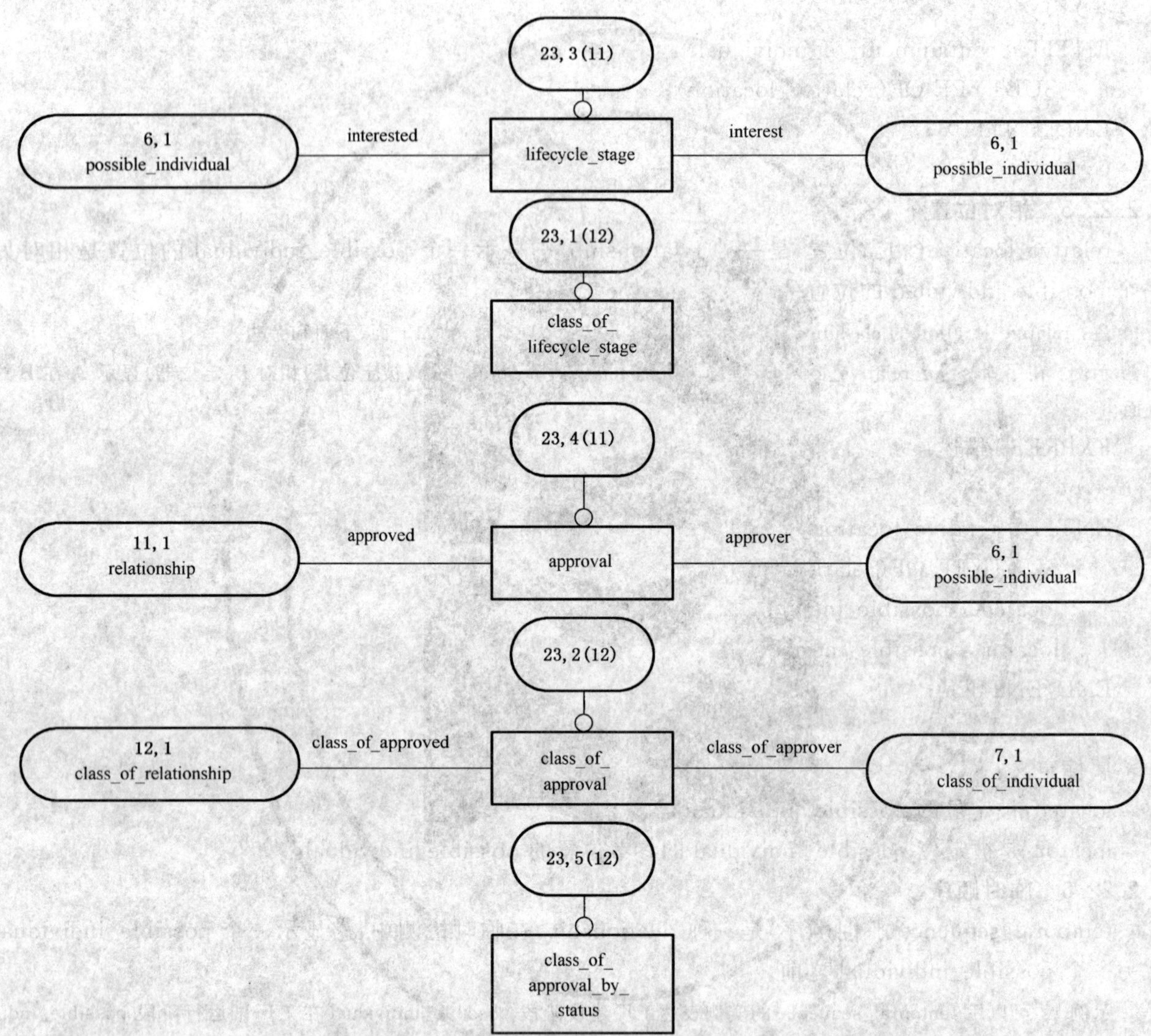

图 199 生命周期集成模式的 EXPRESS-G 图(29 个图中的第 23 个)

5.2.23.1 批准

Approval(批准)是一种 relationship，它显示批准者 possible_individual 已经批准 relationship。

注：应该关心需要批准什么。有时候不是说一个泵已批准，而是特殊 activity 中泵的参与，或某些 class_of_activity 的成员。

示例：带建造活动的工厂设计 involvement_by_reference(现场经理批准的)是 approval 的一个例子。

EXPRESS 描述：

```
*)
ENTITY approval
    SUBTYPE OF(relationship);
```

```
    approved : relationship;
    approver : possible_individual;
END_ENTITY;
(*
```

属性定义：

approved:approval 中被批准的 relationship。

approver:approval 中是批准者的 possible_individual。

5.2.23.2 **批准类**

class_of_approval(批准类)是一种 class_of_relationship,其成员是 approval 的成员,它显示 class_of_individual 的成员在 approval 中对于被批准的类成员来说是批准者。

示例：现场经理批准建筑(class_of_involvement_by_reference)的设计规范是 class_of_approval 的一个例子。

EXPRESS 描述：

```
*)
ENTITY class_of_approval
    SUBTYPE OF(class_of_relationship);
    class_of_approved : class_of_relationship;
    class_of_approver : class_of_individual;
END_ENTITY;
(*
```

属性定义：

class_of_approved:class_of_approver 成员批准其成员的 class_of_relationship。

class_of_approver:其成员是 class_of_relationship 批准者的 class_of_individual。

5.2.23.3 **状态批准类**

class_of_approval_by_status(状态批准类)是一种 class_of_relationship,它显示批准状态独立于批准者批准的内容。

示例：批准、批准但有意见、拒绝并有意见是 class_of_approval_by_status 的例子。

EXPRESS 描述：

```
*)
ENTITY class_of_approval_by_status
    SUBTYPE OF(class_of_relationship);
END_ENTITY;
(*
```

5.2.23.4 **生命周期阶段类**

class_of_lifecycle_stage(生命周期阶段类)是一种 class_of_relationship,其成员是 lifecycle_stage 的成员。

示例：可以用 class_of_lifecycle_stage 的实例表达计划的、必须的、期望的和提议的。

EXPRESS 描述：

```
*)
ENTITY class_of_lifecycle_stage
    SUBTYPE OF(class_of_relationship);
END_ENTITY;
(*
```

5.2.23.5 生命周期阶段

lifecycle_stage(生命周期阶段)是一种 relationship,它显示 possible_individual 对某些 possible_individual 的影响。

示例:可以用 lifecycle_stage 的实例表达把可能的建筑物连接到 XYZ 公司临时部分的关系。通过对可用 class_of_lifecycle_stage 的分类,可以表达 lifecycle_stage 的本质(例如:"计划的")。

EXPRESS 描述:

```
*)
ENTITY lifecycle_stage
    SUBTYPE OF(relationship);
    interest : possible_individual;
    interested : possible_individual;
END_ENTITY;
(*
```

属性定义:

interest:影响被引用 possible_individual 的 possible_individual。

interested:在被引用 possible_individual 中,具有影响的 possible_individual。

5.2.24 可能角色和预期角色

本条声明了表达可能角色和预期角色的实体数据类型。

注:图 200 是本条定义的实体数据类型图(见 4.8.4.8.1)。

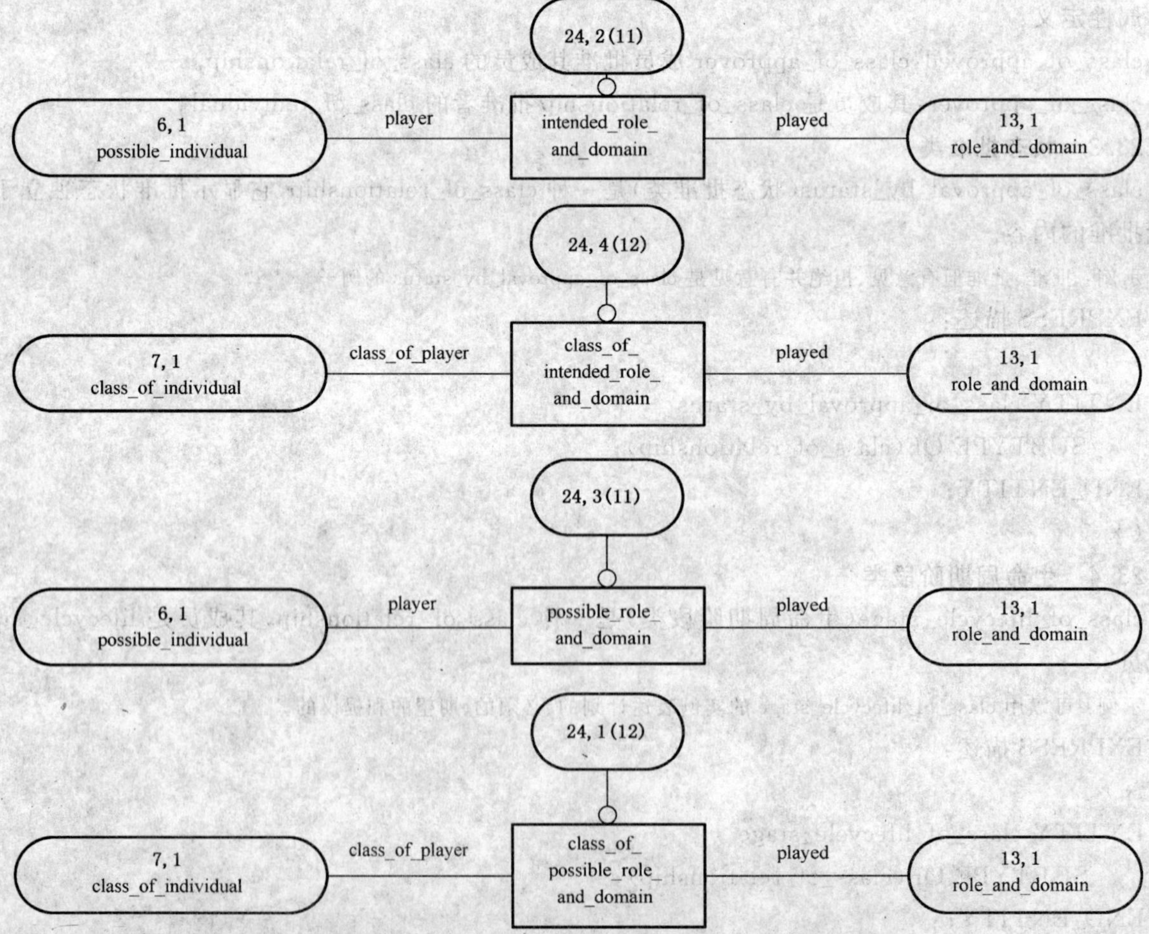

图 200 生命周期集成模式的 EXPRESS-G 图(29 个图中的第 24 个)

5.2.24.1 预期角色和域的类

class_of_intended_role_and_domain(预期角色和域的类)是一种 class_of_relationship,它显示 class_of_individual 的成员预期将担当 role_and_domain 的成员。

示例:在某些抽吸活动中,泵预期将扮演执行者的 role_and_domain。

EXPRESS 描述:

```
*)
ENTITY class_of_intended_role_and_domain
    SUBTYPE OF(class_of_relationship);
    class_of_player : class_of_individual;
    played : role_and_domain;
END_ENTITY;
(*
```

属性定义:

class_of_player:其成员可以扮演预期 role_and_domain 的 class_of_individual。

played:class_of_individual 成员预期将扮演的 role_and_domain。

5.2.24.2 可能角色和域的类

class_of_possible_role_and_domain(可能角色和域的类)是一种 class_of_relationship,它显示在某些 activity 中可以用 class_of_individual 的成员扮演 role_and_domain。

示例:泵可以扮演锚的角色(虽然它们预期不会这么做)。

EXPRESS 描述:

```
*)
ENTITY class_of_possible_role_and_domain
    SUBTYPE OF(class_of_relationship);
    class_of_player : class_of_individual;
    played : role_and_domain;
END_ENTITY;
(*
```

属性定义:

class_of_player:其成员可以扮演被引用 role_and_domain 的 class_of_individual。

played:被引用 class_of_individual 成员可以扮演的 role_and_domain。

5.2.24.3 预期角色和域

intended_role_and_domain(预期角色和域)是一种 relationship,它显示 role_and_domain(possible_individual 的某些临时部分)预期获得相关的某些 activity。

示例:在某些抽吸活动中,某些分为泵类的 possible_individual 预期扮演执行者的 role_and_domain。

EXPRESS 描述:

```
*)
ENTITY intended_role_and_domain
    SUBTYPE OF(relationship);
    played : role_and_domain;
    player : possible_individual;
END_ENTITY;
(*
```

属性定义:

played:被引用 possible_individual 预期扮演的 role_and_domain。

player：预期扮演被引用 role_and_domain 的 possible_individual。

5.2.24.4 可能角色和域

possible_role_and_domain(可能角色和域)是一种 relationship，它显示扮演者 possible_individual 可能可以扮演被扮演者 role_and_domain。

示例：扮演锚是泵 1234 的可能角色。

EXPRESS 描述：

```
*)
ENTITY possible_role_and_domain
    SUBTYPE OF(relationship);
    played  : role_and_domain;
    player  : possible_individual;
END_ENTITY;
(*
```

属性定义：

played：possible_individual 可以扮演的 role_and_domain。

player：可以扮演 role_and_domain 的 possible_individual。

5.2.25 集运算

本条声明了表达集运算的实体数据类型。

注：图 201 是本条定义的实体数据类型图(见 4.8.5.2.1 和 4.9)。

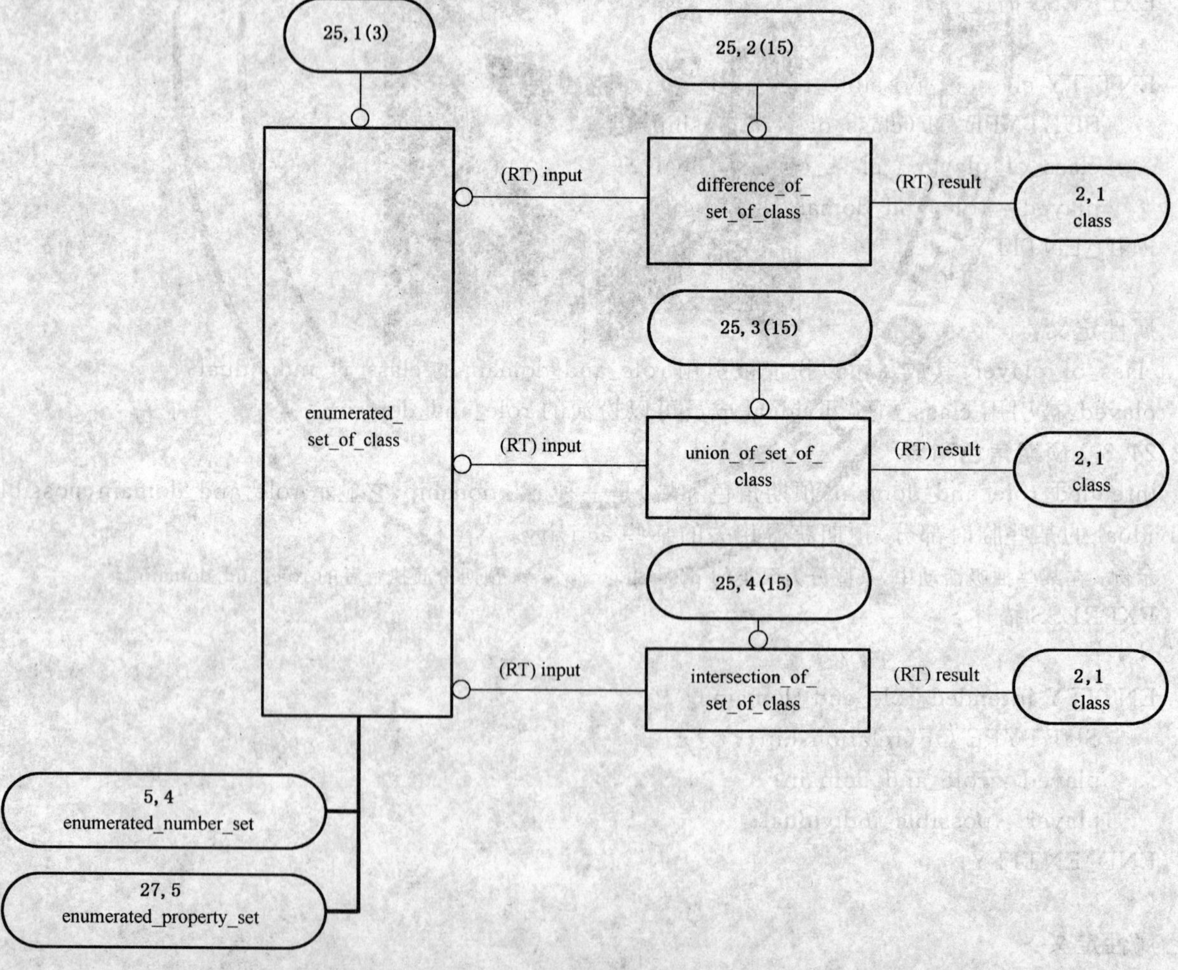

图 201 生命周期集成模式的 EXPRESS-G 图(29 个图中的第 25 个)

5.2.25.1 类集的差运算

difference_of_set_of_class(类集的差运算)是一种 functional_mapping,它显示结果 class 的成员数是类并集成员数(是 enumerated_set_of_class 的成员)与其交集之间的差。

注:当 enumerated_set_of_class 是由一个类和另一个类(是第一个类的子类)组成时,那么差集是除该子类以外的其他类。

示例:enumerated_set_of_class{{A,B,C},{B,C,D},{C,D,E}}的差集是{A,B,D,E}。

EXPRESS 描述:

```
*)
ENTITY difference_of_set_of_class
    SUBTYPE OF(functional_mapping);
    SELF\functional_mapping.input : enumerated_set_of_class;
    SELF\functional_mapping.result : class;
END_ENTITY;
(*
```

属性定义:

input:是差函数域的 enumerated_set_of_class。

result:是差函数值域的 class。

5.2.25.2 枚举类集

enumerated_set_of_class(枚举类集)是一种枚举类实例集的 class_of_class。枚举意味着指定了整个成员集。

示例:{Plastic, 1.2kg, frame}是一个 enumerated_set_of_class。更通用的{{A,B,C},{B,C,D},{C,D,E}}是一个 enumerated_set_of_class。"1.1 版本的 ERDL 的电机工程类"也是一个 enumerated_set_of_class。

EXPRESS 描述:

```
*)
ENTITY enumerated_set_of_class
    SUBTYPE OF(class_of_class);
END_ENTITY;
(*
```

5.2.25.3 类集的交运算

intersection_of_set_of_class(类集的交运算)是一种 functional_mapping,它显示结果 class 由每个类都通用的 enumerated_set_of_class 类成员组成。

示例:enumerated_set_of_class{{A,B,C},{B,C,D},{C,D,E}}的交集是{C}。

EXPRESS 描述:

```
*)
ENTITY intersection_of_set_of_class
    SUBTYPE OF(functional_mapping);
    SELF\functional_mapping.input : enumerated_set_of_class;
    SELF\functional_mapping.result : class;
END_ENTITY;
(*
```

属性定义:

input:其成员将做交运算的 enumerated_set_of_class。

result:表达 enumerated_set_of_class 成员交集的 class。

5.2.25.4 类集的并运算

union_of_set_of_class(类集的并运算)是一种 functional_mapping,它显示结果 class 的成员数是 enumerated_set_of_class 类成员的和。

示例：enumerated_set_of_class {{A,B,C},{B,C,D},{C,D,E}}的并集是{A,B,C,D,E}。

EXPRESS 描述：

```
*)
ENTITY union_of_set_of_class
    SUBTYPE OF(functional_mapping);
    SELF\functional_mapping. input : enumerated_set_of_class;
    SELF\functional_mapping. result : class;
END_ENTITY;
(*
```

属性定义：

input:是并函数域的 enumerated_set_of_class。

result:是并函数值域的 class。

5.2.26 属性

本条声明了表达属性的实体数据类型。

注：图 202 是本条定义的实体数据类型图(见 4.8.4.3)。

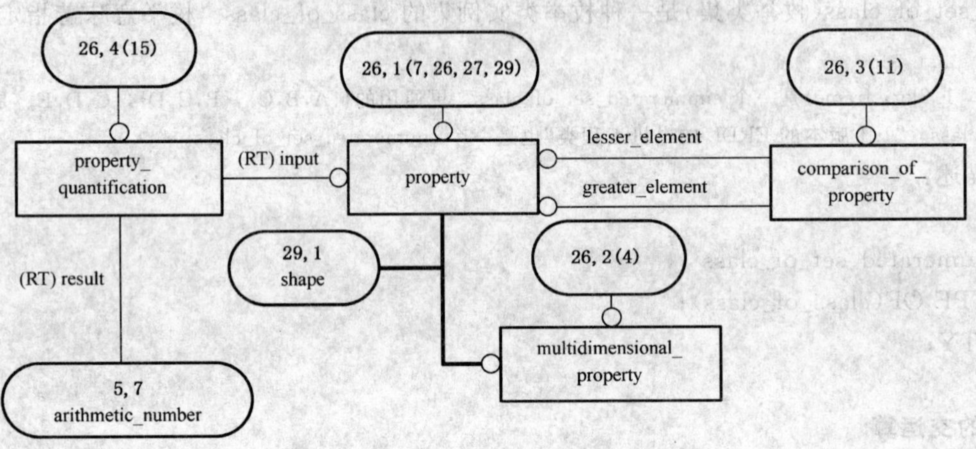

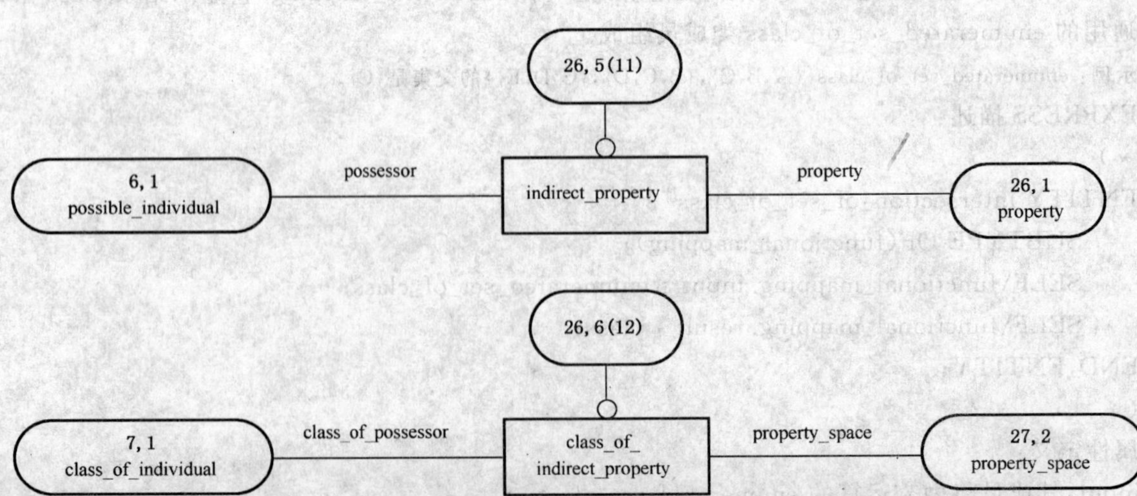

图 202 生命周期集成模式的 EXPRESS-G 图(29 个图中的第 26 个)

5.2.26.1 **间接属性类**

class_of_indirect_property(间接属性类)是一种 class_of_relationship,它显示 class_of_individual 的成员可以把 class_of_property 的成员作为这种类型的 indirect_property 拥有。

示例:最大允许工作压力是压力显示的 class_of_indirect_property,压力容器可以拥有它。

EXPRESS 描述:

```
*)
ENTITY class_of_indirect_property
    SUBTYPE OF(class_of_relationship);
    class_of_possessor : class_of_individual;
    property_space : property_space;
END_ENTITY;
(*
```

属性定义:

class_of_possessor:其实例可以拥有一个 property_space 成员的 class_of_individual。

property_space:class_of_individual 成员可以拥有其成员的 property_space。

5.2.26.2 **比较属性**

comparison_of_property(比较属性)是一种 relationship,它显示一个属性的数量大于另一个属性的数量。

示例:可以用 comparison_of_property 的实例显示房间的温度低于熔炉中的温度。

EXPRESS 描述:

```
*)
ENTITY comparison_of_property
    SUBTYPE OF(relationship);
    greater_element : property;
    lesser_element : property;
END_ENTITY;
(*
```

属性定义:

greater_element:是 comparison_of_property 中较大元素的 property。

lesser_element:是 comparison_of_property 中较小元素的 property。

5.2.26.3 **间接属性**

indirect_property(间接属性)是 property 与 possible_individual 之间的 relationship。通过用 class_of_indirect_property 对其分类定义 indirect_property 的本质。

当属性不直接应用于其应用的 possible_individual,而是来源于某些方法时,属性是间接的。

注:因为属性不直接应用,所以它是间接的。某个时间点事物只能有一个温度,因此最大允许工作温度不是它的温度,而是一个来源于某些试验或为了确定其值而计算的间接属性(与其相对的是当前测量值)。这是使其间接的原因。

示例:通过 50 barA 压力与 V101 之间的 indirect_property 规定 V101 的最大允许工作压力 50 barA,通过 class_of_indirect_property 最大允许工作压力对它进行分类。

EXPRESS 描述:

```
*)
ENTITY indirect_property
    SUBTYPE OF(relationship);
```

```
        possessor : possible_individual;
        property : property;
    END_ENTITY;
    (*
```

属性定义：

possessor：拥有 indirect_property 的 possible_individual。

property：possible_individual 间接拥有的 property。

5.2.26.4 多维属性

multidimensional_property(多维属性)是一种 property，也是一个 multidimensional_object。

示例：泵的水头特性是一个 multidimensional_object。它由一对连续的 Q、H 属性组成，其中 Q 是流量，H 是水头差。每对属性 Q_n 和 H_n 是一个 multidimensional_property[Q_n，H_n]，其中 Q_n 是特殊流量，H_n 是特殊水头。

EXPRESS 描述：

```
    *)
    ENTITY multidimensional_property
        SUBTYPE OF(property, multidimensional_object);
    END_ENTITY;
    (*
```

5.2.26.5 属性

property(属性)是一种 class_of_individual，它是连续 class_of_property 的成员。通过按一定比例映射到数字上可以量化 property。

注 1：property 的成员是一种 possible_individual，它与其他成员一样在 property 表达的质量或特性方面具有相同的维度或数量。

注 2：特性或质量的类型是 class_of_property 的实例，例如温度或密度。

注 3：不应该在相同的数据仓库中生成属性副本(例如按相同比例映射到相同的数)。

EXPRESS 描述：

```
    ENTITY property
        SUBTYPE OF(class_of_individual);
    END_ENTITY;
    (*
```

5.2.26.6 属性量化

property_quantification(属性量化)是一种 functional_mapping，其成员把 property 映射到 arithmetic_number。

示例：可以用 property_quantification 的实例表达把具体质量映射到数字 4.2 的连接。

注 1：通过 class_of_representation_of_thing 连接 arithmetic_number 和 class_of_EXPRESS_information_representation 的连接完成数字的实际表达。

注 2：通过对依据比例的 property_quantification 进行分类，给定量化的单位或比例。

EXPRESS 描述：

```
    *)
    ENTITY property_quantification
        SUBTYPE OF(functional_mapping);
        SELF\functional_mapping.input : property;
        SELF\functional_mapping.result : arithmetic_number;
    END_ENTITY;
```

(*

属性定义：

input：被引用 arithmetic_number 所量化的 property。

result：量化被引用 property 的 arithmetic_number。

5.2.27 属性类型

本条声明了表达属性类型的实体数据类型。

注：图 203 是本条定义的实体数据类型图(见 4.8.4.3)。

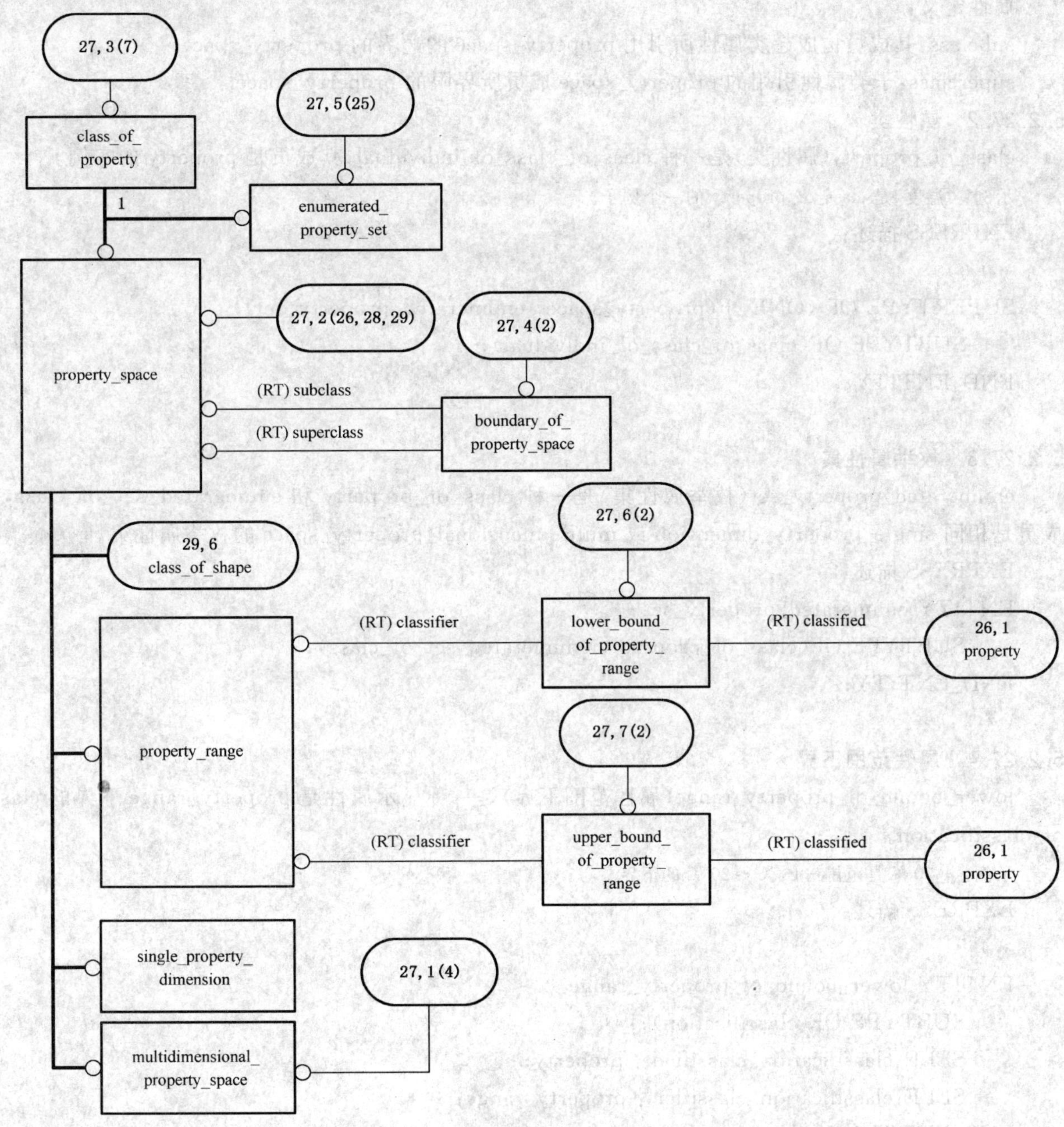

图 203 生命周期集成模式的 EXPRESS-G 图(29 个图中的第 27 个)

5.2.27.1 属性空间边界

boundary_of_property_space(属性空间边界)是一种显示子类成员构成超类边界的 specialization。

示例：符合最大速度水头曲线的 property_space 是符合泵作业范围 property_space 的一个边界。

EXPRESS 描述：

```
*)
ENTITY boundary_of_property_space
    SUBTYPE OF(specialization);
    SELF\specialization.subclass : property_space;
END_ENTITY;
(*
```

属性定义：

subclass:其成员构成超类属性所引用 property_space 的边界的 property_space。

superclass:子类属性引用的 property_space 成员所界限的 property_space。

5.2.27.2 属性类

class_of_property(属性类)是一种 class_of_class_of_individual,其成员是 property 的实例。

示例："温度"是 class_of_property 的一个例子。

EXPRESS 描述：

```
*)
SUPERTYPE OF (ONEOF(property_space, enumerated_property_set))
    SUBTYPE OF(class_of_class_of_individual);
END_ENTITY;
(*
```

5.2.27.3 枚举属性集

enumerated_property_set(枚举属性集)是一种 class_of_property 和 enumerated_set_of_class,其成员是相同 single_property_dimension 或 multidimensional_property_space 的枚举属性集。

EXPRESS 描述：

```
ENTITY enumerated_property_set
    SUBTYPE OF(class_of_property, enumerated_set_of_class);
END_ENTITY;
(*
```

5.2.27.4 属性范围下界

lower_bound_of_property_range(属性范围下界)是一种显示属性是 property_range 下界的 class_of_classification。

示例：−10 ℃是范围−10 ℃～20 ℃的下界。

EXPRESS 描述：

```
*)
ENTITY lower_bound_of_property_range
    SUBTYPE OF(classification);
    SELF\classification.classified : property;
    SELF\classification.classifier : property_range;
END_ENTITY;
(*
```

属性定义：

classified:作为被分类对象,是 lower_bound_of_property_range 下界的 property。

classifier:作为分类者,在 lower_bound_of_property_range 中被界限的 property_range。

5.2.27.5 多维属性空间

multidimensional_property_space(多维属性空间)是一种 property_space 和 multidimensional_object,其成员是每个可以映射到多个数字的属性。每个属性将由具有相同属性维数的元素组成。

示例：泵流量和水头差的特性曲线是一个 multidimensional_property_space。

EXPRESS 描述：

```
*)
ENTITY multidimensional_property_space
    SUBTYPE OF(property_space, multidimensional_object);
END_ENTITY;
(*
```

5.2.27.6 属性范围

property_range(属性范围)是一种是 single_property_dimension 连续性子集的 property_space。

示例：－10 ℃～＋20 ℃是温度的一个 property_range。

EXPRESS 描述：

```
*)
ENTITY property_range
    SUBTYPE OF(property_space);
END_ENTITY;
```

5.2.27.2 属性空间

property_space(属性空间)是一种 class_of_property,其成员是具有一致连续性的 property。

示例 1：温度属性集是温度的一个 property_space。

示例 2：特殊泵曲线上的压力和流量 class_of_property 成员是一个 property_space。

EXPRESS 描述：

```
*)
ENTITY property_space
    SUBTYPE OF(class_of_property);
END_ENTITY;
(*
```

5.2.27.8 一维属性

single_property_dimension(一维属性)是一种 property_space,它是每个属性映射到单个数字的单一并完全连续的属性。

示例：温度、压力粘性和长度是 single_property_dimension 的例子。

EXPRESS 描述：

```
*)
ENTITY single_property_dimension
    SUBTYPE OF(property_space);
END_ENTITY;
```

5.2.27.9 属性范围上界

upper_bound_of_property_range(属性范围上界)是一种显示 property 是 property_range 上界的 class_of_classification。

示例：＋20 ℃是范围－10 ℃～＋20 ℃的上界。

EXPRESS 描述：

```
*)
```

```
ENTITY upper_bound_of_property_range
    SUBTYPE OF(classification);
    SELF\classification.classified : property;
    SELF\classification.classifier : property_range;
END_ENTITY;
(*
```

属性定义：

classified：作为被分类对象，是 upper_bound_of_property_range 规定的上界的 property_range。

classifier：作为分类者，具有 upper_bound_of_property_range 规定的上界的 property_range。

5.2.28 转换比例

本条声明了表达转换比例的实体数据类型。

注：图 204 是本条定义的实体数据类型图(见 4.8.4.3.2)。

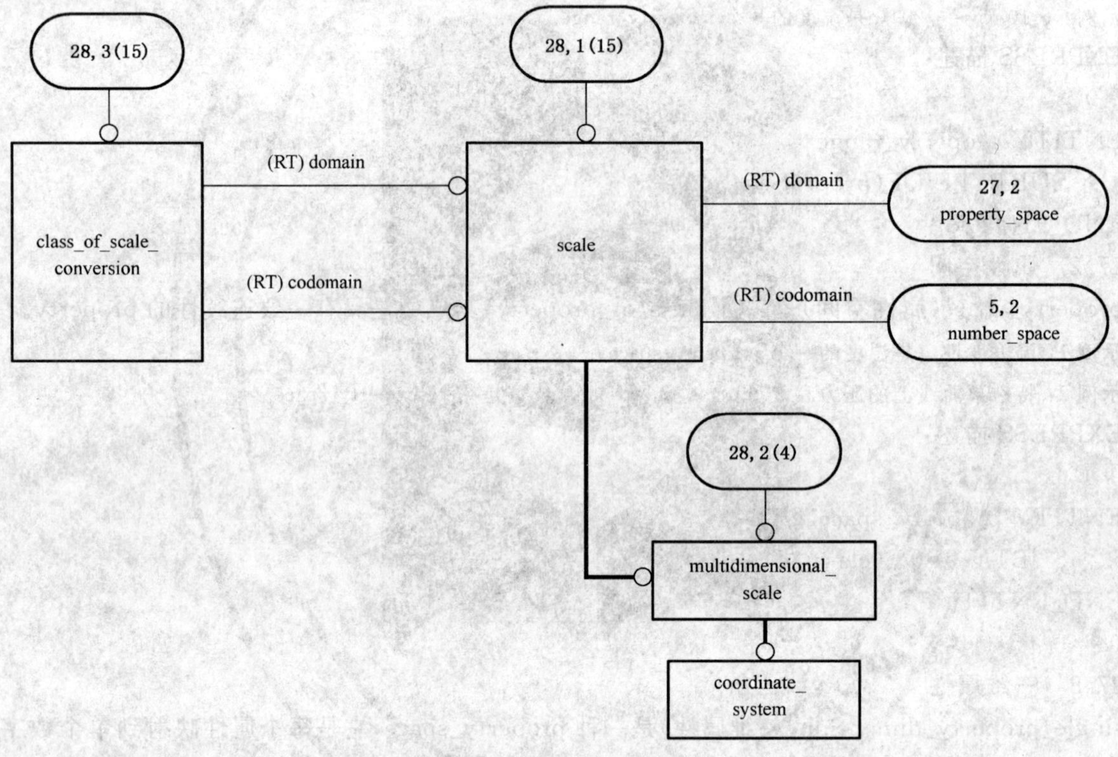

图 204 生命周期集成模式的 EXPRESS-G 图(29 个图中的第 28 个)

5.2.28.1 转换比例类

class_of_scale_conversion(转换比例类)是一种 class_of_isomorphic_functional_mapping，它定义了用于属性量化的两种不同单位比例之间的转换。

示例：都可以用 scale 的实例表达温度的华氏比例和温度的摄氏比例。可以用 class_of_scale_conversion 的实例表达这两个比例之间的转换。

EXPRESS 描述：

```
*)
ENTITY class_of_scale_conversion
    SUBTYPE OF(class_of_isomorphic_functional_mapping);
    SELF\class_of_functional_mapping.codomain : scale;
    SELF\class_of_functional_mapping.domain : scale;
END_ENTITY;
```

(*

属性定义：

codomain：声称要转换的第二个 scale。

domain：声称要转换的第一个 scale。

5.2.28.2 坐标系

coordinate_system(坐标系)是在 n 维空间(在其中任意的几何转换都是有效的)中定位和关联 possible_individual 的 multidimensional_scale。

示例：XYZ 位置的坐标系是 coordinate_system 的一个例子。

EXPRESS 描述：

```
*)
ENTITY coordinate_system
    SUBTYPE OF(multidimensional_scale);
END_ENTITY;
(*
```

5.2.28.3 多维比例

multidimensional_scale(多维比例)是一种也是 multidimensional_object 的 scale。

示例：[摄氏度,秒]比例是一个可以在其上绘出所有时间-温度变化的 multidimensional_scale。

EXPRESS 描述：

```
*)
ENTITY multidimensional_scale
    SUBTYPE OF(scale, multidimensional_object);
END_ENTITY;
(*
```

5.2.28.4 比例

scale 是一种 class_of_isomorphic_functional_mapping，其成员是 property_quantification 的成员。在询问中，它显示一个 property_space 映射到 scale 上的 number_space。

示例：可以用 scale 的实例表达 class_of_number[-273, inf]与 class_of_property 温度之间的摄氏度比例连接。

EXPRESS 描述：

```
*)
ENTITY scale
    SUBTYPE OF(class_of_isomorphic_functional_mapping);
    SELF\class_of_functional_mapping.codomain : number_space;
    SELF\class_of_functional_mapping.domain : property_space;
END_ENTITY;
(*
```

属性定义：

codomain：其成员可以量化被引用 property_space 成员的 number_space。

domain：被引用 class_of_number 成员可以量化其成员的 class_of_property。

5.2.29 形状

本条声明了表达形状的实体数据类型。

注：图 205 是本条定义的实体数据类型图(见 4.8.4.5)。

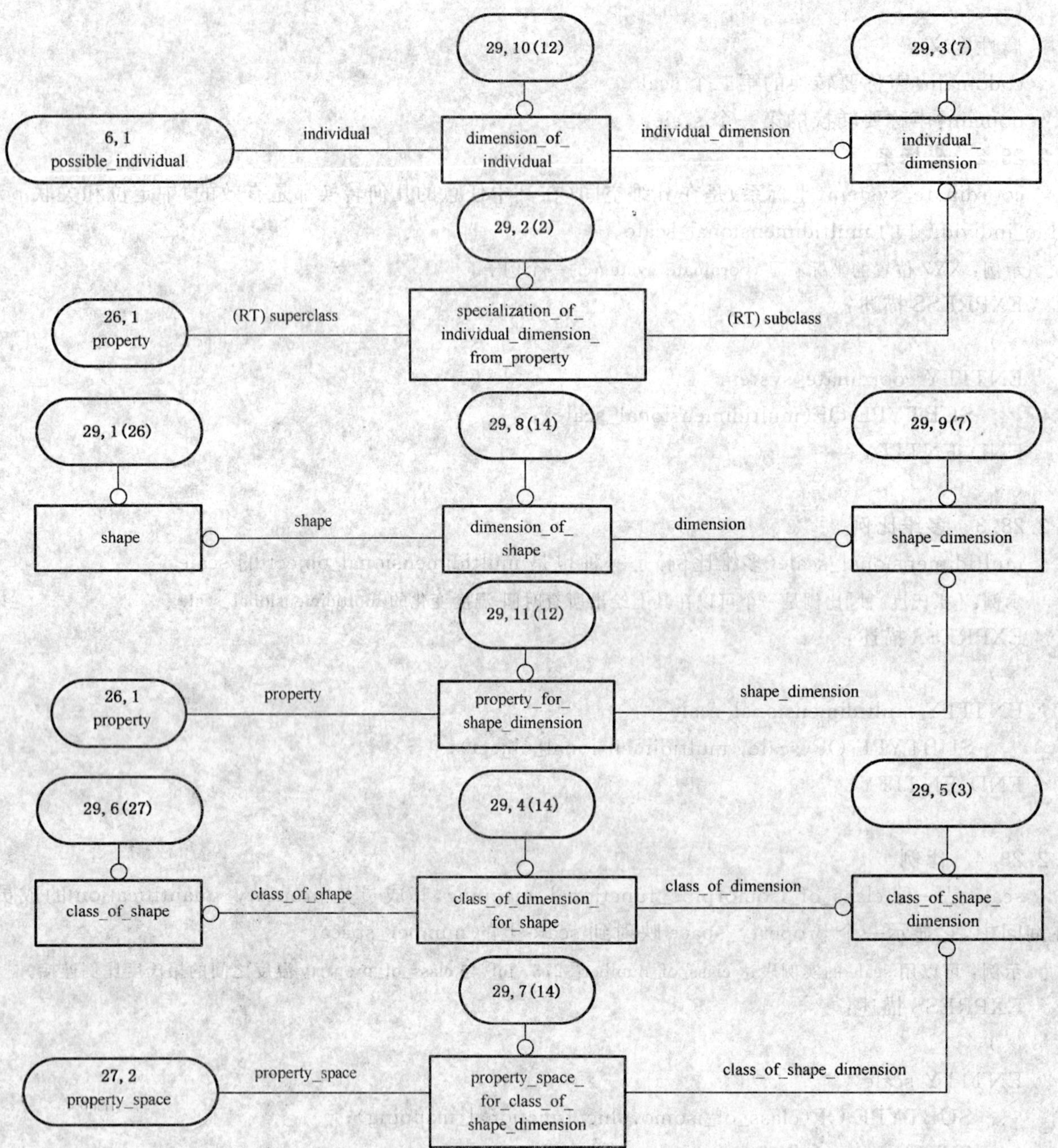

图 205 生命周期集成模式的 EXPRESS-G 图(29 个图中的第 29 个)

5.2.29.1 形状维度类

class_of_dimension_for_shape(形状维度类)是一种 class_of_class_of_relationship，它显示 class_of_shape 的成员具有 class_of_dimension 成员的维度。

示例：指定“圆类”的成员有“直径类”的成员是 class_of_dimension_for_shape 的一个实例。

EXPRESS 描述：

```
*)
ENTITY class_of_dimension_for_shape
  SUBTYPE OF(class_of_class_of_relationship);
  class_of_dimension : class_of_shape_dimension;
  class_of_shape : class_of_shape;
```

END_ENTITY;

(*

属性定义：

class_of_dimension:class_of_dimension_for_shape 中的 class_of_shape_dimension。

class_of_shape:class_of_dimension_for_shape 中的 class_of_shape。

5.2.29.2 形状类

class_of_shape(形状类)是一种 property_space,其成员是 shape 的实例。

EXPRESS 描述：

```
ENTITY class_of_shape
    SUBTYPE OF(property_space);
END_ENTITY;
(*
```

5.2.29.3 形状维度类

class_of_shape_dimension(形状维度类)是一种是 class_of_shape 维度的 class_of_class。

示例：直径、高度和宽度(通常多于具体的一个)是 class_of_shape_dimension 的例子。

EXPRESS 描述：

```
ENTITY class_of_shape_dimension
    SUBTYPE OF(class_of_class);
END_ENTITY;
(*
```

5.2.29.4 个体的维度

dimension_of_individual(个体的维度)是一种 class_of_relationship,它显示 individual_dimension 的每个线集成员是 possible_individual 的维度。

示例：通过具体圆的圆心并在该圆的圆周上结束的所有线的集是该圆的维度(直径)。通过对 dimension_of_individual 分类的 dimension_of_shape 显示具体的维度。

EXPRESS 描述：

```
ENTITY dimension_of_individual
    SUBTYPE OF(class_of_relationship);
    individual : possible_individual;
    individual_dimension : individual_dimension;
END_ENTITY;
(*
```

属性定义：

individual:赋给 dimension_of_individual 中 individual_dimension 的 possible_individual。

individual_dimension:dimension_of_individual 中 possible_individual 的 individual_dimension。

5.2.29.5 形状的维度

dimension_of_shape(形状的维度)是一种 class_of_class_of_relationship,它显示 shape_dimension 的成员是 shape 成员的维度。

示例：是 10 m 圆的直径的 10 m 线集是 dimension_of_shape 的一个例子。

EXPRESS 描述：

```
*)
ENTITY dimension_of_shape
    SUBTYPE OF(class_of_class_of_relationship);
```

```
    dimension : shape_dimension;
    shape : shape;
END_ENTITY;
(*
```

属性定义：

dimension:shape 的 shape_dimension。

shape:拥有 shape_dimension 的 shape。

5.2.29.6 个体维度

individual_dimension(个体维度)是一种 class_of_individual,其成员特性化一个特殊 possible_individual。

示例：线集是特殊圆的所有直径。

EXPRESS 描述：

```
*)
ENTITY individual_dimension
    SUBTYPE OF(class_of_individual);
END_ENTITY;
(*
```

5.2.29.7 形状维度的属性

property_for_shape_dimension(形状维度的属性)是一种 class_of_class_of_relationship,它显示 shape_dimension 的成员是 property。

示例：10 m 直径是 10 m 长。

EXPRESS 描述：

```
*)
ENTITY property_for_shape_dimension
    SUBTYPE OF(class_of_relationship);
    property : property;
    shape_dimension : shape_dimension;
END_ENTITY;
(*
```

属性定义：

property:property_for_shape_dimension 的 property。: the for the

shape_dimension:其成员是 property_for_shape_dimension 中 property 具体化的 shape_dimension。

5.2.29.8 形状维度类的属性空间

property_space_for_class_of_shape_dimension(形状维度类的属性空间)是一种显示 property_space(class_of_shape_dimension 来自它)的 class_of_class_of_relationship。

示例：直径是一个长度维度。

EXPRESS 描述：

```
*)
ENTITY property_space_for_class_of_shape_dimension
    SUBTYPE OF(class_of_class_of_relationship);
    class_of_shape_dimension : class_of_shape_dimension;
    property_space : property_space;
END_ENTITY;
```

(*

属性定义：

class_of_shape_dimension：其成员在被引用 property_space 中具有一个 property 的 class_of_shape_dimension。

property_space：是 class_of_shape_dimension 源头的 property_space。

5.2.29.9 形状

shape(形状)是一种依赖于位置的不变关系，并依赖于所有点(构成了它的轮廓或其外表面)之间成比例的距离的 property。

示例 1：20 mm 直径的圆和 10 mm～20 mm 直径的圆是 shape 的例子。

示例 2：可以用 shape 的实例表达不规则形状，例如：泵模型的外部封套。

EXPRESS 描述

*)

```
ENTITY shape
    SUBTYPE OF(property);
END_ENTITY;
```

(*

5.2.29.10 形状维度

shape_dimension(形状维度)是一种定义形状方面 individual_dimension 集的 class_of_class_of_individual。

示例：5 m 的直径、3 mm 的高度和 10 cm 的宽度是 shape_dimension 的成员。

EXPRESS 描述：

*)

```
ENTITY shape_dimension
    SUBTYPE OF(class_of_class_of_individual);
END_ENTITY;
```

(*

5.2.29.11 属性个体维度的专门化

specialization_of_individual_dimension_from_property(属性个体维度的专门化)是一种显示维度成员是属性成员的 specialization。

示例：10 m 的直径是 10 m 长。

EXPRESS 描述：

*)

```
ENTITY specialization_of_individual_dimension_from_property
    SUBTYPE OF(specialization);
    SELF\specialization.subclass : individual_dimension;
    SELF\specialization.superclass : property;
END_ENTITY;
```

(*

属性定义：

subclass：是特殊化的 individual_dimension。

superclass：是通用化的 property。

*)

END_SCHEMA;

附 录 A
（规范性附录）
信息对象注册

A.1 文档标识

为了给开放系统中信息对象提供明确标识，对象标识符

{iso standard 15926 part{2} version {1}}

表示 GB/T 18975 的本部分。GB/T 16262.1 定义了值的含义，并在 GB/T 18975.1 中进行了描述。

注：它是本部分的版本对象标识符。

A.2 模式标识

为了给开放信息系统中提供 process_plant_lifecycle_schema 的明确标识符，对象标识符

{ iso standard 15926 part(2) version(1) object(1) lifecycle-integration-schema(1) }

赋值给 lifecycle_integration_schema（见第 5 章）。GB/T 16262.1 定义了值的含义，并在 GB/T 16656.1中进行了描述。

注：它是该模式的版本对象标识符。

附 录 B
（资料性附录）
计算机可解释的列表

本附录引用了本部分描述的 EXPRESS 模式列表，没有说明或其他的解释性文本。该列表是可以由计算机解释的表格，并可在下面的网址中找到：

http://www.tc184-sc4.org/EXPRESS/

如果不能访问这些站点，请直接使用信箱. sc4sec@tc184-sc4.org 与 ISO 中心秘书处联或 ISO TC 184/SC4 秘书处联系。

注：上面 URL 中，计算机可解释的表格所提供的信息是资料性的。本部分包含的信息是规范性的。

附 录 C
（资料性附录）
GB/T 16656.11 EXPRESS 应用

在第 5 章中定义的数据模型由 GB/T 16656.11 中定义的 EXPRESS 语言来描述，然而，并不是这种语言的所有的特征都可用。下列 EXPRESS 结构就不在数据模型规范范围内。

——结构数据类型；
——概括性数据类型；
——选择性数据类型；
——参数数据类型——排列；
——集合类型；
——继承属性；
——反面属性；
——域规则；
——全局规则；
——运算法则；
——常数。

实体数据类型和属性名称遵照 GB/T 16656.11，没有附加的限制。

附 录 D
（资料性附录）
GB/T 18975 中集合理论的一些注

D.1 引言

该附录解释了 GB/T18975 本部分所支持的集合理论的一些原理。

D.1.1 什么是集合

一个集合就是拥有成员的一种事务，且由所有成员定义（空集是没有成员的集合）。也就是说，如果两个集合有同样的成员，它们就是同样的集合。如果有不同的成员，就是不同的集合。同时，一个集合由它的成员定义，不是所有的成员都是可知的。

D.1.2 集合与 GB/T 18975

GB/T 18975 中的时间-空间范例意味着对象是不变的，变更通过 possible_individual 来处理，possible_individual 是所表达状态的 whole_life_individual 的一个临时部分。它给出了基于时间之外的状态模型，而不是当前的状态，也就意味着所有的事务都是不变的。

例如：一辆汽车有时是红色的，有时是蓝色的（意味着汽车的集合元素已经改变），它有两种状态，一个是红色，一个是蓝色。这些集合元素并不取决于你在过去、现在和将来所看见的。甚至当你从开始就关注，它将来的状态也可能是蓝色的，而且非常有可能你并知道这些。

D.2 一些不同类别的集合理论

一个集合就是拥有成员的一种事务，且由成员数定义（空集是没有成员的集合）。也就是说，如果两个集合有同样的成员，它们就是同样的集合。如果有不同的成员，就是不同的集合。同时，一个集合由他的成员定义，不是所有的成员都是可知的。

D.2.1 单层集合

单层集合是一个有集合和集合元素的系统，但是集合本身不能成为集合的成员。这种情况符合实体关系模型，实体类型不能是其他实体类型的成员，见图 D.1。

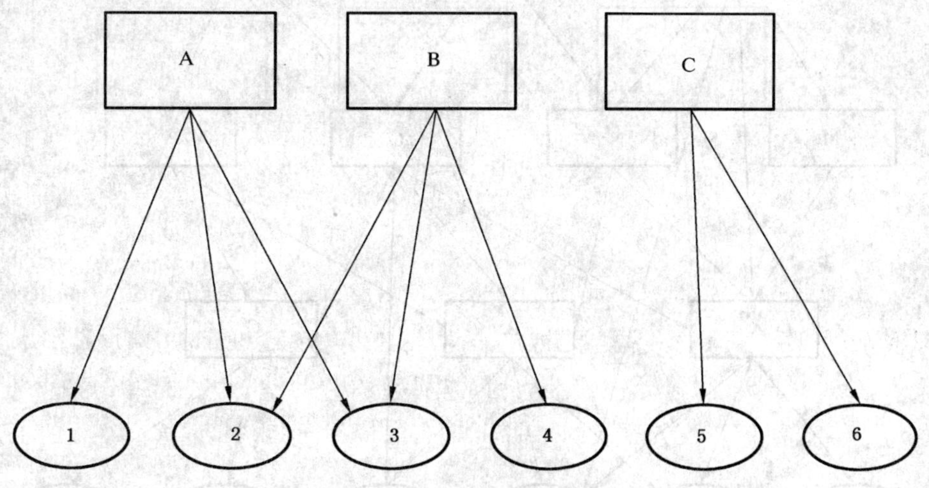

图 D.1 单层集合

某种情况下，甚至不允许元素成为多个集合的元素。

D.2.2 多级集合

多级集合是一级集合可以作为上级集合的成员，但没有层级的交叉，见图 D.2

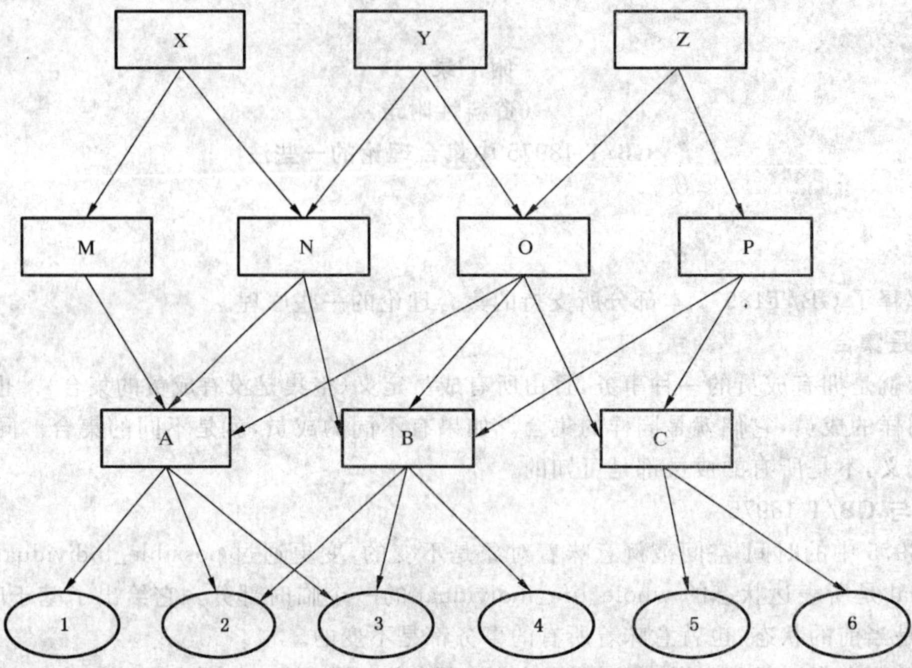

图 D.2　层次集的示例

多集集合的一个应用的例子是在数据模型、meta-model，meta-meta-model 方法多级集合中，在本部分中通过实体类型 individual，class_of_individual 及 class_of_class_of_individual 可发现。

D.2.3　Well-founded 集合

Well-founded 集合是标准集合理论的集合，例如 Zermelo-Fraenkel (ZF)集合理论，或可在标准文本中可找到的 von Neuman，Bernays，Goedel (VNBG)集合理论。Well-founded 集合可从它们下层的集合中获得元素，但是不可以循环(即：一个集合作为它自己的元素)。图 D.3 表明了一个 well-founded 集合系统的例子。

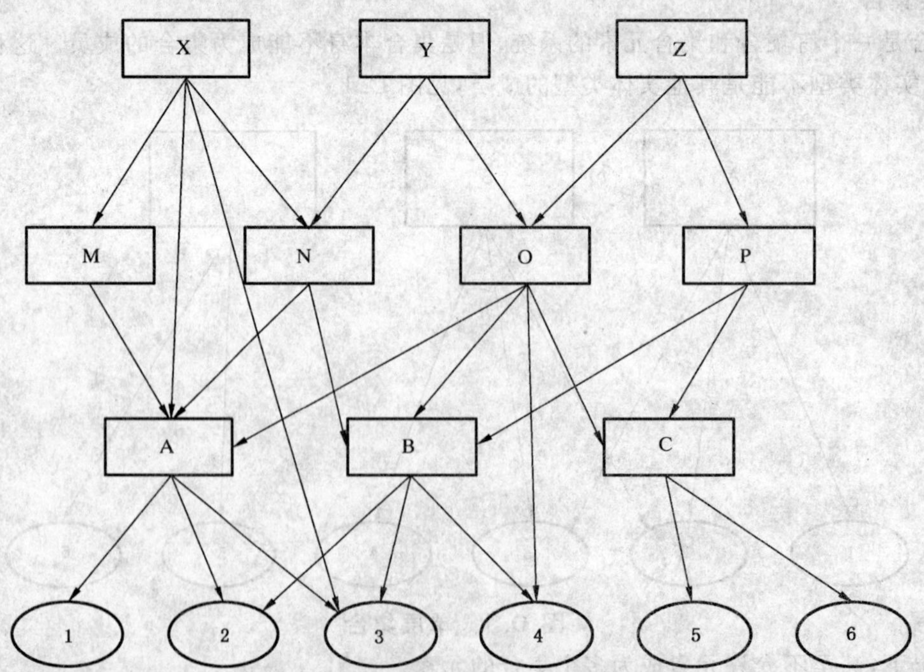

图 D.3　well-founded 集合的示例

集合理论的这种形式在处理 Russell's 的矛盾时被广泛地应用，如果集合是可以作为本身的成员，那么在某些情况下就可能出现矛盾，例如所有不包含本身的集合的集合不存在。

D.2.4 Non-well-founded 集合理论

non-well-founded 集合理论的本质是允许集合成为本身的成员，结构图见图 D.4。

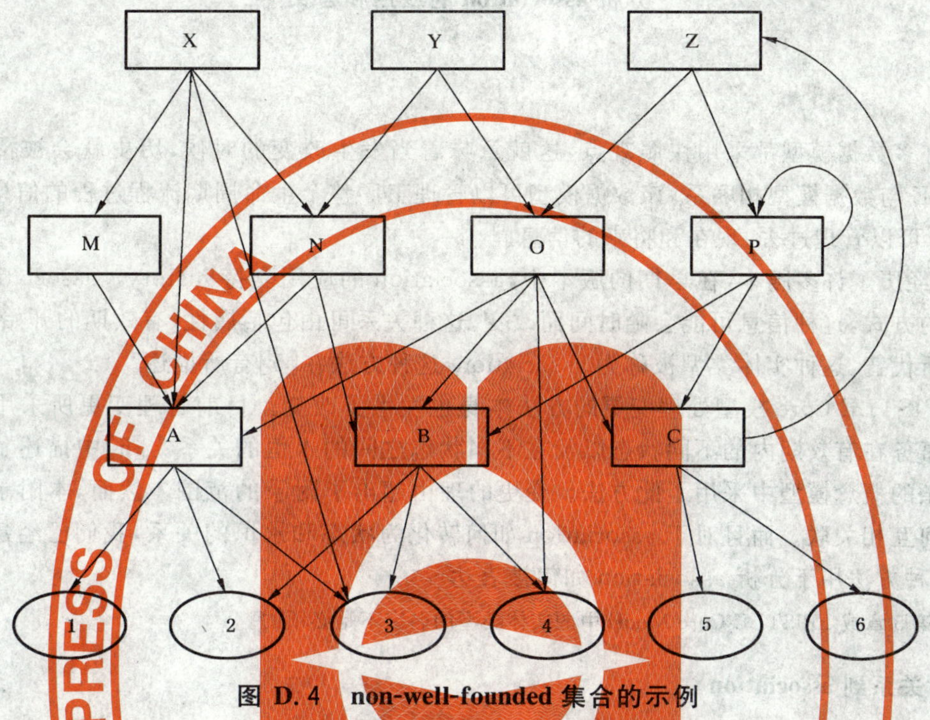

图 D.4 non-well-founded 集合的示例

通过强调集合的构造避免了 Russell's 矛盾，承认 well-founded 集合是有用的事务防止了"类是一个类"，"事务是一个类""类是一个事务"情况的出现。

D.3 注

应该注明集合的每种类型都是下列集合类型的子集，由于 GB/T 18975 承认 non-well-founded 集合，它也支持这里提及的所有其他的集合类型。

附 录 E
（资料性附录）
分析 association 的应用和含义

E.1 引言

传统上许多数据模型都采用快照观点，这就意味着当发生改变的时候，历史就会被覆盖而不存在了。EPISTLE 与数据模型相联系，该数据模型可以管理工厂整个生命周期流程过程的信息。这就意味着 EPISTLE 可以管理过去、现在和将来的信息。

ECM 已经历了许多版本，在早期的版本中，association 的应用支持 history。association 是一种掌握历史信息的方式，这种信息可能会随时间而改变，这种关系可由包括属性（有效期的开始和结束日期）的实体类型所代替，这种实体类型被称为 association，这种方法在[5]有所描述。

近来，EPISTLE Core 模型处理变更的方法本身也发生了改变。目前管理变更所采用的方法是通过识别个体事务在有效期内的不同状态以及在不同状态之间的永恒的关系。[6]中描述了这种方法的概要。第 5 条的概念模型中采用了此方法。变更的理由超出了附录的范围。然而，本附录没有考虑这两种方法如何互相关联。而且对于 association 如何转化为状态和永恒的关系，我们已经建立了四个基本的方式，一种方法用于分析 association 如何被表达。

注：本文第 5 章或 EPISTLE Core Model 中的实体类型的名字不是必须的。

E.2 从映射关系到 association

图 E.1 表达了物理对象 ownership 的两种建模方式。第一个模型 ownership 作为组织和物理对象之间的一种关系。当 ownership 变更时可能会出现一些问题。或者不允许变更，或者物理对象中存在的 ownership 属性被覆盖。意味着前面的 ownership 历史记录已经丢失。

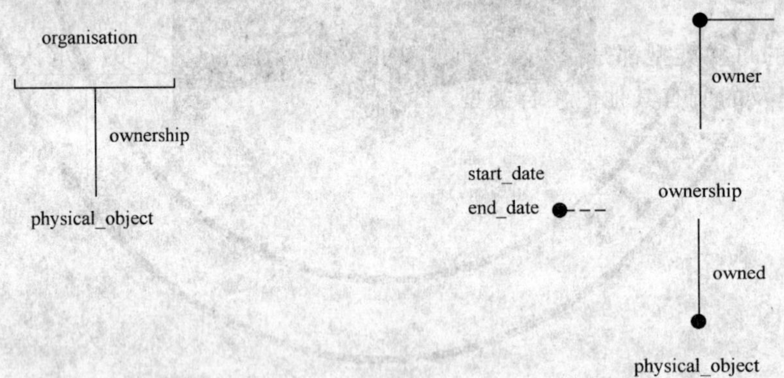

图 E.1 从一个映射模型移动到使用了 associations 的模型

第二个模型 ownership 作为一个 association 实体类型。一个开始日期和一个结束日期作为其属性，且引用了它自己和所有者的属性。现在当 ownership 变更时，前面 ownership 关系的结束日期得到了一个结束日期，一个新的 ownership 记录产生了。结果是 ownership 历史能被保存下来。

E.3 从 association 到状态和类之间的关系

应用 association 似乎是解决了问题，但是通过更深层次的分析发现一些信息被隐藏了。为了揭开这个事实我们需要考虑时间空间范围的个体事务以及这些时间-空间范围内临时部分，它们之间的一些关系是真实的。为了帮助说明我们用空间-时间图表示，见图 E.2。

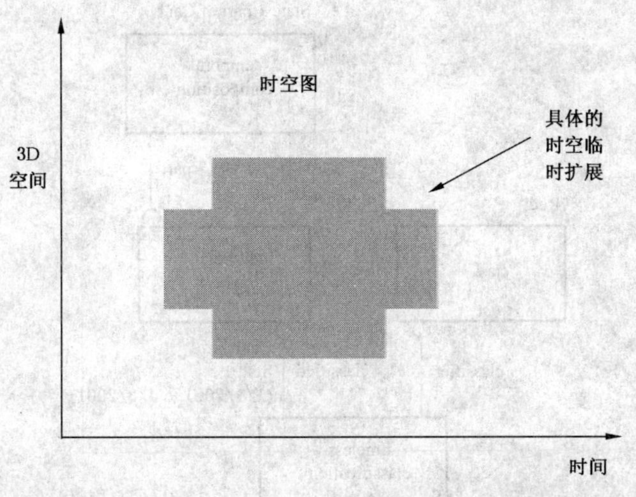

图 E.2 时空图

已经发现五种不同的方式在空间-时间范围内用于表达不同种类的 association。这些将在下面的子部分中说明。

E.3.1 方式 1:个体和类状态之间的关系

图 E.3 表示分类方式。给出了个体状态的例子,汽车 1 从 1/1/2001 到 4/3/2001 时间内根据红色来分类。

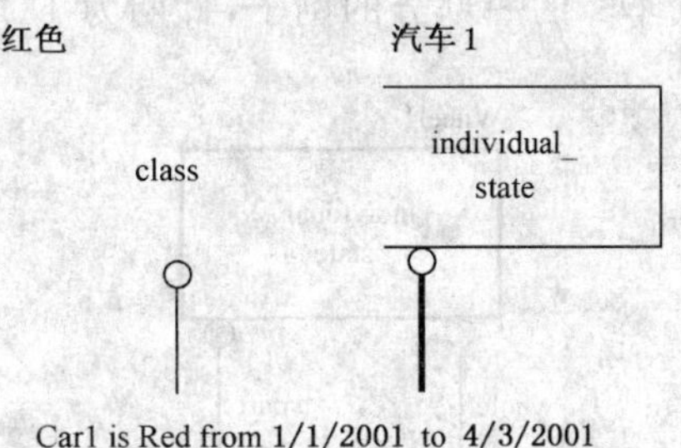

图 E.3 分类 association 的示例

如果检查这里的空间-时间图的情况(见图 E.4),可以看出汽车 1 的状态是根据其颜色是红色时分类的(阴影部分)。

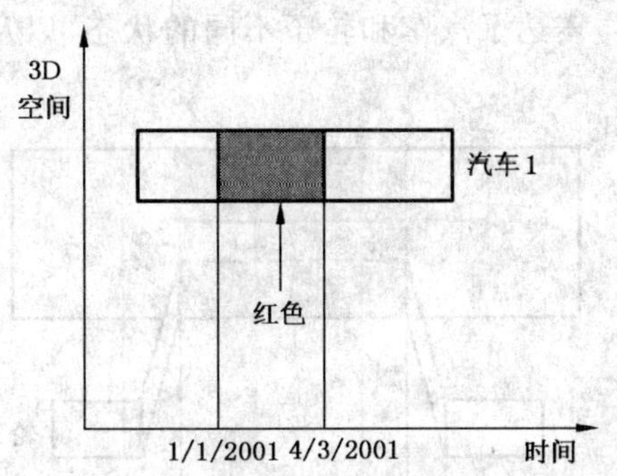

图 E.4 表示了空间-时间的数据模型

图 E.5 表明了使用状态的分类。

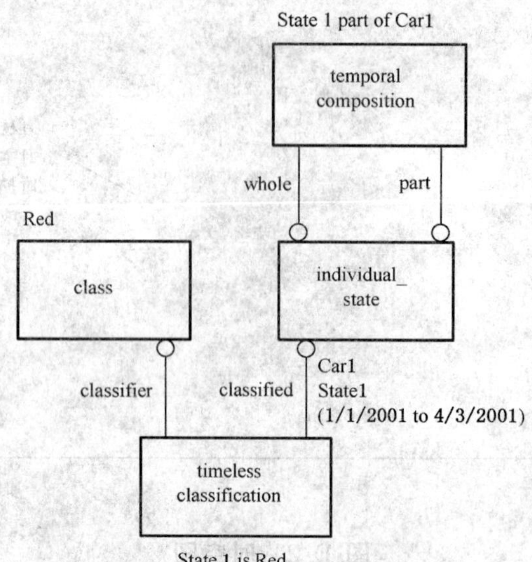

图 E.5 使用了状态的分类

这里汽车的状态被明确的模型化，不是作为分类 association 的部分，而且表明了作为整个汽车的一个临时部分，根据它是红色的来分类。当前这种分类关系是没有时间限制的，因为在分类的状态中作为红色的时间是明确的。

E.3.2 方式 2：一个个体两种状态之间的关系

图 E.6 表明了用一个 association 来表达个体事务两种状态之间的关系的情况，为了说明该模型，下面给出了一个轮子 1 如何成为汽车 1 的一部分的例子，日期为 1/1/2001 到 5/4/2001。

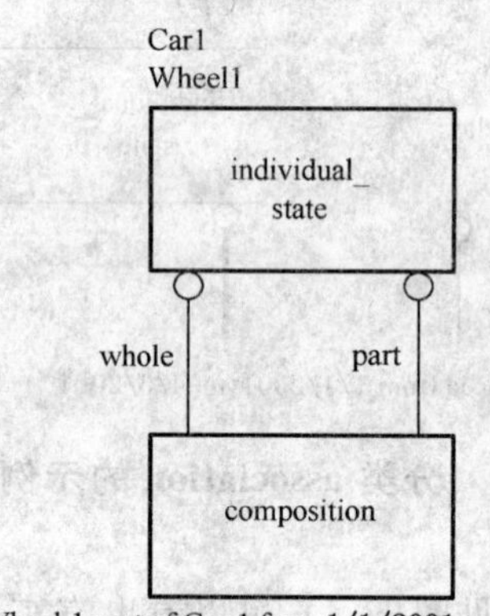

图 E.6 两个个体之间的关系

图 E.7 是一个空间-时间图形，表达了汽车和轮子不同的状态，以及汽车和轮子的整个生命状态。

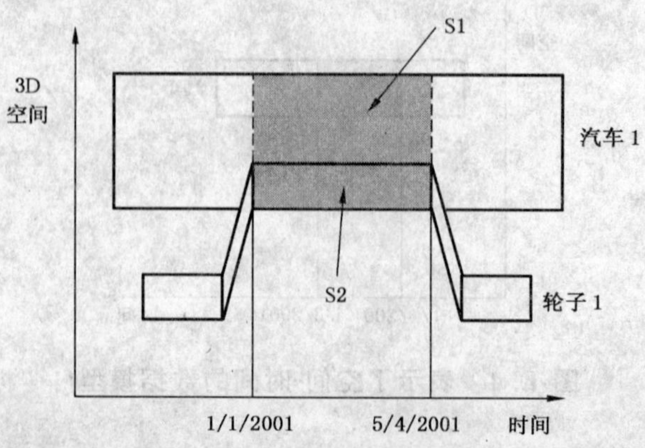

图 E.7 成分的时空图

该图表示汽车1的一个状态，S1；轮子1的一个状态，S2，它们有着同样的状态和结束日期，而S2是S1的一部分。当这个空间-时间图被模型化时，结果就如图E.8所示。

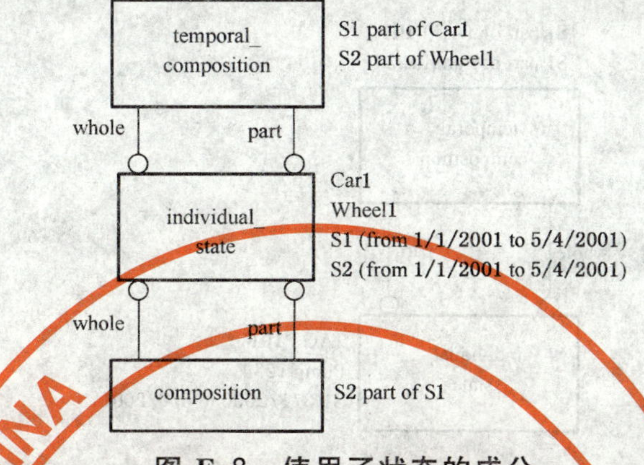

图 E.8　使用了状态的成分

这里的individual_states S1和S2被模型化。S1作为汽车1的临时部分，S2作为轮子1的临时部分，而S2是S1的一部分。

E.3.3　方式3：一致的个体

图E.9表示一个特定的泵如何被安排来完成特定的任务，TAG P101，时间为3/1/2000到5/8/2001。在这之后，该泵被移走，并且被另一个可以完成同样任务的泵所代替。

图 E.9　一致个体

图E.10是一个空间-时间图。可以看出任务由TAG P101表达，泵1234在安排的时间内是一致的，即泵1234作为TAG P 101被安排的的状态S1实际上也是TAG P 101的一个状态。确切地说，TAG P 101是由在此处安排的泵的状态组成的。

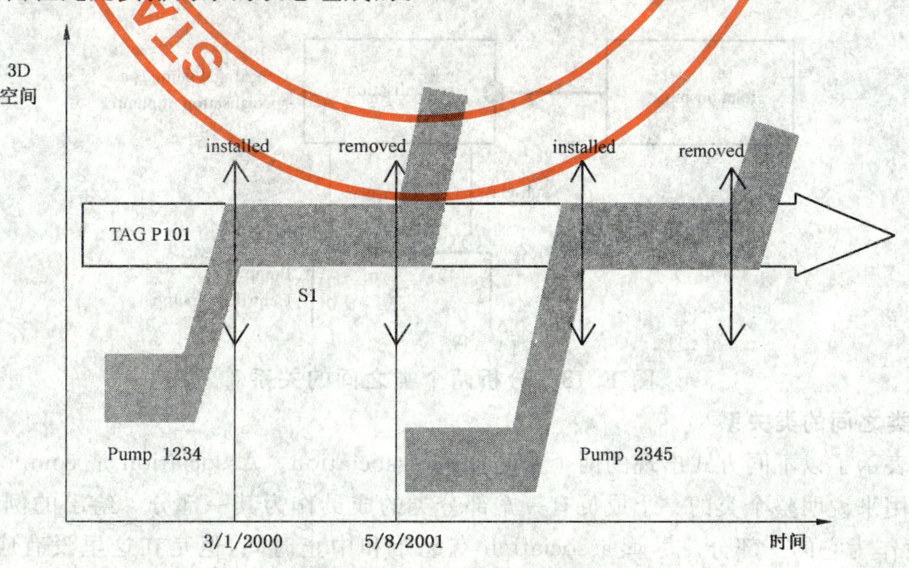

图 E.10　一致个体的时空图

当它被模型化而不是作为一个联合体时，结果如图 E.11 所示。这里的 S1 被看作为 TAG P 101 和泵 1234 的一个临时部分。

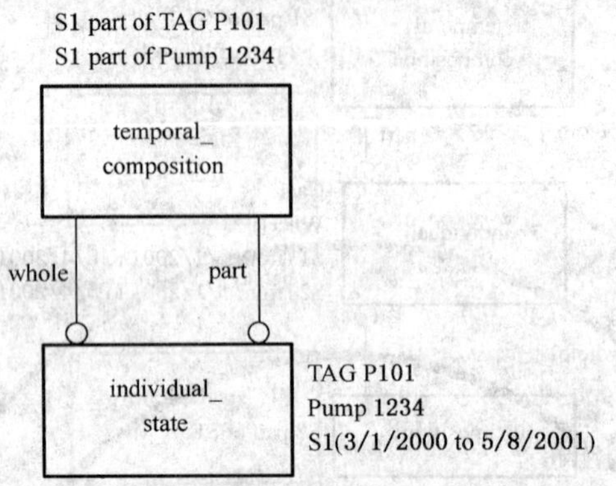

图 E.11　使用了状态的一致个体

E.3.4　模式 4:两个类之间的关系

图 E.12 是一个特殊的联合体，例子中的离心泵是一个特殊泵。Association 自动给予这个特殊泵开始和结束的日期，但实际上类是永恒的，什么时候离心泵不是特殊泵并没有时间限制。

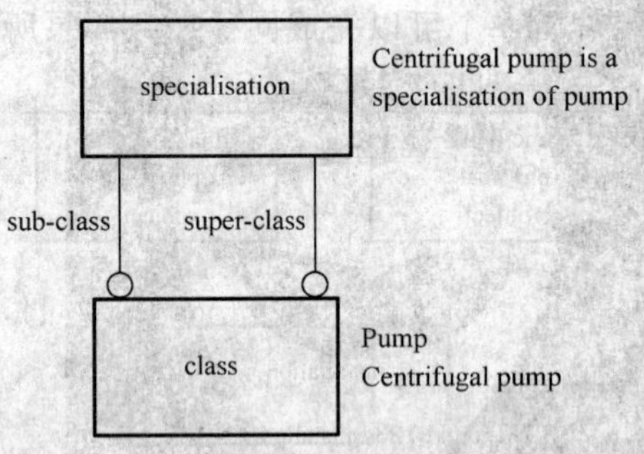

图 E.12　两个类之间的关系

此种情况没有空间-时间图，由于所有的对象都与时间无关。然而，可以检查特殊 association 的意义，而且在该情况下可以确定特殊 association 表明的是子类的每个成员也是超类的一个成员。因此可把特例作为关系的一个子类，如图 E.13 表示的那样。

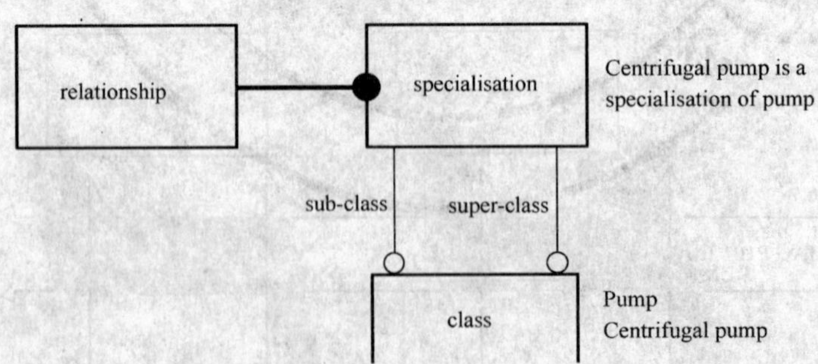

图 E.13　分析两个类之间的关系

E.3.5　两个类之间的类关系

图 E.14 表示了以不同方式出现的两个类之间的 association。Association 是 composition_according_to_class，用来说明整个类的一个成员有一个部分类的成员作为其一部分。给出的例子是一个离心泵有一个叶轮作为它的一部分。尽管 association 有起始和中止时间，但是在这里没有应用，但声明还是必要的。

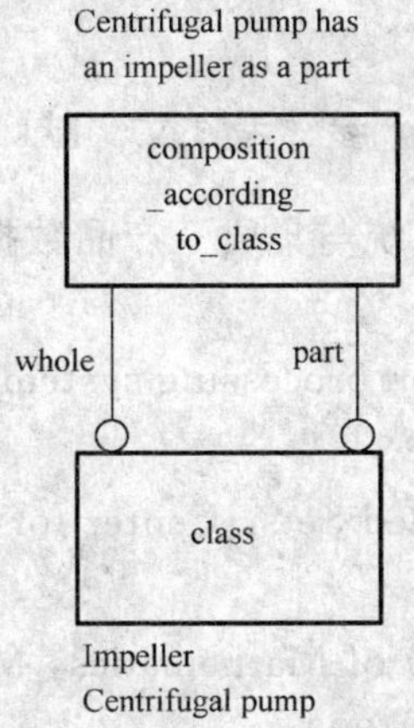

图 E.14 关系类

该情况也没有空间-时间图，但是分析表明与前面的例子有所不同。Association 表达的也是一种规则。该情况下，整个类的每个成员都可以有部分类的成员作为一个部分。因此每个离心泵都可以有一个叶轮作为它的一部分。而且该情况下特殊的叶轮和特殊的离心泵之间特殊的关系是该规则的一个事例。因此，这种 association 表达了一个 class_of_relationship。

在图 E.15 中，增加了组合关系和分类关系用以表达规则如何应用于特殊事例。一个叶轮，3456 S1 被作为叶轮分类，一个泵，泵 1234 S2 被作为一个泵分类；一个组合关系 #1 显示叶轮 3456 S1 是泵 1234 S2的一部分；最后，一个关系分类显示 #1 是一个叶轮作为一个泵的一部分的一种情况。

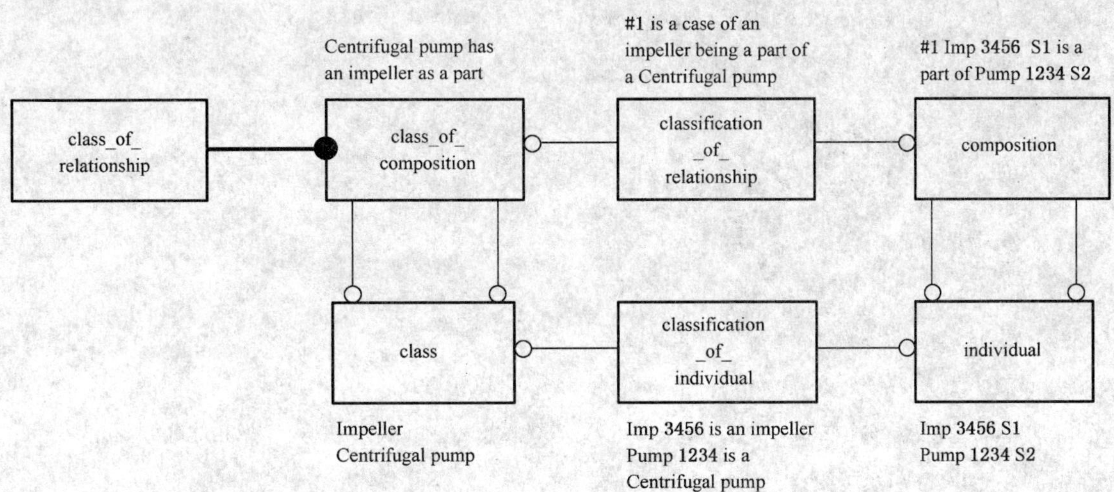

图 E.15 分析关系类

E.4 结论

相对于当前的域状态，在管理历史记录上 Association 已经成为一种重要的手段，然而，本文中的分析表明大多数的细节被 association 结构所隐藏。本文显示的 association 的空间-时间分析方法允许建立一种更加精确的模型使得隐藏的细节更加明朗。已经确定了五种方式来表达 Association 如何用空间-时间图表示。

参 考 文 献

[1] GB/T 16656.21 工业自动化系统与集成 产品数据表达与交换 第21部分:实现方法:交换结构的纯正文编码.

[2] ISO/TR 9007:1987 Information processing systems—Concepts and terminology for the conceptual schema and the information base.

[3] ACZEL Peter. Non-Well-Founded Sets, Center for the Study of Language and Information, Stanford, California, 1988.

[4] ITÔ K. Encyclopedic Dictionary of Mathematics, Mathematical Society of Japan, Edition 2, Cambridge, Massachusetts, MIT Press, 1993.

[5] WEST Matthew, FOWLER Julian. Developing High Quality Data Models. Version 3.0. EPISTLE, 1996-08-27 [cited 2001-03-11]. Available from the World Wide Web: <http://www.stepcom.ncl.ac.uk/epistle/data/mdlgdocs.htm>.

[6] WEST Matthew. Some Notes on the Nature of Things. ISO TC184/SC4/WG10 N307, 2000-06-09 [cited 2001-03-11]. Available from the World Wide Web: <http://www.nist.gov/sc4/wg_qc/wg10/current/n307/wg10n307.htm>.

ICS 21.060.99
J 13

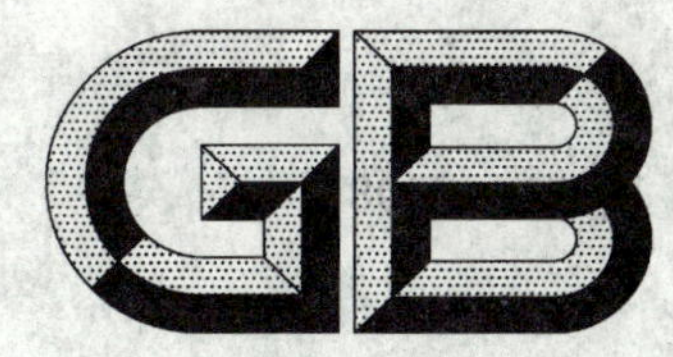

中华人民共和国国家标准

GB/T 18981—2008
代替 GB/T 18981—2003

射钉

Fastener

2008-03-10 发布　　　　2008-05-01 实施

中华人民共和国国家质量监督检验检疫总局
中国国家标准化管理委员会　发布

前　言

本标准代替 GB/T 18981—2003《射钉》。

本标准与 GB/T 18981—2003 相比主要变化如下：

——取消了“氢脆敏感性”和“脱碳层”的要求和检查；

——适当放宽了钉体长度尺寸公差，取消了射钉螺纹镀前尺寸及公差的规定和检查；

——适当调整了“射击性能”试验用钢板厚度，并改变了相应的规定；

——修改了钉杆直径的检验方法；

——检验规则执行了 GB/T 2828.1－2003《计数抽样检验程序　第 1 部分：按接收质量限（AQL）检索的逐批检验抽样计划》；

——“不合格分类”划出了 A1 类进行特殊检验，并将“C 类不合格项”的“接收质量限（AQL）”由 1.5 调整为 2.5；

——在“抽样方案”中，增加了“放宽检验”。

本标准的附录 A 和附录 B 为规范性附录。

本标准由中国兵器装备集团公司提出。

本标准由中国兵器工业标准化研究所归口。

本标准起草单位：四川南山射钉紧固器材有限公司。

本标准主要起草人：蒋开元、左明秀、郑伟东。

本标准所代替标准的历次版本为：

GB/T 18981—2003。

射　钉

1　范围

本标准规定了射钉的结构与代码、要求、试验方法、检验规则、标志、包装、运输、贮存等内容。

本标准适用于射钉的设计、生产及检验。

2　规范性引用文件

下列文件中的条款通过本标准的引用而成为本标准的条款。凡是注日期的引用文件，其随后所有的修改单(不包括勘误的内容)或修订版均不适用于本标准，然而，鼓励根据本标准达成协议的各方研究是否可使用这些文件的最新版本。凡是不注日期的引用文件，其最新版本适用于本标准。

GB/T 191　包装储运图示标志(GB/T 191—2000,eqv ISO 780:1997)

GB/T 196—2003　普通螺纹　基本尺寸(ISO 724:1993,MOD)

GB/T 197—2003　普通螺纹　公差(ISO 965-1:1998,MOD)

GB/T 223.3　钢铁及合金化学分析方法　二安替比林甲烷磷钼酸重量法测定磷含量

GB/T 223.60　钢铁及合金化学分析方法　高氯酸脱水重量法测定硅含量

GB/T 223.63　钢铁及合金化学分析方法　高碘酸钠(钾)光度法测定锰量

GB/T 223.68　钢铁及合金化学分析方法　管式炉内燃烧后碘酸钾滴定法测定硫含量

GB/T 223.71　钢铁及合金化学分析方法　管式炉内燃烧后重量法测定碳含量

GB/T 230.1—2004　金属洛氏硬度试验　第1部分:试验方法(A、B、C、D、E、F、G、H、K、N、T标尺)(ISO 6508-1:1999,MOD)

GB/T 699　优质碳素结构钢

GB/T 700—2006　碳素结构钢(ISO 630:1995,NEQ)

GB/T 1800.3—1998　极限与配合　基础　第3部分:标准公差和基本偏差数值表(eqv ISO 286-1:1988)

GB/T 1804—2000　一般公差　未注公差的线性和角度尺寸的公差(eqv ISO 2768-1:1989)

GB/T 1958　产品几何量技术规范(GPS)形状和位置公差　检测规定

GB/T 2828.1—2003　计数抽样检验程序　第1部分:按接收质量限(AQL)检索的逐批检验抽样计划(ISO 2859-1:1999,IDT)

GB/T 3934　普通螺纹量规技术条件(GB/T 3934—2003,ISO 1502:1996,MOD)

GB/T 18763　射钉器

GB 19914　射钉弹

3　术语和定义

GB/T 18763和GB 19914确立的以及下列术语和定义适用于本标准。

3.1

射钉　fastener

以火药燃烧作动力，可钉入混凝土、钢铁、砖砌体、石材等硬质基体的钉子。

3.2

钉体　body

可钉向硬质基体的钢紧固件，是构成射钉的主体部分。

3.3

定位件　fastening element

在射钉器钉管中对钉体起定位作用的零件，是构成射钉的辅助部分。

3.4

附件　accessory

满足射钉特定附加功能的零件，是构成射钉的其他部分。

3.5

钉杆　shank

钉体可钉入硬质基体的杆状部。

3.6

钉尖　point

钉体的尖部。

3.7

钉头　head

钉体的大头部。

3.8

光钉杆　blank shank

没有花纹的钉杆。

3.9

压花钉杆　knurled shank

带有花纹的钉杆。

3.10

钉长(L)　length

钉杆加钉尖的长度。

3.11

钉套　fastener sleeve

套状定位件。

3.12

钉帽　cap

帽状定位件。

3.13

硬质实体　the hard part

定位件不可压缩的部份。

4　结构与代号

4.1　结构

射钉一般分为仅由钉体构成、由钉体和定位件构成，以及由钉体、定位件和附件构成等三种形式，如图1所示。

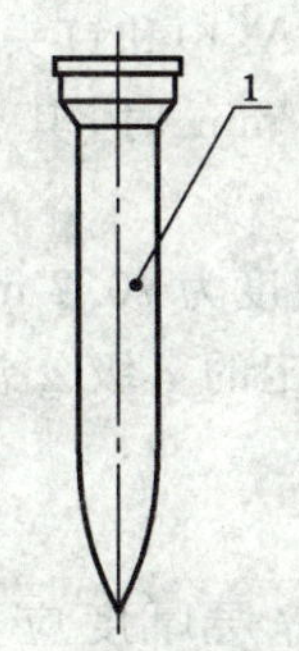

a) 仅由钉体构成的射钉

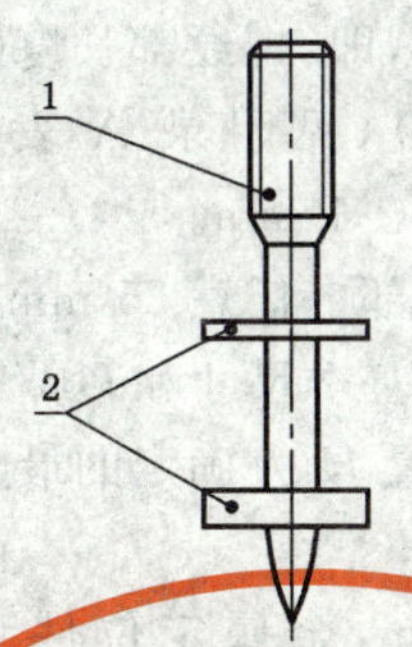

b) 由钉体和定位件构成的射钉

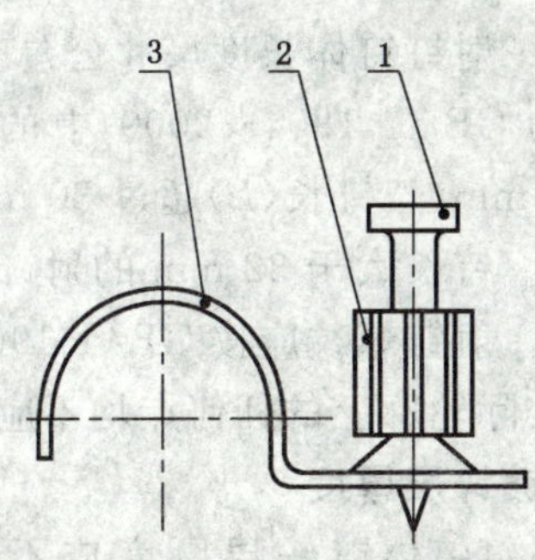

c) 由钉体、定位件和附件构成的射钉

1——钉体；

2——定位件；

3——附件

图 1 射钉结构图

4.2 代号

4.2.1 钉体、定位件和附件

4.2.1.1 钉体、定位件和附件的类型代号，根据其形状及参数等特征予以确定。形状特征用汉语拼音字母表示，参数特征用阿拉伯数字表示。部分钉体、定位件和附件的类型代号见附录 A。

4.2.1.2 钉体、定位件和附件代号分别由各自的类型代号和主要参数予以确定，类型代号和各参数间用连字符“—”连接。部分钉体、定位件和附件的代号见附录 A。

4.2.2 射钉

4.2.2.1 仅由钉体构成的射钉，如图 1a)所示，其射钉代号与钉体代号相同(见附录 A 表 A.1，如 GD 钉)。

4.2.2.2 由钉体和定位件构成的射钉，如图 1b)所示，其射钉代号为钉体代号加定位件代号。若有两个定位件，则两个定位件的代号按从钉头至钉尖的顺序排列；如果两个定位件代号中的参数相同，则前一个定位件的参数应省略(见附录 B 表 B.1)。

4.2.2.3 由钉体、定位件和附件构成的射钉，如图 1c)所示，其射钉代号为钉体代号加定位件代号加“/”后再加附件代号；如果含两个定位件，处理方法同 4.2.2.2(见附录 B 表 B.2)。

5 要求

5.1 材料

射钉钉体一般采用 GB/T 699 规定的优质碳素结构钢，其中主要化学成分应符合以下要求：C 不小于 42%，P 不大于 0.035%，S 不大于 0.035%，Si 为(0.17～0.37)%，Mn 为(0.50～0.80)%。

5.2 外观质量

5.2.1 射钉金属件表面应镀锌，镀层不应起泡、掉皮、脱落和有大的麻点、黑点、露钢或变色等缺陷。

5.2.2 射钉不应有裂纹或大的飞边、缺口、钝尖、压痕、毛刺、拉丝、损伤、凹痕等缺陷。

5.3 装配

带有定位件、附件的射钉，所装配的定位件或附件等应齐全，位置应正确，装配应可靠。

5.4 尺寸和形状

5.4.1 射钉钉头直径的基本尺寸一般为 5.6 mm、6 mm、6.3 mm、7.6 mm、8 mm、8.4 mm、10 mm、12 mm，与其对应的钉头直径以及需进入射钉器钉管的定位件、附件的硬质实体直径的最大极限尺寸应分别为 5.56 mm、5.98 mm、6.26 mm、7.5 mm、7.9 mm、8.36 mm、9.92 mm、11.9 mm。

5.4.2 射钉钉杆直径的基本尺寸一般为 3.5 mm、3.7 mm、4 mm、4.2 mm、4.5 mm、5.2 mm、5.5 mm、6 mm，其公差应符合 GB/T 1800.3—1998 中的 js11 的规定。

5.4.3 射钉钉体长度尺寸公差应符合下述规定，即：螺纹部长度(L_1)(见附录A表A.1)和钉头长度的公差为GB/T 1804—2000中的js16；钉长(L)(见附录A表A.1)不超过30 mm时，其公差为±0.8 mm；若钉长(L)超过30 mm时，其公差为±1 mm。

5.4.4 钉长大于32 mm的射钉钉杆，在其圆柱部上任意25 mm长度范围内的直线度为ϕ0.2 mm。

5.4.5 射钉螺纹应按GB/T 196—2003规定的基本尺寸和GB/T 197—2003中规定的7级公差制造，且其实际轮廓上的任何点均不应超越由公差位置H、h确定的最大实体牙形。

5.5 镀锌层厚度

射钉钉体镀锌层厚度应不小于0.005 mm，金属定位件和金属附件的镀锌层厚度应不小于0.004 mm。

5.6 硬度

射钉钉体芯部硬度应为50HRC～57HRC。

5.7 弯曲角度

射钉光钉杆弯曲至60°不应断裂，压花钉杆弯曲至30°不应断裂。

5.8 射击性能

5.8.1 射击过程中，射钉应装钉顺利，在射钉器钉管中不应滑落，定位件和附件应牢固可靠。

5.8.2 射钉对GB/T 700—2006中的Q235、抗拉强度R_m不大于420 N/mm²、厚度符合表1规定的钢板进行射击，当钉长(L)不小于16 mm时，钉尖应穿出钢板3 mm以上，当钉长(L)小于16 mm时，钉头应贴近钢板。

表1 射击用钢板的最小厚度

单位为毫米

钉杆直径(d)	钉长(L)		
	L≤30	30<L≤60	L>60
≤3.8	8	6	4
<3.8～4.6	10	8	6
>4.6	12	10	8

5.8.3 射击后，射钉钉体不应有断裂、破碎或严重弯曲等现象。

6 试验方法

6.1 材料

射钉钉体钢材的化学成分的检验，按GB/T 223.3、GB/T 223.60、GB/T 223.63、GB/T 223.68、GB/T 223.71测定其中的磷、硅、锰、硫、碳含量。

6.2 外观质量

目视检验射钉外观，必要时可用有效样件对比检验。

6.3 装配

目视检验射钉钉体所装配的零件是否齐全及位置是否正确，用手力或装入射钉器钉管的方法，检验装配是否可靠。

6.4 尺寸和形状

6.4.1 射钉钉头、钉体、定位件硬质实体的直径、钉杆直径以及钉体长度尺寸用通用量具或专用量具测量。其中，钉杆直径是在钉杆圆柱部的任意一截面上，测量出垂直两个方向上的直径，取二者的平均值。

6.4.2 射钉钉杆的直线度按GB/T 1958规定的方法进行检测。

6.4.3 射钉螺纹的检验，用GB/T 3934规定的、相应公差等级的量规及方法进行；如对此检验有争议时，用精度不低于0.001 mm的仪器，测量其实际轮廓上的任何点的最大实体牙形进行检验，而且此检验为仲裁检验。

6.5 镀锌层厚度

射钉镀锌层厚度用精度不低于 0.001 mm 的磁性测厚仪或其他镀锌层测厚方法测量，测量部位为钉杆的中部以及定位件、附件因工艺特性造成的镀层最薄处。

6.6 硬度

将射钉钉体对称的侧面磨成两平行平面，每个平面在钉杆部位的宽度不少于 2 mm，在其中一平面上，按 GB/T 230.1—2004 规定的 HRC 的测试方法，测试硬度。测量点在圆柱部的中部，如果钉体有多个不同直径的圆柱部(含螺纹部，但不包括钉头)，则每一个圆柱部的中部均应测量。

6.7 弯曲角度

将射钉钉杆夹在两钳口之间，敲击钉杆一端，使之弯曲，如图 2 所示，直至钉杆弯曲角度(α)分别不小于 60°(对于光钉杆)、30°(对于压花钉杆)或钉杆断裂为止。如果钉杆发生了断裂，应将断裂的钉杆正确拼接后，测量弯曲角度。钉杆长度小于 30 mm 的射钉，弯曲角度不作检验。图 2 中钳口圆角(R)约等于钉杆直径。

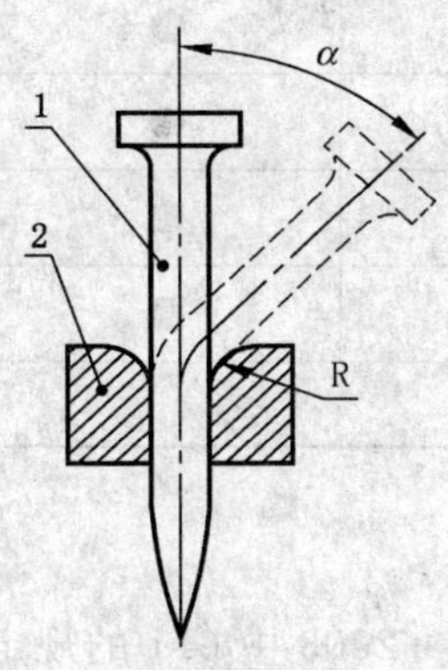

1——钉杆；

2——钳口

图 2 弯曲角度试验示意图

6.8 射击性能

6.8.1 用适合于该射钉产品、且符合 GB/T 18763 的射钉器，用手工操作的方法检验装钉是否顺利和射钉在钉管中是否滑落及定位件和附件是否可靠。

6.8.2 用适合于该射钉产品、且符合 GB/T 18763 的射钉器和符合 GB 19914 的射钉弹，对 5.8.2 规定的钢板进行射击。射击后，目视检验钉头是否贴近钢板或用量具对穿出钢板的钉尖长度进行测量。

6.8.3 目视检验射击后射钉钉体是否有断裂、破碎或严重弯曲等现象。

7 检验规则

7.1 检验分类

射钉的检验分为下述两类：

a) 型式检验；

b) 出厂检验。

7.2 型式检验时机

有下列情况之一时，射钉要进行型式检验：

a) 新产品定型或老产品转厂鉴定；

b) 生产中，如产品结构、材料、工艺等有较大改变，可能引起产品性能改变时；

c) 正常生产中，定期或累计达到一定生产量时；

d) 产品停产一年以上，重新恢复生产时；

e) 出厂检验结果与上次型式检验结果有较大差异时；

f） 合约有规定时；

g） 国家质量监督机构提出进行型式检验时。

7.3 检验项目

型式检验和出厂检验的检验项目见表 2。

表 2 检验项目表

序号	检验项目	型式检验	出厂检验	要求章条号	试验方法章条号
1	材料	●	—	5.1	6.1
2	外观质量	●	●	5.2	6.2
3	装配	●	●	5.3	6.3
4	尺寸和形状	●	●	5.4	6.4
5	镀锌层厚度	●	●	5.5	6.5
6	硬度	●	●	5.6	6.6
7	弯曲角度	●	●	5.7	6.7
8	射击性能	●	●	5.8	6.8
注：●为检验项目；—为不检验项目。					

7.4 组批规则和抽样方案

7.4.1 组批规则

7.4.1.1 每批射钉应按照 GB/T 2828.1—2003 中 6.1 的规定组成。

7.4.1.2 射钉的批量（N）一般为 35 001 粒～150 000 粒，特殊情况下允许少于 35 001 粒。

7.4.2 抽样方案

7.4.2.1 不合格分类

射钉的不合格分类见表 3。

表 3 不合格分类

分 类	不 合 格 项
A	镀锌层厚度不符合规定
	硬度不符合规定
	弯曲角度不符合规定
A1	钉体钢材化学成份不符合规定
B	尺寸或形状不符合规定
	射击性能不符合规定
C	外观质量不符合规定
	装配不符合规定

7.4.2.2 检验水平

根据 GB/T 2828.1—2003 中 10.1 的规定，射钉的 A 类和 B 类不合格项的检验水平均为：特殊检验水平 S-2，C 类不合格项的检验水平为：一般检验水平 I。

7.4.2.3 接收质量限

根据 GB/T 2828.1—2003 中的第 5 章，射钉 A 类不合格项的接收质量限（AQL）为 1.0，B 类和 C 类不合格项的接收质量限（AQL）均为 2.5。

7.4.2.4 **抽样方案类型**

7.4.2.4.1 射钉的A类、B类C类不合格项的检验，按GB/T 2828.1—2003中11.1.1规定的一次抽样方案进行。根据批量(*N*)、检验水平、不合格项的接收质量限(AQL)和正常、加严、放宽检验的一次抽样方案，可根据GB/T 2828.1—2003，检索出射钉A类、B类、C类不合格项分类检验的样本量(*n*)、接收数(*Ac*)、拒收数(*Re*)。批量(*N*)为35 001粒～150 000粒的抽样方案见表4。

7.4.2.4.2 射钉A1类不合格项，即射钉钉体钢材的化学成分，只进行一次性检验，不按GB/T 2828.1—2003执行。

7.4.2.5 正常、加严和放宽检验

表4 抽样方案

不合格分类	检验水平	样本量字码	接收质量限(AQL)	正常检验			加严检验			放宽检验		
				样本量(*n*)	接收数(*Ac*)	拒收数(*Re*)	样本量(*n*)	接收数(*Ac*)	拒收数(*Re*)	样本量(*n*)	接收数(*Ac*)	拒收数(*Re*)
A	S-2	E	1.0	13	0	1	20	0	1	5	0	1
B	S-2	E	2.5	20	1	2	32	1	2	13	1	2
C	I	L	2.5	200	10	11	200	8	9	80	6	7

7.4.2.5.1 按照GB/T 2828.1—2003中9.1的规定，除另有规定外，射钉的A类、B类、C类不合格项开始检验时，均采用正常检验。

7.4.2.5.2 在进行正常检验时，如符合GB/T 2828.1—2003中第9章的规定，应转移为加严检验、放宽检验或暂停检验。

7.5 判定规则

7.5.1 A1类不合格项检验中如有一项化学成分不符合规定，即判定该批产品为不合格。

7.5.2 射钉检验项目任一项不符合本标准的各项要求时，即判定该批产品为不合格。射钉样本抽取、检验批接收与不接收以及逐批检验后的处置等，分别按GB/T 2828.1—2003的相关规定执行。

8 标志

8.1 产品标志

射钉上应有制造厂家的标志或商标，标志或商标应正确、完整、清晰、附着力强，标志应刻在钉体或定位件上。

8.2 包装标志

射钉包装物上应有产品名称"射钉"、型号、规格、商标、生产厂家及地址、电话、产品批号、数量、执行标准编号；外包装上还应有毛重、体积、"怕湿"等标志。包装标志应正确、完整、清晰、附着力强，标志应符合GB/T 191的规定。

8.3 标志检查

对于每批射钉的产品标志和包装标志，用目视方法进行检查，对不符合要求的应予退修或由供货方与订货方协商解决。

9 包装、运输、贮存

9.1 包装和包装检验

9.1.1 射钉的包装应能满足运输、储存和使用的要求，且包装的产品及数量应正确，封固应可靠。

9.1.2 对每批射钉的包装物质量，以及包装的产品和数量、包装封固情况等应采用目视方法进行检验，对不符合要求的应予退修或由供货方与订货方协商处理。

9.2 运输

射钉可用各种交通工具运输，在运输、装卸和临时堆码过程中应防雨和防湿。

9.3 贮存

9.3.1 射钉应贮存于无腐蚀性气体且干燥、通风的场所，堆垛下面应有防潮措施。

9.3.2 对于经批检验合格未能及时交付订货方而暂时入库存放的射钉，贮存期为一年。如存放期超过一年，一般须逐批重新检验合格后，才能交付订货方。

附　录　A
（规范性附录）
射钉钉体、定位件、附件代号

A.1　部分射钉钉体的类型代号、名称、形状、参数及代号见表 A.1。

表 A.1　射钉钉体的类型代号、名称、形状、参数及钉体代号

类型代号	名　　称	形　　状	主要参数/mm	钉体代号
YD	圆头钉	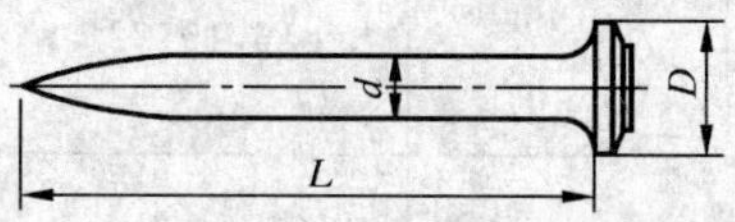	D=8.4 d=3.7 L=19,22,27,32,37,42,47,52,57,62,72	类型代号加钉长 L。钉长为 32 mm 的圆头钉示例为：YD32
DD	大圆头钉	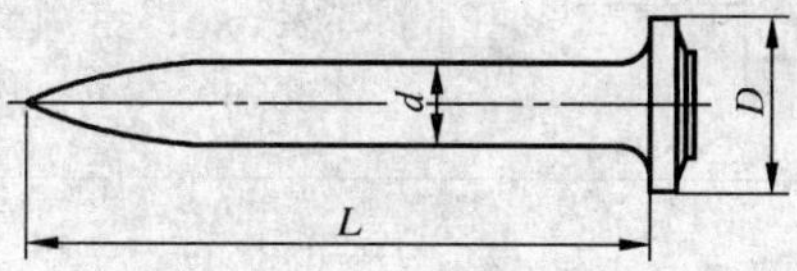	D=10 d=4.5 L=27,32,37,42,47,52,57,62,72,82,97,117	类型代号加钉长 L。钉长为 37 mm 的大圆头钉示例为：DD37
HYD	压花 圆头钉	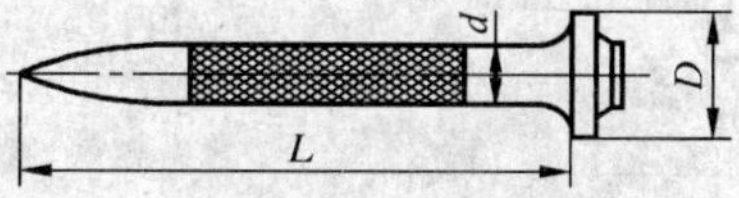	D=8.4 d=3.7 L=13,16,19,22	类型代号加钉长 L。钉长为 22 mm 的压花圆头钉示例为：HYD22
HDD	压花 大圆头钉	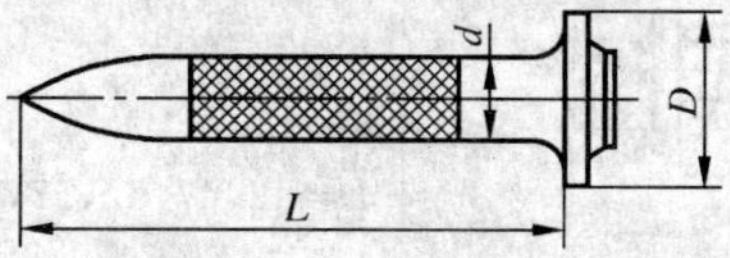	D=10 d=3.7 L=19,22	类型代号加钉长 L。钉长为 22 mm 的压花大圆头钉示例为：HDD22
PD	平头钉	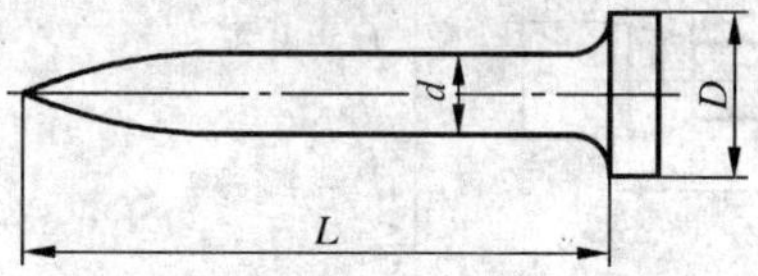	D=7.6 d=3.7 L=19,25,32,38,51,63,76	类型代号加钉长 L。钉长为 32 mm 的平头钉示例为：PD32
PS	小平头钉	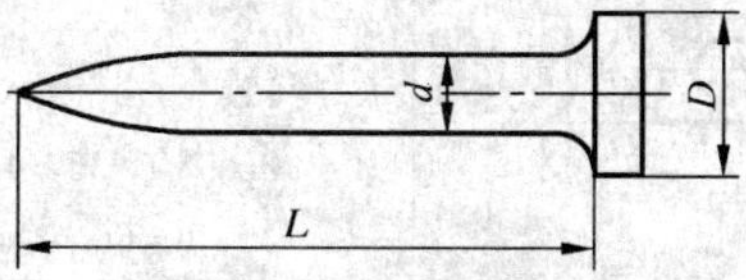	D=7.6 d=3.5 L=22,27,32,37,42,47,52,62,72	类型代号加钉长 L。钉长为 27 mm 的小圆头钉示例为：PS27
DPD	大平头钉	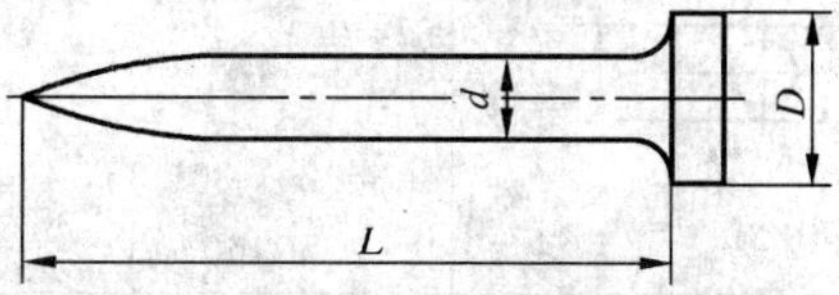	D=10 d=4.5 L=27,32,37,42,47,52,57,62,72,82,97,117	类型代号加钉长 L。钉长为 22 mm 的大平头钉示例为：DPD72
HPD	压花 平头钉	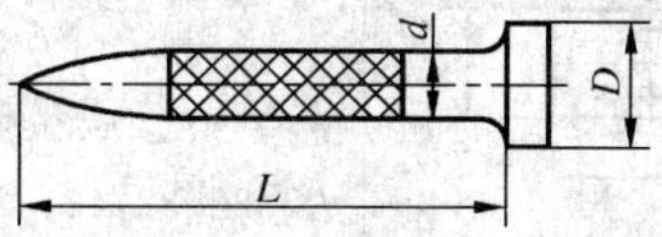	D=7.6 d=3.7 L=13,16,19	类型代号加钉长 L。钉长为 13mm 的压花平头钉示例为：HPD13

表 A.1(续)

类型代号	名　　称	形　　状	主要参数/mm	钉体代号
QD	球头钉		$D=5.6$ $d=3.7$ $L=22,27,32,37,42,47,52,62,72,82,97$	类型代号加钉长 L。钉长为 37 mm 的球头钉示例为:QD37
HQD	压花球头钉	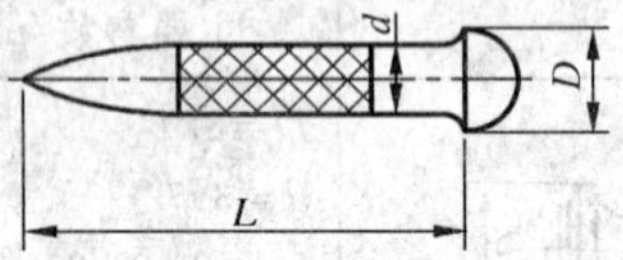	$D=5.6$ $d=3.7$ $L=16,19,22$	类型代号加钉长 L。钉长为 19 mm 的压花球头钉示例为:HQD19
ZP	6 mm 平头钉	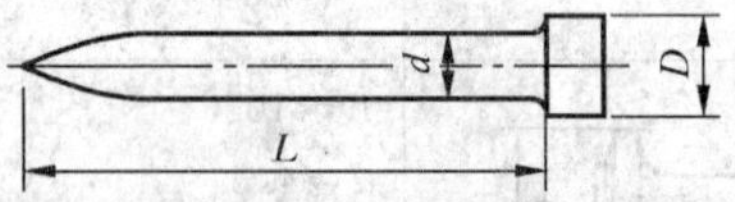	$D=6$ $d=3.7$ $L=25,30,35,40,50,60,75$	类型代号加钉长 L。钉长为 40 mm 的平头钉示例为:ZP40
DZP	6.3 mm 平头钉	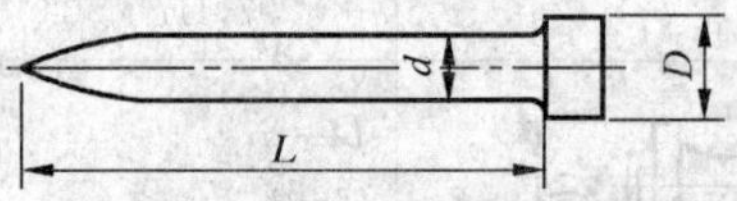	$D=6.3$ $d=4.2$ $L=25,30,35,40,50,60,75$	类型代号加钉长 L。钉长为 50 mm 的平头钉示例为:DZP50
ZD	专用钉		$D=8$ $d=3.7$ $d_1=2.7$ $L=42,47,52,57,62$	类型代号加钉长 L。钉长为 52 mm 的专用钉示例为:ZD52
GD	GD 钉	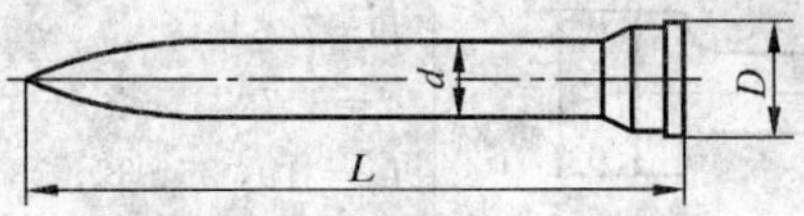	$D=8$ $d=5.5$ $L=45,50$	类型代号加全长 L。钉长为 45 mm 的 GD 钉示例为:GD45
KD6	6 mm 眼孔钉	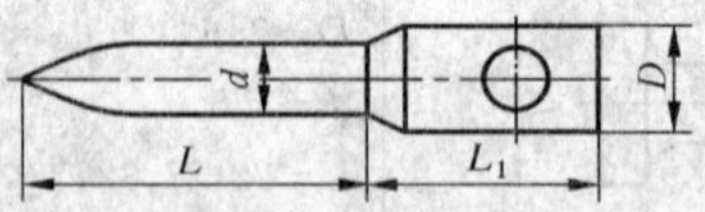	$D=6$ $d=3.7$ $L_1=11$ $L=25,30,35,40,45,50,60$	类型代号-钉头长度 L_1-钉长 L。钉头长度为 11 mm，钉长为 40 mm的眼孔钉示例为:KD6-11-40
KD6.3	6.3 mm 眼孔钉	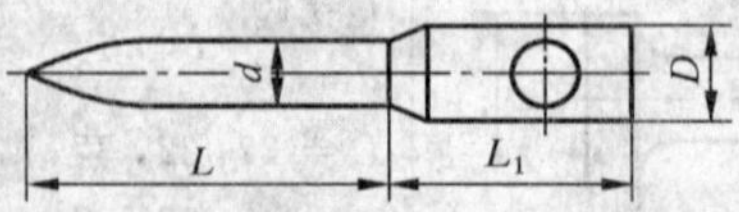	$D=6.3$ $d=4.2$ $L_1=13$ $L=25,30,35,40,50,60$	类型代号-钉头长度 L_1-钉长 L。钉头长度为 13 mm，钉长为 50 mm的眼孔钉示例为:KD6.3-13-50
KD8	8 mm 眼孔钉	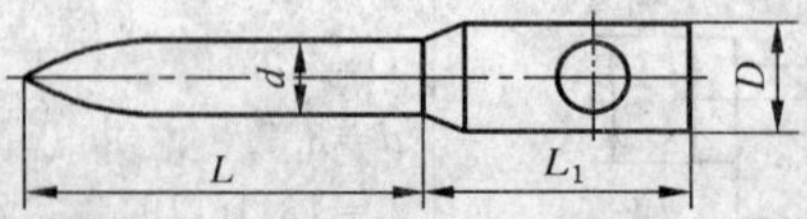	$D=8$ $d=4.5$ $L_1=20,25,30,35$ $L=22,32,42,52$	类型代号-钉头长度 L_1-钉长 L。钉头长度为 20 mm，钉长为 32 mm的眼孔钉示例为:KD8-20-32

表 A.1(续)

类型代号	名　　称	形　　状	主要参数/mm	钉体代号
KD10	10 mm 眼孔钉		D=10 d=5.2 L_1=24,30 L=32,42,52	类型代号-钉头长度 L_1-钉长 L。钉头长度为 24 mm，钉长为 52 mm的眼孔钉示例为：KD10-24-52
M6	M6 螺纹钉		D=M6 d=3.7 L_1=11,20,25,32,38 L=22,27,32,42,52	类型代号-螺纹长度 L_1-钉长 L。螺纹长度为 20 mm，钉长为 32 mm的螺纹钉示例为：M6-20-32
M8	M8 螺纹钉		D=M8 d=4.5 L_1=15,20,25,30,35 L=27,32,42,52	类型代号-螺纹长度 L_1-钉长 L。螺纹长度为 15 mm，钉长为 32 mm的螺纹钉示例为：M8-15-32
M10	M10 螺纹钉		D=M10 d=5.2 L_1=24,30 L=27,32,42	类型代号-螺纹长度 L_1-钉长 L。螺纹长度为 30 mm，钉长为 42 mm的螺纹钉示例为：M10-30-42
HM6	M6 压花螺纹钉		D=M6 d=3.7 L_1=11,20,25,32 L=9,12	类型代号-螺纹长度 L_1-钉长 L。螺纹长度为 11 mm，钉长为 12 mm的压药螺纹钉示例为：HM6-11-12
HM8	M8 压花螺纹钉		D=M8 d=4.5 L_1=15,20,25,30,35 L=15	类型代号-螺纹长度 L_1-钉长 L。螺纹长度为 20 mm，钉长为 15 mm的压花螺纹钉示例为：HM8-20-15
HM10	M10 压花螺纹钉		D=M10 d=5.2 L_1=24,30 L=15	类型代号-螺纹长度 L_1-钉长 L。螺纹长度为 30 mm，钉长为 15 mm的压花螺纹钉示例为：HM10-30-15
HTD	压花特种钉		D=5.6 d=4.5 L=21	类型代号加钉长 L。钉长为 21 mm 的压花特种钉示例为：HTD21

A.2 部分射钉定位件的类型代号、名称、形状、主要参数及代号见表 A.2。

表 A.2 射钉定位件的类型代号、名称、形状、主要参数及代号

类型代号	名 称	形 状	主要参数/mm	定位件代号
S	塑料圈	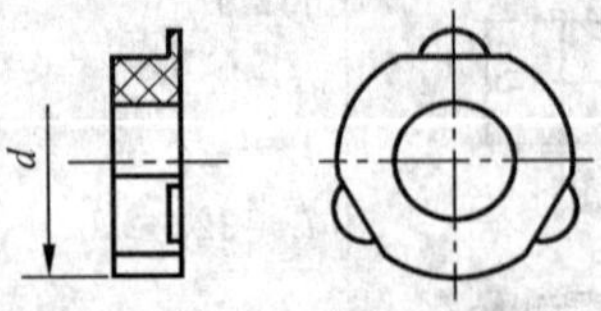	$d=8$	S8
			$d=10$	S10
		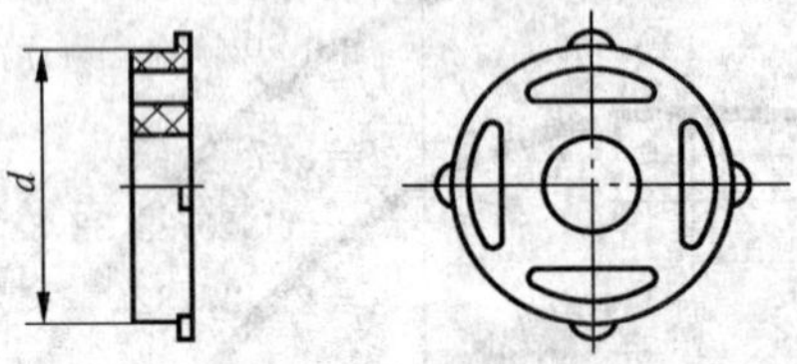	$d=12$	S12
C	齿形圈	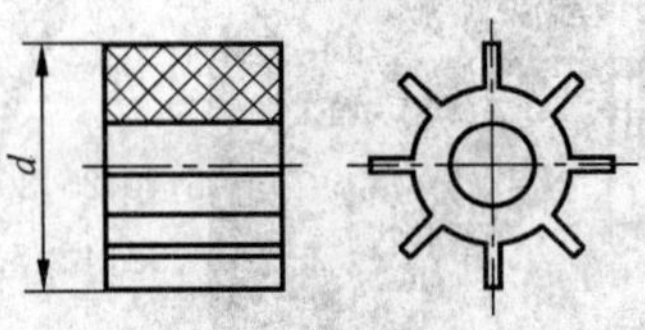	$d=6$	C6
			$d=6.3$	C6.3
			$d=8$	C8
			$d=10$	C10
			$d=12$	C12
J	金属圈	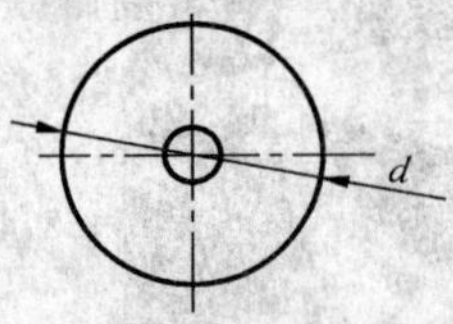	$d=8$	J8
			$d=10$	J10
			$d=12$	J12
M	钉尖帽	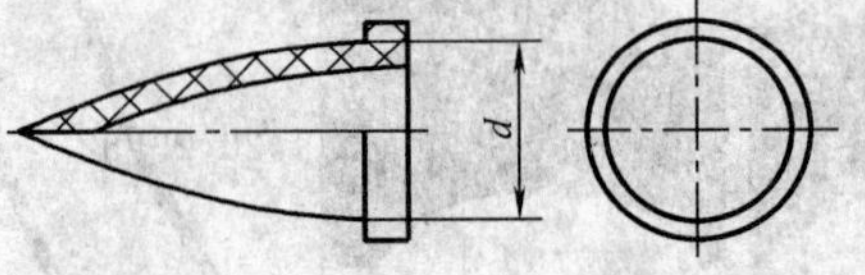	$d=6$	M6
			$d=6.3$	M6.3
			$d=8$	M8
			$d=10$	M10
T	钉头帽	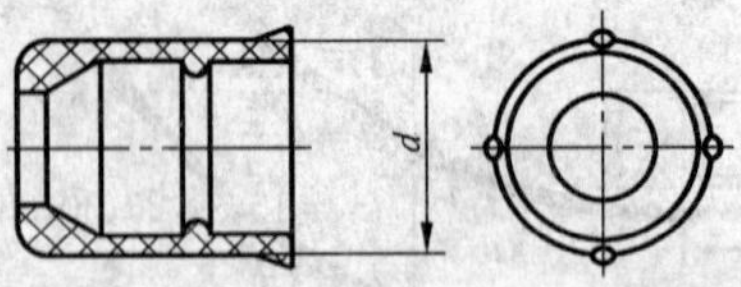	$d=6$	T6
			$d=6.3$	T6.3
			$d=8$	T8
			$d=10$	T10
G	钢套	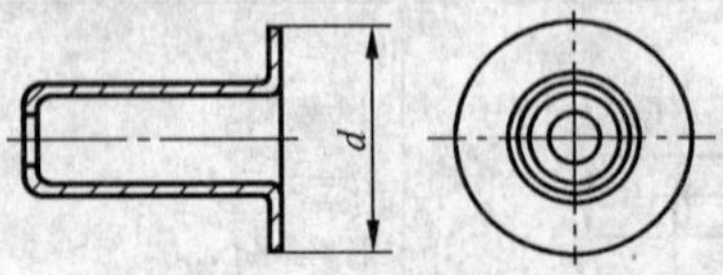	$d=10$	G10
LS	连发塑料圈	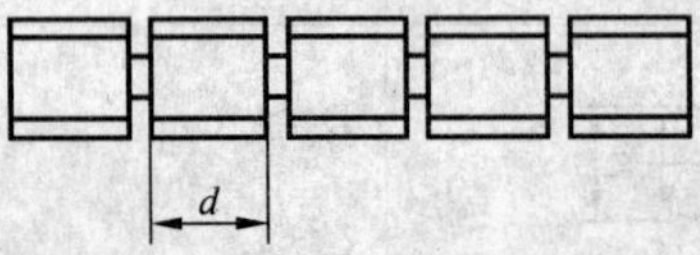	$d=6$	LS6

A.3 部分射钉附件的类型代号、名称、形状、主要参数及附件代号见表A.3。

表 A.3 射钉附件的类型代号、名称、形状、参数及附件代号

类型代号	名 称	形 状	主要参数/mm	附件代号
D	圆垫片	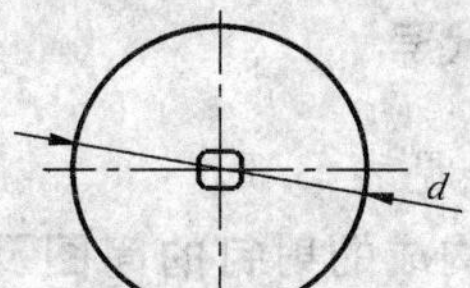	$d=20$	D20
			$d=25$	D25
			$d=28$	D28
			$d=36$	D36
FD	方垫片	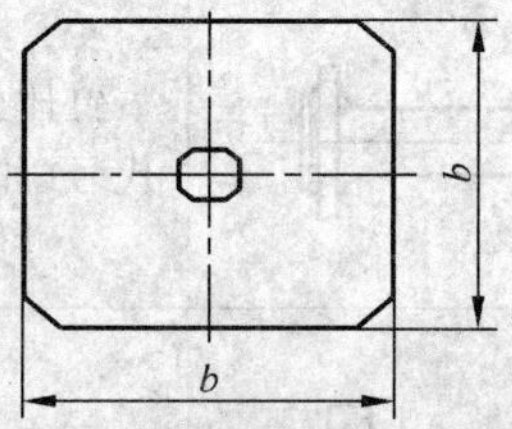	$b=20$	FD20
			$b=25$	FD25
P	直角片	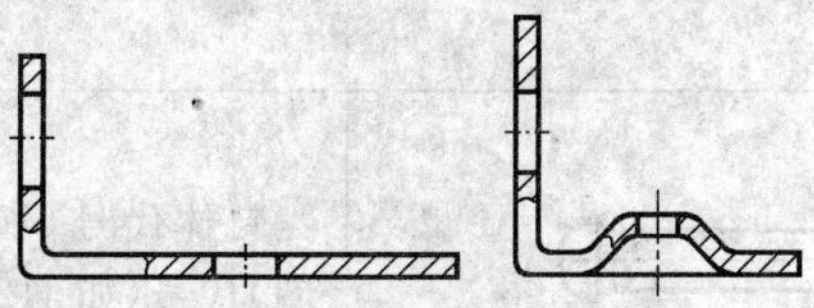	—	P
XP	斜角片	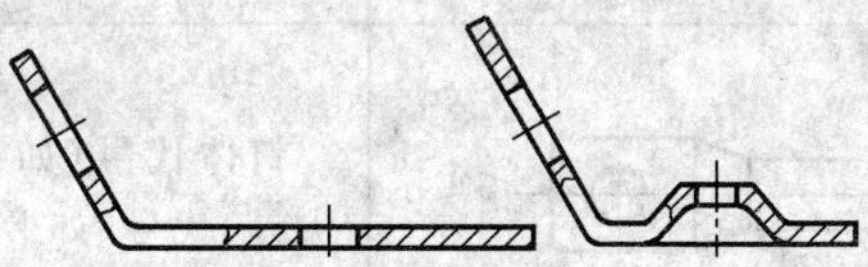	—	XP
K	管卡	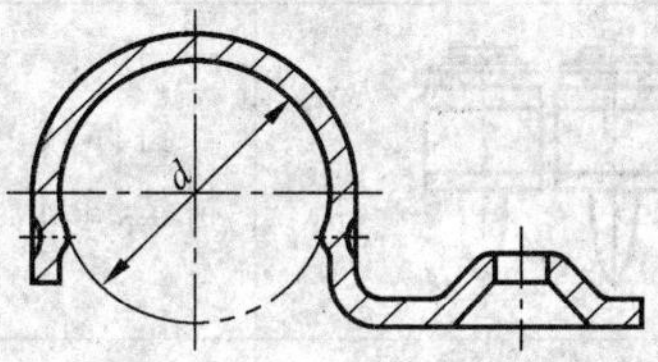	$d=18$	K18
			$d=25$	K25
			$d=30$	K30
T	钉筒	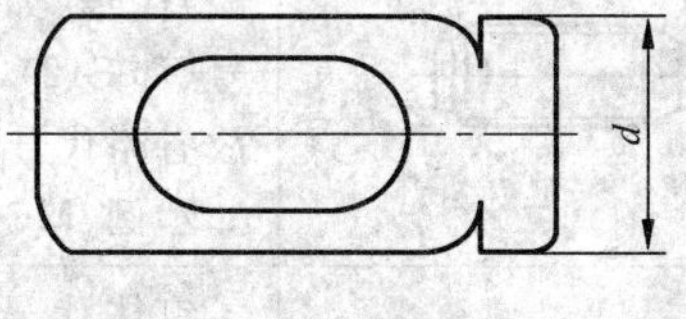	$d=12$	T12

附　录　B
（规范性附录）
射钉代号

B.1　部分由钉体和定位件构成的射钉的简图及代号见表 B.1。

表 B.1　由钉体和定位件构成的射钉的简图及代号

说　明	简　图	射　钉　代　号
由钉体和一个定位件（塑料圈）构成的射钉	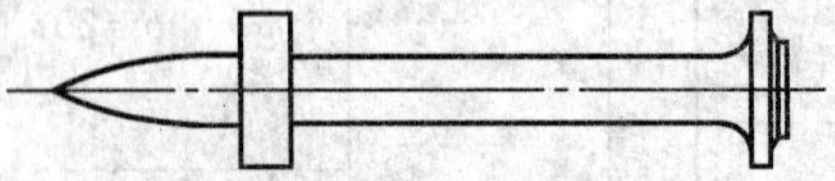	钉体代号（如 YD32）加定位件（塑料圈）代号（如 S8）。示例：YD32S8
由钉体和一个定位件（齿形圈）构成的射钉	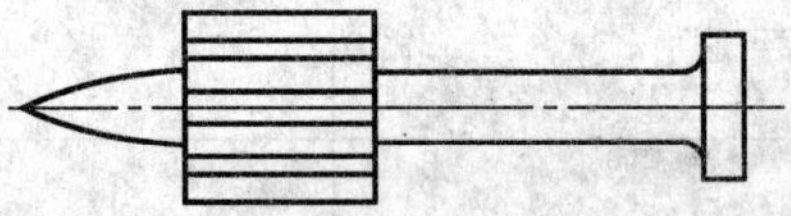	钉体代号（如图 PD38）加定位件（齿形圈）代号（如 C8）。示例：PD38C8
由钉体和一个定位件（金属圈）构成的射钉	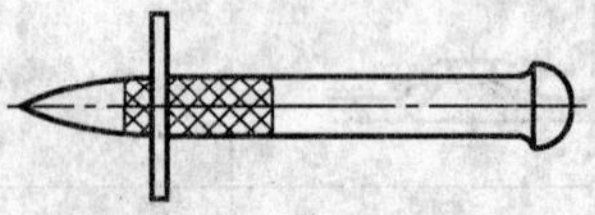	钉体代号（如 HQD19）加定位件（金属圈）代号（如 J12）。示例：HQD19J12
由钉体和一个定位件（钉尖帽）构成的射钉	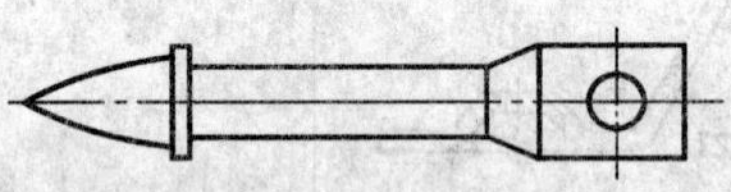	钉体代号（如 KD6-11-40）加定位件（钉尖帽）代号（如 M6）。示例：KD6-11-40M6
由钉体和定位件（连发塑料圈）构成的射钉	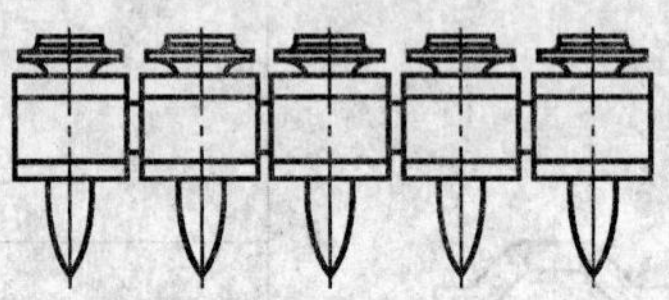	钉体代号（如 YD22）加定位件（连发塑料垫圈）代号（如 LS8）。示例：YD22LS8
由钉体和两个定位件（塑料圈和金属圈）构成的射钉	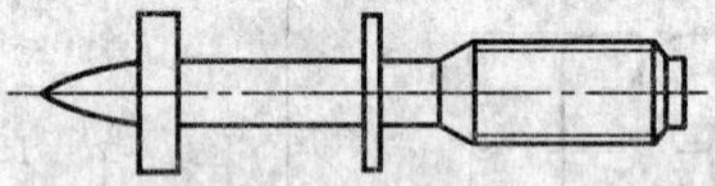	钉体代号（如 M6-20-32）加定位件（金属圈）代号（如 J12）再加定位件（塑料圈）代号（如 S12），因两个定位件直径参数相同，故省略代号 J12 后面的参数。 示例：M6-20-32JS12
由钉体和两个定位件（钉头帽和齿形圈）构成的射钉	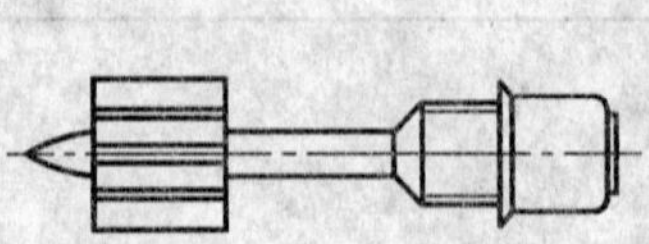	钉体代号（如 M6-20-27）加定位件（钉帽）代号（如 T8）再加定位件（齿形圈）代号（如 C8），因两个定位件直径参数相同，故省略代号 T8 后面的参数。 示例：M6-20-27TC8
由钉体和两个定位件（齿形圈和钢套）构成的射钉	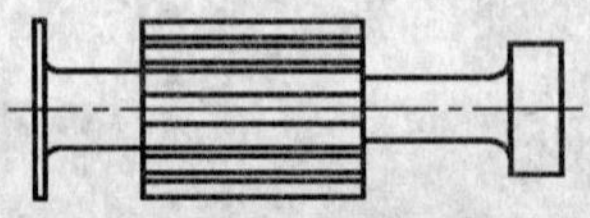	钉体代号（如 PD25）加定位件（齿形圈）代号（如 C8）再加定位件（钉套）代号（如 G10）。示例：PD25C8G10

B.2 部分由钉体、定位件和附件构成的射钉的简图及代号见表 B.2。

表 B.2 由钉体、定位件和附件构成的射钉的简图及代号

说　明	简　图	射　钉　代　号
由钉体、一个定位件(齿形圈)和附件(圆垫片)构成的射钉	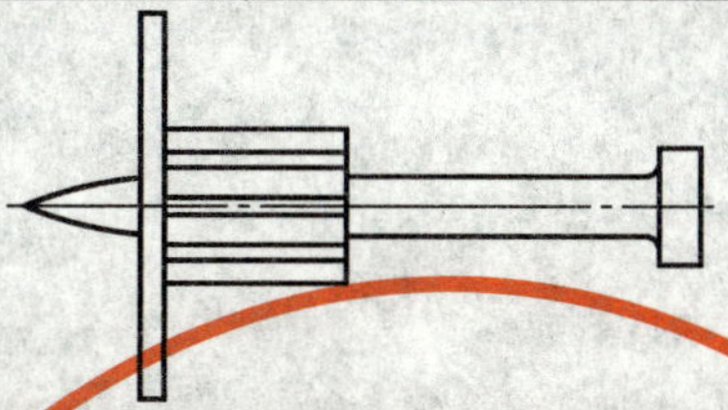	射钉代号(如 DPD72)加定位件(齿形圈)代号(如 C8)加斜杠(/)加附件(圆垫片)代号(如 D36)。 示例:DPD72C8/D36
由钉体、一个定位件(塑料圈)和附件(方垫片)构成的射钉	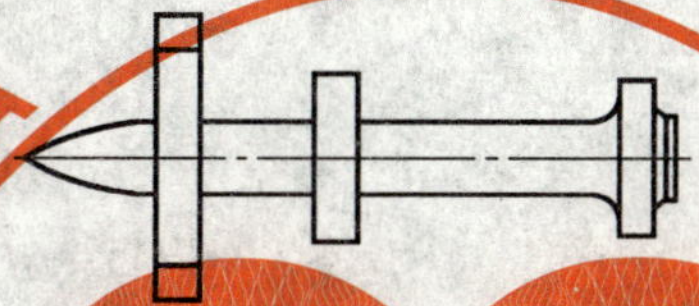	钉体代号(如 YD62)加定位件(塑料圈)代号(如 S8)加斜杠(/)加附件(方垫片)代号(如 FD20)。 示例:YD62S8/FD20
由钉体、两个定位件(齿形圈和钢套)和附件(直角片)构成的射钉	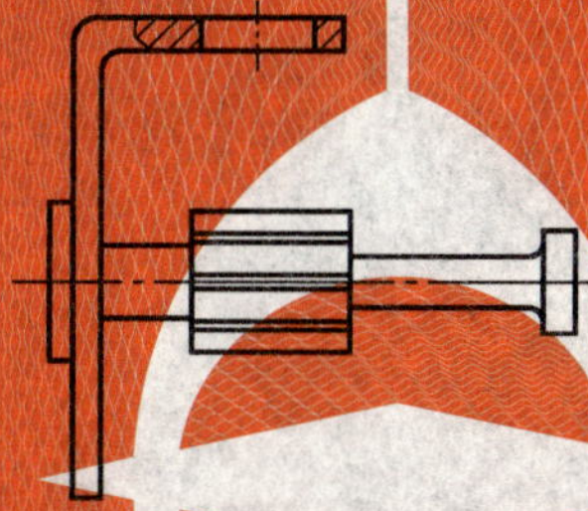	钉体代号(如 PD32)加定位件(齿形圈)代号(如 C8)再加定位件(钢套)代号(如 G10)加斜杠(/)加附件(直角片)代号(P)。 示例:PD32C8G10/P
由钉体、一个定位件(齿形圈)和附件(斜角片)构成的射钉		钉体代号(如 PD32)加定位件(齿形圈)代号(如 C8)加斜杠(/)加附件(斜角片)代号(XP)。 示例:PD32C8/XP
由钉体、一个定位件(齿形圈)和附件(管卡)构成的射钉	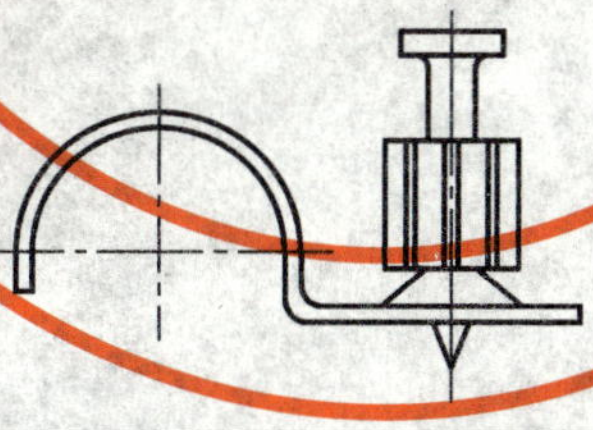	钉体代号(如 PD32)加定位件(齿形圈)代号(如 C8)加斜杠(/)加附件(管卡)代号(如 K25)。 示例:PD32C8/K25
由钉体、一个定位件(塑料圈)和附件(钉筒)构成的射钉	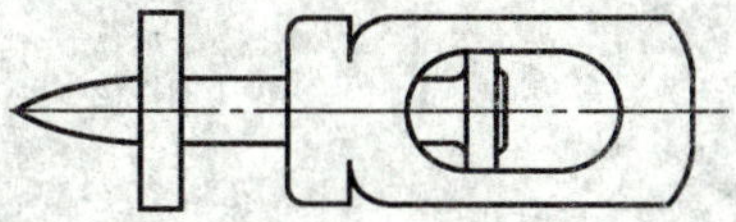	钉体代号(如 YD37)加定位件(塑料圈)代号(如 S12)加斜杠(/)加附件(钉筒)代号(T12)。 示例:YD37S12/T12

ICS 11.100
C 44

中华人民共和国国家标准

GB/T 18990—2008
代替 GB/T 18990.1～18990.3—2003

促黄体生成素检测试纸（胶体金免疫层析法）

Luteinizing hormone (LH) test strip (Colloidal gold immunochromatographic assay)

2008-11-03 发布　　2009-10-01 实施

中华人民共和国国家质量监督检验检疫总局
中国国家标准化管理委员会　发布

前言

本标准代替 GB/T 18990.1～18990.3—2003《黄体生成素(LH)检测试纸》。

本标准与 GB/T 18990.1～18990.3—2003 相比,主要变化内容如下:

——将原标准第 1 部分～第 3 部分整合修订为一个标准;

——按《体外诊断试剂注册管理办法》(试行)中的相关要求修改产品名称;

——修改了术语和定义;

——增加了“物理性状”的技术要求和试验方法;

——修改了“临界值”的技术要求和试验方法;

——删去“特异性”要求中“与 HCG 的交叉反应”;

——修改了“重复性”的技术要求和试验方法;

——修改了“稳定性”的技术要求和试验方法;

——增加了“批间差”的技术要求和试验方法。

本标准由国家食品药品监督管理局提出。

本标准由全国医用临床检验实验和体外诊断系统标准化技术委员会归口。

本标准起草单位:昆明云大生物技术有限公司,北京市医疗器械检验所。

本标准主要起草人:马岚、张新梅、周剑雷、邓双胜、赵力生。

本标准所代替标准的历次版本发布情况为:

——GB/T 18990.1—2003,GB/T 18990.2—2003,GB/T 18990.3—2003。

促黄体生成素检测试纸
（胶体金免疫层析法）

1 范围

本标准规定了促黄体生成素检测试纸的术语和定义、技术要求、试验方法、检验和判定、包装、标志和使用说明书、运输和贮存。

本标准适用于通过胶体金免疫层析法原理测定妇女尿液中 LH 水平，以预测排卵时间，用于指导育龄妇女选择最佳受孕时机或指导安全期避孕的促黄体生成素检测试纸（以下简称试纸）。

2 规范性引用文件

下列文件中的条款通过本标准的引用而成为本标准的条款。凡是注日期的引用文件，其随后所有的修改单（不包括勘误的内容）或修订版均不适用于本标准，然而，鼓励根据本标准达成协议的各方研究是否可使用这些文件的最新版本。凡是不注明日期的引用文件，其最新版本适用于本标准。

GB/T 191 包装储运图示标志（GB/T 191—2008，ISO 780:1997，MOD）

3 术语和定义

下列术语和定义适用于本标准。

3.1

促黄体生成素检测试纸 luteinizing hormone（LH）test strip

应用胶体金免疫层析法的原理，检测妇女尿液中促黄体生成素的试纸。

3.2

临界值 cut-off

判定试纸检测结果阴性和阳性的界限值。

4 技术要求

4.1 物理性状

4.1.1 外观

应整洁完整、无毛刺、无破损、无污染。

4.1.2 膜条宽度

应不小于 2.5 mm。

4.1.3 液体移行速度

液体移行速度应不低于 10 mm/min。

4.2 临界值

本试纸的临界值为 25 mIU/mL。

注：本试纸的临界值是根据妇女月经周期尿液中 LH 的水平和变化所设定的浓度值，此值用于预测 LH 峰出现，并预测排卵时间。

4.3 特异性

4.3.1 与促卵泡激素（follicle stimulating hormone，FSH）的交叉反应

检测浓度为 200 mIU/mL 的 FSH，结果均应为阴性。

4.3.2 **与促甲状腺激素(thyroid stimulating hormone,TSH)的交叉反应**

检测浓度为 250 μIU/mL 的 TSH,结果均应为阴性。

4.4 **重复性**

取同一批号的试纸 10 条,检测同一浓度的 LH 样品液,反应结果应一致,显色应均一。

4.5 **稳定性**

在 37 ℃条件下放置 20 d,产品应符合 4.1～4.4 的要求。

4.6 **批间差**

取 3 个批号的试纸检测浓度为 25 mIU/mL 的 LH 样品液,反应结果应一致,显色应均一。

5 试验方法

5.1 结果判定

结果判定依据如下:

a) 无效:质控线不出现色带;

b) 阴性:仅出现质控线或检测线色带颜色浅于质控线;

c) 阳性:检测线色带颜色与质控线一致或深于质控线。

5.2 试剂

5.2.1 **空白对照液**

含蛋白的磷酸盐缓冲液(PBS),pH 7.2～7.4。

5.2.2 **测定样品液**

测定样品液配制:

a) 含有 LH 标准品的样品液:用含蛋白的磷酸盐缓冲液配制 10 mIU/mL、25 mIU/mL 和 50mIU/mL LH 样品液;

b) 含有 200 mIU/mL FSH 标准品的样品液:用含蛋白的磷酸盐缓冲液配制 FSH 浓度为 200 mIU/mL;

c) 含有 250 μIU/mL TSH 标准品的样品液:用含蛋白的磷酸盐缓冲液配制 TSH 浓度为 250 μIU/mL。

5.3 物理性状

5.3.1 **外观**

随机取 1 条试纸,自然光下目视观察,应符合 4.1.1 的要求。

5.3.2 **膜条宽度**

随机取 1 条试纸,用游标卡尺测量其宽度,测量 1 次,结果应符合 4.1.2 的要求。

5.3.3 **液体移行速度**

按说明书进行操作,从试纸浸入样品液开始用秒表计时,直至液体达到图 1 所示的 E 区与 F 区之间的交界线时停止计时,所用的时间记为(t),用游标卡尺测量(A 区+B 区+E 区)的长度,记为(L),则计算 L/t 即为移行速度,结果应符合 4.1.3 的要求。

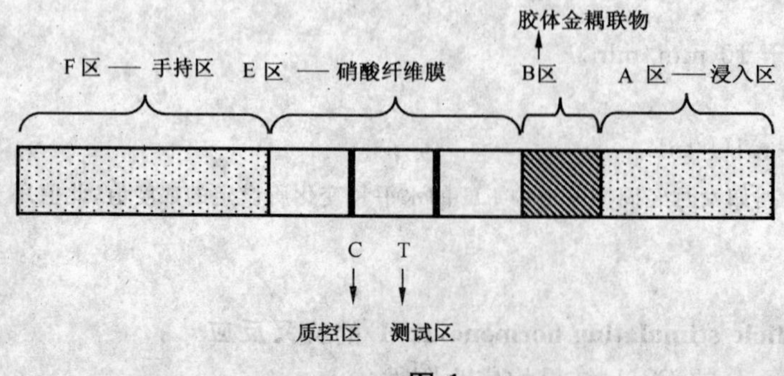

图 1

5.4 临界值

用空白对照液和含有 10 mIU/mL、25 mIU/mL 和 50mIU/mL LH 标准品的样品液分别测定同批号试纸，每个浓度测定 3 条。按厂家说明书进行操作，结果判定如下：

a) 空白对照液：3 条试纸检测结果的检测线均不显色，则判为合格，否则判为不合格；

b) 含有 10 mIU/mL LH 标准品的样品液：3 条试纸检测线的结果均比质控线颜色浅，则判为合格，否则判为不合格；

c) 含有 25 mIU/mL LH 标准品的样品液：3 条试纸检测线的结果均与质控线颜色一致，则判为合格，否则判为不合格；

d) 含有 50 mIU/mL LH 标准品的样品液：3 条试纸检测线的结果均比质控线颜色深，则判为合格，否则判为不合格。

5.5 特异性

5.5.1 与 FSH 的交叉反应

取同批号试纸对含有 200 mIU/mL FSH 标准品的样品液进行测定，测定 3 条。按厂家说明书进行操作，依据 5.1 判定结果，3 条试纸均应符合 4.3.1 的要求。

5.5.2 与 TSH 的交叉反应

取同批号试纸对含有 250 μIU/mL TSH 标准品的样品液进行测定，测定 3 条。按厂家说明书进行操作，依据 5.1 判定结果，3 条试纸均应符合 4.3.2 的要求。

5.6 重复性

用浓度依次为 10 mIU/mL、25 mIU/mL 和 50 mIU/mL 的 LH 样品液分别测定同批号试纸，每个浓度测定 10 条。按厂家说明书进行操作，结果均应符合 4.4 的要求。

5.7 稳定性

取同批号试纸在 37 ℃条件下放置 20 d，按照 5.3～5.6 所示方法检测各要求，应符合 4.5 的要求。

5.8 批间差

取 3 个批号的试纸，每个批号 10 条，共 30 条。按照说明书步骤操作，每个批号的 10 条试纸均重复检测浓度为 25 mIU/mL 的 LH 样品液，3 个批号的检测结果均应符合 4.6 的要求。

6 检验和判定

6.1 批

同一工艺条件下连续生产出的具有同一性质和质量的某种产品。

6.2 抽样量

从同一批中随机抽样，最低抽样量不得少于检测用量的 3 倍。

6.3 检验和判定规则

6.3.1 型式检验

型式检验项目为全项目，每组批产品中均需按本标准进行全项目检验。有下列情况之一时，应进行型式检验：

a) 新产品投产；

b) 材料、配方、工艺有较大改变时；

c) 连续生产中每年不少于一次；

d) 停产整顿后恢复生产；

e) 合同规定或部门要求时。

所有检验项目合格，则通过型式检验；型式检验未通过时，不得进行批量生产。

6.3.2 出厂检验

出厂检验项目为 4.1～4.4，检验合格方可出厂；检验结果中有任一项不符合要求，则进行复检，若复检仍不合格，则判定该批产品为不合格。

7 包装、标志和使用说明书

7.1 销售包装上至少应有下列标志：

a) 产品名称和产品规格；
b) 制造商名称和地址；
c) 生产批号或生产日期；
d) 有效期；
e) 产品标准编号；
f) 生产许可证号；
g) 产品注册证号；
h) 贮存方法；
i) 注意事项。

7.2 运输包装(外包装)上应有下列标志：

a) 产品名称和产品规格；
b) 制造商名称和地址；
c) 生产批号或生产日期；
d) 产品注册证号；
e) 体积(长×宽×高)；
f) “防潮”、“防热”等字样或标志，并应符合 GB/T 191 的有关规定。

7.3 使用说明书中应有下列内容：

a) 产品名称；
b) 包装规格；
c) 预期用途和原理；
d) 操作步骤(应注明多长时间内阅读结果有效；如果是测试条，需注明放入尿液内多长时间后取出)；
e) 结果判定；
f) 注意事项；
g) 贮存条件；
h) 生产单位名称、地址和联系方式；
i) 生产许可证号；
j) 产品注册证号；
k) 产品标准编号。

8 运输和贮存

产品应按产品说明书规定的要求贮存。

产品有效期不少于 12 个月。

参 考 文 献

[1] 医疗器械说明书、标签和包装标识管理规定.国家食品药品监督管理局.

[2] 体外诊断试剂说明书编写指导原则 国食药监械[2007]240号.

[3] 中国生物制品标准化委员会.中国生物制品规程(2000年版).北京:化学工业出版社,2000.

[4] 体外诊断试剂注册管理办法(试行) 国食药监械[2007]229号.

[5] 医疗器械注册产品标准编写规范 国药监械[2002]407号.

ICS 03.120.10
A 00

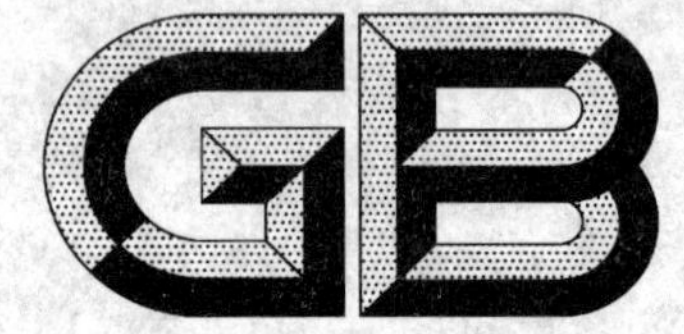

中华人民共和国国家标准

GB/T 19000—2008/ISO 9000:2005
代替 GB/T 19000—2000

质量管理体系 基础和术语

Quality management systems—Fundamentals and vocabulary

(ISO 9000:2005,IDT)

2008-10-29 发布 2009-05-01 实施

中华人民共和国国家质量监督检验检疫总局
中国国家标准化管理委员会 发布

前　言

本标准等同采用 ISO 9000:2005《质量管理体系　基础和术语》。

本标准是 GB/T 19000 族的核心标准之一。

本标准代替 GB/T 19000—2000《质量管理体系　基础和术语》。

本标准与 GB/T 19000—2000 相比主要变化如下:

a) 在基础知识方面,对其文字做了仔细的推敲,旨在更加准确地表达本标准的意图;

b) 增加了三个新的术语。它们是:合同(3.3.8),审核计划(3.9.12),审核范围(3.9.13);

c) 对某些原有的术语做了文字或编排位置上的调整;

d) 为了区分不同的能力,在术语 3.1.6 的后面加了注 2。

本标准的附录 A 是资料性附录。

本标准由全国质量管理和质量保证标准化技术委员会(SAC/TC 151)提出并归口。

本标准起草单位:中国标准化研究院、中国合格评定国家认可中心、中国质量认证中心、中国建筑材料检验认证中心、方圆标志认证集团有限公司、北京索尔维斯企业管理咨询中心、深圳环通认证中心。

本标准主要起草人:李镜、谷艳君、史新波、李杰、石新勇、梁平、王海东、曲辛田。

本标准所代替标准的历次版本发布情况为:

——GB 6583.1—1986、GB/T 6583—1992、GB/T 6583—1994、GB/T 19000—2000(将 GB/T 19000.1—1994 的内容并入。同时,该标准被取消)。

引　言

0.1 总则

GB/T 19000 族标准可帮助各种类型和规模的组织建立并运行有效的质量管理体系。这些标准包括：

——GB/T 19000，表述质量管理体系基础知识并规定质量管理体系术语；

——GB/T 19001，规定质量管理体系要求，用于证实组织具有能力提供满足顾客要求和适用的法规要求的产品，目的在于增进顾客满意；

——GB/T 19004，提供考虑质量管理体系的有效性和效率两方面的指南。该标准的目的是改进组织业绩并达到顾客及其他相关方满意；

——GB/T 19011，提供质量和环境管理体系审核指南。

上述标准共同构成了一组密切相关的质量管理体系标准，在国内和国际贸易中促进相互理解。

0.2 质量管理原则

成功地领导和运作一个组织，需要采用系统和透明的方式进行管理。针对所有相关方的需求，实施并保持持续改进其业绩的管理体系，可使组织获得成功。质量管理是组织各项管理的内容之一。

本标准提出的八项质量管理原则被确定为最高管理者用于领导组织进行业绩改进的指导原则。

a) **以顾客为关注焦点**

组织依存于顾客。因此，组织应当理解顾客当前和未来的需求，满足顾客要求并争取超越顾客期望。

b) **领导作用**

领导者应确保组织的目的与方向的一致。他们应当创造并保持良好的内部环境，使员工能充分参与实现组织目标的活动。

c) **全员参与**

各级人员都是组织之本，唯有其充分参与，才能使他们为组织的利益发挥其才干。

d) **过程方法**

将活动和相关资源作为过程进行管理，可以更高效地得到期望的结果。

e) **管理的系统方法**

将相互关联的过程作为体系来看待、理解和管理，有助于组织提高实现目标的有效性和效率。

f) **持续改进**

持续改进总体业绩应当是组织的永恒目标。

g) **基于事实的决策方法**

有效决策建立在数据和信息分析的基础上。

h) **与供方互利的关系**

组织与供方相互依存，互利的关系可增强双方创造价值的能力。

上述八项质量管理原则形成了 GB/T 19000 族质量管理体系标准的基础。

质量管理体系　基础和术语

1　范围

本标准表述了构成GB/T 19000族标准主体内容的质量管理体系的基础，并定义了相关的术语。

本标准适用于：

a）通过实施质量管理体系寻求优势的组织；

b）对供方能满足其产品要求寻求信任的组织；

c）产品的使用者；

d）就质量管理方面所使用的术语需要达成共识的人员和组织（如：供方、顾客、监管机构）；

e）评价组织的质量管理体系或依据GB/T 19001的要求审核其符合性的内部或外部人员和机构（如：审核员、监管机构、认证机构）；

f）对组织质量管理体系提出建议或提供培训的内部或外部人员和机构；

g）制定相关标准的人员。

2　质量管理体系基础

2.1　质量管理体系的理论说明

质量管理体系能够帮助组织增进顾客满意。

顾客要求产品具有满足其需求和期望的特性，这些需求和期望在产品规范中表述，并集中归结为顾客要求。顾客要求可以由顾客以合同方式规定或由组织自己确定。在任一情况下，产品是否可接受最终由顾客确定。因为顾客的需求和期望是不断变化的，以及竞争的压力和技术的发展，这些都促使组织持续地改进产品和过程。

质量管理体系方法鼓励组织分析顾客要求，规定相关的过程，并使其持续受控，以实现顾客能接受的产品。质量管理体系能提供持续改进的框架，以增加组织提升顾客和其他相关方满意的机率。质量管理体系还能够针对提供持续满足要求的产品向组织及其顾客提供信任。

2.2　质量管理体系要求与产品要求

GB/T 19000族标准区分了质量管理体系要求和产品要求。

GB/T 19001规定了质量管理体系要求。质量管理体系要求是通用的，适用于所有行业或经济领域，不论其提供何种类别的产品。GB/T 19001本身并不规定产品要求。

产品要求可由顾客规定，或由组织通过预测顾客的要求规定，或由法规规定。产品要求有时与相关的过程要求一起，被包含在诸如技术规范、产品标准、过程标准、合同协议和法规要求中。

2.3　质量管理体系方法

建立和实施质量管理体系的方法包括以下步骤：

a）确定顾客和其他相关方的需求和期望；

b）建立组织的质量方针和质量目标；

c）确定实现质量目标必需的过程和职责；

d）确定和提供实现质量目标必需的资源；

e）规定测量每个过程的有效性和效率的方法；

f）应用这些测量方法确定每个过程的有效性和效率；

g）确定防止不合格并消除其产生原因的措施；

h）建立和应用持续改进质量管理体系的过程。

上述方法也适用于保持和改进现有的质量管理体系。

采用上述方法的组织能对其过程能力和产品质量树立信心，为持续改进提供基础，从而增进顾客和其他相关方满意，并使组织成功。

2.4 过程方法

使用资源将输入转化为输出的任何一项或一组活动均可视为一个过程。

为使组织有效运行，必须识别和管理许多相互关联和相互作用的过程。通常，一个过程的输出将直接成为下一个过程的输入。系统地识别和管理组织所应用的过程，特别是这些过程之间的相互作用，称为“过程方法”。

本标准鼓励采用过程方法管理组织。

由 GB/T 19000 族标准表述的，以过程为基础的质量管理体系模式如图 1 所示。该图表明在向组织提供输入方面相关方起重要作用。监视相关方满意程度需要评价有关相关方感受的信息，这种信息可以表明其需求和期望已得到满足的程度。图 1 中的模式未表明更详细的过程。

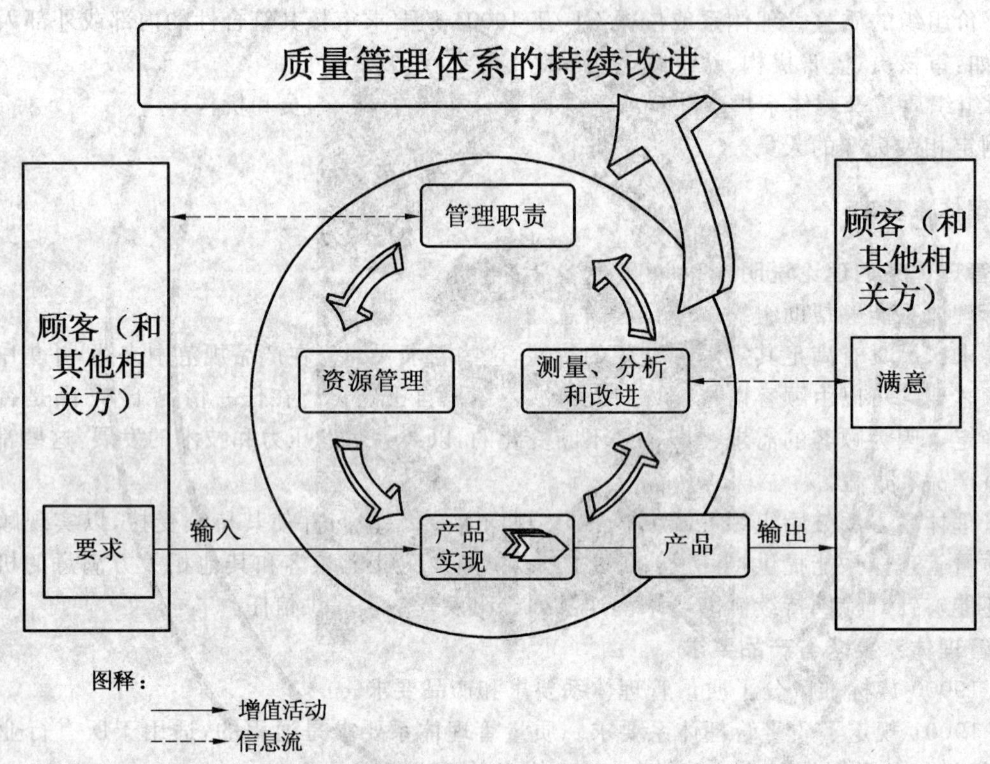

注：括号中的陈述不适用于 GB/T 19001。

图 1 以过程为基础的质量管理体系模式

2.5 质量方针和质量目标

质量方针和质量目标的建立为组织提供了关注的焦点。两者确定了期望的结果，并帮助组织利用其资源得到这些结果。质量方针为建立和评审质量目标提供了框架。质量目标需要与质量方针和持续改进的承诺相一致，其实现需是可测量的。质量目标的实现对产品质量、运行有效性和财务业绩都有积极影响，因此对相关方的满意和信任也会产生积极影响。

2.6 最高管理者在质量管理体系中的作用

最高管理者通过其领导作用和实际行动，可以创造一个员工充分参与的环境，质量管理体系能够在这种环境中有效运行。最高管理者可以运用质量管理原则(见 0.2)作为发挥以下作用的基础：

a) 制定并保持组织的质量方针和质量目标；

b) 通过在整个组织内宣传质量方针并促进质量目标的实现，增强员工的意识、积极性和参与程度；

c) 确保整个组织关注顾客要求；

d) 确保实施适宜的过程，以满足顾客和其他相关方要求并实现质量目标；

e) 确保建立、实施和保持一个有效和高效的质量管理体系以实现这些质量目标；

f) 确保获得必要资源；

g) 定期评审质量管理体系；

h) 决定有关质量方针和质量目标的措施；

i) 决定改进质量管理体系的措施。

2.7 文件

2.7.1 文件的价值

文件能够沟通意图、统一行动，其使用有助于：

a) 满足顾客要求和质量改进；

b) 提供适宜的培训；

c) 重复性和可追溯性；

d) 提供客观证据；

e) 评价质量管理体系的有效性和持续适宜性。

文件的形成本身并不是目的，它应当是一项增值的活动。

2.7.2 质量管理体系中使用的文件类型

在质量管理体系中使用下列几种类型的文件：

a) 向组织内部和外部提供关于质量管理体系符合性信息的文件，这类文件称为质量手册；

b) 表述质量管理体系如何应用于特定产品、项目或合同的文件，这类文件称为质量计划；

c) 阐明要求的文件，这类文件称为规范；

d) 阐明推荐的方法或建议的文件，这类文件称为指南；

e) 提供使过程能始终如一完成的信息的文件，这类文件包括形成文件的程序、作业指导书和图样；

f) 为完成的活动或得到的结果提供客观证据的文件，这类文件称为记录。

每个组织确定其所需文件的数量和详略程度及采用的媒介，这取决于下述因素，诸如：组织的类型和规模、过程的复杂性和相互作用、产品的复杂性、顾客要求、适用的法规要求、经证实的人员能力，以及满足质量管理体系要求所需证实的程度。

2.8 质量管理体系评价

2.8.1 质量管理体系过程的评价

评价质量管理体系时，应当对每一个被评价的过程提出如下四个基本问题：

a) 过程是否已被识别并适当规定？

b) 职责是否已被分配？

c) 程序是否得到实施和保持？

d) 在实现所要求的结果方面，过程是否有效？

综合上述问题的答案可以确定评价结果。质量管理体系评价可在不同的范围内，通过一系列活动来开展，如审核和评审质量管理体系以及自我评定。

2.8.2 质量管理体系审核

审核用于确定符合质量管理体系要求的程度。审核发现用于评定质量管理体系的有效性和识别改进的机会。

第一方审核由组织自己或以组织的名义进行，用于内部目的，可作为组织自我合格声明的基础。

第二方审核由组织的顾客或由其他人以顾客的名义进行。

第三方审核由外部独立的组织进行。这类组织通常是经认可的，提供符合要求(如：GB/T 19001)的认证。

GB/T 19011 提供了审核指南。

2.8.3 质量管理体系评审

最高管理者的任务之一是对照质量方针和质量目标，定期和系统地评价质量管理体系的适宜性、充分性、有效性和效率。这种评审可包括考虑是否需要修改质量方针和质量目标，以响应相关方需求和期望的变化。评审包括确定是否需要采取措施。

审核报告与其他信息源一同用于质量管理体系的评审。

2.8.4 自我评定

组织的自我评定是参照质量管理体系或卓越模式，对组织的活动和结果所进行的全面和系统的评审。

自我评定可对组织业绩和质量管理体系成熟程度提供全面的情况。它还有助于识别组织中需要改进的领域并确定优先开展的事项。

2.9 持续改进

持续改进质量管理体系的目的在于增加组织提升顾客和其他相关方满意的机率，改进包括下列活动：

a) 分析和评价现状，以识别改进区域；

b) 确定改进目标；

c) 寻找可能的解决办法，以实现这些目标；

d) 评价这些解决办法并作出选择；

e) 实施选定的解决办法；

f) 测量、验证、分析和评价实施的结果，以确定这些目标已经实现；

g) 正式采纳更改。

必要时，对结果进行评审，以确定进一步改进的机会。从这种意义上说，改进是一种持续的活动。顾客和其他相关方的反馈以及质量管理体系的审核和评审均能用于识别改进的机会。

2.10 统计技术的作用

应用统计技术有助于了解变异，从而可帮助组织解决问题并提高有效性和效率。这些技术也有助于更好地利用可获得的数据进行决策。

在许多过程的运行和结果中，甚至是在明显的稳定条件下，均可观察到变异。这种变异可通过产品和过程的可测量特性观察到，也可在产品的整个寿命周期(从市场调研到顾客服务和最终处置)的不同阶段中看到。

统计技术有助于对这种变异进行测量、描述、分析、解释和建立模型，甚至在数据相对有限的情况下也可实现。这种数据的统计分析能对更好地理解变异的性质、程度和原因提供帮助，从而有助于解决，甚至防止由变异引起的问题，并促进持续改进。

GB/Z 19027 给出了质量管理体系中的统计技术指南。

2.11 质量管理体系与其他管理体系的关注点

质量管理体系是组织的管理体系的一部分，它致力于实现与质量目标有关的结果。适当时，满足相关方的需求、期望和要求。组织的质量目标补充其他目标，如成长、筹资、收益性、环境及职业健康与安全等目标。一个组织的若干个管理体系，可以与质量管理体系整合成一个使用通用要素的综合管理体系。这将有利于策划、资源配置、确定互补的目标以及评价组织的整体有效性。组织的管理体系可以对照其要求进行评价，也可以对照国家标准如 GB/T 19001 和 GB/T 24001 的要求进行审核，这些审核可分开进行，也可合并进行。

2.12 质量管理体系与卓越模式之间的关系

GB/T 19000 族标准和组织卓越模式提出的质量管理体系方法均依据共同的原则。它们两者均：

a) 使组织能够识别它的强项和弱项；

b) 包含对照通用模式进行评价的规定；

c) 为持续改进提供基础；

d) 包含外部承认的规定。

GB/T 19000 族质量管理体系方法与卓越模式之间的差别在于它们的应用范围不同。GB/T 19000 族标准提出了质量管理体系要求和业绩改进指南，质量管理体系评价可确定这些要求是否得到满足。卓越模式包含能够对组织业绩进行比较评价的准则，并能适用于组织的全部活动和所有相关方。卓越模式评价准则提供了一个组织与其他组织进行业绩比较的基础。

3 术语和定义

本章定义的术语，如果出现在其他的定义或注释中，将使用黑体字表示，并在其后括号中标注原词条号。这种以黑体字表述的术语，可以用其完整的定义替代。例如：

产品(3.4.2)被定义为“**过程**(3.4.1)的结果”。

过程被定义为“将输入转化为输出的相互关联或相互作用的一组活动”。

如果术语“**过程**”由它的定义所替代：

产品则成为“将输入转化为输出的相互关联或相互作用的一组活动的结果”。

对于在具体场合限于特定含义的概念，在定义前的角括号〈 〉中标出适用领域。

示例：在有关审核的术语中，技术专家的条目是：

3.9.11

技术专家 technical expert

〈审核〉向**审核组**(3.9.10)提供特定的知识或技术的人员

注：本章中的术语是依据不同主题分组的，同一个组中不同术语之间的关系参见附录 A 中的概念图。

3.1 有关质量的术语

3.1.1

质量 quality

一组固有**特性**(3.5.1)满足**要求**(3.1.2)的程度

注 1：术语“质量”可使用形容词，如：差、好或优秀来修饰。

注 2：“固有的”(其反义是“赋予的”)是指本来就有的，尤其是那种永久的特性。

3.1.2

要求 requirement

明示的、通常隐含的或必须履行的需求或期望

注 1：“通常隐含”是指**组织**(3.3.1)、**顾客**(3.3.5)和其他**相关方**(3.3.7)的惯例或一般做法，所考虑的需求或期望是不言而喻的。

注 2：特定要求可使用限定词表示，如：产品要求、质量管理要求、顾客要求。

注 3：规定要求是经明示的要求，如：在**文件**(3.7.2)中阐明。

注 4：要求可由不同的**相关方**(3.3.7)提出。

注 5：本定义与 ISO/IEC 导则第 2 部分：2004 的 3.12.1 中给出的定义不同。

3.12.1

要求 requirement

表达应遵守的准则的条款

3.1.3

等级 grade

对功能用途相同的**产品**(3.4.2)、**过程**(3.4.1)或**体系**(3.2.1)所做的不同质量要求的分类或分级

示例：飞机的舱级和宾馆的等级分类。

注：在确定质量要求时，等级通常是规定的。

3.1.4

顾客满意　customer satisfaction

顾客对其**要求**(3.1.2)已被满足程度的感受

注1：顾客抱怨是一种满意程度低的最常见的表达方式，但没有抱怨并不一定表明顾客很满意。

注2：即使规定的顾客要求符合顾客的愿望并得到满足，也不一定确保顾客很满意。

3.1.5

能力　capability

组织(3.3.1)、**体系**(3.2.1)或**过程**(3.4.1)实现**产品**(3.4.2)并使其满足**要求**(3.1.2)的本领

注：GB/T 3358中确定了统计领域中过程能力术语。

3.1.6

能力　competence

经证实的应用知识和技能的本领

注1：在本标准中，所定义的能力的概念是通用的。在ISO其他的文件中，本词汇的使用可能更加具体。

注2：在GB/T 19000族标准中，术语**能力(capability)**(3.1.5)特指组织、体系或过程的“能力”，而**能力(competence)**(3.1.6)则特指人员的“能力”。

3.2　有关管理的术语

3.2.1

体系(系统)　system

相互关联或相互作用的一组要素

3.2.2

管理体系　management system

建立方针和目标并实现这些目标的**体系**(3.2.1)

注：一个**组织**(3.3.1)的管理体系可包括若干个不同的管理体系，如**质量管理体系**(3.2.3)、财务管理体系或环境管理体系。

3.2.3

质量管理体系　quality management system

在**质量**(3.1.1)方面指挥和控制**组织**(3.3.1)的**管理体系**(3.2.2)

3.2.4

质量方针　quality policy

由**组织**(3.3.1)**最高管理者**(3.2.7)正式发布的关于**质量**(3.1.1)方面的全部意图和方向

注1：通常质量方针与组织的总方针相一致并为制定**质量目标**(3.2.5)提供框架。

注2：本标准中提出的质量管理原则可以作为制定质量方针的基础(见0.2)。

3.2.5

质量目标　quality objective

在**质量**(3.1.1)方面所追求的目的

注1：质量目标通常依据组织的**质量方针**(3.2.4)制定。

注2：通常对**组织**(3.3.1)的相关职能和层次分别规定质量目标。

3.2.6

管理　management

指挥和控制**组织**(3.3.1)的协调的活动

注：在英语中，术语“management”有时指人，即具有领导和控制组织的职责和权限的一个人或一组人。当“management”以这样的意义使用时，均应附有某些修饰词以避免与上述“management”的定义所确定的概念相混淆。例如：不赞成使用“management shall ……”，而应使用“**top management**(3.2.7) shall ……”。

3.2.7

最高管理者　top management

在最高层指挥和控制**组织**(3.3.1)的一个人或一组人

3.2.8

质量管理　quality management

在**质量**(3.1.1)方面指挥和控制**组织**(3.3.1)的协调的活动

注：在质量方面的指挥和控制活动，通常包括制定**质量方针**(3.2.4)和**质量目标**(3.2.5)，以及**质量策划**(3.2.9)、**质量控制**(3.2.10)、**质量保证**(3.2.11)和**质量改进**(3.2.12)。

3.2.9

质量策划　quality planning

质量管理(3.2.8)的一部分，致力于制定**质量目标**(3.2.5)并规定必要的运行**过程**(3.4.1)和相关资源以实现质量目标

注：编制**质量计划**(3.7.5)可以是质量策划的一部分。

3.2.10

质量控制　quality control

质量管理(3.2.8)的一部分，致力于满足质量要求

3.2.11

质量保证　quality assurance

质量管理(3.2.8)的一部分，致力于提供质量要求会得到满足的信任

3.2.12

质量改进　quality improvement

质量管理(3.2.8)的一部分，致力于增强满足质量要求的能力

注：要求可以是有关任何方面的，如**有效性**(3.2.14)、**效率**(3.2.15)或**可追溯性**(3.5.4)。

3.2.13

持续改进　continual improvement

增强满足**要求**(3.1.2)的能力的循环活动

注：制定改进目标和寻求改进机会的**过程**(3.4.1)是一个持续过程，该过程使用**审核发现**(3.9.5)和**审核结论**(3.9.6)、数据分析、管理**评审**(3.8.7)或其他方法，其结果通常导致**纠正措施**(3.6.5)或**预防措施**(3.6.4)。

3.2.14

有效性　effectiveness

完成策划的活动并得到策划结果的程度

3.2.15

效率　efficiency

得到的结果与所使用的资源之间的关系

3.3　有关组织的术语

3.3.1

组织　organization

职责、权限和相互关系得到安排的一组人员及设施

示例：公司、集团、商行、企事业单位、研究机构、慈善机构、代理商、社团或上述组织的部分或组合。

注1：安排通常是有序的。

注2：组织可以是公有的或私有的。

注3：本定义适用于**质量管理体系**(3.2.3)标准。术语“组织”在ISO/IEC指南2中有不同的定义。

3.3.2

组织结构　organizational structure

人员的职责、权限和相互关系的安排

注 1:安排通常是有序的。

注 2:组织结构的正式表述通常在**质量手册**(3.7.4)或**项目**(3.4.3)的**质量计划**(3.7.5)中提供。

注 3:组织结构的范围可包括与外部**组织**(3.3.1)的有关接口。

3.3.3

基础设施　infrastructure

〈组织〉**组织**(3.3.1)运行所必需的设施、设备和服务的**体系**(3.2.1)

3.3.4

工作环境　work environment

工作时所处的一组条件

注:条件包括物理的、社会的、心理的和环境的因素(如温度、承认方式、人因工效和大气成分)。

3.3.5

顾客　customer

接受**产品**(3.4.2)的**组织**(3.3.1)或个人

示例:消费者、委托人、最终使用者、零售商、受益者和采购方。

注:顾客可以是组织内部的或外部的。

3.3.6

供方　supplier

提供**产品**(3.4.2)的**组织**(3.3.1)或个人

示例:制造商、批发商、产品的零售商或商贩、服务或信息的提供方。

注 1:供方可以是组织内部的或外部的。

注 2:在合同情况下供方有时称为"承包方"。

3.3.7

相关方　interested party

与**组织**(3.3.1)的业绩或成就有利益关系的个人或团体

示例:**顾客**(3.3.5)、所有者、员工、**供方**(3.3.6)、银行、工会、合作伙伴或社会。

注:一个团体可由一个组织或其一部分或多个组织构成。

3.3.8

合同　contract

有约束力的协议

注:在本标准中所定义的合同的概念是通用的。在ISO的其他文件中,本词汇的使用可能更加具体。

3.4　有关过程和产品的术语

3.4.1

过程　process

将输入转化为输出的相互关联或相互作用的一组活动

注 1:一个过程的输入通常是其他过程的输出。

注 2:**组织**(3.3.1)为了增值通常对过程进行策划并使其在受控条件下运行。

注 3:对形成的**产品**(3.4.2)是否**合格**(3.6.1)不易或不能经济地进行验证的过程,通常称之为"特殊过程"。

3.4.2

产品　product

过程(3.4.1)的结果

注 1:有下列四种通用的产品类别:

——服务(如运输);

——软件(如计算机程序、字典);

——硬件(如发动机机械零件);

——流程性材料(如润滑油)。

许多产品由分属于不同产品类别的成分构成，其属性是服务、软件、硬件或流程性材料取决于产品的主导成分。例如：产品“汽车”是由硬件（如轮胎）、流程性材料（如：燃料、冷却液）、软件（如：发动机控制软件、驾驶员手册）和服务（如销售人员所做的操作说明）所组成。

注2：服务通常是无形的，并且是在**供方**（3.3.6）和**顾客**（3.3.5）接触面上需要完成至少一项活动的结果。服务的提供可涉及，例如：

——在顾客提供的有形产品（如需要维修的汽车）上所完成的活动；

——在顾客提供的无形产品（如为准备纳税申报单所需的损益表）上所完成的活动；

——无形产品的交付（如知识传授方面的信息提供）；

——为顾客创造氛围（如在宾馆和饭店）。

软件由信息组成，通常是无形产品，并可以方法、报告或**程序**（3.4.5）的形式存在。

硬件通常是有形产品，其量具有计数的**特性**（3.5.1）。流程性材料通常是有形产品，其量具有连续的特性。硬件和流程性材料经常被称为货物。

注3：**质量保证**（3.2.11）主要关注预期的产品。

3.4.3

项目 **project**

由一组有起止日期的、协调和受控的活动组成的独特**过程**（3.4.1），该过程要达到符合包括时间、成本和资源约束条件在内的规定**要求**（3.1.2）的目标

注1：单个项目可作为一个较大项目结构中的组成部分。

注2：在一些项目中，随着项目的进展，其目标才逐渐清晰，产品**特性**（3.5.1）逐步确定。

注3：项目的结果可以是单一或若干个**产品**（3.4.2）。

注4：根据GB/T 19016—2005改写。

3.4.4

设计和开发 **design and development**

将**要求**（3.1.2）转换为**产品**（3.4.2）、**过程**（3.4.1）或**体系**（3.2.1）的规定的**特性**（3.5.1）或**规范**（3.7.3）的一组**过程**（3.4.1）

注1：术语“设计”和“开发”有时是同义的，有时用于规定整个设计和开发过程的不同阶段。

注2：设计和开发的性质可使用限定词表示（如产品设计和开发或过程设计和开发）。

3.4.5

程序 **procedure**

为进行某项活动或**过程**（3.4.1）所规定的途径

注1：程序可以形成文件，也可以不形成文件。

注2：当程序形成文件时，通常称为“书面程序”或“形成文件的程序”。含有程序的**文件**（3.7.2）可称为“程序文件”。

3.5 有关特性的术语

3.5.1

特性 **characteristic**

可区分的特征

注1：特性可以是固有的或赋予的。

注2：特性可以是定性的或定量的。

注3：有各种类别的特性，如：

——物理的（如：机械的、电的、化学的或生物学的特性）；

——感官的（如：嗅觉、触觉、味觉、视觉、听觉）；

——行为的（如：礼貌、诚实、正直）；

——时间的（如：准时性、可靠性、可用性）；

——人因工效的（如：生理的特性或有关人身安全的特性）；

——功能的（如：飞机的最高速度）。

3.5.2

质量特性　quality characteristic

与**要求**(3.1.2)有关的,**产品**(3.4.2)、**过程**(3.4.1)或**体系**(3.2.1)的固有**特性**(3.5.1)

注1:"固有的"是指本来就有的,尤其是那种永久的特性。

注2:赋予产品、过程或体系的特性(如:产品的价格,产品的所有者)不是它们的质量特性。

3.5.3

可信性　dependability

用于表述可用性及其影响因素(可靠性、维修性和保障性)的集合术语

注:可信性仅用于非定量术语的总体表述。

[IEC 60050-191:1990]

3.5.4

可追溯性　traceability

追溯所考虑对象的历史、应用情况或所处位置的能力

注1:当考虑**产品**(3.4.2)时,可追溯性可涉及到:

——原材料和零部件的来源;

——加工的历史;

——产品交付后的发送和所处位置。

注2:在计量学领域中,使用VIM:1993,6.10中的定义。

3.6　有关合格(符合)的术语

3.6.1

合格(符合)　conformity

满足**要求**(3.1.2)

注:与英文术语"conformance"是同义的,但不赞成使用。

3.6.2

不合格(不符合)　nonconformity

未满足**要求**(3.1.2)

3.6.3

缺陷　defect

未满足与预期或规定用途有关的**要求**(3.1.2)

注1:区分缺陷与**不合格**(3.6.2)的概念是重要的,这是因为其中有法律内涵,特别是在与产品责任问题有关的方面。因此,使用术语"缺陷"应当极其慎重。

注2:**顾客**(3.3.5)希望的预期用途可能受**供方**(3.3.6)信息的性质影响,如所提供的操作或维护说明。

3.6.4

预防措施　preventive action

为消除潜在**不合格**(3.6.2)或其他潜在不期望情况的原因所采取的措施

注1:一个潜在不合格可以有若干个原因。

注2:采取预防措施是为了防止发生,而采取**纠正措施**(3.6.5)是为了防止再发生。

3.6.5

纠正措施　corrective action

为消除已发现的**不合格**(3.6.2)或其他不期望情况的原因所采取的措施

注1:一个不合格可以有若干个原因。

注2:采取纠正措施是为了防止再发生,而采取**预防措施**(3.6.4)是为了防止发生。

注3:**纠正**(3.6.6)和纠正措施是有区别的。

3.6.6

纠正　correction

为消除已发现的**不合格**(3.6.2)所采取的措施

注1：纠正可连同纠正措施(3.6.5)一起实施。

注2：返工(3.6.7)或降级(3.6.8)可作为纠正的示例。

3.6.7

返工 rework

为使不合格产品(3.4.2)符合要求(3.1.2)而对其采取的措施

注：返修与返工不同，返修(3.6.9)可影响或改变不合格产品的某些部分。

3.6.8

降级 regrade

为使不合格产品(3.4.2)符合不同于原有的要求(3.1.2)而对其等级(3.1.3)的变更

3.6.9

返修 repair

为使不合格产品(3.4.2)满足预期用途而对其采取的措施

注1：返修包括对以前是合格的产品，为重新使用所采取的修复措施，如作为维修的一部分。

注2：返修与返工(3.6.7)不同，返修可影响或改变不合格产品的某些部分。

3.6.10

报废 scrap

为避免不合格产品(3.4.2)原有的预期用途而对其所采取的措施

示例：回收、销毁。

注：对不合格服务的情况，通过终止服务来避免其使用。

3.6.11

让步 concession

对使用或放行不符合规定要求(3.1.2)的产品(3.4.2)的许可

注：让步通常仅限于在商定的时间或数量内，对含有不合格特性(3.5.1)的产品的交付。

3.6.12

偏离许可 deviation permit

产品(3.4.2)实现前，对偏离原规定要求(3.1.2)的许可

注：偏离许可通常是在限定的产品数量或期限内并针对特定的用途。

3.6.13

放行 release

对进入一个过程(3.4.1)的下一阶段的许可

注：在英语中，就计算机软件而论，术语“release”通常是指软件本身的版本。

3.7 有关文件的术语

3.7.1

信息 information

有意义的数据

3.7.2

文件 document

信息(3.7.1)及其承载媒介

示例：记录(3.7.6)、规范(3.7.3)、程序文件、图样、报告、标准。

注1：媒介可以是纸张，磁性的、电子的、光学的计算机盘片，照片或标准样品，或它们的组合。

注2：一组文件，如若干个规范和记录，英文中通常被称为“documentation”。

注3：某些要求(3.1.2)(如易读的要求)与所有类型的文件有关，然而对规范(如修订受控的要求)和记录(如可检索的要求)可以有不同的要求。

3.7.3

规范　specification

阐明**要求**(3.1.2)的**文件**(3.7.2)

注：规范可能与活动有关(如：程序文件、工艺规范和试验说明书)或与**产品**(3.4.2)有关(如：产品规范、性能规范和图样)。

3.7.4

质量手册　quality manual

规定**组织**(3.3.1)**质量管理体系**(3.2.3)的**文件**(3.7.2)

注：为了适应组织的规模和复杂程度，质量手册在其详略程度和编排格式方面可以不同。

3.7.5

质量计划　quality plan

对特定的**项目**(3.4.3)、**产品**(3.4.2)、**过程**(3.4.1)或合同，规定由谁及何时应使用哪些**程序**(3.4.5)和相关资源的**文件**(3.7.2)

注1：这些程序通常包括所涉及的那些质量管理过程和产品实现过程。

注2：通常，质量计划引用**质量手册**(3.7.4)的部分内容或程序文件。

注3：质量计划通常是**质量策划**(3.2.9)的结果之一。

3.7.6

记录　record

阐明所取得的结果或提供所完成活动的证据的**文件**(3.7.2)

注1：记录可用于文件的**可追溯性**(3.5.4)活动，并为**验证**(3.8.4)、**预防措施**(3.6.4)和**纠正措施**(3.6.5)提供证据。

注2：通常记录不需要控制版本。

3.8　有关检查的术语

3.8.1

客观证据　objective evidence

支持事物存在或其真实性的数据

注：客观证据可通过观察、测量、**试验**(3.8.3)或其他手段获得。

3.8.2

检验　inspection

通过观察和判断，适当时结合测量、试验或估量所进行的符合性评价

[ISO/IEC 指南 2]

3.8.3

试验　test

按照**程序**(3.4.5)确定一个或多个**特性**(3.5.1)

3.8.4

验证　verification

通过提供**客观证据**(3.8.1)对规定**要求**(3.1.2)已得到满足的认定

注1："已验证"一词用于表明相应的状态。

注2：认定可包括下述活动，如：

——变换方法进行计算；

——将新设计**规范**(3.7.3)与已证实的类似设计规范进行比较；

——进行**试验**(3.8.3)和演示；

——文件发布前进行评审。

3.8.5

确认　validation

通过提供**客观证据**(3.8.1)对特定的预期用途或应用**要求**(3.1.2)已得到满足的认定

注1："已确认"一词用于表明相应的状态。

注 2：确认所使用的条件可以是实际的或是模拟的。

3.8.6

鉴定过程　qualification process

证实满足规定**要求**(3.1.2)的能力的**过程**(3.4.1)

注 1："已鉴定"一词用于表明相应的状态。

注 2：鉴定可涉及到人员、**产品**(3.4.2)、过程或**体系**(3.2.1)。

示例：审核员鉴定过程、材料鉴定过程。

3.8.7

评审　review

为确定主题事项达到规定目标的适宜性、充分性和**有效性**(3.2.14)所进行的活动

注：评审也可包括确定**效率**(3.2.15)。

示例：管理评审、设计和开发评审、顾客要求评审和不合格评审。

3.9　有关审核的术语

3.9.1

审核　audit

为获得**审核证据**(3.9.4)并对其进行客观的评价，以确定满足**审核准则**(3.9.3)的程度所进行的系统的、独立的并形成文件的**过程**(3.4.1)

注 1：内部审核有时称第一方审核，由**组织**(3.3.1)自己或以组织的名义进行，用于管理评审和其他内部目的，可作为组织自我**合格**(3.6.1)声明的基础。在许多情况下，尤其在小型组织内，可以由与正在被审核的活动无责任关系的人员进行，以证实独立性。

注 2：外部审核包括通常所说的"第二方审核"和"第三方审核"。第二方审核由组织的相关方，如**顾客**(3.3.5)或由其他人员以相关方的名义进行。第三方审核由外部独立的审核组织进行，如提供符合 GB/T 19001 或 GB/T 24001要求认证的机构。

注 3：当两个或两个以上的**管理体系**(3.2.2)被一起审核时，称为"多体系审核"。

注 4：当两个或两个以上审核**组织**(3.3.1)合作，共同审核同一个**受审核方**(3.9.8)时，这种情况称为"联合审核"。

3.9.2

审核方案　audit programme

针对特定时间段所策划并具有特定目的的一组(一次或多次)**审核**(3.9.1)

注：审核方案包括策划、组织和实施**审核**(3.9.1)的所有必要的活动。

3.9.3

审核准则　audit criteria

一组方针、**程序**(3.4.5)或**要求**(3.1.2)

注：审核准则是用于与**审核证据**(3.9.4)进行比较的依据。

3.9.4

审核证据　audit evidence

与**审核准则**(3.9.3)有关并能够证实的**记录**(3.7.6)、事实陈述或其他**信息**(3.7.1)

注：审核证据可以是定性的或定量的。

3.9.5

审核发现　audit finding

将收集的**审核证据**(3.9.4)对照**审核准则**(3.9.3)进行评价的结果

注：审核发现能表明**符合**(3.6.1)或**不符合**(3.6.2)审核准则，或指出改进的机会。

3.9.6

审核结论　audit conclusion

审核组(3.9.10)考虑了审核目的和所有**审核发现**(3.9.5)后得出的最终**审核**(3.9.1)结果

3.9.7

审核委托方　audit client

要求**审核**(3.9.1)的**组织**(3.3.1)或人员

注：审核委托方可以是**受审核方**(3.9.8)或是依据法律或合同有权要求审核的任何其他**组织**(3.3.1)。

3.9.8

受审核方　auditee

被审核的**组织**(3.3.1)

3.9.9

审核员　auditor

经证实具有实施**审核**(3.9.1)的个人素质和**能力**(3.1.6 和 3.9.14)的人员

注：GB/T 19011 中描述了与审核员相关的个人素质。

3.9.10

审核组　audit team

实施**审核**(3.9.1)的一名或多名**审核员**(3.9.9)，需要时，由**技术专家**(3.9.11)提供支持

注 1：审核组中的一名审核员被指定作为审核组长。

注 2：审核组可包括实习审核员。

3.9.11

技术专家　technical expert

〈审核〉向**审核组**(3.9.10)提供特定知识或技术的人员

注 1：特定知识或技术是指与受审核的**组织**(3.3.1)、**过程**(3.4.1)或活动以及语言或文化有关的知识或技术。

注 2：在**审核组**(3.9.10)中，技术专家不作为**审核员**(3.9.9)。

3.9.12

审核计划　audit plan

对**审核**(3.9.1)活动和安排的描述

3.9.13

审核范围　audit scope

审核(3.9.1)的内容和界限

注：审核范围通常包括对受审核组织的实际位置、组织单元、活动和**过程**(3.4.1)，以及审核所覆盖的时期的描述。

3.9.14

能力　competence

〈审核〉经证实的个人素质以及经证实的应用知识和技能的本领

3.10　有关测量过程质量管理的术语

3.10.1

测量管理体系　measurement management system

为完成**计量确认**(3.10.3)并持续控制**测量过程**(3.10.2)所必需的相互关联和相互作用的一组要素

3.10.2

测量过程　measurement process

确定量值的一组操作

3.10.3

计量确认　metrological confirmation

为确保**测量设备**(3.10.4)符合预期使用**要求**(3.1.2)所需要的一组操作

注 1：计量确认通常包括：校准或检定[**验证**(3.8.4)]、各种必要的调整或维修[**返修**(3.6.9)]及随后的再校准、与设备预期使用的计量要求相比较以及所要求的封印和标签。

注 2：只有测量设备已被证实适合于预期使用并形成文件，计量确认才算完成。

注3：预期使用要求包括：量程、分辨率和最大允许误差。

注4：计量要求通常与产品要求不同，并且不在产品要求中规定。

3.10.4

测量设备　measuring equipment

为实现**测量过程**(3.10.2)所必需的测量仪器、软件、测量标准、标准物质或辅助器械或它们的组合

3.10.5

计量特性　metrological characteristic

能影响测量结果的可区分的特征

注1：**测量设备**(3.10.4)通常有若干个计量特性。

注2：计量特性可作为校准的对象。

3.10.6

计量职能　metrological function

确定和实施**测量管理体系**(3.10.1)的具有管理和技术责任的职能

注：词汇“确定(defining)”有“规定(specifying)”的意思。此处并非具有术语中的“确定概念”的含义(在某些语言中，仅从上、下文难以清晰区分这种差别)。

附 录 A
（资料性附录）
定义标准中的术语所使用的方法

A.1 引言

GB/T 19000 族标准应用的普遍性要求：

——采用技术性表述，但不使用技术性语言；

——使用质量管理体系标准的所有潜在用户容易理解的、合乎逻辑并协调的术语。

概念之间不是互相独立的，分析质量管理体系领域内概念之间关系并将其列入概念体系是形成合乎逻辑的术语集的前提。本标准所定义的术语使用了这种分析。由于在编制过程中使用概念图对于辨别术语之间的关系是有帮助的，所以在第 A.4 章中转载了这些概念图。

A.2 术语的内容和替代规则

概念构成语言（包括在同一种语言中的差异，如：美国英语和英国英语）之间转化的单元。对每一种语言，选用该语言中最恰当、简明的方法表述概念，大多数术语不应选用逐字对应的翻译方法。

只通过表述那些识别概念所必需的基本特性来形成定义。如果有关概念的信息是重要的，但相对其表述又不是基本的，则在定义后加上一个或几个注释。

当某个术语由它的定义所替代时，在语句变化很小的情况下，原文的意思不应有变化。这种替代为检查某个定义的准确性提供了一种简单的方法。然而，复杂定义（包含若干个术语）中的术语替代最好一次替换一个，至多两个；替代所有术语在句法上是难以实现的，而且无益于表达含意。

A.3 概念关系及其图示

A.3.1 总则

在术语学中概念之间的关系建立在某类特性的分层结构上。因此，一个概念的最简单表述由命名其种类和表述其与上一层次或同层次其他概念不同的特性所构成。

本附录中表明了概念关系的三种主要形式：属种关系（A.3.2）、从属关系（A.3.3）和关联关系（A.3.4）。

A.3.2 属种关系

在层次结构中，下层概念继承了上层概念的所有特性，并包含有将其区别于上层和同层概念的那些特性的表述，如：春、夏、秋、冬与季节的关系。

通过一个没有箭头的扇形图或树形图绘出属种关系（见图 A.1）。

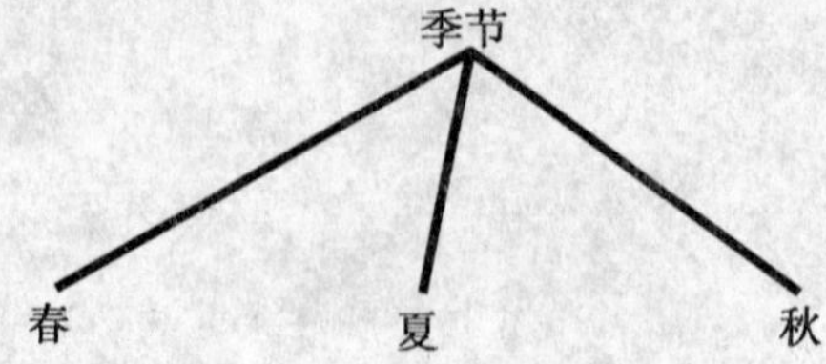

图 A.1 属种关系图

A.3.3 从属关系

在层次结构中，下层概念形成了上层概念的组成部分，如：春、夏、秋、冬可被定义为年的一部分。比较而言，定义晴天（夏天可能出现的一个特性）为一年的一部分是不恰当的。

通过一个没有箭头的耙形图绘出从属关系（见图 A.2）。单一的部分由一条线绘出，多个的部分由双线绘出。

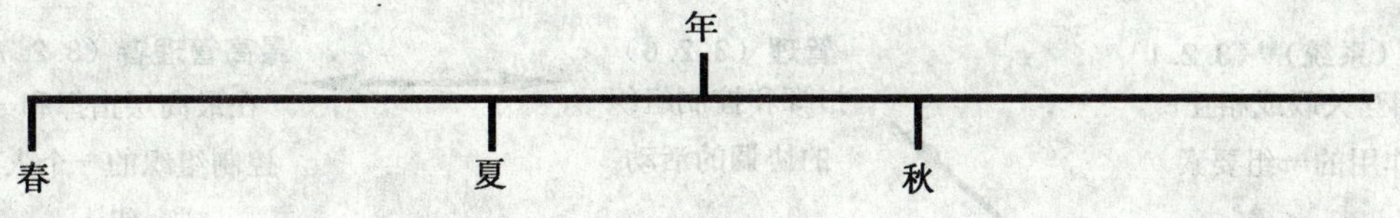

图 A.2 从属关系图

A.3.4 关联关系

在某一概念体系中，关联关系不能像属种关系和从属关系那样提供简单的表述，但是它有助于识别概念体系中一个概念与另一个概念之间关系的性质。如：原因和效果、活动和场所、活动和结果、工具和功能、材料和产品。

通过一条在两端带有箭头的线绘出关联关系（见图 A.3）。

图 A.3 关联关系图

A.4 概念图

图 A.4 至图 A.13 给出的概念图是本标准第 3 章中的术语依据主题分组的基础。

虽然在图中列出了术语的定义，但未列出其相关的注释，可在第 3 章中查阅其相关注释。

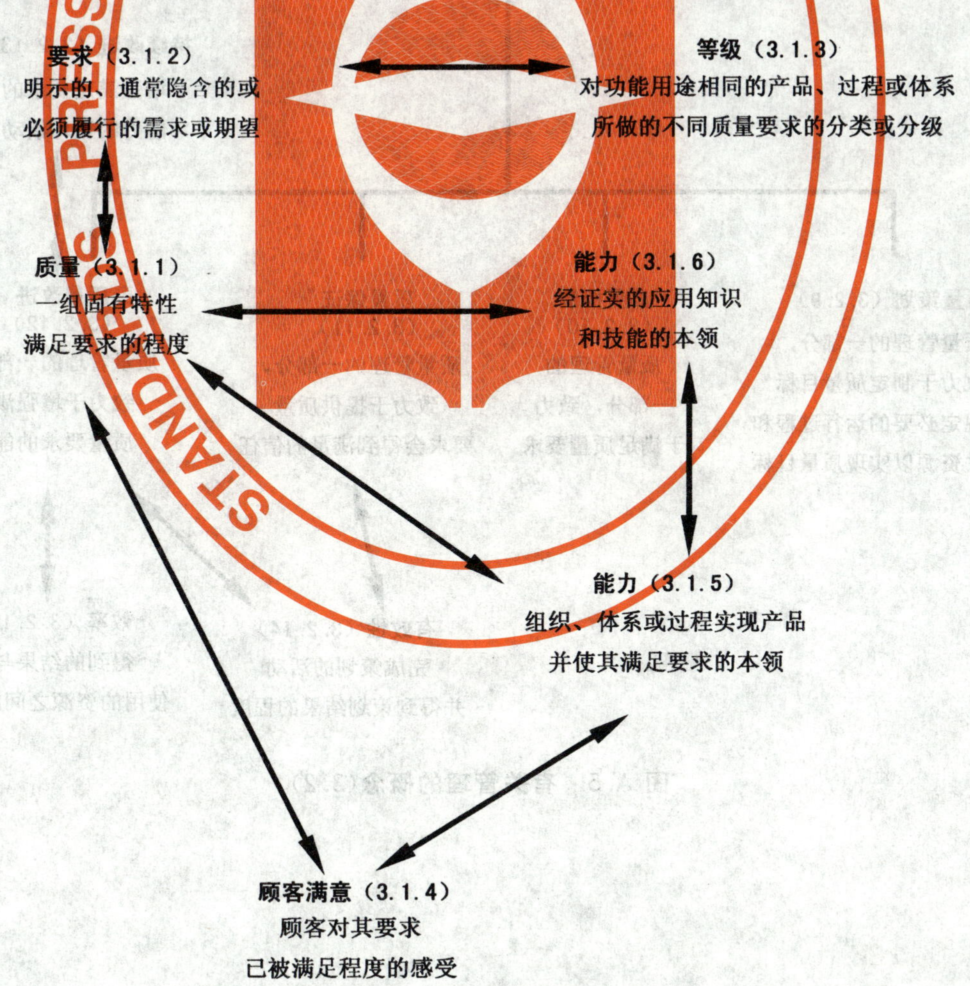

图 A.4 有关质量的概念（3.1）

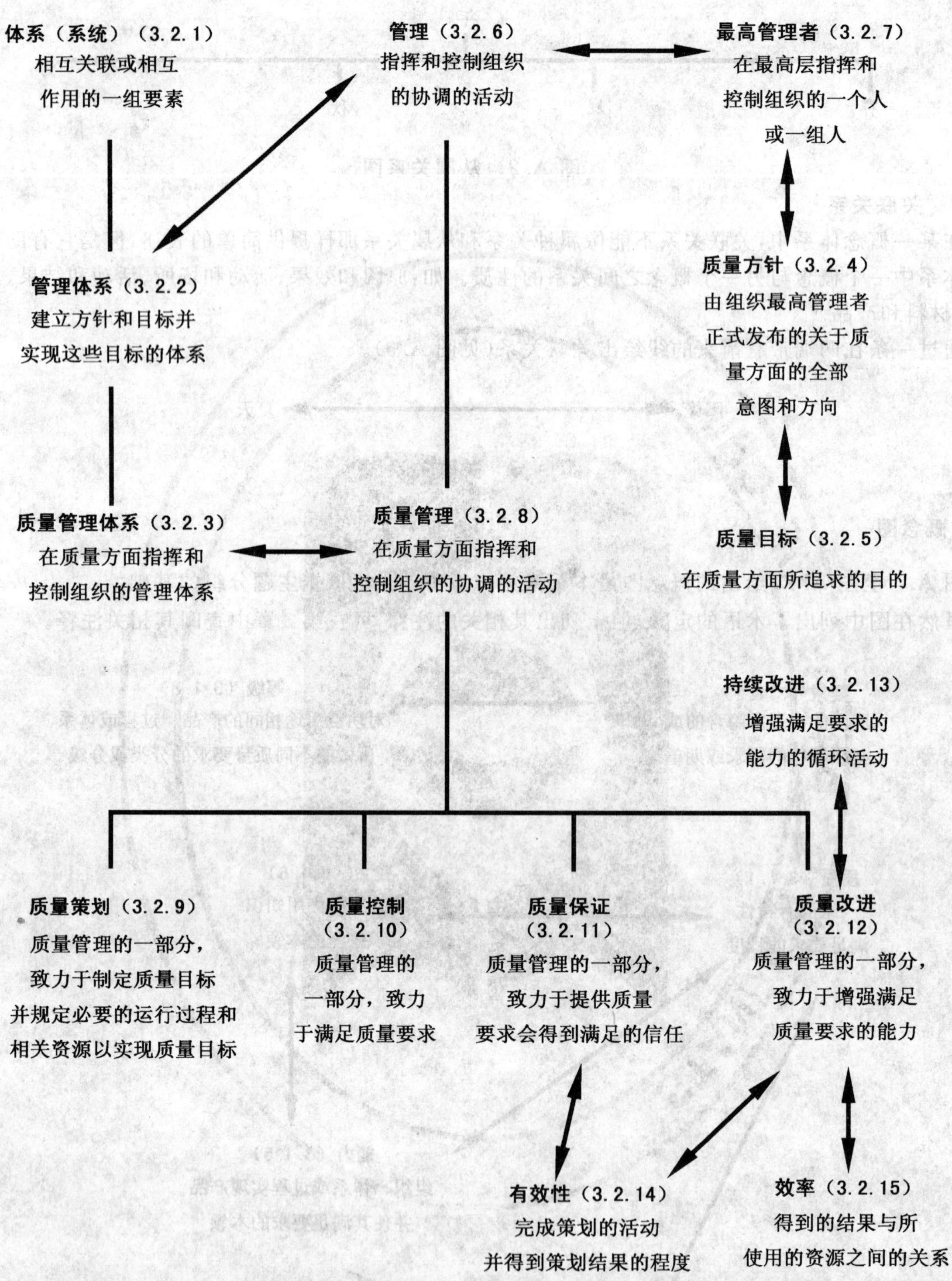

图 A.5　有关管理的概念(3.2)

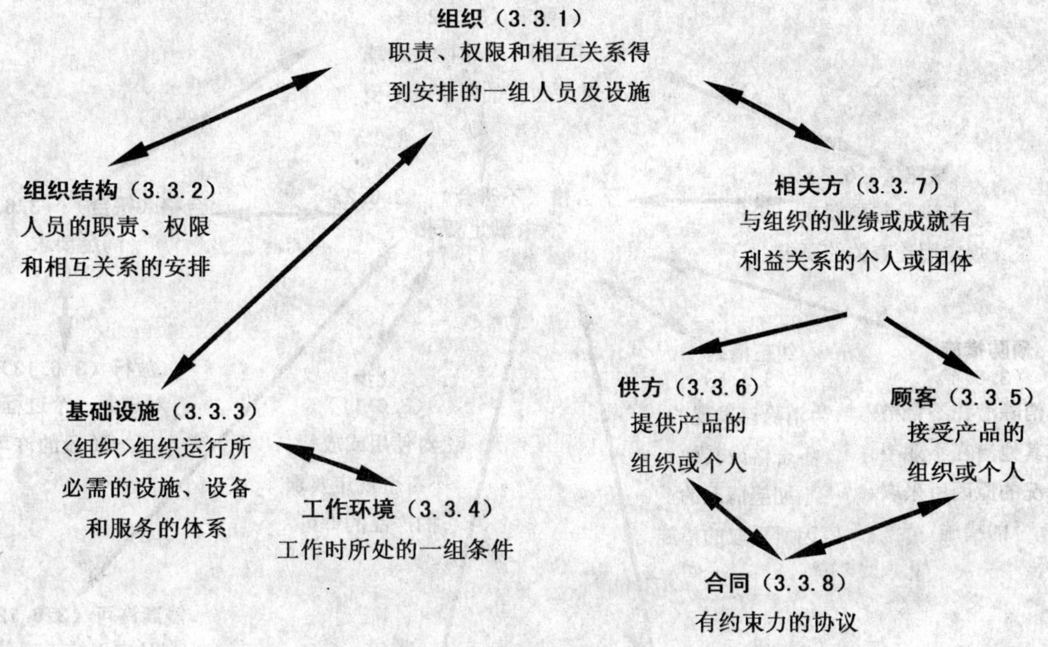

图 A.6 有关组织的概念(3.3)

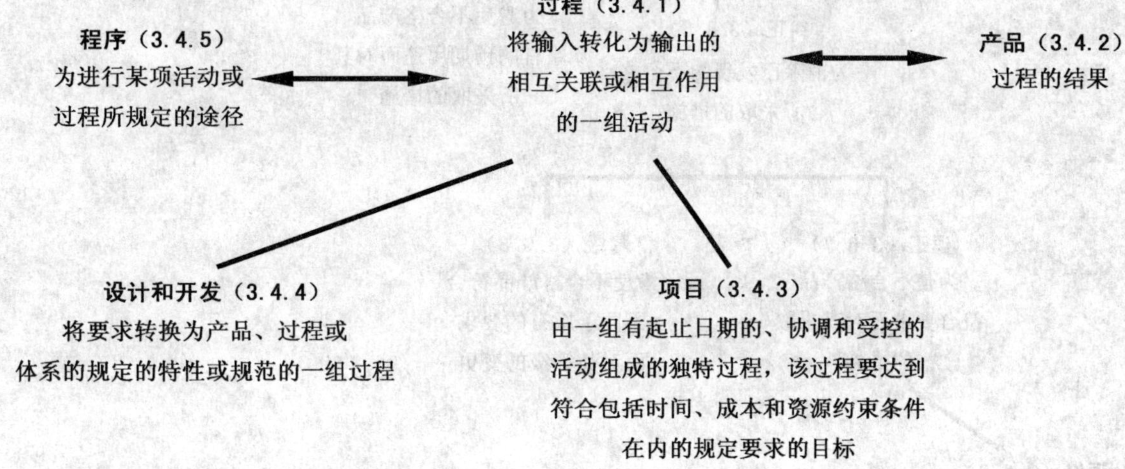

图 A.7 有关过程和产品的概念(3.4)

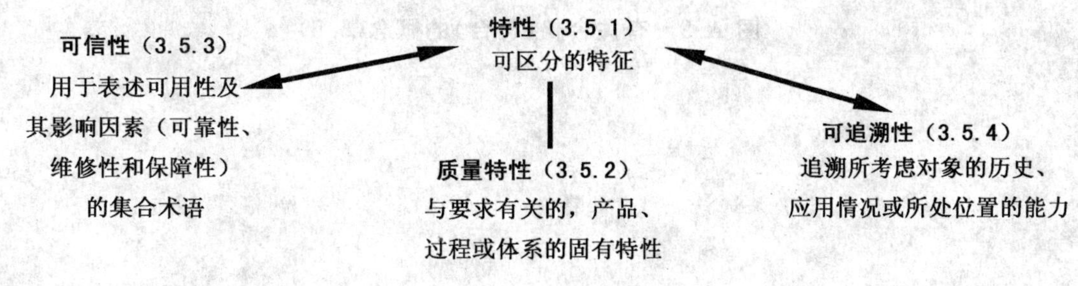

图 A.8 有关特性的概念(3.5)

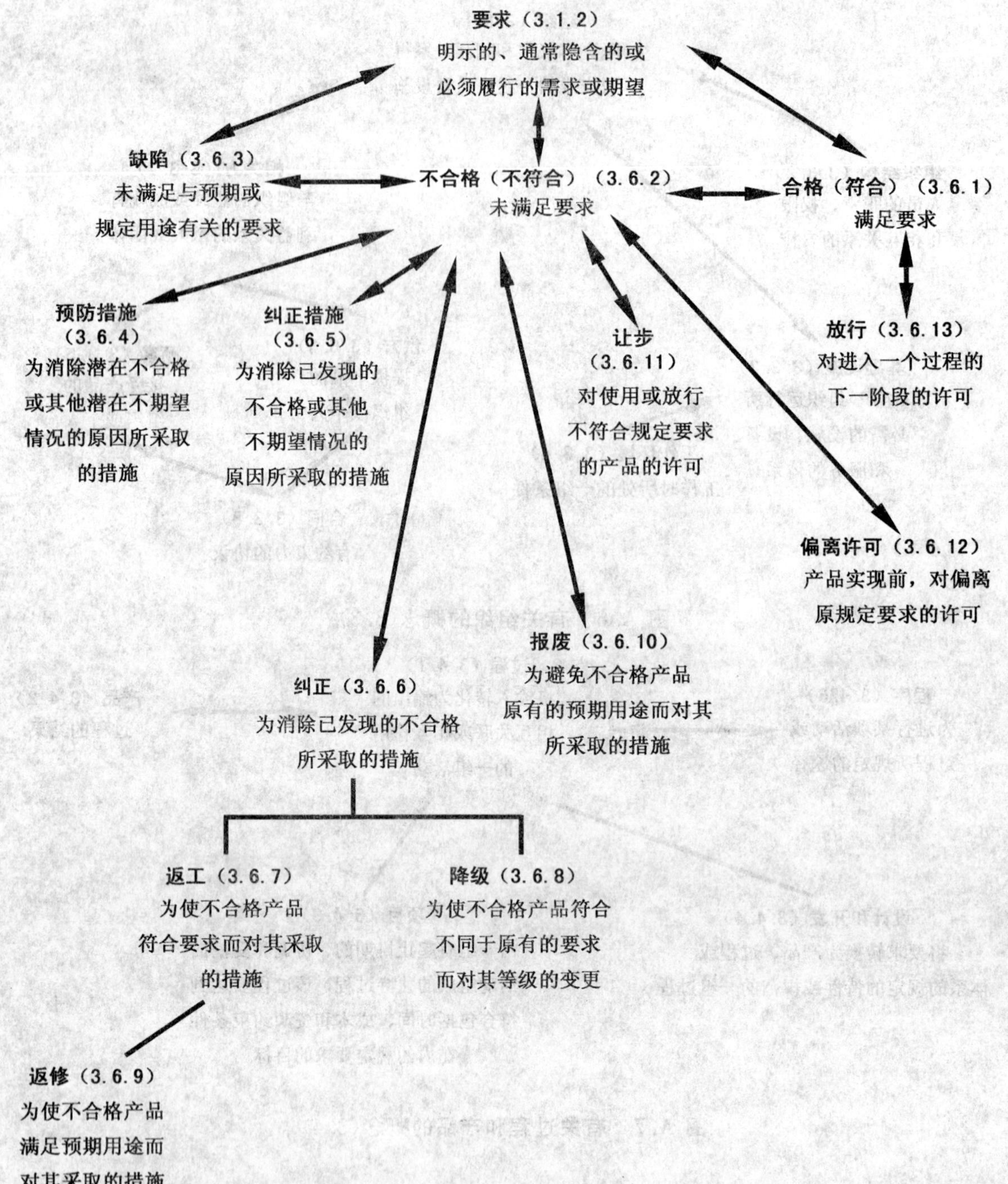

图 A.9　有关合格(符合)的概念(3.6)

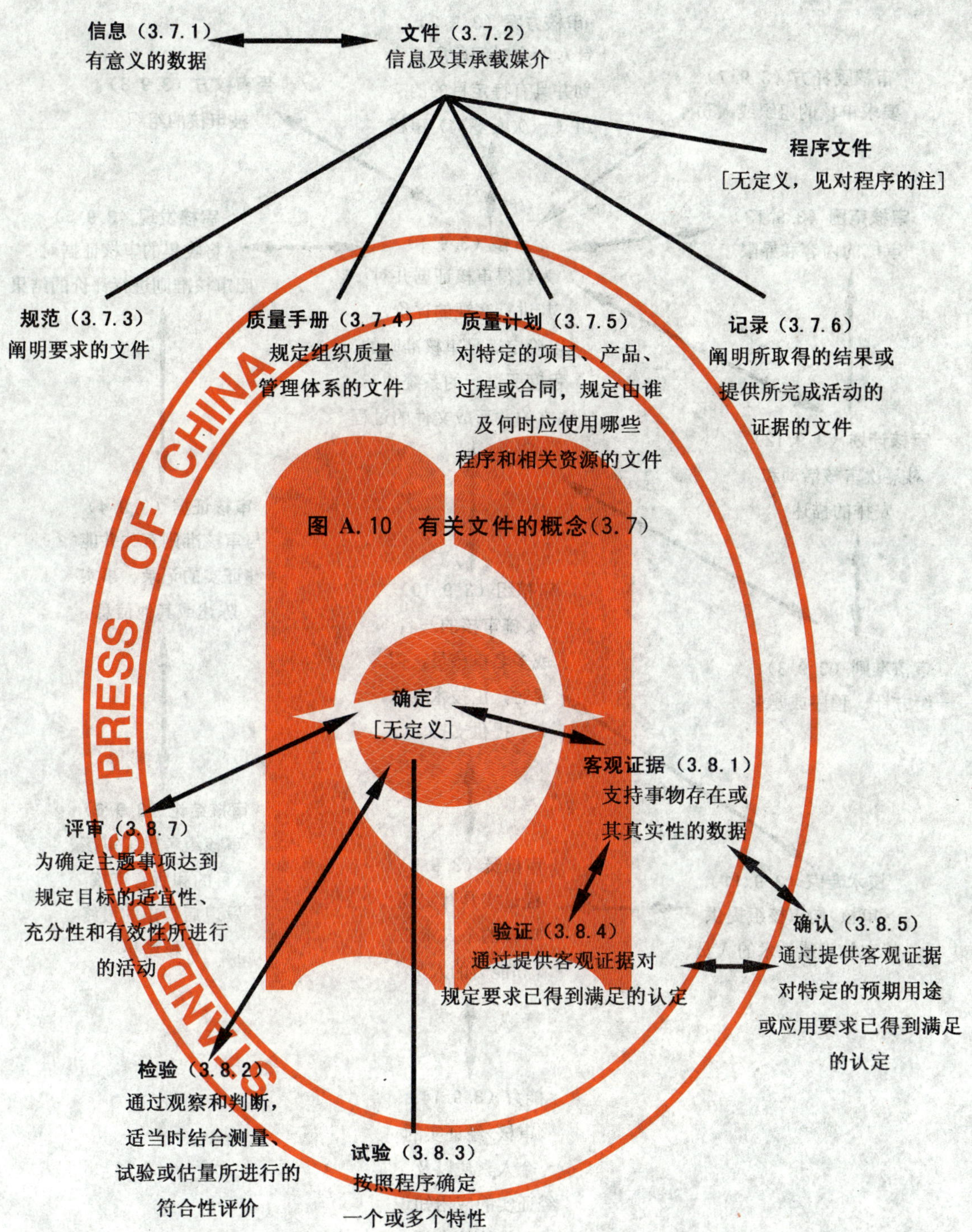

图 A.10　有关文件的概念(3.7)

图 A.11　有关检查的概念(3.8)

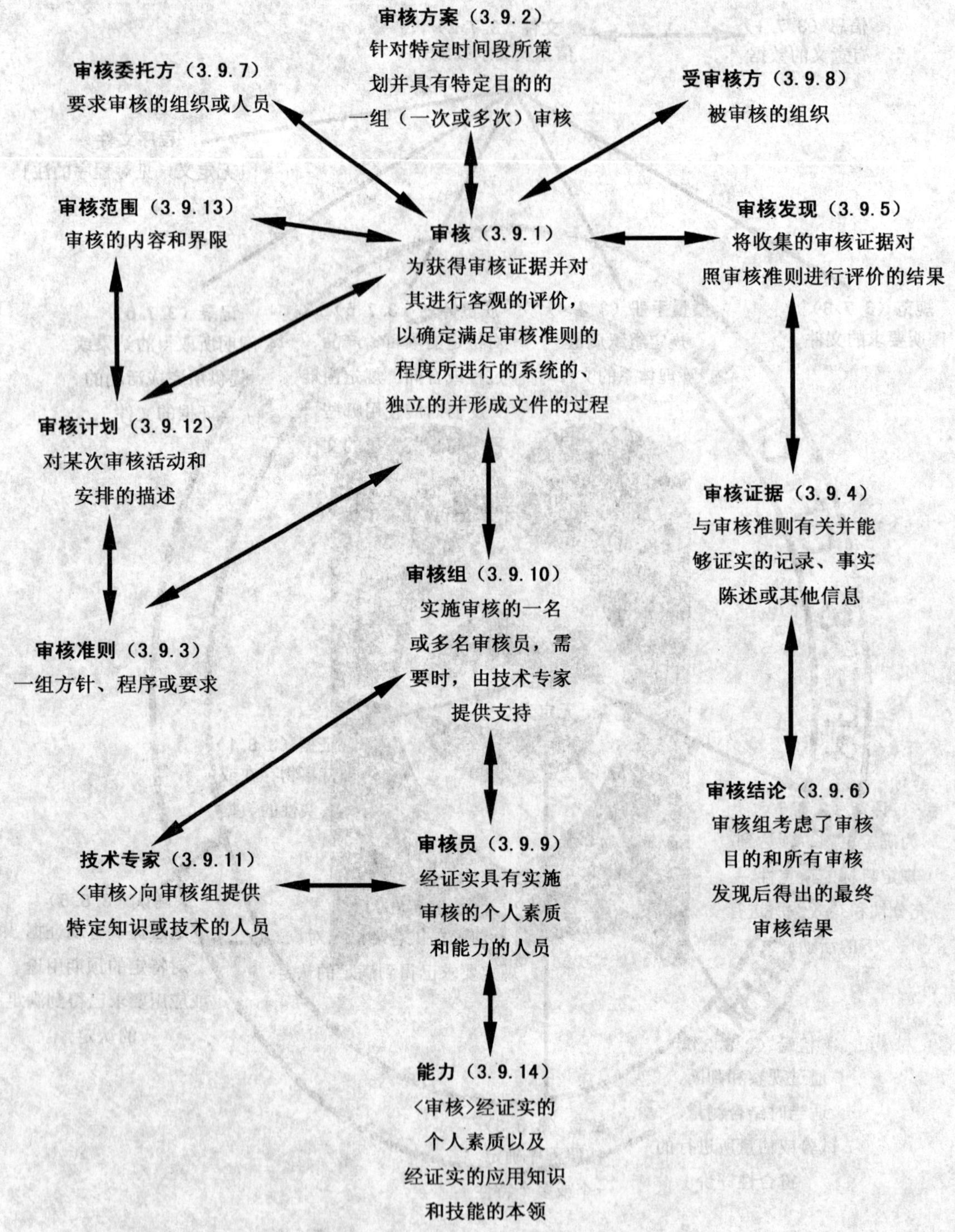

图 A.12　有关审核的概念(3.9)

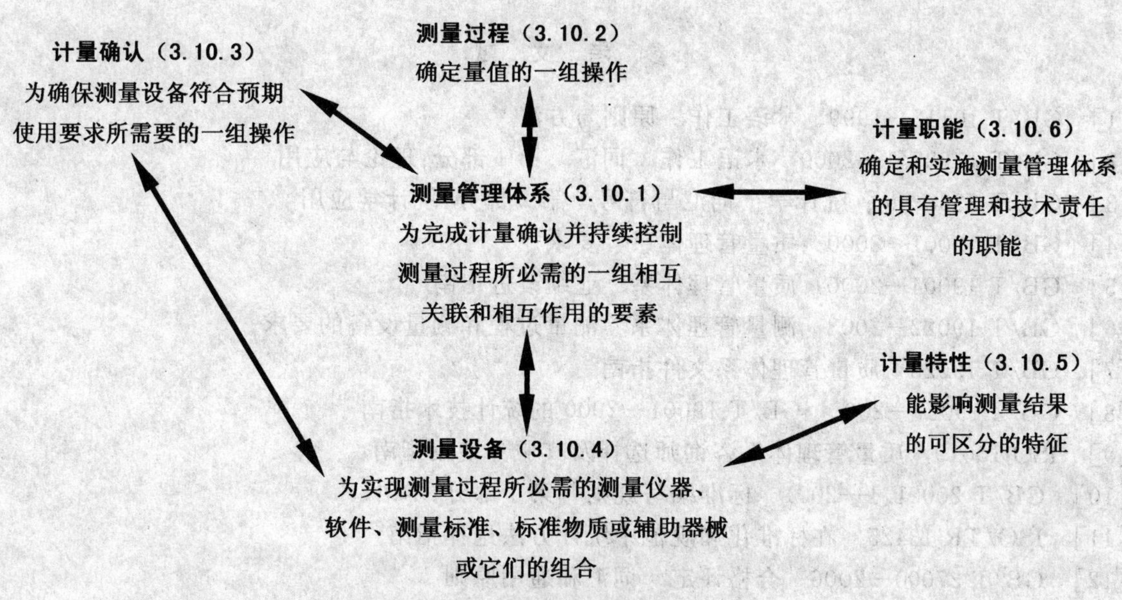

图 A.13　有关测量过程质量管理的概念(3.10)

参 考 文 献

[1] GB/T 10112—1999 术语工作 原则与方法

[2] GB/T 15237.1—2000 术语工作 词汇 第1部分:理论与应用

[3] GB/T 3358—[1] 统计学 词汇与符号 第2部分:统计学应用

[4] GB/T 19001—2000 质量管理体系 要求

[5] GB/T 19004—2000 质量管理体系 业绩改进指南

[6] GB/T 19022—2003 测量管理体系 测量过程和测量设备的要求

[7] GB/T 19023 质量管理体系文件指南

[8] GB/Z 19027—2005 GB/T 19001—2000的统计技术指南

[9] ISO 10019 质量管理体系咨询师选择及其服务使用指南

[10] GB/T 20001.1—2001 标准编写规则 第1部分:术语

[11] ISO/TR 13425 在标准化和规范中统计方法选择指南

[12] GB/T 27000—2006 合格评定 词汇和通用原则

[13] GB/T 19011—2003 质量和(或)环境管理体系审核指南

[14] ISO/IEC 指南2 标准化及相关活动 通用词汇

[15] IEC 60050-191 国际电工词汇 191章:可信性和服务质量

[16] IEC 60050-191/A2:2002 国际电工词汇 191章:可信性和服务质量:修改2

[17] VIM:1993 国际通用计量学基本术语 BIPM/IEC/IFCC/ISO/OIML/IUPAC/IUPAP

[18] 质量管理原则单行本[2]

[19] ISO 9000+ISO 14000新闻(提供有关国际上ISO管理体系标准发展的综合新闻报道的双月刊出版物,包括世界上各类组织实施标准的情况)[3]

[20] ISO/IEC 导则 第1部分,第2部分:2004及其补充

1) 即将发布。

2) 可从网址:http://www.iso.ch上获得。

3) 可从ISO中央秘书处(sales@iso.org)获得。

中 文 索 引

英 文 索 引

A

C

D

E

G

I

M

N

O

P

Q

ICS 03.120.10
A 00

中华人民共和国国家标准

GB/T 19001—2008/ISO 9001:2008
代替 GB/T 19001—2000

质量管理体系　要求

Quality management systems—Requirements

(ISO 9001:2008,IDT)

2008-12-30 发布　　2009-03-01 实施

中华人民共和国国家质量监督检验检疫总局
中国国家标准化管理委员会　发布

前言

本标准等同采用ISO 9001:2008《质量管理体系　要求》(英文版)。

本标准代替GB/T 19001—2000《质量管理体系　要求》,通过对其修订,使表述更为明确,并增强与GB/T 24001—2004的相容性。

附录B中给出了GB/T 19001—2008和GB/T 19001—2000之间的具体变化。

本标准的附录A和附录B是资料性附录。

本标准由全国质量管理和质量保证标准化技术委员会(SAC/TC 151)提出并归口。

本标准由中国标准化研究院负责起草。

本标准起草单位:中国标准化研究院、国家认证认可监督管理委员会、中国认证认可协会、中国合格评定国家认可中心、中国质量认证中心、方圆标志认证集团、中国船级社质量认证公司、上海质量体系审核中心、深圳环通认证中心、赛宝认证中心、华夏认证中心有限公司、国培认证培训(北京)中心、中国建材检验认证中心、上海汽轮机有限公司。

本标准主要起草人:田武、李钊、刘卓慧、李强、李荷芳、李明、赵志伟、王建宁、孙纯一、曲辛田、万举勇、王梅、李平、石新勇、倪红卫。

本标准所代替标准的历次版本发布情况为:

——GB/T 10300.2—1988、GB/T 19001—1992、GB/T 19001—1994、GB/T 19001—2000。

引　言

0.1　总则

采用质量管理体系是组织的一项战略性决策。一个组织质量管理体系的设计和实施受下列因素的影响：

a)　组织的环境、该环境的变化以及与该环境有关的风险；

b)　组织不断变化的需求；

c)　组织的具体目标；

d)　组织所提供的产品；

e)　组织所采用的过程；

f)　组织的规模和组织结构。

统一质量管理体系的结构或文件不是本标准的目的。

本标准所规定的质量管理体系要求是对产品要求的补充。“注”是理解和说明有关要求的指南。

本标准能用于内部和外部(包括认证机构)评定组织满足顾客要求、适用于产品的法律法规要求和组织自身要求的能力。

本标准的制定已经考虑了 GB/T 19000 和 GB/T 19004 中所阐明的质量管理原则。

0.2　过程方法

本标准鼓励在建立、实施质量管理体系以及改进其有效性时采用过程方法，通过满足顾客要求，增强顾客满意。

为使组织有效运行，必须确定和管理众多相互关联的活动。通过使用资源和管理，将输入转化为输出的一项或一组活动，可以视为一个过程。通常，一个过程的输出直接形成下一个过程的输入。

为了产生期望的结果，由过程组成的系统在组织内的应用，连同这些过程的识别和相互作用，以及对这些过程的管理，可称之为“过程方法”。

过程方法的优点是对过程系统中单个过程之间的联系以及过程的组合和相互作用进行连续的控制。

在质量管理体系中应用过程方法时，强调以下方面的重要性：

a)　理解和满足要求；

b)　需要从增值的角度考虑过程；

c)　获得过程绩效和有效性的结果；

d)　在客观测量的基础上，持续改进过程。

图 1 所反映的以过程为基础的质量管理体系模式展示了第 4 章至第 8 章中所提出的过程联系。该图反映了在规定输入要求时，顾客起着重要的作用。对顾客满意的监视，要求组织对顾客关于组织是否已满足其要求的感受的信息进行评价。该模式虽覆盖了本标准的所有要求，但却未详细地反映各过程。

注：此外，称之为“PDCA”的方法可适用于所有过程。PDCA 模式可简述如下：

P——策划：根据顾客的要求和组织的方针，为提供结果建立必要的目标和过程；

D——实施：实施过程；

C——检查：根据方针、目标和产品要求，对过程和产品进行监视和测量，并报告结果；

A——处置：采取措施，以持续改进过程绩效。

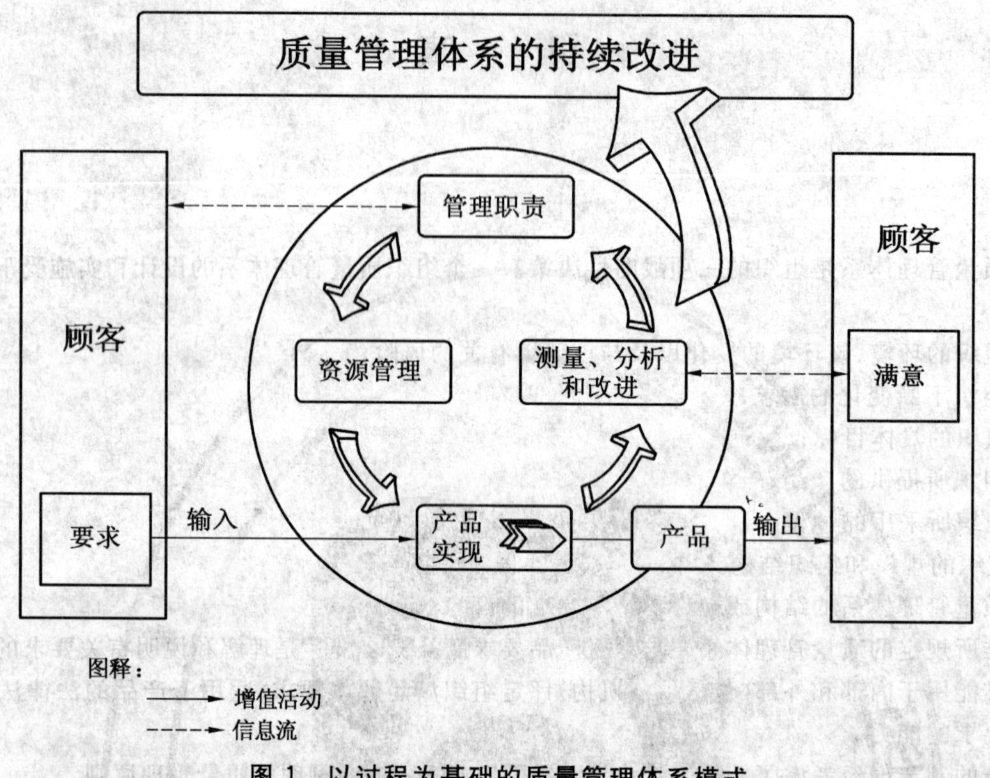

图 1 以过程为基础的质量管理体系模式

0.3 与 GB/T 19004 的关系

GB/T 19001 和 GB/T 19004 都是质量管理体系标准，这两项标准相互补充，但也可单独使用。

GB/T 19001 规定了质量管理体系要求，可供组织内部使用，也可用于认证或合同目的。GB/T 19001 所关注的是质量管理体系在满足顾客要求方面的有效性。

在本标准发布时，GB/T 19004 处于修订过程中。修订后的 GB/T 19004 将为组织在复杂的、要求更高的和不断变化的环境中获得持续成功提供管理指南。与 GB/T 19001 相比，GB/T 19004 关注质量管理的更宽范围；通过系统和持续改进组织的绩效，满足所有相关方的需求和期望。然而，GB/T 19004 不拟用于认证、法律法规和合同的目的。

0.4 与其他管理体系的相容性

为方便使用者，本标准在修订过程中适当考虑了 GB/T 24001—2004 的内容，以增强两个标准的相容性。附录 A 表明了 GB/T 19001—2008 与 GB/T 24001—2004 之间的对应关系。

本标准不包括针对其他管理体系的特定要求，如环境管理、职业健康与安全管理、财务管理或风险管理的特定要求。然而，本标准使组织能够将自身的质量管理体系与相关的管理体系要求相协调或整合。组织为了建立符合本标准要求的质量管理体系，可能会改变现行的管理体系。

质量管理体系　要求

1　范围

1.1　总则

本标准为有下列需求的组织规定了质量管理体系要求：

a)　需要证实其具有稳定地提供满足顾客要求和适用的法律法规要求的产品的能力；

b)　通过体系的有效应用，包括体系持续改进过程的有效应用，以及保证符合顾客要求和适用的法律法规要求，旨在增强顾客满意。

注 1：在本标准中，术语“产品”仅适用于：

a)　预期提供给顾客的或顾客所要求的产品；

b)　产品实现过程所产生的任何预期输出。

注 2：法律法规要求可称作法定要求。

1.2　应用

本标准规定的所有要求是通用的，旨在适用于各种类型、不同规模和提供不同产品的组织。

由于组织及其产品的性质导致本标准的任何要求不适用时，可以考虑对其进行删减。

如果进行删减，应仅限于本标准第 7 章的要求，并且这样的删减不影响组织提供满足顾客要求和适用法律法规要求的产品的能力或责任，否则不能声称符合本标准。

2　规范性引用文件

下列文件中的条款通过本标准的引用而成为本标准的条款。凡是注日期的引用文件，其随后所有的修改单（不包括勘误的内容）或修订版均不适用于本标准，然而，鼓励根据本标准达成协议的各方研究是否可使用这些文件的最新版本。凡是不注日期的引用文件，其最新版本适用于本标准。

GB/T 19000—2008　质量管理体系　基础和术语(ISO 9000:2005,IDT)

3　术语和定义

本标准采用 GB/T 19000 中所确立的术语和定义。

本标准中所出现的术语“产品”，也可指“服务”。

4　质量管理体系

4.1　总要求

组织应按本标准的要求建立质量管理体系，将其形成文件，加以实施和保持，并持续改进其有效性。

组织应：

a)　确定质量管理体系所需的过程及其在整个组织中的应用（见 1.2）；

b)　确定这些过程的顺序和相互作用；

c)　确定所需的准则和方法，以确保这些过程的运行和控制有效；

d)　确保可以获得必要的资源和信息，以支持这些过程的运行和监视；

e)　监视、测量（适用时）和分析这些过程；

f)　实施必要的措施，以实现所策划的结果和对这些过程的持续改进。

组织应按本标准的要求管理这些过程。

组织如果选择将影响产品符合要求的任何过程外包，应确保对这些过程的控制。对此类外包过程控制的类型和程度应在质量管理体系中加以规定。

注 1:上述质量管理体系所需的过程包括与管理活动、资源提供、产品实现以及测量、分析和改进有关的过程。

注 2:“外包过程”是为了质量管理体系的需要,由组织选择,并由外部方实施的过程。

注 3:组织确保对外包过程的控制,并不免除其满足所有顾客要求和法律法规要求的责任。对外包过程控制的类型和程度可受诸如下列因素影响:

a) 外包过程对组织提供满足要求的产品的能力的潜在影响;

b) 对外包过程控制的分担程度;

c) 通过应用 7.4 实现所需控制的能力。

4.2 文件要求

4.2.1 总则

质量管理体系文件应包括:

a) 形成文件的质量方针和质量目标;

b) 质量手册;

c) 本标准所要求的形成文件的程序和记录;

d) 组织确定的为确保其过程有效策划、运行和控制所需的文件,包括记录。

注 1:本标准出现“形成文件的程序”之处,即要求建立该程序,形成文件,并加以实施和保持。一个文件可包括对一个或多个程序的要求。一个形成文件的程序的要求可以被包含在多个文件中。

注 2:不同组织的质量管理体系文件的多少与详略程度可以不同,取决于:

a) 组织的规模和活动的类型;

b) 过程及其相互作用的复杂程度;

c) 人员的能力。

注 3:文件可采用任何形式或类型的媒介。

4.2.2 质量手册

组织应编制和保持质量手册,质量手册包括:

a) 质量管理体系的范围,包括任何删减的细节和正当的理由(见 1.2);

b) 为质量管理体系编制的形成文件的程序或对其引用;

c) 质量管理体系过程之间的相互作用的表述。

4.2.3 文件控制

质量管理体系所要求的文件应予以控制。记录是一种特殊类型的文件,应依据 4.2.4 的要求进行控制。

应编制形成文件的程序,以规定以下方面所需的控制:

a) 为使文件是充分与适宜的,文件发布前得到批准;

b) 必要时对文件进行评审与更新,并再次批准;

c) 确保文件的更改和现行修订状态得到识别;

d) 确保在使用处可获得适用文件的有关版本;

e) 确保文件保持清晰、易于识别;

f) 确保组织所确定的策划和运行质量管理体系所需的外来文件得到识别,并控制其分发;

g) 防止作废文件的非预期使用,如果出于某种目的而保留作废文件,对这些文件进行适当的标识。

4.2.4 记录控制

为提供符合要求及质量管理体系有效运行的证据而建立的记录,应得到控制。

组织应编制形成文件的程序,以规定记录的标识、贮存、保护、检索、保留和处置所需的控制。

记录应保持清晰、易于识别和检索。

5 管理职责

5.1 管理承诺

最高管理者应通过以下活动,对其建立、实施质量管理体系并持续改进其有效性的承诺提供证据:

a) 向组织传达满足顾客和法律法规要求的重要性；

b) 制定质量方针；

c) 确保质量目标的制定；

d) 进行管理评审；

e) 确保资源的获得。

5.2 以顾客为关注焦点

最高管理者应以增强顾客满意为目的，确保顾客的要求得到确定并予以满足(见7.2.1和8.2.1)。

5.3 质量方针

最高管理者应确保质量方针：

a) 与组织的宗旨相适应；

b) 包括对满足要求和持续改进质量管理体系有效性的承诺；

c) 提供制定和评审质量目标的框架；

d) 在组织内得到沟通和理解；

e) 在持续适宜性方面得到评审。

5.4 策划

5.4.1 质量目标

最高管理者应确保在组织的相关职能和层次上建立质量目标，质量目标包括满足产品要求所需的内容[见7.1a)]。质量目标应是可测量的，并与质量方针保持一致。

5.4.2 质量管理体系策划

最高管理者应确保：

a) 对质量管理体系进行策划，以满足质量目标以及4.1的要求；

b) 在对质量管理体系的变更进行策划和实施时，保持质量管理体系的完整性。

5.5 职责、权限与沟通

5.5.1 职责和权限

最高管理者应确保组织内的职责、权限得到规定和沟通。

5.5.2 管理者代表

最高管理者应在本组织管理层中指定一名成员，无论该成员在其他方面的职责如何，应使其具有以下方面的职责和权限：

a) 确保质量管理体系所需的过程得到建立、实施和保持；

b) 向最高管理者报告质量管理体系的绩效和任何改进的需求；

c) 确保在整个组织内提高满足顾客要求的意识。

注：管理者代表的职责可包括就质量管理体系有关事宜与外部方进行联络。

5.5.3 内部沟通

最高管理者应确保在组织内建立适当的沟通过程，并确保对质量管理体系的有效性进行沟通。

5.6 管理评审

5.6.1 总则

最高管理者应按策划的时间间隔评审质量管理体系，以确保其持续的适宜性、充分性和有效性。评审应包括评价改进的机会和质量管理体系变更的需求，包括质量方针和质量目标变更的需求。

应保持管理评审的记录(见4.2.4)。

5.6.2 评审输入

管理评审的输入应包括以下方面的信息：

a) 审核结果；

b) 顾客反馈；

c) 过程的绩效和产品的符合性；

d) 预防措施和纠正措施的状况；

e) 以往管理评审的跟踪措施；

f) 可能影响质量管理体系的变更；

g) 改进的建议。

5.6.3 评审输出

管理评审的输出应包括与以下方面有关的任何决定和措施：

a) 质量管理体系有效性及其过程有效性的改进；

b) 与顾客要求有关的产品的改进；

c) 资源需求。

6 资源管理

6.1 资源提供

组织应确定并提供以下方面所需的资源：

a) 实施、保持质量管理体系并持续改进其有效性；

b) 通过满足顾客要求，增强顾客满意。

6.2 人力资源

6.2.1 总则

基于适当的教育、培训、技能和经验，从事影响产品要求符合性工作的人员应是能够胜任的。

注：在质量管理体系中承担任何任务的人员都可能直接或间接地影响产品要求符合性。

6.2.2 能力、培训和意识

组织应：

a) 确定从事影响产品要求符合性工作的人员所需的能力；

b) 适用时，提供培训或采取其他措施以获得所需的能力；

c) 评价所采取措施的有效性；

d) 确保组织的人员认识到所从事活动的相关性和重要性，以及如何为实现质量目标作出贡献；

e) 保持教育、培训、技能和经验的适当记录(见 4.2.4)。

6.3 基础设施

组织应确定、提供并维护为达到符合产品要求所需的基础设施。适用时，基础设施包括：

a) 建筑物、工作场所和相关的设施；

b) 过程设备(硬件和软件)；

c) 支持性服务(如运输、通讯或信息系统)。

6.4 工作环境

组织应确定和管理为达到产品符合要求所需的工作环境。

注：术语“工作环境”是指工作时所处的条件，包括物理的、环境的和其他因素，如噪声、温度、湿度、照明或天气等。

7 产品实现

7.1 产品实现的策划

组织应策划和开发产品实现所需的过程。产品实现的策划应与质量管理体系其他过程的要求相一致(见 4.1)。

在对产品实现进行策划时，组织应确定以下方面的适当内容：

a) 产品的质量目标和要求；

b) 针对产品确定过程、文件和资源的需求；

c) 产品所要求的验证、确认、监视、测量、检验和试验活动,以及产品接收准则;

d) 为实现过程及其产品满足要求提供证据所需的记录(见 4.2.4)。

策划的输出形式应适合于组织的运作方式。

注 1:对应用于特定产品、项目或合同的质量管理体系的过程(包括产品实现过程)和资源作出规定的文件可称之为质量计划。

注 2:组织也可将 7.3 的要求应用于产品实现过程的开发。

7.2 与顾客有关的过程

7.2.1 与产品有关的要求的确定

组织应确定:

a) 顾客规定的要求,包括对交付及交付后活动的要求;

b) 顾客虽然没有明示,但规定用途或已知的预期用途所必需的要求;

c) 适用于产品的法律法规要求;

d) 组织认为必要的任何附加要求。

注:交付后活动包括诸如保证条款规定的措施、合同义务(例如,维护服务)、附加服务(例如,回收或最终处置)等。

7.2.2 与产品有关的要求的评审

组织应评审与产品有关的要求。评审应在组织向顾客作出提供产品的承诺(如:提交标书、接受合同或订单及接受合同或订单的更改)之前进行,并应确保:

a) 产品要求已得到规定;

b) 与以前表述不一致的合同或订单的要求已得到解决;

c) 组织有能力满足规定的要求。

评审结果及评审所引起的措施的记录应予保持(见 4.2.4)。

若顾客没有提供形成文件的要求,组织在接受顾客要求前应对顾客要求进行确认。

若产品要求发生变更,组织应确保相关文件得到修改,并确保相关人员知道已变更的要求。

注:在某些情况中,如网上销售,对每一个订单进行正式的评审可能是不实际的,作为替代方法,可对有关的产品信息,如产品目录、产品广告内容等进行评审。

7.2.3 顾客沟通

组织应对以下有关方面确定并实施与顾客沟通的有效安排:

a) 产品信息;

b) 问询、合同或订单的处理,包括对其修改;

c) 顾客反馈,包括顾客抱怨。

7.3 设计和开发

7.3.1 设计和开发策划

组织应对产品的设计和开发进行策划和控制。

在进行设计和开发策划时,组织应确定:

a) 设计和开发的阶段;

b) 适合于每个设计和开发阶段的评审、验证和确认活动;

c) 设计和开发的职责和权限。

组织应对参与设计和开发的不同小组之间的接口实施管理,以确保有效的沟通,并明确职责分工。

随着设计和开发的进展,在适当时,策划的输出应予以更新。

注:设计和开发的评审、验证和确认具有不同的目的,根据产品和组织的具体情况,可单独或以任意组合的方式进行并记录。

7.3.2 设计和开发输入

应确定与产品要求有关的输入,并保持记录(见 4.2.4)。这些输入应包括:

a) 功能要求和性能要求;

b) 适用的法律法规要求；

c) 适用时，来源于以前类似设计的信息；

d) 设计和开发所必需的其他要求。

应对这些输入的充分性和适宜性进行评审。要求应完整、清楚，并且不能自相矛盾。

7.3.3 设计和开发输出

设计和开发输出的方式应适合于对照设计和开发的输入进行验证，并应在放行前得到批准。

设计和开发输出应：

a) 满足设计和开发输入的要求；

b) 给出采购、生产和服务提供的适当信息；

c) 包含或引用产品接收准则；

d) 规定对产品的安全和正常使用所必需的产品特性。

注：生产和服务提供的信息可能包括产品防护的细节。

7.3.4 设计和开发评审

应依据所策划的安排(见 7.3.1)，在适宜的阶段对设计和开发进行系统的评审，以便：

a) 评价设计和开发的结果满足要求的能力；

b) 识别任何问题并提出必要的措施。

评审的参加者应包括与所评审的设计和开发阶段有关的职能的代表。评审结果及任何必要措施的记录应予保持(见 4.2.4)。

7.3.5 设计和开发验证

为确保设计和开发输出满足输入的要求，应依据所策划的安排(见 7.3.1)对设计和开发进行验证。验证结果及任何必要措施的记录应予保持(见 4.2.4)。

7.3.6 设计和开发确认

为确保产品能够满足规定的使用要求或已知的预期用途的要求，应依据所策划的安排(见 7.3.1)对设计和开发进行确认。只要可行，确认应在产品交付或实施之前完成。确认结果及任何必要措施的记录应予保持(见 4.2.4)。

7.3.7 设计和开发更改的控制

应识别设计和开发的更改，并保持记录。应对设计和开发的更改进行适当的评审、验证和确认，并在实施前得到批准。设计和开发更改的评审应包括评价更改对产品组成部分和已交付产品的影响。更改的评审结果及任何必要措施的记录应予保持(见 4.2.4)。

7.4 采购

7.4.1 采购过程

组织应确保采购的产品符合规定的采购要求。对供方及采购产品的控制类型和程度应取决于采购产品对随后的产品实现或最终产品的影响。

组织应根据供方按组织的要求提供产品的能力评价和选择供方。应制定选择、评价和重新评价的准则。评价结果及评价所引起的任何必要措施的记录应予保持(见 4.2.4)。

7.4.2 采购信息

采购信息应表述拟采购的产品，适当时包括：

a) 产品、程序、过程和设备的批准要求；

b) 人员资格的要求；

c) 质量管理体系的要求。

在与供方沟通前，组织应确保规定的采购要求是充分与适宜的。

7.4.3 采购产品的验证

组织应确定并实施检验或其他必要的活动，以确保采购的产品满足规定的采购要求。

当组织或其顾客拟在供方的现场实施验证时，组织应在采购信息中对拟采用的验证安排和产品放行的方法作出规定。

7.5 生产和服务提供

7.5.1 生产和服务提供的控制

组织应策划并在受控条件下进行生产和服务提供。适用时，受控条件应包括：

a) 获得表述产品特性的信息；

b) 必要时，获得作业指导书；

c) 使用适宜的设备；

d) 获得和使用监视和测量设备；

e) 实施监视和测量；

f) 实施产品放行、交付和交付后活动。

7.5.2 生产和服务提供过程的确认

当生产和服务提供过程的输出不能由后续的监视或测量加以验证，使问题在产品使用后或服务交付后才显现时，组织应对任何这样的过程实施确认。

确认应证实这些过程实现所策划的结果的能力。

组织应对这些过程作出安排，适用时包括：

a) 为过程的评审和批准所规定的准则；

b) 设备的认可和人员资格的鉴定；

c) 特定的方法和程序的使用；

d) 记录的要求（见 4.2.4）；

e) 再确认。

7.5.3 标识和可追溯性

适当时，组织应在产品实现的全过程中使用适宜的方法识别产品。

组织应在产品实现的全过程中，针对监视和测量要求识别产品的状态。

在有可追溯性要求的场合，组织应控制产品的唯一性标识，并保持记录（见 4.2.4）。

注：在某些行业，技术状态管理是保持标识和可追溯性的一种方法。

7.5.4 顾客财产

组织应爱护在组织控制下或组织使用的顾客财产。组织应识别、验证、保护和维护供其使用或构成产品一部分的顾客财产。如果顾客财产发生丢失、损坏或发现不适用的情况，组织应向顾客报告，并保持记录（见 4.2.4）。

注：顾客财产可包括知识产权和个人信息。

7.5.5 产品防护

组织应在产品内部处理和交付到预定的地点期间对其提供防护，以保持符合要求。适用时，这种防护应包括标识、搬运、包装、贮存和保护。防护也应适用于产品的组成部分。

7.6 监视和测量设备的控制

组织应确定需实施的监视和测量以及所需的监视和测量设备，为产品符合确定的要求提供证据。

组织应建立过程，以确保监视和测量活动可行并以与监视和测量的要求相一致的方式实施。

为确保结果有效，必要时，测量设备应：

a) 对照能溯源到国际或国家标准的测量标准，按照规定的时间间隔或在使用前进行校准和（或）检定（验证）。当不存在上述标准时，应记录校准或检定（验证）的依据（见 4.2.4）；

b) 必要时进行调整或再调整；

c) 具有标识，以确定其校准状态；

d) 防止可能使测量结果失效的调整；

e） 在搬运、维护和贮存期间防止损坏或失效。

此外，当发现设备不符合要求时，组织应对以往测量结果的有效性进行评价和记录。组织应对该设备和任何受影响的产品采取适当的措施。

校准和检定（验证）结果的记录应予保持（见 4.2.4）。

当计算机软件用于规定要求的监视和测量时，应确认其满足预期用途的能力。确认应在初次使用前进行，并在必要时予以重新确认。

注：确认计算机软件满足预期用途能力的典型方法包括验证和保持其适用性的配置管理。

8 测量、分析和改进

8.1 总则

组织应策划并实施以下方面所需的监视、测量、分析和改进过程：

a） 证实产品要求的符合性；

b） 确保质量管理体系的符合性；

c） 持续改进质量管理体系的有效性。

这应包括对统计技术在内的适用方法及其应用程度的确定。

8.2 监视和测量

8.2.1 顾客满意

作为对质量管理体系绩效的一种测量，组织应监视顾客关于组织是否满足其要求的感受的相关信息，并确定获取和利用这种信息的方法。

注：监视顾客感受可以包括从诸如顾客满意度调查、来自顾客的关于交付产品质量方面数据、用户意见调查、流失业务分析、顾客赞扬、索赔和经销商报告之类的来源获得输入。

8.2.2 内部审核

组织应按策划的时间间隔进行内部审核，以确定质量管理体系是否：

a） 符合策划的安排（见 7.1）、本标准的要求以及组织所确定的质量管理体系的要求；

b） 得到有效实施与保持。

组织应策划审核方案，策划时应考虑拟审核的过程和区域的状况和重要性以及以往审核的结果。应规定审核的准则、范围、频次和方法。审核员的选择和审核的实施应确保审核过程的客观性和公正性。审核员不应审核自己的工作。

应编制形成文件的程序，以规定审核的策划、实施、形成记录以及报告结果的职责和要求。

应保持审核及其结果的记录（见 4.2.4）。

负责受审核区域的管理者应确保及时采取必要的纠正和纠正措施，以消除所发现的不合格及其原因。后续活动应包括对所采取措施的验证和验证结果的报告（见 8.5.2）。

注：作为指南，参见 GB/T 19011。

8.2.3 过程的监视和测量

组织应采用适宜的方法对质量管理体系过程进行监视，并在适用时进行测量。这些方法应证实过程实现所策划的结果的能力。当未能达到所策划的结果时，应采取适当的纠正和纠正措施。

注：当确定适宜的方法时，建议组织根据每个过程对产品要求的符合性和质量管理体系有效性的影响，考虑监视和测量的类型与程度。

8.2.4 产品的监视和测量

组织应对产品的特性进行监视和测量，以验证产品要求已得到满足。这种监视和测量应依据所策划的安排（见 7.1）在产品实现过程的适当阶段进行。应保持符合接收准则的证据。

记录应指明有权放行产品以交付给顾客的人员（见 4.2.4）。

除非得到有关授权人员的批准，适用时得到顾客的批准，否则在策划的安排（见 7.1）已圆满完成之前,不应向顾客放行产品和交付服务。

8.3 不合格品控制

组织应确保不符合产品要求的产品得到识别和控制,以防止其非预期的使用或交付。应编制形成文件的程序,以规定不合格品控制以及不合格品处置的有关职责和权限。

适用时,组织应通过下列一种或几种途径处置不合格品:

a) 采取措施,消除发现的不合格;

b) 经有关授权人员批准,适用时经顾客批准,让步使用、放行或接收不合格品;

c) 采取措施,防止其原预期的使用或应用;

d) 当在交付或开始使用后发现产品不合格时,组织应采取与不合格的影响或潜在影响的程度相适应的措施。

在不合格品得到纠正之后应对其再次进行验证,以证实符合要求。

应保持不合格的性质的记录以及随后所采取的任何措施的记录,包括所批准的让步的记录(见4.2.4)。

8.4 数据分析

组织应确定、收集和分析适当的数据,以证实质量管理体系的适宜性和有效性,并评价在何处可以持续改进质量管理体系的有效性。这应包括来自监视和测量的结果以及其他有关来源的数据。

数据分析应提供有关以下方面的信息:

a) 顾客满意(见8.2.1);

b) 与产品要求的符合性(见8.2.4);

c) 过程和产品的特性及趋势,包括采取预防措施的机会(见8.2.3和8.2.4);

d) 供方(见7.4)。

8.5 改进

8.5.1 持续改进

组织应利用质量方针、质量目标、审核结果、数据分析、纠正措施和预防措施以及管理评审,持续改进质量管理体系的有效性。

8.5.2 纠正措施

组织应采取措施,以消除不合格的原因,防止不合格的再发生。纠正措施应与所遇到不合格的影响程度相适应。

应编制形成文件的程序,以规定以下方面的要求:

a) 评审不合格(包括顾客抱怨);

b) 确定不合格的原因;

c) 评价确保不合格不再发生的措施的需求;

d) 确定和实施所需的措施;

e) 记录所采取措施的结果(见4.2.4);

f) 评审所采取的纠正措施的有效性。

8.5.3 预防措施

组织应确定措施,以消除潜在不合格的原因,防止不合格的发生。预防措施应与潜在问题的影响程度相适应。

应编制形成文件的程序,以规定以下方面的要求:

a) 确定潜在不合格及其原因;

b) 评价防止不合格发生的措施的需求;

c) 确定并实施所需的措施;

d) 记录所采取措施的结果(见4.2.4);

e) 评审所采取的预防措施的有效性。

附 录 A
（资料性附录）
GB/T 19001—2008 与 GB/T 24001—2004 之间的对照

表 A.1 GB/T 19001—2008 与 GB/T 24001—2004 之间的对照

GB/T 19001—2008		GB/T 24001—2004	
引言（仅限于标题）			引言
总则	0.1		
过程方法	0.2		
与 GB/T 19004 的关系	0.3		
与其他管理体系的相容性	0.4		
范围（仅限于标题）	1	1	范围
总则	1.1		
应用	1.2		
规范性引用文件	2	2	规范性引用文件
术语和定义	3	3	术语和定义
质量管理体系（仅限于标题）	4	4	环境管理体系要求（仅限于标题）
总要求	4.1	4.1	总要求
文件要求（仅限于标题）	4.2		
总则	4.2.1	4.4.4	文件
质量手册	4.2.2		
文件控制	4.2.3	4.4.5	文件控制
记录控制	4.2.4	4.5.4	记录控制
管理职责（仅限于标题）	5		
管理承诺	5.1	4.2	环境方针
		4.4.1	资源、作用、职责和权限
以顾客为关注焦点	5.2	4.3.1	环境因素
		4.3.2	法律法规与其他要求
		4.6	管理评审
质量方针	5.3	4.2	环境方针
策划（仅限于标题）	5.4	4.3	策划（仅限于标题）
质量目标	5.4.1	4.3.3	目标、指标和方案
质量管理体系策划	5.4.2	4.3.3	目标、指标和方案
职责、权限与沟通（仅限于标题）	5.5		
职责和权限	5.5.1	4.1	总要求
		4.4.1	资源、作用、职责和权限
管理者代表	5.5.2	4.4.1	资源、作用、职责和权限
内部沟通	5.5.3	4.4.3	信息交流
管理评审（仅限于标题）	5.6	4.6	管理评审
总则	5.6.1	4.6	管理评审
评审输入	5.6.2	4.6	管理评审

表 A.1（续）

GB/T 19001—2008		GB/T 24001—2004	
评审输出	5.6.3	4.6	管理评审
资源管理（仅限于标题）	6		
资源的提供	6.1	4.4.1	资源、作用、职责和权限
人力资源（仅限于标题）	6.2		
总则	6.2.1	4.4.2	能力、培训和意识
能力、培训和意识	6.2.2	4.4.2	能力、培训和意识
基础设施	6.3	4.4.1	资源、作用、职责和权限
工作环境	6.4		
产品实现（仅限于标题）	7	4.4	实施与运行（仅限于标题）
产品实现的策划	7.1	4.4.6	运行控制
与顾客有关的过程（仅限于标题）	7.2		
与产品有关的要求的确定	7.2.1	4.3.1 4.3.2 4.4.6	环境因素 法律法规与其他要求 运行控制
与产品有关的要求的评审	7.2.2	4.3.1 4.4.6	环境因素 运行控制
顾客沟通	7.2.3	4.4.3	信息交流
设计和开发（仅限于标题）	7.3		
设计和开发策划	7.3.1	4.4.6	运行控制
设计和开发输入	7.3.2	4.4.6	运行控制
设计和开发输出	7.3.3	4.4.6	运行控制
设计和开发评审	7.3.4	4.4.6	运行控制
设计和开发验证	7.3.5	4.4.6	运行控制
设计和开发确认	7.3.6	4.4.6	运行控制
设计和开发更改的控制	7.3.7	4.4.6	运行控制
采购（仅限于标题）	7.4		
采购过程	7.4.1	4.4.6	运行控制
采购信息	7.4.2	4.4.6	运行控制
采购产品的验证	7.4.3	4.4.6	运行控制
生产和服务提供（仅限于标题）	7.5		
生产和服务提供的控制	7.5.1	4.4.6	运行控制
生产和服务提供过程的确认	7.5.2	4.4.6	运行控制
标识和可追溯性	7.5.3		
顾客财产	7.5.4		
产品防护	7.5.5	4.4.6	运行控制
监视和测量设备的控制	7.6	4.5.1	监测和测量
测量、分析和改进（仅限于标题）	8	4.5	检查（仅限于标题）
总则	8.1	4.5.1	监测和测量
监视和测量（仅限于标题）	8.2		
顾客满意	8.2.1		

表 A.1(续)

GB/T 19001—2008		GB/T 24001—2004	
内部审核	8.2.2	4.5.5	内部审核
过程的监视和测量	8.2.3	4.5.1 4.5.2	监测和测量 合规性评价
产品的监视和测量	8.2.4	4.5.1 4.5.2	监测和测量 合规性评价
不合格品控制	8.3	4.4.7 4.5.3	应急准备和响应 不符合、纠正措施和预防措施
数据分析	8.4	4.5.1	监测和测量
改进(仅限于标题)	8.5		
持续改进	8.5.1	4.2 4.3.3 4.6	环境方针 目标、指标和方案 管理评审
纠正措施	8.5.2	4.5.3	不符合、纠正措施和预防措施
预防措施	8.5.3	4.5.3	不符合、纠正措施和预防措施

表 A.2 GB/T 24001—2004 与 GB/T 19001—2008 之间的对照

GB/T 24001—2004		GB/T 19001—2008	
引言		 0.1 0.2 0.3 0.4	引言(仅限于标题) 总则 过程方法 与 GB/T 19004 的关系 与其他管理体系的相容性
范围	1	1 1.1 1.2	范围(仅限于标题) 总则 应用
规范性引用文件	2	2	规范性引用文件
术语和定义	3	3	术语和定义
环境管理体系要求(仅限于标题)	4	4	质量管理体系(仅限于标题)
总要求	4.1	4.1 5.5 5.5.1	总要求 职责、权限与沟通(仅限于标题) 职责和权限
环境方针	4.2	5.1 5.3 8.5.1	管理承诺 质量方针 持续改进
策划(仅限于标题)	4.3	5.4	策划(仅限于标题)
环境因素	4.3.1	5.2 7.2.1 7.2.2	以顾客为关注焦点 与产品有关的要求的确定 与产品有关的要求的评审
法律法规与其他要求	4.3.2	5.2 7.2.1	以顾客为关注焦点 与产品有关的要求的确定

表 A.2（续）

GB/T 24001—2004		GB/T 19001—2008	
目标、指标和方案	4.3.3	5.4.1 5.4.2 8.5.1	质量目标 质量管理体系策划 持续改进
实施与运行(仅限于标题)	4.4	7	产品实现(仅限于标题)
组织结构和职责	4.4.1	5.1 5.5.1 5.5.2 6.1 6.3	管理承诺 职责和权限 管理者代表 资源的提供 基础设施
能力、培训和意识	4.4.2	6.2.1 6.2.2	(人力资源)总则 能力、培训和意识
信息交流	4.4.3	5.5.3 7.2.3	内部沟通 顾客沟通
文件	4.4.4	4.2.1 4.2.2	(文件要求)总则 质量手册
文件控制	4.4.5	4.2.3	文件控制
运行控制	4.4.6	7.1 7.2 7.2.1 7.2.2 7.3.1 7.3.2 7.3.3 7.3.4 7.3.5 7.3.6 7.3.7 7.4.1 7.4.2 7.4.3 7.5 7.5.1 7.5.2 7.5.5	产品实现的策划 与顾客有关的过程(仅限于标题) 与产品有关的要求的确定 与产品有关的要求的评审 设计和开发策划 设计和开发输入 设计和开发输出 设计和开发评审 设计和开发验证 设计和开发确认 设计和开发更改的控制 采购控制 采购信息 采购产品的验证 生产和服务提供(仅限于标题) 生产和服务提供的控制 生产和服务提供过程的确认 产品防护
应急准备和响应	4.4.7	8.3	不合格品控制
检查(仅限于标题)	4.5	8	测量、分析和改进(仅限于标题)
监测和测量	4.5.1	7.6 8.1 8.2.3 8.2.4 8.4	监视和测量设备的控制 (测量、分析和改进)总则 过程的监视和测量 产品的监视和测量 数据分析

表 A.2(续)

GB/T 24001—2004		GB/T 19001—2008	
合规性评价	4.5.2	8.2.3 8.2.4	过程的监视和测量 产品的监视和测量
不符合、纠正措施和预防措施	4.5.3	8.3 8.4 8.5.2 8.5.3	不合格品控制 数据分析 纠正措施 预防措施
记录控制	4.5.4	4.2.4	记录控制
内部审核	4.5.5	8.2.2	内部审核
管理评审	4.6	5.1 5.6 5.6.1 5.6.2 5.6.3 8.5.1	管理承诺 管理评审(仅限于标题) 总则 评审输入 评审输出 持续改进

附 录 B
（资料性附录）
GB/T 19001—2000 与 GB/T 19001—2008 之间的变化

表 B.1 GB/T 19001—2000 与 GB/T 19001—2008 之间的变化

GB/T 19001—2000 条款	段/图/表/注	增加(A)或删除(D)	修订内容
0.1	第 1 段 第 2 句	D	~~一个组织质量管理体系的设计和实施受各种需求、具体目标、所提供的产品、所采用的过程以及该组织的规模和结构的影响。~~
		A	一个组织质量管理体系的设计和实施受下列因素的影响： a) 组织的环境、该环境的变化以及与该环境有关的风险； b) 组织不断变化的需求； c) 组织的具体目标； d) 组织所提供的产品； e) 组织所采用的过程； f) 组织的规模和组织结构。
	第 3 句	新的一段	统一质量管理体系的结构或文件不是本标准的目的。
0.1	第 4 段	A	本标准能用于内部和外部(包括认证机构)评定组织满足顾客要求、适用于产品的法律法规要求和组织自身要求的能力。
0.2	第 2 段	D+A	为使组织有效运作行，必须识别确定和管理众多相互关联的活动。通过使用资源和管理，将输入转化为输出的一项或一组活动，可以视为一个过程。通常，一个过程的输出可直接形成下一过程的输入。
0.2	第 3 段	D+A	为了产生期望的结果，组织内诸过程系统的应用，由过程组成的系统在组织内的应用，连同这些过程的识别和相互作用及其管理，可称之为“过程方法”。
0.2	第 5 段 c)	D+A	c) 获得过程绩效(业绩)和有效性的结果； 全文中均将“业绩”改为“绩效”。
0.2	第 6 段	D+A	该图这种展示反映了在规定输入要求时，顾客起着重要的作用。对顾客满意的监视，要求组织对顾客关于组织是否已满足其要求的感受的信息进行评价对顾客满意的监视要求对顾客有关组织是否已满足其要求的感受的信息进行评价。
0.3	第 1 段	D+A	~~GB/T 19001 和 GB/T 19004 已制定为一对协调一致的质量管理体系标准，他们相互补充，但也可单独使用。虽然这两项标准具有不同的范围，但却具有相似的结构，以有助于他们作为协调一致的一对标准的应用。~~ GB/T 19001 和 GB/T 19004 都是质量管理体系标准，这两项标准相互补充，但也可单独使用。
0.3	第 2 段	D+A	~~在满足顾客要求方面，GB/T 19001 所关注的是质量管理体系的有效性。~~ GB/T 19001 所关注的是质量管理体系在满足顾客要求方面的有效性。
0.3	第 3 段	D+A	~~与 GB/T 19001 相比，GB/T 19004 为质量管理体系更宽范围的目标提供了指南。除了有效性，该标准还特别关注持续改进组织的总体业绩与效率。对于最高管理者希望通过追求业绩持续改进而超越 GB/T 19001 要求的那些组织，GB/T 19004 推荐了指南。然而，用于认证或合同不是 GB/T 19004 的目的。~~

表 B.1(续)

GB/T 19001—2000 条款	段/图/表/注	增加(A)或删除(D)	修订内容
0.3	第 3 段	D+A	在本标准发布时,GB/T 19004 处于修订过程中。修订后的 GB/T 19004 将为组织在复杂的、要求更高的和不断变化的环境中获得持续成功提供管理指南。与 GB/T 19001 相比,GB/T 19004 关注质量管理的更宽范围;通过系统和持续改进组织的绩效,满足所有相关方的需求和期望。然而,GB/T 19004 不拟用于认证、法律法规和合同的目的。
0.4	第 1 段	D+A	~~为了使用者的利益,本标准与 GB/T 24001—1996 相互趋近,以增强两类标准的相容性。~~ 为方便使用者,本标准在修订过程中适当考虑了 GB/T 24001—2004 的内容,以增强两个标准的相容性。附录 A 表明了 GB/T 19001—2008 与GB/T 24001—2004 之间的对应关系。
0.4	第 2 段	D+A	然而本标准使组织能够将自身的质量管理体系与相关的管理体系要求相结合协调或整合。
1.1	a)	A	a) 需要证实其具有稳定地提供满足顾客要求和适用的法律法规要求的产品的能力;~~需要证实其有能力稳定地提供满足顾客和适用的法律法规要求的产品;~~
	b)	D+A	b) 通过体系的有效应用,包括体系持续改进的过程的有效应用,以及保证符合顾客要求和与适用的法律法规要求,旨在增强顾客满意。
	注	D	~~注:在本标准中,术语"产品"适用于预期提供给顾客或顾客所要求的产品。~~
		A	注 1:在本标准中,术语"产品"仅适用于: a) 预期提供给顾客的或顾客所要求的产品; b) 产品实现过程所产生的任何预期输出。
	注 2	A	注 2:法律法规要求可称作法定要求。
1.2	第 2 段	D+A	~~当本标准的任何要求因组织及其产品的特点而不适用时,~~由于组织及其产品的性质导致本标准的任何要求不适用时,
1.2	第 3 段	D+A	~~除非删减仅限于本标准第 7 章中那些不影响组织提供满足顾客和适用法律法规要求的产品的能力或责任的要求,否则不能声称符合本标准。~~ 如果进行删减,应仅限于本标准第 7 章的要求,并且这样的删减不影响组织提供满足顾客要求和适用法律法规要求的产品的能力或责任,否则不能声称符合本标准。
2	第 1 段	D	~~下列标准所包含的条文,通过在本标准中引用而构成为本标准的条文。本标准出版时,所示版本均为有效。所有标准都会被修订,使用本标准的各方应探讨使用下列标准最新版本的可能性。~~
		A	下列文件中的条款通过本标准的引用而成为本标准的条款。凡是注日期的引用文件,其随后所有的修改单(不包括勘误的内容)或修订版均不适用于本标准,然而,鼓励根据本标准达成协议的各方研究是否可使用这些文件的最新版本。凡是不注日期的引用文件,其最新版本适用于本标准。
		D+A	GB/T 19000—~~2000~~ 2008 质量管理体系 基础和术语(~~idt~~ ISO 9000:~~2000~~ 2005,IDT)
3	第 1 段	A	本标准采用 GB/T 19000 中所确立的术语和定义。

表 B.1(续)

GB/T 19001—2000 条款	段/图/表/注	增加(A)或删除(D)	修订内容
3	第2段 第3段	D	本标准表述供应链所使用的以下术语经过了更改,以反映当前的使用情况: 供方──→组织──→顾客 本标准中的术语"组织"用以取代 GB/T 19001—1994 所使用的术语"供方",术语"供方"用以取代术语"分承包方"。
4.1	第1段	A	组织应按本标准的要求建立质量管理体系,将其形成文件,加以实施和保持,并持续改进其有效性。
4.1	a)	D+A	a) 识别确定质量管理体系所需的过程及其在整个组织中的应用(见1.2);
4.1	c)	D+A	c) 确定为确保这些过程的有效运行和控制所需的准则和方法;确定所需的准则和方法,以确保这些过程的运行和控制有效;
4.1	d)	D+A	d) 确保可以获得必要的资源和信息,以支持这些过程的运行和对这些过程的监视;
4.1	e)	A	e) 监视、测量(适用时)和分析这些过程;
4.1	第4段	D+A	针对组织所选择的任何影响产品符合要求的外包过程,组织应确保对其实施控制。对此类外包过程的控制应在质量管理体系中加以识别。 组织如果选择将影响产品符合要求的任何过程外包,应确保对这些过程的控制。对此类外包过程控制的类型和程度应在质量管理体系中加以规定。
4.1	注1	D+A	注1:上述质量管理体系所需的过程应当包括与管理活动、资源提供、产品实现以及测量、分析和改进有关的过程。
4.1	新注2、注3	A	注2:"外包过程"是为了质量管理体系的需要,由组织选择,并由外部方实施的过程。 注3:组织确保对外包过程的控制,并不免除其满足所有顾客要求和法律法规要求的责任。对外包过程控制的类型和程度可受诸如下列因素影响: a) 外包过程对组织提供满足要求的产品的能力的潜在影响; b) 对外包过程控制的分担程度; c) 通过应用7.4实现所需控制的能力。
4.2.1	c)	A	c) 本标准所要求的形成文件的程序和记录;
4.2.1	d)	A	d) 组织确定的为确保其过程有效策划、运行和控制所需的文件,包括记录。
4.2.1	e)	D	e) 本标准所要求的记录(见4.2.4)。
4.2.1	注1	A	注1:本标准出现"形成文件的程序"之处,即要求建立该程序,形成文件,并加以实施和保持。一个文件可包括对一个或多个程序的要求。一个形成文件的程序的要求可以被包含在多个文件中。
4.2.1	注2	A	注2:不同组织的质量管理体系文件的多少与详略程度可以不同,取决于:
4.2.1	注3	D+A	注3:文件可采用任何形式或类型的媒体媒介。
4.2.2	a)	D+A	a) 质量管理体系的范围,包括任何删减的细节与合理性和正当的理由(见1.2);
4.2.3	a)	D+A	a) 文件发布前得到批准,以确保文件是充分与适宜的;为使文件是充分与适宜的,文件发布前得到批准;

表 B.1（续）

GB/T 19001—2000 条款	段/图/表/注	增加(A)或删除(D)	修订内容
4.2.3	f)	A	f) 确保组织所确定的策划和运行质量管理体系所需的外来文件得到识别，并控制其分发；
4.2.3	g)	D+A	g) 防止作废文件的非预期使用，若因任何原因如果出于某种目的而保留作废文件时，对这些文件进行适当的标识。
4.2.4		D+A	应建立并保持记录，以提供符合要求和质量管理体系有效运行的证据。记录应保持清晰、易于识别和检索。应编制形成文件的程序，以规定记录的标识、贮存、保护、检索、保存期限和处置所需的控制。 为提供符合要求及质量管理体系有效运行的证据而建立的记录，应得到控制。 组织应编制形成文件的程序，以规定记录的标识、贮存、保护、检索、保留和处置所需的控制。 记录应保持清晰、易于识别和检索。
5.1	a)	A	a) 向组织传达满足顾客要求和法律法规要求的重要性；
5.5.2	第1段	D+A	最高管理者应指定一名管理者在本组织管理层中指定一名成员，无论该成员在其他方面的职责如何，应使其具有以下方面的职责和权限：
5.5.2	注	D+A	注：管理者代表的职责可包括与质量管理体系有关事宜的外部联络管理者代表的职责可包括就质量管理体系有关事宜与外部方进行联络。
5.6.1	第1段，第2句	D+A	评审应包括评价质量管理体系改进的机会和质量管理体系变更的需求，包括质量方针和质量目标变更的需求。
5.6.2	d)	A	d) 预防措施和纠正措施的状况；
5.6.3	a)	A	a) 质量管理体系有效性及其过程有效性的改进；
6.2.1	第1段	D+A	基于适当的教育、培训、技能和经验，从事影响产品要求符合性质量工作的人员应是能够胜任的。
	新注	A	注：在质量管理体系中承担任何任务的人员都可能直接或间接地影响产品要求符合性。
6.2.2	标题	D+A	能力、培训和意识和培训
6.2.2	a)，b)和d)	D+A	a) 确定从事影响产品质量要求符合性工作的人员所必要需的能力； b) 适用时，提供培训或采取其他措施以满足这些需求获得所需的能力； d) 确保员工组织的人员认识到所从事活动的相关性和重要性，以及如何为实现质量目标作出贡献；
6.3	c)	A	c) 支持性服务（如运输、通讯或信息系统）。
6.4	新注	A	注：术语“工作环境”是指工作时所处的条件，包括物理的、环境的和其他因素，如噪声、温度、湿度、照明或天气等。
7.1	c)	A	c) 产品所要求的验证、确认、监视、测量、检验和试验活动，以及产品接收准则；
7.2.1	c)和d)	D+A	c) 与产品有关的法律法规要求适用于产品的法律法规要求； d) 组织认为必要确定的任何附加要求。
	新注	A	注：交付后活动包括诸如保证条款规定的措施、合同义务（例如，维护服务）、附加服务（例如，回收或最终处置）等。

表 B.1(续)

GB/T 19001—2000 条款	段/图/表/注	增加(A)或删除(D)	修订内容
7.2.2	a)	A	a) 产品要求已得到规定;
7.2.2	b)	D+A	b) 与以前表述不一致的合同或订单的要求已予得到解决;
7.2.2	第3段	D+A	若顾客提供的要求没有形成文件, 若顾客没有提供形成文件的要求,
7.3.1	第4段	A	随着设计开发的进展,在适当时,策划的输出应予以更新。
7.3.1	新注	A	注:设计和开发的评审、验证和确认具有不同的目的,根据产品和组织的具体情况,可单独或以任意组合的方式进行并记录。
7.3.2	a)	A	a) 功能要求和性能要求;
7.3.2	c)	D+A	c) 适用时,以前类似设计提供的信息来源于以前类似设计的信息;
7.3.2	第2段	D+A	应对这些输入进行评审,以确保输入是充分与适宜的。应对这些输入的充分性和适宜性进行评审。
7.3.3	第1段	D+A	设计和开发输出的方式应以能够针对设计和开发的输入进行验证的方式提出设计和开发输出的方式应适合于对照设计和开发的输入进行验证,并应在放行前得到批准。
7.3.3	新注	A	注:生产和服务提供的信息可能包括产品防护的细节。
7.3.4	第1段	D+A	在适宜的阶段,应依据所策划的安排(见7.3.1),在适宜的阶段对设计和开发进行系统的评审。
7.3.7	第1段 和 第2段	D+A 将两段 合并	应识别设计和开发的更改,并保持记录。适当时,应对设计和开发的更改进行适当的评审、验证和确认,并在实施前得到批准。设计和开发更改的评审应包括评价更改对产品组成部分和已交付产品的影响。更改的评审结果及任何必要措施的记录应予保持(见4.2.4)。
7.4.3	第2段	D+A	当组织或其顾客拟在供方的现场实施验证时,组织应在采购信息中对拟采用的验证的安排和产品放行的方法作出规定。
7.5.1	d)	D+A	d) 获得和使用监视和测量装置设备;
7.5.1	f)	A	f) 实施产品放行、交付和交付后的活动的实施。
7.5.2	第1段	D+A	当生产和服务提供过程的输出不能由后续的监视或测量加以验证时,组织应对任何这样的过程实施确认。这包括仅在产品使用或服务已交付之后问题才显现的过程。 当生产和服务提供过程的输出不能由后续的监视或测量加以验证,使问题在产品使用后或服务交付后才显现时,组织应对任何这样的过程实施确认。
7.5.3	第2段	A	组织应在产品实现的全过程中,针对监视和测量要求识别产品的状态。
7.5.4	第1段 第3句 注	D+A A	若顾客财产发生丢失、损坏或发现不适用的情况时,组织应报告顾客向顾客报告,并保持记录(见4.2.4)。 注:顾客财产可包括知识产权和个人信息。
7.5.5	第1段	D+A	在内部处理和交付到预定的地点期间,组织应针对产品的符合性提供防护,这种防护应包括标识、搬运、包装、贮存和保护。组织应在内部处理和交付到预定的地点期间对产品提供防护,以保持符合要求。适用时,这种防护应包括标识、搬运、包装、贮存和保护。
7.6	标题	D+A	监视和测量装置设备的控制

表 B.1(续)

GB/T 19001—2000 条款	段/图/表/注	增加(A)或删除(D)	修订内容
7.6	第 1 段	D+A	组织应确定需实施的监视和测量以及所需的监视和测量装置设备,为产品符合确定的要求(见 7.2.1)提供证据。
7.6	a)	A	a) 对照能溯源到国际或国家标准的测量标准,按照规定的时间间隔或在使用前进行校准和(或)检定(验证)。当不存在上述标准时,应记录校准或检定(验证)的依据(见 4.2.4);
7.6	c)	D+A	c) 得到识别具有标识,以确定其校准状态;
7.6	第 4 段 第 2 句	D+A 新第 5 段	校准和验证检定(验证)结果的记录应予保持(见 4.2.4)。
7.6	第 5 段	D+A	当计算机软件用于规定要求的监视和测量时,应确认其满足预期用途的能力。确认应在初次使用前进行,并在必要时再予以重新确认。
7.6	注	D+A	注:作为指南,参见 GB/T 19022.1 和 GB/T 19022.2。 注:确认计算机软件满足预期用途能力的典型方法包括验证和保持其适用性的配置管理。
8.1	a)	D+A	a) 证实产品要求的符合性;
8.2.1	注	A	注:监视顾客感受可以包括从诸如顾客满意度调查、来自顾客的关于已交付产品质量方面数据、用户意见调查、流失业务分析、顾客赞扬、索赔和经销商报告之类的来源获得输入。
8.2.2	第 2 段, 第 1 句	D+A	考虑拟审核的过程和区域的状况和重要性以及以往审核的结果,组织应对审核方案进行策划。组织应策划审核方案,策划时应考虑拟审核的过程和区域的状况和重要性以及以往审核的结果。
8.2.2	新第 3 段	A	应编制形成文件的程序,以规定审核的策划、实施、形成记录以及报告结果的职责和要求。
8.2.2	第 4 段	D+A	策划和实施以及报告结果和保持记录(见 4.2.4)的职责和要求应在形成文件的程序中作出规定。 应保持审核及其结果的记录(见 4.2.4)。
8.2.2	第 5 段 第 1 句	D+A	负责受审核区域的管理者应确保及时采取必要的纠正和纠正措施,以消除所发现的不合格及其原因。跟踪后续活动应包括对所采取措施的验证和验证结果的报告。
8.2.2	注	D+A	注:作为指南,参见 GB/T 19021.1、GB/T 19021.2 及 GB/T 19021.3。 作为指南,参见 GB/T 19011。
8.2.3	第 1 段 第 3 句	D	当未能达到所策划的结果时,应采取适当的纠正和纠正措施以确保产品的符合性。
8.2.3	注	A	注:当确定适宜的方法时,建议组织根据每个过程对产品要求的符合性和质量管理体系有效性的影响,考虑监视和测量的类型与程度。
8.2.4	第 1 段	A	组织应对产品的特性进行监视和测量,以验证产品要求已得到满足。这种监视和测量应依据所策划的安排(见 7.1)在产品实现过程的适当阶段进行。应保持符合接收准则的证据。
	第 2 段	D+A	应保持符合接收准则的证据。记录应指明有权放行产品以交付给顾客的人员(见 4.2.4)。
	第 3 段	A	除非得到有关授权人员的批准,适用时得到顾客的批准,否则在策划的安排(见 7.1)已圆满完成之前,不应向顾客放行产品和交付服务。

表 B.1(续)

GB/T 19001—2000 条款	段/图/表/注	增加(A)或删除(D)	修订内容
8.3	第 1 段 第 2 句	D+A	~~不合格品控制以及不合格品处置的有关职责和权限应在形成文件的程序中作出规定。~~ 应编制形成文件的程序,以规定不合格品控制以及不合格品处置的有关职责和权限。
8.3	第 2 段	A	适用时,组织应通过下列一种或几种途径,处置不合格品:
8.3	新 d) 第 3 段 第 4 段 第 5 段	A 移至 第 4 段 移至 第 3 段 见新 d)	d) 当在交付或开始使用后发现产品不合格时,组织应采取与不合格的影响或潜在影响的程度相适应的措施。 应保持不合格的性质的记录以及随后所采取的任何措施的记录,包括所批准的让步的记录(4.2.4)。 在不合格品得到纠正之后应对其再次进行验证,以证实符合要求。 ~~当在交付或开始使用后发现产品不合格时,组织应采取与不合格的影响或潜在影响的程度相适应的措施。~~
8.4	b) c) d)	D+A A A	b) 与产品要求的符合性~~(见 7.2.1)~~(见 8.2.4); c) 过程和产品的特性及趋势,包括采取预防措施的机会(见 8.2.3 和 8.2.4); d) 供方(见 7.4)。
8.5.1	第 1 段	A	组织应利用质量方针、质量目标、审核结果、数据分析、纠正措施和预防措施以及管理评审,持续改进质量管理体系的有效性。
8.5.2	f)	A	f) 评审所采取的纠正措施的有效性。
8.5.3	e)	A	e) 评审所采取的预防措施的有效性。
附录 A	全部	D+A	更新为 GB/T 19001—2008 与 GB/T 24001—2004 的对照表
附录 B	全部	D+A	更新为 GB/T 19001—2008 与 GB/T 19001—2000 的变化表
参考文献	新的和修正的参考文献	D+A	更新为新的参考文献目录

参 考 文 献

[1] ISO 9004:——1),Managing for the sustained success of an organization—A quality management approach

[2] ISO 10001:2007,Quality management—Customer satisfaction—Guidelines for codes of conduct for organizations

[3] GB/T 19012—2008 质量管理体系 顾客满意 组织投诉处理指南

[4] ISO 10003:2007,Quality management—Customer satisfaction—Guidelines for dispute resolution external to organizations

[5] GB/T 19015—2008 质量管理体系 质量计划指南

[6] GB/T 19016—2005 质量管理体系 项目质量管理指南

[7] GB/T 19017—2008 质量管理 技术状态管理指南

[8] GB/T 19022—2003 测量管理体系 测量过程和测量设备的要求

[9] GB/T 19023—2003 质量管理体系文件指南

[10] GB/T 19024—2008 质量管理 实现财务与经济效益的指南

[11] GB/T 19025—2001 质量管理 培训指南

[12] GB/Z 19027—2005 GB/T 19001—2000 的统计技术指南

[13] ISO 10019:2005,Guidelines for the selection of quality management system consultants and use of their services

[14] GB/T 24001—2004 环境管理体系 要求及使用指南

[15] GB/T 19011—2003 质量和(或)环境管理体系审核指南

[16] IEC 60300-1:2003,Dependability management—Part 1:Dependability management systems

[17] IEC 61160:2006,Design review

[18] ISO/IEC 90003:2004,Software engineering—Guidelines for the application of ISO 9001:2000 to computer software

[19] Quality management principles2),ISO,2001

[20] ISO 9000—Selection and use2),ISO,2008

[21] ISO 9001 for Small Businesses—What to do;Advice from ISO/TC 1763),ISO,2002

[22] ISO Management Systems4)

[23] 参考网址:

http://www.iso.org

http://www.tc176.org

http://www.iso.org/tc176/sc2

http://www.iso.org/tc176/ISO9001AuditingPracticesGroup

1) 待发布(ISO 9004:2000 修订版)。

2) 可从网址上获得:http://www.iso.org

3) 待更新,以与 ISO 9001:2008 相协调。

4) 提供世界范围有关制定 ISO 管理体系标准的综合信息的双月刊,包括各类组织实施方面的新闻。可从 ISO 中央秘书处获得(sales@iso.org)。

ICS 03.120.10
A 00

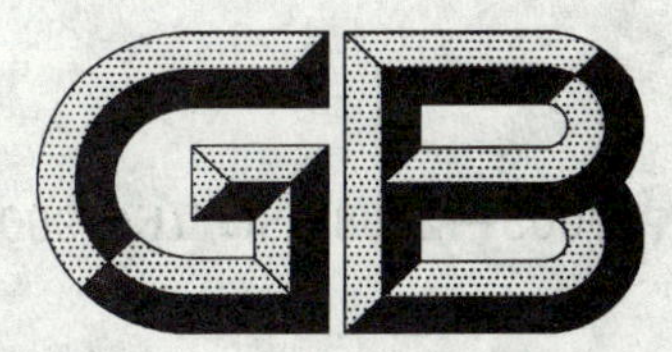

中华人民共和国国家标准

GB/T 19003—2008/ISO/IEC 90003:2004

软件工程 GB/T 19001—2000 应用于计算机软件的指南

Software engineering—Guidelines for the application of GB/T 19001—2000 to computer software

(ISO/IEC 90003:2004,IDT)

2008-06-18 发布 2008-11-01 实施

中华人民共和国国家质量监督检验检疫总局
中国国家标准化管理委员会 发布

前　言

本标准等同采用ISO/IEC 90003:2004《软件工程　ISO 9001:2000应用于计算机软件中的指南》。

本标准是GB/T 19000族标准的组成部分,并与其保持一致。

本标准的附录A和附录B是资料性的附录。

本标准由中国标准化研究院提出并归口。

本标准由中国标准化研究院负责起草。

本标准参加起草单位:信息产业部电子工业标准化研究所、中国航天标准化研究所。

本标准主要起草人:咸奎桐、刘辉、吴桂玲、叶如意、詹俊峰、刘江鹰、王宣言。

ISO 前言

国际标准化组织(ISO)和国际电工委员会(IEC)是世界性的标准化专门机构。各国家成员团体(它们都是ISO或IEC的成员国)通过国际组织建立的各个技术委员会参与制定针对特定范围的国际标准。ISO和IEC各技术委员会在共同感兴趣的领域内进行合作。与ISO和IEC有联系的其他官方的或非官方的国际组织也参与国际标准的制定工作。

国际标准遵照ISO/IEC导则第2部分的规则起草。

在信息技术领域,ISO和IEC已经建立了联合技术委员会(ISO/IEC/JTC 1),由联合技术委员会通过的国际标准草案提交各成员团体投票表决,需取得至少75%参加表决的成员团体的同意,才能作为国际标准正式发布。

本标准中的某些内容可能涉及一些专利权问题,对此应引起注意。ISO和IEC不负责识别任何这样的专利权的问题。

国际标准ISO/IEC 90003由ISO/IEC JTC 1/SC 7(联合技术委员会 信息技术 第7分技术委员会 软件和系统工程)制定。

本标准是ISO/IEC 90003的第一版,代替由ISO/TC 176/SC 2负责制定的ISO 9000-3:1997版,并与ISO 9001:2000版保持一致。

引　言

本标准为组织在计算机软件的获取、提供、开发、运行和维护等过程中应用 GB/T 19001—2000 提供指南。

本标准指出需要关注的问题，其应用与所采用的技术、生存周期模型、开发过程、活动顺序和组织结构无关。本指南及其所指出的问题力求全面，但并非一一列举毫无遗漏。当组织的活动范围除软件开发以外还包括其他领域时，应明确该组织的质量管理体系中的软件部分和其他部分之间的关系，纳入在一个整体的质量管理体系中，并形成文档。

GB/T 19001—2000 的第 4 章、第 5 章、第 6 章和部分第 8 章虽然确实对项目/产品层面有一些影响，但主要应用在组织的全局层面。针对每一个项目或产品开发可以裁剪组织质量管理体系的相关部分，以适应特定项目/产品的需求。

GB/T 19001—2000 用“应”(shall)表示对双方或多方均具有约束力的规定，用“应当”(should)表示在诸多可能性中的一种推荐建议，用“可以”(may)指明在 GB/T 19001—2000 限制下允许的做法。在本标准中 should 和 may 具有和 GB/T 19001—2000 相同的含义，也就是，用“应当”(should)表示在诸多可能性中的一种推荐建议，用“可以”(may)指明在本标准限制下允许的做法。

基于本标准建立的软件开发、运行或维护的质量管理体系，可以选择并使用 ISO/IEC 12207 信息技术　软件生存周期过程和 ISO/IEC 12207:1995/Amd. 1:2002 中的过程，以支持或补充 GB/T 19001—2000 过程模型。应当指出的是在 ISO/IEC 12207:1995/Amd. 1:2002，F. 3. 1. 4 定义的质量管理过程和 GB/T 19000、GB/T 19001 及其他的 ISO/TC 176 标准中质量管理的定义是不一致的。本标准的每一个条款都参考了 ISO/IEC 12207:1995/Amd. 1:2002 中相对应的章节，但并不意味着被引用的章节一定满足 GB/T 19001—2000 的要求。使用 ISO/IEC 12207 的进一步指南可以参见 ISO/IEC TR 15271。作为附加的指南，通常可以参考由 ISO/IEC JTC 1/SC 7 制定的软件工程方面的国际标准，特别是ISO/IEC 9126-1，ISO/IEC 9126-2，ISO/IEC 9126-3，ISO/IEC 9126-4，ISO/IEC 15939 和 ISO/IEC 15504 的所有标准。如果这些参考资料是由 GB/T 19001—2000 中的一个条款或子条款所引用，则出现在该条款或子条款的指南后面；如果是由多个条款或子条款所引用，则出现在最后一次引用的条款或子条款后面。

从 GB/T 19001—2000 直接引用的条文放在方框内，以便于识别。

软件工程　GB/T 19001—2000 应用于计算机软件的指南

1　范围

1.1　总则

GB/T 19001—2000　质量管理体系　要求
1.1　总则 本标准为有下列需求的组织规定了质量管理体系要求： a)　需要证实其有能力稳定地提供满足顾客和适用的法律法规要求的产品； b)　通过体系的有效应用，包括体系持续改进的过程以及保证符合顾客与适用的法律法规要求，旨在增强顾客满意。 注：在本标准中，术语“产品”仅适用于预期提供给顾客或顾客所要求的产品。

本标准为各组织在获取、提供、开发、运行和维护计算机软件和相关的支持服务时应用 GB/T 19001—2000提供指南。本标准并没有对 GB/T 19001—2000 的要求做任何增加或修改。

附录 A 提供的是 GB/T 19001—2000 的实施指南的对照表，其内容见 ISO/IEC JTC 1/SC 7 和 ISO/TC 176 标准。

本标准中所提供的指南并不旨在用于质量管理体系认证和(或)注册的评定准则。

1.2　应用

GB/T 19001—2000　质量管理体系　要求
1.2　应用 本标准规定的所有要求是通用的，旨在适用于各种类型、不同规模和提供不同产品的组织。 当本标准的任何要求因组织及其产品的特点不适用时，可以考虑对其进行删减。 除非删减仅限于本标准第 7 章中那些不影响组织提供满足顾客和适用法律法规要求的产品的能力或责任的要求，否则不能声称符合本标准。

本标准适用下列软件：

——与其他组织所签订商业合同中的一部分；

——可在市场上获得的产品；

——用于支持组织的过程；

——嵌入在硬件产品中；

——与软件服务有关。

某些组织可能涉及上述所有的相关活动，而其他一些组织可能只涉及其中一个业务领域。但是不论如何，一个组织的质量管理体系应当覆盖其业务的所有方面(与软件有关的和与软件无关的)。

2　规范性引用文件

GB/T 19001—2000　质量管理体系　要求
2　引用标准 下列标准所包含的条文，通过在本标准中引用而构成为本标准的条文。本标准出版时，所示版本均为有效。所有标准都会被修订，使用本标准的各方应探讨使用下列标准最新版本的可能性。 GB/T 19000—2000　质量管理体系　基础和术语(idt ISO 9000:2000)

3 术语和定义

GB/T 19001—2000 质量管理体系 要求
3 术语和定义 本标准采用 GB/T 19000 中的术语和定义。 本标准表述供应链所使用的以下术语经过了更改,以反映当前的使用情况: 供方→组织→顾客 本标准中的术语“组织”用以取代 GB/T 19001—1994 所使用的术语“供方”,术语“供方”用以取代术语“分承包方”。 本标准中所出现的术语“产品”,也可指“服务”。

GB/T 19001—2000 中所规定的术语和定义以及 ISO/IEC 12207 中所规定的某些术语适用于本标准。

但是,当 GB/T 19000—2000 与 ISO/IEC 12207 中的术语和定义有冲突时,以 GB/T 19000—2000 中所规定的术语和定义为准。

注:ISO/IEC 12207:1995 对 17 个软件的生存周期的过程提供了详细的规定。ISO/IEC 12207:1995/Amd 1:2002 为许多其他的过程提供了更详尽的规定。本标准参考了这两个标准所定义的术语。

3.1

活动 activity

相关任务的集合。

3.2

基线 baseline

在配置项的生存周期内的某个特定时刻已正式指定和固定的且经正式批准的配置项的一个版本,而不管其媒体是什么。

[ISO/IEC 12207:1995,定义 3.5]

3.3

配置项 configuration item

某个配置中的实体,它满足一项最终使用功能,并在给定的参考点上能够唯一地加以标识。

[ISO/IEC 12207:1995,定义 3.6]

3.4

商品软件(COTS 是其缩写)Commercial-Off-The-Shelf

不需要进行开发,可以购买和使用的(软件产品)。

3.5

开发 development

包含需求分析、设计、编码、集成、测试、安装以及为软件产品验收提供支持的各种活动的软件生存周期过程。

3.6

生存周期模型 life cycle model

一个包含过程、活动和任务的框架,这些过程、活动和任务涉及软件产品的开发、运行和维护,跨越从需求定义到终止使用的系统生存周期。

[ISO/IEC 12207:1995,定义 3.11]

注:只有当合同有要求时,GB/T 19001—2000 的要求才能适用于顾客验收后的产品维护阶段。但是,通常情况下 GB/T 19001—2000 的要求不适用于维护阶段。

3.7

度量(动词) **measure,verb**

进行度量的行为。

[GB/T 18905.1—2002/ISO/IEC 14598-1:1999,定义 4.17]

3.8

度量(名词) **measure,noun**

作为度量结果对变量的赋值。

[ISO/IEC 15939:2000,定义 3.14]

3.9

测量 **measurement**

旨在确定度量值的一系列工作。

[ISO/IEC 15939:2002,定义 3.17]

3.10

过程 **process**

一组将输入转化为输出的相互关联或相互作用的活动。

注 1:一个过程的输入通常是其他过程的输出。

注 2:见 GB/T 19000/ISO 9000:2000 中 3.4.1 定义。

3.11

回归测试 **regression testing**

对系统的部件变更后要求的测试,以确定变更没有对功能、可靠性或性能产生不良影响,以及没有为系统带来新的缺陷。

3.12

发布 **release**

已准备好用于特定目的(如测试发布)的一个配置项的特定版本。

[ISO/IEC 12207:1995,定义 3.22]

注:本标准中的"发布"一词引自 GB/T 19001—2000 条文,在 GB/T 19000/ISO 9000:2000 中 3.6.13 给出了定义,与 ISO/IEC 12207 的定义不同。

3.13

复制 **replication**

将软件产品从一个媒体拷贝到另一个媒体。

3.14

软件项 **software item**

软件产品可识别的部分。

3.15

软件产品 **software product**

一组计算机程序、规程以及可能的相关文档和数据。

[ISO/IEC 12207:1995,定义 3.26]

注 1:一个软件产品可以被指定用于交付、作为其他产品的组成部分、或用于开发。

注 2:与 GB/T 19000/ISO 9000[2]中定义的产品不同。

注 3:在本标准中,"软件"一词与"软件产品"是同义词。

3.16

软件服务 **software service**

实施与软件产品有关的活动、工作或义务,比如软件的开发、维护和运行。

[ISO/IEC 12207:1995,定义 3.27]

4 质量管理体系

4.1 总要求

> GB/T 19001—2000 质量管理体系 要求
>
> **4.1 总要求**
>
> 组织应按本标准的要求建立质量管理体系，形成文件，加以实施和保持，并持续改进其有效性。
>
> 组织应：
>
> a) 识别质量管理体系所需的过程及其在组织中的应用(见1.2)；
>
> b) 确定这些过程的顺序和相互作用；
>
> c) 确定为确保这些过程的有效运行和控制所需的准则和方法；
>
> d) 确保可以获得必要的资源和信息，以支持这些过程的运行和对这些过程的监视；
>
> e) 监视、测量和分析这些过程；
>
> f) 实施必要的措施，以实现对这些过程策划的结果和对这些过程的持续改进。
>
> 组织应按本标准的要求管理这些过程。
>
> 针对组织所选择的任何影响产品符合要求的外包过程，组织应确保对其实施控制。对此类外包过程的控制应在质量管理体系中加以识别。
>
> 注：上述质量管理体系所需的过程应当包括与管理活动、资源提供、产品实现和测量有关的过程。

以下是GB/T 19001—2000，4.1中的条款a)和b)的指南，并与以下组织的过程有关(关于外包的指南见5.4.2和7.4.1)。

a) 过程识别和应用

组织应当对软件开发、运行或维护的过程进行识别。

b) 过程的顺序和相互作用

组织应确定以下方面中的过程顺序和相互作用：

1) 软件开发的生存周期模型，例如瀑布模型、增量模型和演化模型。

2) 以生存周期模型为基础的质量和开发策划。

注：进一步信息见：

——ISO/IEC 12207[11]和ISO/IEC 12207:1995/Amd 1:2002[12](软件生存周期过程)定义了一系列可供参考的软件生存周期过程。

——ISO/IEC TR 15271:1998[21]附录C(ISO/IEC 12207的指南)为如何使用在ISO/IEC 12207中定义的生存周期过程提供了指南。

4.2 文件要求

4.2.1 总则

> GB/T 19001—2000 质量管理体系 要求
>
> **4.2.1 总则**
>
> 质量管理体系文件应包括：
>
> a) 形成文件的质量方针和质量目标；
>
> b) 质量手册；
>
> c) 本标准所要求的形成文件的程序；
>
> d) 组织为确保其过程有效策划、运作和控制所需的文件；
>
> e) 本标准所要求的记录(见4.2.4)。
>
> 注1：本标准出现“形成文件的程序”之处，即要求建立该程序，形成文件，并加以实施和保持。
>
> 注2：不同组织的质量管理体系文件的多少与详略程度取决于：
>
> a) 组织的规模和活动的类型；
>
> b) 过程及其相互作用的复杂程度；

c) 人员的能力。 注 3：文件可采用任何形式或类型的媒体。

针对[GB/T 19001—2000,4.2.1,条款 d)],为了对软件过程进行有效的策划、运行和控制,文件可包括以下方面：

1) 对过程的描述,如在实施 4.1 条款时所确定的内容；

2) 对所使用的程序性的作业指导书和模板的描述；

3) 对所使用的生存周期模型的描述,如瀑布模型、增量模型和演化模型；

4) 对工具、(工艺)、技术以及方法的描述,如在实施 4.1 条款时所确定的内容；

5) 对技术方面的描述,例如编码、设计、开发和测试工作的标准或指南文件。

注：文件标识作为配置管理的一部分,进一步信息见 7.5.3。

4.2.2 质量手册

GB/T 19001—2000 质量管理体系 要求
4.2.2 质量手册 组织应编制和保持质量手册,质量手册包括： a) 质量管理体系的范围,包括任何删减的细节与合理性(见 1.2)； b) 为质量管理体系编制的形成文件的程序或对其引用； c) 质量管理体系过程之间的相互作用的表述。

4.2.3 文件控制

GB/T 19001—2000 质量管理体系 要求
4.2.3 文件控制 质量管理体系所要求的文件应予以控制。记录是一种特殊类型的文件,应依据 4.2.4 的要求进行控制。 应编制形成文件的程序,以规定以下方面所需的控制： a) 文件发布前得到批准,以确保文件是充分与适宜的； b) 必要时对文件进行评审与更新,并再次批准； c) 确保文件的更改和现行修订状态得到识别； d) 确保在使用处可获得适用文件的有关版本； e) 确保文件保持清晰、易于识别； f) 确保外来文件得到识别,并控制其分发； g) 防止作废文件的非预期使用,若因任何原因而保留作废文件时,对这些文件进行适当的标识。

注：文件控制作为配置管理的一部分,进一步信息见 7.5.3。

4.2.4 记录控制

GB/T 19001—2000 质量管理体系 要求
4.2.4 记录控制 应建立并保持记录,以提供符合要求和质量管理体系有效运行的证据。记录应保持清晰、易于识别和检索。应编制形成文件的程序,以规定记录的标识、贮存、保护、检索、保存期限和处置所需的控制。

4.2.4.1 符合要求的证据

符合要求的证据可包括：

a) 形成文件的测试结果；

b) 问题报告,包括与工具问题有关的报告；

c) 更改申请；

d) 标注意见的文件；

e) 审核和评估报告；

f) 评审和审查记录，如设计评审、代码审查和走查等记录。

4.2.4.2 有效运行的证据

质量管理体系有效运行的证据示例可包括，但不限于此：

a) 资源(人力、软件和设备)的变更(以及理由)；

b) 估算，例如对项目规模和投入(人力、成本和时间安排)的估算；

c) 选择工具、方法和供方的理由和规则；

d) 软件许可协议(包括提供给顾客的软件和用于支持开发所获取的软件)；

e) 会议记录；

f) 软件发布记录。

4.2.4.3 记录的保留和处置

在确定记录的保存期限时，应当考虑到法律法规的要求。如果记录是保存在电子媒体上，在考虑记录的保存时间和可访问性时，应当考虑到媒体的衰变速度、设备的可用性以及访问记录所需要的软件。记录还包括存留在电子邮件系统中的信息。同时还应当考虑到防止计算机病毒以及未经批准或非法的访问。

应当对贮存在记录中的信息的专有性进行评估，以确定在记录保存期结束时采用何种方式将数据从媒体上删除。

注：关于 GB/T 19001—2000 中的 4.2 通用性指南的进一步信息见 ISO/IEC 12207：1995[11]中的 6.1 以及 ISO/IEC 12207：1995/Amd 1：2002[12]中的 F.2.1(文件记录过程)。

5 管理职责

5.1 管理承诺

GB/T 19001—2000 质量管理体系 要求
5.1 管理承诺
最高管理者应通过以下活动，对其建立、实施质量管理体系并持续改进其有效性的承诺提供证据：
a) 向组织传达满足顾客和法律法规要求的重要性；
b) 制定质量方针；
c) 确保质量目标的制定；
d) 进行管理评审；
e) 确保资源的获得。

5.2 以顾客为关注焦点

GB/T 19001—2000 质量管理体系 要求
5.2 以顾客为关注焦点
最高管理者应以增强顾客满意为目的，确保顾客的要求得到确定并予以满足(见 7.2.1 和8.2.1)。

5.3 质量方针

GB/T 19001—2000 质量管理体系 要求
5.3 质量方针
最高管理者应确保质量方针：
a) 与组织的宗旨相适应；
b) 包括对满足要求和持续改进质量管理体系有效性的承诺；
c) 提供制定和评审质量目标的框架；

d) 在组织内得到沟通和理解；
e) 在持续适宜性方面得到评审。

5.4 策划

5.4.1 质量目标

GB/T 19001—2000 质量管理体系 要求
5.4.1 质量目标
最高管理者应确保在组织的相关职能和层次上建立质量目标，质量目标包括满足产品要求所需的内容[见 7.1 a)]。质量目标应是可测量的，并与质量方针保持一致。

注：适合于设置目标的软件过程特性方面的信息可参见 ISO/IEC 15504-1[22]。ISO/IEC 15504(所有的部分)可用于评估过程能力以及为改进过程能力而设置目标。

5.4.2 质量管理体系策划

GB/T 19001—2000 质量管理体系 要求
5.4.2 质量管理体系策划
最高管理者应确保：
a) 对质量管理体系进行策划，以满足质量目标以及 4.1 的要求。
b) 在对质量管理体系的变更进行策划和实施时，保持质量管理体系的完整性。

策划可在组织级进行，也可以在项目和(或)产品级进行。

组织级的质量管理体系策划可包括以下方面：

a) 确定用于组织实施各类项目所适用的软件生存周期模型，包括组织通常如何实施生存周期过程；

b) 定义软件开发的工作产品，例如软件需求文档、架构设计文档、详细设计文档、程序代码以及软件用户文档；

c) 确定软件管理计划的目录，例如软件项目管理计划、软件配置管理计划、软件验证和确认计划、软件质量保证计划以及培训计划；

d) 确定在生存周期内如何为组织的项目**剪裁**软件工程方法(见 1.2 应用)；

e) 识别软件开发、运行或维护所需的工具和环境；

f) 确定程序设计语言的规范，例如编码规则、软件库以及框架结构；

g) 识别任何可重用的软件(同样见 7.5.4)。

组织的管理者代表应当考虑任何可影响质量管理体系的软件生存周期模型的变更，并且应当确保这些变更不会削弱对质量管理体系的控制。

对项目/产品级的软件质量策划在 7.1 条款中讨论。

5.5 职责、权限和沟通

5.5.1 职责和权限

GB/T 19001—2000 质量管理体系 要求
5.5.1 职责和权限
最高管理者应确保组织内的职责、权限得到规定和沟通。

5.5.2 管理者代表

GB/T 19001—2000 质量管理体系 要求
5.5.2 管理者代表
最高管理者应指定一名管理者，无论该成员在其他方面的职责如何，应具有以下方面的职责和权限：
a) 确保质量管理体系所需的过程得到建立、实施和保持；

b) 向最高管理者报告质量管理体系的业绩和任何改进的需求；

c) 确保在整个组织内提高满足顾客要求的意识。

注：管理者代表的职责可包括与质量管理体系有关事宜的外部联络。

对于软件研制的组织来说，如果管理者代表具有软件开发工作经验是有益的。

5.5.3 内部沟通

GB/T 19001—2000 质量管理体系 要求

5.5.3 内部沟通

最高管理者应确保在组织内建立适当的沟通过程，并确保对质量管理体系的有效性进行沟通。

5.6 管理评审

5.6.1 总则

GB/T 19001—2000 质量管理体系 要求

5.6.1 总则

最高管理者应按策划的时间间隔评审质量管理体系，以确保其持续的适宜性、充分性和有效性。评审应包括评价质量管理体系改进的机会和变更的需要，包括质量方针和质量目标。

应保持管理评审的记录(见 4.2.4)。

5.6.2 评审输入

GB/T 19001—2000 质量管理体系 要求

5.6.2 评审输入

管理评审的输入应包括以下方面的信息：

a) 审核结果；

b) 顾客反馈；

c) 过程的业绩和产品的符合性；

d) 预防和纠正措施的状况；

e) 以往管理评审的跟踪措施；

f) 可能影响质量管理体系的变更；

g) 改进的建议。

以下是对 GB/T 19001—2000 中的 5.6.2,c)项的指南：

测量过程绩效的一种方式是对软件过程进行评估(见 8.2.3)。应当考虑将软件过程评估的输出作为管理评审的输入。

测量产品符合性的一种方式是对软件产品进行评价(见 8.2.4)。应当考虑将软件产品评价的输出作为管理评审的输入。

5.6.3 评审输出

GB/T 19001—2000 质量管理体系 要求

5.6.3 评审输出

管理评审的输出应包括与以下方面有关的任何决定和措施：

a) 质量管理体系及其过程有效性的改进；

b) 与顾客要求有关的产品的改进；

c) 资源需求。

6 资源管理

6.1 资源提供

GB/T 19001—2000 质量管理体系 要求

> **6.1 资源提供**
>
> 组织应确定并提供以下方面所需的资源：
>
> a) 实施、保持质量管理体系并持续改进其有效性；
>
> b) 通过满足顾客要求，增进顾客满意。

6.2 人力资源

6.2.1 总则

> GB/T 19001—2000 质量管理体系 要求
>
> **6.2.1 总则**
>
> 基于适当的教育、培训、技能和经验，从事影响产品质量工作的人员应是能够胜任的。

注：进一步信息见 ISO/IEC 12207:1995/Amd1:2002[12]，F.3.4.1(人力资源管理)以及 F.3.4.2(培训)。

6.2.2 能力、意识和培训

> GB/T 19001—2000 质量管理体系 要求
>
> **6.2.2 能力、意识和培训**
>
> 组织应：
>
> a) 确定从事影响产品质量工作的人员所必要的能力；
>
> b) 提供培训或采取其他措施以满足这些需求；
>
> c) 评价所采取措施的有效性；
>
> d) 确保员工认识到所从事活动的相关性和重要性，以及如何为实现质量目标作出贡献；
>
> e) 保持教育、培训、技能和经验的适当记录(见 4.2.4)。

在确定培训要求时，应当考虑用于软件产品和(或)项目开发和管理的需求标记符号、设计方法、特定的程序设计语言、工具、技艺以及计算机资源。如果在培训中包含对软件所应用的特定领域的技能和知识以及诸如项目管理的主题将是有益的。

应当对在软件开发、运行和维护中所采用的技术进行持续的监视和评价，以确定提升员工技能的需要。

培训不仅限于常规的课程讲授，还可包括研讨会、计算机教学、自学、导师指导、在岗培训或网络培训等方式。

培训效果的评估可通过对产品和过程的测量进行，以在需改进的领域中识别个人绩效待改进的领域。

6.3 基础设施

> GB/T 19001—2000 质量管理体系 要求
>
> **6.3 基础设施**
>
> 组织应确定、提供并维护为达到产品符合要求所需的基础设施。适用时，基础设施包括：
>
> a) 建筑物、工作场所和相关的设施；
>
> b) 过程设备(硬件和软件)；
>
> c) 支持性服务(如运输或通讯)。

基础设施应当包括用于软件开发、运行或维护的硬件、软件、工具和设施。

基础设施可包括支持设计和开发过程的软件工具，其中包括：

a) 工具，例如用于分析、设计和开发、配置管理、测试、项目管理、文档、代码编写或生成等工具；

b) 应用开发和支持环境；

c) 知识管理、内部网络以及外部网络工具；

d) 网络工具，包括网络安全、备份、防病毒和防火墙；

e) 帮助台和维护工具；

f) 访问控制；

g) 软件库；

h) 运行控制工具，如网络监视、系统管理和存储管理的工具。

不论这些工具和技术是自我开发的还是购买的，组织都应当对其是否适用进行评价。用于产品实施的工具，如分析、设计和开发工具、编译器以及汇编器，都应当在使用前得到评价、批准、并置于适宜的配置管理控制级别下。这些工具和技术的使用范围应当形成文件并附以适当的指导，必要时，对其使用应予评审，以确定是否有必要对其进行改进或升级。

注：进一步信息见：

——ISO/IEC 12207:1995[11]中的7.2以及ISO/IEC 12207:1995/Amd1:2002[12] F.3.2(基础设施过程)；

——GB/T 18905.2—2002/ISO/IEC 14598-2[14](获取)GB/T 18905.3—2002/ISO/IEC14598-3[15](软件产品评价)；

——GB/T 18234—2000/ISO/IEC 14102[13]。

6.4 工作环境

GB/T 19001—2000 质量管理体系 要求
6.4 工作环境
组织应确定并管理为达到产品符合要求所需的工作环境。

7 产品实现

7.1 产品实现的策划

GB/T 19001—2000 质量管理体系 要求
7.1 产品实现的策划
组织应策划和开发产品实现所需的过程。产品实现的策划应与质量管理体系其他过程的要求相一致(见4.1)。
在对产品实现进行策划时，组织应确定以下方面的适当内容：
a) 产品的质量目标和要求；
b) 针对产品确定过程、文件和资源的需求；
c) 产品所要求的验证、确认、监视、检验和试验活动，以及产品接收准则；
d) 为实现过程及其产品满足要求提供证据所需的记录(见4.2.4)。
策划的输出形式应适合于组织的运行方式。
注1：对应用于特定产品、项目或合同的质量管理体系的过程(包括产品实现过程)和资源作出规定的文件可称之为质量计划。
注2：组织也可将7.3的要求应用于产品实现过程的开发。

7.1.1 软件生存周期

应当采用适合于软件项目特点的生存周期模型策划和执行过程、活动和任务，并考虑到其规模、复杂性、安全性、风险以及完整性。GB/T 19001—2000可用于各种生存周期模型，而不拟特指某个特定的生存周期模型或过程顺序。

设计和开发可以是一个渐进的过程，随着项目的进展，考虑到相关活动和任务的变更，程序可能需要更改或升级。

应当考虑到设计和开发的方法与任务、产品或项目类型的适用性，以及所采用的应用、方法和工具的兼容性。对于那些如失效可能引起人身伤害或危险、或财产、环境的损害或破坏的产品，其软件的设计和开发应当确保满足特殊的设计和开发要求、即对潜在失效条件进行预防和响应。

软件开发的策划应当确定将生产的产品是什么，谁来生产以及什么时候生产(见7.3.1)。项目和(或)产品级的软件质量策划结果应当对如何开发、评估或维护特定产品予以描述。

7.1.2 质量策划

质量策划提供了对质量管理体系进行剪裁,以应用于特定的项目、产品或合同的方法。适当时,质量策划可包括或引用通用的和(或)项目和(或)产品和(或)合同所规定的程序。应随着设计和开发的进展重复进行质量策划,而且每个阶段所涉及的事项应在该阶段开始前予以完整规定。适当时,可由质量策划实施所涉及的所有组织对其进行评审和批准。

注1:描述质量策划的文件可以是一个单独的文件(名称叫质量计划),也可以是其他文件中的一部分,或者是由几个文件组成的文件,包括设计和开发计划。

注2:ISO/IEC 12207[11]和ISO/IEC 12207:1995Amd 1:2002[12]将质量策划和开发策划作为一个单独的策划活动,其结果生成项目管理计划。附录B中的对照表表明7.1.1和7.3.1中的条款是如何通过ISO/IEC 12207:1995中的5.2.4.5、5.3.1.4和6.3.1.3相关条款得以满足的。

项目级的软件质量策划应当说明以下各方面:

a) 包含或引用的其他开发计划(见7.3.1);

b) 产品和(或)过程有关的质量要求;

c) 质量手册的适用范围和任何删减的说明,质量管理体系的剪裁和(或)特定程序、作业指导书的识别(GB/T 19001—2000/ISO 9001:2000,1.2);

d) 特定项目的程序和作业指导书,如软件测试规范,详细规定单元测/试、集成测试、系统测试和验收测试的测试计划、测试设计、测试用例和测试程序(8.2.4);

e) 方法、生存周期模型、工具、程序设计语言规范、数据库、框架以及其他在项目中可以用的资产;

f) 启动和结束每个项目阶段的准则;

g) 评审和其他将进行的验证和确认活动的类型(见7.3.4,7.3.5和7.3.6);

h) 将执行的配置管理程序(见7.5.3);

i) 将执行的监视和测量活动;

j) 负责为后续使用批准过程输出的人员;

k) 工具和技术的培训需求,以及在需要相应技能之前,对培训的时间安排;

l) 需保持的记录(见4.2.4);

m) 变更管理,例如由于资源、时间安排和合同的变更。

对于涉及有限用途的软件来说,质量策划虽然简单,但是对于清晰地阐述有限的质量目标是有益的。有限用途的软件的例子包括证实概念的原型演示、仅供设计者使用的研究计算、不考虑在将来的结果中实施的安全性或全面运行性能的临时解决方案,以及一次性的数据分析报告。

有限用途的软件应当按照与策划的用途一致的方式进行测试,以减少意外的遗漏和错误。

注3:关于GB/T 19001—2000中7.1的通用性指南的进一步信息见:

——ISO/IEC 12207:1995[11]中的5.2.4、5.3.1、6.1至6.8以及ISO/IEC 12207:1995/Amd 1:2002[12]中F.2(支持的生存周期过程);

——GB/T 16260.1—2006/ISO/IEC 9126-1:2001[5];

——GB/T 18905.2—2002/ISO/IEC 14598-2[14];

——ISO/IEC TR 15846:1998[27],6.2(配置管理计划);

——ISO/IEC TR 16326:1999[30],6.2.2(项目管理计划)。

7.2 与顾客有关的过程

7.2.1 与产品有关的要求的确定

GB/T 19001—2000 质量管理体系 要求
7.2.1 与产品有关的要求的确定 组织应确定: a) 顾客规定的要求,包括对交付及交付后活动的要求; b) 顾客虽然没有明示,但规定的用途或已知的预期用途所必需的要求;

c) 与产品有关的法律法规要求；
d) 组织确定的任何附加要求。

7.2.1.1 顾客相关要求[GB/T 19001—2000,7.2.1,项目 a)和 b)]

开发的软件可以是合同的一部分，或者是进入市场销售的产品，或者是一个系统的嵌入软件，或者是组织的业务过程的支持软件。对其要求的确定适用于所有这些情况。

特定的措施可包括：

a) 为开发需求而建立的以下各项：
   1) 达成一致的需求以及授权和跟踪变更的方法，尤其是在迭代开发时；
   2) 当使用原型或演示时对其进行评价的方法；
   3) 记录和评审所有相关方讨论结果的方法。
b) 与顾客或用户密切合作开发需求，采取措施防止错误理解，例如对术语进行定义，对需求的背景进行解释。
c) 获得顾客对需求的批准。
d) 建立从需求到最终产品的追溯方法(例如需求追溯矩阵)。

需求可以由顾客提供，也可以由组织开发，或者共同开发。

当需求以系统规范的形式提供并得到同意时，应当采取一定的方法将其分配到硬件和软件项目中，并给出适当的接口规范。应当对需求变更进行控制。当需求变更时，合同也可能需要修订。

在合同情况下，在接受合同时需求可能还没有完全定义，一些需求可以在项目进行中确定。

需求可能还需要考虑到运行环境。需求可包括但不限于以下特性：功能性、可靠性、易用性、效率、可维护性以及可移植性。其他特性可包括如安全性和法律强制性。有些特性可能是必须具备的和(或)非常关键的安全特性。

如果软件产品需要与其他软件或系统产品接口，那么待开发软件产品和其他软件或系统产品的接口应尽可能在需求中以直接或引用的方式予以规定。

需求应当采用明确无歧义的术语表述，以便于在产品验收时予以确认。需求应当在整个开发生存周期都具有可追溯性(见 7.5.3)。

7.2.1.2 组织所确定的其他要求[GB/T 19001—2000,7.2.1,项目 d)]

注 1：7.2.1.1 的进一步信息见：
——ISO/IEC 12207:1995[11]中 5.3.2 至 5.3.4(开发过程)和 ISO/IEC 12207:1995/Amd1:2002[12]中 F.1.3.1(需求制定)、F.1.3.2(系统需求分析)和 F.1.3.4(软件需求分析)；
——CB/T 16260.1—2006/ISO/IEC 9126-1:2001[5]；
——GB/T 18492—2001/ISO/IEC 15026:1998[20]。

注 2：关于 7.2.1.2 的进一步信息见 GB/T 17544—1998/ISO/IEC 12119:1994[10]。

7.2.2 与产品有关的要求的评审

GB/T 19001—2000 质量管理体系 要求

7.2.2 与产品有关的要求的评审

组织应评审与产品有关的要求。评审应在组织向顾客作出提供产品的承诺之前进行(如：提交标书、接受合同或订单及接受合同或订单的更改)，并应确保：

a) 产品要求得到规定；
b) 与以前表述不一致的合同或订单的要求已予解决；
c) 组织有能力满足规定的要求。

评审结果及评审所引起的措施的记录应予保持(见 4.2.4)。

若顾客提供的要求没有形成文件，组织在接收顾客要求前应对顾客要求进行确认。

若产品要求发生变更，组织应确保相关文件得到修改，并确保相关人员知道已变更的要求。

注：在某些情况下，如网上销售，对每一个订单进行正式的评审可能是不实际的。而代之对有关的产品信息，如产品目录、产品广告内容等进行评审。

7.2.2.1 组织所关注的方面

在组织对软件的投标书、合同或订单进行评审时可能的相关事项包括，但不限于此：

a) 满足并确认需求和产品特性的可行性，包括识别所要求的软件特性(例如功能性、可靠性、易用性、可维护性、可移植性以及效率)；

b) 使用的软件设计、开发标准和程序；

c) 识别应由顾客提供的设施、工具、软件项和数据，以及对其适用性进行评估的方法的定义和文件；

d) 操作系统或硬件平台；

e) 对软件产品的外部接口进行控制的协议；

f) 复制和发行要求；

g) 顾客相关事项：

1) 顾客提出的生存周期过程；

2) 组织提供副本的责任时间以及读母版的能力；

h) 管理事项：

1) 应当明确风险管理要求(同样见 7.2.2.2)；

2) 组织关于任务分包的责任；

3) 对过程、技术评审和输出的时间安排；

4) 安装、维护和支持需求；

5) 及时获取技术、人力和资金资源；

i) 法律、安全和保密事项：

1) 按照合同处理的信息可能涉及知识产权、许可协议、法律法规的要求、保密以及受到保护的信息如专利权和版权等；

2) 对产品原件的保护以及顾客访问或验证该原件的权利；

3) 向顾客披露的信息级别应当经各方一致同意；

4) 保证期的定义；

5) 合同中相关的义务和罚则。

7.2.2.2 风险

对产品相关需求的评审应包括以下风险：

a) 危害度、安全性和安全事项；

b) 组织或其供方的能力和经验；

c) 对资源以及每一项活动要求的时间估算的可靠程度；

d) 交付产品和服务的时间与按照成本和质量目标的优化计划所确定的时间之间的显著差异；

e) 组织、顾客、用户和供方的显著地理分散程度；

f) 高技术含量的新产品，包括新的方法、工具、技术和提供的软件；

g) 提供的软件和工具的低质量或低可用性；

h) 对顾客需求和外部接口定义的低准确性、低正确性和低稳定性。

任何合同变更可能对资源、时间安排和成本的影响都应当进行评价，尤其是对于范围、功能或风险的变更。适当时以上事项还应当进行重新评价。

7.2.2.3 顾客代表

顾客也会在合同中负有一些责任。特定事项可包括需要顾客对组织给予的配合，及时提供必要的信息，以及解决一些行动事项。当顾客代表被安排监督生存周期活动时，该代表就代表了产品的最终用户和行政管理者，并有权处理的合同事宜包括，但不限于此：

a) 处理顾客提供的不适合于(预期)用途的软件项、数据、设施以及工具；

b） 在适当的时候组织接触最终用户。

对要求的评审可以由内部或外部组织进行，包括对合同、工程、维护或质量要求的评审。

注：关于要求评审的进一步信息见 ISO/IEC 12207:1995[11]，5.2.1（供应过程——工作启动），5.2.6（供应过程——检查和评估），6.4.2.1（合同确认），以及 6.6（联合评审过程）。关于风险管理的进一步信息见 ISO/IEC 12207:1995/Amd1:2002[12]，F.3.1.5（风险管理）。

7.2.3 顾客沟通

GB/T 19001—2000　质量管理体系　要求
7.2.3 顾客沟通 组织应对以下有关方面确定并实施与顾客沟通的有效安排： a） 产品信息； b） 问询、合同或订单的处理，包括对其修改； c） 顾客反馈，包括顾客抱怨。

7.2.3.1 总则

对于计算机软件来说，沟通的方式依赖于合同的类型以及开发、运行或维护的合同的范围的不同而有所区别。

以下关于与顾客沟通的指南分成两个部分：开发建议和运行/维护生存周期过程的建议。

7.2.3.2 开发的过程中的顾客沟通

组织和顾客的联合评审可以定期进行或者在项目典型事件时进行，适当时评审包括以下方面：

a） 产品信息，包括：

1） 开发计划；

2） 输出的符合性，如设计和开发的文件是否与顾客同意的需求相一致；

3） 开发过程输出的演示，例如原型；

4） 验收测试的结果；

b） 查询、合同和修改，包括：

1） 涉及在开发系统最终用户的活动进展，例如部署和培训；

2） 组织进行的软件开发工作的进展；

3） 按约定由顾客进行活动的进展；

4） 对风险管理事宜、问题和变更控制项的处理；

5） 对顾客建议目前的或计划的变更方法。

7.2.3.3 运行和维护的顾客沟通

运行和维护过程中的顾客沟通的信息源包括以下方面：

a） 产品信息，其中包括：

1） 在线帮助、描述产品和用途的用户手册；

2） 对新的版本和升级版本的描述；

3） 产品的网址；

b） 查询、合同和修改，包括：

1） 产品或服务交付和/或维护活动的进展；

2） 对服务或产品风险、问题和变更请求的处理；

c） 顾客反馈，包括：

1） 帮助台的安排和有效性；

2） 顾客抱怨处理的进展；

3） 调查、用户群和会议。

注：进一步信息见：

——ISO/IEC 12207:1995[11]，6.6(联合评审过程)，5.2.5(供应过程——实施和控制)，5.2.6(供应过程——评审和评价)以及5.2.7(供应过程——交付和完成)，以及ISO/IEC 12207:1995/Amd1:2002[12]，F.1.4.2(顾客支持)。

——GB/T 20157—2006/ISO/IEC 14764:1999[19](软件维护)，6.8.1(维护性和开发过程)，7.3.3(维护计划的指南)以及8.2(问题和修改)至8.2.3(控制)。

7.3 设计和开发

7.3.1 设计和开发策划

GB/T 19001—2000 质量管理体系 要求
7.3.1 设计和开发策划 组织应对产品的设计和开发进行策划和控制。 在进行设计和开发策划时，组织应确定： a） 设计和开发阶段； b） 适合每个设计和开发阶段的评审、验证和确认活动； c） 设计和开发的职责和权限。 组织应对参与设计和开发的不同小组之间的接口进行管理，以确保有效的沟通，并明确职责分工。 随设计和开发的进展，在适当时，策划的输出应予更新。

7.3.1.1 设计和开发策划

设计和开发应当以规范的方式进行，从而预防或尽可能减少问题的产生。同样还可以减少以验证和确认作为识别问题唯一方法的依赖性，因此组织应当确保遵从规定的需求并按照设计和开发策划和/或质量策划(质量策划见7.1)进行软件产品开发。

注1：ISO/IEC 12207:1995[11]和ISO/IEC 12207:1995/Amd1:2002[12]包含的质量策划和开发策划作为一个策划活动，引导创建项目管理计划。附件B中的对照表表示7.1.1和7.3.1中的条款是如何通过ISO/IEC 12207:1995，5.2.4.5、5.3.1.4和6.3.1.3中的条款得到满足。

注2：下面所列的一些项目是包含在7.1.2的质量策划表中的，其中用方括号注明。

适当时，设计和开发计划应当包括以下内容：

a） 需求分析、设计和开发、编码、集成、测试、软件产品验收时的安装和支持；这其中应当识别或参考以下内容：

   1） 将开展的活动；

   2） 各项活动所要求的输入；

   3） 各项活动所要求的输出；

   4） 各项活动的输出所要求的验证[7.1.2g)以及7.3.5]；

   5） 将要开展的管理和支持活动；

   6） 所要求的项目组培训[7.1.2k)]；

b） 对产品和服务提供进行控制的策划；

c） 项目资源的组织，包括项目组结构、职责、供方和所使用的原材料资源；

d） 各个不同的个人或集体之间的组织和技术的接口，例如分项目小组、供方、合伙伙伴、用户、顾客代表、质量保证代表(7.3.1.4)；

e） 对与设计和开发相关的可能风险、假设、依赖性和问题的分析；

f） 时间安排，其中确定：

   1） 项目的阶段[见7.1.2j)]；

   2） 工作分解结构(WBS)；

   3） 相关的资源和时间分配；

4） 相关的依赖性；

5） 里程碑；

6） 验证和确认活动[7.1.2g)]；

g） 识别以下方面：

1） 标准、规则、惯例和约定、方法、生存周期模型、法律法规要求[7.1.2d)和e)]；

2） 开发用的工具和技术，包括对这类工具和技术的认定和配置控制；

3） 开发用的设施、硬件和软件；

4） 配置管理惯例[7.1.2h)]；

5） 控制不合格软件产品的方法；

6） 用于支持开发的软件的控制方法；

7） 对于软件产品存档、备份、恢复和访问控制的程序；

8） 病毒预防的控制方法；

9） 安全控制；

h） 对相关策划(包括系统策划)的识别，诸如质量(见 7.1)、风险管理、配置管理、供方管理、集成、测试(见 7.3.6)、发布管理、安装、培训、移植、维护、重用、沟通和测量等内容；

i） 文档控制，包括文档/记录的归档和分发。

对于组织没有控制其设计的商品软件(COTS)，组织应当确保这些产品符合验收标准。

应当定期对计划进行评审，如有必要，还应当做一些修改。

注：描述设计和开发策划以及任何相关策划的文档可以是一个单独的文档，也可以是其他文档的一部分，或者是由几个文档所组成的文档。

7.3.1.2 评审、验证和确认

7.3.4 至 7.3.6 中包括了对软件设计和开发的评审、验证和确认。在运行和维护软件时，这些工作可能会包括服务级别协议或维护程序。

7.3.1.3 职责和权限

本条没有特别的指南。

7.3.1.4 接口

在各供方的设计和开发策划中，应当明确规定对于软件产品的每一部分各方责任划分以及技术信息在各方之间传输方式。组织可以要求对供方的设计和开发计划进行评审。

在定义接口时，除顾客和组织以外，还应当慎重考虑其他的设计和开发、安装、运行、维护和培训活动的利益相关方。这其中可能包括顾客代表、供方、合作伙伴、质量保证代表、工程过程小组代表、法规部门、相关的项目开发人员以及帮助台人员，尤其是最终用户和任何中间运行职能都需要考虑，以确保得到适当能力和培训，达到承诺的服务水平。

注1：关于设计和开发计划的进一步信息，见 ISO/IEC 12207:1995[11]，5.2.4(计划)和 5.3.1(开发过程实施)。

注2：关于软件项目管理的进一步信息，见 ISO/IEC TR 16326:1999[30]，6.2.2(计划)。

7.3.2 设计和开发输入

> GB/T 19001—2000 质量管理体系 要求
>
> **7.3.2 设计和开发输入**
>
> 应确定与产品要求有关的输入，并保持记录(见 4.2.4)。这些输入应包括：
>
> a） 功能和性能要求；
>
> b） 适用的法律、法规要求；
>
> c） 适用时，以前类似设计提供的信息；
>
> d） 设计和开发所必需的其他要求。
>
> 应对这些输入进行评审，以确保是充分与适宜的。要求应完整、清楚，并且不能自相矛盾。

在系统架构设计中，系统需求被分配到硬件、软件部件和人工操作中。分配给软件的系统需求以及系统部件之间的接口规范是软件需求分析的输入。

有关 GB/T 19001—2000 中 7.3.2 a)、b)和 d)条的指南见 7.2.1。

设计和开发输入可以由功能、性能、质量、相关的安全要求和系统设计限制来确定，或者由原型等技术导出；设计和开发输入也可以由迭代开发模型(周期)中以前阶段设计变更申请、要解决的问题、或者是验收准则的要求来确定。输入也可以来自于合同评审活动。

当评审设计和开发输入文档时(通常与顾客一同进行)，应当检查其是否：

a) 含糊不清、自相矛盾；

b) 不一致、不完整或不可实现的信息或要求；

c) 不切实际的性能规范；

d) 不可验证或确认的要求；

e) 未描述或假定的要求；

f) 对用户的环境和行为表述不准确；

g) 在需求文档中缺乏设计和开发决策；

h) 遗漏关键性能的测量。

注：有关软件质量要求和软件质量特性的进一步信息见 ISO/IEC 9126-1:2001[5]。

7.3.3 设计和开发输出

> GB/T 19001—2000 质量管理体系 要求
>
> **7.3.3 设计和开发输出**
>
> 设计和开发的输出应以能够针对设计和开发的输入进行验证的方式提出，并应在放行前得到批准。
>
> 设计和开发输出应：
>
> a) 满足设计和开发输入的要求；
>
> b) 给出采购、生产和服务提供的适当信息；
>
> c) 包含或引用产品接收准则；
>
> d) 规定对产品的安全和正常使用所必需的产品特性。

设计和开发过程的输出应当按照预定的或选定的方法予以定义并形成文档。输出应当是完整的、准确的，符合需求，并且可用计算机设计和开发工具生成。设计和开发输出的表现形式可以是文本形式，也可以是图表形式，或者是符号模型的形式，可以包括以下方面：

a) 设计、开发和测试规范；

b) 数据模型；

c) 伪代码或源代码；

d) 用户指南、操作文档、培训资料、维护文档；

e) 开发的产品；

f) 形式化方法。

在采用原型时，应当编制设计和开发(输出)文档。

应当定义设计和开发输出的验收准则，以证实每个设计和开发阶段的输入已正确地反映在输出中。

应当对工具就其预期用途进行确认(见 7.3.6 和 7.6)。

注：进一步信息见 ISO/IEC 12207:1995[11]中 5.2.5 至 5.3.7(设计和测试)。

7.3.4 设计和开发评审

> GB/T 19001—2000 质量管理体系 要求
>
> **7.3.4 设计和开发评审**
>
> 在适宜的阶段，应依据所策划的安排(见 7.3.1)对设计和开发进行系统的评审，以便：
>
> a) 评价设计和开发的结果满足要求的能力；
>
> b) 识别任何问题并提出必要的措施。
>
> 评审的参加者应包括与所评审的设计和开发阶段有关的职能的代表。评审结果及任何必要措施的记录应予保持(见 4.2.4)。

评审过程相关的活动的正式程度和严格程度应与产品的复杂性、质量要求以及与软件产品的规定用途相关的风险级别相适应。组织应当为处理在这些活动中发现的过程和产品的缺陷或不合格建立程序(见 8.3)。建议采用形成文件的程序。

在设计和开发评审中,应当考虑可行性、安全性、编程规则以及可测试性等准则。

注 1:ISO/IEC 12207:1995[11]和 ISO/IEC 12207:1995/Amd1:2002[12]中将项目管理和技术评审看作是两个独立的活动。附录 B 中的对照表表示以下所列的条款是如何在 ISO/IEC 12207:1995[11]的 6.6 中得到满足。

设计和开发评审应当按照策划的安排进行。评审应当考虑以下要素:

a) 评审内容、时机、类型。例如演示、正确性的正式证据、检查、走查以及联合评审;
b) 每种评审涉及哪些职能小组,如果要举行评审会议,会议将如何组织和进行;
c) 将生成哪些记录,例如会议纪要、事项记录、问题记录、措施记录和措施的状态记录;
d) 对规则、惯例和约定应用进行监视的方法,以确保满足要求;
e) 实施评审之前须完成的事项,例如建立目标、确定会议议程、准备要求的文件以及确定评审人员的角色;
f) 评审期间须完成的事项,包括拟采用的技术以及对所有参与人员提供指南;
g) 评审通过的准则;
h) 为了确保评审中所发现的问题得以解决,应当采取什么样的后续措施。

只有在所有已知缺陷的后果得到理解,或继续设计和开发的风险已知并得到同意时,才可以继续进行设计和开发活动。任何发现的问题都应当进行适当地说明和解决。

注 2:进一步信息见:

——ISO/IEC 12207:1995[11],5.3.4.2,5.3.5.6,5.3.6.7(需求和设计评价),6.6.3(技术评审),以及 ISO/IEC 12207:1995/Amd1:2002[12],F.2.6(联合评审);

——ISO/IEC TR 15271:1998[21],附录 A(质量过程和评价要求)。

7.3.5 设计和开发验证

GB/T 19001—2000 质量管理体系 要求
7.3.5 设计和开发验证
为确保设计和开发输出满足输入的要求,应依据所策划的安排(见 7.3.1)对设计和开发进行验证。验证结果及任何必要措施的记录应予保持(见 4.2.4)。

软件验证的目的是为了确保设计和开发输出满足输入要求。

验证应当在设计和开发的适当阶段进行。验证可包括对设计和开发输出的评审(例如通过检查和走查)、分析、演示,其中又包括原型、模拟或测试。验证可以针对其他活动的输出进行,例如商品软件、购买的和顾客提供的产品。

验证结果和任何后续措施应予以记录并在措施完成时进行检查。

当软件产品的规模、复杂性或重要性需要保证时,应当采用特定的的保证方法进行验证,如复杂性度量、同行评审、条件/决策覆盖率或形式化方法。

只有经过验证的设计和开发输出才能提交验收和后续使用。任何发现的问题都应当进行适当地说明和解决。

注:进一步信息见 ISO/IEC 12207:1995[11]中 5.3(开发)和 6.4(验证),以及 ISO/IEC 12207:1995/Amd1:2002[12]中 F.1.3(开发)和 F.2.4(验证)。

7.3.6 设计和开发确认

GB/T 19001—2000 质量管理体系 要求
7.3.6 设计和开发确认
为确保产品能够满足规定的使用要求或已知的预期用途的要求,应依据所策划的安排(见 7.3.1)对设计和开发进行确认。只要可行,确认应在产品交付或实施之前完成。确认结果及任何必要措施的记录应予保持(见 4.2.4)。

7.3.6.1 确认

软件确认的目的是为满足其运行要求提供合理的信任。

在将软件提交顾客验收之前，组织应按照规定的预期用途对软件的运行进行确认，确认的条件应当与合同规定的实际应用的环境相似。确认环境与实际应用环境的差异，以及这些差异相关的风险，应当尽早识别和调整并予以记录。在确认过程中，可以在配置基线发布之前实施适当时配置审核或评价。通过对评审、检查和测试记录的检查，配置审核或评价可以确定软件产品符合合同或规定的要求。当确认在运行条件下无法进行时，可能要求进行分析、模拟或仿真试验。

在软件开发中，重要的是对确认结果和任何为满足规定的需求而要求的后续措施的记录，并在措施完成后进行检查。

在某些情况中，可能无法或不适合通过测量和监视的方法对软件产品进行全面确认。例如，安全相关的软件不能在实际环境下测试而没有产生严重后果的风险，或者实际环境本身很罕见或难以模拟。一些软件产品不能进行穷尽测试，因此组织可能要决定：

a） 开发和所使用的工具能提供多大程度的信任；

b） 要对软件产品能在“不可测试”情况下正确运行增加信任能采用什么类型的测试或分析，例如静态码分析。

不论采取什么样的方法，它们都应当与设计和开发失败的风险和后果相适应。

7.3.6.2 测试

确认通常可通过测试来进行。可能要求几个级别的测试，从单个软件项到完整软件产品。有几种不同的测试方法，测试的程度、测试环境的控制程度、测试输入和测试输出会随着测试方法、产品的复杂性以及产品使用的风险的不同而有所区别。测试策划应当规定测试类型、目标、测试顺序和范围、测试用例、测试数据和期望的结果。测试策划应当明确测试所需的人力和物力资源，并且应当规定各方的责任。

对软件进行的特定测试包括建立、形成文档、评审和实施以下方面的计划：

a） 单元测试，例如对软件各部件单独进行测试；

b） 集成测试和系统测试，例如将软件各部件（以及整个系统）集合在一起进行测试；

c） 认定测试，例如对完整软件产品交付前进行的测试，以确定软件符合所定义的需求；

d） 验收测试，例如对完整软件产品进行的测试，以确定其是否符合验收准则。

为了验证或确认软件的能力没有受到变更的损害，还应当对软件进行回归测试。

验收测试的目的是从顾客的利益出发确定产品是否可以接收。按照相关各方达成的协议，可以在产品有或没有缺陷、有或没有需求偏离情况下接收。

拟采用的测试工具和环境应当进行认定和控制，对于测试的限制应当予以记录。

测试程序应当包括结果的记录和分析、对问题和变更的管理。

注：进一步信息见：

——ISO/IEC 12207:1995[11]中5.3(开发)和6.5(确认)，ISO/IEC 12207:1995/Amd1:2002[12]中F.1.3(开发)和F.2.5(确认)；

——GB/T 18905.3—2002/ISO/IEC 14598-3[15]和GB/T 18905.5—2002/ISO/IEC 14598-5[17]。

7.3.7 设计和开发更改的控制

GB/T 19001—2000 质量管理体系 要求 **7.3.7 设计和开发更改的控制** 应识别设计和开发的更改，并保持记录。在适当时，应对设计和开发的更改进行评审、验证和确认，并在实施前得到批准。设计和开发更改的评审应包括评价更改对产品组成部分和已交付产品的影响。 更改评审结果及任何必要措施的记录应予保持（见4.2.4）。

在软件开发环境中，对设计和开发变更的控制通常是配置管理的一部分(见7.5.3)。

软件规范或部件的变更应当与需求、设计、编码、测试规范、用户手册和其他相关的事项保持相应的一致性。

注1：进一步信息见ISO/IEC 12207:1995[11]中5.5.2和5.5.3(修订版)，6.1和6.2(配置管理)，ISO/IEC 12207:1995/AMD1:2002[12]中F.2.1(文件)和F.2.2(配置管理)。

注2：关于GB/T 19001—2000中7.3的通用指南的进一步信息见：

——ISO/IEC 12207:1995/AMD1:2002[12]中F.1.3.4(软件需求分析)和F.1.3.5(软件设计)；

——关于市售软件产品的指南的进一步信息见GB/T 17544—1998/ISO/IEC 12119:1994[10]；

——关于设计和开发文件的指南的进一步信息见ISO/IEC 6592:2000[1]；

——关于对规模估算的指南的进一步信息见ISO/IEC 19761[31]，ISO/IEC 20926[32]和ISO/IEC 20968[33]；

——关于原型分类和使用范例的指南的进一步信息见ISO/IEC TR 14759[18]；

——关于软件用户文件过程的进一步信息见ISO/IEC 15910[28]。

7.4 采购

7.4.1 采购过程

GB/T 19001—2000 质量管理体系 要求
7.4.1 采购过程 组织应确保采购的产品符合规定的采购要求。对供方及采购的产品控制的类型和程度应取决于采购的产品对随后的产品实现或最终产品的影响。 组织应根据供方按组织的要求提供产品的能力评价和选择供方。应制定选择、评价和重新评价的准则。评价结果及评价所引起的任何必要措施的记录应予保持(见4.2.4)。

7.4.1.1 采购的产品

根据7.4.1的要求，免费的产品(例如开放的源开发工具)应当看作是采购的产品。

在对软件产品的开发、供应、安装和维护的过程中，采购的产品的类型可包括：

a) 商品软件或共享软件；

b) 定制的软件和服务；

c) 分包开发(例如:外包劳务人员或产品开发外包)；

d) 外包活动(例如测试、独立验证和确认、设施管理)；

e) 用于辅助软件开发的工具(例如设计和开发或配置管理工具、编码分析器、调试器、测试分析器、程序生成器和编译器)；

f) 计算机和通讯硬件；

g) 关键部件(例如:集成电路可能会发生变化或者不能确保持续可用)；

h) 用户和产品文件；

i) 培训课程和资料。

在组织选择供方时，组织对设计或开发(例如联合项目)的供方的控制的类型和程度会变得非常重要，因为互相之间的信任对成功的开发非常关键。

在开发、供应、安装和维护软件产品时，出于对购买产品的考虑，组织应当对许可、维护、帮助台和顾客支持服务(例如对于购买产品的后续版本持续获得支持服务的考虑)的风险进行管理。决定供方是否有能力提供可接受产品的一种途径就是进行过程评估。过程评估为风险评估提供信息，并且明确了供方过程成熟度和能力的水平。

7.4.1.2 采购产品的控制

如果列在7.4.1.1的a)至i)的采购产品将构成产品的组成部分，应当将其当作产品部件在设计到开发全过程进行控制。为确保具备这些控制措施从而确保配置管理有效，应当考虑在合同中予以规定。

在让外包劳务人员加入到整个项目组之前，应当确保他们具备所要求的技能和能力水平。

作为项目管理的一部分，在设计和开发过程中应当定期对供方的绩效进行重新评价和控制(7.3.1)。

在某些情况中，GB/T 19001—2000 的所有内容都可以应用到组织与供方的关系之中。由于产品的性质所决定，对风险的管理在软件开发的过程中往往更加重要。

供方的选择可以根据对供方的建议和过程能力的评价以及其他因素进行，如对供方的历史绩效的分析、对供方所做的问卷答复的评审、对软件相关的质量和验证计划的评审。

注 1：进一步信息见 ISO/IEC 12207：1995[11]中 5.1(获取过程)，以及 ISO/IEC 12207：1995/AMD1：2002[12]中 F.1.1(获取过程)。

注 2：有关供方过程能力评估的进一步信息见 ISO/IEC 15504-3[24]。

7.4.2 采购信息

GB/T 19001—2000 质量管理体系 要求
7.4.2 采购信息 采购信息应表述拟采购的产品，适当时包括： a) 产品、程序、过程和设备的批准要求； b) 人员资格的要求； c) 质量管理体系的要求。 在与供方沟通前，组织应确保所规定的采购要求是充分与适宜的。

适用时，软件的采购信息可包括：

a) 所定购产品的标识(如产品名称、编号、版本和配置)；

b) 在定购时尚未确定的识别需求的要求和程序；

c) 拟采用的标准(例如通信协议、架构规范和编码标准)；

d) 要求供方遵从的程序和/或作业指导书；

e) 对开发环境的描述(例如硬件、开发工具和设施)；

f) 对目标环境的描述(例如硬件、操作系统)；

g) 对人员的要求(例如必备的培训和产品知识)。

7.2.2 中的内容也可以应用于分包工作中。

注：进一步信息见 ISO/IEC 12207：1995[11]中 5.1.2(招标准备)和 ISO/IEC 12207：1995/AMD1：2002[12]中 F.1.1.1(获取准备)。

7.4.3 采购产品的验证

GB/T 19001—2000 质量管理体系 要求
7.4.3 采购产品的验证 组织应确定并实施检验或其他必要的活动，以确保采购的产品满足规定的采购要求。 当组织或其顾客拟在供方的现场实施验证时，组织应在采购信息中对拟验证的安排和产品放行的方法作出规定。

该验证可以用于对开发中所使用的软件进行验收测试。由于许多此类软件具有非常广泛的用途，因此无法对其进行全面的验证。此类软件的适用程度由组织确定，但是组织应当进行验收测试，并且应当确保可以得到适当的支持。

如果部分软件开发被分包，或者发生相关的硬件或软件的采购，组织可能需要确定对分包工作进行验证、确认和验收的方法。如果分包软件必须和组织自行开发的软件进行集成，应当考虑开发所采用的方法和工具。组织本身或者顾客进行的检查可能是必要的。关于测试的通用要求也适用(见 8.2.4)。

可能会要求组织获取和包含由第三方提供的软件产品，包括数据或服务，如外包劳务人员。组织应在收到产品和服务时对其进行验证，验证时应当考虑合同的要求。验证产品的方法可能需要在采购要求中规定(例如验收测试)。应当考虑 7.3.5 和 7.3.6 中所提供的对确认和验证的指南。对于外包劳务人员，应当考虑到他们在程序设计语言、开发工具和系统管理方面的教育水平、培训经历、技能和经验。

在购买或获取数据时，应当慎重考虑所获取数据的格式、媒体、容量、来源和内容(例如从第三方获取的测试数据)。在某些情况中还应当考虑有关数据保护方面的法规要求(例如隐私保护)。

在购买软件产品时，还应当考虑承载软件的格式和媒体，以确保满足运行要求。在使用前应当对产品的功能和性能进行测试，以确保产品能按规定进行工作。可能还需要针对其应予满足的最终产品的需求对产品进行确认。

由于有时无法在验收时对产品进行测试，因此在使用前或者将其集成到最终产品前对产品进行测试是非常重要的。这些测试可能需要在供方处进行。如果在组织处进行，应当考虑适当的隔离措施，直到其完整性得到确认(例如病毒感染)。

资格记录和培训记录可以用来帮助对外包劳务人员进行验证。

注 1：进一步信息见 ISO/IEC 12207:1995[11]中 5.1.5 以及 ISO/IEC 12207:1995/AMD1:2002[12]中 F.1.1.4(获取—顾客验收)。

注 2：关于 GB/T 19001—2000 中 7.4 的通用指南的进一步信息见：

——关于采购软件产品的质量特性的指南的进一步信息见 GB/T 16260.1—2006/ISO/IEC 9126—2001[5]；

——GB/T 18905.4—2002/ISO/IEC 14598-4[16]；

——关于规模估算方法的指南的进一步信息见 ISO/IEC 19761[31]，ISO/IEC 20926[32]和 ISO/IEC 20968[33]。

7.5 生产和服务提供

7.5.1 生产和服务提供的控制

GB/T 19001—2000　质量管理体系　要求
7.5.1 生产和服务提供的控制 组织应策划并在受控条件下进行生产和服务提供。适用时，受控条件应包括： a) 获得表述产品特性的信息； b) 必要时，获得作业指导书； c) 使用适宜的设备； d) 获得和使用监视和测量装置； e) 实施监视和测量； f) 放行、交付和交付后活动的实施。

7.5.1.1 软件的产品生产和服务提供

如设计和开发(见 7.3)指南中所述，软件开发项目应当按照一组将需求转化为软件产品的过程来组织。GB/T 19001—2000 的 7.5.1 中所述的对产品生产和服务提供的控制要求对软件产品来说等同于：

a) 发布活动，例如构建、发布和复制；

b) 交付活动，例如交付和安装；

c) 交付后活动，例如运行、维护、顾客支持(这些服务适用于产品的整个生存周期)。

7.5.1.2 构建和发布

应当建立构建、发布和复制软件项的过程。构建和发布需调用配置管理过程(见 7.5.6，标识和可追溯性)。

以下条款适用于构建和发布：

a) 识别构成每次发布版本的软件项，包括相关的构建指导书；

b) 根据顾客运行的频次和/或影响以及在任意时间点实施变更的能力识别发布的类型(或类别)；

c) 对于那些本地化临时处理可被集成或发布为一个完整软件产品的升级副本，有必要制定相关的决策准则和指南。

7.5.1.3 复制

有要求时，组织应建立和执行复制过程，并考虑到以下方面以确保正确进行复制：

a) 识别母版和副本，包括格式、变量和版本；

b) 每个软件项的媒体类型以及相关标签；

c) 关于文件化要求的约定，如手册、用户导则、许可证以及发布注释，包括标识和包装；

d) 对复制的环境进行控制，以确保可重复性；

e) 确保产品副本正确性和完整性的措施。

7.5.1.4 交付

交付可以通过承载软件媒体的物理运送或者进行电子传输完成。

7.5.5 说明了交付过程中的产品防护。

7.5.1.5 安装

有些时候，顾客或第三方会进行安装。在这种情况中，组织的角色是向顾客或第三方说明安装的步骤和进行安装的要求。有时由组织进行安装。对于后一种情况，以下内容适用：

a) 组织和顾客应当就各自的角色、责任和义务达成一致；

b) 对每项安装所需的确认及其程度应当予以规定；

c) 对所需的安装指导书应当予以规定；

d) 对特定安装所需的软件和硬件配置应当予以规定；

e) 对所需的数据收集和/或转换以及数据库的容量应当予以规定；

f) 对每次安装完成所需的验收程序应当予以规定；

g) 所需的日程；

h) 对顾客设备设施的访问应当做出安排(例如安全证章、密码或陪同)；

i) 熟练人员的可得性；

j) 对产品进行安装或维护所需的与产品预期用途相关的培训应当予以规定；

k) 对所需的备份和恢复应当予以规定。

在多个用户现场引入新的软件产品或新的软件版本可要求进行实施或试点策划。

7.5.1.6 运行

软件生产组织应当策划和控制其运行，包括：

a) 设置一个帮助台与顾客进行电话或电子沟通的需要；

b) 对持续性支持的安排，例如灾难恢复、安全性和备份(见 6.3)。

7.5.1.7 维护

针对软件产品的特定项、在初始交付和安装之后的特定时间段顾客要求进行的软件产品维护应当在合同中予以规定。组织应当建立实施维护活动并予以验证的过程。维护活动也可以针对开发环境、工具和文档进行。适当时，维护应当包括以下内容：

a) 维护的范围；

b) 识别被维护项的初始状态；

c) 支持组织和安排(见 7.5.1.6)；

d) 维护活动包括问题解决、帮助台支持、硬件支持和系统对故障的监测；

e) 当由软件控制的硬件系统或部件增加或变更时，可能需要对接口进行修改；

f) 配置管理、测试和质量保证活动；

g) 计划的发布日程；

h) 如何进行功能扩展和性能改进；

i) 维护记录和报告。

维护活动的记录可用于软件产品的评价和增强,以及用于改进质量管理体系本身。在解决问题时,可采用临时处理措施以减少停机时间,之后再进行正式的修改。

对于接口修改和功能扩展,应当根据工作量采用变更控制程序或启动新的独立的开发项目。

注:进一步信息见 ISO/IEC 12207:1995[11]中 5.3.12(软件安装),5.4.4(用户支持),5.5(维护过程),6.6.3(过程保证)和 6.8(问题解决过程),以及 ISO/IEC 12207:1995/AMD1:2002[12]中 F.1.3.11(软件安装),F.1.4.2(顾客支持,F.1.5(维护过程)以及 F.2.8(问题解决过程)。

7.5.2 生产和服务提供过程的确认

GB/T 19001—2000 质量管理体系 要求

7.5.2 生产和服务提供过程的确认

当生产和服务提供过程的输出不能由后续的监视或测量加以验证时,组织应对任何这样的过程实施确认。这包括仅在产品使用或服务已交付之后问题才显现的过程。

确认应证实这些过程实现所策划的结果的能力。

组织应对这些过程作出安排,适用时包括:

a) 为过程的评审和批准所规定的准则;

b) 设备的认可和人员资格的鉴定;

c) 使用特定的方法和程序;

d) 记录的要求(见 4.2.4);

e) 再确认。

如不能对产品进行完全确认,组织应当考虑采用什么过程弥补。例如:

a) 除了例行检查以确保设计和开发能够正常进行以外,设计和开发评审还应当考虑可能的失败会如何发生;

b) 失效模式和效应分析的程序,用以构建设计开发失败的历史数据以及如何避免失败。

不论采用什么方法,这些方法应当与设计和开发失败的风险和后果相适应。

7.5.3 标识和可追溯性

GB/T 19001—2000 质量管理体系 要求

7.5.3 标识和可追溯性

适当时,组织应在产品实现的全过程中使用适宜的方法识别产品。

组织应针对监视和测量要求识别产品的状态。

在有可追溯性要求的场合,组织应控制并记录产品的唯一性标识(见 4.2.4)。

注:在某些行业,技术状态管理是保持标识和可追溯性的一种方法。

7.5.3.1 概述

对于软件来说,标识和可追溯性通常在配置管理过程中进行。配置管理是一种将技术和行政手段应用于配置项(包括软件项)的设计、开发和支持的管理方法,这种管理方法同样也适用于对相关的文档(见 4.2.3)和硬件的管理。配置管理的程度取决于项目的大小、复杂性和风险水平。

配置管理的一个目标是为产品的当前配置和状态提供完全可见性。在产品生存周期的任意时间,为该产品工作的每个人使用配置项的合适版本是配置管理的另一目标。

7.5.3.2 配置管理过程

配置管理的范围应当包括:

a) 过程的策划,包括对活动、责任和拟获取的工具的规定;

b) 唯一性标识每一个配置项的名称和版本,以及确定何时将其置于配置控制之下(配置标识);

c) 标识构成完整产品的特定版本(基线)的每一个软件项的版本,包括重用的软件、数据库、采购的和顾客提供的软件;

d) 适当时,在一种或多种环境下,标识正在开发,已交付或已安装的软件产品的构建状态;

e) 控制两名或多名独立工作人员对给定软件项的同时更新(配置控制);

f) 有要求时对一个或多个场所的多个产品的升级进行协调;

g) 标识、跟踪和报告配置项的状态,包括从项目启动到产品发布全过程,由变更请求或问题引起的所有措施和变更(配置状态报告);

h) 提供配置评价(验证和确认活动的状态);

i) 提供发布管理和交付。

7.5.3.3 可追溯性

在整个产品生存周期中,应当具有跟踪软件项或产品部件的程序。根据合同或市场的要求不同,跟踪的范围也会有所不同,从能够将某一变更请求植入特定版本,到记录产品每次变化的目的地和使用。

注:进一步信息见:

——GB/T 19017/ISO 10007[9](对配置管理的指南);

——ISO/IEC 12207:1995[11]中 6.2 以及 ISO/IEC 12207:1995/AMD1:2002[12]中 F.2.2(配置管理过程);

——ISO/IEC TR 15846:1998[27](软件生存周期过程——配置管理)中第 7 至 12 条。

7.5.4 顾客财产

> GB/T 19001—2000 质量管理体系 要求
>
> **7.5.4 顾客财产**
>
> 组织应爱护在组织控制下或组织使用的顾客财产。组织应识别、验证、保护和维护供其使用或构成产品一部分的顾客财产。若顾客财产发生丢失、损坏或发现不适用的情况时,应报告顾客,并保持记录(见 4.2.4)。
>
> 注:顾客财产可包括知识产权。

可能会要求组织获取顾客提供的产品和数据,例如:

a) 软件产品,包括顾客提供的商品软件;

b) 开发工具;

c) 开发环境,包括网络服务;

d) 测试和运行数据;

e) 接口或其他规范;

f) 硬件;

g) 知识产权,保密和专有信息,包括规范。

在所有维护协议中应当考虑以下内容:

——所要求的许可和支持,包括对产品的后续更新;

——对产品用于其他项目的限制和约束。

对顾客提供的软件项的升级的接受和集成的方式应当予以规定。组织可采用与采购产品相同的活动对顾客提供的产品进行验证。其中包括表明多个产品已实施的变更的记录的要求,对于多产品和多现场情况,记录还应当表明实施变更的场所。

识别顾客提供的产品的方法应当是产品配置管理的一部分(见 7.5.3)。

7.5.5 产品防护

> GB/T 19001—2000 质量管理体系 要求
>
> **7.5.5 产品防护**
>
> 在内部处理和交付到预定的地点期间,组织应针对产品的符合性提供防护,这种防护应包括标识、搬运、包装、贮存和保护。防护也应适用于产品的组成部分。

软件研制组织应当确保其产品在生产、复制、处理和存储以及交付过程中没有被更改。软件信息不会退化,但是承载软件的媒体却会损坏,组织应当采取适当的预防措施。

应当在交付中采取适当的预防措施保护产品不受损害。此外,还需要对软件进行适当程度的病毒检查以及采取适当措施保护软件的完整性。软件交付可以通过物理运送承载软件的媒体或者通过电子传输完成。处理、包装、存储和交付软件时应当考虑以下方面内容,并采取适当措施:

a) 在已建立的基线上存储软件项,维护产品的版本;
b) 允许对母版和任意副本的受控访问和检索,同时防止它们被非授权更改或破坏;
c) 保护计算机媒体,尤其是针对计算机病毒、电磁和静电环境;
d) 定期对软件进行备份,包括为灾难恢复而进行异地存储;
e) 确保软件及时复制到替换的媒体上;
f) 在受保护的环境中保存软件媒体,防止损坏和退化;
g) 使用压缩和解压缩技术的效果(利用数据冗余,采用数据加密减少媒体空间占用,);
h) 采用加密和解密技术的效果(为了安全起见将数据转换成无法识别的格式)。

注:关于 GB/T 19001—2000 中 7.5 的进一步信息见:
——关于软件产品的质量特性的指南的进一步信息见 GB/T 16260.1—2006/ISO/IEC 9126-1:2001[5];
——ISO/IEC TR 15846:1998[27];
——GB/T 20157—2006/ISO/IEC 14764:1999[19];
——ISO/IEC 15910:1999[28]。

7.6 监视和测量装置的控制

GB/T 19001—2000 质量管理体系 要求
7.6 监视和测量装置的控制 组织应确定需实施的监视和测量以及所需的监视和测量装置,为产品符合确定的要求(见 7.2.1)提供证据。 组织应建立过程,以确保监视和测量活动可行并以与监视和测量的要求相一致的方式实施。 为确保结果有效,必要时,测量设备应: a) 对照能溯源到国际或国家标准的测量标准,按照规定的时间间隔或在使用前进行校准或检定。当不存在上述标准时,应记录校准或检定的依据; b) 进行调整或必要时再调整; c) 得到识别,以确定其校准状态; d) 防止可能使测量结果失效的调整; e) 在搬运、维护和贮存期间防止损坏或失效。 此外,当发现设备不符合要求时,组织应对以往测量结果的有效性进行评价和记录。组织应对该设备和任何受影响的产品采取适当的措施。校准和验证结果的记录应予保持(见 4.2.4)。 当计算机软件用于规定要求的监视和测量时,应确认其满足预期用途的能力。确认应在初次使用前进行,必要时再确认。 注:作为指南,参见 GB/T 19022.1 和 GB/T 19022.2。

校准技术通常被认为不能直接应用于软件,但是可以用于用来测试和确认软件的硬件和工具。因此 GB/T 19001—2000,7.6 中的项目 a)至 e)可适用于用来测试软件的环境。

如果组织在为验证软件产品是否符合规定要求进行的测试时使用工具、设施和技术,在批准使用这些工具、设施和技术时应当考虑它们对软件产品质量的影响。此外,在使用前可以将这些工具置于配置管理之中。

尽管“进行调整或必要时再调整”[GB/T 19001—2000,7.6 条款 b)] 不适用于软件,但是仍然可能需要定期验证在测量装置中使用的软件没有因为恶劣的环境,如病毒或电磁场而发生变更。

测试工具、技术和数据的适用性应当在使用前得到验证,以确定是否需要对其进行改进和/或升级。组织应当具有程序以确定如何对测试产品进行检查。

在软件开发、测试、维护和运行中所采用监视和测量装置包括:

a) 用于测试软件产品的数据；

b) 软件工具(例如用于模拟、性能数据采集、资源利用和内容信息的工具)；

c) 计算机硬件；

d) 将软件与硬件进行连接的测试设备。

组织应当通过配置管理体系对监视和测量装置进行控制(见 7.5.3)。

8 测量、分析和改进

8.1 总则

GB/T 19001—2000 质量管理体系 要求
8.1 总则 组织应策划并实施以下方面所需的监视、测量、分析和改进过程： a) 证实产品的符合性； b) 确保质量管理体系的符合性； c) 持续改进质量管理体系的有效性。 这应包括对统计技术在内的适用方法及其应用程度的确定。

软件测量过程的目的是在组织内部对所开发的产品和实施的过程进行数据收集、分析和报告，支持过程的管理，并客观地证实产品的质量。

监视、测量、分析和改进过程应当看作是质量策划的一部分(见 7.1.2)。

注：进一步信息见：

——ISO/IEC 12207:1995[11]中 7.3 以及 ISO/IEC 12207:1995/AMD1:2002[12]中 F.3.3(改进过程)；

——ISO/IEC 15939:2002[29]中第 5 条(软件测量过程)；

——ISO/IEC 12207:1995[11]中 6.2 以及 ISO/IEC 12207:1995/AMD1:2002[12]中 F.2.2(配置管理过程)；

——ISO/IEC 15504-1[22]；

——GB/T 16260.2—2006/ISO/IEC TR 9126-2[6]和 ISO/IEC TR 9126-3[7](产品质量——内部和外部的度量)；

——GB/T 18905.2—2002/ISO/IEC 14598-2[14](软件产品评估——策划和管理)。

8.2 监视和测量

8.2.1 顾客满意

GB/T 19001—2000 质量管理体系 要求
8.2.1 顾客满意 作为对质量管理体系业绩的一种测量，组织应对顾客有关组织是否已满足其要求的感受的信息进行监视，并确定获取和利用这种信息的方法。

请求、测量和监视顾客满意度反馈的组织过程应当视具体情况持续或定期地提供有关信息。对于软件来说，例如：

a) 对帮助台呼叫中有关产品质量和服务绩效的分析；

b) 顾客直接和间接反馈的使用质量度量；

c) 基于产品使用的其他质量度量；

d) 在初次交付后，为修复问题需要的软件发布的次数。

注：进一步信息见 GB/T 16260.4—2006/ISO/IEC TR 9126-4[8](产品质量——在用产品的质量度量)。

8.2.2 内部审核

GB/T 19001—2000 质量管理体系 要求
8.2.2 内部审核 组织应按策划的时间间隔进行内部审核，以确定质量管理体系是否： a) 符合策划的安排(见 7.1)、本标准的要求以及组织所确定的质量管理体系的要求；

b) 得到有效实施与保持。

考虑拟审核的过程和区域的状况和重要性以及以往审核的结果,应对审核方案进行策划。应规定审核的准则、范围、频次和方法。审核员的选择和审核的实施应确保审核过程的客观性和公正性。审核员不应审核自己的工作。

策划和实施审核以及报告结果和保持记录(见 4.2.4)的职责和要求应在形成文件的程序中作出规定。

负责受审区域的管理者应确保及时采取措施,以消除所发现的不合格及其原因。跟踪活动应包括对所采取措施的验证和验证结果的报告(见 8.5.2)。

注:作为指南,参见 GB/T 19021.1、GB/T 19021.2 及 GB/T 19021.3。

当软件组织将工作划分为各个项目时,审核策划应当选择拟审核的项目,并对项目的质量策划是否符合组织的质量管理体系以及项目实施是否符合项目的质量策划进行评估,应当确保所选定的项目覆盖所有的阶段和过程。

因此,可能需要按产品开发的生存周期的不同阶段审核各个项目,或者是审核同一个项目的不同阶段。如果要审核的项目的进度安排发生了变化,内部审核的时间也应当做相应的调整,或者更改审核的时间,或者考虑审核另一个项目。

注:进一步信息见 ISO/IEC 12207:1995[11]中 6.3(质量保证过程)和 6.7(审核过程),以及 ISO/IEC 12207:1995/AMD1:2002[12]中 F.2.3(质量保证过程)和 F.2.7(审核过程)。

8.2.3 过程的监视和测量

GB/T 19001—2000 质量管理体系 要求

8.2.3 过程的监视和测量

组织应采用适宜的方法对质量管理体系过程进行监视,并在适用时进行测量。这些方法应证实过程实现所策划的结果的能力。当未能达到所策划的结果时,应采取适当的纠正和纠正措施,以确保产品的符合性。

组织通常会对其过程的某些方面进行测量,以便对其进行监视、管理和评估。通常的测量包括:

a) 过程活动的计划持续时间和实际持续时间;

b) 过程活动的计划成本和实际成本;

c) 选定质量特性的计划质量水平和进展度量。

注 1:进一步信息见 ISO/IEC 12207:1995[11]中 7.3.2(过程评估)和 7.3.3(过程改进),以及 ISO/IEC 12207:1995/AMD1:2002[12]F.3.3.2(过程评估)。

注 2:有关软件过程评估指南的进一步信息见 ISO/IEC 15504-1[22],进一步了解有关进行评估指南的信息见 ISO/IEC 15504-1[23]。

同样可以见 ISO/IEC 15939:2002[29],第 5 条(软件测量过程)。

8.2.4 产品的监视和测量

GB/T 19001—2000 质量管理体系 要求

8.2.4 产品的监视和测量

组织应对产品的特性进行监视和测量,以验证产品要求已得到满足。这种监视和测量应依据所策划的安排(见 7.1),在产品实现过程的适当阶段进行。

应保持符合接收准则的证据。记录应指明有权放行产品的人员(见 4.2.4)。

除非得到有关授权人员的批准,适用时得到顾客的批准,否则在策划的安排(见 7.1)已圆满完成之前,不应放行产品和交付服务。

组织应当通过评审、验证和确认手段对产品与质量要求的符合性进行监视和测量。可进行监视和测量的产品特性实例包括：

a） 功能性；

b） 维护性；

c） 效率；

d） 可移植性；

e） 易用性；

f） 可靠性。

注：进一步信息见：

——ISO/IEC 12207:1995[11]中5.3和ISO/IEC 12207:1995/AMD1:2002[12]中F.1.3(开发过程)，其中包括对开发过程中和开发结束后的软件产品的评估的条款；

——GB/T 16260.1—2006/ISO/IEC 9126-1:2001[5]；

——GB/T 18905.3—2002/ISO/IEC 14598-3[15]和GB/T 18905.5—2002/ISO/IEC 14598-5[17](软件产品评估——开发者和评估者的过程)。

8.3 不合格品控制

GB/T 19001—2000 质量管理体系 要求
8.3 不合格品控制 组织应确保不符合产品要求的产品得到识别和控制，以防止其非预期的使用或交付。不合格品控制以及不合格品处置的有关职责和权限应在形成文件的程序中作出规定。 组织应通过下列一种或几种途径，处置不合格品： a） 采取措施，消除已发现的不合格； b） 经有关授权人员批准，适用时经顾客批准，让步使用、放行或接收不合格品； c） 采取措施，防止其原预期的使用或应用。 应保持不合格的性质以及随后所采取的任何措施的记录，包括所批准的让步的记录(4.2.4)。 在不合格品得到纠正后应对其再次进行验证，以证实符合要求。 当在交付或开始使用后发现产品不合格时，组织应采取与不合格的影响或潜在影响的程度相适应的措施。

在软件开发过程中，不合格软件项的隔离可以通过将不合格项从生产或测试环境转移到单独的环境完成。对于嵌入式软件，可能有必要将承载不合格软件的不合格硬件进行隔离。

供方应当识别在哪些点上要求控制和记录不合格品。当开发或者维护过程中软件项出现缺陷，对该缺陷进行的调查和解决方案工作应当受控并予以记录。

为部分或完全实施此要求可能需要调用配置管理过程。

在处理不合格时，应当注意以下方面：

a） 任何已发现问题及其对软件其他部分的可能的影响应予以记录并通知相关责任人，以便对其跟踪直至解决；

b） 任何修改影响到的区域应当得到识别并重新测试，并且决定重新测试的范围的方法应当在形成文件的程序中得到识别；

c） 应当建立不合格的优先顺序。

对于软件，为满足规定要求进行的返修或返工将形成一个新的软件版本。在软件开发中，不合格产品的处置可以通过以下方法实现：

a） 返修或返工(例如处理缺陷)以满足要求；

b） 经过返修或不返修让步接收；

c） 在修改要求后，将产品视为符合要求的产品；

d) 退回。

注：进一步信息见：

——ISO/IEC 12207:1995[11]中6.2(配置管理过程)和6.8(问题解决过程)，以及ISO/IEC 12207:1995/修订版1:2002[12]中F.2.2(配置管理过程)和F.2.8(问题解决过程)；

——GB/T 17544—1998/ISO/IEC 12119:1994[10]；

——ISO/IEC TR 15846:1998[27]。

8.4 数据分析

GB/T 19001—2000 质量管理体系 要求

8.4 数据分析

组织应确定、收集和分析适当的数据，以证实质量管理体系的适宜性和有效性，并评价在何处可以持续改进质量管理体系的有效性。这应包括来自监视和测量的结果以及其他有关来源的数据。

数据分析应提供以下有关方面的信息：

a) 顾客满意(见8.2.1)；

b) 与产品要求的符合性(见7.2.1)；

c) 过程和产品的特性及趋势，包括采取预防措施的机会；

d) 供方。

对软件的“数据分析”包括来自各种类型测试和评审中发现的问题或走查中所产生的问题报告。

注：进一步信息见：

——ISO/IEC 15939:2002[29]，5.4(软件测量过程——评估结果)；

——ISO/IEC 19761[31]，ISO/IEC 20926[32]和ISO/IEC 20968[33]。

8.5 改进

8.5.1 持续改进

GB/T 19001—2000 质量管理体系 要求

8.5.1 持续改进

组织应利用质量方针、质量目标、审核结果、数据分析、纠正和预防措施以及管理评审，持续改进质量管理体系的有效性。

可建立一个改进过程作为战略性的过程改进方法。这一方法可用于任何软件生存周期过程，包括过程建立、过程评估和过程改进。

注：进一步信息见：

——ISO/IEC 12207:1995[11]，7.3和ISO/IEC 12207:1995/AMD 1:2002[12]，F.3.3(改进过程)；

——ISO/IEC 15504(所有的部分)(软件过程评估)。

8.5.2 纠正措施

GB/T 19001—2000 质量管理体系 要求

8.5.2 纠正措施

组织应采取措施，以消除不合格的原因，防止不合格的再发生。纠正措施应与所遇到不合格的影响程度相适应。

应编制形成文件的程序，以规定以下方面的要求：

a) 评审不合格(包括顾客抱怨)；

b) 确定不合格的原因；

c) 评价确保不合格不再发生的措施的需求；

d) 确定和实施所需的措施；

e) 记录所采取措施的结果(见4.2.4)；

f) 评审所采取的纠正措施。

如果纠正措施会直接影响到软件产品，可能就需要采用配置管理来管理这些变更。管理者应当评审软件生存周期过程的纠正措施。组织的纠正措施程序应当考虑防止相同问题的再次发生的要求。

注：进一步信息见 ISO/IEC 12207:1995[11]中 6.8 和 ISO/IEC 12207:1995/AMD1:2002[12]中 F.2.8(问题解决过程)。

8.5.3 预防措施

GB/T 19001—2000 质量管理体系 要求
8.5.3 预防措施 组织应确定措施，以消除潜在不合格的原因，防止不合格的发生。预防措施应与潜在问题的影响程度相适应。 应编制形成文件的程序，以规定以下方面的要求： a) 确定潜在不合格及其原因； b) 评价防止不合格发生的措施的需求； c) 确定并实施所需的措施； d) 记录所采取措施的结果(见 4.2.4)； e) 评审所采取的预防措施。

过程评估可用于收集数据、预测问题(见 8.2.3)。

注：关于 GB/T 19001—2000 中 8.5 的通用指南的进一步信息见：

——ISO/IEC 12207:1995[11]中 7.3.2(过程评估)和 ISO/IEC 12207:1995/AMD1:2002[12]中 F.3.3.2(过程评估)；

——ISO/IEC 15504-2[23]。

附　录　A
（资料性附录）
ISO/IEC JTC 1/SC 7 和 ISO/TC 176 标准中其他可用于 GB/T 19001—2000 实施的指南

表 A.1 提供了引用的本标准的条款和子条款号以及对应于本标准部分号(如:Pt4),提供一般性参考的用“X”标注。

表 A.1　实施 GB/T 19001—2000 版可用的 ISO/IEC JTC1/SC 7 和 ISO/TC 176 标准补充指南

GB/T 19001/ ISO 9001:2000	ISO/IEC 12207 And ISO/IEC 12207:1995/ AMD.1:2002	ISO/IEC 9126	ISO/IEC 12119	ISO/IEC 14598	ISO/IEC TR15271	ISO/IEC 15504	ISO/IEC TR15846	ISO/IEC 15939	ISO/IEC TR16326	ISO 10007	ISO/IEC 6592	ISO/IEC 19761 ISO/IEC 20926 ISO/IEC 20968	ISO/IEC 14764	ISO/IEC 15026	ISO/IEC 15910	ISO/IEC 14102
4 质量管理体系																
4.1 总要求	X				附录 C											
4.2 文件要求	6.1,F.2.1															
5 管理职责																
5.1 管理承诺																
5.2 顾客关注焦点																
5.3 质量方针																
5.4 策划																
5.4.1 质量目标						X										
5.4.2 质量管理体系策划																
5.5 职责、权限和沟通																
5.6 管理评审																
6 资源管理																
6.1 资源提供																

表 A.1(续)

GB/T 19001/ ISO 9001:2000	ISO/IEC 12207 And ISO/IEC 12207:1995/ AMD.1:2002	ISO/IEC 9126	ISO/IEC 12119	ISO/IEC 14598	ISO/IEC TR15271	ISO/IEC 15504	ISO/IEC TR15846	ISO/IEC 15939	ISO/IEC TR16326	ISO 10007	ISO/IEC 6592	ISO/IEC 19761 ISO/IEC 20926 ISO/IEC 20968	ISO/IEC 14764	ISO/IEC 15026	ISO/IEC 15910	ISO/IEC 14102
6.2 人力资源																
6.2.1 总则	F.3.3.1,F.3.3.2															
6.2.2 能力、意识和培训																
6.3 基础设施	7.2,F.3.2			Pt2 Pt3												X
6.4 工作环境																
7 产品实现																
7.1 产品实现的策划	5.2.4,5.3.1,6.1～6.8,F.2	Pt1		Pt2			6.2		6.2.2							
7.2 与顾客有关的过程																
7.2.1 与产品有关的要求的确定	5.3.2～5.3.4 F.1.3.1,2.4	Pt1	X											X		
7.2.2 与产品有关的要求的评审	5.2.1,5.2.6 6.4.2.1,6.6 F.3.1.5															
7.2.3 顾客沟通	5.2.5.6,5.2.6,5.2.7,6.6,F.1.4.2												6.8.1,7.3.3 8.2,8.2.3			
7.3 设计和开发	F.1.3.4,F.1.3.5		X								X	X			X	
7.3.1 设计和开发策划	5.2.4,5.3.1								6.2.2							

表 A.1（续）

GB/T 19001/ ISO 9001:2000	ISO/IEC 12207 And ISO/IEC 12207:1995/ AMD.1:2002	ISO/IEC 9126	ISO/IEC 12119	ISO/IEC 14598	ISO/IEC TR15271	ISO/IEC 15504	ISO/IEC TR15846	ISO/IEC 15939	ISO/IEC TR16326	ISO 10007	ISO/IEC 6592	ISO/IEC 19761 ISO/IEC 20926 ISO/IEC 20968	ISO/IEC 14764	ISO/IEC 15026	ISO/IEC 15910	ISO/IEC 14102
7.3.2 设计和开发输入		Pt1														
7.3.3 设计和开发输出	5.3.5～5.3.7															
7.3.4 设计和开发评审	5.3.4.2, 5.3.5.6 5.3.6.7, 6.6.3,F.2.6				附录 A											
7.3.5 设计和开发验证	5.3,6.4, F.1.3,F.2.4															
7.3.6 设计和开发确认	5.3,6.5, F.1.3,F.2.5			Pt3, Pt5												
7.3.7 设计和开发更改控制	5.5.2,5.5.3 6.1,6.2,F.2.1, F.2.2															
7.4 采购		Pt1		Pt4								X				
7.4.1 采购过程	5.1,F.1.1					Pt3										
7.4.2 采购信息	5.1.2,F.1.1.1															
7.4.3 采购产品的验证	5.1.5,F.1.1.4															
7.5 生产和服务提供		Pt1					X						X		X	

表 A.1（续）

GB/T 19001/ ISO 9001:2000	ISO/IEC 12207 And ISO/IEC 12207:1995/ AMD.1:2002	ISO/IEC 9126	ISO/IEC 12119	ISO/IEC 14598	ISO/IEC TR15271	ISO/IEC 15504	ISO/IEC TR15846	ISO/IEC 15939	ISO/IEC TR16326	ISO 10007	ISO/IEC 6592	ISO/IEC 19761 ISO/IEC 20926 ISO/IEC 20968	ISO/IEC 14764	ISO/IEC 15026	ISO/IEC 15910	ISO/IEC 14102
7.5.1 生产和服务提供的控制	5.3.12,5.4.4,5.5 6.3.3,6.8,F.1.3.11 F.1.4.2,F.1.5,F.2.8															
7.5.2 生产和服务提供过程的确认																
7.5.3 标识和可追溯性	6,F.2.2						7～12			X						
7.5.4 顾客财产																
7.5.5 产品防护																
7.6 监视和测量装置的控制																
8 测量、分析和改进																
8.1 总则	7,F.3.3	Pt2,Pt3		Pt2		Pt1		5								
8.2 监视和测量																

表 A.1（续）

GB/T 19001/ ISO 9001:2000	ISO/IEC 12207 And ISO/IEC 12207:1995/ AMD.1:2002	ISO/IEC 9126	ISO/IEC 12119	ISO/IEC 14598	ISO/IEC TR15271	ISO/IEC 15504	ISO/IEC TR15846	ISO/IEC 15939	ISO/IEC TR16326	ISO 10007	ISO/IEC 6592	ISO/IEC 19761 ISO/IEC 20926 ISO/IEC 20968	ISO/IEC 14764	ISO/IEC 15026	ISO/IEC 15910	ISO/IEC 14102
8.2.1 顾客满意		Pt4														
8.2.2 内部审核	6.3,6.7,F.2.3,F.2.7															
8.2.3 过程的监视和测量	7.3.2,7.3.3,F.3.2.2					Pt1 Pt2		5								
8.2.4 产品的监视和测量	5.3,F.1.3	Pt1		Pt3 Pt5												
8.3 不合格品控制	6.2,6.8,F.2.2 F.2.8		X				X									
8.4 数据分析								5.4				X				
8.5 改进																
8.5.1 持续改进	7.3,F.3.3					X										
8.5.2 纠正措施	6.8,F.2.8															
8.5.3 预防措施	7.3.2,F.3.3.2					Pt2										

附 录 B
(资料性附录)
本标准和 ISO/IEC 12207 标准中有关的策划对照表

ISO/IEC 12207 和 ISO/IEC 12207:1995/Amd1:2002 包括质量计划和开发计划作为指导项目管理计划的独立计划活动。表 B.1 提供了本标准 7.1.2,7.3.1 和 7.3.4(如何)通过 ISO/IEC 12207:1995 的 5.2.4.5,5.3.1.4 和 6.3.1.3(以及在注中其他子条款)条款予以满足(的对应情况)。另外,本附录中 ISO/IEC 12207:1995 的 6.6 的项目管理和技术评审覆盖了 GB/T 19001—2000 的 7.3.4 设计和开发评审。

表 B.1 本标准和 ISO/IEC 12207 对照表

引用本标准条款	引用 ISO/IEC 12207:1995 条款
7.1.2 产品实现策划	
a) 包含或引用的其他开发计划(见 7.3.1)	5.3.1.4 开发者应为实施开发过程的活动制定开发计划。
b) 产品和(或)过程有关的质量要求	5.2.4.5d) 软件产品或服务的质量特性的管理,可以制订独立的质量计划; 5.2.4.5e) 软件产品或服务的安全、安全保密和其他关键需求的管理,可以制订独立的安全、保密计划;
c) 质量手册的适用范围和任何删减的说明,质量管理体系的剪裁和(或)特定程序、作业指导书的识别。(GB/T 19001/ISO 9001:2000,1.2)	注:本条是关于组织层面的,所以 ISO/IEC 12207 没有专门提及此条。
d) 特定项目的程序和作业指导书,如软件测试规范,详细规定单元测/试、集成测试、系统测试和验收测试的测试计划、测试设计、测试用例和测试程序(8.2.4)	注:开发过程中的 5.3.1.3 和 6.1 文档编制过程覆盖此内容。
e) 方法、生存周期模型、工具、程序设计语言规范、数据库、框架以及其他在项目中可以用的资产	6.3.1.3a) 开展质量保证活动的质量标准、方法、程序和工具(或在组织的正式文档中的引用文件); 5.2.4.5b) 工程环境(适用时,用于开发、运行或维护),包括测试环境、数据库、设备、设施、标准、规程和工具
f) 启动和结束每个项目阶段的准则	注:包括在 6.6 联合评审过程中
g) 评审和其他将进行的验证和确认活动的类型(见 7.3.4,7.3.5 和 7.3.6)	5.2.4.5g) 质量保证(见 6.3) 5.2.4.5h) 验证(见 6.4)和确认(见 6.5),如果有规定时,包括与验证机构以及确认机构的接口方式。 6.3.1.3e) 从诸如验证(见 6.4)、确认(见 6.5)、联合评审(6.6)、审核(6.7)和问题解决(6.8)支持过程中选择的活动和任务。
h) 将执行的配置管理程序(见 7.5.3)	注:包括在 6.2 配置管理过程和过程实施中的 5.3.1.2b)中。
i) 将执行的监视和测量活动	注:监视是在 5.2.5.3 的供应过程的一部分,测量是在 6.3.3.5 的产品和过程保证的一部分;
j) 负责为后续使用批准过程输出的人员	注:当过程的输出是文件时,包括在 6.1.2.3 文档过程中。
k) 工具和技术的培训需求,以及在需要相应技能之前,对培训的时间安排	5.2.4.5o) 人员培训

表 B.1(续)

引用本标准条款	引用 ISO/IEC12207:1995 条款
l) 需保持的记录(见 4.2.4)	6.3.1.3c) 质量记录的标识、收集、归档、维护和处理的规程
m) 变更管理,例如由于资源、时间安排和合同的变更	注:作为供方和需方间的变更控制机制,包括在 5.1.3.5中
7.3.1 设计和开发策划	
a) 需求分析、设计和开发、编码、集成、测试、软件产品验收时的安装和支持;这其中应当识别或参考以下内容: 7) 将开展的活动; 8) 各项活动所要求的输入; 9) 各项活动所要求的输出; 10) 各项活动的输出所要求的验证[7.1.2g)——以及 7.3.5]; 11) 将要开展的管理和支持活动; 12) 所要求的项目组培训[7.1.2k)]	5.2.4.5o) 人员培训(见 7.4) 6.3.1.3e) 从诸如验证(见 6.4)、确认(见 6.5)、联合评审(6.6)、审核(6.7)和问题解决(6.8)支持活动中选择(的)活动和任务。 注:特定的要求包括在 5.3 开发、5.4 操作和 5.5 维护过程的活动和任务中,而不是作为一个策划活动。
b) 对产品和服务提供进行控制的策划	注:ISO 9001:2000 中的本条在 ISO/IEC 12207 中没有采用。它等同于全部放行、交付和交付后的活动,包括软件安装、(5.3.12)、软件验收支持(5.3.13)并包括操作(5.4)和维护(5.5)过程以及配置管理(6.2)。这些是在 ISO/IEC 12207 的子条款中的一些特定要求,而不是计划活动。
c) 项目资源的组织,包括项目组结构、职责、供方和所使用的原材料资源	5.2.4.5a) 每一组织单元的项目组织结构、职责和职权,包括外部组织。
d) 各个不同的个人或集体之间的组织和技术的接口,例如分项目小组、供方、合伙伙伴、用户、顾客代表、质量保证代表(7.3.1.4);	5.2.4.5i) 需方参与:通过诸如联合评审(见 6.6)、审核(6.7)、非正式会议、报告、修改和更改、实施、批准、验收以及使用设施等方法。 5.2.4.5j) 用户参与:通过需求的设定活动、原型演示和评价等方法。
e) 对与设计和开发相关的可能风险、假设、依赖性和问题的分析	5.2.4.5k) 风险管理:即对项目包括潜在的技术、成本和进度安排风险的项目区域的管理。 注:问题包括在问题解决过程(6.8)中。
f) 时间安排,其中确定: 7) 项目的阶段[见 7.1.2j)]; 8) 工作分解结构(WBS); 9) 相关的资源和时间分配; 10) 相关的依赖性; 11) 里程碑; 12) 验证和确认活动[7.1.2g)]	5.2.4.5c) 生存周期过程和活动的工作分解结构,包括要完成的软件产品、软件服务和非交付项以及预算、人员配备、物质资源、软件规模和与项目有关的进度安排。 5.2.4.5n) 进度安排、跟踪和报告的方法。 6.3.1.3d) 开展质量保证活动的资源、进度和职责。

表 B.1（续）

引用本标准条款	引用 ISO/IEC 12207:1995 条款
g）识别以下方面： 10）标准、规则、惯例和约定、方法、生存周期模型、法律法规要求[7.1.2d)和 e)]； 11）开发用的工具和技术，包括对这类工具和技术的认定和配置控制； 12）开发用的设施、硬件和软件； 13）配置管理惯例[7.1.2h)]； 14）控制不合格软件产品的方法； 15）用于支持开发的软件的控制方法； 16）对于软件产品存档、备份、恢复和访问控制的程序； 17）病毒预防的控制方法； 18）安全控制	5.3.1.4 开发者应为实施开发过程的活动制订开发计划。该计划应包括特定的标准、方法、工具、措施和与包括安全、保密在内的所有要求的开发、合格性认定相关的职责。如果必要，可以制订彼此独立的计划，这些计划应形成文件并执行。 5.2.4.5m）诸如规章、所需的认证、专利权、使用权、所有权、担保权以及许可证授予权等方面所要求的批准。
h）对相关策划（包括系统策划）的识别，诸如质量（见 7.1）、风险管理、配置管理、供方管理、集成、测试（见 7.3.6）、发布管理、安装、培训、移植、维护、重用、沟通和测量等内容	5.2.4.5g）质量保证（见 6.3） 5.2.4.5k）风险管理：即对项目包括潜在的技术、成本和进度安排风险的项目区域的管理。 5.2.4.5l）安全保密方针：即在每一个项目组织级尚需要知道的和可以使用的信息的准则。
注：GB/T 19001—2000 版并未要求合同评审程序，但在 7.2.2a）中要求在接受合同前评审需求。	6.3.1.3b）合同评审和协调的规程。
7.3.4 设计和开发评审	
设计和开发的评审应按计划的安排来进行。评审应当考虑以下方面：	6.6.1.1 应按照项目计划中的规定，在预先确定里程碑处进行定期评审……
a）评审内容、时机、类型。例如演示、正确性的正式证据、检查、走查以及联合评审	6.6.1.3 在每次评审时，各方应就下属事项达成一致：会议日程、要评审的软件产品（一个活动的结果）和问题；范围和程序；以及评审的入口准则和出口准则。
b）每种评审涉及哪些职能小组，如果要举行评审会议，会议将如何组织和进行；	6.6.1.2 进行评审所需的所有资源应由各方协商确定，这些资源包括人员、场地、设施、硬件、软件和工具。
c）将生成哪些记录，例如会议纪要、事项记录、问题记录、措施记录和措施的状态记录；	6.6.1.4 评审期间发现的问题应加以记录，并要求输入到问题解决过程（6.8） 6.6.1.5 评审结果应形成文档并发布。评审方应向被评审方了解评审结果（例如批准、否决或有条件批准）的适当性。
d）对规则、惯例和约定应用进行监视的方法，以确保满足要求	6.6.3.1 应举行技术评审，以评价所考虑的软件产品或服务，并提供下述证据： b）它们符合其标准和规范。
e）实施评审之前须完成的事项，例如建立目标、确定会议议程、准备要求的文件以及确定评审人员的角色	6.6.1.3 在每次评审时，各方应就下属事项达成一致：会议日程、要评审的软件产品（一个活动的结果）和问题；范围和程序；以及评审的入口准则和出口准则。 6.6.1.2 进行评审所需的所有资源应由各方协商确定，这些资源包括人员、场地、设施、硬件、软件和工具。

表 B.1（续）

引用本标准条款	引用 ISO/IEC 12207:1995 条款
f) 评审期间须完成的事项，包括拟采用的技术以及对所有参与人员提供指南	6.6.1.3 在每次评审时，各方应就下属事项达成一致：……范围和程序……
g) 评审通过的准则	6.6.1.3（结尾）……以及评审的入口准则和出口准则。
h) 为了确保评审中所发现的问题得以解决，应当采取什么样的后续措施	6.6.1.6 各方应就评审结论、措施项的责任和结束准则达成一致。
注：GB/T 19001—2000 版并未区分项目管理和技术评审，这对软件项目是非常普遍(有用)的。尽管本标准不包括 GB/T 19001—2000 版的详细指南，但它还是有益的，并且对使用 ISO/IEC 12207 那些独立的评审方法有用。（尽管在这个标准中没有包括 GB/T 19001—2000 手册中的细节，但使用具有这些单独评审机制的 ISO 12207 观点也许很适合并且实用。）	6.6.2 项目管理评审 6.6.2.1 应针对适用的项目计划、进度安排、标准和指南评价项目的状态。评审的结果应在双方间进行讨论，并提供如下： a) 基于对活动或软件产品状态的评价，使活动按照计划进行下去； b) 通过配备必要的资源维持项目的总体控制； c) 改变项目的方向或决定是否需要另外的计划； d) 评价和管理可能危机项目成功的风险问题。
	6.6.3 技术评审 6.6.3.1 应举行技术评审，以评价所考虑的软件产品或服务，并提供下述证据： a) 它们是完备的； b) 它们符合其标准和规范； c) 对它们的更改得到适当的实施，并且仅仅影响配置管理过程(6.2)所标明的区域； d) 它们遵循适用的进度； e) 它们已准备好用于下一个计划的活动； f) 按照项目的计划、进度安排、标准和指南，正在进行开发、运行和维护。

参 考 文 献

[1] ISO/IEC 6592:2000,Information technology—Guidelines for the documentation of computer-based application systems

[2] GB/T 19000/ISO 9000:2000 质量管理体系 基础和术语

[3] ISO 9000-3:1997 质量管理和质量保证标准 第3部分:ISO 9001:1994 在计算机软件开发、供应、安装和维护中的应用指南

[4] GB/T 19001/ISO 9001:2000 质量管理体系 要求

[5] GB/T 16260.1—2006/ISO/IEC 9126-1:2001 软件工程 产品质量 第1部分:质量模型

[6] GB/T 16260.2—2006/ISO/IEC TR9126-2:2003 软件工程 产品质量 第2部分:外部度量

[7] GB/T 16260.3—2006/ISO/IEC TR9126-3:2003 软件工程 产品质量 第3部分:内部度量

[8] GB/T 16260.4—2006/ISO/IEC TR9126-4:2003 软件工程 产品质量 第4部分:在使用中的度量

[9] GB/T 19017—2008/ISO 10007:2003 质量管理体系 技术状态管理指南

[10] GB/T 17544—1998/ISO/IEC 12119:1994 信息技术 软件包 质量要求和测试

[11] ISO/IEC 12207:1995,Information technology—Software life cycle processes

[12] ISO/IEC 12207:1995/Amd.1:2002 Information technology—Software life cycle processes—Amendment 1

[13] GB/T 18234—2000/ISO/IEC 14102:1995 信息技术 CASE工具的评价与选择指南

[14] GB/T 18905.2—2002/ISO/IEC 14598-2 软件工程 产品评价 第2部分:策划和管理

[15] GB/T 18905.3—2002/ISO/IEC 14598-2 软件工程 产品评价 第3部分:开发者用的过程

[16] GB/T 18905.4—2002/ISO/IEC 14598-4 软件工程 产品评价 第4部分:需方用的过程

[17] GB/T 18905.5—2002/ISO/IEC 14598-5 软件工程 产品评价 第5部分:评价者用的过程

[18] ISO/IEC TR 14759:1999,Software engineering—Mock up and prototype—A categorization of software mock up and prototype models and their use

[19] GB/T 20157—2006/ISO/IEC14764:1999 信息技术 软件维护

[20] GB/T 18492—2001/ISO/IEC15026:1998 信息技术 系统及软件完整性级别

[21] ISO/IEC TR 15271:1998,Information technology—Guide for ISO/IEC 12207 (Software Life Cycle Processes)

[22] ISO/IEC 15504-1, Information Technology—Process Assessment—Part 1: Concepts and vocabulary

[23] ISO/IEC 15504-2,Software engineering—Process assessment—Part 2: Performing an assessment

[24] ISO/IEC 15504-3,Information technology—Process assessment—Part 3: Guidance on performing an assessment

[25] ISO/IEC 15504-4,Information technology—Process assessment—Part 4: Guidance on use for process improvement and process capability determination

[26] ISO/IEC 15504-5,Information technology—Process Assessment—Part 5: An exemplar

Process Assessment Model

[27] ISO/IEC TR 15846:1998, Information technology—Software life cycle processes—Configuration Management

[28] ISO/IEC 15910:1999, Information technology—Software user documentation process

[29] ISO/IEC 15939:2002, Software engineering—Software measurement process

[30] ISO/IEC TR 16326:1999, Software engineering—Guide for the application of ISO/IEC 12207 to project management

[31] ISO/IEC 19761:2003, Software engineering—COSMIC-FFP—A functional size measurement method

[32] ISO/IEC 20926:2003, Software engineering—IFPUG 4.1 Unadjusted functional size measurement method—Counting practices manual

[33] ISO/IEC 20968:2002, Software engineering—Mk II Function Point Analysis—Counting Practices Manual

---

ICS 03.120.10
A 00

中华人民共和国国家标准

GB/T 19012—2008/ISO 10002:2004

质量管理　顾客满意 组织处理投诉指南

Quality management—Customer satisfaction—Guidelines for complaints handling in organizations

(ISO 10002:2004,IDT)

2008-05-07 发布　　2008-12-01 实施

中华人民共和国国家质量监督检验检疫总局
中国国家标准化管理委员会　发布

前　言

本标准等同采用 ISO 10002:2004《质量管理　顾客满意　组织处理投诉指南》(英文版)。

本标准对 ISO 10002:2004 作了下列编辑性修改:

a) 将“本国际标准”改为“本标准”。

b) 删除了国际标准的前言。

本标准的附录 A、附录 B、附录 C、附录 D、附录 E、附录 F、附录 G 和附录 H 都是资料性附录。

本标准由全国质量管理和质量保证标准化技术委员会(SAC/TC 151)提出并归口。

本标准起草单位:中国标准化研究院、中国质量协会。

本标准主要起草人:张荣静、郑兆红、樊天顺、朱立恩、王晓生、李镜、裴飞、康键。

引　言

0.1　总则

本标准为建立和实施有效和高效的投诉处理过程提供指南，适用于所有类型的商业或非商业活动，也包括与电子商务相关的投诉处理过程，以使组织及其顾客、投诉者和其他相关方受益。

无论组织的规模、地域及行业如何，从投诉处理过程中获得的信息都能够用于产品和过程的改进，而且当投诉得到妥善处理时，组织的声誉可以提高。在全球化市场中，本标准的明显的价值在于提供了可信任的一致性投诉处理方式。

有效和高效的投诉处理过程，反映了产品供应方和接受方的需求。

注：本标准提到的“产品”也可表示“服务”。

使用本标准所描述的投诉处理过程能够提高顾客满意度，鼓励顾客反馈（包括不满意时的投诉），能够为保持或提高顾客忠诚度和认可提供机会，并提高组织的国内与国际的竞争力。

实施本标准中所阐述的过程，将能够：

——为投诉者提供一个开放并有回复的投诉处理过程；

——提高组织以一致、系统和积极响应的方式解决投诉的能力，以使投诉者与组织都满意；

——提高组织识别投诉的趋势、消除投诉的原因，并改进组织运作的能力；

——帮助组织采用以顾客为关注焦点的方式解决投诉，并鼓励组织人员改进与顾客相处的技能；

——为投诉处理过程、解决投诉的问题、改进相关过程提供持续评审和分析的基础。

组织可能希望将顾客满意行为规范和外部争议解决过程与投诉处理过程相配合。

0.2　与 GB/T 19001—2000 和 GB/T 19004—2000 的关系

本标准与 GB/T 19001—2000《质量管理体系　要求》和 GB/T 19004—2000《质量管理体系　业绩改进指南》相容，并通过有效和高效的实施投诉处理过程支持上述两项标准的目标。本标准也可单独使用。

GB/T 19001《质量管理体系　要求》规定了质量管理体系要求，可供组织内部使用，也可用于认证或合同目的。本标准中描述的投诉处理过程可以作为质量管理体系的一个要素。

用于认证或合同不是本标准的目的。

GB/T 19004《质量管理体系　业绩改进指南》为业绩持续改进提供指南。使用本标准能够进一步增强组织投诉处理的业绩，提高顾客和其他相关方的满意程度，促进以顾客和其他相关方的反馈为基础的产品质量持续改进。

质量管理 顾客满意 组织处理投诉指南

1 范围

本标准为组织内与产品相关的投诉处理过程提供指南，包括策划、设计、运行、保持和改进等过程。本标准所描述的投诉处理过程适合作为整个质量管理体系的过程之一。

本标准不适用于需要在组织以外寻求解决的争议和雇佣关系争议。

本标准适用于各个行业和不同规模的组织。附录A特别提供了针对小企业的指南。

本标准侧重投诉处理的以下方面：

a) 通过建立包括投诉等反馈在内的以顾客为关注焦点的开放环境和解决所收到的所有投诉，以及增强组织改进其产品和顾客服务的能力，提高顾客满意程度；

b) 最高管理者应通过资源的充分配置和拓展(包括人员培训)来参与和履行义务；

c) 识别并重视投诉者的需要和期望；

d) 为投诉者提供开放、有效和便于使用的投诉过程；

e) 分析和评价投诉内容，以便改进产品和顾客服务质量；

f) 审核投诉处理过程；

g) 评审投诉处理过程的有效性和效率。

本标准不拟改变适用的法律法规所规定的权利和义务。

2 规范性引用文件

下列文件中的条款通过本标准的引用而成为本标准的条款。凡是注日期的引用文件，其随后所有的修改单(不包括勘误的内容)或修订版均不适用于本标准，然而，鼓励根据本标准达成协议的各方研究是否可使用这些文件的最新版本。凡是不注日期的引用文件，其最新版本适用于本标准。

GB/T 19000—2000 质量管理体系 基础和术语(idt ISO 9000:2000)

3 术语和定义

GB/T 19000确立的以及下列术语和定义适用于本标准。

注：GB/T 19000—2000的3.4.2中“产品”定义为“过程的结果”，包括四种通用类别：服务、软件、硬件和流程性材料。本标准提到的“产品”也可表示“服务”。

3.1

投诉者 complainant

提出投诉的个人、组织或其代表

3.2

投诉 complaint

对组织的产品或投诉处理过程不满意的表示，其中包括期望得到回复或解决的明示的或隐含的表示

3.3

顾客 customer

接受产品的组织或个人

示例：消费者、委托人、最终使用者、零售商、受益者和采购方。

[GB/T 19000—2000，定义 3.3.5]

3.4

顾客满意　customer satisfaction

顾客对其要求已被满足的程度的感受

注：采用 GB/T 19000—2000 中定义 3.1.4，该定义中的注被删除。

3.5

顾客服务　customer service

在产品寿命周期内组织与顾客之间的活动

3.6

反馈　feedback

对产品或投诉处理过程的意见、评价和关注的表示

3.7

相关方　interested party

与组织的业绩或成就有利益关系的个人或团体

注：采用 GB/T 19000—2000 中定义 3.3.7，该定义中的示例和注被删除。

3.8

目标　objective

在投诉处理方面所追求的目的

3.9

方针　policy

由组织的最高管理者正式发布的该组织总的投诉处理宗旨和方向

3.10

过程　process

一组将输入转化为输出的相互关联或相互作用的活动

注：采用 GB/T 19000—2000 中定义 3.4.1，该定义中的注被删除。

4　指导原则

4.1　总则

为有效处理投诉，建议遵循 4.2 至 4.10 的指导原则。

4.2　透明

应向顾客、员工和其他相关方公布如何进行投诉和投诉地点等信息。

4.3　方便

投诉处理过程应让所有投诉者易于使用，并能得到进行投诉和解决投诉的有关详细信息。投诉处理过程和支持性信息应易于理解和使用，信息应表达清楚。进行投诉时组织提供的信息和帮助(见附录B)应与提供产品时的语言或形式相同，包括其他可供选择的形式，如大字体印刷、盲文或录音磁带等，以避免投诉者处于不利地位。

4.4　响应

收到每项投诉后都应及时告知投诉者，应按照其紧急程度进行处理，例如重大的健康和安全问题应立即处理。应礼貌地对待投诉者，并告知其投诉在投诉处理过程的进展。

4.5　公正

在投诉处理过程中应平等、公正和无偏见对待每件投诉(见附录 C)。

4.6　免费

投诉处理过程应对投诉者免费。

4.7 保密

需要时，可获取投诉者的个人可识别信息，但只能用于组织内部处理投诉，非经顾客或投诉者同意，不得将其公开，并应主动避免其被透露。

4.8 以顾客为关注焦点的方法

组织应当采取以顾客为关注焦点的方法，公开包括投诉在内的反馈，并应以行动履行解决投诉的承诺。

4.9 责任

组织应确保建立对投诉处理活动和决定的责任和报告制度。

4.10 持续改进

投诉处理过程和产品质量的持续改进应当是组织永恒的目标。

5 投诉处理框架

5.1 承诺

由组织的最高管理者主动倡导和表明有效和高效地处理投诉的承诺尤其重要。

郑重承诺对投诉做出回复，将促使员工和顾客都能够对组织的产品和过程改进做出贡献。

这种承诺应反映在确定、宣传和贯彻解决投诉的方针和程序的方面。管理者的承诺应体现为提供适当的资源（包括培训）。

5.2 方针

最高管理者应建立明确的、以顾客为关注焦点的投诉处理方针。这个方针应让全体员工充分了解，并使顾客和其他相关方也可获得。这个方针应由过程中各个程序和目标予以支持，这些程序和目标应规定过程中的每项职能和个人作用。

建立投诉处理过程的方针和目标时，应考虑下列因素：

——相关的法律法规的要求；

——财务、运行和组织的要求；

——顾客、员工与相关方的输入。

投诉处理方针应与质量方针保持一致。

5.3 职责和权限

5.3.1 最高管理者应负有下述职责：

a) 确保在组织内建立投诉处理过程和目标；

b) 确保按照组织的投诉处理方针策划、设计、实施、保持和持续改进投诉处理过程；

c) 识别和配置有效和高效的投诉处理过程所需的管理资源；

d) 确保在整个组织内以顾客为关注焦点，增强投诉处理过程意识；

e) 确保投诉处理过程的相关信息以简便易行的方式传递给顾客、投诉者和直接相关方（见附录 C）；

f) 指定一名投诉处理管理者代表，并明确规定其职责和权限及 5.3.2 规定之外的职责和权限；

g) 确保建立能够快速有效地向最高管理者通报重要投诉的过程；

h) 定期评审投诉处理过程，确保其有效和高效地保持并持续改进。

5.3.2 投诉处理管理者代表应负有下述职责：

a) 建立投诉处理的业绩监督、评价和报告程序；

b) 向最高管理者报告投诉处理过程有关事项，并提出改进建议；

c) 保持投诉处理过程的有效和高效运作，包括所需员工的聘用和培训、技术要求、文件、设定和达到目标的时限及其他要求，并评审该过程。

5.3.3 与投诉处理过程有关的其他管理人员在其职责范围内，应负有下述职责：

a) 确保投诉处理过程得到实施；

b） 与投诉处理管理者代表保持联系；

c） 确保以顾客为关注焦点，增强投诉处理过程意识；

d） 确保投诉处理过程有关信息易于获得；

e） 报告与投诉处理有关的措施和决定；

f） 确保投诉处理过程得到监视并予以记录；

g） 确保采取措施，纠正问题，防止问题再发生，并记录事实；

h） 确保最高管理者评审时能够获得投诉处理数据。

5.3.4 与顾客和投诉者接触的所有人员应：

——接受投诉处理培训；

——遵守组织确定的对投诉处理进行报告的要求；

——礼貌待客，对投诉迅速做出反应，或将其引导至适当的人员；

——具备良好的人际交往和沟通技巧。

5.3.5 全体人员应：

——清楚其与投诉相关的作用、职责和权限；

——清楚应遵循的程序和应提供给投诉者的信息；

——报告对组织有重大影响的投诉。

6 策划和设计

6.1 总则

组织应策划和设计有效和高效的投诉处理过程，以提高顾客忠诚度与顾客满意度，并改进所提供产品的质量。这个过程应当由一系列相互关联的活动组成，这些活动的功能应相互协调，并使用人员、信息、材料、财务和基础设施等多种资源，以使过程符合投诉处理方针并能实现目标。组织应当参考其他组织在投诉处理方面的先进经验。

6.2 目标

最高管理者应确保在组织的相关职能和层次上建立投诉处理目标。这些目标应是可测量的，并与投诉处理方针保持一致。这些目标应细化为一定时期的业绩准则。

6.3 行动

最高管理者应确保投诉处理过程策划的实施，以保持和提高顾客满意。投诉处理过程可以与组织的质量管理体系的其他过程相结合或保持一致。

6.4 资源

为确保投诉处理过程有效和高效地运行，最高管理者应评估资源需求并提供资源。这些资源包括人员、培训、程序、文件、专家支持、材料和设备、计算机硬件和软件、资金等。

投诉处理过程的人员选择、配备和培训是特别重要的因素。

7 投诉处理过程的运行

7.1 沟通

投诉处理过程的有关信息，如手册、宣传单、电子信息等，应使顾客、投诉者和其他相关方易于获得。这些信息应使用明确的语言和适用于上述所有人的形式，不使任何投诉者处于不利地位。以下是这些信息的示例：

——投诉地点；

——投诉方式；

——投诉者提供的信息（见附录B）；

——处理投诉的过程；

——投诉处理过程各阶段时限；

——投诉者选择的补救方式，包括外部解决方式(见7.9)；

——投诉者如何获得投诉进展的回复。

7.2 投诉受理

对于初次投诉的报告，应记录投诉的支持性信息并赋予唯一的识别代码。初次投诉记录应当确定投诉者所寻求的补救要求，以及为有效处理投诉所必需的信息，包括：

——对投诉和相关支持信息的描述；

——补救要求；

——投诉涉及的产品或组织行为；

——预期的回复时间；

——人员、部门、分支机构、组织和市场区域的信息；

——已及时采取的措施(如果有)。

详细内容见附录B和附录D。

7.3 投诉跟踪

从最初收到投诉直至使投诉者满意或做出最后决定的整个过程都应对投诉实施跟踪。应投诉者要求和定期的，至少在规定的最后期限之前，投诉者应可以了解到投诉处理的最新状况。

7.4 投诉告知

每件投诉收到后都应立即通知投诉者(如通过邮件、电话或电子邮件)。

7.5 投诉初步评审

收到的每件投诉都应按准则进行初次评审，如激烈程度、安全隐患、复杂程度、影响、立即采取措施的需要与可能性等。

7.6 投诉调查

应当尽可能调查所有有关投诉的背景和信息。调查深入程度应当与投诉严重性、发生频次和激烈程度相适应。

7.7 投诉响应

组织应进行适当的调查，并作出相应的响应(见附录E)，例如纠正问题并防止其再发生。如果投诉不能立即解决，应尽快制定有效的解决方案(见附录F)。

7.8 沟通决定

针对投诉的决定或采取的任何措施一旦形成，都应立即与投诉者和相关人员进行沟通。

7.9 投诉终止

如果投诉者接受所建议的决定或措施，该决定或措施就应得到实施并记录。

如果投诉者拒绝所建议的决定或措施，投诉仍应保持进行状态。应记录此情况，并应告知投诉者其他可用的内部和外部的处理方式。

组织应继续监视投诉进展，直至使用了所有合理的内部和外部处理方式，或达到投诉者满意。

8 保持和改进

8.1 信息收集

组织应记录其投诉处理过程的业绩。组织应建立和实施记录投诉和回复程序以及使用和管理记录程序，同时保护个人信息并为投诉者保密。这些程序应包括：

a) 规定识别、收集、分类、保持、保存和处置记录的步骤；

b) 记录对投诉的处理并保持这些记录，应特别注意保存电子文件和磁记录载体，因为这些形式的记录会由于误操作或老化而导致丢失；

c) 保持与投诉处理过程有关人员已经接受的培训和指导类型的记录；

d) 规定组织回复已记录的投诉者或其代理人口头表达和书面提交请求的准则，可以包括时限、提供的信息种类、对象、格式等；

e) 规定向公众公布无个人信息的投诉统计资料的时间和方式。

8.2 投诉分析和评价

应对所有投诉进行分类并分析，以识别是系统性、重复性问题，还是偶然发生的问题，及其发展趋势，有助于消除产生投诉的根本原因。

8.3 投诉处理过程的满意程度

应采取定期活动确定投诉者对投诉处理过程的满意程度。可以采取对投诉者随机调查的形式和其他方法。

注：改进投诉处理过程满意程度的一种方法是模拟投诉者与组织联系。

8.4 投诉处理过程的监视

应对投诉处理过程、必需的资源(包括人员)和所要收集的资料进行持续监视。

应按事先制定的准则测量投诉处理过程的业绩(见附录G)。

8.5 投诉处理过程的审核

组织应当定期实施或提供审核，以评估投诉处理过程的业绩。审核应提供以下信息：

——过程与投诉处理程序的符合性；

——过程达到投诉处理目标的适宜性。

投诉处理审核可作为质量管理体系审核的一部分，如按GB/T 19011—2003《质量和(或)环境管理体系审核指南》执行。审核结论应在管理评审中加以考虑，识别发生的问题并进行投诉处理过程的改进。审核应当由独立于被审核活动的能胜任的人员进行。详细指南见附录H。

8.6 投诉处理过程的管理评审

8.6.1 组织的最高管理者应定期评审投诉处理过程，以：

——确保过程持续的适宜性、充分性、有效性和效率；

——识别和处理与健康、安全、环境、顾客和法律法规要求不一致的事项；

——识别和纠正产品的缺陷；

——识别和纠正过程的不足；

——评估改进机会和更改投诉处理过程及所提供产品的需要；

——评价投诉处理方针和目标的潜在变化。

8.6.2 管理评审的输入应包括以下信息：

——诸如在方针、目标、组织结构、可用资源、提供产品方面的变化等内部要素；

——诸如在法规、竞争行为和技术创新方面的变化等外部要素；

——投诉处理过程的整体业绩，包括顾客满意度调查和对过程持续监视的结果；

——审核结论；

——纠正和预防措施状况；

——以往管理评审措施的跟踪；

——改进建议。

8.6.3 管理评审的输出应包括：

——改进投诉处理过程有效性和效率的决定和措施；

——产品改进建议；

——已确定所需资源(如培训方案)的决定和措施。

应保持管理评审的记录，以确定改进的机会。

8.7 持续改进

组织应持续改进投诉处理过程的有效性和效率。组织可以通过纠正和预防措施以及创新性改进，持续改进其产品质量。组织应采取措施消除导致投诉的已发生和潜在问题的原因，防止问题发生或重复发生。组织应当：

——探索、识别和使用最佳的投诉处理方式；

——在组织内鼓励以顾客为关注焦点的方法；

——鼓励投诉处理的创新；

——树立投诉处理行为的范例。

关于持续改进通用方法的附加指导，组织可参考GB/T 19004—2000《质量管理体系　业绩改进指南》的附录B。

附 录 A
（资料性附录）
小企业指南

本标准是为所有规模的企业编制的，但应承认许多小企业在建立和保持投诉处理过程方面受到资源的限制。本附录突出小企业应关注的要点，从而使其可以通过一个简单的过程实现最好的效果和最高的效率。

下面列出关键步骤以及每个步骤的措施建议：

——以开放的方式对待投诉：设置一个简单的公告牌，或在该公司的发票上注明相关信息（见4.2），如“您的满意对我们很重要，如果您不满意请告诉我们，我们愿意改正”；

——收集并记录投诉（见附录B和附录D）；

——如果不是当面接收，应告知投诉者已收到投诉（可采用电话或邮件方式）（见7.4）；

——评审投诉的有效性、可能造成的影响，以及处理该投诉的最佳人员（见7.5）；

——尽可能快地解决投诉，或做进一步调查，然后决定如何处理并尽快采取行动（见7.7）；

——告知顾客准备处理投诉的做法，并评估顾客的反应。拟采取的措施会使顾客满意吗？如果回答是肯定的，尽快按顾客合理的期望采取措施，还应考虑行业内的最优方法（见7.8）；

——当对投诉进行了所有正常处理之后，将结果通知顾客并记录。如果投诉的处理仍未使顾客满意，应对决定进行说明并提供所有可能的替代措施（见7.9）；

——定期评审投诉（简化的定期评审和深入的年度评审），确定是否存在某些趋势或能够改正的明显问题，通过改正防止类似投诉的发生，改进顾客服务工作，使顾客更加满意（见附录B和附录D条款7中的投诉跟踪）。

上述措施是为简化实施过程而提出的。此外，了解其他类似企业的处理投诉的不同做法也很有价值，通常会发现具有价值的实用技巧和方法。

附 录 B
（资料性附录）
投诉者登记表

以下是一个表格的式样，由投诉者提供一些关键内容，以便组织更好地处理投诉。

1 **投诉者详细信息**

姓名/单位：________________

地址：________________

城市，邮编：________________

国家：________________

电话：________________

传真：________________

电子信箱：________________

投诉者代理人的详细信息（如果有）：

____

联系人（如果不同于上述人员）：

____

2 **产品描述**

产品/订单编号（如果知道）：________________

描述：________________

____

____

3 **发生的问题**

发生日期：________________

问题描述：________________

____

____

4 **补偿要求**

有□　　无□

____

____

5 **日期、签字**

日期：________________　　签字：________________

6 **附件**

附件目录

____

____

附 录 C
（资料性附录）
公 正

C.1 总则

投诉处理过程公正性的原则包括以下内容：

a) 公开：应向涉及到投诉的人员做好宣传，使之易于理解并能够方便执行。该过程应明确并加以宣传，使工作人员和投诉者都能够遵循。

b) 公平：对待投诉者、被投诉者或组织应避免任何偏见。过程的设计应能保护被投诉者不受任何非公正的对待，重点是放在解决问题上而不是认定过失上。当投诉针对人员时，应进行独立调查。

c) 保密：过程的设计应尽可能地保护投诉者和顾客的身份，这对于避免妨碍可能的投诉是很重要的，有些投诉者可能会害怕因提供身份详细信息而给自身带来麻烦或歧视。

d) 方便：组织应允许投诉者在任何合理的地点或时间使用投诉处理过程，投诉过程的信息应以清楚的语言表达和易于获得的方式提供给投诉者。当投诉涉及供应链中不同环节的参与方时，应制定协调的联合响应计划。该过程应能使组织中与投诉相关的任何供方了解投诉信息，以使其能够进行改进。

e) 全面：尽可能地通过与投诉涉及的双方人员面谈查找相关事实，确立共同的基础以及证实双方叙述的真实性。

f) 平等：同等对待所有人。

g) 慎重：应仔细留意每个案例，关注个体之间的差异和需求。

C.2 对人员的公正性

投诉处理程序应确保公正地对待被投诉人员，做到：

——及时全面告之与其业绩相关的任何投诉；

——给他们解释情况的机会，并允许他们得到适当的帮助；

——让他们随时了解投诉调查的进展情况及结果。

在面谈调查之前，告知被投诉人员全部详细内容是至关重要的。不过应遵循保密原则。

该过程应能消除人员顾虑，给予他们支持。应鼓励人员从被投诉经历中学习，更好地理解投诉者。

C.3 将投诉处理程序与处罚程序分开

应将投诉处理程序与处罚程序分开。

C.4 保密

除了确保为投诉者保密之外，如果投诉是针对人员时，投诉处理过程还应确保为相关人员保密，这些投诉的详细内容应只能被直接相关的人员知道。

然而，同样重要的是不能把保密性作为推卸处理投诉的借口。

C.5 公正性的监视

组织应监视对于投诉的回复，以确保投诉的公正处理。测量可以包括：

——通过随机抽取已处理投诉案件的方式定期监视（如每月）；

——通过进行投诉者调查，询问他们是否得到公正对待。

附　录　D
（资料性附录）
投诉处理记录表

以下是一个表格的式样（仅供内部使用），其中的主要信息可以帮助组织跟踪投诉处理过程。

1　**投诉受理基本信息**

投诉日期：________________

投诉时间：________________

接收人姓名：________________

投诉方式：　电话□　电子信箱□　互联网□　当面提交□　信件□　其他□　________

标识代码：________________

2　**投诉者情况**

见投诉者登记表。

3　**投诉内容**

投诉编号：________________

相关投诉数据：________________

投诉人：________________

4　**问题**

发生日期：________________

屡次发生　　是□　　否□

问题类别

1）　□　未收到产品

2）　□　未提供/部分未提供服务

3）　□　延期交付产品：
　　　　延迟时间________

4）　□　延期提供服务：
　　　　延迟时间________

5）　□　缺陷产品

6）　□　不良服务：
　　　　情况说明________
　　　　________
　　　　________

7）　□　产品与订单不一致

8）　□　非订购产品

9）　□　破损

10）　□　拒绝兑现担保

11）　□　拒绝销售

12）　□　拒绝提供服务

13）　□　商业惯例/销售方式

14) □ 错误信息
15) □ 信息不全
16) □ 支付安排
17) □ 价格
18) □ 提高价格
19) □ 额外费用
20) □ 不合理费用
21) □ 合同条款
22) □ 合同范围
23) □ 破损情况评估
24) □ 拒绝赔偿
25) □ 赔偿不足
26) □ 变更合同
27) □ 合同执行不当
28) □ 解除合同
29) □ 取消服务
30) □ 偿付贷款
31) □ 利息
32) □ 未兑现承诺
33) □ 发票错误
34) □ 投诉处理非正常延期
35) □ 其他问题：______

______

附加信息：______

______

5 投诉评估

评价投诉的实际和潜在的影响的范围和严重程度：

严重程度：______

______

复杂性：______

______

影响：______

______

需要立即采取措施 是□ 否□

立即采取措施是否有效 是□ 否□

能否补偿 是□ 否□

6 投诉解决方案

是否要求补偿 是□ 否□

拟采取的措施

36) ☐ 交付产品

37) ☐ 返修/返工产品

38) ☐ 更换产品

39) ☐ 退货

40) ☐ 执行担保

41) ☐ 兑现承诺

42) ☐ 达成协议

43) ☐ 解除合同

44) ☐ 注销发票

45) ☐ 提供信息

46) ☐ 纠正破损评估

47) ☐ 支付补偿,总金额: ____________________

48) ☐ 退还预订金,总金额: ____________________

49) ☐ 退还其他费用,总金额: ____________________

50) ☐ 价格折扣,总金额: ____________________

51) ☐ 支付手段

52) ☐ 道歉

53) ☐ 其他措施: ____________________

____

____

7 投诉跟踪

采取的措施	日期	姓名	备注
向投诉者确认收到投诉			
投诉评估			
投诉调查			
投诉解决方案			
通知投诉者			
纠正			
纠正验证			
投诉终止			

附 录 E
（资料性附录）
响 应

E.1 组织的响应可包括：

——退款；

——换货；

——返修/返工；

——替换；

——技术支持；

——提供信息；

——咨询；

——财务协助；

——其他帮助；

——补偿；

——道歉；

——礼品或纪念品；

——说明由于投诉带来的产品、过程、方针或程序的变化。

E.2 应考虑的其他事项包括：

——投诉所涉及的所有方面；

——后续工作（必要时）；

——是否有必要向其他有同样遭遇但未进行正式投诉的顾客提供补偿；

——对于不同回复的权限等级；

——对于相关人员的信息提供。

附　录　F
（资料性附录）
递进流程图

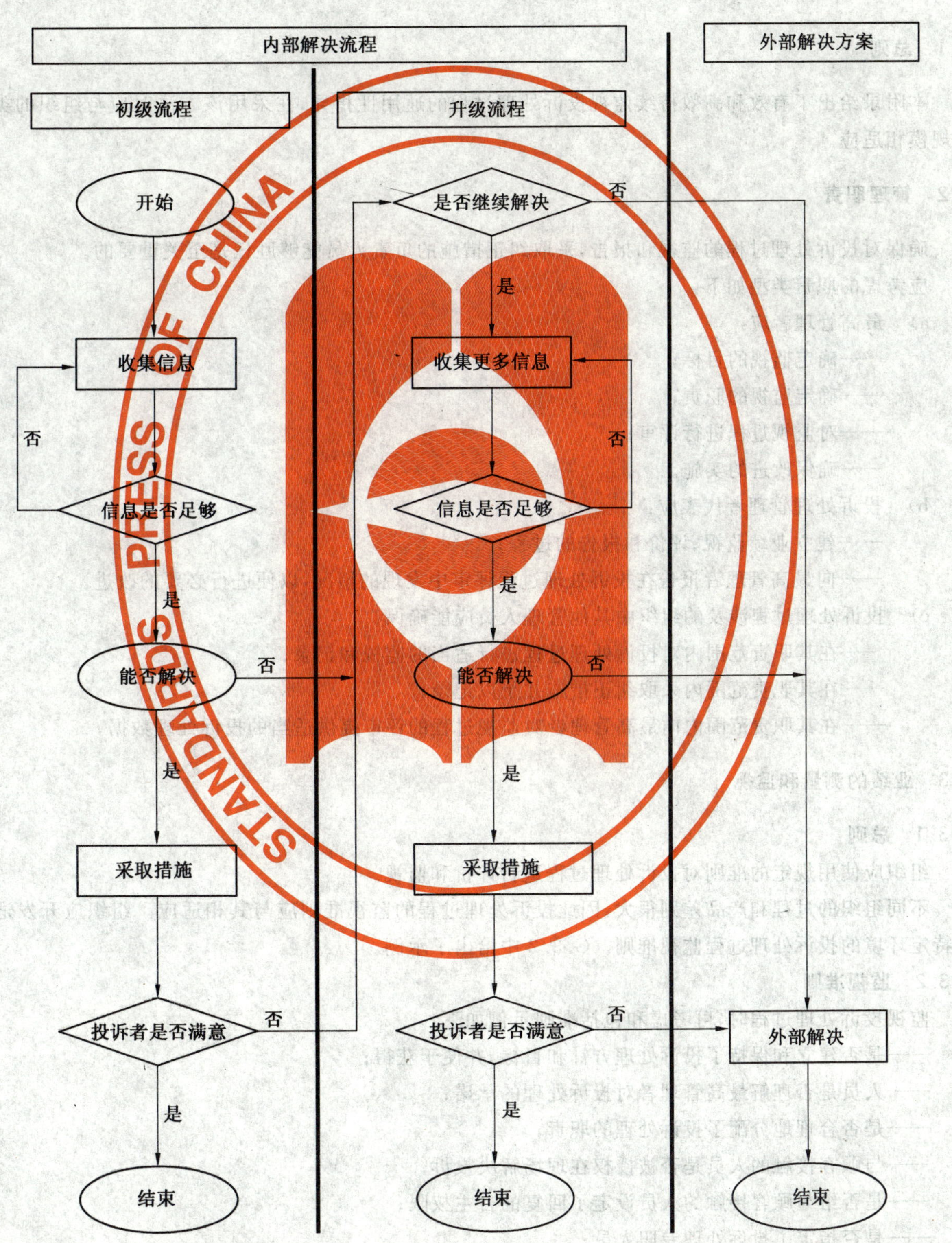

附 录 G
（资料性附录）
业绩持续监视

G.1 总则

本附录给出了有效和高效持续监视投诉处理过程的通用性指导，在采用该方法时应与组织的类型和规模相适应。

G.2 管理职责

确保对投诉处理过程的监视和报告，采取纠正措施的负责人员能够胜任是至关重要的。

应考虑的职责类型如下：

a) 最高管理者应：
——确定监视的目标；
——确定监视的职责；
——对监视过程进行评审；
——确保改进的实施。

b) 投诉处理管理者代表应：
——建立业绩监视、评价和报告的过程；
——向最高管理者报告在投诉处理过程评审中发现的情况，以便进行必要的改进。

c) 投诉处理过程涉及的组织中其他管理人员应能确保：
——在其职责范围内对投诉处理过程进行适当的监视和记录；
——在其职责范围内采取纠正措施并予以记录；
——在其职责范围内向最高管理者对监视过程的评审提供适当的投诉处理数据。

G.3 业绩的测量和监视

G.3.1 总则

组织应使用规定的准则对投诉处理过程进行评价和监视。

不同组织的过程和产品差别很大，因此投诉处理过程的监视准则应与其相适应。组织应开发适用其特定环境的投诉处理过程监视准则。G.3.2 中给出了示例。

G.3.2 监视准则

监视投诉处理过程时，可考虑和包括准则示例如下：

——是否建立和保持了投诉处理方针和目标，并便于获得；
——人员是否理解最高管理者对投诉处理的承诺；
——是否合理地分配了投诉处理的职责；
——与顾客接触的人员是否被授权在现场解决投诉；
——是否给与顾客接触的人员设定了回复的自主权限；
——是否指定了投诉处理专职人员；
——与顾客接触的人员接受投诉处理培训的比例；

——投诉处理培训的有效性和效率；

——人员提出的投诉处理改进建议的数量；

——人员对待处理投诉的态度；

——投诉处理审核或管理评审的频率；

——实施投诉处理审核或管理评审提出建议所用的时间；

——向投诉者回复的时间；

——投诉者的满意程度；

——所要求的纠正和预防措施过程的有效性和效率(必要时)。

G.3.3 监视数据

监视数据提供了处理投诉业绩的直接指标，因此数据的监视是很重要的。监视数据可以包括下列数字或比例：

——收到的投诉；

——当场解决的投诉；

——优先次序排列错误的投诉；

——超出规定期限告知的投诉；

——超出规定期限解决的投诉；

——提交外部解决的投诉(见7.9)；

——重复发生的投诉或反复出现的但未形成投诉的问题；

——由于投诉所导致的程序改进。

应特别注意分析数据，因为：

——客观数据(如回复时间)可以显示过程运行的良好状态，但无法提供投诉者是否满意的信息；

——采用新的投诉处理过程后导致的投诉数量增加，可能反映出的是过程的有效，而并非是产品问题的增加。

附 录 H
（资料性附录）
审 核

组织应对投诉处理过程的有效性和效率进行持续改进。因此，应定期监视过程的实施和结果，以确定和消除已经发生和潜在问题的原因，找出改进的机会。投诉处理审核的主要目的是将投诉处理过程的实施情况与规定准则进行比较，以便于改进，这些准则可包括与投诉处理有关的方针、程序和标准。

对投诉处理过程的审核，应评价过程符合准则的程度以及该过程实现目标的适宜性。

例如，审核可进行下述评估：

——投诉处理程序与组织方针和目标的符合性；

——遵循投诉处理程序的程度；

——现行投诉处理过程实现目标的能力；

——投诉处理过程的优点和弱点；

——投诉处理过程及其结果的改进机会。

投诉处理审核可以作为质量管理体系审核的一部分进行策划和实施。质量管理体系审核的详细信息请查阅 GB/T 19011—2003《质量和（或）环境管理体系审核指南》。

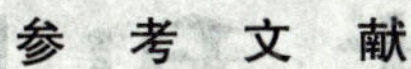

参 考 文 献

[1] GB/T 19001—2000 质量管理体系 要求(idt ISO 9001:2000)

[2] GB/T 19004—2000 质量管理体系 业绩改进指南(idt ISO 9004:2000)

[3] GB/T 19011—2003 质量和(或)环境管理体系审核指南(ISO 19011:2002,IDT)

[4] ISO/IEC Guide 71:2001,Guidelines for standards developers to address the needs of older persons and persons with disabilities

ICS 03.120.10
A 00

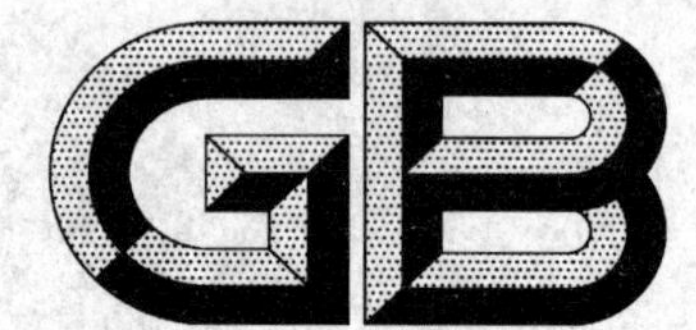

中华人民共和国国家标准

GB/T 19015—2008/ISO 10005:2005
代替 GB/T 19015—1996

质量管理体系 质量计划指南

Quality management systems—Guidelines for quality plans

(ISO 10005:2005,IDT)

2008-10-29 发布　　2009-05-01 实施

中华人民共和国国家质量监督检验检疫总局
中国国家标准化管理委员会　发布

前　言

本标准等同采用ISO 10005:2005《质量管理体系　质量计划指南》。

本标准是GB/T 19000族标准的组成部分,并与其保持一致。

本标准代替GB/T 19015—1996《质量管理　质量计划指南》。

本标准与GB/T 19015—1996相比主要变化如下:

a) 结构上发生了变化,旨在保持与2000版GB/T 19000族标准的一致性。

b) 增加了许多新的内容,主要有:

　1) 将原4.1的内容扩充为一章,以详细表述质量计划的制定过程;

　2) 第5章的内容按GB/T 19001—2000的条款列出;

　3) 附录中的质量计划示例做了调整。

c) 标题也做了相应修改,以反映GB/T 19000族标准的变化并更好地表达本标准的意图。

本标准的附录A和附录B均是资料性附录。

本标准由全国质量管理和质量保证标准化技术委员会(SAC/TC 151)提出并归口。

本标准起草单位:中国标准化研究院、中国质量协会、核工业标准化研究所、东风汽车股份有限公司、中联认证中心。

本标准主要起草人:李镜、王晓生、徐文征、朱小莉、周育清。

本标准于1996年首次发布,本次为第一次修订。

引　言

制定本标准的目的是为了在建立质量管理体系或一项单独的管理活动中，对如何利用质量计划进行指导。另外，质量计划提供了一种与过程、产品、项目或合同的规定要求有关的，支持产品实现的工作方法和规程。质量计划应当与其他有关的计划相协调。

制定质量计划的益处是增强满足要求的信心，更加确保过程受控，同时可以引导相关人员的主动性，并可提供了解和把握改进的机会。

本标准并不替代 GB/T 19004 或其他行业规范中给出的指南。当项目中需要应用质量计划时，本标准是对 GB/T 19016 提供的指南的补充。

按照图 1 所示的过程模式，质量管理体系策划适用于整个模式。而质量计划主要适用于从顾客要求开始，通过产品实现和产品，直到顾客满意。

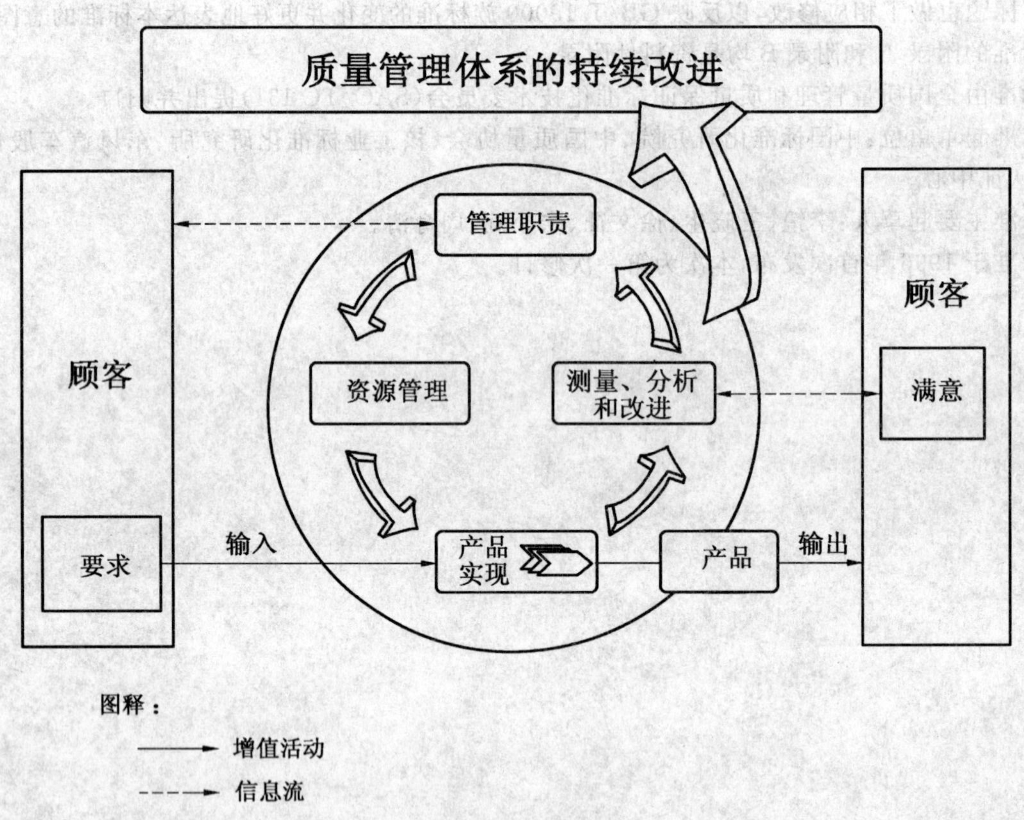

图 1　以过程为基础的质量管理体系模式

质量管理体系 质量计划指南

1 范围

本标准对质量计划的制定、评审、接受、实施和修订提供了指南。

本标准适用于已建立或尚未建立符合 GB/T 19001 要求的质量管理体系的组织。

本标准适用于任何行业、任何产品类别(硬件、软件、流程性材料和服务)的过程、产品、项目或合同的质量计划。

本标准主要针对产品实现的质量计划提供指南,而不是对组织的质量管理体系的策划提供指南。

本标准是一个指南性文件,不拟用于认证目的。

注:为避免"过程、产品、项目或合同"词语的过多重复出现,本标准使用术语"特定情况"(见 3.10)。

2 规范性引用文件

下列文件中的条款通过本标准的引用而成为本标准的条款。凡是注日期的引用文件,其随后所有的修改单(不包括勘误的内容)或修订版均不适用于本标准,然而,鼓励根据本标准达成协议的各方研究是否可使用这些文件的最新版本。凡是不注日期的引用文件,其最新版本适用于本标准。

GB/T 19000—2008 质量管理体系 基础和术语

3 术语和定义

GB/T 19000—2008 确立的以及下列术语和定义适用于本标准。下列定义中有些是从 GB/T 19000—2008中直接引用过来的,但是在有些情况下省略或补充了"注"。

3.1

客观证据 objective evidence

支持事物存在或其真实性的数据

[GB/T 19000—2008,定义 3.8.1]

3.2

程序 procedure

为进行某项活动或过程(3.3)所规定的途径

注 1:程序可以形成文件,也可以不形成文件。

注 2:当程序形成文件时,通常称为"书面程序"或"形成文件的程序"。含有程序的文件可称为"程序文件"。

[GB/T 19000—2008,定义 3.4.5]

3.3

过程 process

将输入转化为输出的相互关联或相互作用的一组活动

注:由 GB/T 19000—2008 中 3.4.1 的定义改写(未包括注)。

3.4

产品 product

过程(3.3)的结果

注 1:有下列四种通用的产品类别:

——服务(如运输);

——软件(如计算机程序,字典);

——硬件(如发动机机械零件);

——流程性材料(如润滑油)。

许多产品由分属于不同产品类别的成分构成,其属性是服务、软件、硬件或流程性材料取决于产品的主导成分。例如:产品"汽车"是由硬件(如轮胎)、流程性材料(如:燃料,冷却液)、软件(如:发动机控制软件、驾驶员手册)和服务(如销售员所做的操作说明)所组成。

注 2:服务通常是无形的,并且是在供方和顾客接触面上需要完成至少一项活动的结果。服务的提供可涉及,例如:

——在顾客提供的有形产品(如需要维修的汽车)上所完成的活动;

——在顾客提供的无形产品(如为准备纳税申报单所需的损益表)上所完成的活动;

——无形产品的交付(如知识传授方面的信息提供);

——为顾客创造氛围(如在宾馆和饭店)。

软件由信息组成,通常是无形产品,并可以方法、报告或**程序**(3.2)的形式存在。

硬件通常是有形产品,其量具有计数的特性。流程性材料通常是有形产品,其量具有连续的特性。硬件和流程性材料经常被称为货物。

[GB/T 19000—2008,定义 3.4.2]

3.5

项目　project

由一组有起止日期的、相互协调的受控活动组成的独特**过程**(3.3),该过程要达到符合包括时间、成本和资源的约束条件在内的规定要求的目标

注 1:单个项目可作为一个较大项目结构中的组成部分。

注 2:在一些项目中,随着项目的进展,其目标才逐渐清晰,产品特性逐步确定。

注 3:项目的结果可以是单一或若干个产品(3.4)。

[GB/T 19000—2008,定义 3.4.3]

3.6

质量管理体系　quality management system

在质量方面指挥和控制组织的管理体系

[GB/T 19000—2008,定义 3.2.3]

3.7

质量目标　quality objective

在质量方面所追求的目的

注 1:质量目标通常依据组织的质量方针制定。

注 2:通常对组织的相关职能和层次分别规定质量目标。

[GB/T 9000—2008,定义 3.2.5]

3.8

质量计划　quality plan

为满足某个特定的**项目**(3.5)、**产品**(3.4)、过程或合同的要求,规定由谁及何时应用所规定的**过程**(3.3)、**程序**(3.2)和相关资源的文件

注 1:这些程序通常包括所涉及的那些质量管理过程和产品实现过程。

注 2:通常,质量计划引用质量手册的部分内容或程序文件。

注 3:质量计划通常是质量策划的结果之一。

3.9

记录　record

阐明所取得的结果或提供所完成活动的证据的文件

注:由 GB/T 19000—2008 中 3.7.6 的定义改写(未包括注)。

3.10

特定情况 specific case

质量计划(3.8)的对象

注：使用该术语是为了避免在本标准中“过程、产品、项目或合同”重复出现。

4 质量计划的制定

4.1 识别质量计划的必要性

组织应识别制定质量计划的必要性。在许多情况下，质量计划是有用的或必要的，例如：

a) 为表明组织的质量管理体系如何适用于特定情况；

b) 为满足法律法规或顾客要求；

c) 开发和确认新产品或过程；

d) 为内部和(或)外部证实如何满足质量要求；

e) 组织和管理相关活动以满足质量要求和实现质量目标；

f) 为了在满足质量目标过程中优化资源利用；

g) 为了将未满足质量要求的风险减小到最低程度；

h) 作为监视和评价符合质量要求的依据；

i) 在形成文件的质量管理体系缺失时。

注：对于特定情况，可能需要也可能不需要制定质量计划。一个已经建立质量管理体系的组织，在其现有的体系下可能能够满足质量计划的全部需要，那么该组织就没必要单独制定质量计划。

4.2 质量计划的输入

组织一旦决定制定质量计划，就应识别制定质量计划的输入，例如：

a) 特定情况的要求；

b) 质量计划的要求，包括顾客的要求，法律法规和行业规范；

c) 组织的质量管理体系要求；

d) 对特定情况的风险评估；

e) 资源要求和资源的可用性；

f) 参与开展质量计划所涉及活动的人员需要的信息；

g) 使用质量计划的其他相关方需要的信息；

h) 其他有关的质量计划；

i) 其他有关的计划，如：其他项目计划、环境管理计划、健康和安全管理计划、信息安全管理计划。

4.3 质量计划的范围

组织应确定质量计划和其他文件所覆盖的范围，以避免不必要的重复。

质量计划的范围将取决于下述几个方面的因素，包括：

a) 需要包括在质量计划中的特定情况下独特的过程和质量特性；

b) 虽然是顾客或其他(内部或外部)相关方对特定情况所包括的通用过程的要求，但证实他们的要求将会得到满足是必要的；

c) 形成文件的质量管理体系对质量计划的支持程度。

在未编制质量管理程序的地方，可能需要补充这些程序，以支持其质量计划。

与顾客或其他相关方一起评审质量计划的范围可能是有益的，例如：为了便于他们使用质量计划进行监视和测量。

4.4 质量计划的编制

4.4.1 开始

组织应确定编制质量计划的负责人。质量计划应由参与特定情况的组织内部人员参加编制，适当时，邀请组织外部人员参与。

在编制质量计划时，应确定适用于特定情况的质量管理活动。必要时，形成文件。

4.4.2 形成质量计划文件

质量计划可直接表明，或通过参考适宜的形成文件的程序或其他文件(如：项目计划、工作说明、检查清单、计算机应用软件等)表明所要求的活动如何开展。当某项要求导致与组织的管理体系偏离时，应证明此偏离是合理的并经授权。

许多所需要的通用文件可能已经包含在组织的质量管理体系文件中，包括质量手册和形成文件的程序。这些文件可能需要选择、改写和(或)补充。质量计划应表明组织如何将通用的形成文件的程序直接或经选择性修改后应用于质量计划中，或对这些通用的程序不予考虑。

质量计划可作为某个文件或某些文件的一部分。例如：项目质量计划通常包含在项目管理计划中(见 GB/T 19016)。

4.4.3 职责

在编制质量计划时，组织应确定内部各方之间，以及与顾客、管理部门或其他相关方之间的有关各方的作用、职责和义务，并达成共识。执行质量计划的组织应确保参与的人员了解质量计划中的质量目标和任何特定的质量问题或所要求的控制措施。

4.4.4 一致性和相容性

质量计划的内容和格式应与其范围、对计划的输入和预期使用者的需求相一致。质量计划的详略程度应与所有已约定的顾客要求、组织运作的方式和所开展活动的复杂程度相一致。组织还应考虑与其他计划相容的需要。

4.4.5 形式和结构

质量计划可采用下述几种形式中的任何一种。例如：简单文字描述、图表、文件矩阵表、过程图、工作流程图或手册。上述任何一种形式都可以采用电子版或复印件。

注：在附录 A 中提供了质量计划示例。

质量计划可被拆分成几个文件，每个文件分别针对各个不同的方面。不同文件之间接口的控制需要进行清楚的界定。这些方面包括设计、采购、生产、过程控制或特殊活动(如：验收试验)等。

组织若希望编制与 GB/T 19001 的要求相一致的质量计划，可参考附录 B 提供的相互对照表。

5 质量计划的内容

5.1 总则

本标准中给出的示例和清单不应被认为是全面的或仅限于此的。

适当时，针对特定情况的质量计划应覆盖以下需检查的条款。本标准中的某些条款可能不适用，例如：在未包含设计和开发时。

5.2 范围

质量计划应清晰说明其范围，包括：

a) 特定情况的目的和预期结果的简要说明；

b) 特定情况应用质量计划的各个方面，包括对其适用性的特殊限制；

c) 质量计划有效的条件(例如：空间范围、温度范围、市场条件、资源的可用性或质量管理体系认证状态)。

5.3 质量计划的输入

为方便起见，列出或描述质量计划的输入(见 4.2)可能是必要的，例如：

——根据质量计划的使用者引用输入文件；

——在保持质量计划过程中检查与输入文件的一致性；

——识别质量计划中可能需要评审的输入文件的更改。

5.4 质量目标

质量计划应说明特定情况的质量目标，以及如何被实现。可考虑就下述有关方面建立质量目标，例如：

——特定情况的质量特性；

——使顾客或其他相关方满意的重要事项；

——改进工作方法的机会。

应当用可测量的词汇表达质量目标。

5.5 管理职责

质量计划应确定在特定情况下，组织内负责以下方面的人员：

a） 确保质量管理体系或合同所要求的活动得到策划、实施和控制，并对它们的进展予以监视；

b） 确定适用于特定情况的过程顺序及它们之间的相互作用；

c） 与所有有关的部门、职能机构、分包方和顾客就要求进行沟通，并解决这些团体之间在接口上发生的问题；

d） 评审所有审核结果；

e） 授权提出免除组织的质量管理体系要求的请求；

f） 控制纠正和预防措施；

g） 评审和授权对质量计划的更改或偏离。

可用流程图的形式给出在实施质量计划过程中的汇报途径。

5.6 文件和资料的控制

对于特定情况适用的文件和资料，质量计划应说明：

a） 如何识别文件和资料；

b） 由谁评审和批准文件和资料；

c） 文件分发给谁，或告知如何获得这些文件；

d） 如何选用可获得的文件和资料。

5.7 记录控制

质量计划应说明需建立哪些记录，以及如何对其予以保持。这些记录可包括：设计评审记录、检验和试验记录、过程测量、工作通知单、图纸和会议记录。应考虑下述事项：

a） 记录如何保存、在何处保存、保存多长时间；

b） 合同的、法律法规的要求是什么，以及如何满足这些要求；

c） 记录保存在什么媒介上（如：纸质的或电子的）；

d） 记录的清晰度、保存方式、检索方法、处置和保密等要求如何确定并予以满足；

e） 使用哪些方法确保在需要时可以及时得到记录；

f） 何时、以何种方式向顾客提供哪些记录；

g） 适用时，以何种语言提供记录；

h） 记录的处置。

5.8 资源

5.8.1 资源提供

质量计划应确定为成功地执行计划所需要的资源类型和数量。这些资源可包括材料、人力资源、基础设施和工作环境。

在个别资源有限的地方，质量计划需要从若干同时存在的产品、项目、过程或合同中识别哪些需求应得到满足。

5.8.2 材料

当对需要的材料[原材料和（或）部件]有规定的特性时，在质量计划中应说明或指出材料必须符合的规范和标准。

5.8.3 人力资源

在需要时,质量计划应规定在特定情况下人员的职责或活动所要求的特殊能力。质量计划应确定人员所需要的培训和其他活动。

应包括:

a) 对新人员及其培训的需求;

b) 就新的或修改的操作方法对现有人员的培训。

同时,应当考虑团队所需要或适用的发展和激励战略。

注:5.13 提到人员资格,6.2 提到执行质量计划过程中的培训。

5.8.4 基础设施和工作环境

质量计划应说明为成功完成计划所必需的制造或服务设备、工作场所、工具和设备、信息和通讯技术、支持性服务和运输设备等特定情况的特殊要求。

在工作环境对产品或过程质量有直接影响的地方,质量计划需要规定特殊的环境特性。例如:

a) 净化间空气颗粒含量;

b) 静电敏感装置防护;

c) 生物危害保护;

d) 烘箱的温度分布;

e) 环境亮度和通风。

5.9 要求

质量计划应包括或引用特定情况需满足的要求。这些要求的简单概述可包括帮助使用者理解他们工作的前后关系,例如:项目概要。在其他情况下,可能需要根据输入文件编制一个全面的要求清单。

质量计划应说明在何时、由谁、如何对特定情况规定的要求进行评审。质量计划还应说明如何记录评审结果,如何解决要求中的相互矛盾和含糊不清的地方。

5.10 顾客沟通

质量计划应说明:

a) 在特殊情况下谁负责与顾客沟通;

b) 与顾客沟通的方式;

c) 适用时,与特定顾客或职能部门沟通的渠道和接触点;

d) 与顾客沟通记录的保存;

e) 收到顾客的赞誉或抱怨的后续过程。

5.11 设计和开发

5.11.1 设计和开发过程

质量计划应包括或引用设计和开发计划。

适当时,质量计划应考虑适用的规章、标准、规范、质量特性和法律法规要求。它应确定接受设计和开发的输入和输出的准则,以及在什么阶段、由谁、如何对输出进行评审、验证和确认。

设计和开发是一个复杂的过程,应考虑从各种适宜的信息源中寻求指南,包括组织的设计和开发程序。

注:GB/T 19004 提供了设计和开发过程的通用指南,ISO/IEC 90003 为软件领域提供了特定指南。

5.11.2 设计和开发更改的控制

质量计划应说明:

a) 如何对设计更改的请求进行控制;

b) 授权谁提出更改请求;

c) 如何根据其影响评审更改;

d） 授权谁批准或拒绝更改；

e） 如何对更改的实施情况进行验证。

在某些情况下，可能对设计和开发没有要求。但是，仍然需要对现有的设计更改进行管理。

5.12 采购

质量计划应确定：

a） 对组织的产品质量有影响的采购产品的关键特性；

b） 如何就这些特性与供方进行沟通，使得在整个产品或服务寿命周期中对其进行充分的控制；

c） 评价、选择和控制供方的方法；

d） 适当时，供方质量计划或其他计划的要求和引用；

e） 用于满足有关质量保证要求的方法，包括适用于采购产品的法律法规要求；

f） 组织如何验证采购产品符合规定的要求；

g） 设备和服务的外包。

注：有关"外包"的指南，见网址：www.iso.org/tc176/sc2。

5.13 生产和服务提供

生产和服务提供与有关的监视和测量过程，通常构成质量计划的主要部分。其包括的过程将根据工作的性质有所变化。例如：一项合同可能涉及制造、安装和其他的交付后的过程。各个过程之间的相互关系可由过程图或流程图予以清晰地表示。

为确保具有按要求交付产品的能力，对生产和服务过程进行检查可能是必要的。如果一个过程的输出不能通过其后的监视或测量进行验证，那么，这种检查总要进行。

质量计划应确定为进行生产和(或)服务提供所要求的输入、实现活动和输出。适当时，质量计划应包括或涉及：

a） 过程步骤；

b） 有关的形成文件的程序和作业指导书；

c） 为达到规定要求所使用的工具、技术、设备和方法，包括任何必要的材料、产品或过程认证的详细情况；

d） 为满足策划的安排需要控制的条件；

e） 确定符合这种条件的管理方式，包括任何规定的统计方法或其他过程控制方法；

f） 任何必要的人员资格和(或)认证的详细情况；

g） 技艺评定准则或服务交付准则；

h） 适用的法律法规要求；

i） 行业规章和惯例。

在有安装或委托安装要求时，质量计划应说明如何安装产品，以及在当时必须对哪些特性进行验证和确认。

在特定情况包括售后服务(如：维护保养，支持或培训服务)时，质量计划应说明组织如何保证符合适用的要求，例如：

a） 法律法规；

b） 行业规章和惯例；

c） 人员能力，包括接受培训的人员；

d） 在约定的期间内，开始和进行中技术支持的有效性。

注：GB/T 19016 对本条款内的项目过程管理提供了指南。

5.14 标识和可追溯性

在适合使用产品标识的地方，质量计划应确定其使用的方法。在有可追溯性要求时，质量计划应确定其范围和程度，包括如何识别所涉及到的产品。

质量计划应说明：

a) 合同的、法律法规的可追溯性要求如何识别，并引用到工作文件中；

b) 生成哪些有关可追溯性要求的记录，对其如何控制和分发；

c) 对产品的检验和试验状态的标识特定的要求和方法。

注：标识和可追溯性是技术状态管理的一部分。有关技术状态管理的指南见 GB/T 19017。

5.15 顾客财产

质量计划应说明：

a) 由顾客提供的产品（如：材料、工艺装备、试验设备、软件、资料、信息、知识产权或服务）如何识别和控制；

b) 为验证顾客提供的产品是否符合规定的要求所使用的方法；

c) 如何控制顾客提供的不合格品；

d) 如何控制损坏、丢失或不适用的产品。

注：ISO/IEC 17799 提供了有关信息安全的指南。

5.16 产品防护

质量计划应说明：

a) 产品的搬运、贮存、包装和交付要求，以及如何满足这些要求；

b) （如果组织负责产品交付）如何确保以不降低产品所要求特性的方式把产品交付到规定的场所。

5.17 不合格品控制

质量计划应确定，在完成适宜的处置或让步接收前，如何识别和控制不合格品，以防止误用。质量计划可规定专门的限制，例如：允许返工或返修的程度或类型，以及如何授权这种返工或返修。

5.18 监视和测量

监视和测量过程提供了获得合格的客观证据的方法。在某些情况下，顾客只要求提供监视和测量计划（通常称为“检验和试验计划”）作为监视符合规定要求的基础，而不需要其他质量计划信息。

质量计划应确定：

a) 拟用于过程和产品的监视和测量；

b) 应用的阶段；

c) 每个阶段被监视和测量的质量特性；

d) 使用的程序和接收准则；

e) 应用的任何统计过程控制程序；

f) 由管理部门和（或）顾客要求见证或由他们执行检验或试验时，例如：

——针对某项设计的批准，所进行的一项或一系列试验（有时称为“型式试验”），以确定设计是否能满足产品规范的要求；

——包括验收的现场试验；

——产品验证；

——产品确认。

g) 组织想要或顾客、监管部门要求在何时、何地以及如何利用第三方进行检验或试验；

h) 产品放行的准则。

质量计划应确定对用于特定情况的监视和测量设备的控制，包括其校准确认状态。

注 1：GB/T 19022 提供了有关测量管理体系的指南。

注 2：GB/Z 19027 提供了有关统计方法选择的指南。

5.19 审核

审核可用于几种目的，例如：

a) 监视质量计划的实施及有效性；

b) 对符合规定要求的监视和验证；

c) 对组织的供方的监督；

d) 在需要时，提供独立的客观评价，以满足顾客或其他相关方的需求。

质量计划应确定对特定情况所进行的审核，以及这种审核的性质和程度，及如何利用审核的结果。

注：GB/T 19011 提供了审核的进一步指南。

6 质量计划的评审、接受、实施和修订

6.1 质量计划的评审和接受

对质量计划的充分性和有效性应进行评审，并由被授权人或一个包括组织内有关职能部门代表的小组正式批准。

在合同的情况下，无论是作为合同签订前咨询过程的一部分或是在合同签订后，组织可能需要向顾客提供质量计划，以供其评审并接受。合同一旦签订，应对质量计划进行评审，适当时，对其进行修订，以反映由于合同签订之前的咨询结果而可能出现的任何要求的更改。

当项目或合同分阶段进行时，顾客希望组织在每个阶段开始之前，向其提供该阶段的质量计划。

6.2 质量计划的实施

在实施质量计划时，组织应对下述问题给予考虑：

a) 质量计划的分发

质量计划应分发到所有相关人员。应注意区分(适时更新的)受控文件与那些仅作为信息提供的文件。

b) 质量计划使用的培训

在某些组织里，例如：那些从事项目管理的组织，质量计划可作为质量管理体系中常规工作的一部分。但是，在另外一些组织里，质量计划可能仅偶尔被使用。在这种情况下，可能需要进行专门培训，以帮助使用者正确地使用质量计划。

c) 对符合质量计划的监视

组织应负责对每个质量计划执行的符合性进行监视，可包括：

——策划安排的运行监督；

——阶段性评审；

——审核。

在使用多个短期质量计划时，一般以抽样方式进行审核。

当质量计划提供给顾客或其他外部各方时，这些有关各方可对符合质量计划的监视作出规定。

无论内部或外部的有关各方进行监视，这种监视都能帮助：

1) 评定组织有效实施质量计划的承诺；

2) 评价质量计划的实际实施情况；

3) 确定与特定情况要求有关的可能发生风险的地方；

4) 在适当时，采取纠正或预防措施；

5) 识别质量计划和相关活动中的改进机会。

6.3 质量计划的修订

组织应修订质量计划：

a) 以反映质量计划输入的任何更改，包括：

——编制质量计划的特定情况；

——产品实现的过程；

——组织的质量管理体系；

——法律法规要求。

b) 将达成协议的改进纳入质量计划。

被授权的一个或一组人员应对质量计划修订的效果、充分性和有效性进行评审。质量计划的修订应告知所有参与质量计划活动的人员。必要时,应对质量计划中受修订影响的某些文件予以更改。

组织应考虑在何种情况下、如何授权偏离质量计划,包括:

——谁有权提出这种偏离的请求;

——如何提出这种请求;

——以何种形式,提供什么信息;

——确定谁有职责和权限接受或拒绝这种偏离。

应把质量计划作为技术状态项,并进行技术状态管理。

6.4 反馈和改进

适当时,应对质量计划应用中获得的经验进行评审,并利用评审中获得的信息改进今后的计划或质量管理体系。

附 录 A
（资料性附录）
质量计划格式简例

A.1 总则

本附录给出了一些质量计划格式的示例。

给出的示例不应被理解为是在第5章中所规定的质量计划内容所提到的全部。实际上质量计划可能更加复杂。在通常情况下，产品实现的所有过程都应当包括在质量计划中，除非它们没有应用于特定情况。

质量计划可以采用被认为适合于满足商定要求的任何格式提出。在某些情况下，用文字的形式可能不如用图表的形式更适宜。同样，图表形式也可用文字对其补充。也可使用其他更适合特定情况的格式。

在可用电子版的方式得到质量计划的文件时，如程序文件，可由超级链接的方式得到。

示例1和示例2是同一情况下的不同格式，这是为了举例说明对于某一种特定情况不存在一种给定的具体对应形式。示例1至示例4的内容是说明性的，不是建议。

示例包括：

——示例1："列表式"质量计划（用于流程性材料），见表A.1；

——示例2："流程图式"质量计划（用于流程性材料），见图A.1；

——示例3："表格式"质量计划（用于产品制造），见表A.2；

——示例4："文字描述式"质量计划（用于软件开发）。

A.2 示例

A.2.1 示例1："列表式"质量计划（用于流程性材料）

表 A.1 "列表式"质量计划

QPL-005	产品/产品系列：规定等级的化学品	起草人：	批准人：	修订：01	05/09/03

活 动	描 述	文件/程序[a]	区域/部门[b]
范围	本质量计划适用于规范等级的化学品的生产和分发过程。	—	—
质量目标	我们的质量目标是合格率（93%）；准时交付（＋／－1天）。	QSP-005	各区域/部门
管理职责	在本计划所覆盖的活动中参与策划、执行、控制和监视的人员职责的工作描述及组织结构图可在其他相关文件中找到。	QSP-020 SOP-800	MGMT/HRS
文件	无特殊文件控制要求。合同文件至少保存5年。	QSP-050	TSS
记录	应保持可识别的和可取得的记录，以提供对质量有影响的活动的证据。记录至少保存5年。	QSP-055	QA
资源	在//VSB\材料文件中规定了原材料和部件的贮存、加工和运输要求。	QSP-020	MGMT
	要求所有员工圆满完成合同中规定的材料搬运培训。	SOP-810	HRS
	无特殊的基础设施和工作环境条件要求。		

表 A.1(续)

活　　动	描　　述	文件/程序[a]	区域/部门[b]
要求评审/顾客规范	所有报价单、顾客规范和订货单在接受之前应评审,以确保规定适宜的要求,所有分歧得到满意解决,并且公司有能力满足相关要求。	SOP-100 SOP-110 SOP-120	MKT/ TSS/ MFG/QA
顾客沟通	通过访问网址或使用表格 SOP-190F1 收集顾客反馈意见,并在顾客与合同管理小组之间每月召开的会议上进行讨论。	SOP-150 SOP-190	MKT
设计和开发	对接受的所有与公司的一般规范有明显不同的顾客规范需要进行评审和批准(SOP-200)。这可能需要对顾客的样品进行鉴定和过程验证及确认。	SOP-200 SOP-220	TSS
采购	由公司采购的所有关键产品,将按现行的原材料和包装规范的要求进行验收的检验和试验,直到所有要求的试验全部圆满完成后,散装箱式运输车才可卸货,不合格材料可核准通过让步、处理或退回供方予以解决。	SOP-300 SOP-310 SOP-400 SOP-470 SOP-490	PUR/MAT
生产	使用标准操作程序。	SOP-500	MFG
标识和可追溯性	使用标准操作程序。	SOP-440 SOP-540	MAT/MFG
顾客财产	通过正式的规范系统处理和保护顾客的规范和专有试验方法,以保护其完整性并确保其所含信息的保密性。	SOP-110	MKT/TSS
	对由顾客提供的特殊包装材料按标准工作程序执行。	SOP-410	MAT/MFG
贮存和搬运	采购的材料,半成品和最终产品贮存在安全的容器、集装箱和仓库里。使用安全的搬运方法以防止产品损坏、变质或污染。散料使用专用的箱式货车运输。	SOP-400 SOP-700 SOP-750	MAT
不合格品	未通过最终批验收要求的产品将被转移到规定的隔离区或集装箱中。任何不合格品在发运前,需要顾客给出书面的让步接收意见。	SOP-570 SOP-580 SOP-590	FMG/TSS/QA
监视和测量	已经具备或编制覆盖所有产品实现过程的抽样和试验计划。	SOP-600	QA
检验和试验设备	公司维护和保养用于其研发、生产和控制活动范围的一系列测量和试验设备。全部设备的校准由公司自己或设备制造商来做。	SOP-610	QA
审核	设备可接受内部的、顾客的和规定的审核。	SOP-675	QA

a QSP——质量体系程序;SOP——标准操作程序。

b HRS——人力资源;MAT——材料控制;MKT——市场和营销;MFG——制造;QA——质量保证;PUR——采购;MGMT——最高管理者;TSS——技术服务。

A.2.2　示例 2:"流程图式"质量计划(用于流程性材料)

见图 A.1。

A.2.3　示例 3:"表格式"质量计划(用于产品制造)

见表 A.2。

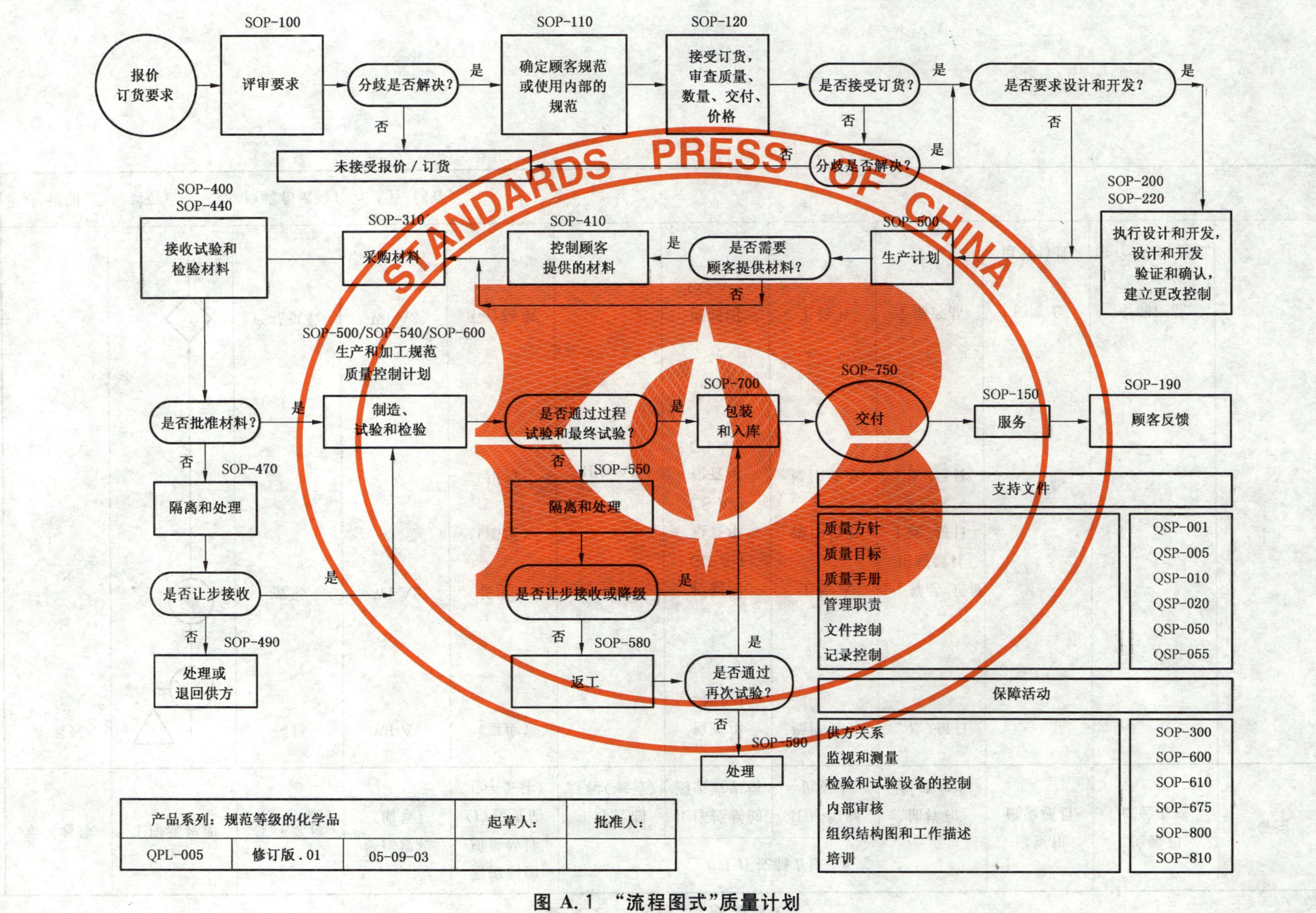

图 A.1 "流程图式"质量计划

表 A.2 “表格式”质量计划

系列名称	工序流程图	工序名称	操作规程（编号）	需控制的质量特性（应检查的工序条件）	工序控制方法				检验和试验项目	检验和试验方法	备注
					工序控制规程（编号）	工序控制的图表或表格	工序控制负责人	抽样和测量方法			
A 系列	▽ ○	预热	WI-A1	（温度）		检查单 CS-A-1	操作员 A	2 次/每日			
	○	成形	WI-A2	长度 L （温度） （压力）	IPC-A1	控制图 CC-A-1 检查单 CS-A-2 检查单 CS-A-3	工长 A 操作员 B 操作员 B	5 个样品/每批 用测微计 1 次/每日 1 次/每日			
	◇	产品试验	WI-A3	不合格率		控制图 CC-A-2	工长 B	全部产品	长度 L 电气特性	全部产品 10 个样品/每批	

说明：○ 制造； ◇ 检验和试验； □ 储存。

A.2.4 示例4:"文字描述式"质量计划(用于软件开发及台式显示器的安装)

1 范围

本质量计划的目的是为了确定适用于本公司与其顾客之间针对服装分销系统合同的质量管理方法。

a) 内容

本质量计划适用于分销系统的开发和供应,特许经营管理及营销分系统。由于财务管理体系受到与分供方签订的分合同的影响,所以质量计划只与项目的分合同中的管理事物有关。

b) 删减

由分供方承担的开发工作的要求已包括在采购定单里,因此本计划不包括其详细内容。

2 质量目标

顾客未使用定量的质量目标形式提出具体要求。因此,本公司的软件标准没规定A类缺陷和B类缺陷,C类缺陷只在与顾客有约定时才适用。A类缺陷被确定为系统性能显示出违反协议要求的不合格证据。

另外,本公司系统试运转的目标是在合同规定时间的基础上留出5%的余量,这也适用于本项目。

3 职责

项目经理对项目的圆满完成负全面责任,包括符合本公司的质量管理体系以及满足上述目标的要求。

质量经理负责项目的审核及由此产生的纠正措施。任何偏离质量管理体系的要求,在其发生前需得到质量经理的批准。

4 文件

本项目中使用的某些文件已经引用了一些不符合本公司质量管理体系最新要求的内容,应保留现存的引用文件。在其他方面本公司质量管理体系均是适用的。

5 记录

项目文件和有关的记录在担保期结束后应保留不少于3年的期限,处理时应经顾客同意。按照本公司规定,顾客可在任何适宜的时间查阅任何与合同有关的记录。所有合同专用计算机文档至少每周都应整理一次。

6 资源

顾客提供一个作为系统一部分的用于试验扫描器的OCR形式(至少为2 000)的样品。分供方将获得扫描器,并将其作为他们提供的财务管理系统的一部分做试运行。

研发小组的全部人员应是本公司的雇员。为满足项目的需要,人力资源经理负责提供适宜的合格人员参与研发工作。项目经理是J. Smith(史密斯)。

7 项目输入

主要的输入是由顾客的顾问编制的KLOB-D-001规范要求。很显然,本公司提供样品销售文件和年度报告。

8 顾客沟通

对规范的任何疑问,应在项目会议上通过项目经理向顾客提出,最终由他们作出解释。由于顾客不具备软件技术能力,因此技术方面的疑问应通过项目经理或其代表解决。项目经理应做会议记录。同样,应通过项目经理与顾客(就疑问、抱怨和致谢)进行沟通。

9 设计和开发

项目进度应按经批准的时间进度表执行。重要的日期是顾客验收试验的时间(10月底)和系统首次投入运行的时间(第二年的4月份之前)。

软件开发手册中的所有本公司标准均适用。应按本公司质量手册中的规定进行评审和批准工作。

用户所考虑的对功能有影响的更改请求,必须经本公司批准。分供方和本公司在设计的细节方面的更改,在其更改工作开始实施前必须经项目经理批准。

试验的方法应符合本公司质量手册规定。获取数据的试验需要扫描器。销售分系统的最终试验需要安装台式显示器,以测试顾客的反应。在分销系统发运和顾客在其所在地验收前,本公司均应对整个系统进行试验。

10 采购

所有设备均由顾客采购(计算机通过分供方采购,其他项目直接采购)。任何其他的采购必须执行本公司的程序。

11 安装和试运转

扫描器交付到顾客总部。在野外试验后,顾客将按他们的方案首次运行台式显示器。当初次安装后,顾客的员工们正在熟悉该系统时可能需要技术支持。

12 特殊过程

本项目中无特殊过程。

13 技术状态管理

除事先已识别的那些文件外,在项目开始时所确定的适宜的文件均与质量手册是一致的。

应使用当前经本公司批准的技术状态管理工具。

14 顾客财产

任何属于顾客的设备在公司或其分供方所持有时,必须予以识别。任何种类的顾客财产必须记录在项目日记中。

15 产品搬运

软件按 CD 光盘形式交付。所有 CD 光盘均应进行病毒检查。

16 不合格品

与化妆品的不合格不同,在未得到顾客的书面让步时,不可交付已知含有不合格的软件。本公司的质量手册(QM)和软件开发手册(SDM)中同样给出了这一过程。

17 监视和测量

项目的进展情况应记录在时间表上,并登记在以周为单位的项目进度计划表上。对此应编制报告并提交给有顾客参加的项目进度会议。某些经选择的会议邀请分供方参加。记录由在第 2 级和第 3 级试验中识别与软件有关的任何问题的方案组组长保管。许多问题被分解为基本问题,如:规范要求(缺少或错误)、设计(缺少或错误)、编码(缺少、逻辑错误、接口误差、数据处理误差),然后再予以解决。

18 内部审核

对质量计划的实施和有效性的审核应在设计阶段结束时进行。

本质量计划由“分销系统项目”的项目经理编制,适用于该合同下的所有工作。

编制人: 日期:

质量经理: 日期:

文件编号:KLOB-QP-001 第 1 版

附 录 B
（资料性附录）
GB/T 19015—2008 与 GB/T 19001—2000 之间的对照

表 B.1 GB/T 19015—2008 与 GB/T 19001—2000 之间的对照

GB/T 19015—2008 中的条款	标 题	GB/T 19001—2000 中的条款
4	质量计划的制定	7.1
5	质量计划的内容	7.1
5.1	总则	7.1
5.2	范围	7.1
5.3	质量计划的输入	7.1
5.4	质量目标	7.1a)
5.5	管理职责	5.1,5.5.1,5.5.3,8.5.2
5.6	文件和资料的控制	4.2.3
5.7	记录控制	4.2.4
5.8	资源	6
5.8.1	资源提供	6.1
5.8.2	材料	6.1
5.8.3	人力资源	6.2
5.8.4	基础设施和工作环境	6.3,6.4
5.9	要求	7.2.1,7.2.2
5.10	顾客沟通	7.2.3,8.2.1
5.11	设计和开发	7.3
5.11.1	设计和开发过程	7.3.1 到 7.3.6
5.11.2	设计和开发更改的控制	7.3.7
5.12	采购	7.4
5.13	生产和服务提供	7.5.1,7.5.2
5.14	标识和可追溯性	7.5.3
5.15	顾客财产	7.5.4
5.16	产品防护	7.5.5
5.17	不合格品控制	8.3
5.18	监视和测量	7.6,8.2.3,8.2.4,8.4
5.19	审核	8.2.2
6	质量计划的评审、接受、实施和修订	7.1
6.1	质量计划的评审和接受	7.1
6.2	质量计划的实施	7.1
6.3	质量计划的修订	7.1
6.4	反馈和改进	8.5
注：条款之间的对应并不意味着一致。		

参 考 文 献

[1] GB/T 19001—2000 质量管理体系 要求
[2] GB/T 19004—2000 质量管理体系 业绩改进指南
[3] GB/T 19016—2005 质量管理体系 项目质量管理指南
[4] GB/T 19017—2008 质量管理体系 技术状态管理指南
[5] GB/T 19022—2003 测量管理体系 测量过程和测量设备的要求
[6] GB/T 19023—2003 质量管理体系文件指南
[7] GB/T 19025—2001 质量管理 培训指南
[8] GB/Z 19027—2005 GB/T 19001—2000 的统计技术指南
[9] ISO/IEC 17799:—[1] 信息技术 安全技术 信息安全管理实用规则
[10] GB/T 19011—2003 质量和(或)环境管理体系审核指南
[11] ISO/IEC 90003:2004 软件工程 计算机软件应用 ISO 9001:2000 指南
[12] 小型企业应用 ISO 9001——做什么.ISO/TC 176 的建议.ISO 手册,第 2 版,2002
[13] 参考网址:www.iso.org www.tc176.org www.iso.org/tc176/sc2

1) 待发布(ISO/IEC 17799:2000 的修订版)。

ICS 03.120.10
A 00

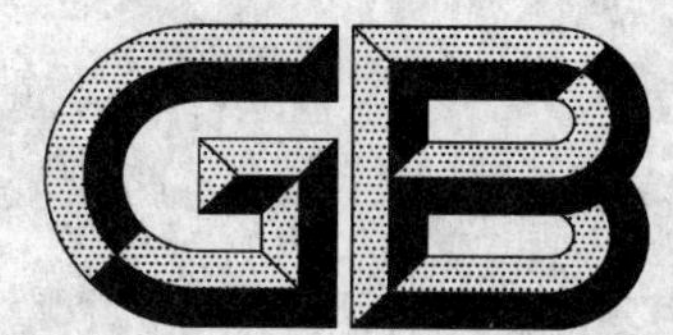

中华人民共和国国家标准

GB/T 19017—2008/ISO 10007:2003
代替 GB/T 19017—1997

质量管理体系　技术状态管理指南

Quality management systems—Guidelines for configuration management

(ISO 10007:2003,IDT)

2008-05-07 发布　　2008-12-01 实施

中华人民共和国国家质量监督检验检疫总局
中国国家标准化管理委员会　发布

前　言

本标准是 GB/T 19000 族标准之一。

本标准等同采用 ISO 10007:2003《质量管理体系　技术状态管理指南》。

本标准代替 GB/T 19017—1997《质量管理　技术状态管理指南》。

本标准与所代替的标准相比,主要有以下变化:

——在标准的术语方面,保留了原标准中的 5 个术语并对这些术语的定义做了相应的修改,同时增加了更改控制、让步、管理机构和产品技术状态信息等 4 个术语;

——在标准的结构方面,删掉了原标准中的"技术状态管理组织"一章,以不再强调组织一定要规定技术状态管理的组织结构;

——在标准的内容方面,删掉了技术状态文件,提出了"产品技术状态信息"新概念,强调组织虽然不一定要规定技术状态管理的组织结构,但应当确定并描述实施和验证有关技术状态管理过程的职责和权限;

——在标准的附录方面,删掉了原标准中的附录 B 和附录 C。

本标准的附录 A 是资料性附录。

本标准由全国质量管理和质量保证标准化技术委员会(SAC/TC 151)提出并归口。

本标准由中国标准化研究院负责起草。

本标准参加起草单位:北京自动化控制设备研究所、中国船舶重工集团第七一九研究所、中国第一航空集团公司北京航空材料研究院、中国航空综合技术研究所、中国核工业标准化研究所、中国航天标准化研究所。

本标准主要起草人:李仁良、李镜、谷粟、陈德耀、贺书奎、章引平、徐文征、王琳琳。

本标准所代替标准的历次版本发布情况为:

——GB/T 19017—1997。

引　言

本标准旨在增强人们对技术状态管理的理解，促进技术状态管理的使用，并帮助组织应用技术状态管理改进其业绩。

技术状态管理是在产品的整个寿命周期内，运用技术的和行政的手段，对技术状态项目以及有关的产品技术状态信息进行管理的一种活动。

技术状态管理是将产品的技术状态形成文件，并在产品寿命周期内的所有阶段，为标识和追溯产品物理的和功能的要求的实现状况及准确获取信息提供途径。

组织可根据其规模以及产品的复杂程度和性质来实施技术状态管理。

技术状态管理可用于满足 GB/T 19001 中规定的产品标识和可追溯性要求。

质量管理体系　技术状态管理指南

1　范围

本标准为在组织内进行技术状态管理提供了指南，适用于支持产品从概念到处置的各个阶段。

本标准首先规定了实施技术状态管理的职责和权限，其次是描述了技术状态管理的过程，包括技术状态管理策划、技术状态标识、更改控制、技术状态记实和技术状态审核。

本标准是一个指南性文件，不拟用于认证目的。

2　规范性引用文件

下列文件中的条款通过本标准的引用而成为本标准的条款。凡是注日期的引用文件，其随后所有的修改单(不包括勘误的内容)或修订版均不适用于本标准，然而，鼓励根据本标准达成协议的各方研究是否可使用这些文件的最新版本。凡是不注日期的引用文件，其最新版本适用于本标准。

GB/T 19000—2000　质量管理体系　基础和术语(ISO 9000:2000,IDT)

3　术语和定义

GB/T 19000—2000 中确立的以及下列术语和定义适用于本标准。

3.1

更改控制　change control

在**产品技术状态信息**(**3.9**)正式被批准后，对产品的控制活动

3.2

让步　concession

对使用或放行不符合规定要求的产品的许可

注 1：让步通常仅限于在商定的时间或数量内，对含有不合格特性的产品的交付。

[GB/T 19000—2000,定义 3.6.11]

注 2：让步不影响**技术状态基线**(**3.4**)，并包括允许生产不符合规定要求的产品。

注 3：某些组织使用术语“特许”或“偏离”代替“让步”。

3.3

技术状态　configuration

在**产品技术状态信息**(**3.9**)中规定的产品相互关联的功能特性和物理特性

3.4

技术状态基线　configuration baseline

在某一时间点确立并经批准的**产品技术状态信息**(**3.9**)，作为产品整个寿命周期内活动的参照基准

3.5

技术状态项目　configuration item

满足最终使用功能的某个**技术状态**(**3.3**)内的实体

3.6

技术状态管理　configuration management

指挥和控制技术状态的协调活动

注：技术状态管理通常集中在整个产品寿命周期内建立和保持某个产品及其**产品技术状态信息**(**3.9**)的控制的技术的和组织的活动方面。

3.7

技术状态记实　configuration status accounting

对**产品技术状态信息**(**3.9**)、建议的更改状况和已批准更改的实施状况所做的正式记录和报告

3.8

管理机构　dispositioning authority

赋予**技术状态**(**3.3**)决策职责和权限的一个人或一组人

注1：管理机构也可称为"技术状态委员会"。

注2：在管理机构中，应当有组织内、外相关方的代表。

3.9

产品技术状态信息　product configuration information

对产品设计、实现、验证、运行和支持的要求

4　技术状态管理职责

4.1　职责和权限

组织应当确定并描述实施和验证有关技术状态管理过程的职责和权限，并考虑下述方面：

——产品的复杂程度和性质；

——产品寿命周期不同阶段的需求；

——涉及技术状态管理过程中的各项活动之间的接口；

——组织内外可能涉及的其他相关方；

——验证实施活动的责任部门的确定；

——管理机构的确定。

4.2　管理机构

管理机构在批准一个更改之前应当验证：

——建议的更改是必要的，其结果是可接受的；

——更改已被适当地形成文件并进行了分类；

——为将更改落实到文件、硬件和(或)软件中所策划的活动是令人满意的。

5　技术状态管理过程

5.1　总则

技术状态管理过程中所开展的活动在下面的条款中予以表述。为了使这一过程有效，协调这些活动是至关重要的。

技术状态管理过程应当关注顾客对产品的要求，并应当考虑开展活动的前后关系。技术状态管理过程应当在技术状态管理计划中予以详细规定，表述在产品寿命周期中任何项目的特定程序及其应用范围。

5.2　技术状态管理策划

技术状态管理策划是技术状态管理过程的基础。在整个产品寿命周期某个特定的情况下，有效的策划是对技术状态管理活动的协调。技术状态管理策划的输出是技术状态管理计划。

对于某个具体的产品来说，技术状态管理计划应当：

——形成文件并得到批准；

——受控；

——确定所使用的技术状态管理程序；

——尽可能引用组织的相关程序；

——规定在产品的整个寿命周期中开展技术状态管理的职责和权限。

技术状态管理计划可以是一份单独的文件,或是其他文件的一部分,或由几份文件组成。

在某些情况下,组织可要求供方提供一份技术状态管理计划,可将其作为一份单独的文件或将其纳入自己的技术状态管理计划。

技术状态管理计划可能的结构和内容参见附录A。

5.3 技术状态标识

5.3.1 产品结构和技术状态项目的选择

所选择的技术状态项目及其相互关系应当能描述产品结构。

组织应当根据所制定的选择准则确定技术状态项目。组织应当选择那些功能特性和物理特性能够单独管理的项目作为技术状态项目,以实现该技术状态项目的全部最终使用性能。

选择准则应当考虑:

——法律法规要求;

——从风险和安全方面考虑的危害程度;

——新的或改进的技术、设计或开发;

——与其他技术状态项目的接口;

——采购条件;

——保障与服务。

选择技术状态项目的数量应当考虑最大限度地发挥组织控制产品的能力。在产品寿命周期中应当早开始技术状态项目的选择。随产品的进展,应当对技术状态项目进行评审。

5.3.2 产品技术状态信息

产品技术状态信息包括产品的定义和产品的使用信息,通常包括:要求、规范、设计图样、零件清单、软件文档和清单、模型、试验规范、维护和操作手册。

产品技术状态信息应当是相关的并可追溯。组织应当确定唯一的编号方式,以确保对每一个技术状态项目的适当控制,并应当该考虑组织现有的编号习惯,以及更改控制的信息,例如:修改状态。

5.3.3 技术状态基线

技术状态基线由描述产品定义并经批准的产品技术状态信息所组成。技术状态基线,加上对这些经批准的基线的更改,就代表了现行有效的技术状态。

在产品寿命周期中,一旦需要就应当建立技术状态基线,以为以后的活动确定一个基准。

在技术状态基线中,定义产品的详细程度取决于所要求的控制程度。

5.4 更改控制

5.4.1 总则

产品技术状态信息在初次发布后,所有的更改都应当受控。更改的潜在影响、顾客要求和技术状态基线,都将影响到处理某个建议的更改或让步所需的控制程度。

控制更改的过程应当形成文件,并应当包括下述内容:

——对更改的表述、更改的理由和记录;

——依据复杂程度、资源和进度所确定的更改的类别;

——更改结果的评价;

——如何处理更改的细节;

——如何实施和验证更改的细节。

5.4.2 所需更改的提出、标识和文件编制

更改可能由组织、某个顾客或某个供方首先提出。在提交管理机构(见4.2)评价前,所有的更改建议都应当予以标识并形成文件。

更改建议通常包括下述信息:

——需要更改的技术状态项目和相关信息,包括它们的标题和当前修改状态的详细情况;

——对更改建议的描述；

——可能受到更改影响的其他技术状态项目或信息的详细情况；

——提出更改建议的相关方以及提出的日期；

——更改的理由；

——更改的类别。

更改处理的状况、相关的决定和安排应当形成文件。为便于识别和追溯，更改文件通常可以使用一种标准的表格，并指定一个唯一的标识号。

5.4.3 更改的评价

5.4.3.1 组织应当对有关建议更改进行评价并形成文件。任何评价的范围应当取决于产品的复杂程度、更改的类别，并应当包括下述内容：

——更改建议的技术优势；

——与更改有关的风险；

——对合同、进度和成本的潜在影响。

5.4.3.2 在确定影响时，还应当考虑下述因素：

——相关法律法规要求；

——技术状态项目的互换性，以及重新标识它们的需要；

——技术状态项目之间的接口；

——制造、试验和检验方法；

——库存和采购；

——交付活动；

——顾客支持要求。

5.4.4 更改的处理

为了更改的处理，应当建立一个过程，确定每一个更改建议的管理机构(见4.2)。同时，应当考虑更改建议的类别。

更改建议经评价后，管理机构应当评审这个评价并对更改的处理做出决定。

对更改的处理应当予以记录，并应当通知组织内外的所有相关方。

5.4.5 更改的实施和验证

实施一项经批准的更改通常包括：

——向相关方发布更改的产品技术状态信息；

——受到更改影响的(组织内外的)相关方采取的措施。

更改实施后，对经批准的更改的符合性应当进行验证。这种验证应当予以记录，以便于追溯。

5.5 技术状态记实

5.5.1 总则

技术状态记实活动形成与产品和产品技术状态信息相关的记录、报告。

组织应当在产品整个寿命周期中开展技术状态记实活动，以便支持技术状态管理过程并使其有效。

5.5.2 记录

5.5.2.1 在进行技术状态标识和更改控制活动期间，将产生技术状态记实记录。考虑到查阅和追溯以及对改变中的技术状态的有效管理，这些记录通常包括下述详细内容：

——产品技术状态信息(例如：标识号、标题、生效日期、修改状态、更改历史，以及包含在任何基线中的内容)；

——产品的技术状态(例如：零件号、产品设计或制造状况)；

——新产品技术状态信息发布的状况；

——更改的处理。

5.5.2.2 为了提供所要求的报告(见5.5.3),有必要采用一种能相互引用和相互关联的方式记录变化中的产品技术状态信息。

5.5.2.3 为了保护产品技术状态信息的完整,并为控制更改提供依据,建议技术状态项目和相关的信息保存在下述条件下:

——符合要求的条件(例如:计算机硬件、软件、资料、文件、图样所要求的条件);

——提供保护,以防止出现损坏或未经许可的更改;

——提供故障修复的方法;

——允许恢复。

5.5.3 报告

为了达到技术状态管理的目的,需要各种类型的报告。这样的报告可以覆盖单独的技术状态项目或整个产品。

通常,报告包括:

——包含在某一特定的技术状态基线内的产品技术状态信息清单;

——技术状态项目及其技术状态基线清单;

——当前的更改状况及更改历史的详细情况;

——更改和让步的情况报告;

——涉及到零部件的产品交付和维护状况、追溯号和产品的修改状况的细节。

5.6 技术状态审核

技术状态审核应当按照已形成文件的程序进行,以确定产品是否符合要求并与产品技术状态信息一致。

通常有两类技术状态审核:

——功能技术状态审核。这是一种正式的审查,以验证技术状态项目已经达到了在产品技术状态信息中规定的功能和性能特性;

——物理技术状态审核。这是一种正式的审查,以验证技术状态项目已经达到了在产品技术状态信息中规定的物理特性。

在技术状态项目正式验收前,可要求进行技术状态审核。这种审核不用于替代其他形式的验证、评审、试验或检验,但它可能受这些活动结果的影响。

附 录 A
（资料性附录）
技术状态管理计划的结构和内容

A.1 总则

技术状态管理计划的编制应当按下面A.2至A.7的标题单独成章，A.2至A.7也给出了内容的指南。

A.2 引言

技术状态管理计划需要在引言中给出概述性内容，通常包括下述题目中的内容：

——技术状态管理计划的目的和范围；

——用于计划的产品和技术状态项目的表述；

——根据重要的技术状态管理活动的时间表提供进度指南；

——技术状态管理工具的表述(例如：信息技术)；

——相关的文件(例如：来自于供方的技术状态管理计划)；

——有关文件及相互关系清单。

A.3 方针

技术状态管理计划应当详述顾客和供方已同意的技术状态管理方针。它应当为合同内的技术状态管理活动提供依据，例如：

——在技术状态管理和相关管理活动实施方面的方针；

——相关方的组织、职责和权限；

——资格和培训；

——技术状态项目的选择准则；

——向组织和顾客提交报告的频次、分发方式和对报告的控制；

——术语。

A.4 技术状态标识

技术状态管理计划应当详述：

——技术状态项目、规范和其他文件的关系树；

——对规范、图样、让步和更改采用的编号方法；

——对修改状态的标识方法；

——建立的技术状态基线、进度和所包括的技术状态信息类型；

——顺序号或其他追溯标识的分配和使用；

——产品技术状态信息的发布程序。

A.5 更改控制

技术状态管理计划应当详述：

——组织的管理机构(见4.2)与相关方之间的关系；

——在合同规定的技术状态基线建立之前，更改控制的程序；

——处理更改(包括那些由顾客或供方提出的更改)和让步的方法。

A.6 技术状态记实

技术状态管理计划应当详述：

——为了产生技术状态记实记录，收集、记录、处理和维护那些必要的资料的方法；

——所有技术状态记实报告的内容和格式。

A.7 技术状态审核

技术状态管理计划应当详述：

——在项目进度内需要进行审核的清单及其安排；

——使用的技术状态审核程序；

——(组织内外)相关方的权限；

——审核报告格式。

参 考 文 献

[1] GB/T 19001—2000 质量管理体系 要求
[2] GB/T 19004—2000 质量管理体系 业绩改进指南
[3] GB/T 19016—2005 质量管理体系 项目质量管理指南
[4] ISO/IEC/TR 15846:1998, Information technology—Software life cycle processes—Configuration Management for Software

ICS 03.120.10
A 00

中华人民共和国国家标准

GB/T 19024—2008/ISO 10014:2006
代替 GB/Z 19024—2000

质量管理　实现财务和经济效益的指南

Quality management—Guidelines for realizing financial and economic benefits

(ISO 10014:2006,IDT)

2008-05-07 发布　　2008-12-01 实施

中华人民共和国国家质量监督检验检疫总局
中国国家标准化管理委员会　发布

前言

本标准等同采用ISO 10014:2006《质量管理　实现财务和经济效益的指南》。

本标准是GB/T 19000族标准的组成部分,并与其保持一致。

本标准是GB/T 19024的第一版。本标准对GB/Z 19024—2000《质量经济性管理指南》做了技术性修订,代替GB/Z 19024—2000。

本标准旨在加强与GB/T 19000族标准的关系。本标准提供了一种涉及质量管理原则的新结构;同时,为了反映GB/T 19000族标准的变化,本标准的名称和范围也做了修订。

本标准的附录A和附录B是资料性附录。

本标准由全国质量管理和质量保证标准化技术委员会(SAC/TC 151)提出并归口。

本标准由中国标准化研究院负责起草。

本标准参加起草单位:中国航天标准化研究所、北京理工大学、中国质量认证中心。

本标准主要起草人:谷艳君、田武、江元英、张志珍、崔利荣、王瑜。

本标准所代替标准的历次版本发布情况为:

——GB/Z 19024—2000。

引　言

本标准为最高管理者提供了通过有效应用 ISO 9000:2005 中的八项质量管理原则来实现财务和经济效益的指南。这些原则在本标准中表述为“管理原则”。本标准旨在为最高管理者提供一些信息，以促进其有效地应用这些管理原则，并选择那些能确保组织达到持续成功的方法和工具。本标准给出的自我评价可作为一种分析差距和确定其优先次序的工具(见附录 A)。

本标准基于下述相互关联的管理原则，旨在开发有助于实现组织目标的过程：

a) 以顾客为关注焦点；

b) 领导作用；

c) 全员参与；

d) 过程方法；

e) 管理的系统方法；

f) 持续改进；

g) 基于事实的决策方法；

h) 与供方互利的关系。

采用这些管理原则是最高管理者的战略性决策，这将加强有效管理和实现财务与经济效益之间的关系。使用适宜的方法和工具有助于促进与财务和经济目标相一致的系统方法的开发。

经济效益通常通过有效的资源管理和实施适宜的过程来实现，以提高组织的整体价值和健康水平。财务效益则是以货币形式体现的组织改进的结果，通过组织内成本-效益管理实践来实现。

成功地综合运用这些管理原则取决于过程方法以及策划—实施—检查—处置(PDCA)方法的应用。这能使最高管理者为确定有效性而评价要求、策划活动、配置适宜的资源、实施持续改进活动和对结果做出测量，还能使最高管理者做出正确决策，无论这些决策是涉及经营战略的制定、新产品的开发还是财务协议的履行。

应用这些管理原则所产生的财务和经济效益包括：

——提高收益率；

——增加收入；

——改进预算绩效；

——降低成本；

——改进现金流；

——提高投资回报；

——增强竞争力；

——留住顾客和提高其忠诚程度；

——提高决策的有效性；

——优化利用可获得的资源；

——增强员工责任感；

——改善智力资本；

——使过程优化、有效和高效；

——改进供应链绩效；

——缩短产品投放市场的时间；

——提高组织绩效、信誉和可持续性。

本标准适用于提供产品(包括服务、软件、硬件和流程性材料)的所有组织。本标准同样适用于公共和私人部门,无论其员工数量、提供产品的种类、收入、过程的复杂性或场所的数量如何,均能为其提供有益指南。本标准也可为公共机构和政府组织在促进经济的可持续增长和繁荣方面提供支持。

质量管理　实现财务和经济效益的指南

1　范围

本标准提供了通过应用 ISO 9000:2005 质量管理原则来实现财务和经济效益的指南。

注:这些质量管理原则在本标准中称为“管理原则”。

本标准旨在为组织的最高管理者提供指导,为 GB/T 19004 提供补充,从而提高组织的绩效。本标准列举了可实现的效益的示例,并识别了有助于获得这些效益的管理方法和工具。

本标准由指南和建议组成,不拟用于认证、法规或合同目的。

2　规范性引用文件

以下引用文件对于本标准的应用来说是必不可少的。对于标明日期的引用文件,只引用提到的版本。对于未标明日期的引用文件,引用最新版本(包括任何修改)。

ISO 9000:2005　质量管理体系　基础和术语

3　术语和定义

ISO 9000:2005 中确立的术语和定义适用于本标准。

注 1:ISO 9000:2005 中,将术语“产品”(3.4.2)定义为“过程的结果”,“过程”(3.4.1)定义为“一组将输入转化为输出的相互关联或相互作用的活动”。术语产品包括四种通用的产品类别:服务、软件、硬件和流程性材料。ISO 9000:2005 对这些术语做了进一步地阐述。

注 2:本标准所参考的 GB/T 19000 族标准以外的文件中给出的术语和定义可能与 GB/T 19000 不同。

4　本标准的结构

4.1　本标准旨在帮助最高管理者通过应用管理原则来识别并实现财务和经济效益。为此,本标准识别了每一原则的相关过程,并给出了有助于应用这些原则的方法和工具的示例。

来自预期效益的增值应当反映出管理原则、过程以及组织与其相关方的整体安排之间的相互关系。

4.2　第 5 章采用了将过程方法、八项管理原则与策划—实施—检查—处置(PDCA)方法相结合的方式。这种方式反映在分条款 5.1 到 5.8 的流程图中。确定最适宜优先采取改进措施的分条款的可选择的重要工具是自我评价(见 4.3 和附录 A)。

每一流程图的 P、D 和 C 栏内都给出了适用方法和工具的示例。P、D 和 C 栏内所列出的方法和工具并不详尽,使用者应当选择对组织最适宜的方法和工具。一些方法和工具可用于多个表明原则间相互关系的分条款。

分条款“持续改进”(5.6)阐明了如何将 PDCA 方法有效地用于最高管理者的战略策划和评审过程,以实现并进一步提高财务和经济效益。第 5 章的所有其他分条款的“处置”栏中都引用了分条款 5.6。

全部过程的实施结果就是财务和经济效益。本标准给出了一些可实现的财务和经济效益的示例,但不限于此。图 1 给出了实现财务和经济效益的整个过程模式的通用表示方法。

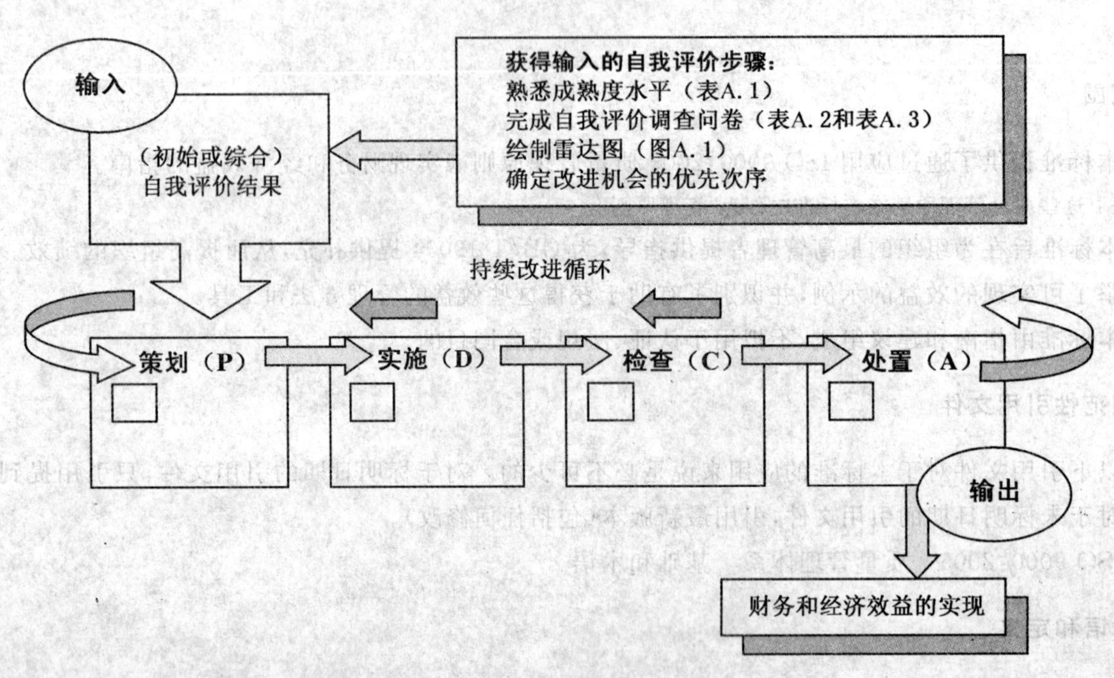

图1 整个过程的通用图示

4.3 在使用自我评价调查问卷之前，评价小组应当熟悉对成熟度水平的描述（表A.1），然后使用初始自我评价调查问卷（表A.2），对组织成熟度做出快速总体评述。后一过程应当花费1小时左右。获得的信息可用于改进在后续自我评价时所选定的过程，同时，也应当有助于整个组织内跨职能和工作层面的比较。当某一具体原则的平均成熟度小于3时，如果最高管理者使用综合自我评价调查问卷（表A.3）继续对该项原则进行评价，则会获得显著效益。

4.4 当选择综合自我评价时，组织应当认识到，对组织来说这是一种重要的增值转折点，值得花费时间去做。在完成自我评价调查问卷之后，组织应当绘制能反映组织成熟度图示状况的雷达图（图A.1）。连续生成的雷达图可反映组织的发展状况。

增值的自我评价取决于成熟度评价过程的客观性、公开性和员工的有效参与等方面的综合情况。如果注重公开性，就要考虑广泛地选择员工、以不记名的方式完成调查问卷。

4.5 附录B对一些常用方法和工具作了简述。所列出的方法和工具并不全面。建议最高管理者进一步研究可用的方法和工具，并使用那些能反映组织特定需求的方法和工具。

5 管理原则的应用

5.1 以顾客为关注焦点

“组织依存于顾客。因此，组织应当理解顾客当前和未来的需求，满足顾客要求并争取超越顾客期望。”（ISO 9000:2005）

输入
自我评价结果
持续改进循环
策划
实施
检查
处置
市场评估
顾客反馈分析
顾客关系管理（CRM）
市场调查和分析
战略策划
优势、劣势、机会、威胁（SWOT）
顾客要求的识别
失效模式与影响分析（FMEA）
质量功能展开（QFD）
服务协议
产品实现
先期产品质量策划（APQP）
瓶颈管理
试验设计（DOE）
电子数据交换（EDI）
物料需求计划（MRP）
生产件批准过程（PPAP）
价值管理
评价
平衡记分卡（BSC）
标杆对比
仪表板
产品审核
趋势分析
改进
与5.6一致
顾客反馈的测量
电话呼叫中心
顾客关系管理（CRM）
顾客满意调查
服务台
响应和投诉处理
输出
可实现的效益
增加收入
增强竞争力
留住顾客并提高其忠诚程度
改进供应链绩效
缩短产品投放市场的时间
提高组织绩效、信誉和可持续性

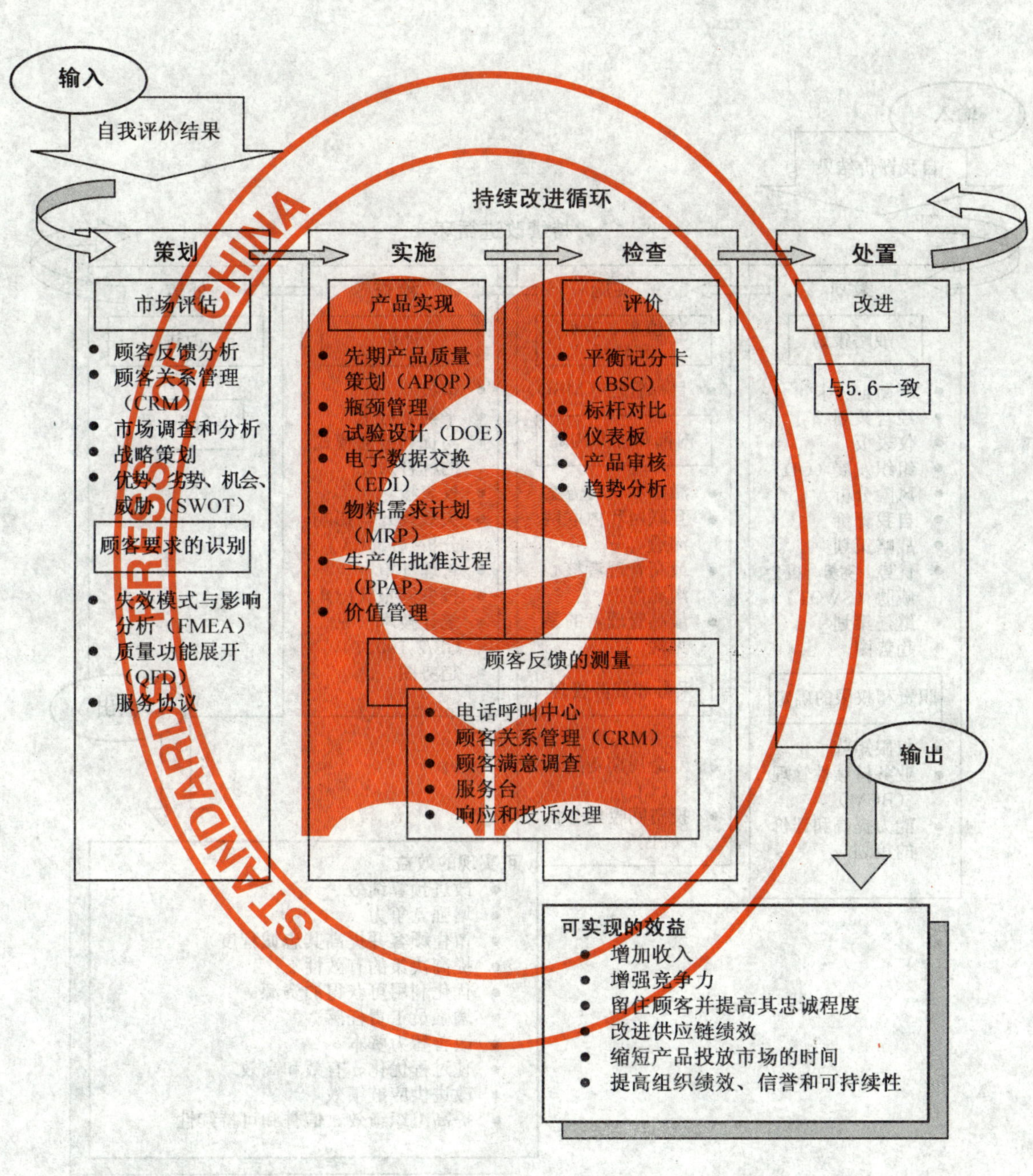

图 2　以顾客为关注焦点

5.2 领导作用

“领导者确立组织统一的宗旨及方向。他们应当创造并保持使员工能充分参与实现组织目标的内部环境。”(ISO 9000:2005)

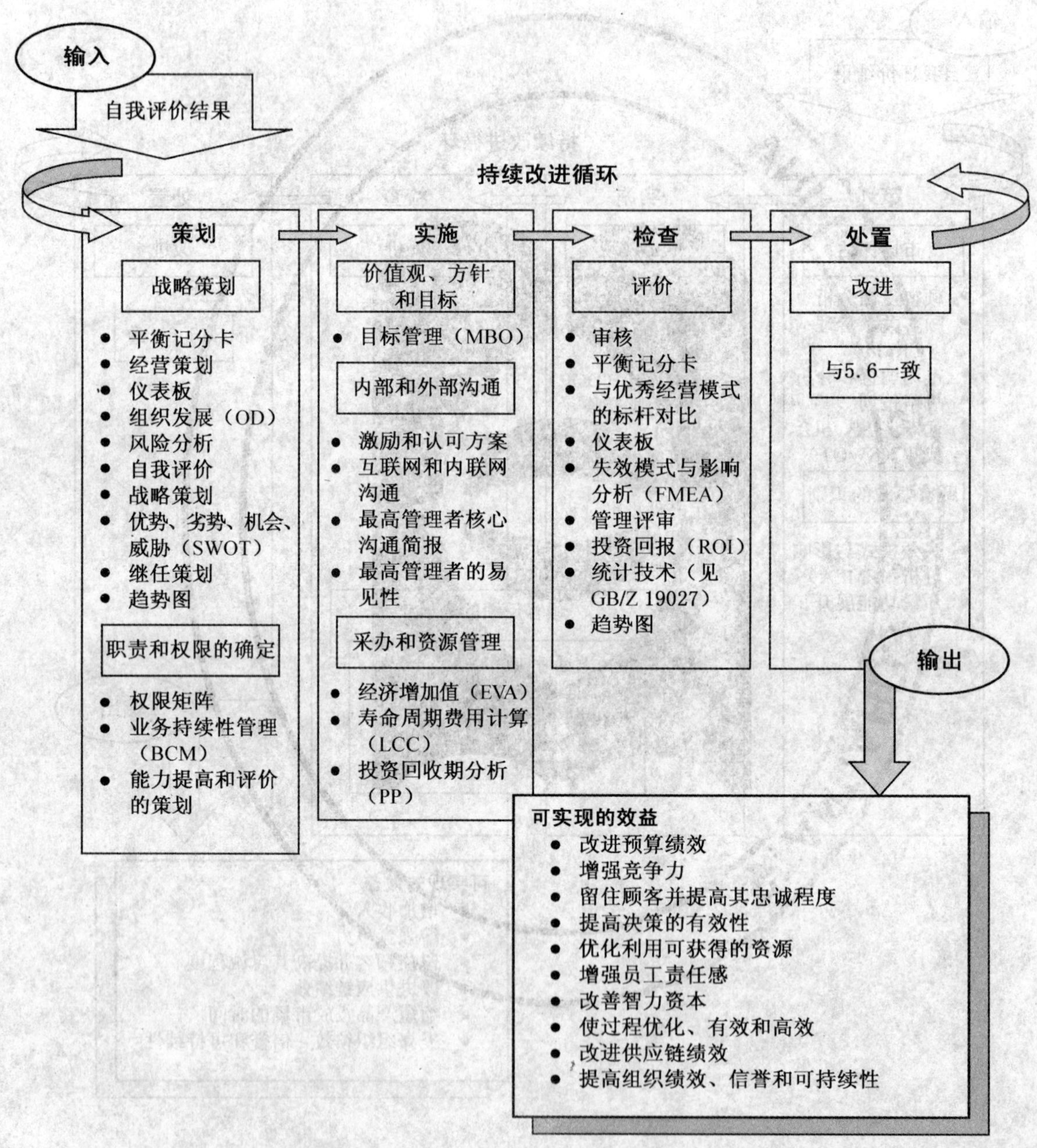

图 3 领导作用

5.3　全员参与

“各级员工都是组织之本，只有他们的充分参与，才能使他们的才干为组织带来收益。”（ISO 9000：2005）

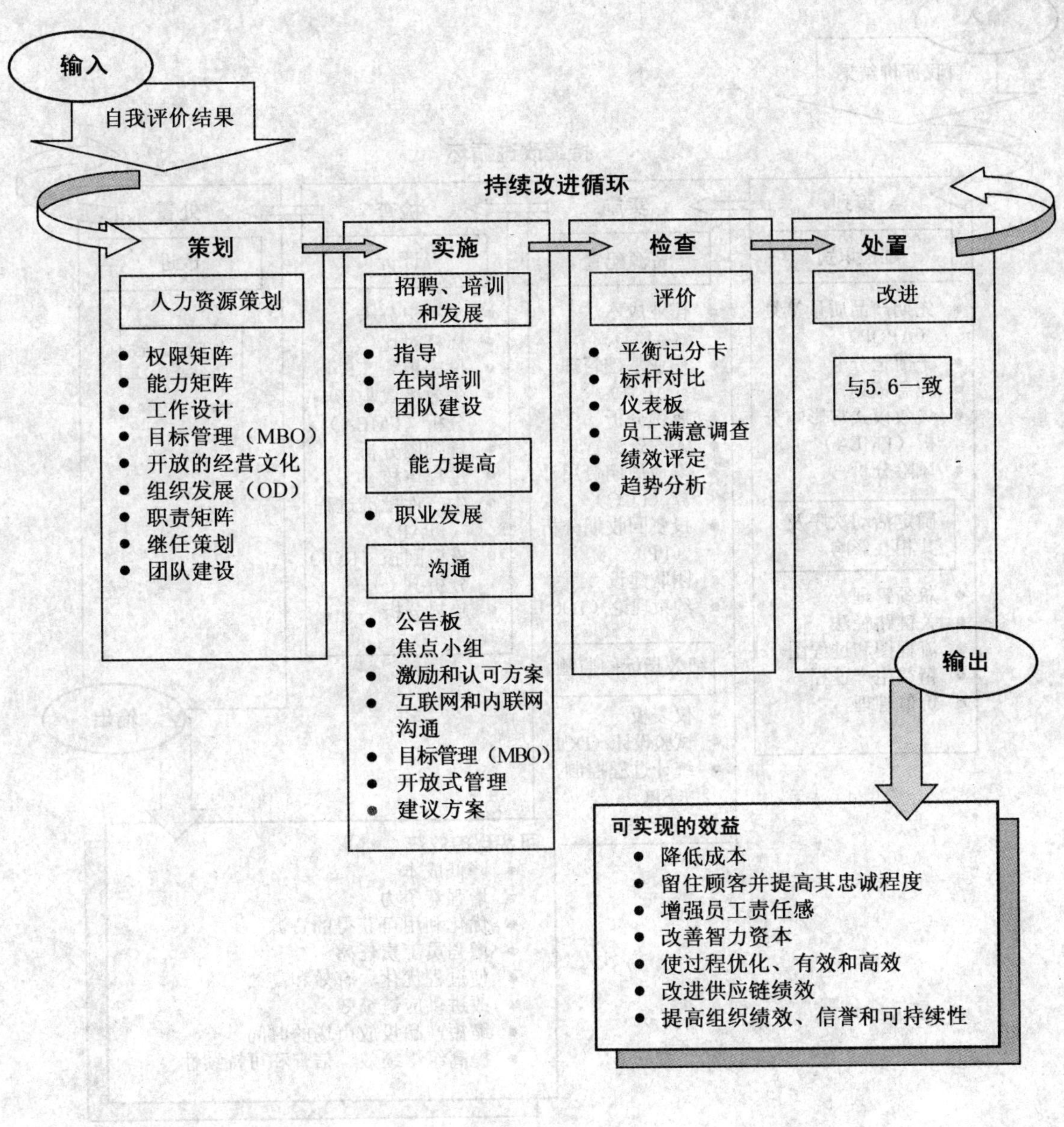

图 4　全员参与

5.4 过程方法

“将活动和相关的资源作为过程进行管理，可以更高效地得到期望的结果。”(ISO 9000:2005)

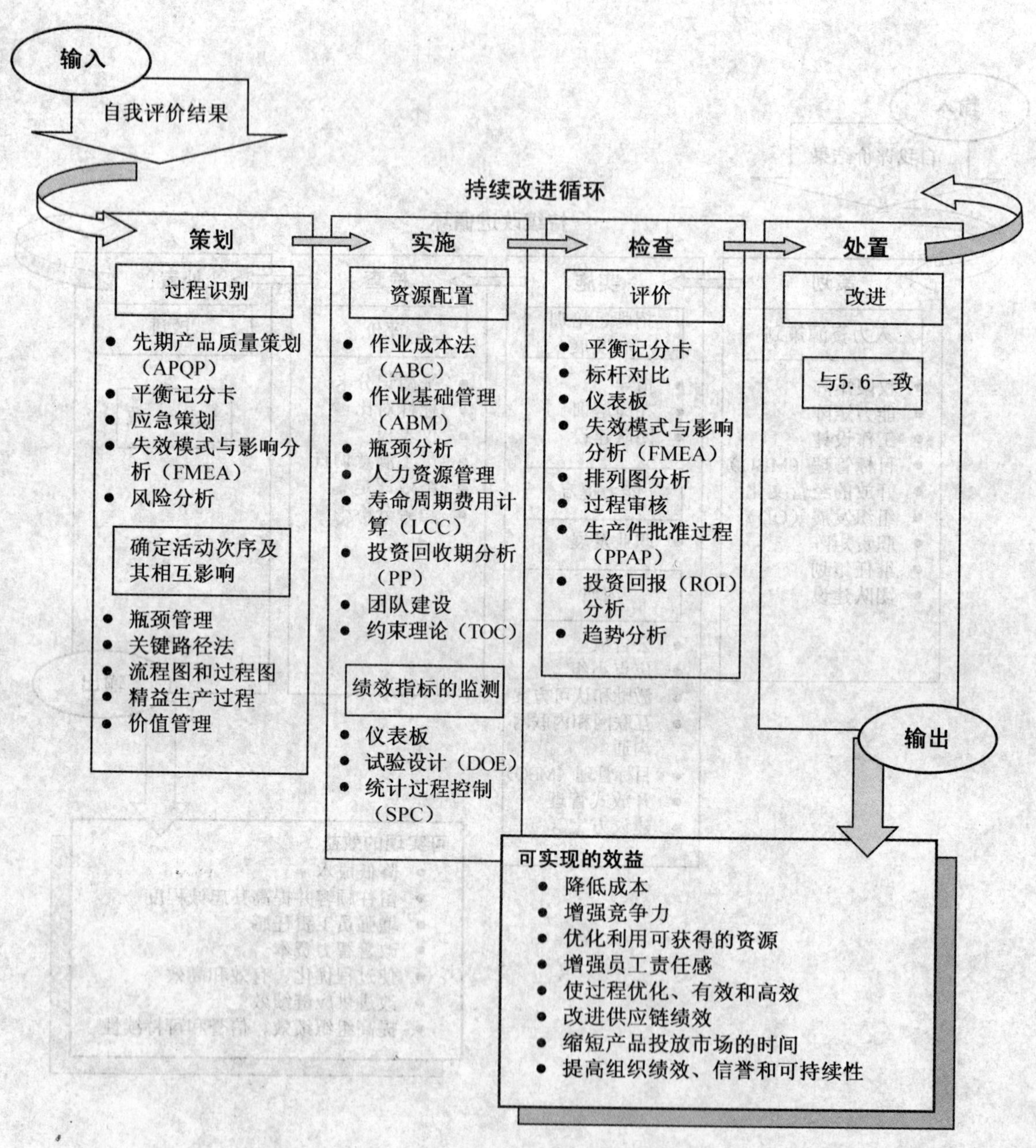

图5 过程方法

5.5 管理的系统方法

"将相互关联的过程作为系统加以识别、理解和管理，有助于组织提高实现目标的有效性和效率。"(ISO 9000:2005)

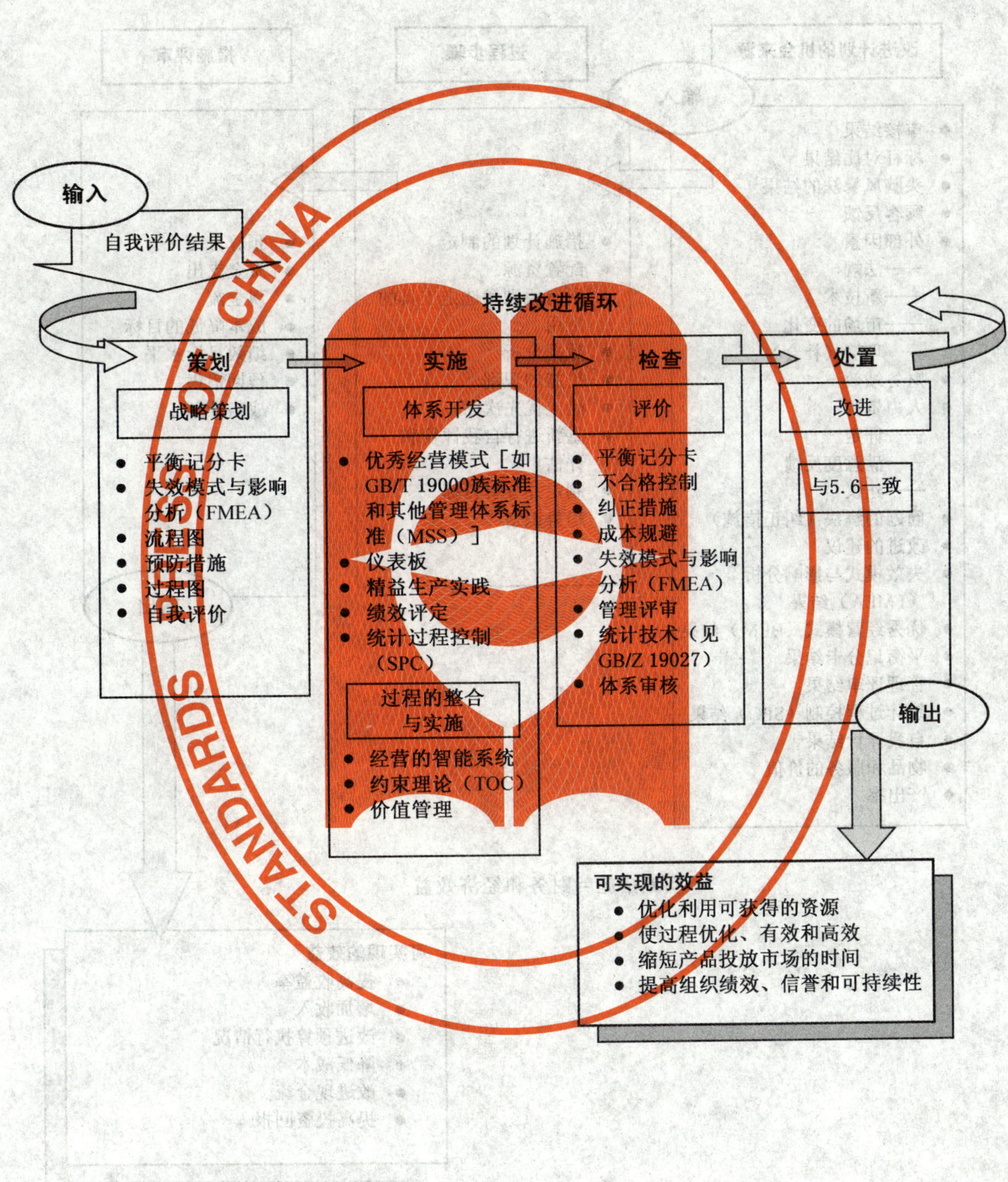

图 6 管理的系统方法

5.6 持续改进

"持续改进总体绩效应当是组织的一个永恒目标。"(ISO 9000:2005)

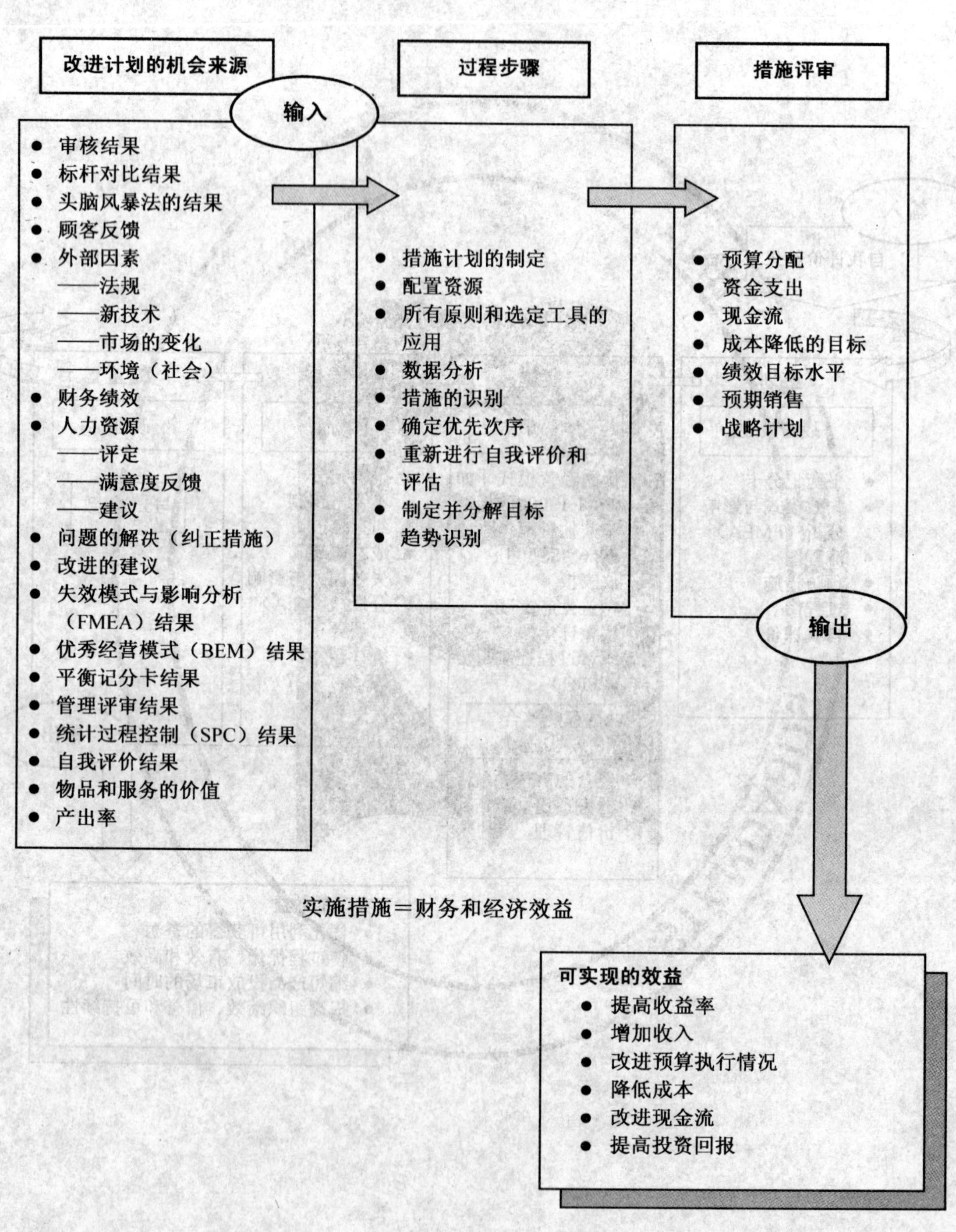

图 7 持续改进

5.7 基于事实的决策方法

“有效决策是建立在数据和信息分析的基础上。”(ISO 9000:2005)

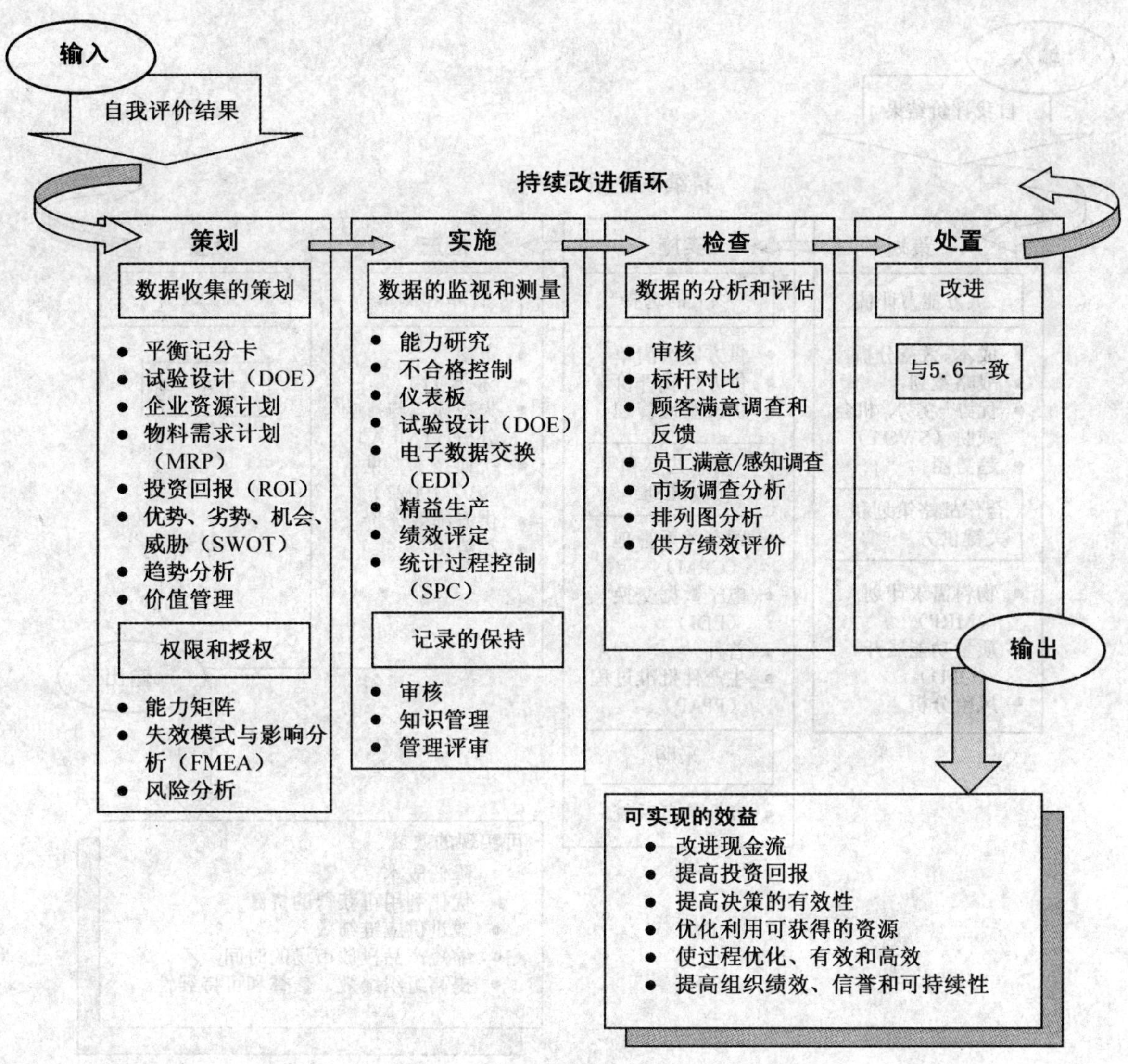

图 8 基于事实的决策方法

5.8 与供方互利的关系

“组织与供方是相互依存的，互利的关系可增强双方创造价值的能力。”（ISO 9000:2005）

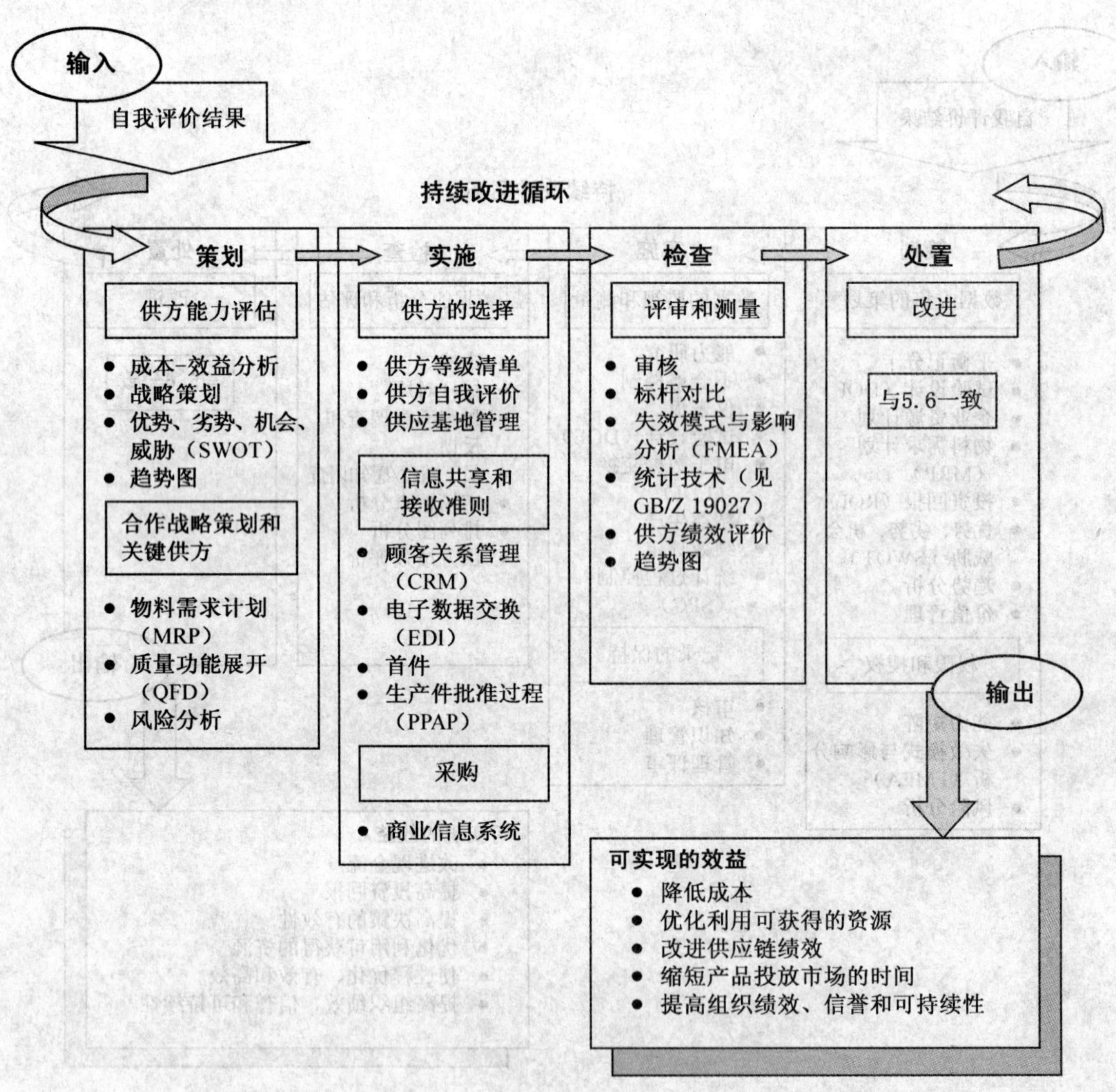

图9 与供方互利的关系

附 录 A
（资料性附录）
应用管理原则的自我评价

A.1 成熟度水平描述

在使用自我评价调查问卷之前，评价小组应当熟悉对成熟度水平的描述(表 A.1)。当回答表 A.2 或表 A.3 的问题时，从表 A.1 中选择最能反映该组织状况的成熟度水平。当对组织的成熟度水平评价有差异时，要达成一致意见。当相邻的成熟度水平看来都适用时，选择中间值。

A.2 初始自我评价调查问卷

初始自我评价调查问卷(表 A.2)可提供对组织成熟度的最初总体评述。针对每项管理原则都给出了三个问题。评分结果将有助于对第 5 章的原则做出选择，从而开始改进过程。

A.3 综合自我评价调查问卷

当对某一过程给予适当的时间和关注时，则可实现由全面综合评价(表 A.3)带来的增值。花费时间去熟悉成熟度水平的描述、进行共识讨论、澄清含义以及其他评价事项，将使整个过程增值。最高管理者的积极参与(如通过管理评审)可证实对该过程重要性的认可和承诺。

A.4 雷达图

图 A.1 给出的示例建议组织应当优先考虑与“以顾客为关注焦点”(5.1)和“全员参与”(5.3)相关的措施。

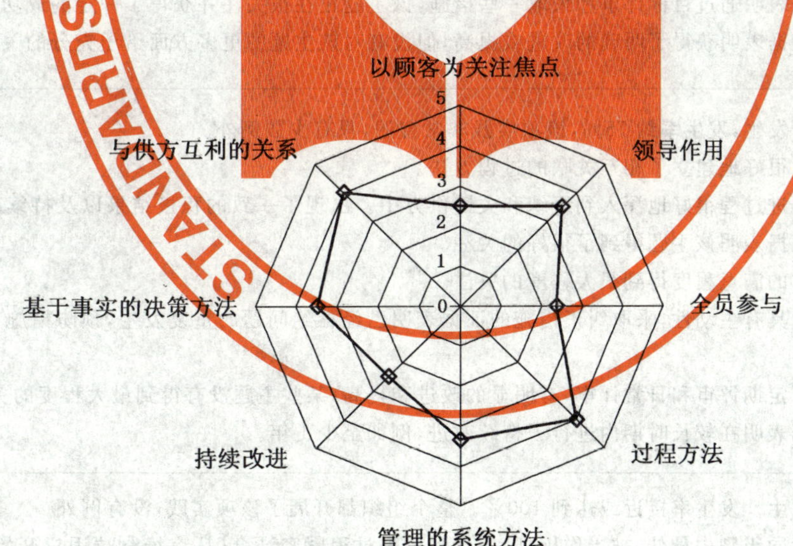

图 A.1 自我评价结果(平均值)示例——雷达图

表 A.1 成熟度水平的描述

成熟度水平	描述
1	没有或没有发生,发生率为0%,没有看到该项实践或仍未开始,根本没有发生。 没有实施的证据。 没有显见的系统方法,没有实际目标。 没有测量,结果不好或结果不可预知。 没有充分关注顾客的投诉或需求。 也许存在一些好的观点,但在很大程度上未能付诸实施。
2	在很小程度上发生,发生率约25%,仅在某些方面看到该项实践。 有实施的证据。 被动的方法,主要是纠正问题。 采取纠正措施的证据有限。 对所需的改进信息或改进的理解有限,有少数目标,有一些良好结果。 顾客满意程度得到适度关注,但对其他相关方的满意程度关注很少。 对过程方法有了一些认识,有少量证据证实正在发生一些有用事情。 偶尔的评审或评价会带来一些改进和提高。
3	部分发生,发生率约50%,可经常看到该项实践,但并非发生在多数方面。 有明显的改进证据。 有明显的基于过程的方法,更具主动性而非被动。 确定了问题的根本原因,采取了某些良好的纠正措施,进行了系统地改进。 具有关于目标的信息以及针对目标所取得的绩效,呈现出一些良好的改进趋势。 相关方的满意程度基本得到关注。 有证据表明通过目标评审和采取一些措施,该主题正在被关注并获得了一定的成功。 少量证据表明获得了明确的改进或提高,但没有对该主题的更多方面给予充分的关注。
4	大部分发生,发生率约75%,该项实践非常普遍,只有少数例外。 体系中很好地建立了相互关联的过程方法。 持续改进过程很好地深入到组织和关键供方中。出现了一致的积极结果以及持续改进趋势,具有明显证据表明该主题得到了很好的关注。 相关方的满意程度得到很大程度的关注。 适当时具有主动性,采取纠正措施的证据表明已经杜绝问题的重复发生,预防措施/风险评估明显存在。 进行了定期评审和日常评审,有明显的改进和提高,某些主题没有得到最大程度的关注。 有证据表明在较长时期内进行了持续改进,例如至少1年。
5	全部发生。发生率接近或达到100%。整个组织都开展了该项实践,没有例外。 被视为同级别中最佳,被当作标杆,信息和改进过程紧密结合(从市场终端用户开始并且贯穿整个供应链)。 已经证实全部结果均为同级别中最佳,保持了持续性经营,所有相关方都满意。 是一个成功、灵活且具有创新性的学习型组织。所有方法在全部领域和所有方面都是相关的和成功的,并得到最大程度的应用。 是卓越的榜样。很难再做出显著的改进,但仍在进行定期评审。 有证据表明在长时期内进行了持续改进,例如至少3年。

表 A.2 初始自我评价调查问卷

质量管理原则	成熟度水平	平均值
1. 以顾客为关注焦点(见 5.1)		
a) 组织已经识别了能为其带来最佳财务和经济效益的适宜的顾客群或市场吗?		
b) 组织已经充分理解了顾客和相关供应链的需求和期望、并识别了满足这些要求所必需的资源吗?		
c) 组织已经建立了顾客满意度的测量方法吗? 当出现投诉时,能通过公平、及时的方式加以解决吗?		
2. 领导作用(见 5.2)		
a) 最高管理者确立并传达了与组织的可持续发展相关的方向、方针、计划和其他重要信息吗?		
b) 最高管理者确立并传达了有效的财务和经济目标、提供了必需的资源并反馈了绩效信息吗?		
c) 最高管理者营造并保持了能使员工充分参与实现组织目标所必需的环境吗?		
3. 全员参与(见 5.3)		
a) 组织已认识到其各级人员都是组织的重要资源,他们能对财务和经济效益的实现产生重要影响吗?		
b) 组织鼓励员工的充分参与,提供增强员工能力、知识和经验的机会,从而提高组织的整体效益吗?		
c) 员工愿意与其他雇员、顾客、供方以及其他相关方协同工作吗?		
4. 过程方法(见 5.4)		
a) 各项活动、控制措施、资源和输出都是以相互关联的方式进行管理吗?		
b) 通过测量和分析,了解了关键活动和(或)过程的能力,以便达到更好的财务和经济效果吗?		
c) 最高管理者能够评估风险和(或)确定风险的优先次序,并指出对顾客、供方和其他相关方的潜在影响吗?		
5. 管理的系统方法(见 5.5)		
a) 组织确定、理解并有效管理了相互关联的过程,以便提供一个能实现财务和经济效益的体系吗?		
b) 在考虑过程的相互依存时,组织了解了资源、过程能力和约束条件吗?		
c) 组织采用了能使特定过程都能得到全面应用的系统方法,以确保该系统的效益吗?		
6. 持续改进(见 5.6)		
a) 最高管理者鼓励并支持持续改进,以便达到财务和经济效益目标吗?		
b) 组织具备有效的测量方法和监视手段,以便跟踪并评估财务和经济效益吗?		
c) 最高管理者认可财务和经济效益结果吗?		
7. 基于事实的决策方法(见 5.7)		
a) 组织基于准确的事实分析,并在适当时与直觉经验进行了平衡所做出的决策有效吗?		
b) 最高管理者确保能获得所需的数据、资料和工具,以便进行有效的分析吗?		
c) 最高管理者确保决策是基于获得最佳增值效益、避免某一方面的改进使另一方面恶化吗?		

表 A.2（续）

质量管理原则	成熟度水平	平均值
8. 与供方互利的关系（见 5.8）		
a) 存在有效的评价、选择和监视供方以及供应链伙伴的过程，从而确保整体财务和经济效益吗？		
b) 最高管理者确保是平衡了短期收益与长期发展后，建立了与关键供方和合作伙伴的有效关系吗？		
c) 是否鼓励在组织和其供方/供应链伙伴之间，共享未来计划和反馈信息，从而使双方互利呢？		

表 A.3 综合自我评价调查问卷

质量管理原则	成熟度水平	注释和示例
1. 以顾客为关注焦点（见 5.1）		
组织能证实：		
a) 已经识别了能为其带来最佳财务和经济效益的适宜顾客群或市场吗？		
b) 充分理解了顾客的需求、期望和要求吗？		
c) 充分理解了有关供应链的需求、期望和要求吗？		
d) 通过确立明确目标来设法满足上述 a)、b)和 c)各项要求吗？		
e) 将目标有效地传达给所有涉及的员工吗？		
f) 为所有顾客采用了一个周全、公平的方法吗？		
g) 是以公平、及时的方式解决顾客所关心的事项和投诉吗？		
h) 搜集、测量和评价了顾客满意度信息吗？		
i) 在组织内传达了顾客满意度信息吗？		
j) 具有稳定的供应链，以使顾客持久满意吗？		
k) 提供了必要的资源并满足了顾客的要求吗？		
l) 已认识到联合开发的需求吗？		
m) 定期评审了市场情况的变化（包括竞争力）吗？		
成熟度平均值		
2. 领导作用（见 5.2）		
组织的领导：		
a) 考虑并有效地阐述了组织的战略、方针和经营计划，以满足顾客的需求，从而使财务和经济效益得以实现吗？		
b) 考虑并有效地阐述了组织的战略、方针和经营计划，以满足员工的需求，从而使财务和经济效益得以实现吗？		
c) 考虑并有效地阐述了组织的战略、方针和经营计划，以满足供方的需求，从而使财务和经济效益得以实现吗？		
d) 考虑并有效地阐述了组织的战略、方针和经营计划，以满足社会的需求，从而使财务和经济效益得以实现吗？		

表 A.3(续)

质量管理原则	成熟度水平	注释和示例
e) 清楚地传达了与组织未来的可持续性相关的愿景、使命、方向、方针、计划、绩效以及其他重要信息吗?		
f) 为所有工作小组和(或)个人确立了富有挑战性、切合实际且可以理解的目标吗?		
g) 营造并保持了能使员工充分参与达到工作目标的适宜环境吗?		
h) 营造并保持了能使员工充分参与达到顾客满意目标的适宜环境吗?		
i) 营造并保持了能使员工充分参与达到其他相关方满意目标的适宜环境吗?		
j) 在涉及供方时,能做到公平、公开,并建立了共享的价值观和道德行为模式吗?		
k) 在涉及顾客时,能做到公平、公开,并建立了共享的价值观和道德行为模式吗?		
l) 在涉及社会时,能做到公平、公开,并建立了共享的价值观和道德行为模式吗?		
m) 在组织内兑现了承诺、建立了信任并消除了恐惧吗?		
n) 为员工提供了承担责任和义务时所需的资源、培训和自由吗?		
o) 激发、鼓励并认可员工的工作贡献吗?		
p) 在组织的所有层次,通过清晰、准确地沟通,确立了统一的目的和方向吗?		
q) 促进并支持包含员工、顾客、供方以及其他相关方的协同工作组吗?		
r) 促进组织内的创新和创造性并予以奖励吗?		
s) 鼓励反馈(包括反馈的力度和深度)以及根据建议适当地采取行动吗?		
成熟度平均值		
3. 全员参与(见 5.3)		
证实员工:		
a) 将其能力用在了实现组织的财务和经济效益上吗?		
b) 为组织目标的展开和实现做出了有效贡献吗?		
c) 认识到对创新和创造性的需求吗?		
d) 理解其岗位的重要性吗?		
e) 识别了对绩效以及公开讨论的问题和事项的约束条件吗?		
f) 接受了解决问题的权力和责任吗?		
g) 寻找机会以提高自身能力吗?		
h) 自由地分享知识和经验吗?		
i) 渴望参与持续改进并做出贡献吗?		
j) 愿意与其他员工、顾客、供方以及其他相关方协同工作吗?		
成熟度平均值		
4. 过程方法(见 5.4)		
过程在下列方面得到了有效应用吗?		
a) 在任何过程中,确定实现预期财务和经济效益所必需的各项活动方面;		
b) 在充分认识并控制过程的相互关联和相互依存的活动、资源、输入和输出方面;		

表 A.3（续）

质量管理原则	成熟度水平	注释和示例
c) 确定员工在实施关键活动中的明确职责和义务方面；		
d) 通过测量和分析，在了解关键活动或过程的能力方面；		
e) 在识别组织内的关键活动和接口方面；		
f) 在将关注点放在改进关键活动/过程的相关因素（例如员工、机器、方法、材料、环境）方面；		
g) 在评价活动/过程对顾客、供方和其他相关方产生的风险、结果和影响以及确定优先次序方面。		
成熟度平均值		
5. **管理的系统方法**（见 5.5）		
系统在下列方面得到了有效应用吗？		
a) 在组织的整个体系中，在确定实现预期财务和经济效益所必需的过程方面；		
b) 在对组织整个体系中所包含的相互依存的过程进行识别、理解和控制方面；		
c) 在考虑过程相互依存时，对整体资源的约束和能力的影响进行识别、了解和控制方面；		
d) 在构建和整合过程以及资源的管理，从而有效且高效地达到组织的总体目标方面；		
e) 为了整个体系的效益，在最佳地利用特定过程方面；		
f) 在理解取得整体成功并避免接口阻碍所必需的任务和职责方面；		
g) 在通过适宜的测量和评估，以及避免某一方面的改进使另一方面恶化，以取得整个体系的持续改进方面；		
h) 在所有相关方为了持续改进和提高财务和经济效益而协同工作方面。		
成熟度平均值		
6. **持续改进**（见 5.6）		
持续改进在下列方面得到了实施吗？		
a) 在一致的、公司范围内的旨在鼓励和支持组织实现财务和经济效益的理念方面；		
b) 在为员工提供方法和工具方面的培训，使他们能够对产品和（或）过程做出改进方面；		
c) 组织内的每个人和工作小组都有相关的和协调一致的目标，以持续改进财务和经济效益方面；		
d) 在进行有效的测量，以跟踪和评价财务和经济效益的持续改进方面；		
e) 在选择和评价适当的改进想法，以进行适宜的改进，从而实现财务和经济效益方面；		
f) 在认可并表彰实现财务和经济效益的改进方面。		
成熟度平均值		
7. **基于事实的决策方法**（见 5.7）		
决策的制定是通过下列方面来实现的吗？		
a) 在获得必要的可用数据和信息，以便能够用于实现财务和经济效益方面；		
b) 在确保数据和信息真实而准确方面；		
c) 在提供数据、信息和工具的使用权，确保关键分析（例如财务和经济方面的评审、需求预测、策划、绩效测量和过程分析）能够有效进行方面；		

表 A.3（续）

质量管理原则	成熟度水平	注释和示例
d) 在确保数据和信息能够表明对过程间相互关系的影响，避免某一方面的改进使另一方面恶化方面；		
e) 在基于对事实的分析做出决策并采取措施，必要时与经验和直觉进行平衡方面。		
成熟度平均值		
8. 与供方互利的关系（见 5.8）		
与供方互利的关系是通过下列方面来实现的吗？		
a) 评价、选择和监视供方和供应链伙伴的有效过程，从而确保整体财务和经济效益方面；		
b) 与供应链伙伴之间进行有效沟通时，认识到供应链伙伴、组织和其顾客之间的相互依存关系方面；		
c) 建立平衡短期收益与长期发展的关系，也许在必要时设立联合开发和改进活动方面；		
d) 适当时，在组织与其供方和供应链伙伴共享信息和未来计划，以实现双赢方面；		
e) 认可成就和改进结果，尤其是根据供方或供应链伙伴倡议所取得的成就和改进结果方面；		
f) 向供方和供应链伙伴提供绩效反馈方面；		
g) 定期接收来自供方和供应链伙伴的有关组织自身绩效的反馈方面；		
h) 组织与供方和供应链伙伴合作，以降低成本并为顾客和其他相关方提供附加的财务和经济效益方面。		
成熟度平均值		

附 录 B
（资料性附录）
第5章中引用方法和工具的简要说明

本附录的主要目的是对用于实现财务和经济效益的常用方法和工具提供简要说明。本附录并没有给出详尽列表和完整定义，更多的信息可从文献或网站中获取。

方法和工具	简 要 说 明
作业成本法(ABC)	该成本会计方法累积所开展活动等方面的成本基础数据，利用成本动因将这些成本分配到产品或诸如顾客、市场、项目等其他基础方面。
作业基础管理(ABM)	该管理方法是把会计方法作为管理要素，根据生产产品的资源将成本分配到产品。
先期产品质量策划(APQP)	制定产品质量计划的方法，该方法将支持以顾客满意为主要目标的产品或服务的开发，其阶段包括策划和编制大纲、产品设计和开发验证、过程设计和开发验证以及产品和过程确认。
评价	该活动基于对绩效认知的评审，以识别改进机会和组织内可能开展最佳实践的潜在优势领域。
审核	系统的、独立的、形成文件的过程，目的在于获得审核证据（记录、事实陈述以及其他可验证的信息）并做出客观评价，以确定审核准则（方针、程序或要求）的履行程度。审核可包括体系审核、过程审核或产品审核（见GB/T 19011）。
权限矩阵	该矩阵包括下述一个或多个事项：活动清单、被授权人、授权日期、说明/约束/指南、职责权限以及资源管理职责。
平衡记分卡	该测量工具利用以往和未来绩效的四个方面（财务、顾客、内部经营过程、学习和成长）为战略性的测量和管理奠定基础。也存在其他记分卡（例如某记分卡把优秀经营模式的结果类别作为四个方面）。也可使用级联层次。
标杆对比	该方法将某组织的产品和服务的过程和特点与公认的领先组织的产品和服务进行比较，从而识别改进机会。
瓶颈管理	该方法用于识别某一活动、过程或体系内相对于需求所具有的最小能力的瓶颈活动，从而控制整个体系（组织）的进展。也可参见“约束理论”。
头脑风暴法	该活动用于在小组内激励开放、自由和创造性的思维。通常用作策划和解决问题的辅助手段。
公告板	该系统（电子、纸质或其他媒介）能使使用者发送或阅读大众普遍关心的、而不是提供给特定人员的信息、文件和其他数据。
业务持续性策划	该策划用于避免业务活动的中断，保护关键业务过程不受（自然或人为）灾难的影响，以及确保业务活动的及时恢复。
优秀经营模式	例如，可参见 Malcolm Baldrige 国家质量奖（MBNQA）。
电话呼叫中心	该中心的职能是顾客服务代理（电话接线员）根据组织目标打电话和接听电话。
能力研究	该研究是用于确定具有一组特性（Cp、Cpk、Ppc）的正常过程变异的统计测量。
能力提高和评价的策划	该策划旨在评价员工的知识以及确定如何帮助他们增强能力。通常与定期的员工评定和员工授权相结合。
能力矩阵	该矩阵包括下述一个或多个事项：工作任务/最小或最大能力范围/可接受的能力/规定的能力等级。

表（续）

方法和工具	简要说明
应急策划	该行动的策划旨在处理意外情况或事件。
不合格控制	该过程用于控制不符合规定要求/法律/标准/规则的情况。
纠正措施	该过程用于消除现有不合格、缺陷或其他不期望情况的根本原因，从而预防再次发生。
成本规避	该控制活动用来分析所花费的“不良质量成本”，以预防出现错误；该活动是对未来的一项投资。
成本-效益分析	该手段用于分析和比较实施某项改进的货币成本，以及通过改进所获效益的货币价值。
关键路径法(CPM)	以活动为导向的项目管理技术，该技术利用箭头示意图展现完成某一项目所必需的成本和时间。仅使用一种时间估计，即正常时间。
顾客焦点小组	该实践通过从广泛的人群中抽样来选择人员组成小组，就特定主题或领域进行公开讨论、发表意见，尤其用于市场调查。
顾客关系管理(CRM)	该过程用于控制组织关于其顾客的独特要求和期望等方面的信息，并利用这些信息增强顾客满意度，留住顾客并提高其忠诚程度。
顾客满意调查和反馈分析	该评审和分析过程基于组织征得的顾客反馈方面的信息，旨在查明顾客对所获得产品(服务)的真实满意度水平。
仪表板(交通信号灯)	该工具以彩色图形表示关键绩效的测量结果(指标)。通常，绿色表示一切正常，无需采取措施；淡黄色表示警告，可能需要采取措施；红色表示需要采取措施。该方法通常与记分卡结合使用，并用于提高开会效率。
试验设计(DOE)，如田口方法	研究、分析并理解过程和数据变异的统计方法，以实现改进和更快发展(见 GB/Z 19027)。
经济增加值(EVA)	用于评价组织的真实利润的财务绩效测量方法，主要关注股东的财产。(税后经营利润)—(使用的资本总额×资本成本)＝EVA
电子数据交换(EDI)	该过程用于商业上不同公司的计算机系统之间(或顾客和供方之间)交换标准化文件格式。EDI 属于电子商务，顾客可通过电子途径直接向供方订货，供方也可以通过电子方式进行确认(包括装运日期和价格)。
员工满意度(感知)调查	该方法用于获取来自组织员工的满意度方面的反馈。
企业资源计划(ERP)	该软件程序将组织的所有部门和功能整合到一个计算机系统之中，可满足这些不同部门的特定需求。
失效模式与影响分析(FMEA)	该方法用于确定风险优先次序，并采取预防措施以降低风险。
首件	某一生产批次中生产首件(第一批)产品所涉及的过程。
流程图和过程图	某一过程、产品实现或服务的主要步骤的图形展示。
服务台	组织提供的技术支持或辅助功能。
国际互联网和内联网沟通	该系统用于处理电子信息、电子邮件以及使用万维网等。
工作设计	该工作设计用于提高员工的绩效(例如扩展员工的工作以提高员工技能的利用)，增加工作种类以及为个人提供更大的自主权。
知识管理	该活动通过创建、扩大、储存、检索和传播智力资本，将数据转化为信息。

表(续)

方法和工具	简要说明
精益生产实践	该工具注重减少循环周期和损耗,以改进经营。精益思考是动态的、知识驱动和关注顾客的过程。企业内的所有员工都可通过精益生产实践以创造价值为目标,不断地减少损耗。
寿命周期费用计算(LCC)	从产品论证到预期使用结束以及报废的所有费用(见 IEC 60300-3-3)。
目标管理	该方法主要关注通过可测量的因员工参与而获得的改进机会,从而确保有效实施经营计划。管理者确立明确的、可测量的、适宜的、切实可行的和及时(SMART)的顶层目标。这些目标在组织的各层分解落实。定期进行目标绩效评审,以确保进程、目标的完成和对措施(目标)做出必要的修改以及提出新的适宜的目标以应对变化。有些组织把目标绩效与奖励(评定)相结合。
管理评审	最高管理者定期开展的活动,从而通过对组织及其管理体系的的状况、适宜性、效率和有效性的评价,确定拟采取的适宜措施(见参考文献中的某些 ISO 发布的管理体系标准)。
市场调查和分析	该方法用于获取顾客对组织的产品满意度的反馈。
物料需求计划(MRP)	该方法有助于公司对其生产做出详细地策划。
导师制	基于对顾问或教师信任的方法,在职业规划中尤为普遍。
新闻通讯	定期出版物,包含关于某些主题的新闻和公告。新闻通信可通过电子邮件或内联网传播。
在岗培训(OJT)	通常在工作站或工作现场进行的培训。典型的在岗培训是一对一或在小组中进行。
开放式管理(OBM)	该管理活动是向组织的员工"公开"其财务信息。组织也可在解释这些信息方面提供说明,目的是使员工能够更好地理解他们的作用以及对组织的影响。
组织发展(OD)	该战略性活动旨在通过发展和巩固组织的战略、结构和过程来提高组织的有效性。
排列图分析	该统计过程可产生按频率从高到低排列的柱形图。排列图可对影响某一问题不同因素的重要性进行对比,并有助于确定活动的优先次序。
投资回收期(PP)分析	评审收回对某一项目初期投资所需的时间。
绩效评定	以绩效标准来测量员工进步的工具,同时也将评定结果反馈给员工。
饼图	以半径来划分的圆形图(形状像一张饼),用于表示变量的比例;也称为饼形图。
策划—实施—检查—处置(PDCA)	见第 4 章和第 5 章。
预防、鉴定和故障成本计算	该方法将成本大致分为三类,有助于关注和评审改进的进展情况;对财务和经济效益尤为重要。
预防措施	该过程采取措施消除潜在不合格、缺陷或其他不期望情况的根本原因,预防其发生。预防措施属于前瞻性措施。
生产件批准过程(PPAP)	要求供方对制造商以及一级供方进行的部件批准过程。
职业发展	一种员工工具。员工及其主管或导师根据该员工的需求和目标,制定的与组织的需求相匹配的计划。
质量功能展开(QFD)	一种寻求将顾客需求转化为产品和服务设计的方法。
响应和投诉处理	对顾客的投诉和问题做出回应的过程(见 GB/T 19012),以确保市场份额。
职责矩阵	该矩阵或图表列出了主要活动并详细说明了每一参与方的职责。利用这一工具,所有参与方都可清楚地了解各项活动的责任人。

表（续）

方法和工具	简 要 说 明
投资回报(ROI)分析	该活动通过对预期收益的量值/时机与投资成本的对比来评价投资潜能:[(收益－成本)/成本]×100%。
风险分析	该工具用于识别和控制组织的任何项目、活动、过程或系统相关的风险。虽然不幸的严重事件能引发风险分析,但从理想的角度来讲风险分析应当在事前进行。
自我评价	该活动基于对绩效感知的评审,以识别改进机会和组织内可能开展最佳实践的潜在领域。用于识别实现财务和经济效益以及确定其优先次序的自我评价工具见附录A。
服务协议	供方和顾客之间的协议,可以概括为将以什么费用、在多长时间内为顾客提供什么样的售后服务。
统计过程控制(SPC)	利用统计技术和(或)统计或随机控制计算法达到下述一个或多个目标: ——增加关于某一过程的知识; ——使某一过程以期望的方式运行; ——减小最终产品参数的变异,或以其他方式提高过程绩效。 (见 GB/Z 19027 和 ISO 11462-1)
战略策划	愿景、使命、目的和市场地位。经常利用SWOT(优势、劣势、机会和威胁)来分析。最新的战略策划被称为“开放社区”,组织可在其中不断地更新其战略思想。
优势、劣势、机会和威胁分析(SWOT)	该过程用于识别组织的优点和弱点,以及外部威胁和机会(通常以图表来表示)。
继任策划	对潜在继任者进行策划、培训和指导,以接替组织内目前的任职者。
建议方案	该方案旨在激发员工提出改进工作或工作环境方面的建议。
供方绩效评价	该工具是对照期望值来测量为组织提供产品的供方的绩效。
供方等级清单	该清单按照优先次序、及时性、增值情况或其他准则对提供物品和服务的供方进行排序。
供应基地管理	该过程通过减少浪费、杜绝质量问题以及使生产过程合理化,对原材料和相关供方的质量及绩效进行监视和评估。
团队建设	该实践用于选择和激发一个团队的成员共同工作,从而达到某一目的和特定绩效目标。
约束理论(TOC)	该技术和工具用于识别和消除过程的瓶颈,为查明出现系统约束的原因以及如何处理提供指南。
趋势分析	对数据进行分析,以识别某段时间内的趋势或倾向。
趋势图	某段时间内的数据图标,用于识别趋势或方向。
价值管理	成熟技术的系统应用,用于识别产品或服务的功能,确立这些功能的价值,并提供必要的功能,从而以最低的总成本达到所要求的绩效。

参 考 文 献

[1] GB/T 19001 质量管理体系 要求

[2] GB/T 19004 质量管理体系 业绩改进指南

[3] GB/T 19012 质量管理 顾客满意 组织处理投诉指南

[4] GB/T 19017 质量管理体系 技术状态管理指南

[5] GB/T 19025 质量管理 培训指南

[6] GB/Z 19027 GB/T 19001—2000 的统计技术指南

[7] ISO 11462-1:2001, Guidelines for implementation of statistical process control (SPC)—Part 1:Elements of SPC

[8] GB/T 24001 环境管理体系 要求及使用指南

[9] GB/T 19011 质量和(或)环境管理体系审核指南

[10] ISO/IEC 17799, Information technology—Security techniques—Code of practice for information security management

[11] ISO/IEC Guide 73, Risk management—Vocabulary—Guidelines for use in standards

[12] ISO/IEC 15288, System engineering—System life cycle processes

[13] IEC 60300-3-3, Dependability management—Part 3-3: Application guide—Life cycle costing

[14] EN 12973, Value management

[15] ISO/TC 176/SC 2 544, Guidance on the Concept and Use of the Process Approach for Management Systems

[16] ISO/TC 176/SC 2, Quality management principles brochure

ICS 03.120.10
A 00

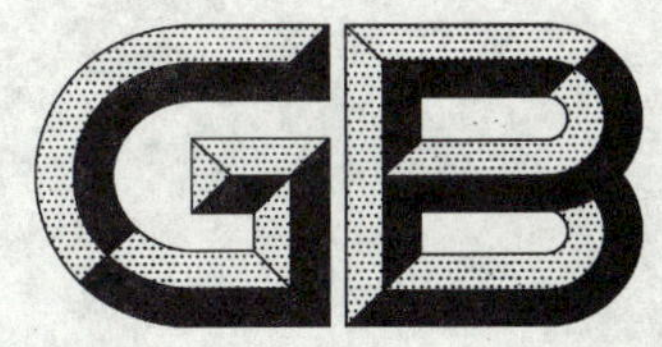

中华人民共和国国家标准化指导性技术文件

GB/Z 19034—2008/ISO/IWA4:2005

质量管理体系 地方政府应用 GB/T 19001—2000 指南

Quality management systems—Guidelines for the application of GB/T 19001—2000 in local government

(ISO/IWA4:2005, Quality management systems—Guidelines for the application of ISO 9001:2000 in local government, IDT)

2008-10-29 发布　　　　2009-05-01 实施

中华人民共和国国家质量监督检验检疫总局
中国国家标准化管理委员会　发布

前 言

本指导性技术文件等同采用ISO/IWA4:2005《质量管理体系 地方政府应用ISO 9001:2000指南》。

本指导性技术文件是GB/T 19000族标准的组成部分，并与其保持一致。

为便于使用，本指导性技术文件做了下列编辑性修改：

a) 由于行政体制的不同，我国各级政府负责人的称谓有别于其他国家。为符合我国的实际情况，重新编写了术语3.1中的注；

b) "本标准"改成"本指导性技术文件"。

本指导性技术文件的附录A和附录B均为资料性附录。

本指导性技术文件由全国质量管理和质量保证标准化技术委员会(SAC/TC 151)提出并归口。

本指导性技术文件起草单位：中国标准化研究院、内蒙古科技厅、中国矿业大学(北京)管理学院、北京信息科技大学经济管理学院、上海质量管理科学研究院、中国质量认证中心、北京新世纪认证有限公司。

本指导性技术文件主要起草人：李镜、汤万金、徐凤君、安景文、刘宇、刘俭生、刘钢、吉星。

引　言

当今社会所面临的一个巨大挑战是需要建立和保持公众对于政府机构的信任。为此，地方政府在创建质量和资金效率稳步提高的公共服务，以及持续发展的地区社会中起着重要的作用。通过以和谐、一致的方式，执行并落实国家和区域性政策，有助于促进持续的经济繁荣和社会公正。在某些极端情况下，当区域或国家缺乏有效管理的时候，地方政府也可保持地方安定并促进有效管理。这样，就有可能通过地方一级逐步形成较强的地区、国家和全球性的政府运行机制。对照某些地方政府已取得的高质量业绩，其他政府的公共政策就可以得到纠正和改善，从而使整个体系变得更加牢固。这种方法将有助于建设值得公众信任的并且稳定的地方、区域和中央政府。

虽然世界不同地区的公众需求和期望千差万别，但是全世界的地方政府都在经历着更高水平的民主与多元化，这就需要政府以有效和透明的方式提高其执政能力。因此，作为一个系统，为了能够共同高效与协调地工作，地方政府需要对这些不同的资源和过程进行充分的管理。

质量管理体系是为了使地方政府能够满足地方社会的需求和期望，而帮助其指挥和控制其自身活动的一种方法。概括地说，质量管理体系包括组织结构和达到质量目标所必需的策划、过程、资源和文件，以及对所提供的产品和服务的持续改进。GB/T 19001—2000《质量管理体系　要求》作为建立这样一种体系的基础，已经获得了普遍的认可。它为地方政府提供了一个使公众信任其需求和期望能被充分地理解，并有能力在稳定的基础上及时地予以满足的有效工具。

GB/T 19000 族标准中通用的基本文件包括：

——GB/T 19000—2000《质量管理体系　基础和术语》，它在总体上为质量管理体系阐述了概念、原则、基础知识和术语；

——GB/T 19001—2000《质量管理体系　要求》，它规定了能够持续满足顾客（在此是指地方的公众）需求和期望的体系要求；

——GB/T 19004—2000《质量管理体系　业绩改进指南》，为持续改进组织的总体业绩和效率提供了指南。

制定本指导性技术文件的目的是为地方政府提供一个一致的质量管理方法，同时把 GB/T 19001—2000 的技术语言“转化”为地方政府人员更为熟悉的语言。这样做是为鼓励和推进在地方政府中应用 GB/T 19001—2000。但是，应该认识到，在不同的地区和文化背景下，地方政府所处的具体环境必然有所不同，不可能为不同的地方政府依据 GB/T 19001—2000 单独规定一个实施质量管理体系的方式。各个地方政府的责任是把本文件中所提供的内容应用于自身特定的情况和环境。

虽然有些地方政府可能已经在某些具体的工作中部分执行了 GB/T 19001—2000，但是本指导性技术文件的目的是在整个工作范围内，促进对标准包括某些附加要求的使用。本指导性技术文件的附录包括了地方政府应该努力提供的服务和相关过程的一些示例，以及评价其有效性和成熟度的方法。

为了实现建设一个值得信任、负责和透明的地方政府的目标，虽然寻求 GB/T 19001—2000 认证可能会作为地方政府的政绩而得到鼓励，但这不是必要的。不应当把符合 GB/T 19001—2000 标准作为自己的最终目标。某个地方政府一旦达到了能为地方社会提供持续合格服务的水平，就应当把着眼点放在业绩合格之外，同时考虑利用 GB/T 19004—2000 和（或）其他卓越模式来提高其整体效率。

图 1 表示实施质量管理体系的各个阶段及本指导性技术文件的作用。

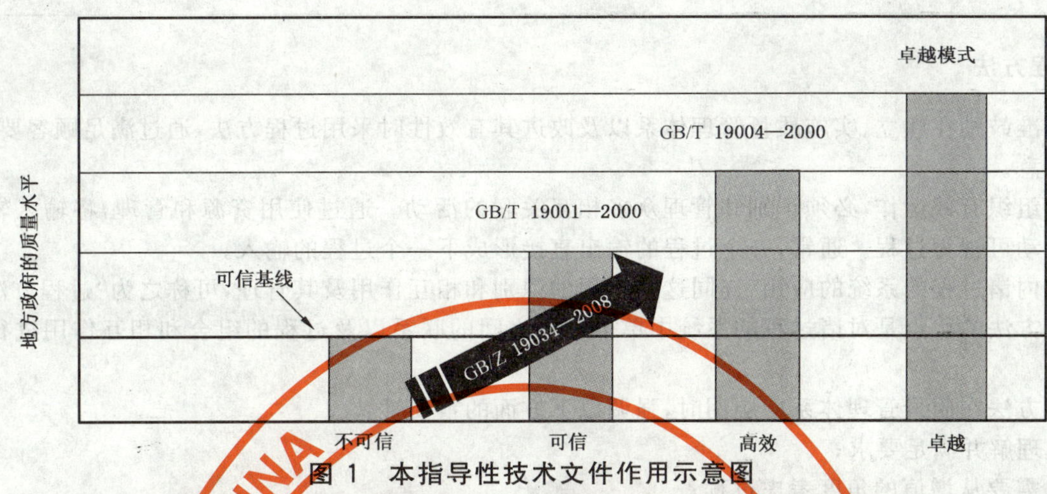

图 1　本指导性技术文件作用示意图

本指导性技术文件是为帮助地方政府理解和实施满足 GB/T 19001—2000 要求的质量管理体系提供指南，以便满足公众的需求和期望。附录 A 提供了一些典型地方政府过程的资料，附录 B 给出了地方政府用于实施完整的质量管理体系的自我评价模型。

> **0.1　总则**
>
> 采用质量管理体系应当是组织的一项战略性决策。一个组织质量管理体系的设计和实施受各种需求、具体目标、所提供的产品、所采用的过程以及该组织的规模和结构的影响。统一质量管理体系的结构或文件不是本标准的目的。
>
> 本标准所规定的质量管理体系要求是对产品要求的补充。"注"是理解和说明有关要求的指南。
>
> 本标准能用于内部和外部(包括认证机构)评定组织满足顾客、法律法规和组织自身要求的能力。
>
> 本标准的制定已经考虑了 GB/T 19000 和 GB/T 19004 中所阐明的质量管理原则。

0.1　总则

本指导性技术文件的目的是表述 GB/T 19000 族标准中的质量管理概念，以及在地方政府的实际工作中通常使用的术语。

地方政府应当制定一份让各级工作人员所接受、理解和使用的，短期或中期的发展计划或工作方案。但是，如果缺少或根本不存在有效实施发展计划或工作方案所需要的过程，那么计划或方案本身并不能保证最终实现地方社会的需求和期望。为了帮助地方政府实施一个有效的管理体系，本指导性技术文件的重点在于有关过程的细节。

本指导性技术文件未要求地方政府进行质量管理体系认证，如果地方政府愿意，可选择 GB/T 19001—2000 认证。通过内部质量审核，及对来自公众、社会各界和上级政府的意见或评价的收集与分析，完全可以证实地方政府的质量管理体系是否符合要求。

任何质量管理体系都将受到具体的地方政府的不同政策、目标、工作方法、现有资源和管理状况的影响。因此，每个地方政府的质量管理体系的细节是不同的。重要的不是详细描述实施质量管理体系的方法，而是确实要得到持续有效的结果。为了使质量管理体系能够正常地发挥作用，应当将体系建立得尽可能简单。地方政府为了让质量管理体系能够满足其实现质量方针和质量目标的需要，充分了解质量管理体系是非常必要的。

GB/T 19000—2000《质量管理体系　基础和术语》指出，成功地领导和运作一个组织，需要采用一种系统和透明的方式进行管理。为了赢得公众的信任，地方政府的公信力与透明度是至关重要的，而持续的成功只能来自于实施一个致力于满足所有相关方的需求和期望的完整的质量管理体系。一个值得信任的、成功的地方政府的质量管理体系，应当覆盖影响其满足公众及上级或中央政府等其他相关方需求的所有活动和过程。

0.2 过程方法

本标准鼓励在建立、实施质量管理体系以及改进其有效性时采用过程方法，通过满足顾客要求，增强顾客满意。

为使组织有效运作，必须识别和管理众多相互关联的活动。通过使用资源和管理，将输入转化为输出的活动可视为过程。通常，一个过程的输出直接形成下一个过程的输入。

组织内诸过程的系统的应用，连同这些过程的识别和相互作用及其管理，可称之为"过程方法"。

过程方法的优点是对诸过程的系统中单个过程之间的联系以及过程的组合和相互作用进行连续的控制。

过程方法在质量管理体系中应用时，强调以下方面的重要性：

a) 理解并满足要求；

b) 需要从增值的角度考虑过程；

c) 获得过程业绩和有效性的结果；

d) 基于客观的测量，持续改进过程。

图1所反映的以过程为基础的质量管理体系模式展示了4～8章中所提出的过程联系。这种展示反映了在规定输入要求时，顾客起着重要作用。对顾客满意的监视要求对顾客有关组织是否已满足其要求的感受的信息进行评价。该模式虽覆盖了本标准的所有要求，但却未详细地反映各过程。

注：此外，称之为"PDCA"的方法可适用于所有过程。PDCA 模式可简述如下：

P—策划：根据顾客的要求和组织的方针，为提供结果建立必要的目标和过程；

D—实施：实施过程；

C—检查：根据方针、目标和产品要求，对过程和产品进行监视和测量，并报告结果；

A—处置：采取措施，以持续改进过程业绩。

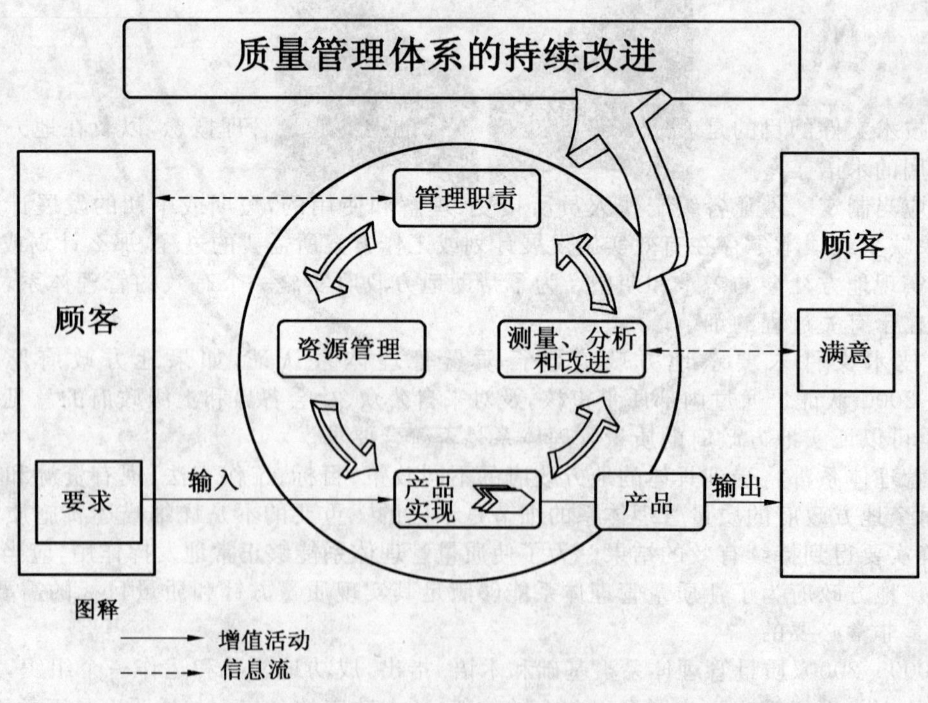

图1 以过程为基础的质量管理体系模式

0.2 过程方法

为了地方政府能够采用过程方法，首先是要能够识别为公众提供高质量的服务所需的不同种类的过程。其中包括管理、运作和支持过程，以及地方政府提供服务所必须的核心过程(见3.5)。

每个过程都应予以识别：

- 顾客是谁？(谁接受过程的输出？)顾客可能是同一地方政府中另一个部门的内部顾客，或是接受某种服务的外部顾客，如公众。
- 过程的主要输入是什么？[例如：法律法规要求、中央和(或)上级政府的政策、信息、物资、能源、人力和财政资源]
- 期望输出什么？(例如：提供具备什么特征的服务？)
- 证实过程运行状况和(或)过程结果需要控制什么？
- 与其他地方政府过程的相互作用是什么？(一个过程的输出通常形成其他过程的输入)

注：ISO/TC 176/SC 2/N 544 提供了有关“过程方法”的进一步说明。

地方政府过程的示例通常包括：

a) 确定地方政府在社会经济环境中的作用的战略管理过程；

b) 地方政府实施服务所需的资源和能力的提供过程；

c) 保持所需要的工作环境的过程；

d) 发展计划和工作程序的制定、修订和更新；

e) 服务提供过程的监视和评价；

f) 透明的内部和外部沟通过程；这些应当包括为鼓励对地方政府的计划、方案、主张和做法达成共识而促进与内、外部相关方对话的公民参与机制；

g) 解决危机的应急准备和响应的过程。

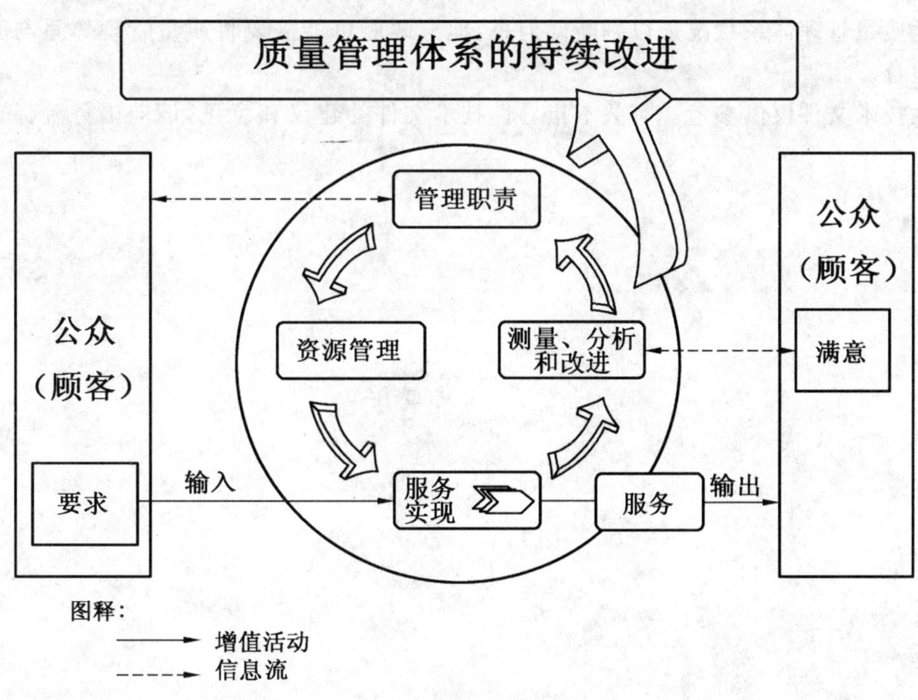

图2 以过程为基础的地方政府质量管理体系模式

0.3 与 GB/T 19004 的关系

GB/T 19001 和 GB/T 19004 已制定为一对协调一致的质量管理体系标准，它们相互补充，但也可单独使用。虽然这两项标准具有不同的范围，但却具有相似的结构，以有助于它们作为协调一致的一对标准的应用。

GB/T 19001 规定了质量管理体系要求，可供组织内部使用，也可用于认证或合同目的。在满足顾客要求方面，GB/T 19001 所关注的是质量管理体系的有效性。

与 GB/T 19001 相比，GB/T 19004 为质量管理体系更宽范围的目标提供了指南。除了有效性，该标准还特别关注持续改进组织的总体业绩与效率。对于最高管理者希望通过追求业绩持续改进而超越 GB/T 19001 要求的那些组织，GB/T 19004 推荐了指南。然而，用于认证或合同不是 GB/T 19004 的目的。

地方政府必须认识到，持续提供合格服务的能力，可能取决于超出其所直接控制范围的资源的提供。为了最大限度地利用有限的可用资源，GB/T 19004—2000 给出了如何提高过程效率的指南。

0.4 与其他管理体系的相容性

为了使用者的利益，本标准与 GB/T 24001—1996 相互趋近，以增强两类标准的相容性。

本标准不包括针对其他管理体系的要求，如环境管理、职业卫生与安全管理、财务管理或风险管理的特定要求。然而本标准使组织能够将自身的质量管理体系与相关的管理体系要求结合或整合。组织为了建立符合本标准要求的质量管理体系，可能会改变现行的管理体系。

地方政府为确保所提供的服务质量，需要通过质量管理体系来明确环境、健康和安全或其他管理事项。这不应当被认为，地方政府针对这些方面的问题要具备一个(或多个)完整的管理体系，可以依据地方政府自身的质量管理体系状况加以判断。但是，地方政府可能需要将质量管理体系与其他管理体系同时建立或整合。

本指导性技术文件仅供参考。有关本指导性技术文件的建议和意见，请向国务院标准化行政主管部门反映。

质量管理体系
地方政府应用 GB/T 19001—2000 指南

<table>
<tr><td>

质量管理体系　要求

1　范围

1.1　总则

本标准为有下列需求的组织规定了质量管理体系要求：

a)　需要证实其有能力稳定地提供满足顾客和适用的法律法规要求的产品；

b)　通过体系的有效应用，包括体系持续改进的过程以及保证符合顾客与适用的法律法规要求，旨在增强顾客满意。

注：在本标准中，术语"产品"仅适用于预期提供给顾客或顾客所要求的产品。

</td></tr>
</table>

1　范围

1.1　总则

本指导性技术文件的目的是要在整体的基础上为地方政府提供一个自愿实施 GB/T 19001—2000 标准的指导性文件。这些指导原则对 GB/T 19001—2000 标准的要求并未做任何添加、改变或修订。

一个值得信任的地方政府，在为公众提供所需服务的必要过程中，应以持续和可靠的方式来确保满足公众信任所需的最低条件。地方政府的所有过程，包括管理、核心、操作和支持过程（见 3.5）应组成一个唯一、完整的质量管理体系。该体系的整体性特点十分重要，否则，尽管地方政府在一些领域很值得信任，但在其他领域可能会缺乏信任。要使一个政府值得信任，就应确保其所有主要过程和服务得到信任的最低条件。要达到这一目的，建议地方政府清晰界定其管理过程、核心过程和支持过程，以使其获得信任（见附录 A）。附录 B 为地方政府提供了一个评价其过程、成熟度和服务范围的诊断性工具。

<table>
<tr><td>

1.2　应用

本标准规定的所有要求是通用的，旨在适用于各种类型、不同规模和提供不同产品的组织。

当本标准的任何要求因组织及其产品的特点而不适用时，可以考虑对其进行删减。

除非删减仅限于本标准第 7 章中那些不影响组织提供满足顾客和适用法律法规要求的产品的能力或责任的要求，否则不能声称符合本标准。

</td></tr>
</table>

1.2　应用

本指导性技术文件提出的指导性原则是通用的，适用于各种类型、不同规模和提供各种服务的地方政府。

由于本指导性技术文件是一个指南性文件，所提供的内容不涉及对要求的"删减"，如同采用 GB/T 19001 标准一样。使用者可根据需要来自由应用本指导性技术文件条款，以充分受益。

2 引用标准 下列标准所包含的条文，通过在本标准中引用而构成为本标准的条文。本标准出版时，所示版本均为有效。所有标准都会被修订，使用本标准的各方应探讨使用下列标准最新版本的可能性。 GB/T 19000—2000 质量管理体系 基础和术语(idt ISO 9000:2000)

2 规范性引用文件

无其他引用文件。

3 术语和定义 本标准采用 GB/T 19000 中的术语和定义。 本标准表述供应链所使用的以下术语经过了更改，以反映当前的使用情况： 供方——→组织——→顾客 本标准中的术语“组织”用以取代 GB/T 19001—1994 所使用的术语“供方”，术语“供方”用以取代术语“分承包方”。 本标准中所出现的术语“产品”，也可指“服务”。

3 术语和定义

本指导性技术文件采用了 GB/T 19000—2000 中给出的术语和定义。GB/T 19001—2000 标准中所使用的“组织”一词，在本指导性技术文件中指的是地方政府。

根据地方政府所在的不同地理位置和地区的文化、习俗和公众的差异，指南中所给出的术语和定义的使用含义也有所不同。GB/T 19001—2000 标准不要求地方政府采用 GB/T 19000—2000 标准中规定的术语来建立其各自的质量管理体系。

3.1

最高管理者 top management

地方政府(3.4)的最高层中负有行政职责的一个人或一组人

注：由于区域范围的差异，职务和职责的范围会有不同。例如：省长、自治区主席、市长、州长、县长、区长、乡长、镇长等。各级地方政府领导人员均依法选举产生。具体规定可查阅《中华人民共和国地方各级人民代表大会和地方各级人民政府组织法》。

3.2

顾客(公众) customer(citizen)

接受**地方政府**(3.4)**服务**(3.6)的组织或个人

注1：地方政府应了解各种类型的顾客，以达到其所有的需求和期望的平衡。例如，一些公众是纳税人，为地方政府的服务提供经费，他们可能与那些期望只从政府所提供的服务中受益的公众会有所不同。

注2：“顾客”一词可能会在地方政府(公共)管理领域引起争议。但是由于该词在质量管理体系标准中的广泛采用，因此“顾客”一词也一直被这些相关指南直接采用。

3.3

地方政府规范 specification for local government

地方政府(3.4)持续有效为公众提供符合其需求与期望的服务所需达到的最低要求

注1：有时在文件中以“地方政府章程”或“服务公约”来进行表述。

注2：部分内容可能来自立法或上级政府以及中央政府的政策。

注3：地方政府业绩指标说明详见附录 B。

3.4

地方政府　local government

地方政府是中央或其上级政府的一部分。通常，最接近公众。负责该地区的管理，并促进其发展，同时负责为**顾客（公众）**（3.2）提供服务

注：地方政府通常是建立在某个经划分的地域范围内，在民族、政治和行政组织等方面，与当地公众密切相关。一般是由地域、人口、组织机构和立法形成的一个公共实体，拥有自身的合法地位和陈述自己的行政主张的能力。

3.5

地方政府行政过程　local government process

将输入（政策、资源、公众需求和期望等）转化为输出（结果）（为公众提供的服务）的相互关联或相互作用的地方政府的一组活动

注1：为了方便说明，可以将地方政府行政过程划分为**管理过程**（3.5.1）、**核心过程**（3.5.2）、**运作过程**（3.5.3）和**支持过程**（3.5.4）。

注2：附录A提供了一些典型的地方政府行政过程的示例。

注3：为了简单，本指导性技术文件中表述为"地方政府过程"。

3.5.1

管理过程　management process

为了符合适用的法律、政策和标准，**地方政府**（3.4）进行监管和治理所需要的过程

3.5.2

核心过程　core process

为了完成**地方政府**（3.4）的总体任务与目标所需要的过程

注1：可包括，如：确保经济可持续发展的过程、社会综合发展的过程和环境可持续发展的过程。

注2：地方政府通常利用**运作过程**（3.5.3）来具体实现核心过程。

3.5.3

运作过程　operational process

核心过程（3.5.2）的运作部分，使**地方政府**（3.4）能够为公众提供满足其需求和期望的产品和**服务**（3.6）

3.5.4

支持过程　support process

确保**核心过程**（3.5.2）的业绩满意所需要的过程

注：支持过程包括人力、物资、金融以及与计算机相关资源的管理。

3.6

服务　service

由**地方政府**（3.4）所执行的一个或几个过程的结果

注1："服务"通常是指无形产品。GB/T 19001—2000标准中指的是组织的"产品"，这里指的是由地方政府所提供的产品和服务。虽然在本质上主要是指无形的产品，但是服务也可以包括一些有形成分（如某些宣传品、垃圾容器、避难所等）。

注2：服务还可以是自来水的供应、污水处理与排放控制、照明、垃圾收集、对公众的保护等。

注3：地方政府经常提供的另外一项主要服务是项目开发，这可能需要制定质量计划（质量计划和项目管理分别详见GB/T 19015和GB/T 19016）。

3.7

地方政府质量管理体系　quality management system of the local government

使地方政府建立与质量有关的方针和目标并实现这些目标的相互关联或相互作用的一组要素（来自GB/T 19000—2000的3.2.1、3.2.2和3.2.3）。

注1：这些要素通常包括：有效运作**地方政府行政过程**（3.5）所需要的硬件（设备）、软件（方法和程序）和人员。

注2：质量目标应包括**地方政府规范**（3.3）。

3.8

透明度 transparency

为确保公众和所有相关方意识到他们在地方政府中的作用、权利和义务，地方政府对所采用的过程、程序、方法、数据资源和设想的结果向社会通报的程度

4 质量管理体系

4.1 总要求

组织应按本标准的要求建立质量管理体系，形成文件，加以实施和保持，并持续改进其有效性。

组织应：

a) 识别质量管理体系所需的过程及其在组织中的应用(见1.2)；

b) 确定这些过程的顺序和相互作用；

c) 确定为确保这些过程的有效运作和控制所需的准则和方法；

d) 确保可以获得必要的资源和信息，以支持这些过程的运行和对这些过程的监视；

e) 监视、测量和分析这些过程；

f) 实施必要的措施，以实现对这些过程策划的结果和对这些过程的持续改进。

组织应按本标准的要求管理这些过程。

针对组织所选择的任何影响产品符合要求的外包过程，组织应确保对其实施控制。对此类外包过程的控制应在质量管理体系中加以识别。

注：上述质量管理体系所需的过程应当包括与管理活动、资源提供、产品实现和测量有关的过程。

4 质量管理体系

4.1 通用要求

鉴于本条款的基础性特征，以及为质量管理体系的其他部分奠定了基础，因此，其内容应有助于确定那些使地方政府编制文件、实施和保持质量管理体系的要素，以使地方政府能以更高的透明度，高效地实现其可信的业绩。

地方政府应清晰界定其质量管理体系的覆盖范围。为了确定所建立的达到持续改进和公众满意的稳定结果的过程，确定和区分所提供的产品和服务是很必要的。

地方政府应：

a) 确定为提供其产品和服务所需的过程、应该达到的标准(适当时)和对结果的评价方式；

b) 识别可促进政府行为完整、可信和有效的质量管理体系所需的过程；

c) 确定这些过程的顺序和相互作用(在输入与输出方面他们是如何相互关联的见0.2)；

d) 确定所需的准则和方法，以确保对这些过程的运行和控制是有效的；

e) 确保用来支持这些过程运行和监视的资源与信息的可用性；

f) 对这些过程进行监视、测量和分析；

g) 采取必要的措施，以获得对这些过程策划的结果和对这些过程的持续改进。

需要强调的是，在将某些过程外包给第三方时，地方政府必须承担总体的管理责任。例如有些服务是由一些非政府组织，如公有(私有)的机构来提供的。

4.2 文件要求

4.2.1 总则

质量管理体系文件应包括：

a) 形成文件的质量方针和质量目标；
b) 质量手册；
c) 本标准所要求的形成文件的程序；
d) 组织为确保其过程的有效策划、运行和控制所需的文件；
e) 本标准所要求的记录(见 4.2.4)。

注 1：本标准出现“形成文件的程序”之处，即要求建立该程序，形成文件，并加以实施和保持。

注 2：不同组织的质量管理体系文件的多少与详略程度取决于：

a) 组织的规模和活动的类型；
b) 过程及其相互作用的复杂程度；
c) 人员的能力。

注 3：文件可采用任何形式或类型的媒体。

4.2 文件

4.2.1 总则

在策划质量管理体系所需的文件时，地方政府应考虑到以下方面：

a) 地方政府通常使用的和所要求的术语和定义；
b) 政府的政策(包括本级政府、上级政府和国家的政策)；
c) 适用的法律、规章和标准；
d) 人员的能力；
e) 所提供的项目、产品和服务。

ISO/TC 176/SC 2/N 525 提供了关于 GB/T 19001—2000 标准中对文件要求的详细指南(见参考文献)。

4.2.2 质量手册

组织应编制和保持质量手册，质量手册包括：

a) 质量管理体系的范围，包括任何删减的细节与合理性(见 1.2)；
b) 为质量管理体系编制的形成文件的程序或对其引用；
c) 质量管理体系过程之间的相互作用的表述。

4.2.2 质量手册

质量手册是质量管理体系中最高层的重要文件，其作用之一是阐明地方政府所建立和运行的质量管理体系满足 GB/T 19001—2000 要求的方法。

手册应表述地方政府质量管理体系的范围以及各过程(见 3.5)之间的相互作用，并包括(或引用)有效实施质量管理体系所需的所有适用的形成文件的程序。

质量手册应包括(但不限于)以下方面：

- GB/T 19001—2000 标准所要求的形成文件的程序；
- 对提供的产品和服务(包括项目)所适用的法律、法规所要求的形成文件的程序；
- 证明地方政府的过程(如采购活动)透明度所需要的形成文件的程序和(或)其他文件。

4.2.3 文件控制

质量管理体系所要求的文件应予以控制。记录是一种特殊类型的文件，应依据 4.2.4 的要求进行控制。

应编制形成文件的程序，以规定以下方面所需的控制：

a) 文件发布前得到批准，以确保文件是充分与适宜的；

b) 必要时对文件进行评审与更新，并再次批准；

c) 确保文件的更改和现行修订状态得到识别；

d) 确保在使用处可获得适用文件的有关版本；

e) 确保文件保持清晰、易于识别；

f) 确保外来文件得到识别，并控制其分发；

g) 防止作废文件的非预期使用，若因任何原因而保留作废文件时，对这些文件进行适当的标识。

4.2.3 文件控制

文件控制的目的在于确保质量管理体系所需的所有文件能够得到及时更新，并随时确保使用者易于获取。鉴于这个目的，地方政府应建立一个形成文件的程序以表述：

a) 批准、发布和修订内部文件的制度，包括其标识和修订状态；

b) 控制外部文件的制度，如适用的法律文件、应急预案等。适当时，这些文件应让公众得到；

c) 地方政府人员、合同承包人和其他必要的相关方获得文件的制度。

注：地方政府所发布的大部分文件是公共性文件，因此更有必要对文件进行有效的控制。这可以通过简捷的政府网站进行。这些文件还可以其他各种方式作为载体：如纸张、录像带、图片、计算机光盘等。

用来确定、管理和控制地方政府的服务和项目所提供的文件也应得到控制（见 7.1）。内部发布的文件也应进行评审、修订和批准，以使其适用并符合要求。

与提供服务有关的出版物、法规、表格或其他文件的修订信息应得到控制，并可追溯到所有相关的起草、分发或更改过程。

对于项目来说，应保持对工作方案或计划、各种服务、服务申请表、批准或付款、填表说明、公告的准备等有关文件的控制程序，以便获得工作中所必要的，完整和现行有效的文件。

4.2.4 记录控制

应建立并保持记录，以提供符合要求和质量管理体系有效运行的证据。记录应保持清晰、易于识别和检索。应编制形成文件的程序，以规定记录的标识、贮存、保护、检索、保存期限和处置所需的控制。

4.2.4 记录控制

地方政府的记录是一种特殊的文件，它提供了地方政府开展活动的相关信息。通常，这种记录作为地方政府过程的一种阶段性成果的证据被保留下来，对地方政府来说尤为重要。因为它能够证实其活动的透明度，并向公众提供其充分的履行其职责和义务的情况。

地方政府应重视记录的保留时间和记录的可用性。通常，它是由法律法规所规定的。

地方政府有必要制定一些特殊规定，目的在于确保涉及到公众的某些个人信息和（或）其他种类的记录（如许可、扣押、豁免、处罚等）的保密性（详见 7.5.4）。

ISO/TC 176/SC 2/N 525 提供了关于 GB/T 19001—2000 标准中对记录要求的详细指南（见参考文献）。

下述示例可作为地方政府质量管理体系记录中的一部分：

a) 地方总产值；

b) 地方发展规划；

c) 完成的下述记录清单：

- 计划、方案和项目的进展情况和最终报告；

- 授权许可；
- 任何豁免；
- 人事测评；
- 供方评价；
- 基础设施评价；
- 工作进展。

d） 地方政府活动影响的评价；

e） 文件的丢失、损坏或不当使用；

f） 意见或抱怨。

> ## 5 管理职责
>
> ### 5.1 管理承诺
>
> 最高管理者应通过以下活动，对其建立、实施质量管理体系并持续改进其有效性的承诺提供证据：
>
> a） 向组织传达满足顾客和法律法规要求的重要性；
>
> b） 制定质量方针；
>
> c） 确保质量目标的制定；
>
> d） 进行管理评审；
>
> e） 确保资源的获得。

5 管理职责

5.1 管理承诺

最高管理者（见3.1）可通过不断识别公众的需求和期望，以及确保地方政府的过程和计划符合适用的法律法规要求，来表明他们在质量管理体系中作出的承诺。

地方政府最高管理者可以通过下述行动和方式证实上述承诺：

a） 为达到服务质量，并认识到满足公众要求的重要性，要在地方政府的所有部门内部确立一致的目标，并建立起适用于所提供服务的标准和法规体系；

b） 制定质量方针，并在地方政府的所有部门进行沟通和解释，以便让所有人员都理解其内容；

c） 确保质量目标的建立，并与质量方针和公众的要求相一致；

d） 通过定期对质量管理体系进行评审，来评价地方政府的业绩，以监视是否执行质量方针并实现质量目标，并作为持续改进的一部分；

e） 确保及时获得实现目标所必要的充足资源。

注：GB/T 19000—2000标准中所给出的质量管理原则，可以帮助最高管理者更好地理解所需要的管理职责。

> ### 5.2 以顾客为关注焦点
>
> 最高管理者应以增强顾客满意为目的，确保顾客的要求得到确定并予以满足（见7.2.1和8.2.1）。

5.2 以公众为关注焦点

地方政府的最高管理者应识别公众当前和（在可能的情况下）未来的需求和期望，并在其法律权限和可获得资源的框架内来实现这些目标，从而使公众满意。

公众的要求应在地方政府的计划中予以确定和体现；还应确定目标和业绩指标来确保这些要求的实现。公众的需求和期望应定期评审，必要时更新，以确保公众满意。

5.3 质量方针

最高管理者应确保质量方针：

a) 与组织的宗旨相适应；

b) 包括对满足要求和持续改进质量管理体系有效性的承诺；

c) 提供制定和评审质量目标的框架；

d) 在组织内得到沟通和理解；

e) 在持续适宜性方面得到评审。

5.3 质量方针

地方政府的质量方针应针对满足公众的需求和期望，形成文件并符合其宗旨，满足法规要求，并与其他（如与反腐败、环境、社会责任、安全和透明度等方面有关的）方针以及上级和中央政府的方针保持一致。

地方政府的最高管理者应利用质量方针来指导其决策过程。

适当时，质量方针可作为制定、实施和更新地方政府质量目标的依据。

地方政府应采取适当的方式，对方针的内容和含义进行交流，并评估其被理解的程度。

为确保质量方针持续有效，应定期对其进行评审。适当时，予以更新。

5.4 策划

5.4.1 质量目标

最高管理者应确保在组织的相关职能和层次上建立质量目标，质量目标包括满足产品要求所需的内容[见7.1 a)]。质量目标应是可测量的，并与质量方针保持一致。

5.4 策划

5.4.1 质量目标

地方政府的最高管理者应确保在组织的相关职能和层次建立质量目标并进行交流，其中包括那些满足服务要求所需的内容。

质量目标应：

- 满足公众当前和未来的需求和期望；
- 与法律法规保持一致；
- 来自地方政府的质量方针；
- 定期进行系统的修订；
- 在地方政府的相关职能和层次进行交流；
- 可测量和评价；
- 关注地方政府整体业绩的持续改进。

最高管理者应建立测量和评价过程，以提供质量目标完成情况的信息和数据。地方政府还应使公众能获得质量目标完成情况的信息。

附录B中提供的评价方法，可被用来识别和考虑地方政府质量改进的优先次序。这可导致建立新的或经修改的质量目标。

注：对于长期的基础设施项目，需要通过连续几届地方政府的管理才能实现公众的期望。此时，应谨慎更改对项目产生影响的质量目标。

5.4.2 质量管理体系策划

最高管理者应确保：

a) 对质量管理体系进行策划，以满足质量目标以及4.1的要求。

b) 在对质量管理体系的变更进行策划和实施时，保持质量管理体系的完整性。

5.4.2 **质量管理体系策划**

地方政府的最高管理者应确保在质量管理体系策划时,考虑到为实现其质量目标所需要的活动和可获得的资源。

地方政府应考虑到战略发展规划中的内容,其中包括:

- 短期、中期和长期目标;
- 潜在的发展领域;
- 规划、项目和措施中的优先次序;
- 资源的可用性;
- 组织的评价与分析(优势与劣势,机遇与挑战);
- 风险评价和评估。

当地方政府策划并实施对其质量管理体系的更改时,例如在组织机构调整期间,应确保体系的完整性。

5.5 职责、权限与沟通

5.5.1 职责和权限

最高管理者应确保组织内的职责、权限得到规定和沟通。

5.5 **职责、权限和沟通**

5.5.1 **职责和权限**

地方政府的最高管理者应清晰表述与质量管理体系及过程有关人员的职能、职责和权限。其中包括质量管理体系所规定的活动,如内部审核员或过程的负责人等。

为此,需要绘制一个组织结构图,明确部门的层次和相互联系的路线。职责和权限可在岗位规范和(或)程序文件中规定。

地方政府应促进授权,并按授权作出决策。同时,确保所有人员能够根据职责和权限的分配开展相应的活动。

5.5.2 **管理者代表**

最高管理者应指定一名管理人员,无论该成员在其他方面的职责如何,应具有以下方面的职责和权限:

a) 确保质量管理体系所需的过程得到建立、实施和保持;

b) 向最高管理者报告质量管理体系的业绩和任何改进的需求;

c) 确保在整个组织内提高满足顾客要求的意识。

注:管理者代表的职责可包括与质量管理体系有关事宜的外部联络。

5.5.2 **管理者代表**

地方政府应指定一名管理者代表负责质量管理体系的整体协调,在考虑到本指南的同时,确保持续满足GB/T 19001—2000标准的要求。体系有效实施的责任在于整个组织,因此不应看作是管理者代表的单独责任。管理者代表需要得到其他人员的支持,以确保整个地方政府质量管理体系的有效实施。

需要强调的是,应给予管理者代表充分的、可独立行使的权利,来确保质量方针、质量目标和质量管理体系不受地方政府其他活动的干扰。

5.5.3 内部沟通

最高管理者应确保在组织内建立适当的沟通过程,并确保对质量管理体系的有效性进行沟通。

5.5.3 内部沟通

地方政府的最高管理者应确保在其内部建立并保持有效的沟通过程。通过不同层次和部门之间的沟通，来分享地方政府业绩及其质量管理体系有效性的相关信息。这种机制可用于推动质量管理体系改进（见 8.5）。

> 5.6 管理评审
>
> 5.6.1 总则
>
> 最高管理者应按策划的时间间隔评审质量管理体系，以确保其持续的适宜性、充分性和有效性。评审应包括评价质量管理体系改进的机会和变更的需要，包括质量方针和质量目标。
>
> 应保持管理评审的记录(见 4.2.4)。

5.6 管理评审

5.6.1 总则

地方政府需要定期对体系的所有业绩进行评审，其中包括加强制度建设和改进政府工作的过程、经济可持续发展过程、环境可持续发展过程和社会综合发展过程。作为这项活动的一部分，按照 5.6.2 中所规定的输入内容，最高管理者需要对质量管理体系的业绩进行评审。

评审应验证质量管理体系作用的充分性，评价其效果并确保其满足关键业绩指标的要求和目标，按照 8.5.2 和 8.5.3，为已识别的或潜在的不合格确定预防和纠正措施。

评审应有计划地定期进行，并有足够的灵活性。为保持体系的完整性，可以进行额外的评审。

> 5.6.2 评审输入
>
> 管理评审的输入应包括以下方面的信息：
>
> a) 审核结果；
>
> b) 顾客反馈；
>
> c) 过程的业绩和产品的符合性；
>
> d) 预防和纠正措施的状况；
>
> e) 以往管理评审的跟踪措施；
>
> f) 可能影响质量管理体系的变更；
>
> g) 改进的建议。

5.6.2 评审信息

评价质量管理体系有效性需要考虑的输入信息列在 GB/T 19001 标准的相应要求中，此外还包括如：

- 来自公众和地方政府人员的投诉和建议；
- 不同地方政府实施的管理体系与本指导性技术文件的管理体系或其他管理模式的比较研究；
- 体系实施和运行的费用预算；
- 对预先确定的有关质量管理体系措施的实施进展的监视；
- 中央或上级政府方针的变更；
- 中央或上级政府对本级地方政府资源提供的变化；
- 法律法规的变更；
- 地方人口统计结果的变化；
- 地方政府活动的统计和趋势分析结果；
- 关键供方和(或)合作者的业绩。

5.6.3 评审输出

管理评审的输出应包括与以下方面有关的任何决定和措施：

a) 质量管理体系及其过程有效性的改进；

b) 与顾客要求有关的产品的改进；

c) 资源需求。

5.6.3 评审输出

作为质量管理体系评审的结果，地方政府的最高管理者应：

- 证实质量管理体系的活动和过程是否符合质量方针并能够实现质量目标；
- 确定必要的纠正和(或)预防措施；
- 为地方政府的服务、基础设施和过程确定改进的项目；
- 评审或更新地方政府过程的测量指标；
- 考虑到中央或上级政府的方针和资源提供的变化而确定措施；
- 为适应法律法规要求的变更而确定措施；
- 为提高公众的满意程度和减少抱怨而确定措施；
- 为改善与公众的沟通而确定措施；
- 为已识别的风险制定预防和降低损失的计划(包括应急预案)。

6 资源管理

6.1 资源提供

组织应确定并提供以下方面所需的资源：

a) 实施、保持质量管理体系并持续改进其有效性；

b) 通过满足顾客要求，增强顾客满意。

6 资源管理

6.1 资源提供

地方政府应确保具有可用的资源，以发挥质量管理体系的有效作用并满足公众的要求。

地方政府应确立包括人员、基础设施、设备和工作环境等必要资源的识别方法，以实现其服务和过程。

地方政府应：

a) 设定输入信息，以确定所需要的资源；

b) 制定短期、中期和长期的资源规划；

c) 为监视、验证和评价工作提供充分的资源；

d) 为在地方政府内部以及地方政府与公众之间开展有效的沟通提供资源；

e) 为持续改进业绩和质量管理体系提供资源。

6.2 人力资源

6.2.1 总则

基于适当的教育、培训、技能和经验，从事影响产品质量工作的人员应是能够胜任的。

6.2 人力资源

6.2.1 总则

地方政府应建立人力资源管理过程,以确保人员的能力。这些过程应旨在保持和提高各层次人员的能力(包括最高管理者和内部审核员等)。应让公众确信地方政府任用的是有能力的人员来提供其服务。

地方政府应规定与其任用人员的法定权力、道德和价值观、职责和活动有关方面的能力、意识和培训的相关要求。

地方政府应建立工作人员管理制度,以便:

- 确定他们应具备的能力;
- 规定聘用条件;
- 规定工作经历和专业要求,包括所需的职业资格;
- 记录所有人员的业绩,无论是经选举产生的还是任命的;
- 确定招聘和辞退的程序,包括对所有需经任命的岗位人员的聘用透明度。

人力资源的管理过程应包括以下要素:

- 培训方案;
- 持续的职业发展;
- 适当的监督,直到人员具备足够的能力;
- 人员业绩评价(对经任命的人员进行的民意调查);
- 对使用临时人员和(或)地方政府服务分包的控制。

> 6.2.2 能力、意识和培训
>
> 组织应:
>
> a) 确定从事影响产品质量工作的人员所必要的能力;
>
> b) 提供培训或采取其他措施以满足这些需求;
>
> c) 评价所采取措施的有效性;
>
> d) 确保员工意识到所从事活动的相关性和重要性,以及如何为实现质量目标作出贡献;
>
> e) 保持教育、培训、技能和经验的适当记录(见 4.2.4)。

6.2.2 能力、意识和培训

地方政府应:

a) 通过比较岗位要求与当前人员的能力水平,确定培训或其他必要的系统措施;

b) 开展意识教育,以确保其人员对质量方针、质量目标以及实现它们所使用的方法有正确的理解;

c) 策划培训方案或其他所需的活动,如重新分配职责、使用新技术或增加新的人员,以确保对人员能力的利用;

d) 定期评价所采取措施的结果,并提供过程的反馈;

e) 评审培训需求并确定进一步的必要措施。

> 6.3 基础设施
>
> 组织应确定、提供并维护为达到产品符合要求所需的基础设施。适用时,基础设施包括:
>
> a) 建筑物、工作场所和相关的设施;
>
> b) 过程设备(硬件和软件);
>
> c) 支持性服务(如运输或通讯)。

6.3 基础设施

通常，地方政府负责为当地的公众提供基础设施，如：供水设施、垃圾收集和处理设施、学校、公共照明、体育运动场馆、公墓等。基础设施的另外一个重要部分是支持地方政府质量管理体系过程的必要资源，但是它不包含在最终服务里面。例如：政府的办公室、计算机网络、办公家具、软件和车辆等。

地方政府应策划对基础设施的提供和维护，以符合公众、过程和所提供服务的要求。基础设施的计划应考虑识别和降低所有相关的风险。

> 6.4 工作环境
>
> 组织应确定并管理为达到产品符合要求所需的工作环境。

6.4 工作环境

地方政府应识别在其各种服务工作中（如：旅游观光、垃圾处理、街道清洁、办公服务等）影响服务质量的工作环境因素，控制这些因素并为其建立改进措施。

在地方政府的过程中，工作环境因素还包括，由政府的工作人员或公众所使用的设备和设施的人类工效因素（范围、空间的功能分布、办公家具和工作设备的充足与否、残疾人通道、标识和视觉感受等）和环境因素[充足的光线、工作场所的供暖（制冷）和通风等]。

其他相关因素还有社会心理因素，如拖延时间的工作会议或不良的内部人际关系，这些都会影响到工作环境并间接影响到公众的满意程度。

地方政府应建立反馈机制，用于收集来自政府内部工作人员和公众的信息、建议和意见，以有助于改善工作环境。

> **7 产品实现**
>
> 7.1 产品实现的策划
>
> 组织应策划和开发产品实现所需的过程。产品实现的策划应与质量管理体系其他过程的要求相一致（见 4.1）。
>
> 在对产品实现进行策划时，组织应确定以下方面的适当内容：
>
> a) 产品的质量目标和要求；
>
> b) 针对产品确定过程、文件和资源的需求；
>
> c) 产品所要求的验证、确认、监视、检验和试验活动，以及产品接收准则；
>
> d) 为实现过程及其产品满足要求提供证据所需的记录（见 4.2.4）。
>
> 策划的输出形式应适合于组织的运作方式。
>
> 注 1：对应用于特定产品、项目或合同的质量管理体系的过程（包括产品实现过程）和资源作出规定的文件可称之为质量计划。
>
> 注 2：组织也可将 7.3 的要求应用于产品实现过程的开发。

7 服务实现

7.1 服务实现的策划

地方政府应策划和开发提供各种服务所需的过程。主要包括调查和分析公众的需求；为满足这些需求，设计并提供相应的服务；以及为确保计划的实施而开展的支持性活动（包括配备充分的资源）。还应确保对所有外包过程的足够控制。有关外包过程的进一步指南详见 ISO/TC 176/SC 2/N 630。

为促进地方政府服务实现的策划，需要一个综合的信息系统，该系统应包括对服务的验证、确认、监视、检验、试行、示范和推广的目标性指标，以及对以往服务的结果和记录的分析。通过与此相应的工作方法来更新计划和方案。

地方政府应以合作的方式清晰划定负责协调策划过程与实施服务提供的责任范围，而且确保相关人员具有必要的能力水平(见 4.1、6.2 和 6.3)。

作为策划过程的一部分，地方政府应识别可能影响地方社会的潜在的紧急情况和事故，以及如何应对。必要时，应包括对与上级和中央政府之间的相互影响和沟通的准备。

> 7.2 与顾客有关的过程
>
> 7.2.1 与产品有关的要求的确定
>
> 组织应确定：
>
> a) 顾客规定的要求，包括对交付及交付后活动的要求；
>
> b) 顾客虽然没有明示，但规定的用途或已知的预期用途所必需的要求；
>
> c) 与产品有关的法律法规要求；
>
> d) 组织确定的任何附加要求。

7.2 与公众有关的过程

7.2.1 确定与服务有关的要求

通常，地方政府提供一系列有形和无形的服务。

服务要求是指那些需要满足社会需求与期望，以及不是由公众规定的，但是必须要符合地方政府的规章并保护公众权益的要求。

地方政府在所提供服务的通用要求中应考虑到公众的平等权利和尊严，并且应包括(但不局限于)以下各项：

a) 安全和卫生设施；

b) 地方政府人员的职业的、诚实和礼貌的行为；

c) 可接受的等待和(或)答复时间；

d) 对服务提供人员的适当的酬金；

e) 为公众提供充足的服务时间；

f) 对过程、程序和记录的清晰、透明和一致的报道；

g) 对紧急情况和(或)危机的反应；

h) 公众可获得的清晰、准确的信息和(或)说明。

地方政府所提供的所有服务，应根据其范围和性质，具有清晰、具体和统一的规范。

> 7.2.2 与产品有关的要求的评审
>
> 组织应评审与产品有关的要求。评审应在组织向顾客作出提供产品的承诺之前进行(如：提交标书、接受合同或订单及接受合同或订单的更改)，并应确保：
>
> a) 产品要求得到规定；
>
> b) 与以前表述不一致的合同或订单的要求已予解决；
>
> c) 组织有能力满足规定的要求。
>
> 评审结果及评审所引起的措施的记录应予保持(见 4.2.4)。
>
> 若顾客提供的要求没有形成文件，组织在接受顾客要求前应对顾客要求进行确认。
>
> 若产品要求发生变更，组织应确保相关文件得到修改，并确保相关人员知道已变更的要求。
>
> 注：在某些情况下，如网上销售，对每一个订单进行正式的评审可能是不实际的。而代之对有关的产品信息，如产品目录、产品广告内容等进行评审。

7.2.2 评审与服务有关的要求

地方政府应在承诺提供某项服务之前，确保理解并能够满足公众的要求。

如果公众的服务要求和(或)法律法规的要求未得到明确规定,地方政府应将这些要求转化为所提供服务的可测量和验证的特性。

无论公众是否提出书面要求,地方政府应保证在接受这些要求之前理解这些要求。在垃圾收集、公共照明或道路建设等方面的服务即属于此类情况。虽然公众未提出具体的服务要求,但地方政府应预见到这方面的要求。对这种要求的修订应形成文件。

注1:在无书面要求的情况下,政府工作人员应确认公众所提供信息的真实性和有效性。

注2:服务要求评审示例如下:

a) 小学的招生建议。地方政府不应允许小学接收超出其资源(教师和其他设施)所能承受的小学生数量。在此情况下,评审可分两个阶段来进行:首先是通过对人口数据的预测,来做好资源的规划。其次,通过建立一种机制,来确保一旦达到了最大数量就不再接收新的学生。

b) 日接待顾客的最大数量。例如,办理建筑施工许可证、特殊文件的处理、艺术或体育活动门票的销售等。评审后的更改需考虑到过程策划和资源提供。

c) 举办某项活动的最低参与人数。可以提前进行登记,一旦登记完成后,他们的数量便得到确认。评审后的更改,主要是确定参与某项活动的人是否达到了最低数量,这项活动是否可按计划进行。

由于某些原因,对所提供的服务,总有可能要进行修改。例如:由于各种法律法规的修订、对投诉评价结果的分析、公众的意见或满意程度等。鉴于这种情况,服务的变更以及因此导致对公众所作出的承诺的变更,应以受控的方式进行。地方政府在初次提供服务时应采用相同的概念和标准,以确保其人员正确识别和充分理解这些初次提供服务的新要求,并使其满足。根据对这些要求更改的范围和影响的预测,对这些要求的早期应用常以简化的方式进行。

7.2.3 顾客沟通

组织应对以下有关方面确定并实施与顾客沟通的有效安排:

a) 产品信息;

b) 问询、合同或订单的处理,包括对其修改;

c) 顾客反馈,包括顾客抱怨。

7.2.3 与公众沟通

地方政府应在相关的服务过程中,加强公众的参与,并形成一种体现透明和对社会公开的机制。

地方政府应建立有效的机制,以确保服务的沟通和促进是建立在诸如要求、特性、效用、价格、程序和标准的基础上。这些沟通和反馈机制可以利用新闻单位、电话服务、网络、电子邮件、公众服务台、投诉和建议信箱、大众传媒手段等来实现。

地方政府应建立记录、分析和答复这些沟通的过程。通过确保迅速而礼貌地答复每一位公众的意见和建议,使他们体验到地方政府完善的服务,从而使不满意在成为正式的投诉或上访之前转化为满意。

地方政府同样需要建立一个与公众沟通的评价过程。它为那些需要采取纠正措施,防止问题重复发生的改进,提供了一个可靠的信息来源。这种活动直接关系到改进概念的形成(详见8.5)。

7.3 设计和开发

7.3.1 设计和开发策划

组织应对产品的设计和开发进行策划和控制。

在进行设计和开发策划时,组织应确定:

a) 设计和开发阶段;

b) 适合于每个设计和开发阶段的评审、验证和确认活动;

c) 设计和开发的职责和权限。

组织应对参与设计和开发的不同小组之间的接口进行管理,以确保有效的沟通,并明确职责分工。

随设计和开发的进展,在适当时,策划的输出应予更新。

7.3 设计和开发

对地方政府来说，设计和开发是一个将公众的需求与期望和(或)法律法规要求转化为所提供服务的特性的过程。

7.3.1 设计和开发策划

当地方政府设计和开发一种服务(无论它是否是有形的，如一种新的体育设施使用；或是一种新的服务，如互联网站)时，都应确定使其符合适用的法律法规的策划和控制方式。在任何情况下，地方政府应牢记服务的设计和开发是为了公众的利益。

基础设施项目的策划，应考虑预期的使用寿命。例如，如果一条高速公路在建成25年之后才可能再提供较多的维修资金，那么该公路的设计就应考虑到，在25年之内与这条公路有关的所有变化，至少应确保在使用期间的质量。

在设计和开发策划内，地方政府应确定与策划目标一致的阶段、活动进度、目标、责任和资源，服务提供时间表，以及与其他政府部门相关的过程有关的因素。

地方政府应建立对服务的设计和开发计划的修订、验证和确认机制，并识别关于这些服务的地方管理权(如环境机构)的法律依据，同时规定报告发布和所提供信息的透明度。

在设计和开发的策划过程中，应按规章制度确定对策划结果的实施和评审所需的时间安排。

> 7.3.2 设计和开发输入
>
> 应确定与产品要求有关的输入，并保持记录(见4.2.4)。这些输入应包括：
>
> a) 功能和性能要求；
>
> b) 适用的法律、法规要求；
>
> c) 适用时，以前类似设计提供的信息；
>
> d) 设计和开发所必需的其他要求。
>
> 应对这些输入进行评审，以确保输入是充分与适宜的。要求应完整、清楚，并且不能自相矛盾。

7.3.2 设计和开发输入

地方政府应确定与服务要求有关的输入要素并应形成记录。其中包括：

- 由分析所识别的需求而产生的功能和性能要求：提供服务的人员的能力和服务效果，以及处理和答复的时间；
- 为确保服务的实施应满足的有关人员、物资、资金和技术资源的要求；
- 适用的法律法规要求，必要时确定所应用的官方的技术法规或国际标准；
- 适用时，以前类似的设计信息和已经提供过该服务的其他地方政府的成功经验；
- 设计和开发的其他必需的要求，以及调查研究的结果，或公众的期望。

地方政府应评审这些要素，并验证是否已包括在服务设计和开发过程中。这些要求应全面、系统，不应含糊不清或自相矛盾。

> 7.3.3 设计和开发输出
>
> 设计和开发的输出应以能够针对设计和开发的输入进行验证的方式提出，并应在放行前得到批准。
>
> 设计和开发输出应：
>
> a) 满足设计和开发输入的要求；
>
> b) 给出采购、生产和服务提供的适当信息；
>
> c) 包含或引用产品接收准则；
>
> d) 规定对产品的安全和正常使用所必需的产品特性。

7.3.3 设计和开发输出

设计和开发过程的结果是一些准备向公众提供服务的特性的规范。它应包含确保满足这些规范并正确和安全地提供服务的准则。

设计和开发结果应：

- 符合设计和开发输入要素的要求，这个过程可以导致法律法规、标准和手册的形成；
- 为服务的采购、准备和开展提供适宜的信息，如服务信息和推广计划或内部政策等；
- 包括或引用服务验收标准，还应包括内部验证和来自公众的评价制度；
- 提供对公众的安全至关重要的服务特性规范。

7.3.4 设计和开发评审

在适宜的阶段，应依据所策划的安排（见 7.3.1）对设计和开发进行系统的评审，以便：

a) 评价设计和开发的结果满足要求的能力；

b) 识别任何问题并提出必要的措施。

评审的参加者应包括与所评审的设计和开发阶段有关的职能的代表。评审结果及任何必要措施的记录应予保持（见 4.2.4）。

7.3.4 设计和开发评审

评审的一个主要目标是确保所设计的服务能够在预定的期限、费用和时间安排内完成。评审过程应贯穿于整个设计和开发的各个阶段。

根据设计和开发过程的复杂程度，评审可在一个或几个阶段内进行。每个阶段相关活动的参与者应对照要求评审设计和开发结果，评审结果应形成记录。

评审小组中应包括那些负责设计的人员，他们评审设计报告并负责判定该设计是否充分满足要求。

应依据预期的服务结果对设计过程进行评审。这种评审应建立在以往项目成败的经验基础上。

应提供设计报告和完成设计的输出清单，其中有需要使用的形成文件的程序和满足设计规范的服务方式。

应规定服务验收标准并可包括以下内容：

a) 由未参与设计和开发的一位或多位该专业的专家对内容的批准。例如：可包括那些负责下一阶段工作的人员（即内部顾客）的批准；

b) 由设计的服务中所应用的技术领域的专家的批准；

c) 在与即将提供服务相类似的环境中的应用试验。

7.3.5 设计和开发验证

为确保设计和开发输出满足输入的要求，应依据所策划的安排（见 7.3.1）对设计和开发进行验证。验证结果及任何必要措施的记录应予保持（见 4.2.4）。

7.3.5 设计和开发验证

验证是评价一个设计阶段或活动结果的过程，以确保符合所规定的输入要求。验证可以是根据项目规模，通过几个阶段逐步累进完成的过程。

这种活动可由未参与设计和开发的内部或外部专家来开展。设计和开发的结果应符合设计和开发的输入规范（见图 3）。

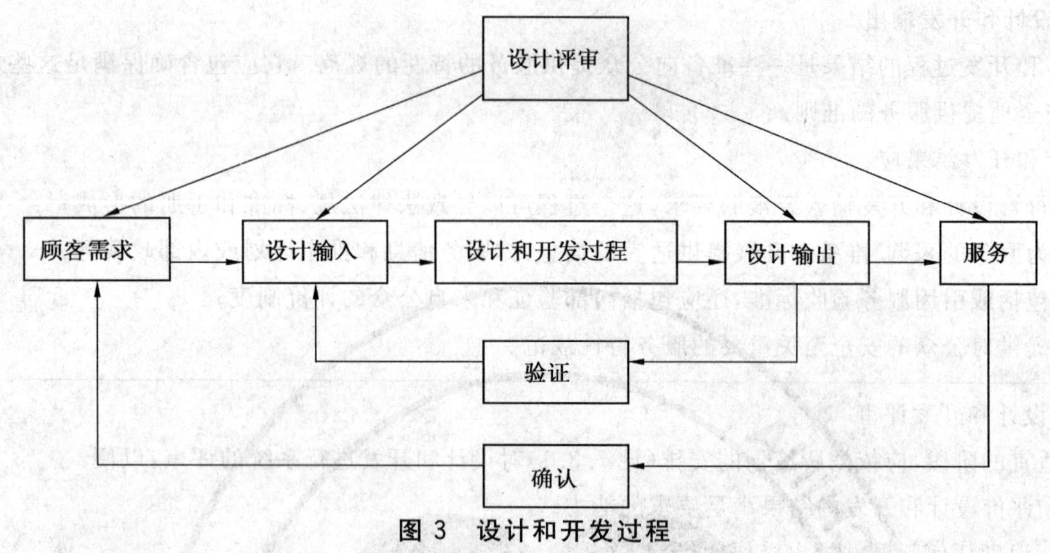

图 3 设计和开发过程

7.3.6 设计和开发确认

为确保产品能够满足规定的使用要求或已知的预期用途的要求,应依据所策划的安排(见 7.3.1)对设计和开发进行确认。只要可行,确认应在产品交付或实施之前完成。确认结果及任何必要措施的记录应予保持(见 4.2.4)。

7.3.6 设计和开发确认

这个过程的开展是确保策划、设计和开发的服务的特性满足使用者的需求(见图 3)。

在多数情况下,确认应在公众代表的参与下进行。

确认一般应在设计和开发过程的最后阶段进行,对于试点项目、创新服务更是如此。

7.3.7 设计和开发更改的控制

应识别设计和开发的更改,并保持记录。适当时,应对设计和开发的更改进行评审、验证和确认,并在实施前得到批准。设计和开发更改的评审应包括评价更改对产品组成部分和已交付产品的影响。

更改的评审结果及任何必要措施的记录应予保持(见 4.2.4)。

7.3.7 设计和开发更改的控制

地方政府应表述如何根据经验,包括在服务期间从公众中收集到的抱怨,修改和更新服务特性。

地方政府应采用一系列方式,使设计和开发过程、结果和评价中的每一项更改的记录容易得到识别。

在接受设计和开发的更改之前,应对其可能对地方政府的内部过程、相关各方和公众的满意程度的影响进行评估。

更改控制通常包括设计和开发过程所经历的所有必要阶段(从策划到现有设计更改的确认)。

7.4 采购

7.4.1 采购过程

组织应确保采购的产品符合规定的采购要求。对供方及采购的产品控制的类型和程度应取决于采购的产品对随后的产品实现或最终产品的影响。

组织应根据供方按组织的要求提供产品的能力评价和选择供方。应制定选择、评价和重新评价的准则。评价结果及评价所引起的任何必要措施的记录应予保持(见 4.2.4)。

7.4 采购

地方政府应遵照产品和(或)服务采购的相关法律法规条款实施采购过程。

7.4.1 采购过程

地方政府应当公开邀请供方的广泛参与,并发出公告,其中包含必要的采购信息(7.4.2)。

地方政府应明确其采购的产品和服务的各种要求,并充分理解已确定的供方必须满足的要求。供方的责任在合同或协议所确定的说明和条件中予以规定。对于新的供方,在获得最后批准之前有一段考察期或小范围试用期可能较为合适。

地方政府应确定对供方及所提供的产品和服务进行控制的类型和范围,这取决于所采购的产品和服务对地方政府自身的服务提供的影响,以及供方以往的表现。

地方政府应确定可信任供方的最低要求(必要时包括:对供方的质量管理体系的要求),供方必须保证满足所提供服务的质量要求。

地方政府应保持对供方的最新信息的了解,评估供方是否具备采购所要求(合格的商品和服务,以及合格的运输过程)的能力。以下清单可作为选择供方的基础。

关于获得批准的供方的信息包括(但不限于):

- 遵循相关规定(法律方面和财务方面);
- 技术和管理能力;
- 经济能力;
- 供方是否有第三方的评估,或是否有符合 GB/T 19001—2000 要求的质量管理体系;
- 供方以往的工作记录。

注:ISO 信息手册《ISO 9001:2000——在供应链中意味着什么?》提供了关于对供方进行评估和对 ISO 9001:2000 符合性声明的详细说明。

> 7.4.2 采购信息
>
> 采购信息应表述拟采购的产品,适当时包括:
>
> a) 产品、程序、过程和设备的批准要求;
>
> b) 人员资格的要求;
>
> c) 质量管理体系的要求。
>
> 在与供方沟通前,组织应确保所规定的采购要求是充分与适宜的。

7.4.2 采购信息

采购文件(需求单、采购定单、投标要求、投标文件等)中,有关要求的信息应清晰。

地方政府在将采购文件传达给供方之前,应由主管部门评审并批准。为使用方便,采购文件可分别包括表格、清单或各项要求的电子版文件。

关于欲购产品和服务的说明,至少需要包括对产品和服务特性的描述,但可能有必要补充额外信息,如产品的生产加工方式和供方的管理方式。

> 7.4.3 采购产品的验证
>
> 组织应确定并实施检验或其他必要的活动,以确保采购的产品满足规定的采购要求。
>
> 当组织或其顾客拟在供方的现场实施验证时,组织应在采购信息中对拟验证的安排和产品放行的方法作出规定。

7.4.3 采购产品和服务的验证

地方政府应采用适当的方式,以确保所购产品和服务符合规定的要求。为达到这一目的,政府中应有胜任的工作人员、程序和(或)作业指导书,来检查和验证所接受的产品和服务。

验证应包括检查供方提供的必要的证实文件，如操作手册、保证书和维修手册等。

7.5 生产和服务提供

7.5.1 生产和服务提供的控制

组织应策划并在受控条件下进行生产和服务提供。适用时，受控条件应包括：

a) 获得表述产品特性的信息；

b) 必要时，获得作业指导书；

c) 使用适宜的设备；

d) 获得和使用监视和测量装置；

e) 实施监视和测量；

f) 放行、交付和交付后活动的实施。

7.5 服务提供

7.5.1 服务提供的控制

地方政府应策划并在受控方式下进行服务提供。所实施的控制可包括：

a) 了解所提供服务的规范，能够证实提供的服务满足期望的要求；

b) 必要时，编制作业指导书。作业指导书可以程序、说明或布告的形式，直接张贴在工作现场，为地方政府工作人员、供方和公众提供信息；

c) 遵照6.2的要求，具备过程所必需的人力资源；

d) 使用适宜的设备（如：施工机械、清洁设备、计算机硬件和软件）；

e) 具备必要的过程监视和测量装置（计算机程序、水质实验室、口头和书面沟通方式、公共照明的耗电测量装置等）。对这些设备的控制见7.6；

f) 按照8.2.3和8.2.4的要求，对所提供的产品和服务以及相关过程进行监视和测量；

g) 在服务提供中建立监管机制，以确保符合服务要求。

地方政府应具备适宜的应对紧急情况和突发事件的过程，并且防止或减轻对环境、健康与安全和（或）社会稳定的不良影响。地方政府应定期评审、演练和确认（见7.5.2），并在必要时，特别是在突发事件或紧急情况发生之后，改进其对紧急情况的准备和响应预案。

7.5.2 生产和服务提供过程的确认

当生产和服务提供过程的输出不能由后续的监视或测量加以验证时，组织应对任何这样的过程实施确认。这包括仅在产品使用或服务已交付之后问题才显现的过程。

确认应证实这些过程实现所策划的结果的能力。

组织应对这些过程作出安排，适用时包括：

a) 为过程的评审和批准所规定的准则；

b) 设备的认可和人员资格的鉴定；

c) 使用特定的方法和程序；

d) 记录的要求（见4.2.4）；

e) 再确认。

7.5.2 服务提供过程的确认

当地方政府不能事先（通常是在产品和服务被交付之前）确定提供的产品和服务是否合格时，其服务提供过程的确认是必要的。

对于这种情况，通常需要以下确认步骤：

- 评审并批准所采用的方法，以确保有能力实现策划的结果；

- 确定并可获得必要的设备和基础设施；
- 安排受过必要培训的、有资格和(或)经验的、可胜任其工作的专业人员；
- 具备根据实际过程结果进行反馈的记录。

以城市供水的检漏为例。在这种情况下，常规挖掘或将检查设备置于水管中通常行不通，而一般采取检查从漏水管道发出的声音的方法。探查过程中的任何不合格都只会在事后(在错误的地点进行耗资巨大的挖掘后)显而易见。因此，必须对探查过程进行确认，以确保只能由具备资格的专业人员，使用规定的声学仪器来从事这项工作。

> 7.5.3 标识和可追溯性
>
> 适当时，组织应在产品实现的全过程中使用适宜的方法识别产品。
>
> 组织应针对监视和测量要求识别产品的状态。
>
> 在有可追溯性要求的场合，组织应控制并记录产品的唯一性标识(见4.2.4)。
>
> 注：在某些行业，技术状态管理是保持标识和可追溯性的一种方法。

7.5.3 标识和可追溯性

通常，服务标识和可追溯性对于地方政府较为重要，主要由于以下几个方面：

- 对考虑监视和测量要求的服务状态的标识；
- 为满足法定要求的标识，如：出生证明、公证人记录和流通许可证等；
- 对服务的效果和服务的社会或经济效益的分析，以及对投诉的调查。

这项活动应在服务实现和提供过程期间按步骤进行，以便实现所需要的标识和可追溯性，确保认真负责、公开透明、公众满意并符合法律法规要求。为确保适宜的标识和可追溯性，所需的记录包括：

- 所提供服务的信息；
- 服务的指定地点、交付地点和日期(时间)；
- 地方政府人员和(或)参与公众的标识。

> 7.5.4 顾客财产
>
> 组织应爱护在组织控制下或组织使用的顾客财产。组织应识别、验证、保护和维护供其使用或构成产品一部分的顾客财产。当顾客财产发生丢失、损坏或发现不适用的情况时，应报告顾客，并保持记录(见4.2.4)。
>
> 注：顾客财产可包括知识产权。

7.5.4 公众财产

地方政府应妥善保管公众为办理其事物(服务、验证、确认等过程)所提供的任何信息、文件、材料和其他物品。

地方政府所掌管的所有资产应真正处于安全措施的保护之下，因为它是属于地方政府所管辖的公众的共同财产。因此，地方政府应将其作为公众的集体财产加以保护。其服务质量表现在，地方政府对有效保管被委托的公共财产(公园、河流、垃圾的卫生掩埋、街道、城市基础设施、历史文物、档案和文化财产等)负责。其他公共财产的保护也应遵循这些指导方针。地方政府应为公众保护好属于未来人们的财产。

公众拥有的财产，通常是按照某些法律法规或合同保管。但如果没有相关规定，地方政府应详细制定程序或说明，以确保对这些财产的保护。

例如：

- 处理交通违法的情况。有时为了疏导交通并防止发生损害，违法者的车辆被带到交通执法部门指定的地点，就需要使用规定的方法和必要的设备。

- 公众办理获取某些证件(如护照)的过程。由于他们须为此提供个人身份证明,因此需要按照一个规定的程序进行处理,以确保一旦过程结束,这些个人身份证明就能够秘密和安全地从相应的办公室及时归还给个人。

万一公众提供的财产被损坏或丢失,应立即告知本人(以书面形式为佳),并依照相关法律规定,承担任何损害的责任。

由地方政府提出的任何知识产权,也应视为地方政府所管辖的公众的集体知识产权。因此,必须按照 GB/T 19001—2000 中的相应条款对其加以保护。同样,地方政府需要具有保护供方知识产权的方法。有时在地方上,这方面就按照地方政府的内部程序执行,该程序是否能适用于更广泛的区域或全国的范围,应进行分析。

> 7.5.5 产品防护
>
> 在内部处理和交付到预定的地点期间,组织应针对产品的符合性提供防护,这种防护应包括标识、搬运、包装、贮存和保护。防护也应适用于产品的组成部分。

7.5.5 产品防护

产品防护应用于地方政府提供的货物的搬运、贮存、包装、运输、维护和交付。公众期望地方政府采取措施避免货物的损坏,从而避免资源浪费。

产品防护的范围和应用与地方政府能够提供的货物和服务的数量和种类有关。其种类的不同,可能从单纯的管理服务到提供有形货物,如:公路、墓地、护照、驾驶执照和学校早餐等。

当论述有关货物的搬运、贮存、包装、运输、维护和交付的要求时,地方政府应考虑所有适用的法律法规、标准、卫生和工作安全等方面的要求。

> 7.6 监视和测量装置的控制
>
> 组织应确定需实施的监视和测量以及所需的监视和测量装置,为产品符合确定的要求(见 7.2.1)提供证据。
>
> 组织应建立过程,以确保监视和测量活动可行并以与监视和测量的要求相一致的方式实施。
>
> 为确保结果有效,必要时,测量设备应:
>
> a) 对照能溯源到国际或国家标准的测量标准,按照规定的时间间隔或在使用前进行校准或检定。当不存在上述标准时,应记录校准或检定的依据;
>
> b) 进行调整或必要时再调整;
>
> c) 得到识别,以确定其校准状态;
>
> d) 防止可能使测量结果失效的调整;
>
> e) 在搬运、维护和贮存期间防止损坏或失效。
>
> 此外,当发现设备不符合要求时,组织应对以往测量结果的有效性进行评价和记录。组织应对该设备和任何受影响的产品采取适当的措施。校准和验证结果的记录应予保持(见 4.2.4)。
>
> 当计算机软件用于规定要求的监视和测量时,应确认其满足预期用途的能力。确认应在初次使用前进行,必要时再确认。
>
> 注:作为指南,参见 GB/T 19022.1 和 GB/T 19022.2。

7.6 监视和测量装置的控制

"监视"是指"观察,监督,使其处于评审之中;定期的测量或试验,特别是为了调整或控制的目的"。所有过程都可被监视。"测量"通常是指"通过和参考标准作比较,确定某物的大小或数量"。了解两者的不同对于地方政府而言很重要。通常测量装置可以校准,而大多数监视装置则不能。

地方政府应明确哪些监视和测量装置需要检定或校准,以及其精确度、误差和检定或校准的频率。

需要重点考虑的是，缺少检定或校准是否会影响所提供的产品和服务的质量或数量。以饮用水测量装置为例，若该装置没有得到很好的校准，则可能会影响公众向地方政府交付相关的费用，进而影响饮用水供应的服务质量。

若认为有必要进行检定或校准，地方政府应评价是否需要确定校准方法，并规定需保持的记录。例如：对用于噪声控制、有害气体排放、路面铺筑、照明和(或)货物的入关检验的测量设备，校准是必要的。

当发现测量设备不准确，地方政府应具备评价和记录检测结果有效性的制度。

在应用计算机程序的情况下，应验证结果的有效性，如对监测排污所使用的软件的验证。

对监视和测量装置的控制，应由公正(在控制中无利益冲突)的人员来承担。

8　测量、分析和改进

8.1　总则

组织应策划并实施以下方面所需的监视、测量、分析和改进过程：

a)　证实产品的符合性；

b)　确保质量管理体系的符合性；

c)　持续改进质量管理体系的有效性。

这应包括对统计技术在内的适用方法及其应用程度的确定。

8　测量、分析和改进

8.1　总则

地方政府应为监视和测量其质量管理体系过程、分析结果和实施改进确定适宜的方法。地方政府应通过监视和测量活动，证实其所提供的货物和服务始终满足公众的需求，以及质量管理体系符合所有相关要求。同样，质量管理体系的有效性应根据公众的意愿持续改进。

适当时，监视和测量活动应涉及整个服务提供范围，以及地方政府的所有服务提供过程。监视和测量也应涉及到质量管理体系过程，包括地方政府应优先考虑建立的方针和目标。

注：本指导性技术文件的附录A和附录B提供了地方政府为确立适宜的监视和测量活动所应考虑的一种结构的示例。

8.2　监视和测量

8.2.1　顾客满意

作为对质量管理体系业绩的一种测量，组织应对顾客有关组织是否已满足其要求的感受的信息进行监视，并确定获取和利用这种信息的方法。

8.2　监视和测量

8.2.1　公众满意

地方政府应监视和评价公众对其要求已被满足的感受。

应选择监视公众满意的方法，以便提供关于公众满意，以及对他们需要优先考虑的有用信息。信息应包含表明公众满意程度的提高和变化趋势的适当内容。

地方政府应根据公众满意程度的信息确定并采取适当的方法，包括就监视和测量的结果与相关方进行沟通。

注：监视和测量公众满意的示例包括：

- 对公众的直接调查；
- 召开专题会议；
- 公众热线记录；
- 第三方民意测验。

> 8.2.2　内部审核
>
> 组织应按策划的时间间隔进行内部审核，以确定质量管理体系是否：
>
> a)　符合策划的安排（见 7.1）、本标准的要求以及组织所确定的质量管理体系的要求；
>
> b)　得到有效实施与保持。
>
> 考虑拟审核的过程和区域的状况和重要性以及以往审核的结果，应对审核方案进行策划。应规定审核的准则、范围、频次和方法。审核员的选择和审核的实施应确保审核过程的客观性和公正性。审核员不应审核自己的工作。
>
> 策划和实施审核以及报告结果和保持记录（见 4.2.4）的职责和要求应在形成文件的程序中作出规定。
>
> 负责受审区域的管理者应确保及时采取措施，以消除所发现的不合格及其原因。跟踪活动应包括对所采取措施的验证和验证结果的报告（见 8.5.2）。
>
> 注：作为指南，参见 GB/T 19021.1、GB/T 19021.2 及 GB/T 19021.3。

8.2.2　内部审核

内部审核过程为地方政府提供有关质量管理体系满足要求的程度，以及在实现目标和满足公众需求方面质量管理体系有效性的信息。重要的是，最高管理者应促进形成良好的内部审核氛围，从而没有人会因为审核出的任何问题而受到无端的责备。

注：质量管理体系审核应与政府部门的其他（如各种专项资金的使用）的内部审核区分开。

地方政府应根据各种服务、过程和职能的重要性，以及任何更改和质量管理体系的有关业绩和过程等事项，按所策划的时间间隔开展内部审核。

应编制形成文件的程序，以确定内部审核的步骤，包括确定审核方法、范围和准则，以及审核结果的通报。

应规定选择和培训审核员的最低要求。通常，通过培训大纲来保证审核员能力的保持。应尽可能合理地安排审核员所参与的审核活动，以使他们与被审核的活动无关。至少，审核员不应审核自己的工作。

地方政府应确定如何使用审核报告，包括分发和对后续结果的跟踪。

> 8.2.3　过程的监视和测量
>
> 组织应采用适宜的方法对质量管理体系过程进行监视，并在适用时进行测量。这些方法应证实过程实现所策划的结果的能力。当未能达到所策划的结果时，应采取适当的纠正和纠正措施，以确保产品的符合性。

8.2.3　过程的监视和测量

地方政府应确定适宜的方式监视（适用时，测量——见 7.6）其服务提供过程，以及其他质量管理体系过程，如管理评审、内部审核和文件控制等。监视和测量的目的是确定这些过程按策划结果交付的程度。

注：应监视的过程包括（但不限于）下述示例：

- 政府采购过程；
- 战略计划和项目，如公众意识；
- 工作人员的发展。

过程测量的确立应涉及到方针和目标的建立，应以积极稳妥的方式开展测量活动，从而避免不利的反应和（或）副作用。

注：附录 B 给出的“评价模型”中显示的管理指标，对于过程测量的确立可能有帮助。

过程的监视和测量结果应予以记录，并作为服务是否达到了策划目标的证据。在需要时，应考虑采用水平比较法将过程的监视和测量结果，与其他地方政府类似过程的指标进行对比。

当策划的结果未能实现时，地方政府应采取措施，纠正不合格的状况并改进过程，以避免类似问题再次发生。

地方政府应明确规定任何用于测量、分析和改进过程有效性的方法。这些方法包括：比较分析、统计方法和季节性或周期性变化的分析等。

> 8.2.4 产品的监视和测量
>
> 组织应对产品的特性进行监视和测量，以验证产品要求已得到满足。这种监视和测量应依据所策划的安排(见 7.1)，在产品实现过程的适当阶段进行。
>
> 应保持符合接收准则的证据。记录应指明有权放行产品的人员(见 4.2.4)。
>
> 除非得到有关授权人员的批准，适用时得到顾客的批准，否则在策划的安排(见 7.1)已圆满完成之前，不应放行产品和交付服务。

8.2.4 服务的监视和测量

地方政府应确定和使用适宜的方法，监视和测量产品和服务的结果，以确保符合公众的要求。这些要求可包括任何公开的服务保证、承诺和规定的义务。

在确保符合要求的监视过程中，地方政府应为其提供的各种产品和服务建立专门的机制，如：产品和过程检验、最低合格指标、外部审核和政府计划中的各种检查。

这些测量活动应涉及到方针和目标的建立，以及任何服务规范和承诺。应以积极稳妥的方式开展这项活动，从而避免不利的反应和(或)副作用。

注 1：适宜的测量包括：反应时间、服务业务的准确性和覆盖的人口范围，等等。

注 2：附录 B 给出的"评价模型"中显示的管理指标，对于这些测量活动的确立可能有帮助。

监视和测量结果应予以记录，并作为服务是否实现了所要求的输出的证据。在需要时，应考虑采用水平比较法将监视和测量的结果，与内部和外部类似过程的指标进行对比。

> 8.3 不合格品控制
>
> 组织应确保不符合产品要求的产品得到识别和控制，以防止其非预期的使用或交付。不合格品控制以及不合格品处置的有关职责和权限应在形成文件的程序中作出规定。
>
> 组织应通过下列一种或几种途径，处置不合格品：
>
> a) 采取措施，消除已发现的不合格；
>
> b) 经有关授权人员批准，适用时经顾客批准，让步使用、放行或接收不合格品；
>
> c) 采取措施，防止其原预期的使用或应用。
>
> 应保持不合格的性质以及随后所采取的任何措施的记录，包括所批准的让步的记录(4.2.4)。
>
> 在不合格品得到纠正之后应对其再次进行验证，以证实符合要求。
>
> 当在交付或开始使用后发现产品不合格时，组织应采取与不合格的影响或潜在影响的程度相适应的措施。

8.3 不合格服务的控制

对地方政府来说，提供的产品或服务不合格，就意味着有某个或某几个要求没有得到满足。这些要求可能来自于公众、法律法规或是地方政府自身规定的内部要求。

地方政府应编制形成文件的程序，以明确规定：

- 适宜的检验不合格服务的制度；
- 识别不合格服务的方法；
- 对防止不合格服务的非预期使用或提供的控制；

- 避免不合格服务再次发生的适宜措施。

地方政府应确定监视这些程序有效实施的职责和权限。

对于不合格直接涉及到公众的情况，地方政府应提供：

- 突发事件处理预案；
- 维护公众利益的各种后续措施；
- 适当灵活的策略；
- 下一个财政年度制定的改进计划和实施方案。

> 8.4 数据分析
>
> 组织应确定、收集和分析适当的数据，以证实质量管理体系的适宜性和有效性，并评价在何处可以持续改进质量管理体系的有效性。这应包括来自监视和测量的结果以及其他有关来源的数据。
>
> 数据分析应提供以下有关方面的信息：
>
> a) 顾客满意(见 8.2.1)；
>
> b) 与产品要求的符合性(见 7.2.1)；
>
> c) 过程和产品的特性及趋势，包括采取预防措施的机会；
>
> d) 供方。

8.4 数据分析

地方政府应确定和收集与质量管理体系业绩、过程和所提供的产品和服务有关的数据。

在可能的情况下，数据应从地方政府已有的信息系统中获得。包括：

- 管理评审数据；
- 内部工作人员和公众提供的信息；
- 服务要求的评审；
- 服务业绩的数据；
- 对供方的评价；
- 对公众及其他相关方满意程度的调查；
- 审核结果；
- 在过程的开始、中间和结束时所进行的监视和测量；
- 服务鉴定；
- 对监视和测量方法的验证和确认；
- 不合格产品和服务的信息。

收集的数据和使用的分析技术，应符合过程所要达到的目的，并应反映过程在实现目标方面的业绩。通常，地方政府的过程具备定量和定性两种特性，一些影响地方政府的过程有效性的因素，可能处于地方政府的直接控制之外。这些因素的数据(如财政预算、政治因素和官僚主义等)也应被考虑作为数据分析和持续改进过程的一部分。

在可能的情况下，地方政府应使用数字和图表的(但不限于这些)方法，分析所收集的信息和数据。数据分析技术的示例包括：

- 过程概念图，包括过程流程图；
- 柱状图；
- 关联图；
- 统计控制图；
- 排列图；
- 因果图；
- 失效模式与影响分析(FMEA)。

一旦进行数据分析，应通过确定的预防和纠正措施，以及应保持的记录，将数据分析结果用于促进持续改进过程，以确保测量和数据收集系统的连续性。数据分析的结论、业绩评价、公众满意程度分析和趋势分析，可帮助控制属于质量管理体系组成部分的过程更加高效。

8.5 改进

8.5.1 持续改进

组织应利用质量方针、质量目标、审核结果、数据分析、纠正和预防措施以及管理评审，持续改进质量管理体系的有效性。

8.5 改进

8.5.1 持续改进

地方政府应持续改进其质量管理体系的有效性。这意味着连续改进地方政府持续提供合格的产品和服务的能力。通常，系统的过程改进是通过全员参与，以识别改进的需求，并在其活动范围内制定改进方案。

在职责和权限发生变更的情况下，改进过程应考虑以前的最初情况和决定，以确保所提供服务的连续性、有效性和效率。

可使用常用的质量改进工具，作为识别可能的改进所使用的方法。可使用(但不限于)以下信息源：

- 地方政府内部的工作人员对质量方针的理解程度的内部评价；
- 实现质量目标的业绩；
- 过程运行的结果；
- 来自公众及其他相关方(如：制造业、政府各部门和社会各界)的输入；
- 与其他地方政府或其他级别的政府的相互作用的分析。

持续改进过程应考虑任何来自公众的抱怨、质量管理体系审核的结果及其审核准则。它还应考虑所能获得的必要的资源，以使改进收到实效(见第6章)。

8.5.2 纠正措施

组织应采取措施，以消除不合格的原因，防止不合格的再发生。纠正措施应与所遇到不合格的影响程度相适应。

应编制形成文件的程序，以规定以下方面的要求：

a) 评审不合格(包括顾客抱怨)；

b) 确定不合格的原因；

c) 评价确保不合格不再发生的措施的需求；

d) 确定和实施所需的措施；

e) 记录所采取措施的结果(见4.2.4)；

f) 评审所采取的纠正措施。

8.5.2 纠正措施

地方政府应编制形成文件的程序，来控制纠正措施(包括分析有关的主要原因)，以确保其有效性，并避免或最大限度地减少不合格的再次发生。在确定纠正措施以前，需分析相关的不合格，以识别主要原因。

纠正措施可用于减少、减轻或根除下述不合格情况中的原因。包括(但不限于)：

- 不合格的产品或服务；
- 目标未达到；
- 偏离了地方政府的计划和方案；

- 地方政府的服务设计和开发的评审、验证、确认和更改，出现了不可接受的结果；
- 不良表现率；
- 公众和(或)其他相关方的抱怨；
- 不满意的审核结果；
- 在地方政府的过程和服务的监视和测量中识别的不合格。

应根据与不合格再次发生有关的潜在风险，确定采取纠正措施的程度。纠正措施应形成文件，进行记录并适当沟通，以确保其有效实施。

> 8.5.3　预防措施
>
> 组织应确定措施，以消除潜在不合格的原因，防止不合格的发生。预防措施应与潜在问题的影响程度相适应。
>
> 应编制形成文件的程序，以规定以下方面的要求：
>
> a）确定潜在不合格及其原因；
>
> b）评价防止不合格发生的措施的需求；
>
> c）确定和实施所需的措施；
>
> d）记录所采取措施的结果(见4.2.4)；
>
> e）评审所采取的预防措施。

8.5.3　预防措施

地方政府应编制形成文件的程序，以控制其预防措施。通常，这些措施源于对与尚未发生的潜在不合格有关的原因和风险的识别和分析。预防措施可导致质量管理体系和地方政府过程的持续改进。

输入数据可包括：

- 数据分析(见8.4)，包括趋势分析；
- 行政管理人员业绩指标的达到情况；
- 质量目标的实现；
- 质量目标实现的成本分析；
- 公众和其他相关方的满意度调查；
- 与其他地方政府的相互作用(包括仿效目标的类似过程指标对比)；
- 审核和管理评审的结果。

预防措施过程中的活动应予以记录，并在地方政府内部的适当范围内予以通报。

从预防措施的过程中得到的经验和教训应加以评审，并告知整个地方政府中的所有相关部门和各级人员。

附 录 A
(资料性附录)
典型的地方政府质量管理过程

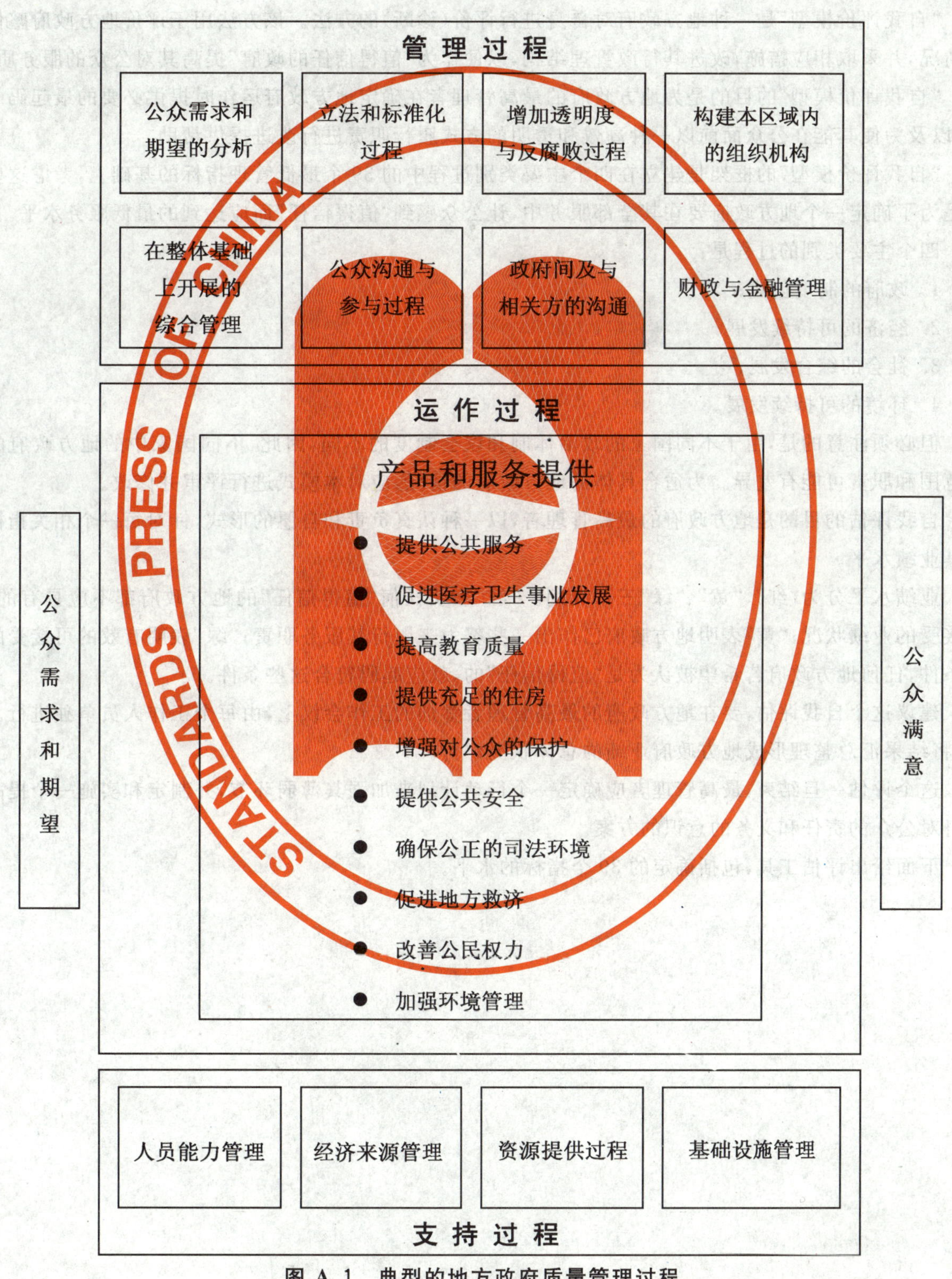

图 A.1 典型的地方政府质量管理过程

附 录 B
（资料性附录）
地方政府自我评价模型

“自我评价模型”是一种地方政府对自身进行评价（诊断）的方法。该方法用于评价地方政府整体运行情况，并采取相应措施，改进其行政管理结构，以便作为“值得信任的政府”提高其对公众的服务质量。

“自我评价模型”的目的是为地方政府的最高管理者在确定地方政府运作时提供必要的最起码的条件，以及为使其能在公众面前以一种高效和透明的方式履行职责进行改进提供帮助。

“自我评价模型”的框架是建立在四个主要类别过程中的39个最低管理指标的基础上，考虑这些指标是为了确定一个地方政府要在其全部服务中，让公众感到“值得信任”而应达到的最低服务水平。

四个主要类别的过程是：

1. 政府的制度创建；
2. 经济的可持续发展；
3. 社会的综合发展；
4. 环境的可持续发展。

但必须注意的是，由于不同国家的政治体制和议会制度的不同，因此，不同国家中的地方政府的工作范围和职责可能有差异。为适合具体的地方政府的情况，应对本模式进行评审并修改。

自我评估的目的是地方政府的最高管理者，以一种认真负责和自愿的形式，针对每一个相关指标识别其业绩水平。

业绩水平分为“红”、“黄”、“绿”三种级别。“红”表明任何“值得信任”的地方政府都不应具有的、不能接受的业绩状况；“黄”表明地方政府已作出一些努力来履行其服务职责；“绿”表明有效的可接受的最低条件，任何地方政府若希望被认为是“值得信任”的，就应起码符合这些条件。

建议这个自我评估，要在地方政府的最高管理者参加的工作会议上，由每个工作人员单独进行。最后，将结果汇总整理形成地方政府业绩的总体状况评价。

这个评估一旦结束，最高管理者应确定一个行动计划来加强其薄弱环节，并制定和实施一个提高其自身对公众的责任和义务的意识的方案。

下面给出评估工具，包括确定的39个指标的水平。

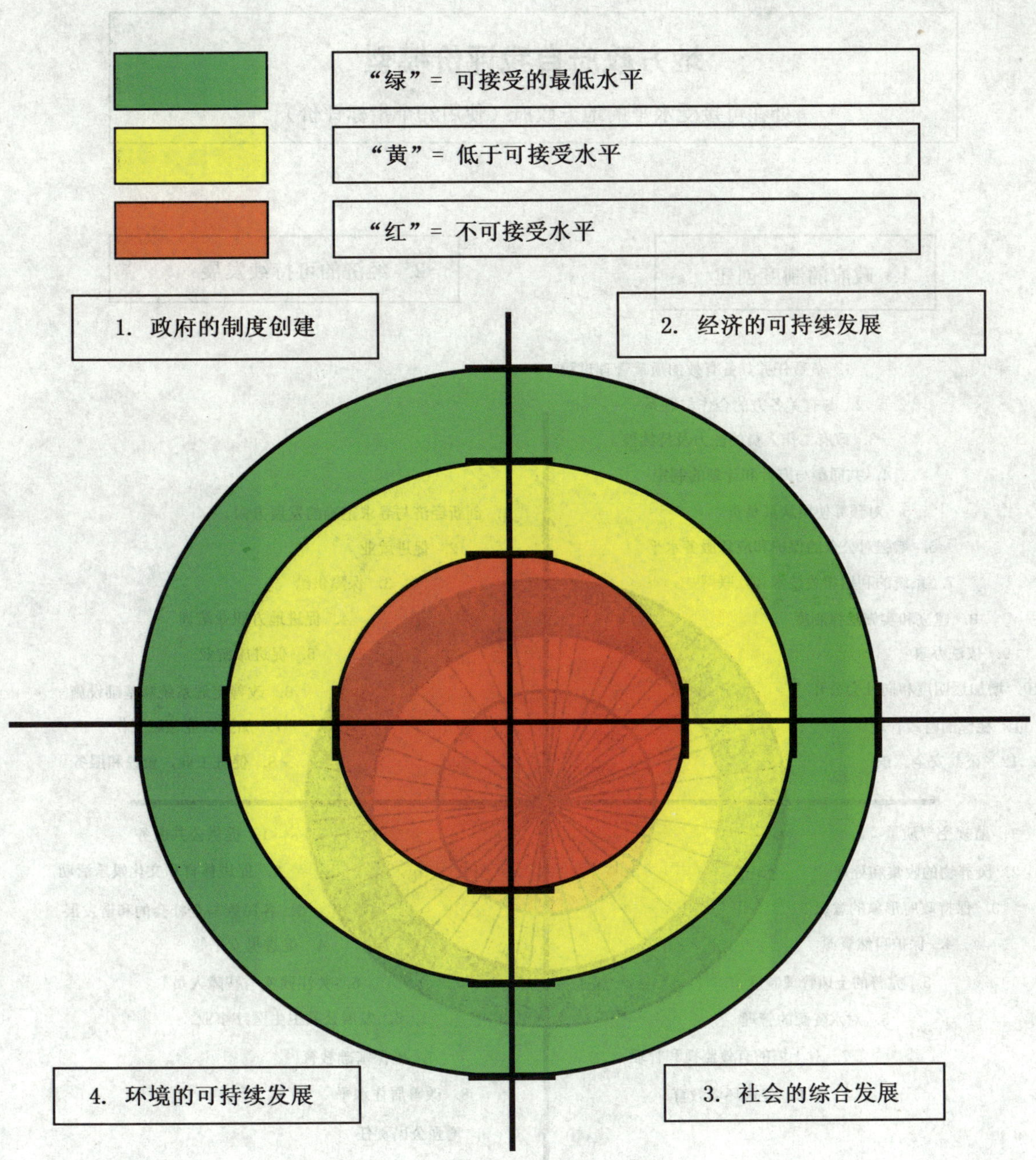

图 B.1 地方政府自我评价模型

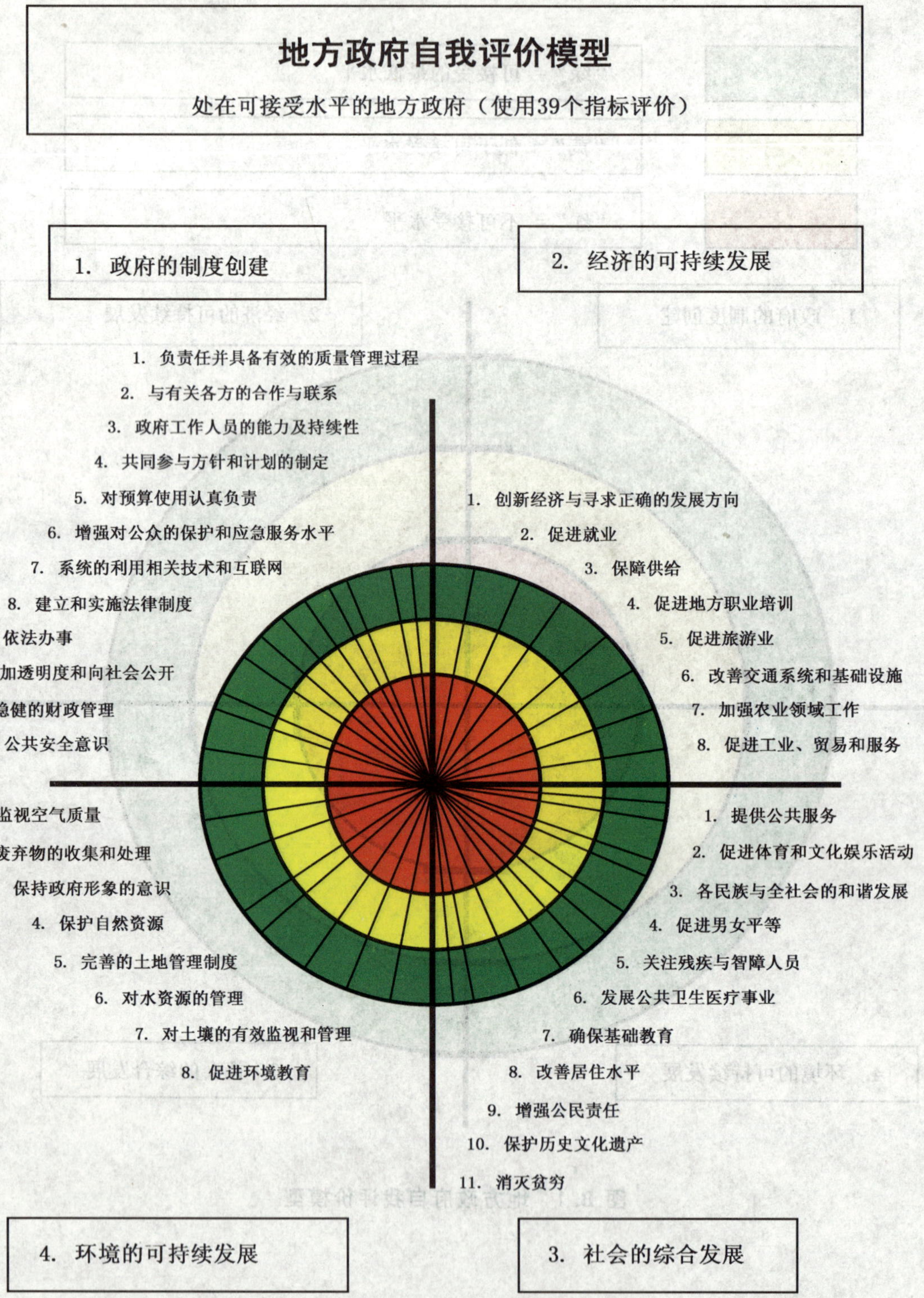

地方政府自我评价模型

处在可接受水平的地方政府（使用39个指标评价）

1. 政府的制度创建

1. 负责任并具备有效的质量管理过程
2. 与有关各方的合作与联系
3. 政府工作人员的能力及持续性
4. 共同参与方针和计划的制定
5. 对预算使用认真负责
6. 增强对公众的保护和应急服务水平
7. 系统的利用相关技术和互联网
8. 建立和实施法律制度
9. 依法办事
10. 增加透明度和向社会公开
11. 稳健的财政管理
12. 公共安全意识

2. 经济的可持续发展

1. 创新经济与寻求正确的发展方向
2. 促进就业
3. 保障供给
4. 促进地方职业培训
5. 促进旅游业
6. 改善交通系统和基础设施
7. 加强农业领域工作
8. 促进工业、贸易和服务

4. 环境的可持续发展

1. 监视空气质量
2. 废弃物的收集和处理
3. 保持政府形象的意识
4. 保护自然资源
5. 完善的土地管理制度
6. 对水资源的管理
7. 对土壤的有效监视和管理
8. 促进环境教育

3. 社会的综合发展

1. 提供公共服务
2. 促进体育和文化娱乐活动
3. 各民族与全社会的和谐发展
4. 促进男女平等
5. 关注残疾与智障人员
6. 发展公共卫生医疗事业
7. 确保基础教育
8. 改善居住水平
9. 增强公民责任
10. 保护历史文化遗产
11. 消灭贫穷

图 B.2 地方政府自我评价模型指标

表 B.1 政府的制度创建指标(1)

类　别	红	黄	绿
1. 负责任并具备有效的质量管理过程	没有对地方政府的运行进行策划、控制和评价的机制	有计划和方案,但没有进行系统的控制和评价	依据健全的组织手册和管理程序进行管理
2. 与有关各方的合作与联系	没有与其他层次的地方政府或中央政府部门就共同关心的问题开展活动	与其他层次的地方政府或中央政府部门偶尔有合作的活动	与其他层次的地方政府或中央政府部门开展战略合作,并已收到区域性效果
3. 政府工作人员的能力及持续性	对招聘的人员没有职业标准	被地方政府雇用的人员必须符合对工作的要求	地方政府在规章中确定了各项工作的要求
4. 共同参与方针和计划的制定	在地方政府的管理中没有公众参与的机制	地方政府有规定来管理公众的参与活动	地方政府的制度中有公众代表参与的机制
5. 对预算使用认真负责	没有税收和本地区机构注册管理系统	本地区机构注册不年检,税款征收不足	具备不断更新的,统一税收标准的本地机构注册系统
6. 增强对公众的保护和应急服务水平	在地方政府的管理事项中,不包括对公众的保护	在地方政府的管理中,包括对公众的保护事项,并在此领域正在开展一些活动	地方政府有一张风险图,并定期开展检查和预防活动
7. 系统的利用相关技术和互联网	在地方政府的工作中很少使用计算机	没有足够的计算机,并且大部分人员没接受过这方面的培训	地方政府拥有网络联接与自己的网页,大部分工作通过计算机来完成
8. 建立和实施法律制度	没有警察队伍,以及政府的有关规章制度	拥有警察队伍,以及政府的有关规章制度,但很少更新	拥有警察队伍,以及政府的有关规章制度并适时修订
9. 依法办事	很难接触检察机关、法官以及民事、刑事法庭或调解法厅	公众要想打官司,就必须经过相当复杂的流程	公众要想打官司很方便
10. 增加透明度和向社会公开	不向公众提供有关预算资金管理的信息	由地方政府财政机构每月对外公布其收入和支出	地方政府向公众报告预算方案,让大家了解钱是如何花的
11. 稳健的财政管理	地方财政方案高度依赖国家和上级的资金来源	地方财政在较大程度上依赖国家和上级的资金来源	地方政府的活动经费基本独立
12. 公共安全意识	具有高犯罪率,并且地方政府没有预防和惩罚犯罪的措施	公众知道地方政府正在努力	犯罪的影响范围较小,地方政府具备必要的资源,并且正在采取措施预防犯罪

表 B.2 经济可持续发展指标(2)

类 别	红	黄	绿
1. 创新经济与寻求正确的发展方向	仅关注现存的经济活动，没有计划去寻找新的经济增长点	已经识别出一些有潜力的活动,但还没开发	在经济发展创新方面,已作为重要内容被列入计划
2. 促进就业	地方政府不了解潜在的就业领域,没有计划促进和扩大就业	有一些促进就业的活动，但还没有明显的效果	为了创造各种就业机会，已经制定出了各种有效的方案
3. 保障供给	没有供应基本物资,以满足社会,包括地方政府的需求	对社会,包括地方政府无计划的供应基本物资	具备充足的供给,以满足地方政府与社会的基本需求
4. 促进地方职业培训	没有培训方案或缺少熟练劳动力	有培训方案,但是没有满足需要	具备一整套执行中的培训方案,对地方就业已经产生明显效果
5. 促进旅游业	对游客有吸引力的方面不到三个,而且一直没有识别其潜力	至少已识别出三个对游客有吸引力的方面,但是对开发这个领域没有长远规划	做过完整的调查分析,有完善的可行方案和相关机构,对本领域潜力的开发已产生明显的效果
6. 改善交通系统和基础设施	城乡之间缺少交通联系，地方政府与外界没有正规的道路连接	某些社区有路或其他的交通联系,由地方政府所在地可方便地到达附近一个中等规模的城市	在地方政府管辖范围内，社区之间有内部交通联系，并且有正规道路与外部连接
7. 加强农业领域工作	对农业资源、从事农业生产的人员和农业领域的潜力没有做过调查分析	对从事农业生产的人员、农产品和农业领域的潜力有局部的调查分析,但对于农业领域的开发没有战略规划	对于农业领域的开发,有专门的机构负责,并已制定出各种经验证有效的方案
8. 促进工业、贸易和服务	对于这些领域或参与这些领域的工作没有做过调查分析	做过一些局部的调查分析,但这些分析对于制定这些领域的发展规划还不充分	对于这些领域的开发及这些领域中新企业的建立，有专门的机构负责,并已制定出各种经验证有效的方案

表 B.3 社会综合发展指标(3)

类　别	红	黄	绿
1. 提供公共服务	在地方政府管辖范围内的大部分住宅和社区,没有基本的公共服务	在地方政府管辖范围内的大部分住宅和社区,具备基本的公共服务,但是不充分	几乎所有的社区和住宅都提供基本的服务,这种服务持久、稳定并且高质量
2. 促进体育和文化娱乐活动	没有设施或方案来促进文化娱乐和体育活动	有文化娱乐和体育活动设施,但缺少必要的条件,仅限于孤立地开展这类活动	体育和文化娱乐活动设施得到保养,地方政府已制定促进体育和文化娱乐活动并经验证有效的方案
3. 各民族与全社会的和谐发展	在公众代表确定议案时,没有考虑到让所有的利益相关方参与	地方政府偶尔组织召开协商会议,并建立委员会,努力吸收这些人群参与	有一个常设的机构,在那里所有公民,无论来自于哪个民族或社会阶层,均可参与政府的事物
4. 促进男女平等	在地方政府的管辖范围内,在政治、经济和社会活动中对妇女存在歧视	已经采取了单独的步骤,以促进男女平等	地方政府具备促进男女平等并经验证有效的计划,并有专门的机构负责此事
5. 关注残疾与智障人员	地方政府没有专门考虑对残疾和智障人员的服务	有一些单独的活动能够照顾到残疾与智障人员	地方政府设有机构和已收到显著效果的计划,向残疾与智障人员提供社会服务
6. 发展公共卫生医疗事业	有50%的群众或超过500个以上的居民没有享受卫生医疗计划。在这方面,地方政府没有自己的计划,并且没有纳入国家或地区计划	在地方政府的管辖范围内,至少有50%的群众或500个以上居民参与地方卫生医疗计划。地方政府已立法,将其计划纳入国家或地区计划,并且地方卫生医疗机构需备案	有超过80%的群众或500个以上居民参与的地方卫生医疗计划。地方卫生医疗促进计划已纳入地方立法范围
7. 确保基础教育	受教育的范围不充分,教师注册率低,学生中途退学率高	有足够的学校,但教育质量不高	有足够的学校,并且地方政府促进改善教学质量
8. 改善居住水平	地方政府不了解在其管辖范围内许多居民没有像样的房子住,大部分房子条件简陋	居住简陋房子的居民不到半数,地方政府具备一个已经产生明显效果的解决这个问题的方案	大部分居民有像样的房子居住,地方政府具备一整套已经产生明显效果的解决这个问题的方案
9. 增强公民责任	没有开展过提倡公民参与并密切与地方机构联系的活动	有一些增强公民责任意识和促进社会良好风气的活动,但是没有负责的机构	有经常的增强公民责任意识和促进社会良好风气的活动,有长期的计划和负责这项工作的机构

表 B.3(续)

类 别	红	黄	绿
10. 保护历史文化遗产	没有开展过提倡公民参与,密切与地方机构的联系以及保持和发扬地方特色的活动	有基础设施,但条件简陋,没有促进与保护的计划	文化设施得到维护。地方政府具备已收到明显效果的促进历史与文化遗产保护的计划
11. 消灭贫穷	地方政府既没有消灭贫穷的计划,也没有努力联系国有或私有机构参与此事	有一些单独的消灭贫穷的活动,但不是政府的活动。地方政府没有反贫穷计划	具备已经收到明显效果的计划,并与其他国有和私有机构共同规划

表 B.4 环境可持续发展指标(4)

类 别	红	黄	绿
1. 监视空气质量	地方政府没有控制空气污染的活动,例如:农作物秸秆与废弃物的焚烧	具备防止农作物秸秆与废弃物焚烧的制度,并定期检查各种污染物的排放	有法规和计划,检查移动源和固定源的污染物排放
2. 废弃物的收集和处理	没有废弃物收集服务,垃圾场是开放式的	有一些固定的废弃物收集路线,废弃物的处理是受控的(监督废弃物对土地的侵占并设置防护设施)	在地方政府的管辖区域内,大部分地区已建立废弃物收集系统,为保护空气和水源对垃圾做卫生填埋
3. 保持政府形象的意识	各种活动,从不在意周围环境	每6个月至1年,定期开展美化地方政府周围环境的活动	具备已经收到明显效果的计划,包括预算,用以改善地方政府的环境
4. 保护自然资源	既没有地方范围内自然资源的清单,也没有任何保护活动	至少每3年编制一份最新的调查分析报告,其内容是关于地方政府管辖区域内的自然资源状况	有保护和利用自然资源,并已收到明显效果的计划。对实施这一计划,相关人员认真负责
5. 完善的土地管理制度	在地方政府的管辖区域内,正在没有城市规划或法规的情况下发展	有一个无效、过时和(或)未经批准的土地管理计划	有一个能实现的土地管理计划,至少每5年更新一次。地方政府部门监督其实施
6. 对水资源的管理	对水源不进行保护,没有消耗与供给预测,未经处理的废水不加控制地注入水源	仅保护水源地不被污染,废水被收集并流入同一个地点	有维护和保养水源地、地下水及地表水系的计划,大部分废水经处理,有法规和地方政府授权的、有稳定资金来源的水务机构

表 B.4(续)

类别	红	黄	绿
7. 对土壤的有效监视和管理	对土壤的侵蚀、酸化和植被的减少没有调查分析	至少每3年编制一份调查分析报告,对土壤的侵蚀、森林采伐和肥料的破坏性使用进行控制	对控制土壤侵蚀、保护土地、恢复植被和植树造林都具备已收到明显效果的计划
8. 促进环境教育	地方政府没有环境教育方面的计划	在环境教育方面,仅在地方政府的特定范围(河系的清洁,公众的参与)、世界环境日等有一些活动计划	在学校里和社会上,有一个实施中的官方的环境教育计划,包括各种促进活动,以改善和维护环境

参 考 文 献

[1] ISO/IWA1 质量管理体系 卫生服务组织业绩改进指南

[2] 联合国可持续发展第21号议案——里约热内卢,1992

[3] ISO/IWA2 质量管理体系 ISO 9000:2000在教育领域应用指南

[4] CGSB 184.1—2002(加拿大) 公共组织实施ISO 9000质量管理体系指南

[5] IRAM 30300(阿根廷) 自治区政府应用ISO 9001:2000的解释指南

[6] GB/T 19000—2000 质量管理体系 基础和术语

[7] GB/T 19004—2000 质量管理体系 业绩改进指南

[8] GB/T 19011—2004 质量和(或)环境管理体系审核指南

[9] ISO 10001:——[1] 质量管理 顾客满意 处理规则指南

[10] GB/T 19012—2008 质量管理 顾客满意 组织处理投诉指南

[11] ISO 10003:——[1] 质量管理 顾客满意 顾客争议的外部解决指南

[12] GB/T 19015—2008 质量管理体系 质量计划指南

[13] GB/T 19016—2005 质量管理体系 项目中的质量管理指南

[14] GB/T 19025—2001 质量管理 培训指南

[15] ISO/TC176/SC2/N525R ISO 9000介绍和支持文件包:ISO 9001:2000的文件要求指南(*)

[16] ISO/TC176/SC2/N544R2(r) ISO 9000介绍和支持文件包:管理体系过程方法的概念和应用指南(*)

[17] ISO/TC176/SC2/N630R2 “外包过程”指南(*)

[18] ISO单行本指南“ISO 9001:2000——在供应链中意味着什么?”(*)

[19] OAS/RIAD OAS/Ser. K/XXXVII. 2 REDMU-II/doc. 5/03 25 08 2003:为促进地方政府与民众分享划分权力的过程,提出研究方法、通用战略、参数设计和参考结构

(由美国加兹敦OAS/RIAD主席卡洛斯提出)

[20] INAFED 2002(墨西哥) 对可信任的联邦制的特别方案 2002-2006

其他参考资料

英国副首相办公室“获得更好的结果——创建一种新的执政体制”

(可从www.communities.gov.uk/localvision免费下载)

参加本指南起草的各国人员名单(略)

---

1) 即将发布。

(*) 可从www.iso.org免费下载。

ICS 67.060
X 11

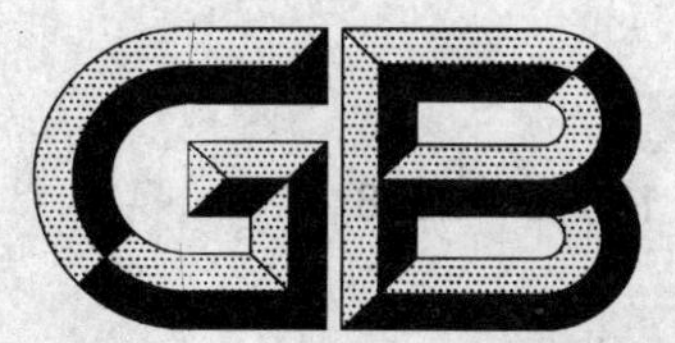

中华人民共和国国家标准

GB/T 19048—2008
代替 GB 19048—2003

地理标志产品　龙口粉丝

Product of geographical indication—Longkou vermicelli

2008-06-03 发布　　2008-12-01 实施

中华人民共和国国家质量监督检验检疫总局
中国国家标准化管理委员会　发布

前 言

本标准根据《地理标志产品保护规定》与 GB 17924—1999《原产地域产品通用要求》制定。

本标准代替 GB 19048—2003《原产地域产品　龙口粉丝》。

本标准与 GB 19048—2003 相比主要变化如下：

——将标准由强制性改为推荐性。

——修订了与《地理标志产品保护规定》不一致的地方，将“原产地域”表述修订为“地理标志”。

——增加对食品添加剂的要求，并引用了 GB 2760（见 5.7）。

——删除 4.2“断条率”术语，并修改了断条率计算公式，使其更加准确（见 6.2.4）。

——修改了二氧化硫含量测试方法引用标准（见 6.2.5）。

本标准的附录 A 为规范性附录。

本标准由全国原产地域产品标准化工作组提出并归口。

本标准起草单位：烟台市质量技术监督局。

本标准主要起草人：吕琦昌、刘世果、刘祥、李福玉、李慧、马玉斌、王惠芹、姚文东、郭兰堂、温梅菊、辛玉菊。

本标准所代替标准的历次版本发布情况为：

——GB 19048—2003。

地理标志产品　龙口粉丝

1　范围

本标准规定了龙口粉丝的地理标志产品保护范围、术语和定义、要求、试验方法、检验规则及标志、包装、运输、贮存。

本标准适用于国家质量监督检验检疫行政主管部门根据《地理标志产品保护规定》批准保护的地理标志产品龙口粉丝。

2　规范性引用文件

下列文件中的条款通过本标准的引用而成为本标准的条款。凡是注日期的引用文件，其随后所有的修改单(不包括勘误的内容)或修订版均不适用于本标准，然而，鼓励根据本标准达成协议的各方研究是否可使用这些文件的最新版本。凡是不注日期的引用文件，其最新版本适用于本标准。

GB 2713　淀粉制品卫生标准

GB 2760　食品添加剂使用卫生标准

GB/T 5009.3　食品中水分的测定

GB/T 5009.4　食品中灰分的测定

GB/T 5009.9　食品中淀粉的测定

GB/T 5009.34　食品中亚硫酸盐的测定

GB 5749　生活饮用水卫生标准

GB 7718　预包装食品标签通则

GB/T 10460　豌豆

GB/T 10462　绿豆

3　地理标志产品保护范围

龙口粉丝的地理标志产品保护范围限于国家质量监督检验检疫行政主管部门根据《地理标志产品保护规定》批准的范围，见附录A。

4　术语和定义

下列术语和定义适用于本标准。

4.1

龙口粉丝　Longkou vermicelli

在本标准第3章规定的范围内，以绿豆或豌豆为原料，利用当地水资源、地理环境、气候和微生物体系，采用传统的工艺加工而成的粉丝。

5　要求

5.1　原料

5.1.1　绿豆

符合GB/T 10462的规定。

5.1.2　豌豆

符合GB/T 10460的规定。

5.1.3 生产用水

选用本标准第3章规定范围内的水源，水质符合GB 5749的规定。

5.2 气候环境

地理标志产品保护范围属典型的暖温带大陆性季风区，半湿润，气候四季分明，风力适中，气温适宜，空气湿度较低，日照时间长，微生物体系独特，适合龙口粉丝生产。

5.3 传统工艺特点

龙口粉丝以绿豆或豌豆为原料，利用自然微生物体系，采用传统的酸浆发酵法独特工艺，提取高纯淀粉，然后经过打糊、漏粉、浸洗、晾晒或者烘干精制而成。

5.4 感官指标

感官指标应符合表1的规定。

表1 感官指标

项目	要求
色泽	洁白，有光泽，呈半透明状
形态	丝条粗细均匀，无并丝
手感	柔韧，有弹性
口感	复水后柔软、滑爽、有韧性
杂质	无外来杂质

5.5 理化指标

理化指标应符合表2的规定。

表2 理化指标

项目		要求
淀粉/%	≥	75.0
水分/%	≤	15.0
丝径(直径)/mm	≤	0.7
断条率/%	≤	10.0
二氧化硫残留量(以 SO_2 计)/(mg/kg)	≤	30.0
灰分/%	≤	0.5

5.6 卫生指标

按GB 2713执行。

5.7 食品添加剂

5.7.1 食品添加剂的使用应符合相应的标准和有关规定。

5.7.2 食品添加剂的品种和使用量应符合GB 2760的规定。

6 试验方法

6.1 感官指标

色泽、形态、杂质：在自然光下进行。

口感：龙口粉丝在沸水中煮5 min后品尝。

6.2 理化指标

6.2.1 淀粉

按GB/T 5009.9执行。

6.2.2 **水分**

按 GB/T 5009.3 执行。

6.2.3 **丝径(直径)**

从试样中随机抽取 20 根粉丝,截成 300 mm 长度,用精度为 0.02 mm 的游标卡尺分别测其直径,取平均值。其中单根粉丝随机测量 5 个点,其平均值为单根粉丝的直径。

6.2.4 **断条率**

截取 50 根长度为 10 cm 的无机械损伤的粉丝,在 1 000 mL 烧杯中加水 900 mL,煮沸后放入粉丝并加盖表面皿,微沸煮 45 min 后,滤去水分,用玻璃棒数其完整条数,按式(1)计算断条率。

$$A = \frac{50 - x}{50} \times 100\% \qquad \cdots\cdots(1)$$

式中:

A——断条率,%;

x——煮后完整条数。

按上述方法试验三次,取其平均值。

6.2.5 **二氧化硫残留量**

按 GB/T 5009.34 执行。

6.2.6 **灰分**

按 GB/T 5009.4 执行。

6.3 **卫生指标**

按 GB 2713 执行。

7 检验规则

7.1 **组批**

在同一条件、同一生产周期下,用同一批原料生产的同一品种、同一规格的产品为一批。

7.2 **抽样**

每批从 5 个不同部位随机抽取样品,样品量不少于 1 kg。

7.3 **出厂检验**

7.3.1 龙口粉丝出厂前应由生产厂逐批进行检验,合格并附合格证方可出厂。

7.3.2 出厂检验项目为感官指标、丝径、水分。

7.3.3 判定规则:检验时若有一项不合格,应加倍抽样,对不合格项目进行复检,仍不合格则判出厂检验不合格。

7.4 **型式检验**

7.4.1 **型式检验项目**

型式检验项目为本标准规定的全部要求。

正常生产每半年进行一次型式检验,有下列情况之一时,应进行型式检验:

a) 主要原料或工艺有重大改变时;

b) 停产半年恢复生产时;

c) 出现质量不稳定时;

d) 国家质量技术监督部门提出型式检验要求时。

7.4.2 **判定规则**

感官要求、理化指标有一项不合格项时,应加倍抽样,如仍有不合格项,则判该批产品不合格。卫生指标有一项不合格,则判该批产品不合格。

8 标志、包装、运输、贮存

8.1 标志

标签应符合 GB 7718 的规定。不符合本标准的产品，其产品名称不得使用含有龙口粉丝(包括连续或断开)的名称，不得使用地理标志产品保护专用标志。

8.2 包装

8.2.1 内包装材料应符合相应卫生标准和有关规定。

8.2.2 外包装应确保产品不受损坏或污染。

8.3 运输

运输时应防雨、防潮，不得与有毒、有害、有异味或可能影响产品质量的物质混装运输。

8.4 贮存

应放在阴凉干燥的库房内，不准露天存放，库内不得存放有毒物质和腐蚀性物质。

附 录 A
（规范性附录）
龙口粉丝地理标志产品保护范围图

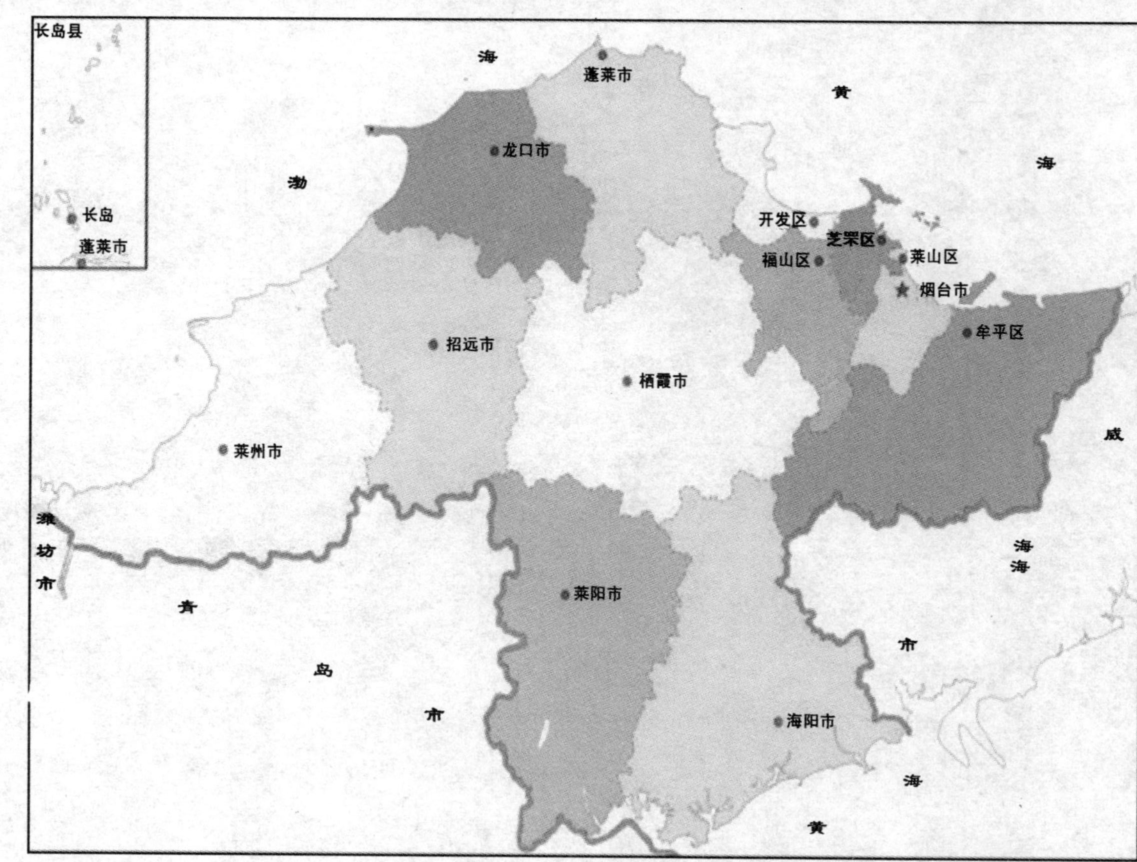

注：龙口粉丝地理标志产品保护范围包括山东省烟台市境内的龙口市、招远市、蓬莱市、莱阳市、莱州市。

图 A.1 龙口粉丝地理标志产品保护范围图

ICS 67.160.10
X 62

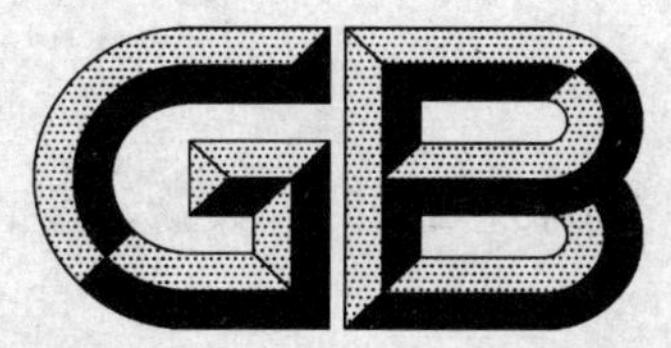

中华人民共和国国家标准

GB/T 19049—2008
代替 GB 19049—2003

地理标志产品　昌黎葡萄酒

Product of geographical indication—Changli wine

2008-12-31 发布　　2009-06-01 实施

中华人民共和国国家质量监督检验检疫总局
中国国家标准化管理委员会　发布

前言

本标准根据《地理标志产品保护规定》及GB/T 17924—2008《地理标志产品标准通用要求》制定。

本标准代替GB 19049—2003《原产地域产品　昌黎葡萄酒》。

本标准与GB 19049—2003相比主要变化如下：

——将标准属性由强制性改为推荐性；

——根据国家质量监督检验检疫总局颁布的《地理标志产品保护规定》，修改了标准中英文名称及相关表述；

——修改了产品分类，增加了按含糖量分类；

——增加了原料葡萄品种；

——依据GB 15037—2006《葡萄酒》增加了柠檬酸、铜、甲醇、苯甲酸、山梨酸指标；

——规定产品中不得添加“合成着色剂”、“甜味剂”、“香精”和“增稠剂”；

——增加了产品净含量的要求。

本标准的附录A为规范性附录。

本标准由全国原产地域产品标准化工作组提出并归口。

本标准起草单位：国家葡萄葡萄酒质量监督检验中心、河北省昌黎县葡萄酒业管理局、河北省昌黎县质量技术监督局。

本标准主要起草人：李华、严斌、张世鹏、张克义、江涛、郝小波、杨静、李振勇。

本标准所代替标准的历次版本发布情况为：

——GB 19049—2003。

地理标志产品 昌黎葡萄酒

1 范围

本标准规定了昌黎葡萄酒的地理标志产品保护范围、术语和定义、分类、要求、试验方法、检验规则及标志、包装、运输、贮存。

本标准适用于国家质量监督检验检疫行政主管部门根据《地理标志产品保护规定》批准保护的地理标志产品昌黎葡萄酒。

2 规范性引用文件

下列文件中的条款通过本标准的引用而成为本标准的条款。凡是注日期的引用文件,其随后所有的修改单(不包括勘误的内容)或修订版均不适用于本标准,然而鼓励根据本标准达成协议的各方研究是否可使用这些文件的最新版本。凡是不注日期的引用文件,其最新版本适用于本标准。

GB/T 191 包装储运图示标志

GB 2758 发酵酒卫生标准

GB/T 5009.29 食品中山梨酸、苯甲酸的测定

GB 10344 预包装饮料酒标签通则

GB 15037 葡萄酒

GB/T 15038 葡萄酒、果酒通用分析方法

GB/T 17204 饮料酒分类

JJF 1070 定量包装商品净含量计量检验规则

国家质量监督检验检疫总局令[2005]第 75 号 《定量包装商品计量监督管理办法》

3 地理标志产品保护范围

昌黎葡萄酒的地理标志产品保护范围限于国家质量监督检验检疫行政主管部门根据《地理标志产品保护规定》批准保护的范围,见附录 A。

4 术语和定义

GB 15037、GB/T 17204 确立的以及下列术语和定义适用于本标准。

4.1

昌黎葡萄酒 Changli wine

以产自昌黎葡萄酒地理标志产品保护范围内的新鲜葡萄,在规定的保护范围内经本标准工艺发酵酿制而成的符合本标准要求的葡萄酒。

5 产品分类

5.1 按色泽分:红葡萄酒、白葡萄酒、桃红葡萄酒。

5.2 按含糖量分:干葡萄酒、半干葡萄酒、半甜葡萄酒、甜葡萄酒。

6 要求

6.1 原料要求

6.1.1 品种要求

6.1.1.1 酿造红葡萄酒的品种:赤霞珠(Cabernet Sauvignon)、梅鹿辄(Merlot)、品丽珠(Cabernet

Franc)、黑比诺(Pinot Noir)、西拉(syrah)、佳丽酿(Carignane)、玫瑰香(Muscat Hamburg)、紫北塞(Alicante Bouschet)、烟-73(Yan-73)。

6.1.1.2　酿造白葡萄酒的品种:霞多丽(Chardonnay)、贵人香(Italian Riesling)、玫瑰香(Muscat Hamburg)、长相思(Sauvignon Blanc)。

6.1.1.3　酿造桃红葡萄酒的品种:赤霞珠(Cabernet Sauvignon)、梅鹿辄(Merlot)、品丽珠(Cabernet Franc)、黑比诺(Pinot Noir)、佳丽酿(Carignane)、玫瑰香((Muscat Hamburg)。

6.1.2　葡萄质量要求

酿造发酵酒的葡萄含糖量大于等于 180 g/L;含酸量 6.5 g/L～8.5 g/L;果皮着色均匀;果粒新鲜、洁净;无病虫果、霉烂果、裂果、生青果;无农药污染,无枝叶、泥土及其他杂物。

6.2　工艺要求

6.2.1　红葡萄酒工艺要求

葡萄经采收分选、除梗破碎后,浸渍发酵,当残糖降至 4 g/L 以下时进行分离转罐,进入苹果酸-乳酸发酵,然后澄清处理,经均衡调配、冷处理、除菌过滤等工艺过程精酿而成。陈酿型葡萄酒应经橡木桶贮藏并经瓶贮,酒龄达 3 a 以上。

6.2.2　白葡萄酒工艺要求

葡萄经采收分选、除梗破碎、压榨分离、酒精发酵,当残糖降至 4 g/L 以下时进行分离转罐,然后澄清处理,经均衡调配、冷处理、除菌过滤等工艺过程精酿而成。陈酿型葡萄酒应经橡木桶贮藏并经瓶贮,酒龄达 2 a 以上。

6.2.3　桃红葡萄酒工艺要求

葡萄经采收分选、除梗破碎、浸渍、分离、酒精发酵,当残糖降至 4 g/L 以下时进行分离转罐,然后澄清处理,经均衡调配、冷处理、除菌过滤等工艺过程精酿而成。

6.3　感官要求

感官要求应符合表 1 规定。

表 1　感官要求

项目			要求
外观	色泽	红葡萄酒	紫红色至深宝石红色
		白葡萄酒	近似无色、微黄带绿、浅黄、金黄色
		桃红葡萄酒	桃红、淡玫瑰红、浅红色
	澄清程度		澄清,有光泽,无明显悬浮物(使用软木塞封口的酒允许有少量软木渣,瓶装超过 1 a 的葡萄酒允许有少量沉淀)
香气与滋味	香气		具有纯正、优雅、怡悦、和谐的果香、花香与酒香,陈酿型葡萄酒还应具有陈酿香或橡木香
	滋味	干、半干葡萄酒	具有纯正、优雅、爽怡的口味和悦人的果香,酒体完整
		半甜、甜葡萄酒	具有甘甜醇厚的口味和陈酿的酒香味,酸甜协调,酒体丰满
典型性			具有昌黎葡萄酒应有的特征和风格

6.4　理化要求

理化要求应符合表 2 规定。产品中不得添加合成着色剂,甜味剂,香精,增稠剂。

表2 理化要求

项目			要求
酒精度[a](20 ℃)/%(体积分数)			7.0～14.0
总糖(以葡萄糖计)/(g/L)	干葡萄酒[b]	≤	4.0
	半干葡萄酒[c]		4.1～12.0
	半甜葡萄酒		12.1～45.0
	甜葡萄酒	≥	45.1
挥发酸(以乙酸计)/(g/L)		≤	1.0
干浸出物/(g/L)	红葡萄酒	≥	20.0
	白葡萄酒	≥	16.0
	桃红葡萄酒	≥	17.0
柠檬酸/(g/L)	干、半干、半甜葡萄酒	≤	1.0
	甜葡萄酒		2.0
铁/(mg/L)		≤	8.0
铜/(mg/L)		≤	1.0
甲醇(mg/L)	白、桃红葡萄酒	≤	250
	红葡萄酒		400
苯甲酸或苯甲酸钠(以苯甲酸计)/(mg/L)		≤	50
山梨酸或山梨酸钾(以山梨酸计)/(mg/L)		≤	200
注：总酸不作要求，以实测值表示(以酒石酸计，g/L)。			

a 酒精度标签标示值与实测值不得超过±1.0%(体积分数)。

b 当总糖与总酸(以酒石酸计)的差值小于或等于 2.0 g/L 时，含糖最高为 9.0 g/L。

c 当总糖与总酸(以酒石酸计)的差值小于或等于 2.0 g/L 时，含糖最高为 18.0 g/L。

6.5 卫生要求

应符合 GB 2758 的规定。

6.6 净含量

按国家质量监督检验检疫总局令[2005]第 75 号执行。

7 试验方法

7.1 感官要求

按 GB/T 15038 执行。

7.2 理化要求

苯甲酸、山梨酸按 GB/T 5009.29 规定执行，其余项目按 GB/T 15038 规定执行。

7.3 卫生指标

按 GB 2758 规定执行。

7.4 净含量

按 JJF 1070 检验。

8 检验规则

8.1 组批

同一生产期内所生产的同一品质、同一规格、同一批号的产品为一批。

8.2 抽样

按表3抽取样本，单件包装净含量小于500 mL，总取样量不足1 500 mL时，可按比例增加抽样量。

表3 抽样表

批量范围/箱	样本数/箱	单位样本数/箱
≤50	3	3
51～1 200	5	2
1 201～3 500	8	1
≥3 501	13	1

8.3 检验分类

8.3.1 出厂检验

8.3.1.1 每批产品需经生产厂家检验合格并签署质量合格证。

8.3.1.2 出厂检验的项目：感官要求、酒精度、总糖、干浸出物、挥发酸、卫生指标中的总二氧化硫和菌落总数、净含量。

8.3.2 型式检验

8.3.2.1 型式检验项目为本标准的全部技术内容。

8.3.2.2 型式检验每年至少进行两次，发生下列任一情况时，亦应进行：

a) 更改原料；

b) 更改关键工艺；

c) 国家质量监督机构提出进行型式检验要求；

d) 出厂检验结果有较大变化时。

8.4 判定规则

当受检样品检验项目全部合格时，则判定该批产品为合格，若有不合格项目，应重新从该批产品中抽取两倍量样本，对不合格项目进行复验，复验结果若有一项指标不符合本标准要求，则判定该批产品不合格。

9 标志、包装、运输及贮存

9.1 标志

9.1.1 标签标志

应符合GB 10344规定。

获得批准的企业，可在其产品说明书和包装上使用地理标志产品保护专用标志。不符合本标准的产品，其产品名称不得使用含有“昌黎葡萄酒”（包括连续或断开）的名称，不得使用地理标志产品保护专用标志。

9.1.2 包装标志

瓦楞纸箱应注有酒名、规格、批号、出厂日期、厂名、厂址，并标有“小心轻放、请勿倒置”字样或标志，其使用方法按GB/T 191的规定执行。

9.2 包装

9.2.1 内包装应采用符合食品卫生要求的包装材料。包装容器应整齐、清洁，封装严密，无漏气、漏酒现象。

9.2.2　外包装应使用合格的瓦楞纸箱或木箱。箱内要有防震、防撞的间隔材料。

9.3　运输及贮存

9.3.1　包装的葡萄酒应在 5 ℃～35 ℃条件下运输，贮存温度应控制在 10 ℃～25 ℃。

9.3.2　在运输和贮存过程中，应保持场地清洁、干燥、通风良好，严禁日晒、雨淋。不得与潮湿地面，有毒、有害物品接触。用软木塞封口的葡萄酒，应卧放或倒放。

9.3.3　瓶装酒贮存超过 18 个月时，允许有少量沉淀。

附　录　A
（规范性附录）
昌黎葡萄酒地理标志产品保护范围图

昌黎葡萄酒地理标志产品保护范围见图 A.1。

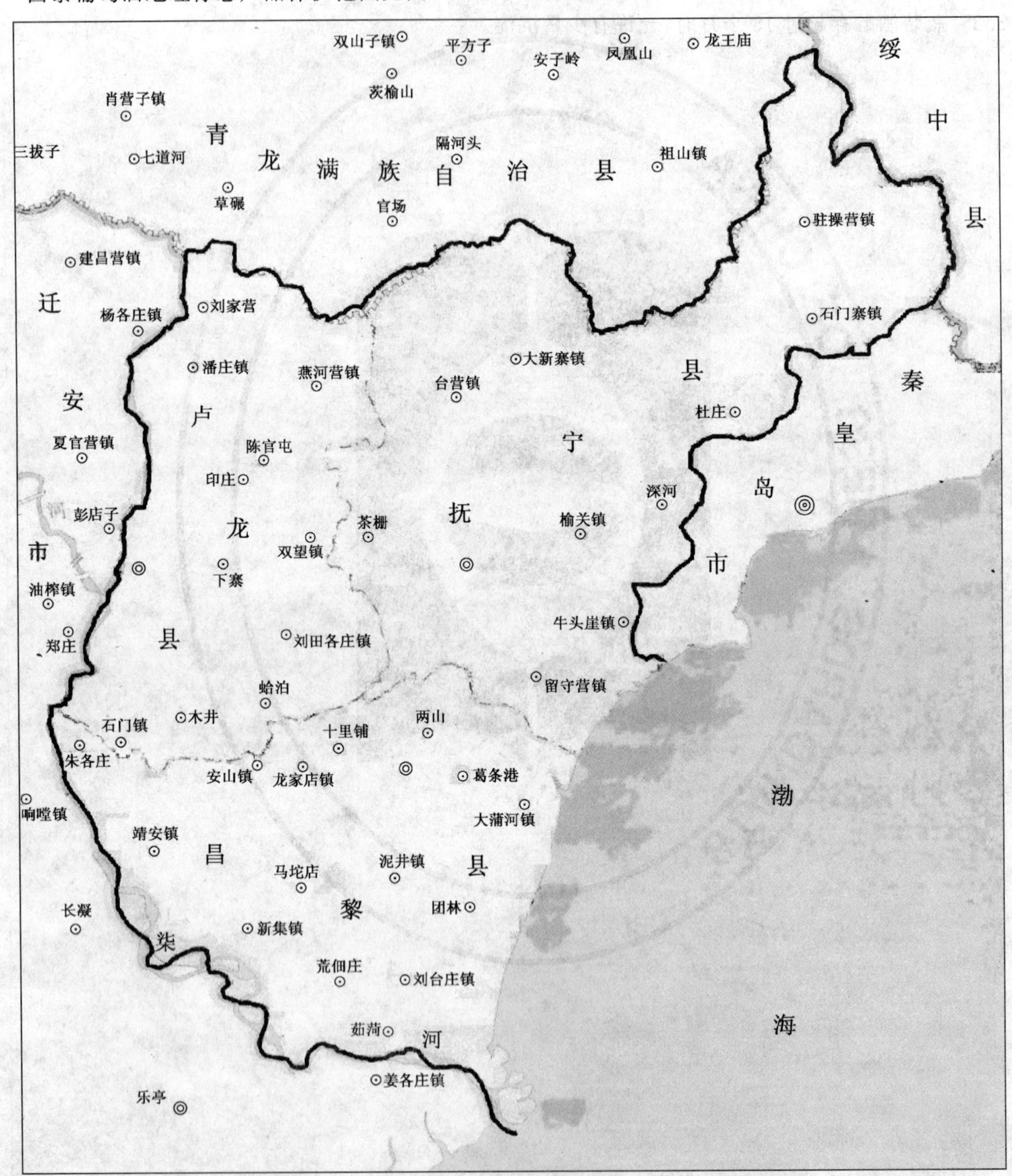

图 A.1　昌黎葡萄酒地理标志产品保护范围图

ICS 67.120.20
X 18

中华人民共和国国家标准

GB/T 19050—2008
代替 GB 19050—2003

地理标志产品　高邮咸鸭蛋

Product of geographical indication—Gaoyou salted duck eggs

2008-06-25 发布　　2008-10-01 实施

中华人民共和国国家质量监督检验检疫总局
中国国家标准化管理委员会　发布

前言

本标准根据国家质量监督检验检疫总局颁布的2005第78号令《地理标志产品保护规定》及GB 17924—1999《原产地域产品通用要求》制定。

本标准代替GB 19050—2003《原产地域产品　高邮咸鸭蛋》。

本标准与GB 19050—2003相比主要变化如下：

——标准属性由强制性国家标准改为推荐性国家标准；

——根据国家质量监督检验检疫总局颁布的《地理标志产品保护规定》，修改了标准名称及相关内容表述；

——依据GB 2749《蛋制品卫生标准》，调整了理化指标中个别项目的指标数值；

——按地理标志产品专用标志管理办法的规定，增加了在其产品上使用防伪专用标志的要求。

本标准的附录A为规范性附录。

本标准由全国原产地域产品标准化工作组提出并归口。

本标准起草单位：扬州市高邮质量技术监督局、高邮市红太阳食品有限公司、高邮市三湖蛋品有限公司、高邮市秦邮蛋品有限公司、江苏高邮鸭集团、高邮市农林局。

本标准主要起草人：陈令、乔龙山、高和权、王步明、尤兆荣、房崇琴、杨舒雅。

本标准所代替标准的历次版本发布情况为：

——GB 19050—2003。

地理标志产品 高邮咸鸭蛋

1 范围

本标准规定了高邮咸鸭蛋的术语和定义、地理标志产品保护范围、产品分类、要求、试验方法、检验规则、标志、标签、包装、运输和贮存。

本标准适用于国家质量监督检验检疫行政主管部门根据《地理标志产品保护规定》批准保护的高邮咸鸭蛋。

本标准也适用于高邮双黄咸鸭蛋、高邮咸鸭蛋软罐头。

2 规范性引用文件

下列文件中的条款通过本标准的引用而成为本标准的条款。凡是注日期的引用文件，其随后所有的修改单(不包括勘误的内容)或修订版均不适用于本标准，然而，鼓励根据本标准达成协议的各方研究是否可使用这些文件的最新版本。凡是不注日期的引用文件，其最新版本适用于本标准。

GB/T 4789.26 食品卫生微生物学检验 罐头食品商业无菌的检验

GB/T 5009.3 食品中水分的测定

GB/T 5009.6 食品中脂肪的测定

GB/T 5009.11 食品中总砷及无机砷的测定

GB/T 5009.14 食品中锌的测定

GB/T 5009.17 食品中总汞及有机汞的测定

GB/T 5009.47 蛋与蛋制品卫生标准的分析方法

GB/T 5009.93 食品中硒的测定

GB 5461 食用盐

GB 5749 生活饮用水卫生标准

GB 7718 预包装食品标签通则

GB/T 12457 食品中氯化钠的测定方法

GB 13100 肉类罐头卫生标准

3 术语和定义

下列术语和定义适用于本标准。

3.1

高邮鸭 Gaoyou duck

在江苏省高邮地区特定的生态环境中选育而成，具有典型的外貌特征和特有的生活习性及生产性能，属蛋肉兼用型品种。其蛋个头大、品质好，尤其善产双黄蛋。

3.2

高邮咸鸭蛋 Gaoyou salted duck eggs

在地理标志产品保护范围内，以高邮鸭特有的饲养方式饲养的高邮鸭所产的蛋经过挑选后为原料蛋，经高邮传统工艺腌制加工而成的再制蛋。

3.3

高邮双黄咸鸭蛋 Gaoyou salted double-yolk duck eggs

一枚蛋中有两个蛋黄的高邮咸鸭蛋。

3.4

高邮咸鸭蛋软罐头 vacuum packing Gaoyou salted duck eggs

高邮咸鸭蛋经真空包装,加压蒸煮后熟制而成的食品。

3.5

包料 salted mud wrapper

按高邮咸鸭蛋特定传统工艺配方配制而成的料、泥。

4 地理标志产品保护范围

高邮咸鸭蛋的地理标志产品保护范围限于国家质量监督检验检疫主管部门根据《地理标志产品保护规定》批准保护的范围。即以东经 119°27′,北纬 32°48′为中心区域的高邮行政区域,见附录 A。

5 产品分类

5.1 按咸鸭蛋中蛋黄数可分为:高邮咸鸭蛋和高邮双黄咸鸭蛋。

5.2 按生熟可分为:高邮咸鸭蛋(生)和高邮咸鸭蛋软罐头(熟)。

6 要求

6.1 原辅材料

6.1.1 原料蛋

原料蛋是地理标志产品保护范围内高邮鸭所产的经过挑选的蛋。

6.1.2 辅料

6.1.2.1 加工用食盐应符合 GB 5461 的规定。

6.1.2.2 加工用水应符合 GB 5749 的规定。

6.1.2.3 黄粘土、草木灰应取自原产地域,无污染、无杂质。

6.2 工艺

应符合高邮咸鸭蛋、高邮双黄咸鸭蛋、高邮咸鸭蛋软罐头传统工艺流程:

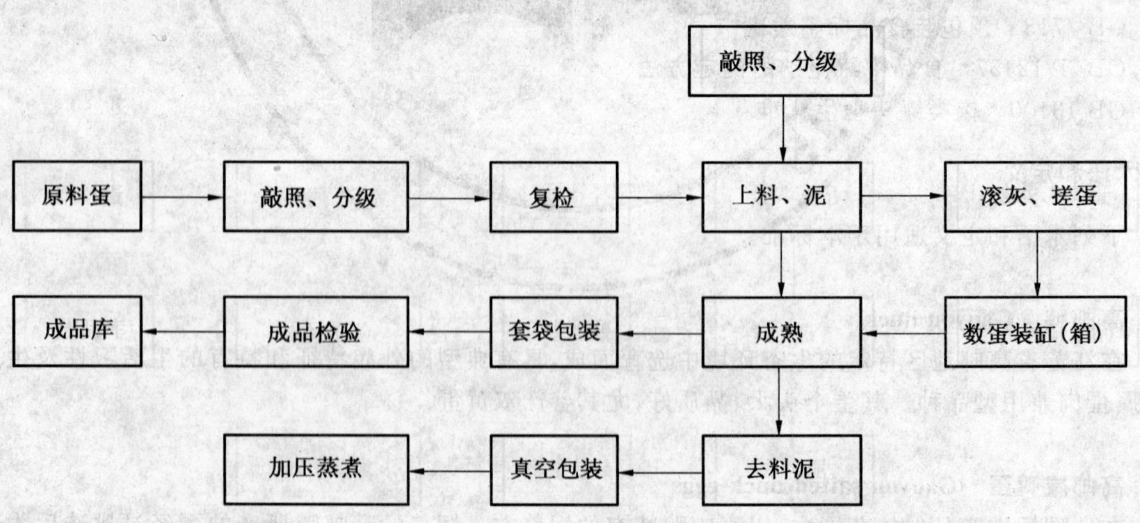

6.3 规格

规格应符合表 1 的规定。

表 1 规格

等　　级	单　　位	高邮咸鸭蛋	高邮双黄咸鸭蛋
特　　级	g/10 只	≥800	—
一(超)级		≥750	≥1 150
二(奎)级		≥700	<1 150
注：同等级的蛋中邻级蛋数量比例不得超过 10%。			

6.4 感官指标

感官指标应符合表 2 的规定。

表 2 感官指标

项　　目	要　　求	
	高邮咸鸭蛋、高邮双黄咸鸭蛋	高邮咸鸭蛋软罐头
外　　观	包料应厚度均匀，完整，不露白，湿润适宜	塑料包装无破裂、漏气现象
组织结构	蛋白清薄透明，蛋黄凝重粘实	蛋白细，有弹性，蛋黄有油析出
蛋黄色素	应达 Roches 蛋用比色标 12 度以上	
滋味气味	具有独特的鲜味，无异味	咸味适口，无异味，具有特有风味。蛋白鲜、细、嫩，蛋黄红、沙、油
注 1：高邮咸鸭蛋煮熟后组织与真空包装产品的组织一样。 注 2：蛋黄色素低于 12 度的不超过 10%。		

6.5 理化指标

理化指标应符合表 3 的规定。

表 3 理化指标

项　　目		指　　标		
		高邮咸鸭蛋	高邮双黄咸鸭蛋	高邮咸鸭蛋软罐头
水分/%		60～68		
脂肪/%	≥	12	14	13
食盐(以氯化钠计)/%		2.0～5.0		
无机砷/(mg/kg)	≤	0.05		
锌(以 Zn 计)/(mg/kg)	≤	50		
总汞(以 Hg 计)/(mg/kg)	≤	0.05		
硒/(mg/kg)	≤	0.5		
挥发性盐基氮/(mg/100 g)	≤	10		—

6.6 微生物指标

高邮咸鸭蛋软罐头的微生物指标应符合 GB 13100 的要求。

7 试验方法

7.1 原料蛋

用敲碰及透光检验原料蛋的蛋壳和蛋内品质，再抽样检验规格，用 Roches 蛋黄比色标检验蛋黄色。

7.2 规格

将刮去包料并洗净拭干的样品，用感量百分之一的计量秤先称 10 只蛋的质量，再分别称取单只质量。

7.3 感官指标

7.3.1 外观

用手感、目测法检验。

7.3.2 组织结构

将洗净拭干的样品打开，放置在白瓷盘中，用手感、目测法检验。

7.3.3 蛋黄色素

取10只蛋洗净打开，放置在白瓷盘中，用Roches蛋黄比色标比色，蛋黄色素低于12度的不超过10%。

7.3.4 滋味气味

将样品洗净打开，放置在白瓷盘中，鼻嗅、品尝。

7.4 理化指标

7.4.1 水分

按GB/T 5009.3规定的方法执行。

7.4.2 脂肪

按GB/T 5009.6规定的方法执行。

7.4.3 氯化钠

按GB/T 12457规定的方法执行。

7.4.4 无机砷

按GB/T 5009.11规定的方法执行。

7.4.5 锌

按GB/T 5009.14规定的方法执行。

7.4.6 总汞

按GB/T 5009.17规定的方法执行。

7.4.7 硒

按GB/T 5009.93规定的方法执行。

7.4.8 挥发性盐基氮

按GB/T 5009.47规定的方法执行。

7.5 微生物指标

高邮咸鸭蛋软罐头微生物指标按GB/T 4789.26规定的方法执行。

8 检验规则

8.1 出厂检验

8.1.1 产品出厂应经厂质检部门检验合格，并签发合格证后方可出厂。

8.1.2 出厂检验项目为规格、感官指标和微生物指标。

8.2 型式检验

8.2.1 型式检验项目为本标准全部技术内容。

8.2.2 在正常生产条件下，每年不少于一次。有下列情况之一时，应进行型式检验：

a) 停产半年以上又恢复生产时；

b) 工艺有较大改变，可能影响产品质量时；

c) 国家质检部门提出要求时。

8.3 组批

以同一配料、同一天生产、同一等级的产品为一“批”。

8.4 抽样方法

抽样以批次为单位，按批次分别在货批的不同部位随机抽样，每 100 件内抽检样品 3 件；货件 100 件以上者，每增加 100 件，样品增加 1 件；不足 100 件的按 100 件计；每件样品抽取样品蛋 3%，每个批次被抽取的样品蛋不得少于 30 只。剖检时，如样量过大，可按四分法缩分至 10 只再进行检验。

8.5 判定规则

8.5.1 对检验结果中感官指标、规格不合格者，可重新扩大抽样。如仍不合格，则判定该批产品为不合格品。

8.5.2 理化指标、微生物指标有一项不合格则判该批产品为不合格。

9 标志、标签、包装、运输和贮存

9.1 标志、标签

标签标注应符合 GB 7718 的规定。获准使用地理标志产品专用标志的生产者，应按地理标志产品专用标志管理办法的规定在其产品上使用防伪专用标志。

9.2 包装

9.2.1 高邮咸鸭蛋

每只鸭蛋用小薄膜袋套好，袋口应拧绞 360°以上；包装分为精装和简装两种，盒内应有抗破损保护内衬。

9.2.2 高邮咸鸭蛋软罐头

每只用复合蒸煮袋真空包装。封口严密，不漏气。包装分为精装和简装两种。

9.3 运输

运输工具应符合卫生要求，运输装卸过程中应轻拿轻放，不碰撞、不挤压、不倒置，同时做好防潮、防冻、防热措施。

9.4 贮存

9.4.1 成品

应贮存在通风、干燥、清洁卫生的仓库内，不得同有害、有毒、有异味的物品堆放在一起。

9.4.2 保质期

9.4.2.1 高邮咸鸭蛋

高邮咸鸭蛋保质期见表 4。

表 4 高邮咸鸭蛋保质期

贮存温度/℃	保质期/d
5～15	120
16～25	90
26～35	60

9.4.2.2 高邮咸鸭蛋软罐头

室温条件下保质期 180 d。

附 录 A
（规范性附录）
高邮咸鸭蛋地理标志保护范围图

高邮咸鸭蛋地理标志产品保护范围为江苏省高邮市现辖行政区域，见图A.1。

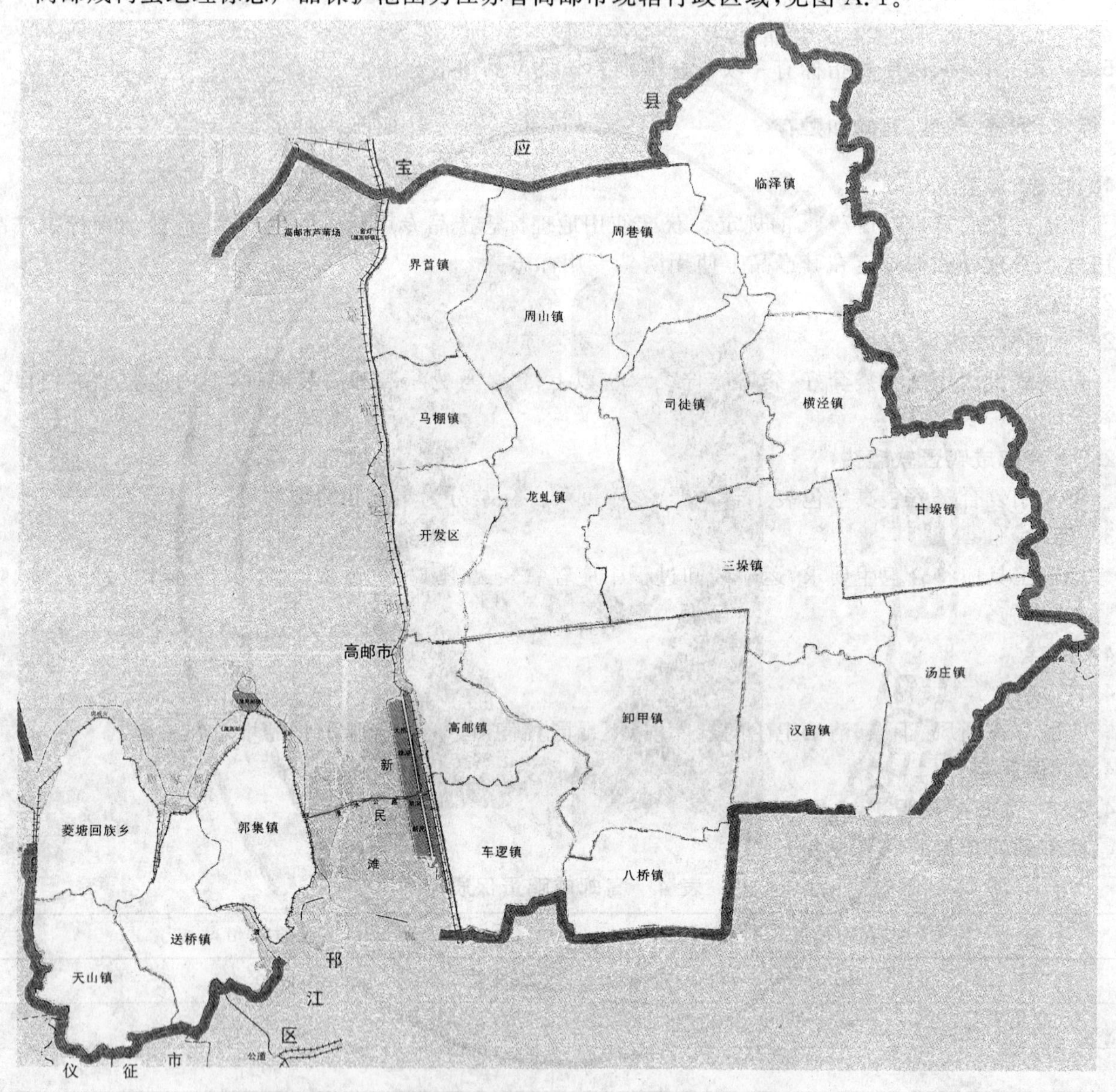

图A.1 高邮咸鸭蛋地理标志产品保护范围图

ICS 67.080.10
B 31

中华人民共和国国家标准

GB/T 19051—2008
代替 GB 19051—2003

地理标志产品　南丰蜜桔

Product of geographical indication—Nanfeng mandarin

2008-06-03 发布　　　　2008-12-01 实施

中华人民共和国国家质量监督检验检疫总局
中国国家标准化管理委员会　发布

前言

本标准是根据《地理标志产品保护规定》和 GB 17924—1999《原产地域产品通用要求》而制定的。

本标准代替并废止 GB 19051—2003《原产地域产品 南丰蜜桔》。

本标准与 GB 19051—2003 相比主要变化如下：

——根据国家质量监督检验检疫总局颁布的《地理标志产品保护规定》，修改相关名称；

——由强制性改为推荐性；

——修改了南丰蜜桔定义；

——增加了土质要求；

——栽培密度中株行距改为(3.5 m～4.5 m)×(4.5 m～5.0 m)；

——病虫害的重点防治对象增加了黑点病；

——出厂检验、型式检验和判定规则进行简单文字修改。

本标准的附录 A 为规范性附录。

本标准由全国原产地域产品标准化工作组提出并归口。

本标准起草单位：江西省质量技术监督局、抚州市质量技术监督局、南丰县质量技术监督局、南丰县蜜桔产业局。

本标准主要起草人：涂建、王泽义、李跃进、王建平、余国平、严小芳。

本标准所代替标准的历次版本发布情况为：

——GB 19051—2003。

地理标志产品　南丰蜜桔

1　范围

本标准规定了南丰蜜桔的地理标志产品保护范围、术语和定义、要求、试验方法、检验规则、标志、包装、运输和贮存。

本标准适用于国家质量监督检验检疫行政主管部门根据《地理标志产品保护规定》批准保护的南丰蜜桔。

2　规范性引用文件

下列文件中的条款通过本标准的引用而成为本标准的条款。凡是注日期的引用文件，其随后所有的修改单(不包括勘误的内容)或修订版均不适用于本标准，然而，鼓励根据本标准达成协议的各方研究是否可使用这些文件的最新版本。凡是不注日期的引用文件，其最新版本适用于本标准。

GB/T 8210　出口柑桔鲜果检验方法

GB/T 8855　新鲜水果和蔬菜的取样方法(GB/T 8855—1988,eqv ISO 874:1980)

GB/T 10547　柑桔储藏

GB/T 12947　鲜柑桔

GB/T 13607　苹果、柑桔包装

NY 5014　无公害食品　柑桔

NY/T 5015　无公害食品　柑桔生产技术规程

3　地理标志产品保护范围

本标准适用于国家质量监督检验检疫行政主管部门根据《地理标志产品保护规定》批准的范围，见附录A。

4　术语和定义

下列术语和定义适用于本标准。

4.1

南丰蜜桔　Nanfeng mandarin

产于本标准第3章范围内。果形扁圆形，果面色泽橙色或橙黄色，具有皮薄、肉质柔嫩、多汁、酸甜适口、香气浓郁、风味独特、少核或无核等特性。属宽皮柑桔乳桔类南丰地方小果型品种。

4.2

斑疤　speck

已愈合的病虫危害和生理病害、机械伤造成的果皮斑纹，如：网纹、锈壁虱褪色斑等。

4.3

串级果　neighbor grade fruits mixed

相邻两级的果实相混杂，其混杂程度用百分率表示。

4.4

隔级果　unneighbor grade fruits mixed

不相邻级别的果实相混杂，其混杂程度用百分率表示。

5 要求

5.1 种植环境

5.1.1 气候：年平均气温 18.3℃，大于或等于 10℃年有效积温 5 500℃以上，最冷月均温 6.1℃，极端低温不低于－7.0℃，历年平均极端低温在－4.7℃。

5.1.2 土壤：壤土、砂壤土和红色砂岩、紫色泥页岩、紫色砂岩、第四纪红粘土、河流冲积物等成土母质形成的土壤，有机质含量在 1.5%以上，pH 值在 5.5～6.5 之间的土壤，均宜南丰蜜桔种植。

5.2 品种特性

5.2.1 树体：常绿乔木，树势强，树冠呈自然圆头形，主枝开张。成年树树高 3.5 m～4.5 m，冠径 4 m～5 m，最大可达 7.6 m。

5.2.2 枝梢：一年可抽发三次枝梢，按发生时间依次分为春梢、夏梢、秋梢。春梢抽发整齐，数量多，节间短，一般长 5 cm～10 cm；夏梢抽发不整齐，枝条粗，节间长，叶片大，一般长 20 cm～30 cm；秋梢长度、粗度和叶片大小介于春梢、夏梢之间，一般长约 15 cm～25 cm。

5.2.3 叶片：单身复叶，翼叶小，叶柄较短。春叶狭长椭圆形，叶缘锯齿较浅，叶片小，平均长 5.6 cm，宽 2.7 cm，厚 0.025 cm；夏叶广椭圆形，叶缘有明显波纹，皮端钝，叶片较宽大，平均长 7.8 cm，宽 4.3 cm，厚 0.033 cm；秋叶形状、大小介于春、夏叶之间，平均长 5.8 cm，宽 3.4 cm，厚 0.030 cm。

5.2.4 花：单生，完全花，花形小而具浓香。花蕾长椭圆形，水平花径 2.2 cm～2.5 cm，花萼深绿色，5 裂～6 裂，具油腺。花瓣 5 片～6 片；乳白色，舌形。雄蕊 20 枚左右，花丝长短不一，下部粘合成 4 组～5 组。柱头扁圆形，具粘液，与花丝等高。

5.2.5 果实：果实扁圆形、橙色或橙黄色，横径 30 mm～50 mm，属小型果。果顶平圆、微凹，基部微凹，常有放射沟 4 条～6 条。果面平滑，有光泽，油胞小而密，一般平滑或微凸。果皮极薄，组织细密，厚约 0.15 cm，柔软有韧性，易与果肉分离；囊瓣 9 片～12 片，弯月形；中心柱小，空虚或半空；汁胞纺锤形、橙黄色，质脆嫩，果汁多，味浓甜，具香气；少核或无核。

5.2.6 物候期：3 月上旬春芽萌动，4 月上、中旬始花，4 月中下旬盛花，11 月上旬果实成熟(早熟南丰蜜桔成熟期在 10 月中下旬)。

5.2.7 抗逆性：抗逆性强，对溃疡病有较强的抵抗力，易感染疮痂病，有生理裂果现象。

5.3 苗木繁育

5.3.1 砧木苗培养

5.3.1.1 采种和播种：选优良的枳壳砧种，9 月下旬至 10 月上旬采种，于 12 月上、中旬冬播或次年2 月下旬至 3 月上旬春播或 7 月下旬至 8 月上旬采集枳嫩籽及时播种。

5.3.1.2 苗圃管理：3 月至 4 月在枳壳高 10 cm 左右进行移栽，行距 15 cm，株距 6 cm。适时中耕除草、勤施薄施追肥，及时防治病虫害。

5.3.1.3 嫁接：凡生长发育充实的春、夏、秋梢，均可用作接穗。接穗宜从品质优良、丰产性能好、无检疫性病虫害的成年母树上采集。嫁接方法有切接法、芽接法、腹接法等。

5.3.2 嫁接苗培育

及时解膜、剪砧、除萌；勤施薄施追肥；及时病虫害防治；圃内整形，在春梢超过 15 cm 时摘心，促发夏梢，苗高在 40 cm～45 cm 时剪顶，以促发分枝，在离地 25 cm 以上不同方位选 3 个～4 个壮梢留作主枝，其余全部抹除。

5.3.3 苗木出圃

嫁接苗木达到表 1 规定时出圃。

表 1 苗木规格

级别	苗高/cm ≥	苗粗（嫁接口以上 3 cm 处）/cm ≥	分枝数（苗高 25 cm 以上处）/条 ≥	骨干根长度/cm ≥	分枝长度/cm ≥	根系	
						侧根数量/条 ≥	须根
一级	45	0.6	3	15	20	3	发达
二级	45	0.5	2	15	15	2	较发达

5.4 栽培技术

5.4.1 栽植

选择土层厚 1 m 以上，肥沃疏松；地下水位 1 m 以下；保水保肥力强；pH 值 5.5～6.5；近水源，交通方便；土质为壤土、粘壤土、沙壤土的园地种植。栽植时间为 2 月下旬至 3 月中旬春植和 10 月上、中旬秋植。栽植密度为株行距(3.5 m～4.5 m)×(4.5 m～5.0 m)，每公顷植 495 株～630 株(每亩植 33 株～42 株)。亦可实行计划密植和宽行密株栽植。

5.4.2 整形修剪

通常采用自然圆头形和自然开心形。修剪以解决通风透光和调节树体营养生长和生殖生长为原则。运用抹芽、摘心、拉枝、扭梢和短截、回缩、疏枝等修剪方法，使树冠枝梢稀密适度、分布有序，形成丰产稳产的良好树冠结构。修剪时期分休眠期修剪和生长期修剪。

5.4.3 土肥水管理

幼龄桔园行间应种植夏季绿肥和冬季绿肥。如桔园种植间作物，秸秆应还园。8 月下旬至 11 月中旬进行深翻扩穴，改良土壤。

幼龄树追肥在 2 月下旬至 8 月上旬进行，促发春、夏、秋三次梢，使迅速形成树冠。结果树追肥年施肥 4 次。春肥在春梢萌发前施入，施肥量占全年施肥的 15%～20%。夏肥在 5 月中、下旬施入，施肥量占 5%～10%。秋肥在 7 月中旬秋梢抽发前施入，施肥量占 40%左右。冬肥在 11 月上、中旬采果前后施入，施肥量占 25%～30%。幼龄树氮、磷、钾施用比例为 1∶0.5∶0.5 左右；成年树氮、磷、钾施用比例为 1∶0.6∶0.8 左右。花期和幼果期应进行硼、锌、钼等微量元素的根外追肥。

雨季及时排水，旱季做好树盘覆盖、适时灌水，果实成熟期适当控水。

5.4.4 病虫害防治

病虫害防治采取预防为主，综合防治的原则，合理进行农业、生物、物理和化学等防治手段的综合应用。着重防治疮痂病、黑点病、炭疽病、红蜘蛛、锈壁虱、介壳虫、潜叶蛾、桔蚜等的病虫害。要掌握适期喷药，科学合理用药，治早、治小、治了。农药使用准则按照 NY/T 5015 实施，采摘前 30 d，禁止使用化学农药。

5.4.5 防止冻害

新建桔园要营造防护林。对未设防护林的桔园要补植防护林，或冬季在风口、西北向加设临时性风障。冬前，要做好主干刷白、包草、培土，小树搭三角棚，中等树束枝和树盘覆盖保护，同时，做好冻前灌水和喷施叶面抑蒸保温剂，根据天气预报，在霜冻来临前熏烟防冻，雪后摇落冰雪，做好冻后护理等工作。

5.5 规格

按照果实大小分为两个包装等级规格，即把果实横径在 30 mm～50 mm 范围内划分为 S、L 两种规格。大于 50 mm 的果实和小于 30 mm 的果实降一个质量等级对待，装箱时果实大小差异不能超过 10 mm 而混装。果品规格见表 2。

表 2 果品规格

果品规格	S	L
果实横径(d)/mm	$30 \leqslant d < 40$	$40 \leqslant d \leqslant 50$

每个规格按质量等级又分为优级果、一级果、二级果三个等级。

5.6 质量等级

5.6.1 分级

分为优级果、一级果、二级果，见表 3。各级果实要求完整新鲜、果面洁净。

表 3 质量等级

等级	要求
优级果	果实均匀、端正，果面光洁，充分着色，疮痂病斑最大的不得超过 3 mm。斑疤总计不超过果皮总面积的 3%。不得有机械伤和其他伤害。到达目的地轻微枯水果不超过 1%
一级果	果实均匀、端正，果面光洁，良好着色，疮痂病斑最大的不得超过 4 mm。斑疤总计不超过果皮总面积的 5%。不得有机械伤或其他伤害。到达目的地枯水果不超过 3%
二级果	果实均匀、端正，果面尚光洁，基本着色，疮痂病斑最大的不得超过 5 mm。斑疤总计不超过果皮总面积的 10%。不得有严重的机械伤或其他伤害。到达目的地枯水果不超过 5%

5.6.2 允许度

考虑等级质量之间出现的差异性，其允许差异限制在下列范围之内：

a) 等级差异：串级果不超过 10%，隔级果不得有。

b) 腐烂果：优级、一级果要求产地不允许有腐烂果，到达目的地不超过 3%，重伤不超过 1%。二级要求产地不超过 1%的腐烂果，到达目的地不超过 5%。

5.7 感官特性

果实扁圆形、橙色或橙黄色，果顶平圆微凹，果实横径 30 mm～50 mm，果皮香味浓，皮薄，少核或无核，酸甜适口，肉质柔嫩。

5.8 理化指标

理化指标应符合表 4 要求。

表 4 理化指标

项目		指标
可食率/%	≥	70.0
可溶性固形物/%	≥	10.5
总酸(以柠檬酸计)/%	≤	1.0

5.9 安全指标

安全指标应符合 NY 5014 和 GB/T 12947 中的有关规定。

6 试验方法

6.1 取样方法

按 GB/T 8855 有关规定执行。

6.2 果实规格

用分级板检验。分级板的眼洞，按本标准所列规格制作，眼洞直径分别为 ϕ3.0 cm、ϕ4.0 cm、ϕ5.0 cm。

6.3 感官特性

将样品放于洁净的瓷盘中，在自然光下用肉眼观察样品的形状、颜色、光泽和果实的均匀程度，并品尝。

6.4 质量等级

按照分级条件逐个检查，依级别分开，检查完毕后，清点各类级别果实数，计算各级所含百分比，按分级原则归等分级。

6.5 理化指标

6.5.1 可食率

按 GB/T 8210 规定执行。

6.5.2 可溶性固形物

按 GB/T 8210 规定执行。

6.5.3 总酸

按 GB/T 8210 规定执行。

6.6 安全指标

安全指标应按 NY 5014 和 GB/T 12947 中的有关规定执行。

6.7 检验期限

货到产地站台 24 h 以内检验，货到目的地 48 h 以内检验。

7 检验规则

7.1 组批规则

同一单位、同一品种、同一等级、同一包装、同一贮藏条件的南丰蜜桔作为一个检验批次。

7.2 抽样方法

按 GB/T 8855 规定执行。

7.3 出厂检验

每批产品应经生产单位质量检验部门检验合格并附有合格证方可出厂，出厂检验项目内容包括感官、净含量、包装和标志。

7.4 型式检验

型式检验项目为本标准 5.6～5.9 规定的全部项目。有下列情形之一者应进行型式检验：

a) 前后两次出厂检验结果差异较大时；

b) 因人为或自然因素使生产环境发生较大变化时；

c) 国家质量监督机构提出型式检验要求时。

7.5 判定规则

7.5.1 感官要求的总不合格品百分率不超过 7%，理化指标、安全指标均为合格，则该批产品判为合格。

7.5.2 感官要求的总不合格品百分率超过 7%，或理化指标、安全指标有一项不合格，或标志不合格，则该批产品判为不合格。

7.5.3 对包装、缺陷果容许度检验不合格者，允许生产单位进行整改后申请复检。

8 标志、包装、运输和贮存

8.1 标志

在外包装上应标明品名（南丰蜜桔）、产地、果实规格（S、L）、果品等级（优级、一级、二级）、净重（kg）、装箱日期、地理标志产品专用标志、执行标准编号、小心轻放、防晒防雨警示等内容。

8.2 包装

按 GB/T 13607 有关规定执行。

8.3 运输

8.3.1 运输工具

运输工具应清洁卫生、干燥、无异味。

8.3.2 堆放

按 NY 5014 有关规定执行。在运输途中应合理装卸和堆放。在通风、防晒和防雨的设施内，以品字形堆放为佳，且堆放不宜过高，应保留良好的通风道。

8.4 贮藏

在常温下贮藏按 GB/T 10547 规定执行。

附　录　A
（规范性附录）
南丰蜜桔地理标志产品保护范围图

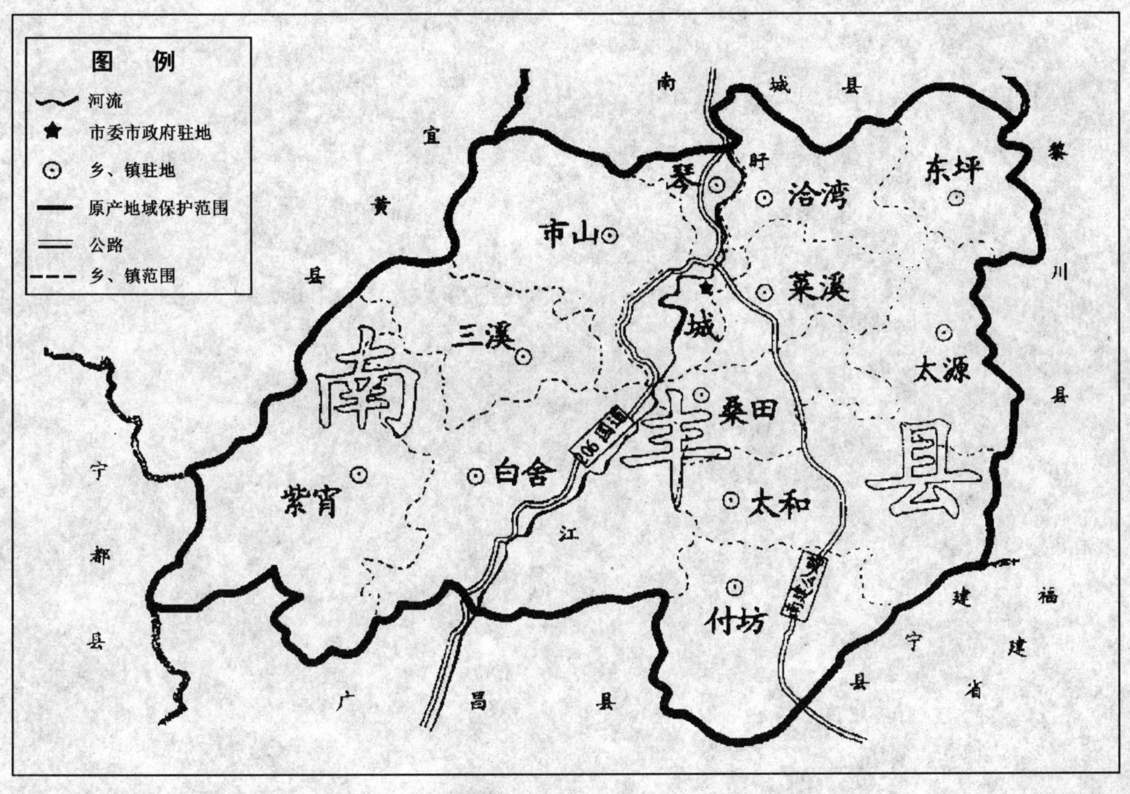

注：南丰蜜桔地理标志保护范围限于南丰县现辖行政区域内。

图 A.1　南丰蜜桔地理标志产品保护范围图

ICS 23.040.60
J 15

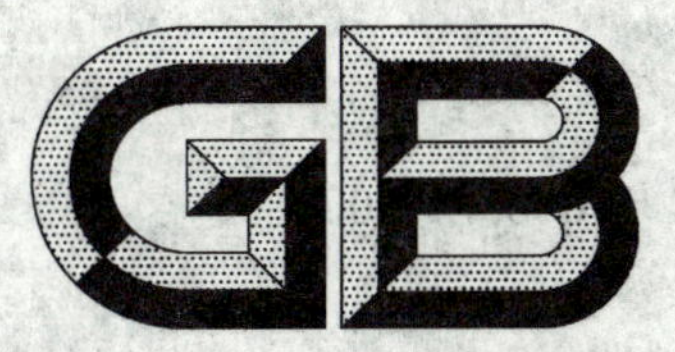

中华人民共和国国家标准

GB/T 19066.1—2008
代替 GB/T 19066.1—2003,GB/T 19066.2—2003

柔性石墨金属波齿复合垫片 尺寸

Dimensions for flexible graphite covered wave-serrated metal gaskets

2008-08-25 发布 2009-04-01 实施

中华人民共和国国家质量监督检验检疫总局
中国国家标准化管理委员会 发布

前　言

GB/T 19066《柔性石墨金属波齿复合垫片》分为两个部分：

——GB/T 19066.1　柔性石墨金属波齿复合垫片　尺寸；

——GB/T 19066.2　柔性石墨金属波齿复合垫片　技术条件。

本部分为 GB/T 19066 的第 1 部分。

本部分代替 GB/T 19066.1—2003《柔性石墨金属波齿复合垫片　分类》和 GB/T 19066.2—2003《柔性石墨金属波齿复合垫片　管法兰用垫片尺寸》。

本部分与 GB/T 19066.1—2003 和 GB/T 19066.2—2003 相比主要变化如下：

——将原第 1 部分《柔性石墨金属波齿复合垫片　分类》和第 2 部分《柔性石墨金属波齿复合垫片　管法兰用垫片尺寸》的内容整合在一起，标准名称修改为“柔性石墨金属波齿复合垫片　尺寸”；

——修改了适用范围；

——垫片的结构型式取消了“带隔条型”，增加了“带定位耳型垫片”；

——增加了垫片型式与适用法兰面型式间关系的内容；

——增加了部分金属骨架常用材料；

——垫片尺寸按公称压力 PN 和 Class 系列分别排列，并相应增加带定位耳型垫片尺寸；修改了密封部位和厚度尺寸；

——删除了 DN600 以上公称压力为 Class 系列的垫片尺寸。

本部分由中国机械工业联合会提出。

本部分由全国管路附件标准化技术委员会归口。

本部分负责起草单位：中机生产力促进中心、广州市东山南方密封件有限公司。

本部分参加起草单位：浙江国泰密封材料股份有限公司、宁波信远工业器材有限公司、宁波天生密封件有限公司、无锡华尔泰机械制造有限公司。

本部分主要起草人：李俊英、吴树济、吴凯珺、袁奕琳、吴益民、励行根、冯峰、李忠云、林剑红。

本部分所代替标准的历次版本发布情况为：

——GB/T 19066.1—2003；

——GB/T 19066.2—2003。

柔性石墨金属波齿复合垫片　尺寸

1　范围

GB/T 19066 的本部分规定了柔性石墨金属波齿复合垫片的型式与尺寸、代号和标记等。

本部分适用于公称压力为 PN10～PN250 和 Class150～Class1500 的管法兰用柔性石墨金属波齿复合垫片。

2　规范性引用文件

下列文件中的条款通过 GB/T 19066 的本部分的引用而成为本部分的条款。凡是注日期的引用文件，其随后所有的修改单(不包括勘误的内容)或修订版均不适用于本部分，然而，鼓励根据本部分达成协议的各方研究是否可使用这些文件的最新版本。凡是不注日期的引用文件，其最新版本适用于本部分。

GB/T 19066.3　柔性石墨金属波齿复合垫片　技术条件

3　型式与尺寸

3.1　型式

3.1.1　基本型

基本型柔性石墨金属波齿复合垫片适用于榫槽面和凹凸面法兰，其结构型式见图 1。

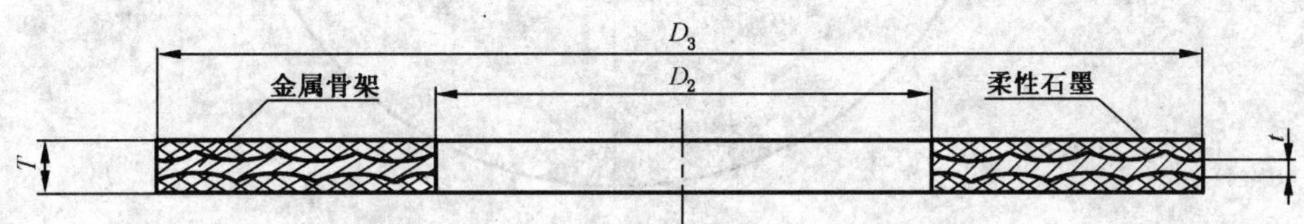

图 1　基本型

3.1.2　带定位环型

带定位环型柔性石墨金属波齿复合垫片适用于全平面和突面法兰，其结构型式见图 2。

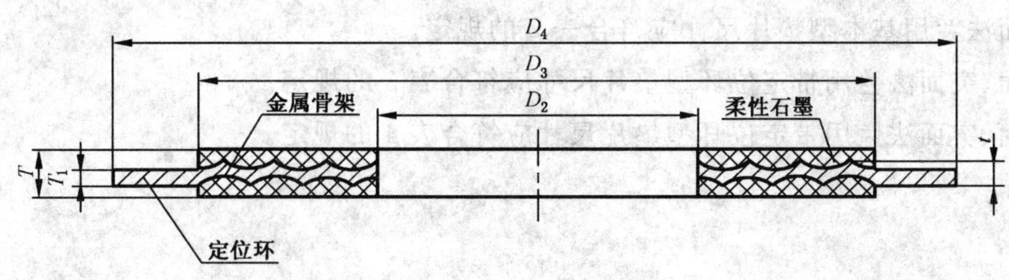

图 2　带定位环型

3.1.3 带定位耳型

带定位耳型柔性石墨金属波齿复合垫片适用于全平面和突面法兰，其结构型式见图3。

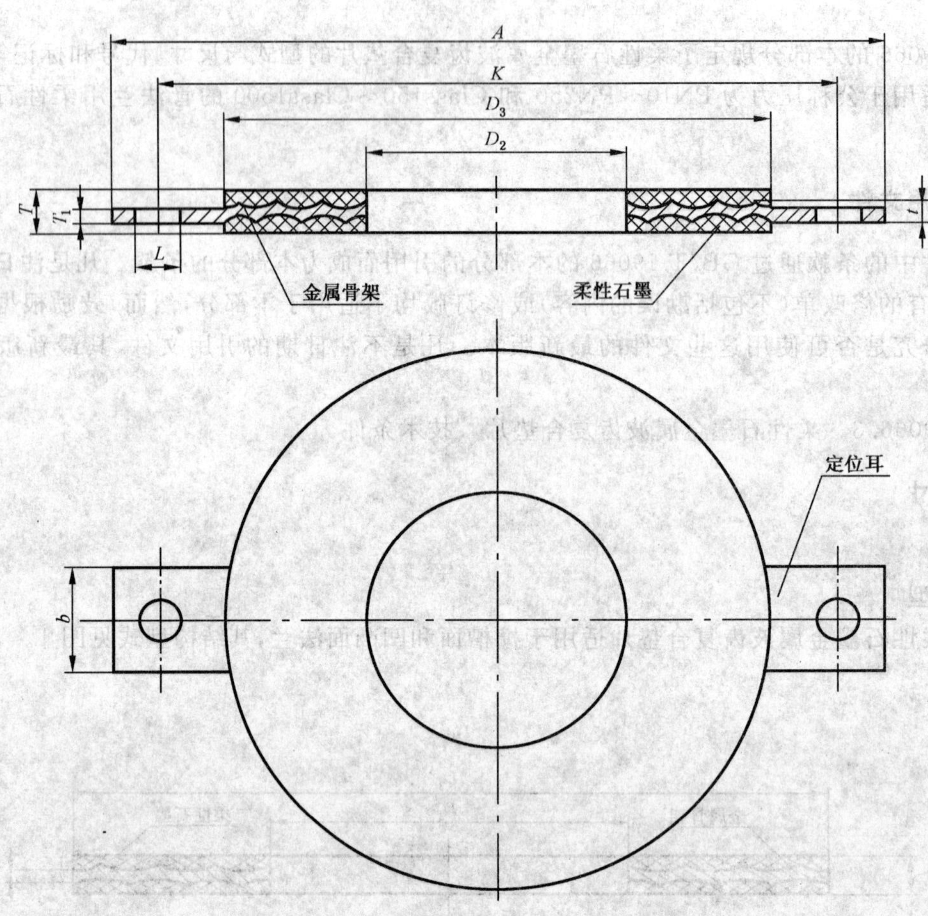

图3 带定位耳型

3.2 公称压力用 PN 标记的法兰用垫片尺寸

3.2.1 榫槽面法兰用基本型垫片尺寸应符合表1的规定。

3.2.2 凹凸面法兰用基本型垫片尺寸应符合表2的规定。

3.2.3 全平面、突面法兰用带定位环型垫片尺寸应符合表3的规定。

3.2.4 全平面、突面法兰用带定位耳型垫片尺寸应符合表4的规定。

表 1 榫槽面法兰用基本型垫片尺寸

单位为毫米

公称尺寸 DN	公称压力 PN 16,25,40,63,100,160,250		厚度 T
	D_3	D_2	
10	34.5	23.5	2.5 或 3.0
15	39.5	28.5	
20	50.5	35.5	
25	57.5	42.5	
32	65.5	50.5	
40	75.5	60.5	
50	87.5	72.5	
65	109.5	94.5	
80	120.5	105.5	
100	149.5	128.5	3.0 或 4.0
125	175.5	154.5	
150	203.5	182.5	
200	259.5	238.5	
250	312.5	291.5	
300	363.5	342.5	
350	421.5	394.5	
400	473.5	446.5	
450	523.5	496.5	
500	575.5	548.5	
600	675.5	648.5	
700	777.5	750.5	4.0 或 4.5
800	882.5	855.5	
900	987.5	960.5	
1 000	1 093	1 061	
1 200	1 293	1 261	
1 400	1 493	1 461	
1 600	1 693	1 661	4.5 或 5.5
1 800	1 893	1 861	
2 000	2 093	2 061	

表 2　凹凸面法兰用基本型垫片尺寸

单位为毫米

公称尺寸 DN	公称压力 PN 16,25,40,63,100,160,250	公称压力 PN 16,25,40,63	公称压力 PN 100,160,250	厚度 T
	D_3	D_2		
10	34.5	16.5	16.5	2.5 或 3.0
15	39.5	21.5	21.5	
20	50.5	32.5	32.5	
25	57.5	39.5	39.5	
32	65.5	41.5	41.5	
40	75.5	51.5	51.5	
50	87.5	63.5	63.5	
65	109.5	85.5	77.5	
80	120.5	88.5	88.5	
100	149.5	117.5	109.5	3.0 或 4.0
125	175.5	143.5	135.5	
150	203.5	171.5	163.5	
200	259.5	219.5	211.5	
250	312.5	272.5	264.5	
300	363.5	323.5	315.5	
350	421.5	381.5	373.5	
400	473.5	433.5	417.5	
450	523.5	483.5	—	
500	575.5	535.5	—	
600	675.5	635.5	—	
700	777.5	737.5	—	4.0 或 4.5
800	882.5	842.5	—	
900	987.5	947.5	—	
1 000	1 093.5	1 045.5	—	
1 200	1 293.5	1 245.5	—	
1 400	1 493.5	1 437.5	—	
1 600	1 693.5	1 637.5	—	4.5 或 5.5
1 800	1 893.5	1 837.5	—	
2 000	2 093.5	2 037.5	—	

表 3 全平面、突面法兰用带定位环型垫片尺寸

单位为毫米

公称尺寸DN	公称压力 PN												厚度	
	10	16	25	40	63	10,16,25,40,63		100	160	250	100,160,250			
	D_4					D_3	D_2	D_4			D_3	D_2	T	T_1
10	48	48	48	48	58	34.5	16.5	58	58	69	34.5	16.5	2.5或3.0	$\leqslant t^a-0.5$
15	53	53	53	53	63	39.5	21.5	63	63	74	39.5	21.5		
20	63	63	63	63	74	50.5	32.5	74	74	79	50.5	32.5		
25	73	73	73	73	84	57.5	39.5	84	84	85	57.5	39.5		
32	84	84	84	84	90	65.5	41.5	90	90	100	65.5	41.5		
40	94	94	94	94	105	75.5	51.5	105	105	111	75.5	51.5		
50	109	109	109	109	115	87.5	63.5	121	121	126	87.5	63.5		
65	129	129	129	129	140	109.5	85.5	146	146	156	109.5	85.5		
80	144	144	144	144	150	120.5	88.5	156	156	173	120.5	88.5		
100	164	164	170	170	176	149.5	117.5	183	183	205	149.5	109.5	3.0或4.0	
125	194	194	196	196	213	175.5	143.5	220	220	245	175.5	135.5		
150	220	220	226	226	250	203.5	171.5	260	260	287	203.5	163.5		
200	275	275	286	293	312	259.5	219.5	327	327	361	259.5	211.5		
250	330	331	343	355	367	312.5	272.5	394	391	445	312.5	264.5		
300	380	386	403	420	427	363.5	323.5	461	461	542	363.5	315.5		
350	440	446	460	477	489	421.5	381.5	515	—	—	421.5	373.5		
400	491	498	517	549	546	473.5	433.5	575	—	—	473.5	417.5		
450	541	558	567	574	—	523.5	483.5	—	—	—	—	—		
500	596	620	627	631	—	575.5	535.5	—	—	—	—	—		
600	698	737	734	750	—	675.5	635.5	—	—	—	—	—	4.0或4.5	
700	813	807	836	—	—	777.5	737.5	—	—	—	—	—		
800	920	911	945	—	—	882.5	842.5	—	—	—	—	—		
900	1 020	1 014	1045	—	—	987.5	947.5	—	—	—	—	—		
1 000	1 127	1 131	1 158	—	—	1 093.5	1 045.5	—	—	—	—	—		
1 200	1 344	1 345	1 368	—	—	1 293.5	1 245.5	—	—	—	—	—		
1 400	1 551	1 545	1 584	—	—	1 493.5	1 437.5	—	—	—	—	—	4.5或5.5	
1 600	1 775	1 768	1 804	—	—	1 693.5	1 637.5	—	—	—	—	—		
1 800	1 975	1 968	2 006	—	—	1 893.5	1 837.5	—	—	—	—	—		
2 000	2 185	2 174	2 236	—	—	2 093.5	2 037.5	—	—	—	—	—		
2 200	2 388	—	—	—	—	2 293.5	2 229.5	—	—	—	—	—		
2 400	2 598	—	—	—	—	2 493.5	2 429.5	—	—	—	—	—		
2 600	2 798	—	—	—	—	2 693.5	2 629.5	—	—	—	—	—		
2 800	3 018	—	—	—	—	2 893.5	2 829.5	—	—	—	—	—		
3 000	3 234	—	—	—	—	3 093.5	3 029.5	—	—	—	—	—		

[a] t 为金属骨架的厚度。

表 4　全平面、突面法兰用带定位耳型垫片尺寸

单位为毫米

公称尺寸 DN	公称压力 PN																				厚度	
	10				16				25				40				63				10,16,25,40,63			
	K	L	b	A	K	L	b	A	K	L	b	A	K	L	b	A	K	L	b	A	D_3	D_2	T	T_1
10	60	14	24	84	60	14	24	84	60	14	24	84	60	14	24	84	70	14	24	94	34.5	16.5	2.5或3.0	$\leqslant t^a-0.5$
15	65	14	24	89	65	14	24	89	65	14	24	89	65	14	24	89	75	14	24	99	39.5	21.5		
20	75	14	24	99	75	14	24	99	75	14	24	99	75	14	24	99	90	18	28	118	50.5	32.5		
25	85	14	24	109	85	14	24	109	80	14	24	104	85	14	24	109	100	18	28	128	57.5	39.5		
32	100	18	28	128	100	18	28	128	100	18	28	128	100	18	28	128	110	22	37	142	65.5	41.5		
40	110	18	28	138	110	18	28	138	110	18	28	138	110	18	28	138	125	22	37	157	75.5	51.5		
50	125	18	28	153	125	18	28	153	125	18	28	153	125	18	28	153	135	22	37	167	87.5	63.5		
65	145	18	28	173	145	18	28	173	145	18	28	173	145	18	28	173	160	22	37	192	109.5	85.5		
80	160	18	28	188	160	18	28	188	160	18	28	188	160	18	28	188	170	22	37	202	120.5	88.5	3.0或4.0	
100	180	18	28	218	180	18	28	218	190	22	37	232	190	22	37	232	200	26	41	246	149.5	117.5		
125	210	18	33	248	210	18	28	248	220	26	41	266	220	26	41	266	240	30	50	290	175.5	143.5		
150	240	22	37	282	240	22	37	282	250	26	41	296	250	26	41	296	280	33	53	333	203.5	171.5		
200	295	22	37	337	295	22	37	337	310	26	41	356	320	30	50	370	345	36	56	401	259.5	219.5		
250	350	22	37	402	355	26	41	411	370	30	50	430	385	33	53	448	400	36	56	466	312.5	272.5		
300	400	22	37	452	410	26	41	466	430	30	50	490	450	33	53	513	460	36	56	526	363.5	323.5		
350	460	22	37	512	470	26	41	526	490	33	53	553	510	36	56	576	525	39	59	594	421.5	381.5		
400	515	26	41	571	525	30	50	585	550	36	56	616	585	39	59	654	585	42	62	657	473.5	433.5		
450	565	26	41	621	585	30	50	645	600	36	56	666	610	39	59	679	—	—	—	—	523.5	483.5		

表 4（续）

单位为毫米

公称尺寸 DN	公称压力 PN																				厚度	
	10				16				25				40				63				10,16,25,40,63			
	K	L	b	A	K	L	b	A	K	L	b	A	K	L	b	A	K	L	b	A	D_3	D_2	T	T_1
500	620	26	41	676	650	33	53	713	660	36	56	726	670	42	62	742	—	—	—	—	575.5	535.5	3.0 或 4.0	$\leqslant t^{a}-0.5$
600	725	30	50	785	770	36	56	836	770	39	59	839	795	48	68	873	—	—	—	—	675.5	635.5		
700	840	30	50	910	840	36	56	916	875	42	62	957	—	—	—	—	—	—	—	—	777.5	737.5	4.0 或 4.5	
800	950	33	53	1 023	950	39	59	1 029	990	48	68	1 078	—	—	—	—	—	—	—	—	882.5	842.5		
900	1 050	33	53	1 123	1 050	39	59	1 129	1 090	48	68	1 178	—	—	—	—	—	—	—	—	987.5	947.5		
1 000	1 160	36	56	1 236	1 170	41	61	1 251	1 210	55	75	1 305	—	—	—	—	—	—	—	—	1 094	1 046		
1 200	1 380	39	59	1 459	1 390	48	68	1 478	1 420	55	75	1 515	—	—	—	—	—	—	—	—	1 294	1 246	4.5 或 5.5	
1 400	1 590	42	62	1 672	1 590	48	68	1 678	1 640	60	80	1 740	—	—	—	—	—	—	—	—	1 494	1 438		
1 600	1 820	48	68	1 908	1 820	56	76	1 916	1 860	60	80	1 960	—	—	—	—	—	—	—	—	1 694	1 638		
1 800	2 020	48	68	2 108	2 020	56	76	2 116	2 070	68	88	2 178	—	—	—	—	—	—	—	—	1 894	1 838		
2 000	2 230	48	68	2 318	2 230	62	82	2 332	2 300	68	88	2 408	—	—	—	—	—	—	—	—	2 094	2 038		
2 200	2 440	56	76	2 536	—	—	—	—	—	—	—	—	—	—	—	—	—	—	—	—	2 294	2 230		
2 400	2 650	56	76	2 746	—	—	—	—	—	—	—	—	—	—	—	—	—	—	—	—	2 494	2 430		
2 600	2 850	56	76	2 946	—	—	—	—	—	—	—	—	—	—	—	—	—	—	—	—	2 694	2 630		
2 800	3 070	56	76	3 166	—	—	—	—	—	—	—	—	—	—	—	—	—	—	—	—	2 894	2 830		
3 000	3 290	62	82	3 392	—	—	—	—	—	—	—	—	—	—	—	—	—	—	—	—	3 094	3 030		

注：定位耳尺寸 b 和 A 仅供参考，不作为检验依据。

[a] t 为金属骨架的厚度。

3.3 **公称压力用 Class 标记的法兰用垫片尺寸**

3.3.1 榫槽面法兰用基本型垫片尺寸应符合表 5 的规定。

3.3.2 凹凸面法兰用基本型垫片尺寸应符合表 6 的规定。

3.3.3 全平面、突面法兰用带定位环型垫片尺寸应符合表 7 的规定。

3.3.4 全平面、突面法兰用带定位耳型垫片尺寸应符合表 8 的规定。

表 5 榫槽面法兰用基本型垫片尺寸

单位为毫米

公称尺寸		公称压力 Class 300(PN50)，Class 600(PN110)，Class 900(PN150)，Class 1500(PN260)		厚度 T
DN	NPS	D_3	D_2	
15	1/2	36	25	2.5 或 3.0
20	3/4	44	33	
25	1	52	37	
32	1¼	64	47	
40	1½	74	53	
50	2	93	72	
65	2½	106	85	
80	3	128	107	
100	4	158	131	3.0 或 4.0
125	5	187	160	
150	6	217	190	
200	8	271	239	
250	10	325	285	
300	12	382	342	
350	14	414	374	
400	16	471	427	
450	18	534	490	
500	20	585	533	
600	24	693	641	

表 6　凹凸面法兰用基本型垫片尺寸

单位为毫米

公称尺寸		公称压力			厚度 T
		Class 300(PN50),Class 600(PN110),Class 900(PN150),Class 1500(PN260)	Class 300(PN50)	Class 600(PN110),Class 900(PN150),Class 1500(PN260)	
DN	NPS	D_3	D_2		
15	1/2	36	18	18	2.5 或 3.0
20	3/4	43.9	25.9	25.9	
25	1	51.9	33.9	33.9	
32	1¼	64.6	40.6	40.6	
40	1½	74.1	50.1	50.1	
50	2	93.2	69.2	69.2	
65	2½	105.9	81.9	73.9	
80	3	128.1	96.1	96.1	
100	4	158.3	126.3	118.3	3.0 或 4.0
125	5	186.8	154.8	146.8	
150	6	217	185	177	
200	8	271	231	223	
250	10	324.9	284.9	276.9	
300	12	382.1	342.1	334.1	
350	14	413.8	373.8	365.8	
400	16	471	431	415	
450	18	534.5	494.5	470.5	
500	20	585.3	545.3	521.3	
600	24	693.2	653.2	629.2	

表 7　全平面、突面法兰用带定位环型垫片尺寸

单位为毫米

公称尺寸		公称压力									厚度	
		Class 150 (PN20)	Class 300 (PN50)	Class 150(PN20), Class 300(PN50)		Class 600 (PN110)	Class 900 (PN150)	Class 1500 (PN260)	Class 600(PN110), Class 900(PN150), Class 1500(PN260)			
DN	NPS	D_4		D_3	D_2	D_4			D_3	D_2	T	T_1
15	1/2	46.3	52.7	32	17	52.7	62.6	62.6	32	17	2.5 或 3.0	$\leqslant t^{a}-0.5$
20	3/4	55.9	66.6	40	22	66.6	68.9	68.9	40	22		
25	1	65.4	72.9	46	28	72.9	77.6	77.6	46	28		
32	1¼	74.9	82.5	60	36	82.4	87.1	87.1	60	36		
40	1½	84.4	94.3	68	44	94.3	96.8	96.8	68	44		
50	2	104.7	111	84	60	111	141.1	141.1	84	60		
65	2½	123.7	129.2	96	72	129.2	163.5	163.5	101	69		
80	3	136.4	148.3	120	96	148.3	166.5	173.2	120	88		
100	4	174.5	180	142	110	191.9	205	208.3	150	110	3.0 或 4.0	
125	5	195.9	215	170	138	239.7	246.5	253.1	175	135		
150	6	221.3	249.9	200	168	265.1	287.5	281.5	200	160		
200	8	278.5	306.2	255	215	319.2	357.5	351.7	260	212		
250	10	338	360.4	305	265	398.8	434	434.6	315	267		
300	12	407.8	420.8	360	320	456	497.5	519.5	370	322		
350	14	449.3	484.4	400	360	491	520	579	405	357		
400	16	512.8	538.5	455	415	564.2	574	640.8	460	404		
450	18	547.9	595.6	510	470	612	638	704.7	524	460		
500	20	605	652.8	560	520	681.9	697.5	755.8	570	506		
600	24	716.3	773.8	660	620	790.2	837.5	900.6	678	614		

[a] t 为金属骨架的厚度。

表 8 全平面、突面法兰用带定位耳型垫片尺寸

单位为毫米

公称尺寸		公称压力																								厚度	
DN	NPS	Class 150 (PN20)				Class 300 (PN50)				Class 150 (PN20)，Class 300 (PN50)		Class 600 (PN110)				Class 900 (PN150)				Class 1500 (PN260)				Class 600(PN110)，Class 900(PN150)，Class 1500(PN260)			
		K	L	b	A	K	L	b	A	D_3	D_2	K	L	b	A	K	L	b	A	K	L	b	A	D_3	D_2	T	T_1
15	1/2	60.3	16	26	86	66.7	16	26	93	32	17	66.7	16	26	93	82.6	22	35	115	82.6	22	37	115	32	17	2.5 或 3.0	$\leqslant t^{a}-0.5$
20	3/4	69.9	16	26	96	82.6	19	29	112	40	22	82.6	19	29	112	88.9	22	35	121	88.9	22	37	121	40	22		
25	1	79.4	16	26	105	88.9	19	29	118	46	28	88.9	19	29	118	101.6	26	41	138	101.6	26	41	138	46	28		
32	1¼	88.9	16	26	115	98.4	19	29	127	60	36	98.4	19	29	127	111.1	26	41	147	111.1	26	41	147	60	36		
40	1½	98.4	16	26	124	114.3	22	37	146	68	44	114.3	22	37	146	123.8	29	49	163	123.8	29	49	163	68	44		
50	2	120.7	19	29	150	127	19	29	156	84	60	127	19	29	156	165.1	26	41	201	165.1	26	41	201	84	60		
65	2½	139.7	19	29	169	149.2	22	37	181	96	72	149.2	22	37	181	190.5	29	49	230	190.5	29	49	230	101	69		
80	3	152.4	19	29	181	168.3	22	37	200	120	88	168.3	22	37	200	190.5	26	41	227	203.2	32	52	245	120	88		
100	4	190.5	19	29	230	200	22	37	242	142	110	215.9	26	41	262	235	32	52	287	241.3	35	55	296	150	110	3.0 或 4.0	
125	5	216.9	22	37	259	235	22	37	277	170	138	266.7	29	49	316	279.4	35	55	334	292.1	42	62	354	175	135		
150	6	241.3	22	37	283	269.9	22	37	312	200	168	292.1	29	49	341	317.5	32	52	370	317.5	39	59	377	200	160		
200	8	298.5	22	37	341	330.2	26	41	376	255	215	349.2	32	52	401	393.7	39	59	453	393.7	45	65	459	260	212		
250	10	362	26	41	418	387.4	29	49	446	305	265	431.8	35	55	497	469.9	39	59	539	482.6	51	71	564	315	267		
300	12	431.8	26	41	488	450.8	32	52	513	360	320	489	35	55	554	533.4	39	59	602	571.5	55	75	657	370	322		
350	14	476.3	29	49	535	514.4	32	52	576	400	360	527	39	59	596	558.8	42	62	631	635	60	80	725	405	357		
400	16	539.8	29	49	599	571.5	35	55	637	455	415	603.2	42	62	675	616	45	65	691	704.8	67	87	802	460	404		
450	18	577.9	32	52	640	628.6	35	55	694	510	470	654	45	65	729	685.8	51	71	767	774.7	73	93	878	524	460		
500	20	635	32	52	697	685.8	35	55	751	560	520	723.9	45	65	799	749.3	55	75	834	831.8	79	99	941	570	506		
600	24	749.3	35	55	814	812.8	42	62	885	660	620	838.2	51	71	919	901.7	67	87	999	990.6	93	113	1 114	678	614		

注：定位耳尺寸 b 和 A 仅供参考，不作为检验依据。

[a] t 为金属骨架的厚度。

4 要求

柔性石墨金属波齿复合垫片的尺寸公差和技术条件应符合 GB/T 19066.3 的规定。

5 代号与标记

5.1 垫片的型式代号应符合表 9 的规定。

表 9 垫片型式代号

垫片型式	代号	适用的法兰面型式
基本型	A	榫槽面,凹凸面
带定位环型	B	全平面,突面
带定位耳型	C	全平面,突面

5.2 金属骨架的常用材料代号应符合表 10 的规定。

表 10 金属骨架的材料代号

金属骨架材料	代号
低碳钢	1
06Cr13(0Cr13)	2
10(Cr171Cr17)	3
06Cr19Ni10(0Cr18Ni9)	4
022Cr19Ni10(00Cr19Ni10)	5
06Cr18Ni11Ti(0Cr18Ni10Ti)	6
06Cr17Ni12Mo2(0Cr17Ni12Mo2)	7
022Cr17Ni12Mo2(00Cr17Ni14Mo2)	8
其他特殊材料	9

5.3 标记

5.3.1 标记方法

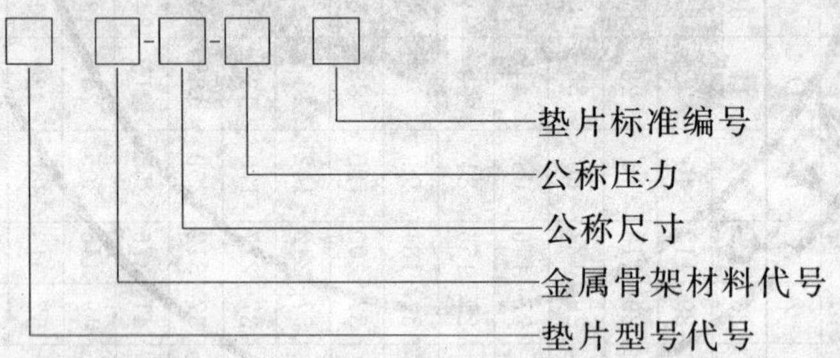

5.3.2 标记示例

垫片型式:带定位环型;金属骨架材料:06Cr19Ni10;公称尺寸:DN150; 公称压力:PN40;垫片标准:GB/T 19066.1;其标记为:

波齿垫 B4-DN150-PN40 GB/T 19066.1

ICS 27.180
F 11

中华人民共和国国家标准

GB/T 19073—2008
代替 GB/T 19073—2003

风力发电机组　齿轮箱

Gearbox of wind turbine generator system

2008-06-03 发布　　2009-01-01 实施

中华人民共和国国家质量监督检验检疫总局
中国国家标准化管理委员会　发布

前言

本标准代替 GB/T 19073—2003《风力发电机组　齿轮箱》。

本标准与 GB/T 19073—2003 相比主要变化如下：

——以兆瓦级风力发电机组齿轮箱技术要求为基础，参照国际通行标准对各条款进行修改并增加了相应的内容；

——增加了附录 B、附录 C、附录 D、附录 E 以及参考文献。

本标准的附录 A 为规范性附录，附录 B～附录 E 为资料性附录。

本标准由中国机械工业联合会提出。

本标准由全国风力机械标准化技术委员会归口。

本标准起草单位：杭州前进齿轮箱集团有限公司。

本标准主要起草人：刘伟辉、宣安光、陈钟奇、郭安保、周卜生、沈先、童云燕。

本标准所代替标准的历次版本发布情况为：

——GB/T 19073—2003。

风力发电机组　齿轮箱

1　范围

本标准规定了风力发电机组主传动增速齿轮箱(以下简称齿轮箱)的技术要求、试验方法、检验规则及标志、包装、运输和贮存。

本标准适用于水平轴风力发电机组(风轮扫掠面积大于或等于 40 m^2)中使用平行轴或行星齿轮传动的齿轮箱,其他种类的风力发电机组齿轮箱可参照执行。

2　规范性引用文件

下列文件中的条款通过本标准的引用而成为本标准的条款。凡是注日期的引用文件,其随后所有的修改单(不包括勘误的内容)或修订版均不适用于本标准,然而,鼓励根据本标准达成协议的各方研究是否可使用这些文件的最新版本。凡是不注日期的引用文件,其最新版本适用于本标准。

GB/T 191　包装储运图示标志(GB/T 191—2008,ISO 780:1997,MOD)

GB/T 1184—1996　形状和位置公差　未注公差值(eqv ISO 2768-2:1989)

GB/T 3098.1—2000　紧固件机械性能　螺栓、螺钉和螺柱(idt ISO 898-1:1999)

GB/T 3478—1995(所有部分)　圆柱直齿渐开线花键

GB/T 3480—1997　渐开线圆柱齿轮承载能力计算方法(eqv ISO 6336-1～6336-3:1996)

GB/T 5371—2004　极限与配合　过盈配合的计算和选用

GB/T 6391—2003　滚动轴承　额定动载荷和额定寿命(ISO 281:1990,ISO 281:1990/AMD.1:2000,ISO 281:1990/AMD.2:2000,IDT)

GB/T 6404.1—2005　齿轮装置的验收规范　第 1 部分:空气传播噪声的试验规范(ISO 8579-1:2002,IDT)

GB/T 6404.2—2005　齿轮装置的验收规范　第 2 部分:验收试验中齿轮装置机械振动的测定(ISO 8579-2:1993,IDT)

GB/Z 6413.1—2003　圆柱齿轮、锥齿轮和准双曲面齿轮　胶合承载能力计算方法　第 1 部分:闪温法(ISO/TR 13989-1:2000,IDT)

GB/T 8539—2000　齿轮材料及热处理质量检验的一般规定(eqv ISO 6336-5:1996)

GB 9969.1　工业产品使用说明书　总则

GB/T 10095.1—2008　圆柱齿轮　精度制　第 1 部分:轮齿同侧齿面偏差的定义和允许值(ISO 1328-1:1995,IDT)

GB/T 10095.2—2008　圆柱齿轮　精度制　第 2 部分:径向综合偏差与径向跳动的定义和允许值(ISO 1328-2:1997,IDT)

GB/T 11345—1989　钢焊缝手工超声波探伤方法和探伤结果分级

GB/T 13306　标牌

GB/T 13384　机电产品包装通用技术条件

GB/T 13924—2008　渐开线圆柱齿轮精度　检验细则

GB/T 14039—2002　液压传动　油液　固体颗粒污染等级代号(ISO 4406:1999,MOD)

3　技术要求

3.1　齿轮箱应符合本标准的要求和订货合同(或技术协议)(参照附录 E 的相关内容)的规定

3.1.1　需方提供的最低限度技术条件

a)　风力发电机组运行环境:

——风况；
——环境要求；
——接口要求。

b) 载荷：
——风力发电机组载荷谱；
——风力发电机组动力轴系的布置形式和承载细节；
——作用在齿轮箱上的所有载荷；
——极限负载；
——风力发电机组处于启动、运转、瞬间运转、空转、制动等工况下的动态载荷。

c) 技术接口和监控要求：
——齿轮箱结构型式、安装位置、运行模式、润滑方法、传动系联接方式和接口情况；
——叶轮和发电机及轴系联接部件的相关技术规格、结构尺寸和配套要求；
——运行状况监控要求；
——验收程序和要求；
——认证要求；
——质量和其他要求。

3.1.2 通用技术要求

3.1.2.1 旋向

除有特殊要求外，宜选择顺时针方向，即面对低速轴输入端看，低速轴的旋向为右旋。

3.1.2.2 机械效率

在额定工况下，对于三级平行轴或一级行星＋两级平行轴齿轮传动的齿轮箱，机械效率应不小于97%。

3.1.2.3 环境温度

齿轮箱工作环境温度为－30℃～＋40℃，生存环境温度范围不超过－40℃～＋50℃。

3.1.2.4 工作温度

齿轮箱油池最高温度不得高于85℃。在连续运转时轴承外圈温度不得超过95℃。当轴承外圈温度连续1 h运转超过105℃达10 min，或油池温度在1 h连续运行中超过85℃达10 min，则应停机检查。

3.1.2.5 噪声

齿轮箱应运转平稳，不允许出现异常响声。

按照GB/T 6404.1的规定测定齿轮箱的噪声，额定功率1 MW以下的齿轮箱应不大于90 dB(A)，额定功率大于或等于1 MW的齿轮箱应不大于100 dB(A)。

3.1.2.6 机械振动

在齿轮箱工作转速范围内，传动轮系、轴系应不发生共振。

在试验台架上齿轮箱在额定功率下运转时，按照GB/T 6404.2的规定测定齿轮箱的机械振动，频率在0 Hz～200 Hz范围内，齿轮箱连接面(弹性支撑处)的最大振动速度不应超过1.5 mm/s；更高频率时不应超过0.8 mm/s。

3.2 主要零件的设计

3.2.1 齿轮箱的重要零部件，如齿轮、轴、键、花键、轴承、箱体以及紧固件，应能承受风力发电机组的极限负荷而不会产生永久变形，并且能满足预定寿命要求。供需双方应依据主机的实际需要进行协商，确定相关零件的几何尺寸和强度计算标准。

齿轮箱的设计应结构简单、易加工且便于使用和维护。

3.2.2 齿轮箱主要零件的强度评定按附录A。

3.2.3 齿轮箱应具有良好的密封性能，不应有渗、漏现象，并能避免水分、尘埃及其他杂质进入箱体内部。传动轴轴伸处宜使用非接触式的迷宫式密封。

3.2.4 齿轮箱清洁度用油池内润滑油的清洁度表示。齿轮箱清洁度水平应不低于 GB/T 14039—2002 规定的代号为 17/15/12 等级要求。

3.2.5 齿轮箱的全部外露表面应作防护处理，机械加工表面以外应涂防护漆，涂层应厚薄均匀，表面平整、光滑，颜色均匀一致。对油漆的防腐要求和颜色由供需双方在技术协议中规定。

3.2.6 齿轮箱上应设有观察窗口、内窥镜检查孔、油标和油位报警装置、油压表和油压报警装置、滤清器、透气塞、带磁性垫的放油螺塞(放油阀)以及起重用吊钩等。

3.3 主要零件的制造要求

3.3.1 箱体

3.3.1.1 箱体的毛坯应根据结构形式选用球墨铸铁或铸钢件，也可选用其他具有等效力学性能的材料制作。在寒冷地区使用的箱体应具有耐低温性能。

3.3.1.2 箱体应具有足够的刚性。在便于制造和装配的前提下宜采用一体式箱体。如果采用对开箱体，则应在结合面使用适量的密封胶，并使用足够的联接销钉和螺栓锁紧。轴承不得用于对开部分的定心。行星齿轮齿圈与箱体的联接应具有足够的安全裕度。可适当增加高刚性的销钉数量来承受极限负荷，但在强度计算时不应将其计算在内。在箱体上设置扭矩臂时，必须考虑其适应各种工况的刚性要求。供需双方可在技术协议中对某些特殊要求，如进行有限元分析等，加以补充规定。

3.3.1.3 箱体类零件均应进行消除应力处理。

3.3.1.4 箱体、箱盖相互联接部位及与轴承、内齿圈相配合各孔的加工要求：

a) 齿轮孔中心距极限偏差 f_a 应符合 GB/T 10095.1—2008 和 GB/T 10095.2—2008 的 5 级精度的规定。

b) 箱体、箱盖各轴承孔的同轴度、圆跳动、内齿圈孔和轴承孔挡肩的端面跳动公差值应符合 GB/T 1184—1996 的 5 级精度的规定。

3.3.1.5 在箱体上使用橡胶衬套或衬垫减振时，应明确规定弹性元件和安装的技术要求。

3.3.2 行星架

3.3.2.1 行星架宜采用 QT700-2A、42CrMoA、ZG34Cr2NiMo 等材料，也可使用其他具有等效力学性能的材料。

3.3.2.2 行星轮孔系与行星架回转轴线的位置度应符合 GB/T 1184—1996 的 5 级精度的规定。

3.3.2.3 行星架精加工后应进行静平衡，在每个平面内允许的残余不平衡量可按下式确定：

$$U=\frac{9.6QG}{Zn}$$

式中：

U——残余不平衡量，单位为千克毫米(kg·mm)；

Q——平衡度，$Q=6.3$；

G——应校平衡物体的质量，单位为千克(kg)；

Z——平衡平面数；

n——应校平衡物体的转速，单位为转每分(r/min)。

3.3.2.4 行星架如采用焊接结构，则应对其焊缝进行超声波探伤，并应符合 GB/T 11345—1989 规定的检验等级 B 级的要求。

3.3.3 齿轮、内齿圈、齿轮轴、轴

3.3.3.1 齿轮、齿轮轴、轴宜采用优质低碳合金钢制造，如 20CrMnMo、17CrNiMo6 等，其力学性能应分别符合相关标准的规定，也可采用其他具有等效力学性能的材料。

3.3.3.2 内齿圈宜采用与齿轮相同的材料或 42CrMoA、34Cr2Ni2MoA 等材料制造，经渗碳、渗氮或其他方式的热处理，其材料性能应符合相关标准的规定。也可采用其他具有等效力学性能的材料。

必须考虑齿圈的轮圈刚度以及螺栓通孔和螺纹孔对齿轮强度的影响。

行星齿轮轮毂厚度应不小于3倍模数。

3.3.3.3 零件上的过渡圆角处不允许存在粗糙的加工痕迹，必须采用抛光等超精工序予以处理。所有传递扭矩的零件都应进行无损探伤检查。

3.3.3.4 外齿轮精度不低于GB/T 10095.1—2008、GB/T 10095.2—2008规定的5级，并根据载荷情况作必要的齿形和齿向(螺旋线)修正。

内齿圈精度不低于GB/T 10095.1—2008、GB/T 10095.2—2008规定的6级(采用渗碳工艺时)或7级(采用氮化工艺时)。

轮齿表面粗糙度 Ra，外齿轮不大于0.8 μm，内齿轮不大于1.6 μm。

轮齿顶部和轮廓周边均应倒圆或倒角。

3.3.4 轴承

3.3.4.1 轴承选型与配置

齿轮箱轴承的选型与配置形式可参考附录C。

3.3.4.2 静态安全系数

轴承静态安全系数在最大运行载荷作用下应大于3，在极限载荷作用下应大于2。

3.3.4.3 基本额定寿命

齿轮箱设计时轴承初选须按照GB/T 6391—2003计算基本额定寿命 L_{h10}，表1给出基本额定寿命的最小值。

表1 轴承基本额定寿命最小值

轴承所处位置	L_{h10} 的最小值/h
高速轴	30 000
高速中间轴	40 000
低速中间轴	80 000
行星轮轴	100 000
低速轴	100 000

3.3.4.4 轴承接触应力

应用Miner疲劳损伤累积法则给出的轴承动态当量负荷所产生的轴承滚子接触应力应不大于表2所列数值。

表2 轴承接触应力

轴承位置	最大接触应力 p_{max}/MPa
高速轴	1 300
高速中间轴	1 650
低速中间轴	1 650
行星轮轴	1 450
低速轴	—

轴承应力计算方法详见附录D。

3.3.4.5 修正额定寿命

轴承的修正额定寿命应能满足175 000 h的要求。

3.4 装配技术要求

3.4.1 齿轮箱的零件经检验合格后方可装配。

3.4.2 装配时应严格按图样要求检查规定的轴向和径向间隙。

3.4.3 装配后行星轮与行星架，行星轮与内齿圈均应打上啮合位置标记。

3.4.4 按图样要求检查齿轮副的最小侧隙及接触斑点。

3.4.5 所有紧固螺栓强度等级应高于 GB/T 3098.1—2000 中 8.8 级水平，并按规定的预紧力拧紧。施加预紧力的方式可用扭力扳手，也可用液压式螺栓拉伸器按轴向力加载预紧。螺栓预紧力见表 3。

强度等级为 GB/T 3098.1—2000 中 12.9 及以上级别的紧固螺栓不得用于动态负载的联接。

表 3 螺栓预紧力

螺栓直径 d/mm	M10	M12	M16	M20	M24	M30	M36
用扭力扳手施加预紧力 M_A/(N·m)	35	61	149	290	500	1 004	1 749
用螺栓拉伸器施加预紧轴向力 F_v/kN	—	—	—	—	158.1	251.3	366.0
注：本表适用于螺栓强度级别为 8.8，当强度级别为 10.9 时，则应乘以系数 1.47；当强度级别为 12.9 时，则乘以系数 1.69。							

3.5 润滑

3.5.1 齿轮箱润滑油的选择

齿轮箱润滑油应具有合适的黏度以及含有适量的功能添加剂，其性能应满足齿轮箱各种工况的使用要求。润滑油黏度的选择应根据风力发电机组的运转工况确定而不能只考虑启动工况。润滑油类型(矿物油或合成油)应根据终端用户的冬季冷启动要求进行选择。油品供应商应提供相关的油品测试数据，如承载性能、抗微点蚀性能、轴承磨损性能等。齿轮箱润滑系统监控要求可参照附录 B；齿轮箱油品清洁度要求见 3.2.4。

3.5.2 齿轮箱润滑方式

齿轮箱采用飞溅润滑或强制润滑方式。采用飞溅润滑时，油池油位高度至少浸满低位齿轮的两倍全齿高。采用强制润滑时应配置必要的电动或机动泵站、配油器、滤油器等装置。润滑油供油装置可以设置在齿轮箱上，也可以利用风力发电机组配备的主油站供油。

3.5.3 齿轮箱润滑系统配置

齿轮箱润滑系统应设置高效油冷却器，并视工作环境的需要设置油加热器。在油池的合适部位设置油位计和油位监控装置。

3.5.4 齿轮箱润滑系统温度控制

在齿轮箱具有循环润滑系统的情况下，应在散热器后和进入齿轮箱前设置润滑油温度和压力监控装置。在油池和重要轴承的外圈处应设置温度传感器。温度控制要求按照 3.1.2.4 的要求执行。

3.5.5 齿轮箱润滑油的更换

应当根据齿轮箱使用维护说明书的要求定期更换润滑油及过滤器滤芯。

3.6 设计寿命

齿轮箱的设计寿命应不少于 20 年。

3.7 保用期

在按规定正确安装、维修保养和正常使用的情况下，保用期为 2 年。

4 试验方法和检验规则

4.1 台架试验

4.1.1 试验条件

检测用仪器、仪表、量具以及试验台位应按国家有关标准和规定进行校准、标定，并具有有效期内的鉴定证。

4.1.2 试验内容

齿轮箱试验内容按表 4 规定。

表4 试验内容

序号	项目名称	试验项目		说明
		序号	试验内容	
Ⅰ	空载试验		在额定转速下，正、反向运转不少于1 h。要求：	做出厂试验时，空载试验时间可减少为30 min
		1	连接件、紧固件不松动	
		2	密封处、接合面处不漏油、不渗油	
		3	运转平稳，无冲击	
		4	润滑充分。检查轴承和油池温度。每5 min记录一次油压、油温	
Ⅱ	加载试验		空载试验合格后，在额定转速下逐级加载试验。按25%、50%、75%的额定负荷各运转30 min。按100%额定负荷运转120 min，110%超负荷运转30 min，120%超负荷运转5 min。要求：	做出厂试验时，加载形式和负载大小以及试验时间由供需双方商定，但满负荷运转不得少于60 min
		5	在正常运转情况下，每隔10 min测定并记录一次转速、负荷(扭矩)、油温、油压及各轴承挡外壳温度	
		6	在额定转速和额定负荷下，测定齿轮箱的噪声、振动	
		7	齿轮、轴、轴承、箱体等主要零部件状况检查，齿面接触斑点检查	
Ⅲ	空载功率损耗测定	8	油温稳定在45℃～65℃，在额定转速和空载工况下测定齿轮箱的功率损耗	
Ⅳ	齿面接触疲劳寿命试验	9	在额定负荷下高速轴小齿轮的应力循环数：5×10^7，检验项目与本表序号5～7相同	允许用工业应用试验代替疲劳寿命试验

4.2 检验类别

产品检验有出厂检验和型式检验两种形式。属于下列情况之一时应进行型式检验：

——新产品试制定型鉴定时；

——产品设计、工艺等方面有重大改变时；

——出厂检验的结果与上次型式检验有较大差异时；

——质量监督或认证机构要求进行型式检验时，等。

4.3 检验项目与方法

除另有规定外，齿轮箱的检验项目和检验方法应符合表5的规定。

4.4 出厂检验

应按表5规定的出厂检验项目对齿轮箱进行逐台检验。检验合格由质检部门签发产品合格证书后方可出厂。

4.5 型式检验

齿轮箱型式检验按表5规定的型式检验项目进行。如各检验项目均符合本标准规定的要求时，则判定该产品的型式检验合格；如有任一项的检验结果不符合本标准规定的要求，则判定该产品的型式检验为不合格。

表 5 检验项目和方法

序号	检验项目	型式检验	出厂检验	要求	检验方法
1	材质	△	△	3.3.1、3.3.2、3.3.3	GB/T 8539—2000 等有关标准
2	外观	△	△	3.2.5	目测
3	接触斑点	△	△	3.4.4	GB/T 13924
4	清洁度	△	—	3.2.4	GB/T 14039
5	空载试验	△	△	表 4	表 4
6	加载试验[a]	△	△	表 4	表 4
7	齿面接触疲劳寿命试验	△	—	表 4	表 4
8	噪声	△	△	3.1.2.5	GB/T 6404.1
9	机械振动	△	△	3.1.2.6	GB/T 6404.2
10	空载功率损耗（间接测定机械效率）	△	—	3.1.2.2	表 4
11	密封性	△	△	3.2.3	目测
12	拆检	△	—	检查零部件状况	人工或用仪器仪表

[a] 在供需双方协商的基础上，允许按照齿轮箱制造厂试验台条件作部分加载试验。

注：标有"△"者为必须进行的检验项目；标有"—"者为抽检或不作规定的项目。

5 齿轮箱在机组中的安装和使用

5.1 齿轮箱在机组中的安装要求

齿轮箱在机组上安装时，风力发电机组轴系要精确对中。

载荷和温度的变化会引起轴线的变化，因此，轴系对中必须多次进行，特别是在新机投入使用后的试运转期间内，要反复修正各处轴线的偏移量，将轴系引起的振动和附加负荷减至最低。

必须正确安装齿轮箱箱体扭力臂，装配接合处间隙不得过大，应保证齿轮箱箱体不会产生扭转变形，与之相连的联轴节不会产生共振。

5.2 机组启动前对齿轮箱的检查要求

在风力发电机组起动前，须对齿轮箱检查下列内容：

——油品及油位；

——管路联接；

——电路联接；

——支架螺栓及齿轮箱螺栓上的拧紧力矩；

——监控系统中相关的控制和报警装置；

——联轴器安装和对中；

——防护罩和盖板可靠安装；

——加热器、冷却器和风扇能正常运行。

在首次启动时，对齿轮箱按下列程序操作：

——预先注油，对齿轮和轴承进行润滑；

——如在较寒冷环境中启动，则须预热润滑油，在油液达到工作温度前不得施加载荷；

——在轻载情况下慢慢启动齿轮箱，检查其旋向是否正确并检查系统油压；

——油液循环后，停机检查油位，如有必要再加油；

——监控齿轮箱的振动和温度，如发现异常，立即关机并采取措施排除故障；

——未经过工厂跑合程序的齿轮箱，在试运转前应进行跑合，试运转的前 10 h 内以较轻载荷运行，使齿轮磨合，以减少胶合的风险；

——在现场进行跑合后，应对齿轮箱内的润滑油进行检查，并通过多次循环过滤，清除杂质，清洗滤芯，如有必要，更换润滑油和滤清器；

——检查联轴器对中情况并拧紧所有螺栓。

5.3 齿轮箱维护检查要求

应当根据使用维护说明书的要求定期清理滤清器和更换润滑油。

为了保证正常运行，必须对齿轮箱工况进行随机监控和定期检查。在试运转 72 h 内进行首检，试运行 1 000 h 后进行复检，运行 6 个月后进行第三次检查，之后按使用说明书规定的时间间隔进行例行检查。检查内容至少应包括油的黏度、清洁度、水含量、杂质含量以及氧化程度等。

应当保留检查的记录，内容包括工作温度、清洁度、噪声、振动等级、轴承及齿轮的工作情况、油液及齿轮箱整体情况等。

执行检查和维护的人员必须经过培训，并具备相应的资格。

6 标志、使用说明书

6.1 标志

产品铭牌和旋向箭头应分别标注在齿轮箱的显著部位，产品铭牌应符合 GB/T 13306 规定，其内容至少应包括：

a) 型号和规格；

b) 额定输入功率；

c) 额定输入转速；

d) 增速比；

e) 出厂编号；

f) 出厂日期；

g) 商标及检验认证标记；

h) 制造厂名称。

6.2 使用说明书

制造厂提供的产品说明书，编写应符合 GB 9969.1 的规定，其内容至少应包括：

a) 产品执行标准号和技术规格；

b) 齿轮箱概况及使用说明；

c) 吊运注意事项及专用工具使用说明；

d) 安装技术要求，必要时附有安装平面布置图和载荷分布图；

e) 对风力发电机组启动、停机、制动以及运行等工况的要求；

f) 维护保养说明。

7 包装、运输、贮存

7.1 包装

7.1.1 齿轮箱在出厂检验合格后按 GB/T 13384 的规定进行包装，并按 GB/T 191 的规定涂刷储运图示标志。

7.1.2 齿轮箱在包装箱内应可靠固定，并有采取防止旋转轴转动的措施。

7.1.3 产品应按如下规定进行防锈包装：

a） 全部外露的机械加工表面应涂防锈剂；

b） 齿轮箱内部应涂能用溶剂清除的防锈剂。

7.1.4 齿轮箱随机文件：

a） 产品使用说明书；

b） 产品合格证书；

c） 供货清单；

d） 装箱清单；

e） 备件及易损件清单；

f） 资料清单。

7.2 运输

齿轮箱在运输时应采取必要的防震、防撞、避免碰伤和有害气体侵蚀的措施。

7.3 贮存

齿轮箱应贮存在清洁、通风、防潮湿的地方，不允许在阳光下长期暴晒。

齿轮箱出厂后有效封存期为一年，如长期存放或停用，应及时检查保养并再次封存。

附 录 A
（规范性附录）
齿轮箱主要零件的强度评定指南

A.1 设计载荷

A.1.1 齿轮箱主要零部件应具有足够的强度，能承受风力发电机组各种工况下的动、静载荷。齿轮箱上的动负荷取决于输入端（风轮）、输出端（发电机）的特性和主、从动部件（轴和联轴器）的质量、刚度和阻尼值、风力发电机组机舱的布置形式、控制和制动方式以及外部工作条件。

A.1.2 载荷谱和极限载荷是齿轮箱的设计计算基础。载荷谱应当体现出齿轮箱在其设计使用寿命内的整个运行过程中所将承受的所有负荷，包括安装地的正常运行负荷和由极限风速或三维湍流工况引起的最高运行负荷，以及由于突然调距或叶梢展开或机械制动等原因引起的瞬时峰值负荷。其中后二类负荷虽然在整个运行周期中只占很少时段，却会对齿轮箱的疲劳寿命产生极大影响，因而必须包含在载荷谱内。

载荷谱可通过长时间的实测得到，或按相关标准推荐的方法通过计算确定（称为简化载荷谱）。但由于风力发电机组的载荷变化情况无法预知，也很难精确分析和模拟。因此，要在设计阶段得到能体现风力发电机组真实负载情况的载荷谱（称为真实载荷谱）是十分困难的。推荐按照风力发电机组设计要求，采用时序仿真方法对齿轮箱载荷进行疲劳工况设定和累积计算。如果借鉴现有载荷谱，则数据必须取自相同齿轮箱、相同布置形式和相同运行工况的风力发电机组。若从具有近似结构尺寸和布置形式的风力发电机组上按比例确定，就必须计及轴系布置和操作等差异对载荷谱的影响（称为典型载荷谱）。

A.1.3 作用在风力发电机组的载荷受安装地的环境和运行工况、布置方式、控制方式的影响极大。两台额定功率完全相同的风力发电机组可能由于安装地和机组的布置或控制方式不同而具有完全不同的载荷谱，并因此出现截然不同的运行结果。因此在确定未按真实载荷谱设计的齿轮箱规格时，需综合考虑安装地的风力发电机组设计等级、布置方式和控制方式等多种因素而不能单纯地用“使用系数”来确定。

A.1.4 按载荷谱（真实载荷谱、典型载荷谱、简化载荷谱）设计时，应采用 Miner 疲劳累积损伤准则确定当量扭矩 T_{eq}。

A.1.5 无载荷谱时，齿轮箱的设计负荷可用发电机额定功率除以齿轮箱机械效率与发电机效率之乘积得到的功率。

A.2 齿轮

A.2.1 静强度设计

A.2.1.1 齿轮轮齿的静强度分析应以作用于齿轮箱上的最大转矩为依据，并按 GB/T 3480 规定的方法进行。

A.2.1.2 轮齿齿根和齿面的最大静应力应不超过对应齿轮轮齿的断裂和表面形成压痕的强度极限值。以下是推荐的安全系数：

表面接触静强度安全系数 $S_H \geqslant 1.0$；

齿根断裂静强度安全系数 $S_F \geqslant 1.4$。

A.2.1.3 静强度计算时，系数 $K_A = 1$。

A.2.2 疲劳强度设计

齿轮轮齿的疲劳强度设计应建立在轮齿的应力分析和确定齿轮材料的疲劳特性（S-N）曲线基础上。前者根据载荷谱采用适当的应力分析方法进行，后者应通过试验获得。在没有获得特定材料和特定工艺条件下的试验数据时，则从有关手册查取。疲劳损伤破坏根据线性损伤累积理论，如 Palmgreen-Miner 准则确定。

A.2.2.1 疲劳强度计算的方法或标准、使用寿命和可靠性要求、无载荷谱时的使用系数及要求的安全系数等均应在设计说明书或订货规格说明书中明确规定。无明确规定时，可按 GB/T 3480 规定的方法进行。并分别按 A.2.2.2、A.2.2.3 和 A.2.2.4 选取使用系数和安全系数。

A.2.2.2 使用系数(K_A)推荐值：

按真实载荷谱计算时，取 $K_A=1$；

按简化载荷谱计算三叶片机组时，取 $K_A=1.3$；

无载荷谱时，取 $K_A=1.2\sim1.4$。

A.2.2.3 安全系数(S_H、S_F)推荐值见表 A.1。

表 A.1 安全系数推荐值

安全系数	按真实载荷谱	按简化载荷谱
S_H	≥1.25	≥1.3
S_F	≥1.56	≥1.7

无载荷谱时，应由供需双方协商决定，推荐 $S_H\geqslant1.35$；$S_F\geqslant1.75$。

A.2.2.4 按 GB/T 3480 的一般方法计算时，动载系数 K_v 的计算值应不小于 1.05；载荷分布系数 $K_{H\beta}$ 的计算值应不小于 1.15。当应力循环次数达到或超过 10^{10} 时，取接触强度的寿命系数 $Z_{NT}=0.85$，弯曲强度的寿命系数 $Y_{NT}=0.85$。

A.2.3 齿面胶合承载能力计算

胶合与发生疲劳损伤所经历的时间较长不同，一次简单的瞬时过载就可能引起严重胶合而使齿面在极短时间内出现损伤。因此，齿轮箱生产厂需与主机厂协商决定采用何种方法或标准对齿轮副，特别是节线速度较高的齿轮副进行齿面胶合承载能力分析计算。本标准推荐采用 GB/Z 6413.1 进行分析计算。

A.2.4 技术要求

A.2.4.1 宽径比(b/d_1)

直齿和单斜齿的宽径比应小于 1.25，人字齿宽径比应小于 2.0。

A.2.4.2 齿轮变位

应采用适当变位以提高齿轮的使用性能，宜采用平衡滑差法进行齿轮变位。

A.2.4.3 设计齿形

为补偿加工误差和各种变形，应采用适当的渐开线齿形修正和螺旋线修正。要谨慎选择确定修正量的设计载荷，样机测试时应达到此设计负荷，以验证确定修正量的计算模型的正确性，并确定更为合适的修正量。

A.2.4.4 行星齿轮轮缘厚度

为保证轮齿强度，行星轮轮缘厚度(齿根圆至内孔)应不小于齿轮模数的 3 倍。

A.2.4.5 齿轮材料和热处理

所有齿轮应选用具有良好淬透性的合金钢锻件制造，经适当的硬化处理，达到 GB/T 8539—2000 中 MQ 等级材料所要求的表层和芯部特性及金相组织。

A.2.4.6 硬化层深度

齿轮的有效硬化层深度应根据设计负荷下的应力分布确定。既要避免因硬化层过深引起的脆性，也要避免因硬化层过浅发生表层的疲劳剥落。

A.2.4.7 齿轮精度

齿轮精度应不低于表 A.2 的值。

表 A.2 齿轮精度

齿 轮 类 型	热 处 理	GB/T 10095—2008 等级
外齿轮	渗碳	5
内齿轮	渗碳	6
内齿轮	渗氮	7(跳动及周累为 8)

A.2.4.8 齿轮加工

a) 应采用最小刀顶半径不小于 0.25 m_n 的磨(剃)前滚刀加工。

b) 不允许出现磨(剃)削台阶,经硬化的齿根不允许磨削。

c) 齿顶和齿端部应倒角(圆)。

d) 精加工后齿面不得进行抛丸处理。

A.2.4.9 齿面粗糙度

齿面粗糙度对齿面胶合和微点蚀有较大影响,为降低这些风险,宜采用表 A.3 中所推荐的齿面粗糙度,并在适当的功率等级下进行跑合。

表 A.3 齿面粗糙度

齿 轮	Ra(μm)
高速级齿轮	0.8
中速级齿轮	0.8
低速级齿轮	0.8
低速太阳轮、行星轮	0.4

A.3 滚动轴承

A.3.1 静强度计算

静态安全系数应按轴承内部载荷的实际分布计算。无条件时,也可取轴承的额定静载荷与当量静载荷之比,即 C_0/P_0。

任意轴承的静态安全系数在该轴承的最大工作负荷时应大于 3.0,在极限负荷时应大于 2.0。

A.3.2 额定寿命计算

A.3.2.1 基本额定寿命

轴承的基本额定寿命按式(A.1)计算。

$$L_{h10}=\frac{10^6}{60n}\left(\frac{C}{P}\right)^{\varepsilon} \qquad \cdots\cdots(A.1)$$

式中:

L_{h10}——失效概率为 10%的基本额定寿命,单位为小时(h);

n——转速,单位为转每分(r/min);

C——轴承的基本额定动载荷,单位为牛(N);

P——由设计载荷确定的轴承当量动载荷,单位为牛(N);

ε——寿命指数。对球轴承为 3.0,对滚子轴承为 10/3。

有载荷谱时,轴承的当量动载荷应为平均当量动载荷,并按式(A.2)计算:

$$P_m=\left(\frac{1}{N}\int_0^N P^{\varepsilon}\mathrm{d}N\right)^{\frac{1}{\varepsilon}} \qquad \cdots\cdots(A.2)$$

式中:

P_m——平均当量动载荷,单位为牛(N);

N——总循环次数。

无典型载荷谱时，轴承平均当量动载荷依据额定载荷的 60% P_{60} 叠加±30%的正弦交变分量进行计算：

$$P = 0.68P_{\max} + 0.32P_{\min} \qquad \cdots\cdots (\text{A}.3)$$

式中：

$P_{\max} = 1.3P_{60}$；

$P_{\min} = 0.7P_{60}$。

A.3.2.2　**接触应力**

对于向心滚子轴承，可按附录 D 的方法估算出在平均当量动负荷作用下滚动体的最大接触应力 $p_{\max}$ 此应力不应大于表 A.4 所列的指导值。

表 A.4　轴承平均当量动载荷作用下的滚动体最大接触应力指导值

轴　承　位　置	最大接触应力 $p_{\max}$/MPa
高速轴	1 300
高速中间轴	1 650
低速中间轴	1 650
行星轮	1 450
低速轴	—

A.3.2.3　**修正额定寿命**

A.3.2.3.1　轴承的基本额定寿命主要考虑了载荷因素对轴承寿命的影响。实际上，轴承的工作寿命受其他因素的影响也很大。这些因素包括工作转速、工作温度、润滑油膜厚度和清洁度以及添加剂等。修正额定寿命就是综合考虑上述因素以及有不同可靠性要求而对基本额定寿命进行修正所得到的额定寿命。

修正额定寿命的计算可按轴承生产商推荐的修正方法进行。

A.3.2.3.2　变载荷下的修正额定寿命，应对各稳定条件下对应的时间段分别进行计算，并按式(A.4)计算出综合修正额定寿命。

$$L_{\text{xsy}} = \frac{\sum q_i}{\sum \dfrac{q_i}{L_{\text{xyz},i}}} \qquad \cdots\cdots (\text{A}.4)$$

式中：

L_{xyz}——综合修正额定寿命，单位为小时(h)；

q_i——第 i 载荷等级上的时间份额；

$L_{\text{xyz},i}$——第 i 载荷等级上的修正额定寿命，单位为小时(h)。

为方便数据处理，可按 Miner 准则对载荷谱进行简化折算，但简化后的载荷等级数不得少于 10。载荷谱折算时所用的寿命指数应当与修正额定寿命计算时所用的相同。

计算中所用的失效概率仍为 10%。

当按式(A.4)计算出的综合修正额定寿命大于按 GB/T 6391—2003 计算出的综合基准额定寿命 L_{10r} 的 10 倍时，应取 $10L_{10r}$(注意转换成小时)。

A.3.2.3.3　修正额定寿命应等于或大于用户要求的指标。一般情况应不小于 175 000 h。

A.3.2.3.4　修正额定寿命计算中用到的轴承润滑油工作温度可按表 A.5 选取。表中油池温度为稳定状态下的油池工作温度。

A.3.2.3.5　修正额定寿命计算中需要考虑轴承的工作游隙。表 A.6 列出的稳定运行下具有代表性的温度差，可用于工作游隙的计算。

表 A.5 用于计算的轴承润滑油工作温度

轴承位置	飞溅润滑轴承的润滑油工作温度	强制润滑轴承的润滑油工作温度
高速轴	油池温度＋15℃	
高速中间轴	油池温度＋10℃	
低速中间轴	油池温度＋5℃	油池温度＋5℃
行星轮	油池温度＋5℃	
低速轴	油池温度	

表 A.6 用于工作游隙计算的温度差

轴承位置	内圈与外圈的温度差	
	≤500 kW	＞500 kW
高速轴	5℃～10℃	10℃～20℃
高速中间轴	3℃～8℃	5℃～15℃
低速中间轴	3℃～8℃	0℃～10℃
行星轮	－5℃～0℃	－5℃～0℃
低速轴	0℃～5℃	0℃～5℃

A.3.3 滚动轴承的最小工作载荷

选择轴承尺寸和类型时，必须考虑滚动元件与滚道之间在最小负载时的打滑危险。齿轮箱试运行时，如果转速很高而载荷很小，或者选用的轴承尺寸过大，都有可能发生这种打滑现象。如果润滑又不充分，就很容易导致轴承初始损伤。推荐向心轴承的最小负荷比值如下：

球轴承　　$P/C=0.01$；

滚子轴承　　$P/C=0.02$；

满滚子轴承　　$P/C=0.04$。

A.4 轴

A.4.1 轴的材料

所有的轴都应由合金钢锻件制成并具有足够的表面硬度。轴的材料应具有良好可淬透性以获得满足使用要求的强度和韧性以及金相组织。

A.4.2 轴的强度

轴的设计和疲劳强度的评估应按供需双方指定的标准或方法进行，并选择最小安全系数。没有指定时可按相关设计手册或规范介绍的方法计算。强度分析时应考虑轴上的所有负载，包括所承受的结构负载。

A.5 过盈配合、键和花键

A.5.1 过盈配合

无键过盈联接的设计可按 GB/T 5371 进行。过盈配合计算必须同时考虑抗滑动安全系数不小于 4 和最大计算应力不超过材料屈服强度的 0.8 倍。对于带键的过盈联接可按无键过盈联接的设计方法进行，但在计算其传递能力时不将键的传扭作用考虑在内。当转速较高时须考虑离心力的影响。

A.5.2 键

所有键应用钢材制造。键的材料应具有良好的可淬透性以获得满足使用要求的强度和韧性以及金相组织。

应避免键槽越过轴径的变化处。键槽边缘应去毛刺，无刻痕、细沟等任何可能产生应力集中的因素。

键、轴和轮毂的平均挤压应力应不超过材料屈服强度的 0.7 倍，键的剪切应力应不超过材料屈服强度的 0.35 倍。

键与轴上的键槽应使用过盈配合。

A.5.3 花键

花键配合的设计可按 GB/T 3478—1995(所有部分)进行。

浮动花键的外齿和内齿均应作表面硬化处理，宜使用氮化工艺。浮动花键应有充分的润滑以防止摩擦腐蚀。宜采用强制润滑，尽可能使润滑油的流动将杂质冲洗干净，并通过返回油路流回油池。

A.6 箱体

箱体主要零件宜采用球墨铸铁或铸钢件制造。铸件应进行完全消除应力处理。

箱体应具有合理的结构和足够大的刚性，能够承受极限载荷而不会产生永久变形。

在寒冷地区使用的箱体应具有耐低温和较强的抗冲击、抗冷脆断裂的性能。

建议在样机或试制阶段对箱体作有限元分析，具体要求按照供需双方的技术协议执行，必要时按照计算结果更改设计。

附 录 B
（资料性附录）
润滑与监控

合理选用润滑油并进行监控和维护，对风力发电机组正常运转和延长使用寿命至关重要。对润滑油的选择，如选择润滑油类型、黏度以及考虑润滑方式、工况和系统维护等，由主机厂和齿轮箱生产厂、油品供应商共同商定，并应取得轴承生产商的认可。除了齿轮和轴承外，还有许多零部件如密封件、涂料、油泵、热交换器及滤清器等，会接触到齿轮箱润滑油，在选用齿轮箱润滑油时亦应考虑这些零部件的特殊要求。

B.1 润滑油类型

润滑油类型的选择取决于黏度、黏度指数、倾点、添加剂及系统润滑成本等多种因素。为了适应现场特殊工况、充分发挥风力发电机组的性能，要求齿轮箱所用的润滑油含有耐磨添加剂并具有合适的黏度。润滑油的基础油必须是高度精制的矿物油、全合成油或半合成混合油，在正常工作温度下除了要保持适当的黏度外，还应具有较强的抗微点蚀和极压性能，油品供应商应提供相关的，如 FZG 承载性能、抗微点蚀性能、FE8 轴承抗磨性能等测试数据。

B.2 润滑油黏度

黏度是润滑油最重要的物理性能。在低温环境下冷启动时，油液应具有适当的黏度以保证在各临界表面上具有足够的润滑油膜，从而减少金属与金属间摩擦磨损，不会产生过多的齿轮搅油损失或轴承内油液摩擦阻滞等附加损失。

在齿轮箱正常运转时，润滑油也应保持适当的黏度，以降低附加损失和避免空气混入后产生的发泡现象。润滑油的附加损失会使齿轮箱的运行温度升高，导致油的氧化，从而缩短润滑油的使用寿命。油液氧化所形成的油泥还会堵塞滤清器和油道并在临界表面上产生沉积。

通常齿轮箱润滑油黏度等级是根据风力发电机组的运行工况而非启动工况选择的。这就可能出现工作温度下适合的油液在冷启动时黏度过高的情况。这就要求润滑油生产商提供的润滑油具有较高的低温适应性能，如低倾点、高黏度指数以及低温动力黏度等。或者在齿轮箱油池内装入一个低功率密度的加热器或是在机舱中增设一个空间加热器，用于提高润滑油的温度来得到适当的启动黏度。

各个风场风力发电机组工作条件都不尽相同。作为采购方的主机厂应向齿轮箱生产厂和润滑油生产商说明风力发电机组的工作环境和工况要求。齿轮箱生产厂应当在齿轮箱使用维护说明书中说明润滑油在正常工作温度下的黏度范围。润滑油生产商则应提供所选润滑油在最低冷启动到最高工作温度范围内的技术参数等技术资料。

B.3 润滑方式

齿轮箱生产厂应与主机厂商定润滑用途和润滑方式，并根据系统要求指定油泵位置、管路类型、管接头、过滤器类型、滤芯更换间隔及流量要求等技术要求。

B.3.1 飞溅润滑

飞溅润滑是齿轮箱最简单的润滑方式。低速轴上的齿轮必须浸没在油池中至少两倍于轮齿高度，才能向齿轮和轴承提供充分的飞溅润滑油。在保证向所有轴承及齿轮提供充分润滑的前提下设计最低油位。齿轮箱箱体上应设置油池，沿箱壁流下的油液应尽可能收集并送至轴承润滑。

外置滤清系统可控制污染并防止微粒进入齿轮和轴承的临界表面。建议飞溅润滑系统使用外置滤清系统。外置滤清系统应使油液清洁度比轴承寿命计算时的设定值高一个等级。

要注意在风力发电机组切出或切入前如设置了停机制动，则飞溅润滑有可能防止不了齿轮和轴承间金属对金属的直接接触。这在使用高速轴停机制动时尤为明显。

B.3.2 强制润滑

500 kW 及以上的齿轮箱应当采用强制润滑系统以确保所有转动部件得到充分润滑，以延长齿轮箱零部件和润滑油的寿命。该系统可以通过采用内置或外置滤清器的方式来保持油液的清洁度达到如表 B.1 所示的要求。为了保证充分润滑和控制油温，必须考虑黏度、流速、压力及喷油嘴的大小、数量和位置等因素进行合理的设计。除了浸没于油池工作油位以下的轴承外，所有轴承都必须由该润滑系统可靠供油。强制润滑系统还应配备一个热交换器。

使用电动油泵供油的润滑系统，在风力发电机组制动过程或意外停电时有可能产生短暂的缺油，引起机件的损伤，在齿轮箱的中间轴端设置双向机带油泵，有利于解决此问题。是否设置附加油泵，由主机厂和齿轮箱厂协商确定。

表 B.1 润滑油清洁度

样品油来源	按 GB/T 14039 要求的清洁度等级
齿轮箱加入的油	—/14/11
齿轮箱台架试验后取出的油	—/15/12
风力发电机组试运行 24 h～72 h 后从齿轮箱内取出的油（用于强制润滑系统）	—/15/12
按操作和维护说明书规定取样的齿轮箱内的油（仅用于强制润滑系统）	—/16/13

箱体内的喷油嘴和油管应安装牢固，紧固螺栓应有可靠的防松措施。喷油嘴上宜设置一个内置滤网来防止污物阻塞。

B.3.3 组合润滑系统

采用飞溅和强制两种润滑方式组合的润滑系统应确保所有齿轮和轴承都能得到充分的润滑。组合系统只用于规格较小的油泵和油路，可根据需要配备滤油器、冷却器和加热器。

B.4 工作温度

在齿轮箱内部各个部位的润滑油温度是不同的，因此必须在供需双方签订的技术协议中明确规定测量点的位置。主要应考虑三个部位的工作温度：系统、齿轮啮合及轴承处的温度。

B.4.1 系统油温

是指润滑系统油液的温度。对于飞溅润滑或组合润滑的齿轮箱，系统油温在齿轮箱油池的中心区域测量。如为强制润滑系统，系统油温则是指系统工作期间油泵至滤清器组件之间油路内的油温。

B.4.2 齿轮啮合温度

是指经过齿轮轮齿啮合后从出口处所测的油温。它与轮齿表面温度十分近似，是抗胶合能力计算的重要参数。为了提高轮齿表面温度测量的准确度，齿轮啮合温度应尽可能靠近啮合出口处测量。

B.4.3 轴承油温

是指滚动轴承附近所测的油温，它与在轴承外圈上测量的轴承温度不同，应在测量时尽可能靠近轴承滚动件来提高油温测量的准确度。

B.5 油量

润滑系统最小油量应为：

$$Q_{ty} = 0.15P_t + 20 \qquad \text{(B.1)}$$

式中：

Q_{ty}——建议油量，单位为升(L)；

P_t——风力发电机组额定功率，单位为千瓦(kW)。

通常上述建议油量是以箱体为油池的多级齿轮箱应用的经验值。对于非多级齿轮箱或采用独立油箱的情况，上述等式不适用。

B.6 温度控制

在风力发电机组整个运行过程中应控制齿轮箱的工作温度。必要时可采用加热器或冷却器来控制齿轮箱温度。控制要求应按照B.6.1和B.6.2所述执行。

B.6.1 油池温度

应限制最高油池温度和油池最高绝对温度。所规定的限制值应与齿轮和轴承标定计算中所使用的数值相对应。当风力发电机组连续运行1 h，油池油温超过85℃达10 min，系统中的温度控制装置应能自动关停风力发电机组。在寒冷状况下启动时，油池油温必须高出润滑油倾点5℃以上，才能使油液自由循环。为此，齿轮箱必须配备加热装置。对齿轮箱及外部组件进行加热的方法有：

——用机舱内的热风加热；

——使用润滑系统中的热交换器加热；

——使风力发电机组在受控转速下运转，逐步升高轴承和齿轮啮合处的温度；

——用电阻加热装置将外部润滑油路包裹起来加热；

——连续泵油循环保持流动性升高温度。

不论采用何种方法，都应确保润滑系统能够在天气寒冷时向临界部件如齿轮、轴承、花键、过滤装置和外部油箱供应充足的润滑油。

B.6.2 轴承温度

应当限制轴承最高温度和最高绝对温度。所规定的限制值应与齿轮和轴承标定计算中所使用的值相对应。当风力发电机组连续运行1 h，轴承外圈温度超过105℃达10 min，系统中的温度控制装置应能自动关停风力发电机组。连续运转时，在轴承外圈处测得的允许最高轴承温度不得超过95℃。

B.7 润滑油工况监控

必须在齿轮箱使用和维护说明书中说明润滑油工况监控及其检测要求。润滑油性能的测试应包括润滑油生产商所建议的内容，并按照规定进行润滑油取样。检测项目包括：

——油的清洁度；

——黏度；

——水含量；

——元素含量；

——总酸值；

——机械杂质。

风力发电机组生产商也应在主机的使用及维护说明书中按照齿轮箱生产厂的建议写明这些监控和检测要求。

B.8 润滑油清洁度

为了延长齿轮及轴承寿命，必须保持润滑油清洁。保持清洁度的方法有：

——工厂试验后确定油的清洁度等级；

——在新润滑油加入齿轮箱前先进行过滤；

——在运行过程中对油进行过滤，保持所要求的清洁度等级；

——在运行过程中进行监控，按B.7要求检测润滑油污染或其他不良变化；

——定期更换滤清器滤芯。

表B.1给出了润滑油清洁度的标准。

齿轮箱生产厂应通过试验结果证明在生产及验收试验中所采用的润滑油满足表B.1中所示的清洁度要求。主机厂则应通过试运行证明齿轮箱满足表B.1的要求。在整个齿轮箱使用寿命期间内，最终用户则应以同样方式继续监控并记录润滑油的清洁度。

B.9 润滑油过滤器

系统的过滤能力应保证润滑油满足如表B.1规定的最低清洁度的要求。部件的选用、过滤元件的规格、过滤介质孔隙大小以及过滤介质的额定效率应由主机厂、齿轮箱生产厂和滤清器生产商共同商定。

B.10 接口

主机厂和齿轮箱生产厂应共同确定齿轮箱上的接口类型和尺寸要求。接口的类型包括排油口、油位接口、压力油接口、滤油器接口、油取样口以及透气口等。

加油孔应位于易于接近和便于操作的部位，孔口应采用密封可靠的端盖或螺塞。放油螺塞应接近箱体底部，以保证油液彻底排放。

B.11 油位指示器

应在易于观察的位置配备油位检查装置。如配备金属油标尺，其设计应能正确表示油位状况。油标尺上的油位线标记必须保持清晰。

B.12 磁性螺塞

磁性螺塞安装于油循环区域易于触及的位置。从磁性螺塞上也可以反映油液中所含杂质情况，每次换油都必须对螺塞进行清洁或更换。采用内置油液微粒计数器来监控污染情况的系统不宜使用磁性螺塞。

B.13 气孔帽

建议设置带有过滤装置的气孔帽，其结构和安装位置应能有效排出空气以及防止大气中的灰尘、水分和其他污物进入箱体。气孔帽应具有在低流阻的条件下小于等于5 μm过滤精度并根据环境和使用条件，使用干燥剂减少齿轮箱内水分凝结。

B.14 取样口

为了便于进行油液清洁度检查，建议在齿轮箱两侧工作油位高度中部设置取油样口。两个孔口中的一个设在油泵和滤清器之间，另一个在滤清器后面。油品性能以滤清器后的取样分析结果为准。

附　录　C
（资料性附录）
轴承选型与配置形式

本附录所列的内容为风力发电机组齿轮箱选择齿轮箱轴承类型和配置的建议。这些意见不能取代设计过程中对各类轴承及其配置的详细分析。特别是在选择表中未列出的或标明为"未经验证"的轴承时，要和轴承供应商共同分析研究，进行必要的试验，取得经验后谨慎使用。本附录对轴承选型和配置所作的建议基于下列假设：

——轴承的结构和尺寸符合本标准及轴承制造厂的要求；

——轴承的载荷谱包含所有外部和内部载荷；

——按照本标准和轴承制造厂的建议，轴承得到充分润滑；

——相关零部件设计符合本标准和轴承制造厂的要求。

C.1　轴承选型

风力发电机组齿轮箱常用的轴承有承受纯径向负荷和承受纯轴向负荷的轴承，也有既能承受径向负荷又能承受轴向负荷的轴承。

C.1.1　轴承的类型

表 C.1～表 C.3 列出了风力发电机组齿轮箱常用的轴承类型并简要说明其特点。

表 C.1　既承受径向负荷又承受轴向负荷的轴承

序号	轴承类型	代号	概　　述
1	球面滚子轴承	SRB	球面滚子轴承具有很高的承载和调心能力，在工业齿轮传动装置中有较广泛的应用。在风力发电机组齿轮箱上应用时需要考虑其特定的运行条件和风力发电机组工况的多种因素
2	NJ 型圆柱滚子轴承	CRB	如果要求此类轴承承受轴向载荷，其内圈挡边的强度应从冲击载荷、弯曲疲劳和散热等方面作全面分析并合理设计相关联的支承零件以使内圈挡边获得适当的支撑。 如果采取了相应措施使轴承和角圈不产生松动，NUP 型和 NJ＋HJ 型也可作为固定端轴承使用
3	满圆柱滚子轴承	fc CRB	只有在离心力不会造成滚子之间较大接触力的情况下才可采用满圆柱滚子轴承。如果要求此类轴承承受轴向载荷，其内圈挡边的强度应从冲击载荷、弯曲疲劳和散热等方面作全面分析并合理设计相关联的支承零件以使内圈挡边获得适当的支撑
4	圆锥滚子轴承	TRB	圆锥滚子轴承应成对使用。必须根据实际工况分析配对条件和指定工作游隙要求。 在典型工况下，若端部串动能控制在可接受范围内，单列的圆锥滚子轴承也可用于交叉定位配置
5	深沟球轴承	BB	此类轴承的承载能力较小，使用受到限制
6	角接触球轴承	ACBB	此类轴承可能因其承载能力不足而限制使用
7	双列满圆柱滚子轴承	dr fc CRB	只有在离心力不会在滚子之间产生较大接触力的情况下才可采用满圆柱滚子轴承。如果接触力较大，则须另作考虑。如果选用此类轴承来承受轴向载荷，则必须对其内圈挡边的强度从弯曲疲劳、冲击载荷和散热等方面作仔细分析判断。须精心设计邻接的支承零件使轴承挡边得到可靠的支撑

表 C.2　只承受径向负荷的轴承

序号	轴承类型	代号	概　　述
1	NU 型圆柱滚子轴承	CRB NU	此类轴承的外圈带双挡边,内圈不带挡边。外圈滚道能留住少量油液以防止干启动
2	N 型圆柱滚子轴承	CRBN	N 型圆柱滚子轴承内圈带双挡边,外圈不带挡边,可将低负荷工况下滚子与内圈接触处的打滑现象降至最少,但风力发电机组齿轮箱很少使用 N 型圆柱滚子轴承
3	鼓形滚子轴承	TORB	其内圈相对于外圈的轴向位移会影响该轴承的径向游隙,也会对齿轮啮合对中性产生影响
4	满圆柱滚子轴承	fc CRB	只有在离心力不会造成滚子之间较大接触力的情况下才可采用满圆柱滚子轴承。如果接触力较大,则须另作考虑
注:轴承只承受径向载荷。它们可用作浮动轴承,或者与另一个能承受轴向载荷的轴承组合使用。			

表 C.3　只承受轴向载荷的轴承

序号	轴承类型	代号	概　　述
1	四点接触球轴承	4PCBB	交变的轴向载荷可能导致接触点的游移不定和保持架的过度磨损。因此在负荷方向变化频率较高的场合应避免使用四点接触球轴承
2	球面滚子推力轴承	SRTB	此类轴承在所有工况下都应能承受较大的轴向负荷(请参考轴承样本的说明)
3	圆锥滚子轴承	TRB	此类轴承在所有工况下都应能承受较大的轴向载荷(请参考轴承样本的说明)
4	圆柱滚子推力轴承	CRTB	此类轴承在所有工况下都应能承受较大的轴向载荷(请参考轴承样本的说明)。圆柱滚子推力轴承有打滑现象,并且对润滑油性能有特殊要求。在选用时应注意轴承具有较小的平均直径和高度,以减少打滑现象
注:轴承只承受轴向载荷。它们只可与另一个承受径向载荷的轴承组合使用。后者应当为纯粹的向心轴承,以免受到部分轴向载荷作用。须保证推力轴承自身不会受到任何径向载荷作用,例如可通过在外圈与轴承座处留出径向间隙来实现。应采取适当措施,例如用一个锁止销来防止外圈打转。			

C.1.1.1　齿轮箱的轴

图 C.1 所示是 3 级平行轴传动的齿轮箱示意图,而图 C.2 则是 1 级行星和 2 级平行轴组合传动齿轮箱示意图。在图 C.1 和图 C.2 中,各平行轴的命名分别为低速轴、低速中间轴、高速轴和高速中间轴。若是 4 级传动齿轮箱,三根中间轴则分别称为“低速中间轴”、“中速中间轴”和“高速中间轴”。

行星轮系中,除太阳轮外,小齿轮应当安装在轴承之间,不得采用悬臂结构。太阳轮的结构应不带轴承以实现载荷在诸行星轮之间的均匀分配。带两级或多级行星齿轮传动的齿轮箱不在此论述。

C.1.1.2　轴承组合

成对轴承:在相同位置上的两个相同类型的轴承,其径向承载能力相互补充,同时分别具有承受相反方向轴向载荷的能力。例如面对面或背对背配置的两个圆锥滚子轴承或两个角接触球轴承。

组合轴承:两个不同类型轴承在同一位置上发挥各自的功能。例如四点接触球轴承与 NU 型圆柱滚子轴承的组合,前者承受两个方向的轴向负荷,后者承受径向负荷。

串联轴承:相同位置上的两个相同类型的轴承,其径向和轴向承载能力相互补充。

双列轴承:内圈或外圈公用或两者皆公用的成对轴承,如双列满圆柱滚子轴承。

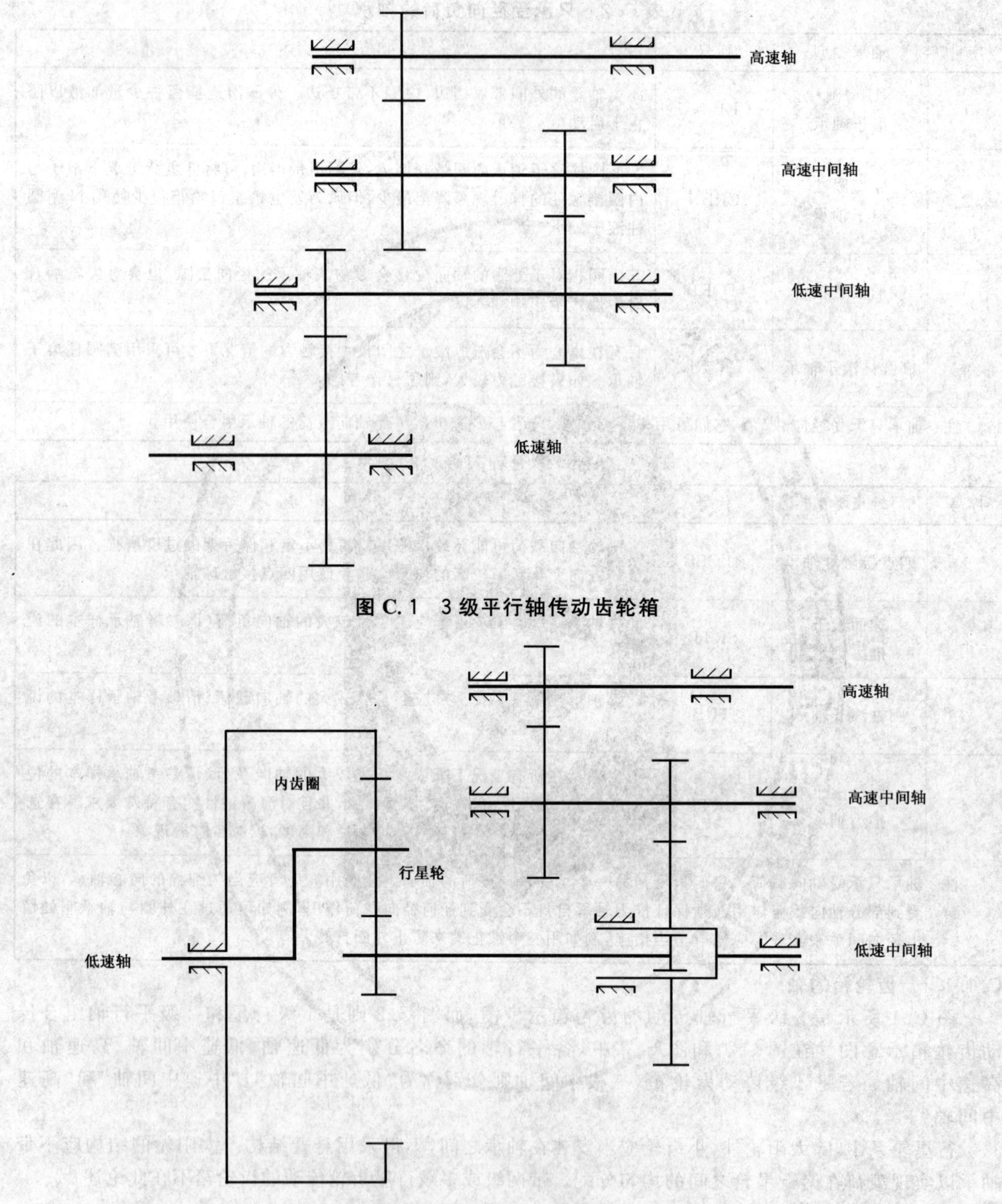

图 C.1　3 级平行轴传动齿轮箱

图 C.2　1 级行星 2 级平行轴轮组合传动齿轮箱

C.1.1.3　轴承定位功能

固定轴承：轴承能承受两个方向轴向力。这种定位功能可由一个用于混合载荷的轴承(见表 C.1)或一组组合轴承来实现。

浮动轴承：轴承只承受径向载荷。这种功能可由一个适用于纯径向载荷的轴承(见表 C.2)以及内圈或外圈在轴或孔的配合处可浮动的适用于混合载荷的轴承(见表 C.1)来实现。这种轴承应不受轴向约束，以利于吸收由于热变形引起的轴向伸长。最好采用能内部浮动的轴承(如圆柱滚子轴承)，因其内、外圈可采用紧配合。

交叉定位：某一方向的轴向载荷可由轴上两支撑点的轴承中任一方来承受的轴承配置。轴承与轴的装配应留有充分的轴向游隙以利于吸收热变形引起的轴向伸长。最好采用能内部浮动的轴承(如圆柱滚子轴承)，因为它们的内、外圈可采用紧配合。

C.1.2 轴承选型表

表 C.4～表 C.9 为风力发电机组齿轮箱常用轴承配置的选用表。

表中 NJ 型圆柱滚子轴承(NJ-CRB)与其他所有带保持架的圆柱滚子轴承(CRB)用的是同一个符号。但 NU 或 N 型轴承应以不承受轴向载荷的定位方式来使用。

如果一种推力轴承(例如四点接触球轴承、球面推力滚子轴承、圆柱滚子推力轴承)被推荐用作固定轴承，则意味着该推力轴承必须与一个向心轴承组合使用。后者应从浮动轴承的系列中选取，最好选用承受纯径向负荷的向心轴承。

圆锥滚子轴承或角接触球轴承被用作固定轴承时，通常是使用面对面或背对背的成对轴承。

表 C.4 轴承选型说明

序号	适用性	说　明
1	适用	经验证，此类轴承适用于风力发电机组齿轮箱
2	有限使用	如果满足某些限制条件，并采取一些预防措施，则此类轴承可以采用
3	未验证	此类轴承不是未曾在风力发电机组齿轮箱中使用过，就是实用经验尚不足以确定其性能在可接受范围内。在任何情况下采用此类轴承必须进行详细的理论分析，取得轴承制造商的认可，并针对特定应用作适当的试验
4	不适用	此类轴承不是不宜使用于表列的特定工况，就是已被证实不适用于风力发电机组齿轮箱

表 C.5 低速轴/行星架轴承的选型

轴承类型代号	球面滚子轴承 SRB	圆柱滚子轴承 CRB	满滚子轴承 fc CRB	滚锥轴承 TRB	深沟球轴承 BB	四点接触球轴承 4PCBB	角接触球轴承 ACBB	球面滚子推力轴承 SRTB	鼓形滚子轴承 TORB	圆柱滚子推力轴承 CRTB
固定轴承	有限使用[f]	未验证	未验证[e]	有限使用[c]	适用	未验证	未验证	未验证	不适用	未验证
浮动轴承	有限使用[a]	适用	有限使用[d]	未验证	有限使用[a]	不适用	不适用	不适用	未验证	不适用
交叉定位	有限使用[a,f]	适用	适用	有限使用[b]	有限使用[a]	不适用	不适用	不适用	不适用	不适用

[a] 用作浮动轴承或按交叉定位配置时，轴承外圈的配合应能补偿其在配合孔中运转所引起的热膨胀。须防止外圈打转。

[b] 只有在典型工况下的端部串动能控制在可接受范围内时，才可将单列的圆锥滚子轴承用于交叉定位配置。

[c] 成对使用的双列圆锥滚子轴承，其性能取决于内部游隙是否合适。

[d] 径向的挡边应不受轴向约束以允许作轴向游动。外圈应防止打转。

[e] 将此类轴承用作能承受两个方向推力的轴承。

[f] 应仔细分析载荷变化的影响以及轴在轴承内部游隙范围内的运动情况(振幅和频率)。

表 C.6 低速中间轴轴承的选型

轴承类型代号	球面滚子轴承 SRB	圆柱滚子轴承 CRB	满滚子轴承 fc CRB	滚锥轴承 TRB	深沟球轴承 BB	四点接触球轴承 4PCBB	角接触球轴承 ACBB	球面滚子推力轴承 SRTB	鼓形滚子轴承 TORB	圆柱滚子推力轴承 CRTB
固定轴承	有限使用[f]	未验证	未验证	有限使用[c]	适用	未验证	未验证	适用	不适用	有限使用[e]
浮动轴承	有限使用[a]	适用	有限使用[d]	未验证	有限使用[a]	不适用	不适用	不适用	适用	不适用
交叉定位	有限使用[a,f]	适用	适用	有限使用[b]	有限使用[a]	不适用	不适用	不适用	不适用	不适用

[a] 用作浮动轴承或按交叉定位配置时，轴承外圈的配合应能补偿其在配合孔中运转所引起的热膨胀。须防止外圈打转。

[b] 只有在典型工况下的端部串动能控制在可接受范围内时，才可将单列的圆锥滚子轴承用于交叉定位配置。

[c] 成对使用的双列圆锥滚子轴承，其性能取决于内部游隙是否合适。

[d] 径向的挡边应不受轴向约束以允许作轴向游动。外圈应防止打转。

[e] 此类轴承在滚子接触处会产生滑移，必须用弹簧施加预架载荷。

[f] 应作仔细分析载荷变化的影响以及轴在轴承内部游隙范围内的运动情况(振幅和频率)。

表 C.7 高速中间轴轴承的选型

轴承类型代号	球面滚子轴承 SRB	圆柱滚子轴承 CRB	满滚子轴承 fc CRB	滚锥轴承 TRB	深沟球轴承 BB	四点接触球轴承 4PCBB	角接触球轴承 ACBB	球面滚子推力轴承 SRTB	鼓形滚子轴承 TORB	圆柱滚子推力轴承 CRTB
固定轴承	有限使用[d]	有限使用[e]	不适用	有限使用[c]	未验证	适用	未验证	未验证	不适用	未验证
浮动轴承	有限使用[a]	适用	不适用[d]	未验证	未验证[a]	不适用	不适用	不适用	有限使用[h]	不适用
交叉定位	有限使用[a,d]	有限使用[f]	不适用	有限使用[b,g]	未验证[a]	不适用	不适用	不适用	不适用	不适用

[a] 用作浮动轴承或按交叉定位配置时，轴承外圈的配合应能补偿其在配合孔中运转所引起的热膨胀。须防止外圈打转。

[b] 只有在典型工况下的端部串动能控制在可接受范围内时，才可将单列的圆锥滚子轴承用于交叉定位配置。

[c] 成对使用的双列圆锥滚子轴承，其性能取决于内部游隙是否合适。

[d] 应仔细分析由转矩产生的齿轮载荷变化所造成的影响和高速中间轴在轴承内部游隙范围内的轴向运动情况(振幅和频率)。

[e] 若 NUP 或 NJ＋HJ 型用作固定轴承，则应采取预防措施防止轴承与角圈 HJ 之间的松脱。

[f] 此类轴承必须考虑受轴向载荷的方式对冷却方面的要求，以及轴向载荷与径向载荷的比值。

[g] 应用在热胀量较小的短轴及弹性变形较小的箱体时，这种结构是相当成功的。

[h] 此类轴承已在风力发电机组齿轮箱应用，取得初步经验。

表 C.8 高速轴轴承的选型

轴承类型代号	球面滚子轴承 SRB	圆柱滚子轴承 CRB	满滚子轴承 fc CRB	滚锥轴承 TRB	深沟球轴承 BB	四点接触球轴承 4PCBB	角接触球轴承 ACBB	球面滚子推力轴承 SRTB	鼓形滚子轴承 TORB	圆柱滚子推力轴承 CRTB
固定轴承	有限使用[d]	未验证[e]	不适用	有限使用[c]	有限使用[f,g]	有限使用[f]	有限使用	未验证	不适用	不适用
浮动轴承	有限使用[a]	适用	不适用	未验证	有限使用[a,f]	不适用	不适用	不适用	有限使用[h]	不适用
交叉定位	不适用	不适用	不适用	有限使用[b,e]	不适用	不适用	不适用	不适用	不适用	不适用

[a] 用作浮动轴承或按交叉定位配置时，轴承外圈的配合应能补偿其在配合孔中运转所引起的热膨胀。须防止外圈打转。

[b] 只有在典型工况下的端部串动能控制在可接受范围内时，才可将单列的圆锥滚子轴承用于交叉定位配置。

[c] 成对使用的双列圆锥滚子轴承，其性能取决于内部游隙是否合适。

[d] 应仔细分析轴向与径向载荷比较高的承载工况，以及由转矩产生的齿轮载荷变化所造成的影响和高速轴在轴承内部游隙范围内的轴向运动情况(振幅和频率)。

[e] 应用在热膨胀量较小的短轴及弹性变形较小的箱体时，这种结构是相当成功的。

[f] 采用这种轴承时必须核查冷却要求。

[g] 采用此类轴承时要特别注意交替式轴向载荷，例如来自联轴节的载荷的作用。

[h] 此类轴承已在风力发电机组齿轮箱应用，取得初步经验。

表 C.9 行星齿轮轴承的选型

轴承类型代号	球面滚子轴承 SRB	球面滚子轴承 SRB	圆柱滚子轴承 CRB	满滚子轴承 fc CRB	双列满滚子轴承 dr fc CRB	双列满滚子轴承 dr fc CRB	滚锥轴承 TRB
配置	单轴承	双轴承	双轴承，交叉定位	双轴承，交叉定位	单轴承	双轴承	双轴承，交叉定位
直齿轮传动	有限使用[f]	有限使用[a]	适用	有限使用[b]	有限使用[b]	有限使用[b]	有限使用[d]
单斜齿轮传动[e]	不适用	有限使用[a]	适用	有限使用[b]	有限使用[b,f]	有限使用[b,c]	未验证

[a] 如果配合适当使得内圈有充分的轴向游动以实现载荷的分配，则可以使用两个球面滚子轴承的组合。对内圈及其在轴上的磨损风险须作分析。

[b] 满圆柱滚子轴承只能应用于离心力不会造成滚子之间过大接触力的低速行星传动中。

[c] 应仔细考虑行星齿轮螺旋角会造成齿轮上产生一个倾覆力矩，这将导致两列轴承之间载荷分配不均以及行星齿轮沿齿宽方向的弹性变形也会影响载荷分配等因素。

[d] 行星齿轮上按交叉定位配置的圆锥滚子轴承应当以零游隙或较轻的预紧力装配，这样就使得轴承对齿轮啮合受力的支承为一种刚性支承。因此，行星架的变形(由制造偏差、行星架变形或行星架轴承内的游隙引起)将导致齿轮啮合的不对中性，在设计中须加以弥补。

[e] 在斜齿行星齿轮传动中，齿轮轴承一体化的设计已得到应用并取得较多经验，圆柱滚子轴承、圆锥滚子轴承及球面滚子轴承等的滚道可以与行星轮合为一体，在行星轮的孔内加工出来，这样可使设计结构紧凑，并避免了外圈打转的风险。这种一体化的方法必须在材料、热处理和齿轮制造工艺等方面增加一些附加的要求。这种做法在风力发电机组齿轮箱中还处于试验验证阶段。

[f] 旋转的外圈和内圈相对于外圈轴线的偏心，两者结合将会导致动态的不同心，并伴随出现滚子相对于外圈的轴向滑动。

C.2 轴承与轴和箱体的配合

用于风力发电机组齿轮箱的轴承与轴和箱体的配合应能防止轴承或箱体的损伤。要采取适当措施防止内圈或外圈打转。行星轮的轴承应将外圈装于齿轮的孔内,其配合公差一般定为 R6。其他的配合须依工作条件及行星齿轮的结构而定。除球面滚子轴承以外,行星轮的轴承内圈应在轴上紧固以防打转。

C.3 轴承保持架

对滚动体既起导向作用又起分隔作用的轴承保持架(如球面滚子轴承的保持架),应当用钢或黄铜制造。

对于仅起分隔滚动体作用的轴承保持架,可考虑采用其他材料,但要经过试验验证并以全面评估为依据。

C.4 轴承内部游隙

所设计的轴承内部游隙应能补偿较大的过盈和温度差引起的变形。内部游隙选用合适与否应通过检验确认。选用时必须注意径向游隙对齿轮啮合不对中性的影响。

C.5 轴承装配

轴承在安装过程中很容易受损。如图 C.3 中所示的盲目安装圆柱滚子轴承的危险性显而易见。因此,齿轮箱制造厂应采用适当的轴承装配技术和工具,避免盲目安装,以降低装配损伤风险。

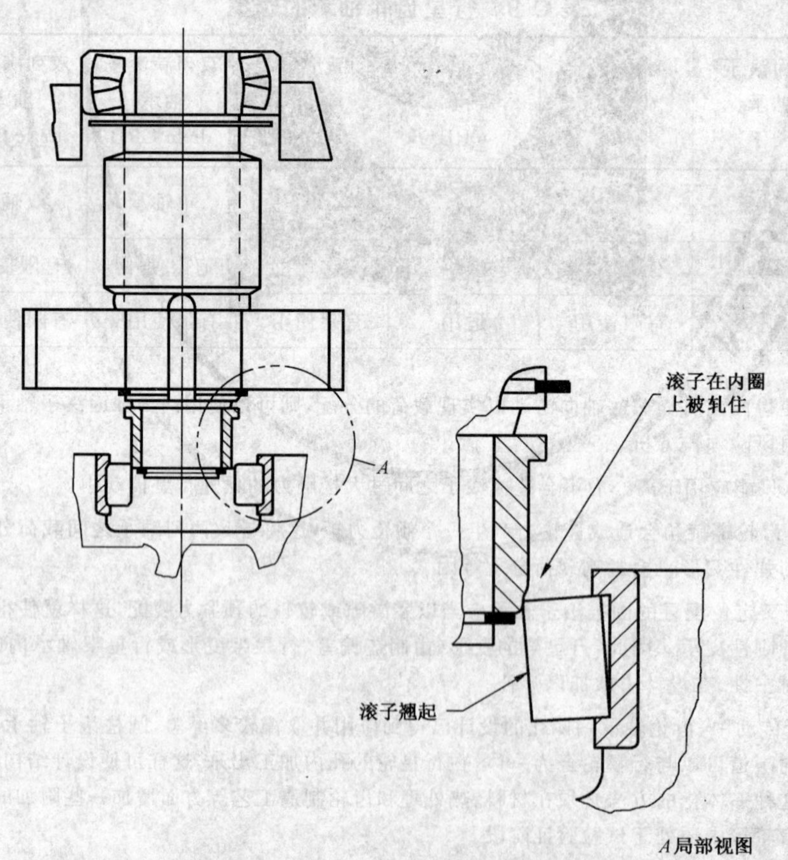

图 C.3 不适当的装配使轴承损伤

附　录　D
（资料性附录）
轴承应力计算

D.1　目的

本附录为调心滚子轴承、圆柱滚子轴承及圆锥滚子轴承在不施加预紧载荷情况下运行时的最大接触压力提供了一种简化的估算方法。这种方法并不是用来取代更为接近的轴承寿命计算方法，而是对轴承制造厂提供的方法作进一步的分析。对接触应力精确计算方法的阐述可参阅参考文献[1]、[2]、[3]。

D.2　术语

除已注明的以外，所用方法和术语与通用轴承样本一致。

D.3　影响因数

本方法将确定三个定义轴承载荷分布的系数：k、K_m 和 K_{lc}。假定最大接触压力发生在滚子与内圈接触处，因为这里是凸面与凸面接触。这种方法只适用于轴承的滚子和套圈均为钢质的内圈与滚子接触应力计算。

本方法将给出这些关键系数的近似值，并据此得出接触压力。实际上，还存在一些附加的影响因数，如轴承的微观几何形态、支承系统的刚度和轴承类型等。本方法仅限于滚子和滚道经充分修形，不会产生较高棱边接触应力的使用情况。

D.4　步骤

D.4.1　当量轴承载荷

当量静载荷 P_0 根据所施加的径向载荷 F_r 和轴向载荷 F_a 确定。这里用到的是静态系数 X_0 和 Y_0，而不必考虑动态系数：

$$P_0 = X_0 F_r + Y_0 F_a \quad \cdots\cdots (D.1)$$

式中：

F_r——最大径向载荷，单位为牛顿(N)；

F_a——最大轴向载荷，单位为牛顿(N)；

X_0——径向系数，见表 D.1；

Y_0——轴向系数，见表 D.1。

D.4.2　滚动体的最大载荷

当量静载荷 P_0 分布在构成一种静不定支撑系统的若干滚动体上。载荷分布可以由轴承套圈的交互位移，通过滚动体连带变形的计算来确定。

零游隙轴承单个滚子的最大载荷为：

$$Q = \frac{P_0}{Z\cos\alpha_0}k \quad \cdots\cdots (D.2)$$

式中：

Q——零游隙轴承单个滚子的最大载荷，单位为牛(N)；

P_0——当量静载荷，单位为牛(N)；

Z——滚动体总数；

k——滚动体承受最大载荷时的载荷分配系数；

α_0——公称接触角。

由此得到比值：

$$\frac{ZQ}{F_r}=k \qquad (D.3)$$

表 D.1 向心轴承的静载荷系数

向心轴承类型	单列[a]		双列	
	X_0	Y_0	X_0	Y_0
调心滚子轴承	0.5	$0.22\cot\alpha_0$	1	$0.44\cot\alpha_0$
圆柱滚子轴承	1	0	1	0
圆锥滚子轴承	0.5	$0.22\cot\alpha_0$	1	$0.44\cot\alpha_0$
[a] 当量静载荷 P_0 必须始终大于或等于径向载荷 F_r。				

当为零内部游隙，且受载区域为 180°时，k 值等于 4.4。这种工况发生在轴向力与径向力之比 F_a/F_r 大于该轴承的推力系数 e，因而其运转处于对中状态之时：

当 $\frac{F_a}{F_r}>e$

$$k=4.4 \qquad (D.4)$$

图 D.1 中给出了对应于不同等级内部径向游隙 G_r 的 k 值。k 值随比值

$$\frac{F_r}{C_{\delta L}\left(\frac{G_r}{2}\right)^{1.08}Z} \qquad (D.5)$$

而变化。

式中：

弹性常数 $C_{\delta L}$ 可由下式计算：

$$C_{\delta L}=26\,200(L_{We})^{0.92} \qquad (D.6)$$

式中：

L_{We}——滚子有效长度，单位为毫米(mm)。

G_r——内部径向游隙，单位为毫米(mm)。

变量 G_r 必须大于 0.0，以免出现数值的不稳定性。G_r 的实际下限值为 0.000 5。

对于以一定游隙工作的轴承，有以下的 k 值拟合曲线方程：

$$k=4.05+0.320\,9\left[\frac{F_r}{C_{\delta L}\left(\frac{G_r}{2}\right)^{1.08}Z}\right]^{-0.791\,1} \qquad (D.7)$$

图 D.1 中的曲线图形是按公称接触角 α_0 等于 0.0 得出的。在上述方程中引入 α_0，并以 P_0 置换 F_r，便可得到一般形式：

$$k=4.05+0.320\,9\left[\frac{P_0}{C_{\delta L}\left(\frac{G_r}{2}\right)^{1.08}Z\cos\alpha_0}\right]^{-0.791\,1} \qquad (D.8)$$

弹性常数 $C_{\delta L}$ 和 k 值为已知后，我们便可计算受载最大滚动体上的载荷：

$$Q=\frac{P_0}{Z\cos\alpha_0}k \qquad (D.9)$$

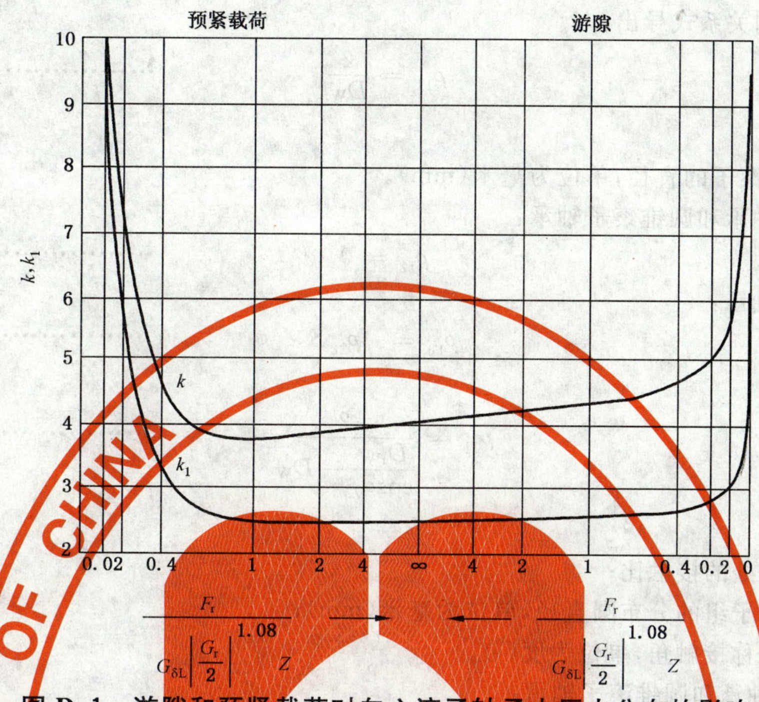

图 D.1 游隙和预紧载荷对向心滚子轴承中压力分布的影响

D.4.3 接触压力有关系数的确定

图 D.2a)画出了所研究的平面,而图 D.2b)则给出了方程中变量下标的命名法。注意凸面的曲率为正值,而凹面为负值。接触比 S 为内圈曲率半径与滚子曲率半径之比,两者均取自过滚子轴线的主平面 2,见图 D.2a)。S 值等于 r_{22}/r_{12},且应大于或等于 1.0。S 值通常在 1.01 与 1.03 之间,为避免数值不稳定,S 的最小值设为 1.001。在这里用 ρ_{11} 和 ρ_{12} 分别表示在主平面 1 内滚动体 1 和 2 接触点处的曲率;ρ_{21} 和 ρ_{22} 分别表示在主平面 2 内滚动体 1 和 2 接触点处的曲率。

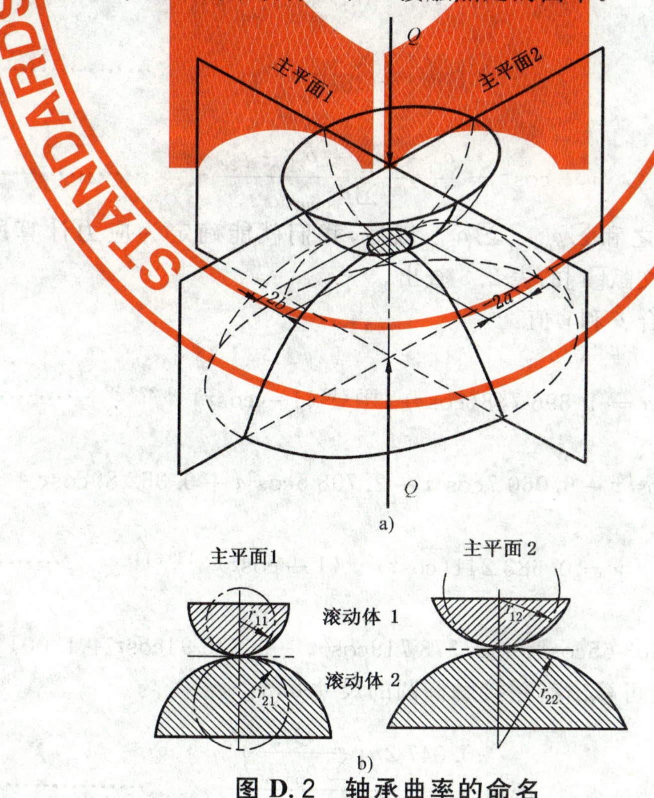

图 D.2 轴承曲率的命名

各曲率可由下列关系式导出：

$$\rho_{11}=\frac{2}{D_{\mathrm{W}}} \qquad \cdots\cdots(\mathrm{D}.10)$$

式中：

D_{W}——滚珠或滚子的直径，单位为毫米(mm)。

对于圆柱滚子轴承和圆锥滚子轴承：

$$\rho_{12}=0 \qquad \cdots\cdots(\mathrm{D}.11)$$

对于调心滚子轴承：

$$\rho_{12}=-\rho_{22}S \qquad \cdots\cdots(\mathrm{D}.12)$$

$$\rho_{21}=\frac{2}{\dfrac{D_{\mathrm{PW}}}{\cos\alpha_0}-D_{\mathrm{W}}} \qquad \cdots\cdots(\mathrm{D}.13)$$

式中：

S——内圈接触处的接触比；

D_{PW}——滚珠或滚子组的分布圆直径，单位为毫米(mm)；

α_0——轴承的公称接触角，单位为度(°)。

对于圆柱滚子轴承和圆锥滚子轴承：

$$\rho_{22}=0 \qquad \cdots\cdots(\mathrm{D}.14)$$

对于调心滚子轴承：

$$\rho_{22}=\frac{-2}{\dfrac{D_{\mathrm{PW}}}{\cos\alpha_0}+D_{\mathrm{W}}} \qquad \cdots\cdots(\mathrm{D}.15)$$

按下述方式对曲率求和：

$$\sum\rho_{\mathrm{po\ int}}=\rho_{11}+\rho_{12}+\rho_{21}+\rho_{22} \qquad \cdots\cdots(\mathrm{D}.16)$$

$$\sum\rho_{\mathrm{l\ int}}=\rho_{11}+\rho_{21} \qquad \cdots\cdots(\mathrm{D}.17)$$

$$\cos\tau=\frac{\rho_{11}-\rho_{12}+\rho_{21}-\rho_{22}}{\sum\rho_{\mathrm{po\ int}}} \qquad \cdots\cdots(\mathrm{D}.18)$$

在求出这些曲率及曲率之和 $\sum\rho_{\mathrm{po\ int}}$ $\sum\rho_{\mathrm{l\ int}}$ 以后，我们就能确定为应力计算所必需的赫兹系数。μ 和 ν 值可根据 $\cos\tau$ 从参考文献[4]的表 2.3 查出。

可用下列曲线方程来拟合 μ 和 ν 值：

如果 $\cos\tau>0.87$

$$\mu=1.396\,748(\cos\tau)^{0.665\,242}(1-\cos\tau)^{-0.373\,99} \qquad \cdots\cdots(\mathrm{D}.19)$$

否则

$$\mu=(5.686\,4\cos^4\tau-6.060\,7\cos^3\tau+2.798\,5\cos^2\tau+0.352\,89\cos\tau+1.005) \qquad \cdots(\mathrm{D}.20)$$

如果 $\cos\tau>0.87$

$$\nu=0.683\,241(\cos\tau)^{0.4}(1-\cos\tau)^{0.189\,343} \qquad \cdots\cdots(\mathrm{D}.21)$$

否则

$$\nu=-0.303\,65\cos^3\tau+0.373\,719\cos^2\tau-0.676\,94\cos\tau+1.001\,4 \qquad \cdots\cdots(\mathrm{D}.22)$$

随着 μ 和 ν 值被确定，便可算出赫兹接触椭圆的尺寸 a,b：

$$a=\frac{0.047\,2\mu\left(\dfrac{Q}{\sum p_{\mathrm{po\ int}}}\right)^{\frac{1}{3}}}{2} \qquad \cdots\cdots(\mathrm{D}.23)$$

$$b=\frac{0.0472\nu\left(\frac{Q}{\sum\rho_{\text{po int}}}\right)^{\frac{1}{3}}}{2} \qquad \text{(D. 24)}$$

上述变量的表示见图 D.3。

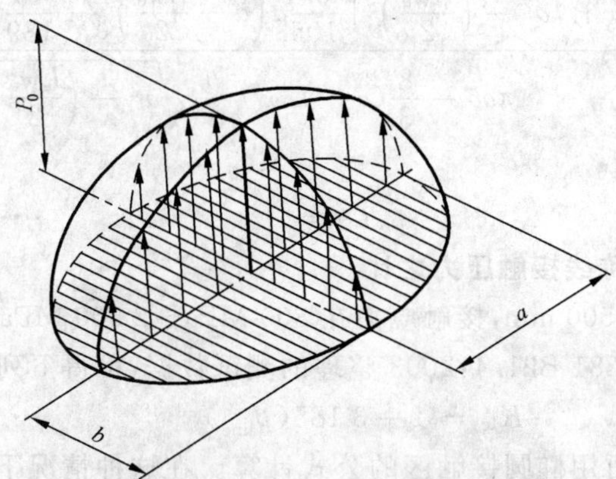

图 D.3 椭圆接触区上的应力分布

D.4.4 接触压力

调心滚子轴承最大接触压力的计算可从计入接触比的椭圆接触区来考虑。圆柱滚子轴承和圆锥滚子轴承最大接触压力的计算则从修正的线接触来考虑，用于修正的经验系数计入了滚子和内圈滚道的轴向鼓形度。

根据参考文献[4]，未经修正的接触压力为：

$$p_{\text{line}}=270\sqrt{\frac{1}{2}\left(\frac{Q}{L_{\text{We}}}\right)\sum\rho_{\text{line}}} \qquad \text{(D. 25)}$$

$$p_0=\frac{858}{\mu\nu}\left(Q\left(\sum\rho_{\text{po int}}\right)^2\right)^{\frac{1}{3}} \qquad \text{(D. 26)}$$

式中：

L_{We}——滚子有效长度，单位为毫米(mm)。

D.4.5 不对中系数

对于圆柱滚子轴承和圆锥滚子轴承，其接触压力将受到以轴的偏转角 θ_{L} 为表征的滚道不对中度的影响。对于可自动补偿不对中度的调心轴承来说 K_{m} 为 1。

如果 $m_{\text{a}}<1.3$

$$K_{\text{m}}=0.00105\theta_{\text{L}}^2+0.00406\theta_{\text{L}}+0.9976 \qquad \text{(D. 27)}$$

否则

$$K_{\text{m}}=0.0042\theta_{\text{L}}^2-0.0092\theta_{\text{L}}+1.013 \qquad \text{(D. 28)}$$

当计算得到 $K_{\text{m}}<1$ 时，取 $K_{\text{m}}=1$。

对于调心轴承 K_{m} 设为 1.0，对于其他类型 K_{m} 不小于 1。

$$m_{\text{a}}=L_{\text{We}}/d_1 \qquad \text{(D. 29)}$$

式中：

K_{m}——不对中时最大接触压力与对中时最大接触压力之比；

m_{a}——滚子长度与直径之比；

θ_{L}——轴的偏转角，单位为弧分。

D.4.6 截短系数

如果计算的接触区长度 $2a$ 大于滚子有效长度 L_{We}，则算得的最大应力应乘以一个截短系数 C_T。以下为该系数的一个近似计算式：

如果 $2a > L_{We}$

$$C_T = 1 + \frac{4\left(\frac{b}{a^3}\right)\sqrt{a^2 - \left(\frac{L_{We}}{2}\right)^2}\left[\frac{64}{105}a\left(a - \frac{L_{We}}{2}\right)^2 - \frac{40}{189}\left(a - \frac{L_{We}}{2}\right)^3\right]}{\pi ab - \frac{8}{3}(a - L_{We})\frac{b}{a}\sqrt{a^2 - \left(\frac{L_{We}}{2}\right)^2}} \qquad \text{(D.30)}$$

否则

$$C_T = 1 \qquad \text{(D.31)}$$

D.4.7 最大线接触压力与公称线接触压力之比

对于轴承内径在 80 mm～500 mm，接触应力在 800 MPa～2 500 MPa 范围内的圆柱滚子轴承和圆锥滚子轴承，根据按 DIN ISO 281 Bb1.4:2003 整理的测试数据，可得下列拟合曲线方程：

$$K_{lc} = 1 + 3\,185(p_{line})^{-1.363\,3} \qquad \text{(D.32)}$$

对于调心轴承，最大应力可用椭圆接触区的公式计算。在这种情况下，K_{lc} 定义为 p_T 与 p_{line} 之比，即：

$$K_{lc} = p_T / p_{line} \qquad \text{(D.33)}$$

式中：

K_{lc}——对中时最大接触压力与线接触接触压力之比。

$$p_T = C_T p_0 \qquad \text{(D.34)}$$

D.4.8 应力计算

先算出线接触接触压力 p_{line}，再用上述系数加以修正，即得最大应力：

$$p_{max} = K_{lc} K_m p_{line} \qquad \text{(D.35)}$$

Mathcad® worksheet 算例：

变量赋值

Type:=1	输入轴承类型，参考文献[1]调心滚子轴承，参考文献[2]圆柱滚子轴承，参考文献[3]圆锥滚子轴承
X_0:=1	静态径向系数，从参考文献[4]的表 3.2 选取
Y_0:=2.5	静态轴向系数，从参考文献[4]的表 3.2 选取
F_r:=7 997	径向载荷
F_a:=8 297	轴向载荷
i:=2	滚动体列数
Z_{row}:=18	单列滚动体数量
L_{We}:=19.3	滚子有效长度
α_{0_deg}:=9.45	公称接触角，(°)
D_w:=25	滚动体直径，单位为毫米(mm)
D_{pw}:=155	滚动体分布圆直径，单位为毫米(mm)
e:=0.25	轴承轴向力与径向力之比的判别系数
G_r:=0.04	径向游隙(绝对值)，单位为毫米(mm)
S:=1.061 8	接触比
θ_L:=0	轴的偏转角，弧分

设置 S 和 G_r 的下限：

temp:=|1.001　如果 S<1.001　　S:=temp

$$|S \quad \text{否则}$$

$$S = 1.0618$$

$$\text{temp} := \begin{vmatrix} 0.0005 & \text{如果 } G_r \leqslant 0 \\ G_r & \text{否则} \end{vmatrix} \quad G_r := \text{temp}$$

$$G_r = 0.04$$

设置滚动体总数：

$$Z := iZ_{\text{row}} \qquad Z = 36$$

将接触角转换成弧度数：

$$\alpha_0 := \alpha_{0\_\text{deg}} \cdot \pi/180 \qquad \alpha_0 = 0.1649 \quad \text{rad}$$

合成的当量载荷：

$$P_0 := X_0 F_r + Y_0 F_a \qquad P_0 = 28\,739.5 \quad (\text{N})$$

$$P_0 := \begin{vmatrix} P_0 & \text{如果 } P_0 > F_r \\ F_r & \text{否则} \end{vmatrix}$$

弹性常数：

$$C_{\delta L} = 26\,200 L_{\text{We}}^{0.92} \qquad C_{\delta L} = 399\,037.78 \quad (\text{N/mm}^{1.08})$$

计算系数 k：

$$k = \begin{vmatrix} 4.4 & \text{如果} \left(\frac{F_a}{F_r}\right) > e \\ 4.05 + 0.3209 \left[\dfrac{P_0}{C_{\delta L} \left(\dfrac{G_r}{2}\right)^{1.08} \cdot Z\cos(\alpha_0)} \right]^{-0.7911} & \text{否则} \end{vmatrix}$$

计算滚动体的最大载荷：

$$Q := \frac{P_0}{z \cdot \cos(\alpha_0)} \cdot k \qquad Q = 3\,560.9 (\text{N})$$

计算曲率：

$$\rho_{11} := \frac{2}{D_w} \qquad \rho_{11} = 0.08$$

$$\rho_{21} := \frac{2}{\dfrac{D_{pw}}{\cos(\alpha_0)} - D_w} \qquad \rho_{21} = 0.0151$$

$$\rho_{22} := \frac{-2}{\dfrac{D_{pw}}{\cos(\alpha_0)} + D_w} \qquad \rho_{22} = -0.011$$

$$\rho_{12} := -\rho_{22} S \qquad \rho_{12} = 0.0117$$

按下述方式对曲率求和：

$$\sum \rho_{\text{po int}} = \rho_{11} + \rho_{12} + \rho_{21} + \rho_{22} \qquad \sum \rho_{\text{point}} = 0.0958 (1/\text{mm})$$

$$\sum \rho_{\text{l int}} = \rho_{11} + \rho_{21} \qquad \sum \rho_{\text{line}} = 0.0951 (1/\text{mm})$$

计算 $\cos\tau$：

$$\cos\tau = \frac{(\rho_{11} - \rho_{12} + \rho_{21} - \rho_{22})}{\sum \rho_{\text{po int}}}$$

$$\cos\tau = 0.9858$$

$$\tau := a\cos(\cos\tau) \qquad \tau = 0.1685 \quad \text{rad}$$

应用拟合曲线方程由 $\cos\tau$ 确定赫兹系数：

$$\mu := \begin{vmatrix} 1.396\,748 (\cos\tau)^{0.665\,242} \cdot (1 - \cos\tau)^{-0.373\,99} & \text{如果 } \cos\tau > 0.87 \\ 5.6864\cos^4\tau - 6.0607\cos^3\tau + 2.7985\cos^2\tau + 0.35289\cos\tau + 1.005 & \text{否则} \end{vmatrix}$$

$\mu = = 6.7986$

$$\nu := \begin{vmatrix} 0.683241\cos^{0.4}\tau \cdot (1-\cos\tau)^{0.189343} & \text{如果 } \cos\tau > 0.87 \\ -0.30365\cos^3\tau + 0.373719\cos^2\tau - 0.67694\cos\tau + 1.0014 & \text{否则} \end{vmatrix}$$

$\nu = 0.3034$

计算接触区的尺寸 a,b:

$$a = \frac{0.0472\mu\left(\frac{Q}{\sum\rho_{\text{po int}}}\right)^{\frac{1}{3}}}{2} \qquad a = 5.3544$$

$$b = \frac{0.0472\nu\left(\frac{Q}{\sum\rho_{\text{po int}}}\right)^{\frac{1}{3}}}{2} \qquad b = 0.239$$

计算线接触接触压力:

$$p_{\text{line}} := 270\sqrt{\frac{1}{2}\left(\frac{Q}{L_{\text{We}}}\right)\sum\rho_{\text{line}}} \qquad p_{\text{line}} = 799.8804\text{N/mm}^2$$

计算点接触接触压力:

$$p_0 := \frac{858}{\mu\nu}\left(Q\left(\sum\rho_{\text{po int}}\right)^2\right)^{\frac{1}{3}} \qquad p_0 = 799.8804\text{N/mm}^2$$

计算不对中系数:

$$m_a := \frac{L_{\text{We}}}{D_{\text{w}}} \qquad m_a = 0.772$$

$$K_m := \begin{vmatrix} 0.00105\theta_L^2 + 0.00406\theta_L + 0.9976 & \text{如果 } m_\alpha < 1.3 \\ 0.0042\theta_L^2 - 0.0092\theta_L + 1.013 & \text{否则} \end{vmatrix}$$

$K_m = 0.9976$

对于调心轴承 K_m 设为 1.0,其他类型 K_m 不小于 1:

$$x := K_m$$

$$K_m := \begin{vmatrix} 1 & \text{如果} \quad \text{type}=1 & \\ \text{否则} & \begin{vmatrix} 1 & \text{如果} \quad x<1 \\ x & \end{vmatrix} & \begin{matrix} K_m = 1 \\ \text{否则} \end{matrix} \end{vmatrix}$$

计算截短系数:

$$C_T = \begin{vmatrix} 1 + \dfrac{4\left(\frac{b}{a^3}\right)\sqrt{a^2 - \left(\frac{L_{\text{We}}}{2}\right)^2}\left[\frac{64}{105}a\left(a - \frac{L_{\text{We}}}{2}\right)^2 - \frac{40}{189}\left(a - \frac{L_{\text{We}}}{2}\right)^3\right]}{\pi ab - \frac{8}{3}(a - L_{\text{We}})\frac{b}{a}\sqrt{a^2 - \left(\frac{L_{\text{We}}}{2}\right)^2}} & \text{如果 } 2a > L_{\text{We}} \\ 1 & \text{否则} \end{vmatrix}$$

$C_T = 1.0000$

$p_T := C_T \cdot p_0$

$p_T = 1329.9499$

$$K_{lc} := \begin{vmatrix} \dfrac{p_T}{p_{\text{line}}} & \text{如果 type}=1 \\ 1 + 3185(p_{\text{line}})^{-1.3633} & \text{否则} \end{vmatrix}$$

$K_{lc} = 1.6627$

$p_{\max} := K_{lc} \cdot K_m \cdot p_{\text{line}} \qquad p_{\max} = 1329.95 \quad \text{MPa}$

附　录　E
（资料性附录）
质量保证

E.1　目的

本附录叙述风力发电机组齿轮箱的订购程序。文中说明了采购规范、质量保证计划、质量控制测试等质量文件的技术要求，并指出供需双方各自的责任。

E.2　定义

采购规范——需方编制并由双方遵循的规范。该规范指定齿轮箱的用途和载荷情况，并对设计、生产、质量保证、测试和性能提出最低限度的要求。

设计评审——对工程图纸和文件进行系统性审查，从而确定齿轮箱是否满足相关标准和采购规范的要求。

独立检查——由第三方评审人员或由需方代表进行的评审。也可以经过采购商和齿轮箱生产厂协商，由齿轮箱生产厂自行进行内部评审并提供必要的文件记录代替独立检查。

质量计划——由齿轮箱生产厂编制并遵循的质量控制规范，规定质量评审、检查、测试、生产过程控制等要求。

质量评审——对生产厂的系统性检查，以确定其设备和质量程序是否符合质量计划要求，检查及测试是否有效运行并满足采购规范要求。

测试评审——单独进行的对质量保证计划的系统性检查和见证测试，以便确定样机、小批和批量生产的齿轮箱是否满足采购规范要求。

生产计划——规定生产过程中重要步骤起始日期的时间表，包括完工点、评审见证点和测试点的日期等。

生产评审——确定投产部件的生产、检验和测试是否符合质量计划并满足技术规范和采购规范而进行的系统性独立检查。

齿轮箱样机——新设计的首台齿轮箱，用于场地或试验台架上的加载试验。测试后，该齿轮箱必须完全拆开检查各部件的磨损或其他损伤情况。根据样机测试结果，决定是否有必要改进设计或工艺。

试制齿轮箱——在开始批量生产齿轮箱前所生产的一台或多台齿轮箱。试制齿轮箱的零部件须经过100%的检验，确定是否与技术标准和采购规范要求一致，从而见证生产工艺和质量计划是适宜的。根据试制齿轮箱测试结果，决定是否有必要对产品设计或质量计划进行改进。如果要求增加跑合、加载或其他特殊工况下的测试，则必须由采购商和齿轮箱生产厂通过协商决定。

批量齿轮箱——批量生产的齿轮箱。应进行定期的生产评审来确保与各规范的符合性。如进一步要求跑合及负载测试，则必须由采购商和齿轮箱生产厂通过协商决定。

E.3　责任

采购程序贯穿整个生产过程，因此采购商应采取有效措施来保证全部过程的各个步骤得到正确的履行，并使采购规范的所有要求得到满足。采购商应负责编制以下文件：

——采购计划；

——采购规范；

——招标说明；

——订单；

——设计评审；

——质量评审；

——生产计划评审；

——生产评审；

——测试评审；

——装配、启动及运行评审。

齿轮箱生产厂应当具有生产齿轮箱的经验与能力，满足采购规范要求。其质量管理体系应当能提供合适的资源，确保设计过程、评审活动以及生产和测试过程的每个步骤均能得到正确履行，并满足质量计划的所有要求。齿轮箱生产厂应负责编制的文件有：

——建议参数；

——合同参数；

——技术图纸和规范；

——质量计划；

——生产计划；

——价格；

——质量保证；

——使用说明书。

E.4 采购计划

以下简述从编写采购规范到启动齿轮箱评审整个采购过程各个阶段的工作。

E.4.1 编写采购规范

采购商编写的采购规范应当说明对齿轮箱的性能要求而不是它的具体设计细节，并且应当允许齿轮箱生产厂的技术专家提出自己的意见并说明其专有技术能够满足采购规范的要求。

E.4.2 邀标

采购商应向有条件的齿轮箱生产厂邀标。招标书应当包含一份调查表，让齿轮箱生产厂理解采购规范的要求并正确填写。对每次重大采购都应对投标人的经验和能力进行调查并进行正式评审。邀标时应要求投标人提供一份初步的质量计划。

E.4.3 评标

采购商应评估各齿轮箱生产厂标书的完整性以及是否符合采购规范要求，通过评标确定中标人。为了明确生产商的制造能力，必要时要进行相关的质量评审。

E.4.4 选定最终中标人

应编写各份标书的评估意见，指出其优缺点并为选定齿轮箱生产厂和进行设计评审提供依据。选定最终中标人后应让其参与后续的设计评审。

E.4.5 设计评审

采购商选定最终的齿轮箱生产厂后进行设计评审。设计评审至少应当包括以下内容：

——与采购规范的符合性；

——齿轮箱设计；

——齿轮设计；

——轴承设计；

——轴设计；

——密封件设计；

——润滑系统设计；

——重要部件的质量计划。

由此得出设计评审报告。在采购商认可技术图纸和质量计划，在将所协商的设计修改意见列入采购规范之前，不得投入生产。

E.4.6 评审并认可技术图纸

技术图纸须经评审，确认已满足采购规范要求才能认可。

E.4.7 评审并认可质量计划

正式的质量计划必须经过评审，确定其是否满足采购规范对生产、质量及测试的要求。所投标的齿轮箱的质量保证计划应当与生产商的质量体系，如 ISO 9000 或等同标准体系一致。如果齿轮箱生产厂因故要修改采购规范或质量计划，则应取得采购商的同意并对计划中需要更改或替换的内容作如下说明：

——采购规范的对应条款；

——更改或替换内容说明；

——对更改或替换内容的验证要求；

——采购商的认可签字。

表 E.1 是一份样机齿轮箱、试制齿轮箱和批量生产齿轮箱的质量计划示例。它突出对重要零件齿轮的要求但也包含了其他项目。要求齿轮箱其他承载零部件也各自具有一份类似的计划。

表 E.1 质量计划示例

<table>
<tr><td>＜投标人＞</td><td colspan="4">＜投标人名称＞</td><td colspan="3">＜订单号＞</td></tr>
<tr><td colspan="8">＜质量控制负责人签名和日期＞</td></tr>
<tr><td colspan="8">符号：
H＝控制点——将产品转入下一程序前必须由采购商代表认可的程序。
W＝见证点——生产中由采购商代表在现场见证的程序。
D＝检测文件——作为质量保证必须向采购商代表提供的检验或测试报告副本。</td></tr>
<tr><td>采购规范编号
＜规范编号＞和＜修订号＞内容</td><td>H</td><td>W</td><td>D</td><td>采购规范条款</td><td>投标人规范代号</td><td>投标人检测代号</td><td>投标人文件编号</td></tr>
<tr><td>齿轮原材料</td><td>×</td><td></td><td>×</td><td></td><td></td><td></td><td></td></tr>
<tr><td>制作方法</td><td>×</td><td></td><td>×</td><td></td><td></td><td></td><td></td></tr>
<tr><td>形状</td><td>×</td><td></td><td>×</td><td></td><td></td><td></td><td></td></tr>
<tr><td>化学成分</td><td>×</td><td></td><td>×</td><td></td><td></td><td></td><td></td></tr>
<tr><td>晶粒度</td><td>×</td><td></td><td>×</td><td></td><td></td><td></td><td></td></tr>
<tr><td>可淬硬性</td><td>×</td><td></td><td>×</td><td></td><td></td><td></td><td></td></tr>
<tr><td>清洁度</td><td>×</td><td></td><td>×</td><td></td><td></td><td></td><td></td></tr>
<tr><td>锻件超声波检测</td><td>×</td><td></td><td>×</td><td></td><td></td><td></td><td></td></tr>
<tr><td>轮齿检查</td><td>×</td><td></td><td>×</td><td></td><td></td><td></td><td></td></tr>
<tr><td>基本几何尺寸</td><td></td><td>×</td><td>×</td><td></td><td></td><td></td><td></td></tr>
<tr><td>精度</td><td>×</td><td></td><td>×</td><td></td><td></td><td></td><td></td></tr>
<tr><td>齿根圆角</td><td></td><td>×</td><td>×</td><td></td><td></td><td></td><td></td></tr>
<tr><td>磨去磨削余量</td><td></td><td>×</td><td>×</td><td></td><td></td><td></td><td></td></tr>
<tr><td>磁粉探伤</td><td>×</td><td></td><td>×</td><td></td><td></td><td></td><td></td></tr>
<tr><td>表面回火</td><td>×</td><td></td><td>×</td><td></td><td></td><td></td><td></td></tr>
<tr><td>表面粗糙度</td><td>×</td><td></td><td>×</td><td></td><td></td><td></td><td></td></tr>
</table>

表 E.1（续）

采购规范编号 <规范编号>和<修订号>内容	H	W	D	采购规范条款	投标人规范代号	投标人检测代号	投标人文件编号
检测频率	×		×				
检查标签	×		×				
总体检查	×		×				
表面硬度	×		×				
淬硬层深度	×		×				
芯部硬度	×		×				
渗碳金相组织	×		×				
碳含量	×		×				
显微裂纹	×		×				
二次转化，产品	×		×				
晶粒间氧化	×		×				
残留奥氏体	×		×				
芯部显微结构		×	×				
渗碳后冷处理		×	×				
箱体精度		×	×				
轴材料		×	×				
轴硬度		×	×				
轴精度		×	×				
轴磁粉探伤		×	×				
齿轮箱装配	×		×				
测试	×		×				
接触斑点	×		×				
加载或空载试验	×		×				
涂色检验	×		×				
润滑	×		×				
噪声等级	×		×				
振动等级	×		×				
油渗漏	×		×				
油池温度	×		×				
涂色啮合后痕迹	×		×				
改进措施	×		×				
文件	×		×				
发运准备	×		×				

注：这只是个计划示例，并未包括全部项目，但重要项目已列举。

齿轮箱样机、试制的齿轮箱和批量生产的齿轮箱可以采用同一份质量计划。在执行试制质量计划之前，除了按照样机测试结果进行修改以外，还应确保批量生产之前的改进措施已经落实、齿轮箱符合采购规范要求。批量生产齿轮箱虽与样机、试制齿轮箱采用同一份质量计划，但检验测试项目、频率、控制点和起始点的时间表可以简化，具体要求由采购商和齿轮箱生产厂协商确定。

质量计划至少应当说明下列项目的控制方式：

——齿轮原材料；

——子合同和外购件的质量控制；

——齿轮原材料和毛坯的质量控制；

——齿轮的检验；

——箱体精度；

——轴精度；

——装配的质量控制，包括联接件、清洁度及零部件的序列化和可追溯性；

——齿轮箱测试、认可标准及记录要求。

质量计划所需的文件应当可追溯。所有检查文件应当记录各零部件的序列号。所有齿轮和轴的序列号应当可从齿轮箱铭牌起一直追溯到原材料的熔炼炉号。

所有试验样品、试验贴签、热处理记录和生产、检验、测试以及加工过程中的重要文件都应可追溯到它们所代表的零部件。所有测量仪器和工具应当可追溯其按国家标准检定，并具有仍然有效的检定证书。齿轮箱生产厂应将所有质量文件保留一定时间，其长短可与采购商协商确定，但不得短于10年。

E.4.8 评审并认可生产计划

生产计划经评审后应当留有充分的时间来根据样机测试的结果进行必要的改进，同时根据试制齿轮箱检验结果更改生产或质量计划。

E.4.9 评审样机齿轮箱性能

对样机齿轮箱经过检验测试和评审，并对设计、生产和质量计划进行必要改进之后，才能投入试制齿轮箱的生产。

E.4.10 检测试制齿轮箱

试制齿轮箱完成检测并且控制性文件经过审核后，应对技术和采购规范以及质量计划提出改进建议。

E.4.11 批准批量齿轮箱生产

在技术要求、采购规范和最终质量计划经审核批准，并且试制齿轮箱经过改进并能满足其最终质量计划的所有要求之后，才能批准批量齿轮箱的生产。

E.4.12 评审批量齿轮箱的生产和测试

定期对批量生产的齿轮箱进行测试评审，及时解决生产中所发生的问题，确保与采购规范和质量计划的要求相一致。

E.4.13 评审齿轮箱的装配、启动和运行

应当对齿轮箱的装配、启动和运行进行评审，以确保安装、操作及维护的所有规定均能正确实施。应在启动和试运转之后的几周内对齿轮箱性能严密监控，并在运行期间进行即时监控。监控内容包括温度、噪声、振动的测量和润滑油的分析等。

E.5 解决程序

在实际生产过程中产生偏离标准或规范要求的问题时，应当通过正式的程序来加以解决。解决问题的程序和方法必须经过采购商和齿轮箱生产厂协商同意，并作为质量计划的组成部分。实际操作时，双方按照相应的规定履行必要的手续并及时传递和记录在案。

参 考 文 献

［1］ Reusner，H.，Druckflächenbelastung und Oberflächenverschieburng im Wälzkontakt von Rotationsköpern，PhD thesis，TH Karlsruhe，1977.

（滚动轴承滚子接触处的表面压力负荷和滑移.卡士鲁尔工业大学博士论文.1977.）

［2］ Hartnett，M.J.，A General Numerical Solution for Elastic Body Contact Problems，ASME，Applied Mechanics Division，Vol.39，1980，PP.51-66.

（弹性体接触问题的 综合数字分析求解.ASME，应用力学分部：第39卷.1980：51-66.）

［3］ DeMul，J.M.，Kalker，J.J.，Frdrikson，B.，The contact Between Arbitrarily Curved Bodies of Finite Dimension，Transactions of the ASME，Journal of Tribology，Vol.108.Jan.1986.

（任意曲面体之间接触的有限元线性分析.ASME 会报，摩擦学杂志：第108卷.1986-01.）

［4］ Brandlein，Eschmann，Hasbargen and Weigand，Ball and Roller Bearings，Theory，Design and Application，1999，John Wiley and Sons Led.，third edition.

（滚珠轴承及滚子轴承的原理、设计及应用.John Wiley and Sons 公司.第3版.1999.）

［5］ DIN.ISO 281 Bbl 4：2003 Method for Calculation of the Modified Reference Rating Life for Generalty Load Rolling Bearings

（DIN.ISO 281 Bbl 4：2003 承受综合载荷的滚子轴承修正额定寿命的计算方法）

［6］ ISO 81400-4：2005 Wind Turbine Generator Systems—Part4：Gearbox for Turbines from 40kW to 2MW and Larger

［ISO 81400-4：2005 风力发电机组 第4部分：风力发电机组齿轮箱设计标准（用于40 kW～2 MW以及更大功率的齿轮箱）］

检07